やさしく
頭を
つくりかえる

高校

I・A

数学

東大数学9割男
林 俊介

かんき出版

はじめに

あなたにとって，数学はどんな科目ですか？ 私はこう思っています。

数学はどこまでも自由で，どこまでも奥深い，魅力的な科目です。

その魅力をあなたにも伝えたくて，本書を執筆しました。

先生の板書をノートに写し，重要そうな公式や試験範囲の問題・解法を必死に暗記する。そうして頑張って"学習"しているのに，成績はいつまで経ってもよくならない。一方，クラスで一番よくできるあの人は，試験直前に丸暗記なんてしていない様子だ。それなのに毎回自分より成績がよい。これまでの数学の勉強で，こういう経験をしたことはありませんか。よくできる人に限って"丸暗記"をしていないのは，いったいなぜなのでしょうか。

答えは簡単。そもそも数学は丸暗記でなんとかするものではなく，自分の頭でよく考え，**イメージと論理の両輪で柔軟に組み立てていくもの**だからです。
そんなの面倒……ですって？ いやいや，自分でアレコレ考えながら学習すれば暗記量は最低限で済み，初見の問題も解けるようになるんですよ。なにより自由に楽しく学べるから長続きしますし，続けられるからさらに力がつく。**遠回りに見えて，実はこれがイチバン効率的なのです。**

あなたにも，よく考え，楽しみながら数学を学んでほしい。だから本書には，他の参考書でよく見られる"暗記事項のまとめ"がありません。また，論理を理解しながら読み進められるよう，計算の羅列をなるべく避けて日本語での解説を重視しました。

この本を通じてあなたが数学の自由さ・奥深さを感じてくだされば，そして大学受験で第一志望に合格してくだされば，これに勝る喜びはありません。
これから一緒に，たくさん考え，そしてたくさん楽しみましょう！

2024 年 3 月　林 俊介

本書の５つの特長

① 基礎から始めて入試問題も解けるようになる！

中学範囲も扱っていながら，国立大二次試験の入試問題も載せています。
基礎から始めて，気づかないうちに入試対策もできます。

② 語りかける形式だからこそ，数学が得意になる！

語りかける文体で，日本語での解説を重視しています。数式の羅列を避けた本書なら
ば楽しく読み進められ，読み終える頃には数学が得意になることでしょう。

③ 2025年度からの新課程入試にしっかり対応！

「仮説検定の考え方」や「数学と人間の活動」も詳しく解説しています。

④ 「数学I・A まるわかりチャート図」を掲載！

単元同士のつながりがわかる独自のチャート図を掲載！ 学んでいる単元の位置づけ
がわかるから，知識や知恵が頭の中でつながっていきます。

⑤ 別冊「問題集」つき！

例題をまとめた問題集を繰り返し解いて「考え方」を身につけましょう。

本書の使い方

各駅ルート 「数学 I・A を初めて学ぶ or 学んでいる途中の」あなたに

❶ p.4 から，最初の例題まで読み進めましょう。

❷ まずは解説を見ずに，別冊でその例題を解いてみましょう。

❸ 本冊の解説を読み，そのまま次の例題まで読み進めましょう。

あとは②と③を繰り返し，学習を進めていきます。

特急ルート 「数学 I・A を一通り学んだことのある」あなたに

❶ 別冊の問題集で，好きな単元の例題を初めから解いてみましょう。

❷ 解けない例題が出たら，本冊の解説や用語の定義を初めから読みましょう。

❸ 該当の例題をもう一度解いて，解けたら次の例題に挑戦してみましょう。

あとは②と③を繰り返し，復習もしつつ問題を攻略していきます。

次ページに「数学I・A まるわかりチャート図」を掲載 →

数学 I

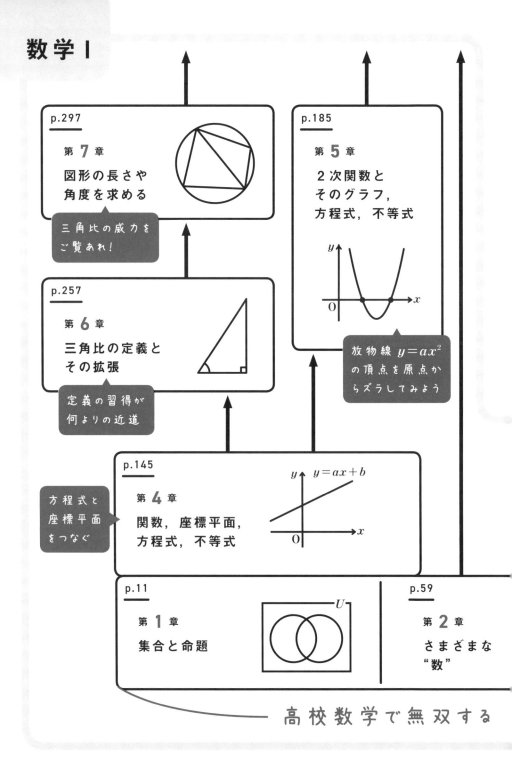

p.297

第**7**章

図形の長さや
角度を求める

三角比の威力を
ご覧あれ！

p.185

第**5**章

2次関数と
そのグラフ，
方程式，不等式

p.257

第**6**章

三角比の定義と
その拡張

定義の習得が
何よりの近道

放物線 $y=ax^2$
の頂点を原点か
らズラしてみよう

p.145

第**4**章

関数，座標平面，
方程式，不等式

$y = ax + b$

方程式と
座標平面
をつなぐ

p.11

第**1**章

集合と命題

U

p.59

第**2**章

さまざまな
"数"

高校数学で無双する

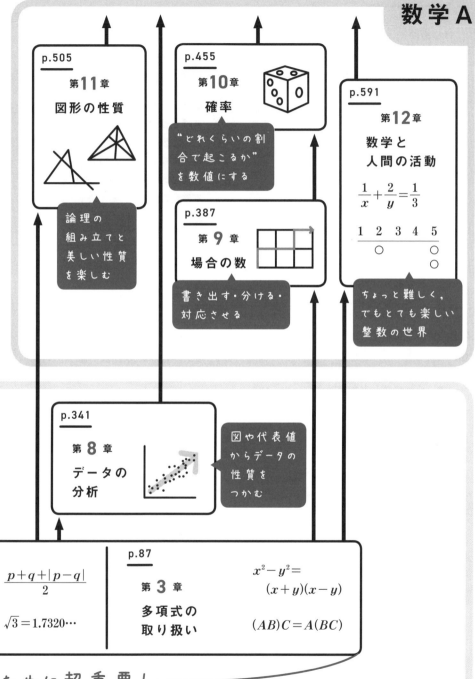

p.505

第11章

図形の性質

論理の
組み立てと
美しい性質
を楽しむ

p.455

第10章

確率

"どれくらいの割
合で起こるか"
を数値にする

p.591

第12章

数学と
人間の活動

$$\frac{1}{x} + \frac{2}{y} = \frac{1}{3}$$

1 2 3 4 5
○   ○
         ○

ちょっと難しく,
でもとても楽しい
整数の世界

p.387

第9章

場合の数

書き出す・分ける・
対応させる

p.341

第8章

データの
分析

図や代表値
からデータの
性質を
つかむ

$$\frac{p+q+|p-q|}{2}$$

$\sqrt{3} = 1.7320\cdots$

p.87

第3章

多項式の
取り扱い

$$x^2 - y^2 = (x+y)(x-y)$$

$$(AB)C = A(BC)$$

ために超重要!

CONTENTS

はじめに ……………………………………… 2

本書の5つの特長・本書の使い方 ……… 3

数学I・A まるわかりチャート図 ……… 4

本書で用いる記号や用語について ……… 8

"または"と"かつ"に関する注意事項 …… 9

数学I

第 1 章
集合と命題

1-1　集合とは ……………………………… 12

1-2　部分集合と集合の相等 ……………… 16

1-3　共通部分・和集合 …………………… 22

1-4　全体集合, 補集合,
　　　ド・モルガンの法則 ………………… 24

1-5　命題と条件 …………………………… 28

1-6　必要条件と十分条件, 同値 ………… 36

1-7　否定と逆・裏・対偶 ………………… 44

1-8　全称命題と存在命題 ………………… 54

第 2 章
さまざまな"数"

2-1　実数の分類と有理数・無理数 …… 60

2-2　平方根・根号 ………………………… 64

2-3　小数 …………………………………… 72

2-4　絶対値 ………………………………… 78

第 3 章
多項式の取り扱い

3-1　多項式の計算法則 …………………… 88

3-2　展開 …………………………………… 96

3-3　因数分解 ……………………………… 112

3-4　展開・因数分解の応用 ……………… 140

第 4 章
関数, 座標平面,
方程式, 不等式

4-1　関数 …………………………………… 146

4-2　座標平面とグラフ …………………… 150

4-3　1次関数とそのグラフ ……………… 154

4-4　関数の値域と最大値・最小値 …… 164

4-5　等式の取り扱いと1次方程式 …… 170

4-6　不等式の取り扱いと1次不等式 … 174

4-7　絶対値関数を含む方程式・
　　　不等式 ………………………………… 178

第 5 章
2次関数とそのグラフ,
方程式, 不等式

5-1　2次関数とそのグラフ ……………… 186

5-2　2次関数の最大値・最小値 ………… 202

5-3　2次関数の決定 ……………………… 222

5-4　2次方程式・2次不等式 …………… 232

第 6 章
三角比の定義とその拡張

6-1　三角比の定義とその拡張 ………… 258

6-2　180°まで定義域を拡張する ……… 274

6-3　三角比の方程式・不等式 ………… 282

6-4　三角比の応用問題 …………………… 288

第 7 章
図形の長さや角度を求める

7-1　正弦定理 ……………………………… 298

7-2　余弦定理 ……………………………… 308

7-3　三角形の面積 ………………………… 320

7-4　円に内接する四角形 ………………… 332

7-5　空間図形の求値 ……………………… 336

第**8**章
データの分析

8-1 データを整理し, 表現する········ 342
8-2 平均値, 中央値, 最頻値········ 346
8-3 四分位数と箱ひげ図········ 352
8-4 分散・標準偏差········ 364
8-5 変量の変換········ 368
8-6 2つの変量の関係を調べる········ 372
8-7 仮説検定········ 382

数学A

第**9**章
場合の数

9-1 集合の要素の個数········ 388
9-2 ものを数える方法········ 394
9-3 ものを並べる········ 406
9-4 重複を考慮する········ 412
9-5 組合せ········ 420
9-6 一対一に対応させる········ 434
9-7 制約の処理········ 442

第**10**章
確率

10-1 確率の定義········ 456
10-2 事象どうしの関係········ 468
10-3 独立試行, 反復試行········ 478
10-4 条件付き確率········ 488
10-5 期待値········ 498

第**11**章
図形の性質

11-1 三角形の成立と
　　 形状に関する諸性質········ 506
11-2 線分の内分・外分と平行線········ 514
11-3 三角形の五心········ 528
11-4 三角形の線分長に関する
　　 諸定理········ 540
11-5 円の性質········ 544
11-6 作図········ 564
11-7 空間における直線と平面········ 572
11-8 多面体の諸性質········ 582

第**12**章
数学と人間の活動

12-1 約数・倍数········ 592
12-2 素数········ 598
12-3 最大公約数・最小公倍数········ 606
12-4 整数の除算と合同式········ 614
12-5 ユークリッドの互除法········ 620
12-6 方程式の整数解········ 622
12-7 記数法········ 630
12-8 可能性, 一意性········ 634
12-9 有理数と無理数········ 638

三角比の表········ 645
索引········ 646
参考文献········ 651
おわりに········ 652

本書で用いる記号や用語について

$A := B$　A を B と定義する。
[例] $T := t^2$　T とは，t^2 のこととします。

$X_{\max}$　X の最大値　　　　$X_{\min}$　X の最小値
[注意] 定義域や変数を明示しない簡単な表現です。

x_P　点 P の x 座標（y_P, z_P なども同様）
[注意] 一般的な表現ではありませんが，便利ですし意味がわかりやすいため用
　　　います。試験の答案でも，採点者には忖度（そんたく）して読んでもらえる気がしま
　　　す（個人の感想です）。

自然数　正の整数
本書では正の整数のこととし，0 を含めません。ただし，文脈によっては（特に
大学以降で学ぶ数学では）自然数に 0 を含めることがあるため注意しましょう。

ギリシャ文字
ギリシャ文字は，特に数学や物理でよく登場します。アルファベットと混同する
人も少なくないため，いまのうちに文字やよみを頭に入れてしまうとよいでしょう。

小文字	大文字	よみ	小文字	大文字	よみ
α		アルファ	μ		ミュー
β		ベータ	ν		ニュー
γ	Γ	ガンマ	π	Π	パイ
δ	Δ	デルタ	ρ		ロー
ε		イプシロン	σ	Σ	シグマ
θ		シータ	ϕ	Φ	ファイ
λ	Λ	ラムダ	ω	Ω	オメガ

※高校数学（や物理）でよく見かけるものを中心に一部をまとめておきます。
※大文字は，アルファベットになく，かつ数学や物理でよく用いるものに
　限っています。

"または"と"かつ"に関する注意事項

数学でよく登場する"または"と"かつ"について，地味ながら大事なことを2点述べておきます。

▷ "または"は両方成り立っている場合も含む

数学における"または"の意味は，日常生活で通常期待されるそれと異なります。たとえば"$a=0$ または $b=0$"という主張は，「a, b のうちいずれか一方のみが0である」という意味ではなく，「a, b のうち少なくとも一方が0である」という意味です。双方が0であってもよいことに注意しましょう。

▷ コンマ（, ）の意味は文脈によりブレる

たとえば，2次方程式の解はしばしば"$x=3, -4$"と書かれますが，これは
> "$x=3$ と $x=-4$ の2つが解である。"
> "$x=3$ または $x=-4$ のとき（のみ）その方程式は成り立つ。"

と解釈できます。つまり"または（or）"という意味です。
一方，たとえば"$a, b>0$ とする"と書かれていた場合，これは
> "$a>0$ も $b>0$ も成り立つ"

と解釈するのが自然です。つまりこのコンマは"かつ（and）"の意味です。

コンマは書き手にとって便利な記号ですが，読み手からすると解釈のブレが起こりえます。これを防ぐには，たとえば次のように表記するとよいでしょう。

2次方程式の解：$x=3, -4$ → $x=3$ または $x=-4$
各文字の符号 ：$a, b>0$ とする。 → $a>0$ かつ $b>0$ とする。

このように，ちょっとした工夫で解釈のブレを防げますし，あなた自身も意味を理解しやすくなるはずです。解釈のブレが気になる場合は，上記のような表現をノートや答案で採用してみてください。なお，本書では意味を誤解しづらい（と私が個人的に思う）箇所ではコンマを用いています。

本書の Web ページで,
学習に役立つ情報を紹介しています。
以下の QR コードからご確認ください。

注記

・本書の記述範囲を超えるご質問（解法の個別指導依頼
　など）につきましては，お答えいたしかねます。あら
　かじめご了承ください。

・本書に掲載している入試問題は，一部改変をしている
　場合がございます。また，東京大学の過去問について
　は，解答・解説ともに東京大学が公表したものではな
　い点にご留意ください。

ブックデザイン●二ノ宮 匡（nixinc）
DTP ●フォレスト
編集協力●坂東 奨平

第 1 章

集合と命題

数学は，自由で奥深く，そしてとても楽しい科目です。

ここでいう自由さというのは，イヤなことや面倒なことを無視して何をやってもよいというものではなく，丁寧な論理に立脚したもの。しかし，だからこそその自由さは，簡単には崩れないほど強固になるのです。

あなたには，高校数学を楽しく，効率よく学習してほしい。だからこそ，まずは論理を固めるところから始めることにしました。

中学数学とは雰囲気が異なり困惑するかと思いますが，本章の内容をきちんと理解しておくことで，高校数学の学習は圧倒的にスムーズになり，時間が経てば経つほどその効果は拡大します。

見えないところで，スタートから早速周囲と差をつけてやりましょう！

1-1 ⊘ 集合とは

数学の勉強をするうえで，用語とその定義を知らないと，論理を組み立てたり議論をしたりできません。そこでまずは，言葉の導入から始めます。

▶ 集合って，そもそも何？

> **🔍 定義　集合とその要素**
> 集合とは，モノの集まりである[1]。集合に属するモノを要素（元）という[2]。

たとえば，20 以下の素数（正の約数をちょうど 2 つもつ自然数）を集めた $\{2, 3, 5, 7, 11, 13, 17, 19\}$ は集合の一例です。このように，集合は { } を用いて表します。また，集合の要素は"数"に限定されず，以下もみな集合といえます。

- 曜日を集めた {月曜日, 火曜日, 水曜日, 木曜日, 金曜日, 土曜日, 日曜日}
- 31 日まである月を集めた {1 月, 3 月, 5 月, 7 月, 8 月, 10 月, 12 月}
- なんとなくギリシャ文字を 5 つ集めた $\{\alpha, \beta, \gamma, \delta, \varepsilon\}$

▶ 集合そのものの表現の手段

高校数学で用いる集合の記法には，次のようなものがあります。
①**要素を書き並べるもの**（外延的記法といいます）。
②**条件を記すもの**（内包的記法といいます）。

これまでに登場した $\{2, 3, 5, 7, 11, 13, 17, 19\}$，$\{\alpha, \beta, \gamma, \delta, \varepsilon\}$ などは①に該当します。集合の要素を { } の中に {要素 1, 要素 2, 要素 3, …} という具合に並べましたよね。どのような要素が属するか，一目瞭然です。

---

1 "モノ"の定義をよく知らないので，そこはごまかします。許してください。
2 高校数学では"要素"とよくよばれますが，それ以外では"元"とよばれることが多い印象です。

しかし，①のみだと困るケースがあります。

たとえば"2に2をどんどん乗算（かけ算）して得られる自然数全体の集合"，つまり 2, 4, 8, 16, … たちを集めたものを考えましょう。**この集合（Sとします）の要素は無限にあるため，要素を具体的に書き尽くせません。**かといって

$$S = \{2, 4, 8, 16, \cdots\}$$

と表記すると，"…"の部分の意味がよくわかりませんね[3]。

そこで②の登場です。いま考えている集合の要素は，

$$2 = 2^1, \qquad 4 = 2^2, \qquad 8 = 2^3, \qquad 16 = 2^4, \cdots$$

という具合に，いずれも自然数 n を用いて 2^n と書くことができます。

$n = 1, 2, 3, 4, \cdots$ と要素の小さい方から n 番目がピッタリ対応していますね。それをふまえ，

$$S = \{k \mid k \text{ は自然数 } n \text{ を用いて } k = 2^n \text{ と表せるもの}\}$$

と表せるのです。この表記の意味を会話風にすると次のようになります。

"S とはどのような集合ですか？" → "k の集まりです。"
"なるほど。ではその k とはどういうものですか？"
→ "**自然数 n を用いて $k = 2^n$ と表せるものです。**"

つまり，②の記法や略記は，**縦線の左にあるものがみたす条件を，縦線の右で述べている**のです。こうすることで，無限個の要素をもつ集合 S を，忖度なしに表現することができますね。

なお，上の表記は

$$S = \{2^n \mid n \text{ は自然数}\}$$

と略記することもできます。

なお，いまは k, n という文字を用いましたが，用いる文字は（重複等の不都合がなければ）自由です。したがって，$\{2^p \mid p \text{ は自然数}\}$，$\{2^K \mid K \text{ は自然数}\}$ などと書いても構いません。これらはみな同じ集合ですので，（自分や読み手が混乱しない範囲で）あなたの好きな文字を，自由に選んでください。

3　"ここから先は 32, 64, 128, … と続くことくらい誰でもわかるだろう"とあなたは思うかもしれません。しかし，たとえば円周上にどんどん点をとりそれらを結んで円をなるべく多数の領域に分割する際，その領域の個数は 2, 4, 8, 16, 31, … と変化します。"あとは察してください"作戦は通用しないのです。

(1)　$S := \{9m \mid m \text{ は } 2 \text{ 以上 } 11 \text{ 以下の自然数}\}$ と定める。この S を、要素を書き並べる記法（p.12 の ①）により表せ。

(2)　次の集合 A, B のうち、S と同じものを選べ。"同じ" であることは未定義だが、とりあえず "要素がすべて一致している" ものを選べばよい。

$A := \{k \mid k \text{ は } 2 \text{ 桁の自然数で、各桁の数字の和が } 9 \text{ の倍数となるもの}\}$

$B := \{9p \mid p \text{ は } 1 < p < 12 \text{ をみたす自然数}\}$

(1)　答え：$S = \{18, 27, 36, 45, 54, 63, 72, 81, 90, 99\}$

S は、2 以上 11 以下の自然数（m）を 9 倍したもの（$9m$）の集合です。よって、$S = \{18, 27, 36, 45, 54, 63, 72, 81, 90, 99\}$ とただちにわかります。

(2)　答え：A, B いずれも S と同じ

ある自然数が 9 の倍数であることは、各桁の数字の和が 9 の倍数であることと同じです（これは第 12 章 p.596 でも扱います）。したがって A は 2 桁の 9 の倍数の集合であり、$S = A$ が成り立ちます。

B の自然数 p に対する条件 $1 < p < 12$ は、自然数の範囲においては $2 \leq p \leq 11$ と同じです。したがって $S = B$ が成り立ちます（定義に用いる文字が m, p と異なりますが、これは何でもよいことにも注意）。

▶ 集合の要素を表現する手段

> **🔍 定義**　**集合の要素**
>
> a が集合 A の要素であることを "a は A に属する"、$a \in A$ または $A \ni a$ と表す。
>
> a が集合 A の要素でないことを "a は A に属さない"、$a \notin A$ または $A \not\ni a$ と表す。

たとえば $P := \{2, 3, 5, 7, 11, 13, 17, 19\}$ とすると、$17 \in P$ や $12 \notin P$ が成り立ちます。なお、$11 \in \{2, 3, 5, 7, 11, 13, 17, 19\}$ のように集合を直接書いても構いません。

では，早速例題に取り組んでみましょう。

例題　　　集合の要素に関する主張の正誤

$P := \{x \mid x$ は 1 以上 20 以下の素数$\}$，$Q := \{x \mid x$ は 1 以上 20 以下の奇数$\}$ とする。
このとき，以下の各主張を正しいものと誤ったものに分類せよ。
(1)　$a \in P$ である a は，必ず $a \in Q$ をみたす。
(2)　$a \in Q$ である a は，必ず $a \in P$ をみたす。
(3)　$a \in P$ である a の中には，$a \in Q$ をみたすものが存在する。
(4)　$a \in Q$ である a の中には，$a \in P$ をみたすものが存在する。
(5)　$a \in P, a \in Q$ の双方をみたす a が存在する。
(6)　$a \in P, a \notin Q$ の双方をみたす a が存在する。
(7)　$a \notin P, a \in Q$ の双方をみたす a が存在する。

例題の解説

答え：正しいもの…(3), (4), (5), (6), (7) ／ 誤ったもの…(1), (2)

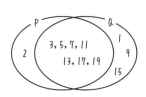

集合 P, Q は各々次のようになります。
$$P := \{2, 3, 5, 7, 11, 13, 17, 19\},$$
$$Q := \{1, 3, 5, 7, 9, 11, 13, 15, 17, 19\}$$
そしてこれを図示すると左のようになります。
あとは図をもとに，7 つの文を素直に読めば正誤が
わかります。

いまの例題で "$a \in P, a \in Q$ の双方をみたす a" に言及しました。これは集合 P, Q
の共通部分（積集合）の要素です。共通部分については **1-3** で学習します。

1-2 ⊙ 部分集合と集合の相等

ここまで，集合や要素の導入をしました。次は集合どうしの関係を見ていきます。本節の内容は，今後だいたいどの分野でも活躍します。文字や記号が多いですが，以下の内容をマスターできるか否かが高校数学の明暗を分かつといっても過言ではありません。

▶ 部分集合

> **🔍 定義　部分集合**
>
> 集合 A が集合 B の**部分集合である**（集合 A が集合 B に含まれる）とは，任意の[4] A の要素 a に対し $a \in B$ が成り立つことをいう。これを $A \subset B$ または $B \supset A$ と表す。
> A が B の部分集合でないことは，$A \not\subset B$ または $B \not\supset A$ と表す。

$A \subset B$ は"集合 A が集合 B に入っている"ということです。たとえば
$$F = \{4, 8, 12, 16\}, \qquad E = \{2, 4, 6, 8, 10, 12, 14, 16\}$$
と定めたとき，F の要素である 4, 8, 12, 16 はいずれも E の要素です。よって F は E の部分集合であり，このことは $F \subset E$ と表せます。

なお，定義より任意の集合 A について $A \subset A$ が成り立ちます。つまり，**任意の集合は，それ自身の部分集合**です。

ちなみに，集合 A, B が $A \subset B$ かつ $A \neq B$ をみたすとき，つまり $A \subset B$ に加えて"B の要素であって A の要素でないもの"が存在するとき，A は B の真部分集合であるといいます[5]。

---

4 "どのような～に対しても""すべての"といった意味です。後の節で詳しく学びます。
5 同様に，たとえば 2 数 a, b が $a > b$ をみたすとき，"a は b より真に大きい"と表現できます。

▶ 空集合

🔍 定義　空集合

要素をもたない集合を**空集合**とよび，$\varnothing$ と表す[6]。
なお，空集合は任意の集合の部分集合である。

要素がないのに集合とよぶのは不思議な気もしますが，その方が何かと都合がよいです。次の例題に取り組めば，そのご利益のひとつがわかることでしょう。

例題　部分集合とその個数

自然数 n に対して定められる集合 $A_n := \{1, 2, 3, \cdots, n\}$ の部分集合の個数を調べよう[7]。$A_1 = \{1\}$ の部分集合は $\varnothing$, $\{1\}$ の 2 つである。また，集合 $A_2 = \{1, 2\}$ の部分集合は $\varnothing$, $\{1\}$, $\{2\}$, $\{1, 2\}$ の 4 つである。

(1)　集合 $A_3 = \{1, 2, 3\}$ の部分集合は何個か。
(2)　集合 $A_4 = \{1, 2, 3, 4\}$ の部分集合は何個か。
(3)　以上の結果をもとに，集合 A_n の部分集合の個数を推測せよ。また，その個数となる理由を大まかに述べよ。

なお，いずれの問題についても以下のことに留意せよ。

- どの集合も，その集合自身を部分集合にもつ。
- どの集合も，空集合を部分集合にもつ。

6　ギリシャ文字に ϕ（phi）というものがありますが，それとは無関係のようです。
7　A の右下についている数字は，"添え字"などとよばれます。

(1) 答え：8個

A_3 の部分集合を要素の個数別に調べると，以下のようになります。

要素が 0 個であるもの：∅
要素が 1 個であるもの：$\{1\}, \{2\}, \{3\}$
要素が 2 個であるもの：$\{2, 3\}, \{3, 1\}, \{1, 2\}$
要素が 3 個であるもの：$\{1, 2, 3\}$（A_3 自身）

以上より，部分集合の個数は $1+3+3+1=8$（**個**）です。
参考までに，要素の選び方と部分集合との対応を表にまとめておきます。

表：A_3 の要素 1, 2, 3 の選び方とできあがる部分集合

1	×	◯	×	×	◯	◯	×	◯
2	×	×	◯	×	◯	×	◯	◯
3	×	×	×	◯	×	◯	◯	◯
部分集合	∅	$\{1\}$	$\{2\}$	$\{3\}$	$\{1, 2\}$	$\{1, 3\}$	$\{2, 3\}$	$\{1, 2, 3\}$

◯…その要素を選ぶ ／ ×…その要素を選ばない

(2) 答え：16個

A_4 の部分集合を要素の個数別に調べると，以下のようになります。

要素が 0 個であるもの：∅
要素が 1 個であるもの：$\{1\}, \{2\}, \{3\}, \{4\}$
要素が 2 個であるもの：$\{1, 2\}, \{1, 3\}, \{1, 4\}, \{2, 3\}, \{2, 4\}, \{3, 4\}$
要素が 3 個であるもの：$\{1, 2, 3\}, \{1, 2, 4\}, \{1, 3, 4\}, \{2, 3, 4\}$
要素が 4 個であるもの：$\{1, 2, 3, 4\}$（A_4 自身）

以上より，部分集合の個数は $1+4+6+4+1=16$（**個**）です。
やはりここでも，要素の選び方と部分集合の対応をまとめておきます。

表：A_4 の要素 1, 2, 3, 4 の選び方とできあがる部分集合

1	×	○	×	×	×	○	○	○
2	×	×	○	×	×	○	×	×
3	×	×	×	○	×	×	○	×
4	×	×	×	×	○	×	×	○
部分集合	∅	{1}	{2}	{3}	{4}	{1, 2}	{1, 3}	{1, 4}
1	×	×	×	○	○	○	×	○
2	○	○	×	○	○	×	○	○
3	○	×	○	○	×	○	○	○
4	×	○	○	×	○	○	○	○
部分集合	{2, 3}	{2, 4}	{3, 4}	{1, 2, 3}	{1, 2, 4}	{1, 3, 4}	{2, 3, 4}	{1, 2, 3, 4}

○…その要素を選ぶ ／ ×…その要素を選ばない

(3) **答え：A_n の要素の個数は 2^n 個と推測できる。**

**　　　　2^n 個となるのは，n 個の要素各々について，それを部分集合に含めるか否かの 2 通りあることによる。**

A_1, A_2, A_3, A_4 の部分集合の個数が各々 2, 4, 8, 16 であったことから，集合 A_n の部分集合の個数は 2^n であると推測できます。

A_n の要素は 1 以上 n 以下の自然数ですが，その各々を含めるか含めないかを選択することで部分集合が重複なく定まります。

つまり含める／含めないの 2 択を n 個の要素各々について行うときの選び方が部分集合の個数と対応しているため，A_n の部分集合が 2^n 個となるのです。

▶ 集合の相等

> **🔍 定義** **集合の相等**
>
> 集合 A, B が $\begin{cases} A \subset B \\ B \subset A \end{cases}$ をみたすとき，A と B は等しいといい，$A = B$ と表す。

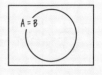

部分集合の定義に基づくと，次のように言い換えることもできます。

> **🔍 定義** **集合の相等（言い換え）**
>
> 集合 A, B が次をみたすとき，A と B は等しいという。
> - 任意の A の要素 a が $a \in B$ をみたす。
> - 任意の B の要素 b が $b \in A$ をみたす。

以上の定義をふまえ，早速例題に取り組んでみましょう。なお，次の例題は第12章（最終章）で学ぶ内容と関連しています。よくわからない場合はいったんスキップし，第12章を学んだのちにここへ戻ってくると理解しやすいです。

例題　2元1次方程式の整数解

本書第12章（数学と人間の活動）では2元1次方程式の整数解について学ぶ。たとえば $5x + 7y = 3$ という方程式が登場し，その整数解は次のようになる。

$$(x, y) = (2 + 7k, -1 - 5k) \quad (k \text{ は整数}) \quad \cdots ①$$

ただし，解き方によってはたとえば

$$(x, y) = (-5 + 7k', 4 - 5k') \quad (k' \text{ は整数}) \quad \cdots ②$$

となることもある。見た目は異なるが，実はこれらはいずれも正解である。
①，②で表される (x, y) の組の集合を各々 A, B とする。つまり

$$A := \{(\ 2 + 7k, -1 - 5k) \mid k \text{ は整数}\},$$
$$B := \{(-5 + 7k', 4 - 5k') \mid k' \text{ は整数}\}$$

と定める。このとき，$A = B$ を示せ。2数の組の集合なので戸惑うかもしれないが，集合の相等の定義にしたがい $A \subset B$，$B \subset A$ を各々示せばよい。
（なお，$A = B$ より，解①，②に"違い"がないことがわかる。）

例題の解説

答え：以下の通り。

（ⅰ） $A \subset B$ の証明

A の要素 $(x, y) = (2+7k, -1-5k)$ （k は整数）を自由にとってきます。ここで
$$\begin{cases} 2+7k = 2-7+7(k+1) = -5+7(k+1) \\ -1-5k = -1+5-5(k+1) = 4-5(k+1) \end{cases}$$
が成り立ちます。$k+1$ は整数ですから $(-5+7(k+1), 4-5(k+1)) \in B$ です。**A の要素をなんでもいいからとってきたら，それが必ず B の要素になったわけですから，$A \subset B$ とわかります。**

（ⅱ） $B \subset A$ の証明

B の要素 $(x, y) = (-5+7k', 4-5k')$ （k' は整数）を自由にとってきます。ここで
$$\begin{cases} -5+7k' = -5+7+7(k'-1) = 2+7(k'-1) \\ 4-5k' = 4-5-5(k'-1) = -1-5(k'-1) \end{cases}$$
が成り立ちます。$k'-1$ は整数ですから $(2+7(k'-1), -1-5(k'-1)) \in A$ です。**B の要素をなんでもいいからとってきたら，それが必ず A の要素になったわけですから，$B \subset A$ とわかります。**

以上より $A \subset B$, $B \subset A$ の双方がいえ，$A = B$ が示されました。■

要は，A, B の定義
$$A := \{(2+7k, -1-5k) \mid k \text{ は整数}\},$$
$$B := \{(-5+7k', 4-5k') \mid k' \text{ は整数}\}$$
における k, k' は**値が1ズレているだけ**なのです。k, k' はいずれも整数全体を動くので，ラベリングするときの値が1ズレていても，集合としては同じですね。

本節では，集合や部分集合について述べてきました。しかし，集合どうしの関係は"含む・含まれる"にとどまりません。

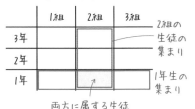

たとえばある高校における"1年生の生徒"という集合と"2組の生徒"という集合のように，複数の集合の一部だけが重なっているケースなんていうのもあるのです。そこで次は，集合どうしの重なりについてご紹介します。

1-3 ⟩ 共通部分・和集合

正整数のうち偶数の集合 A と 3 の倍数の集合 B について考えましょう。各々の要素を小さい順にいくつか書き並べると

- A の要素：2, 4, **6**, 8, 10, **12**, 14, …
- B の要素：3, **6**, 9, **12**, 15, …

となり、6 や 12 のように両者に共通する要素がありますね。こうした集合の"重なり"に関する語・表記をご紹介します。

🔍 定義　　共通部分（積集合）・和集合

A, B を集合とする。このとき、A, B に共通する要素のみをすべて揃えた集合を A, B の共通部分（積集合）といい、これを $A \cap B$ と表す。すなわち次式が成り立つ。

$$A \cap B = \{x \mid x \in A \text{ かつ } x \in B\}$$

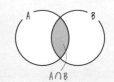

また、A, B の少なくとも一方に属する要素のみをすべて揃えた集合を A, B の和集合といい、これを $A \cup B$ と表す。すなわち次式が成り立つ。

$$A \cup B = \{x \mid x \in A \text{ または } x \in B\}$$

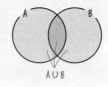

上の定義・表記を参照しつつ、早速例題に取り組んでみましょう。

例題　　有限集合の共通部分・和集合

集合 A, B を以下のように定義する。

$$A = \{p \mid p \text{ は 35 以下の素数}\},$$
$$B = \{n \mid n \text{ はいずれかの桁が 3 である 35 以下の自然数}\}$$

(1)　A, B 各々を、要素を書き並べる記法により表せ。

(2)　$A \cap B$ および $A \cup B$ を求めよ。

答え：(1)　$A = \{2, 3, 5, 7, 11, 13, 17, 19, 23, 29, 31\}$,
　　　　　$B = \{3, 13, 23, 30, 31, 32, 33, 34, 35\}$
　　　(2)　$A \cap B = \{3, 13, 23, 31\}$,
　　　　　$A \cup B = \{2, 3, 5, 7, 11, 13, 17, 19, 23, 29, 30, 31, 32, 33, 34, 35\}$

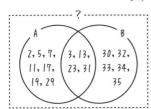

さほど苦労することなく正解できることでしょう。
左のように，図に要素を書き並べていくと漏れや重
複を防ぎやすいです。

例題　　　**無限集合の共通部分・和集合**

集合 A, B を以下のように定義するとき，$A \cap B$ および $A \cup B$ を求めよ。ただし，
$|x|$ は実数 x の絶対値である。

$$A = \{x \mid 0 \leqq x \leqq 3\}, \qquad B = \{x \mid |x| < 2\}$$

答え：$A \cap B = \{x \mid 0 \leqq x < 2\}$, $A \cup B = \{x \mid -2 < x \leqq 3\}$

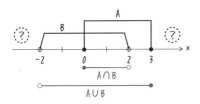

$B = \{x \mid -2 < x < 2\}$ と書き換えられます。共
通部分・和集合を求める際は，図のように
A, B の要素を数直線に図示するとよいで
しょう。ただし，●はその数を範囲に含み，
○はその数を範囲に含まないことを表します
（p.82 参照）。

なお，絶対値 $|x|$ の定義や性質については，p.78 を参照してください。

……そういえば，集合の"外"の世界はどうなっているのか，これまで考えませ
んでしたね。解説図の"？"のことです。次はその話をします。

1-4 ⟩ 全体集合，補集合，ド・モルガンの法則

▶ 全体集合と補集合

🔍 定義　全体集合

数学的な議論をする際，議論の対象の"全体"たる集合を考えてその中で議論するのが一般的である。この集合を全体集合という。

前節最後に言及した"？"は，この全体集合のことでした。

たとえば，大中小のさいころ（計3個）を同時に投げる際，出目は全部で$6^3 = 216$通りです。3つの出目がすべて等しくなる確率や，3つの出目の積（かけ算の結果）が6の倍数になる確率などは，この216通りをベースとし，その中の要素数を数えることで計算できます（詳しくは第10章で扱います）。つまり，この場合の全体集合は216通りの出目の組をすべて集めたものです。

なお，全体集合はしばしばUと書かれます[8]。

🔍 定義　補集合

全体集合Uとその部分集合Aに対し，Uの要素でAに属さないもの全体の集合をAの補集合といい，これを$\overline{A}$と表す[9]。すなわち次式が成り立つ。

$$\overline{A} = \{x \mid x \in U \text{ かつ } x \notin A\}$$

全体集合を定義しないことには補集合も定義できない，ということに注意しましょう。

8　universal set の頭文字なので，よく U と表記されるのだと思います。
9　大学数学以降では，A^c のように上付き添え字の c（complement）で表現することが多いようです。

なお，補集合を考えない場合でも，どのような世界の話をしているのかを明示するために，全体集合を宣言するのは大切なことです。
これについては，のちの"命題の真偽は全体集合に依存する"（p.35）まで読むと実感できるはずです。

さて，全体集合・補集合について次のことが成り立ちます。

> **⌐ 法則　全体集合・補集合**
>
> 全体集合 U とその部分集合 A について，次式が成り立つ。
> $$A \cap \overline{A} = \varnothing, \quad A \cup \overline{A} = U, \quad \overline{\overline{A}} = A, \quad \overline{\varnothing} = U, \quad \overline{U} = \varnothing$$

各々の"意味"は以下の通りです。

- $A \cap \overline{A} = \varnothing$　　A に属し，かつ A に属さないような U の要素は存在しない。
- $A \cup \overline{A} = U$　　U の任意の要素は，A に属するか $\overline{A}$ に属するかのいずれか。
- $\overline{\overline{A}} = A$　　　　"A の外部"の外部は A そのものである。
- $\overline{\varnothing} = U$　　　　U の任意の要素は $\varnothing$ に属さない。
- $\overline{U} = \varnothing$　　　　U に属さないものはない。

これら 5 つはいずれも感覚的には自然な性質と思えるため，本書ではこれらの成立は認めることとします。

> **例題　　全体集合と補集合**

$U = \{1, 2, 3, 4, 5, 6, 7, 8, 9\}$ を全体集合とし，集合 A, B $(\subset U)$ を次のように定める。
$$A = \{1, 4, 9\}, \qquad B = \{1, 3, 5, 7, 9\}$$

(1)　$\overline{A}, \overline{B}$ を求めよ。

(2)　$\overline{A} \cap \overline{B}, \overline{A} \cup \overline{B}$ を求めよ。

(3)　$\overline{A \cup B}, \overline{A \cap B}$ を求めよ。

答え：(1) $\overline{A}=\{2, 3, 5, 6, 7, 8\}$, $\overline{B}=\{2, 4, 6, 8\}$

     (2) $\overline{A}\cap\overline{B}=\{2, 6, 8\}$, $\overline{A}\cup\overline{B}=\{2, 3, 4, 5, 6, 7, 8\}$

     (3) $\overline{A\cup B}=\{2, 6, 8\}$, $\overline{A\cap B}=\{2, 3, 4, 5, 6, 7, 8\}$

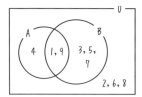

(1) たとえば $\overline{A}$ は $\overline{A}=\{x\,|\,x\in U$ かつ $x\notin A\}$ ですから，U の要素のうち A の要素 1, 4, 9 以外を集めたものとなります。B も同様です。

(2)，(3) も，ミスに留意して積集合や和集合を求めるのみです。

ところで，いまの例題の結果を見ると

    $\overline{A}\cap\overline{B}=\{2, 6, 8\}=\overline{A\cup B}$, $\overline{A}\cup\overline{B}=\{2, 3, 4, 5, 6, 7, 8\}=\overline{A\cap B}$

が成り立っています。実はこれ，偶然ではありません。

法則   **ド・モルガンの法則**

全体集合を U，その部分集合を A, B とすると，次式が成り立つ。
$$\overline{A\cap B}=\overline{A}\cup\overline{B}, \qquad \overline{A\cup B}=\overline{A}\cap\overline{B}$$

式だけ見ると，何を主張しているのかわかりづらいと思います。こういうときは図にしてみると明快です。一緒にやってみましょう。

例題   **ド・モルガンの法則を"塗り絵"で確認**

全体集合 U と A, $B\ (\subset U)$ が与えられているとき，左のような図をノートに 4 つ描き，$\overline{A\cap B}$, $\overline{A}\cup\overline{B}$, $\overline{A\cup B}$, $\overline{A}\cap\overline{B}$ を表す部分を各々塗りつぶして見比べることで，ド・モルガンの法則の成立を確かめよ。

例題の解説

答え：以下の通り。

実のところ，ド・モルガンの法則の証明を私はよく知らないので[10]，塗り絵で法則の成立を確認する問題にしました。各集合を塗りつぶすと次のようになります。

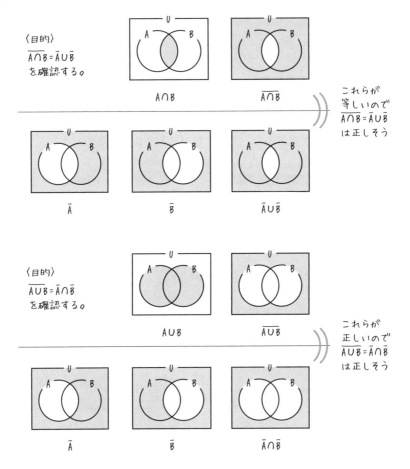

次節からいよいよ高校数学らしくなってきます。難度も上がりますが，そのぶん楽しいはずです。引き続き一緒に歩んでいきましょう。

10　たとえば (1) の場合，集合 $\overline{A \cap B}$ と $\overline{A} \cup \overline{B}$ に対応する条件の"真理値"というものを具体的に調べあげ，それらが一致することを示すのだそうです。

1-5 ⊙ 命題と条件

▶ 命題・真偽

🔍 定義　命題とその真偽

正しいか正しくないかのいずれであるかが定まっている文や式を**命題**という。

命題が正しいことを**真**である，正しくないことを**偽**であるという。

"至上命題" なんて言葉も世の中にはありますが，数学でいう命題は "とても大事なこと" という意味ではなく上述のものです。

たとえば "$2+3=5$ である。" は真偽が判定できるので命題であり，これは真であることになりますね。

一方，"2 乗すると 0 以下になる実数は存在しない。" は命題ですが，これは偽です（$0^2=0$ なので）。

なお，命題の要件はあくまで真偽が**定まっていること**であり，真偽は無関係です。したがって，"素数はみな奇数である" といった偽である主張も命題とよびます。

例題　命題であるか否かの判定

以下の各々が命題であるか否かを述べよ。真偽を述べる必要はない。
(1) 各桁の数字がすべて 1 であるような 100 桁以上の素数が存在する。
(2) 777 はステキな数である。
(3) 正の整数のうち，いずれかの桁に 7 を含むものを "ラッキーナンバー" とよぶこととする。このとき，777 はラッキーナンバーである。

> **例題の解説**

各命題の真偽はともかく，それが定まっているか否かにフォーカスします。

(1) 答え：命題とよべる。

真偽の判定こそ難しいですが，それは命題の要件ではないことに注意しましょう。真偽の判定はできずとも，真偽が定まっていることは確かですから，これは命題とよべます。なお，この命題は真です[11]。

(2) 答え：命題とよべない。

"ステキな数"の定義が不明であり，777 が"ステキな数"であるかを明確に判断できません。

(3) 答え：命題とよべる。

ところが，このようにちゃんと定義してしまえば真偽が定まります。よって，こちらは命題であると判断してよいのです。

> **例題**　　**命題の真偽**

以下の命題の真偽を述べよ。必ずしも根拠を述べる必要はない。

(1)　$5 > 3\sqrt{3}$ である。
(2)　$\pi \geqq 3$（π は円周率）

> **例題の解説**

(1) 答え：偽

$5, 3\sqrt{3}$ はいずれも正実数なので，2 乗したものの大小関係がもとの 2 数の大小関係と一致します。そこで各々を 2 乗してみると $5^2 = 25, (3\sqrt{3})^2 = 27$ となり，$5^2 < (3\sqrt{3})^2$ なので $5 < 3\sqrt{3}$ がしたがいます。よってこの命題は偽です。

(2) 答え：真

$\pi = 3.1415\cdots > 3$ より，問題文の命題は真です[12]。"〜である"等の日本語がなくても，数式の正誤を命題の真偽とすべきでしょう。

11　たとえば 1 が 317 個並んだ数は素数です。このように 1 だけが並んだ数を repunit とよびます。
12　時折"π は 3 より大きいのだから，不等号に等号がついているのはおかしい！"という不思議なことを主張する方がいますが，その考えは誤りです。$x \geqq y$ は"x は y より大きいか y と等しい"ことを表しているだけであって，いずれかが成り立っていればよいのです。書かれていること以外の意味を勝手に妄想しないのが大切です。

▶ 条件

🔍 定義 **条件**

（π のような定数を除く）文字を含んでおり，その文字に具体値を代入する
ことで真偽が定まる（命題になる）文字や式のことを，その文字についての
条件とよぶ。

たとえば突然 "$0 \leq t \leq 1$ って正しいですか？" と唐突に問われたら，"あなたが
用いているその t というものはそもそも何なの？" と思ってしまうはずです。
一方，たとえば "$t = \dfrac{1}{\sqrt{2}}$ のとき，$0 \leq t \leq 1$ って正しいですか？" と問われたら，
"うん，それは正しいよ。" と自信をもって答えられることでしょう。

例題 **命題と条件の区別**

以下の各々を "命題である" "命題ではないが条件である" の一方に分類するな
らば，いずれが最も適切か。
(1) α, β は $\alpha + \beta = -2$, $\alpha\beta = -3$ をみたす。
(2) α, β は $\alpha + \beta = -2$, $\alpha\beta = -3$ をみたす。このとき，$(\alpha, \beta) = (1, -3)$ または
   $(\alpha, \beta) = (-3, 1)$ である。
(3) N を自然数とする。このとき，N^2 を 4 で割った余りは 3 ではない。
(4) p, q は $p \geq 0$, $q \geq 0$, $p + q \leq 1$ をみたす実数である。

例題の解説

大まかには，"はい" か "いいえ" で答えてね，と言われて困るものが条件，そ
うでないものが命題です。

(1) 答え：命題ではないが条件である。

α, β の和・積に関する情報を与えているのみなので条件と考えられます。

(2) 答え：命題である。

途中までは (1) と全く同じですが，その条件をもとに α, β の値の組を述べて
おり，これは真偽の判断を行えるため命題です。

(3) 答え：命題である。

N^2 を 4 で割った余りが 3 となることは "ある" か "ない" かの一方のみであり，真偽が明確に定まるため，これは命題といえます。真偽を判断することの労力は無関係であることに注意しましょう。なお，この命題は真です。

(4) 答え：命題ではないが条件である。

$p \geq 0,\ q \geq 0,\ p+q \leq 1$ という条件を p, q に課しているだけであって，それはもちろん自由なので，これは条件といえるでしょう。この文の次に "このとき $pq \leq 1$ である" などと述べられていれば，それは命題とよべます。

"不等式が含まれているから条件である" "等式が含まれているから命題である" などと判断するのは安直なので，注意しましょう。

▶ 仮定と結論

> **♀ 定義　命題の仮定・結論**
>
> p, q を条件とする。このとき，$p \Longrightarrow q$ は "p ならば q" という命題を指す。
> ここでいう "p ならば q" とは，"p ならば必ず q である" ことをいう。
> 矢印の根元にある条件を仮定，矢印の先端にある条件を結論とよぶ。

これまでに紹介してきた命題の中には，"$2+3=5$" のように新しいことを何も仮定していないものもあれば，さきほどの例題で登場した

α, β は $\alpha+\beta=-2,\ \alpha\beta=-3$ をみたす。

→このとき，$(\alpha, \beta)=(1, -3)$ または $(\alpha, \beta)=(-3, 1)$ である。

のように，条件を仮定してそのもとで主張をするという形式のものもあります。後者をいったん整理して書き直すと

$$\begin{cases} \alpha+\beta=-2 \\ \alpha\beta=-3 \end{cases} \quad \textbf{ならば} \quad (\alpha, \beta)=(1, -3), (-3, 1)$$

ですが，矢印を用いることで

$$\begin{cases} \alpha+\beta=-2 \\ \alpha\beta=-3 \end{cases} \quad \Longrightarrow \quad (\alpha, \beta)=(1, -3), (-3, 1)$$

と表現できるのです[13]。また，いまの場合 $\begin{cases} \alpha+\beta=-2 \\ \alpha\beta=-3 \end{cases}$ が仮定であって，

$(\alpha, \beta)=(1, -3), (-3, 1)$ が結論ですね。

▶ 真理集合

🔍 定義 **真理集合・命題の真偽**

U を全体集合とする。条件 p の真理集合とは，U に属する要素であって，条件 p をみたすもの全体の集合のことをいう。

条件 p, q の真理集合を $P, Q\ (\subset U)$ とする[14]。このとき，命題 $p \Longrightarrow q$ が真であるとは，$P \subset Q$ であることをいう。

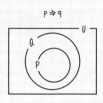

$P \subset Q$ は，**P のいかなる要素も Q の要素である**ことを意味するのでした。このような場合，$p \Longrightarrow q$ は真であるといいます。そうでないとき，つまり $P \not\subset Q$ のとき $p \Longrightarrow q$ は偽であるといいます。

この $\Longrightarrow$ は "ならば" と読みますが，日常生活における "ならば" とリンクさせると数学的に正しくない解釈につながる可能性があるので注意が必要です。

たとえば日常生活で "18 歳以上であれば選挙に行ける" と発言した場合，18 歳未満の人は選挙に行けないような気分になりますが，数学的にはあくまで 18 歳以上の人の話をしただけであって，18 歳未満の人については何も述べていません。数学的主張には先入観や常識を持ち込まず，**額面通りに受け取る**ことが大切です。

なお，$P = \varnothing$ つまり条件 p が成り立つことのない場合も，命題 $p \Longrightarrow q$ は真となります。これは，任意の集合が空集合 $\varnothing$ を部分集合にもつこととももつじつまが合います。

13　この矢印 $\Longrightarrow$ は，通常 2 本線で書きます。

14　この場合，$P = \{x \in U | p(x)\}$，$Q = \{x \in U | q(x)\}$ ということになります（"(x)" は，x についての条件であることを示すために書きました）。

> **🔍 定義** **反例**
>
> 命題 $p \implies q$ が偽であることを示すには，"pであるのにqでない"という例を1つ挙げれば十分である。このような例を（$p \implies q$ の）**反例**という。

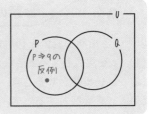

反例の要件は"条件pをみたしqをみたさない"ということです。**単にqをみたさないだけでは不十分**なのがポイントです。

たとえば，ある人物 A が"高校の3年間で3,000時間以上勉強すれば誰でも東大に合格できる！"と主張したとします[15]。A に対し，別の人物 B が"私は2,000時間勉強したが，東大には合格しなかった。"と伝えたら，A はどのようなリアクションをするでしょうか。

きっと，"B はそもそも3,000時間勉強していないじゃないか。だから不合格だったのだ。"と言われてしまうでしょう。A を真に困らせるためには，"**3,000時間勉強したのに**東大に合格できなかった"人を連れてきて証言してもらう必要があります。

このように，命題 $p \implies q$ が偽となるのは"pをみたし，かつqをみたさないもの"が存在するときであり，そもそもpをみたしていないものはどうでもよいのです。

---

15 あくまで"たとえば"の話です。勉強時間が長いだけで東大に合格できるならラクな話なのですが，あいにくそうではありません。勉強時間の長短はあくまで結果であり，それを増やすことばかり考えても頭はよくならないので，勉強時間で自身や他者の努力を評価することはやめましょう。

以下の各命題の真偽を判定せよ。偽である場合は反例を示せ。

(1) t を実数とするとき，$t>1 \Longrightarrow -3+2t+t^2>0$ である。

(2) x を実数とするとき，$x^2-3>0 \Longrightarrow x>\sqrt{3}$ である。

(3) x を実数とするとき，$x^2+1<0 \Longrightarrow x>0$ である。

(4) $p, p+2, p+4$ のいずれも素数となるような素数 p は存在しない。

(1) 答え：真

$t>1$ とすると $2t>2\cdot1=2$，$t^2>1^2=1$ であるため $-3+2t+t^2>-3+2+1=0$ より $-3+2t+t^2>0$ がしたがいます。よってこの命題は真です。

(2) 答え：偽

たとえば $x=-2$ は，$x^2-3=(-2)^2-3=1>0$ ですが，これは $x>\sqrt{3}$ をみたしません。$x=-2$ という反例が見つかったため，この命題は偽です。

(3) 答え：真

$x^2+1<0$ をみたす実数 x の集合は空集合 $\varnothing$ であり，$x>0$ をみたす実数 x の集合は $\varnothing$ を部分集合にもつため，この命題は真です。要は，仮定（いまの場合 $x^2+1<0$）がつねに偽なので，（結論はさておき）命題全体は真になるということです [16]。

(4) 答え：偽

$p=3$ としてみましょう。まず p 自体は素数です。また，$p+2=5$，$p+4=7$ はいずれも素数となっています。つまり，$p=3$ とすれば $p, p+2, p+4$ はいずれも素数となるのです。反例の要件をみたしていますから，この命題は偽です。

---

16 "私の背中に翼があるならば，私は自由に空を飛び回れるのに"に論理的な矛盾がないのと同じことです。

▶ 命題の真偽は全体集合に依存する

ここでひとつ，あまり意識されないものの重要なことをお伝えします。冷静に考えれば当然のことではあるのですが，**命題の真偽は全体集合をどうとるかに依存します**。早速具体例を見てみましょう。

例題　　　**全体集合と命題の真偽の関係**

全体集合を U とし，$a \in U$, $b \in U$ とする。このとき，命題
$$a < b \ ならば \ a^2 < b^2 \quad \cdots(*)$$
の真偽が U によって変わるか否か調べてみよう。
(1) $U = \{x \mid x \ は実数\}$ とした場合の真偽を述べよ。
(2) $U = \{x \mid x \ は正実数\}$ とした場合の真偽を述べよ。
いずれにおいても，偽である場合は反例を与えよ。余力がある場合は，真であるものについて，その証明を考えてみよ。

例題の解説

(1) 答え：**偽**
　命題（$*$）は，実数全体で考えるとたとえば $a = -3$, $b = 1$ という反例が存在します。2乗すれば符号は関係なくなるため，a を絶対値の大きい負の値にすればよいというわけですね。よってこの場合，命題（$*$）は偽です。

(2) 答え：**真（証明は以下の通り）**
　一方，正実数に限って考えるとこれは真です。中学で学んだ因数分解を用いると $b^2 - a^2 = (b + a)(b - a)$ と変形でき，$a > 0$, $b > 0$ より $b + a > 0$ が，$b > a$ より $b - a > 0$ がしたがうことから $(b + a)(b - a) > 0$ つまり $b^2 - a^2 > 0$ がいえます。

長い節でしたが，よく最後まで読み進めてくださいました。素晴らしいです！
ここを妥協せず理解して先に進むことで，高校数学の学習は段違いにスムーズになります。"あのときちゃんと論理の勉強をしておいてよかった……"と感じるときが，きっと訪れることでしょう。

1-6 ⊙ 必要条件と十分条件，同値

🔍 定義　必要条件・十分条件

条件 p, q に対する命題 $p \Longrightarrow q$ が真であるとき，

- q は p であるための**必要条件**である。／ p であるために，q は必要
- p は q であるための**十分条件**である。／ q であるために，p は十分

という。

"必要""十分"という名称なのは，以下のように考えると納得しやすいです。

$p \Longrightarrow q$ が成り立っているとして，p, q の条件の強さを比べます。$p \Longrightarrow q$ は "p を仮定するだけで q がいえる"ということを意味しています。つまり**条件 p は条件 q と同じかそれよりも強い**のです。したがって，p は q であるための"十分"条件となるのです。

一方，q は p と同じかそれよりも弱い条件なのですが，**その q さえ成り立っていないとなると，p が成り立つことは当然ありません**。つまり，q は p の成立に欠かすことのできないものであるため，q は p の"必要"条件なのです。

🔍 定義　必要十分条件・同値

$p \Longrightarrow q$, $p \Longleftarrow q$ の双方が真であるとき，

- p は q であるための**必要十分条件**である ／ q は p であるための**必要十分条件**である
- p と q は**同値**である ／ q と p は**同値**である

といい，$p \Longleftrightarrow q$ や $q \Longleftrightarrow p$ と表す。

$p \Longleftrightarrow q$ は，どちらを仮定しても他方を導けることを意味します。**その全体集合において p, q は同じ意味をもった条件である**，ということです。

| 例題 | 必要条件・十分条件 |

a, b は実数，m, n は自然数とする [17]。(1) 〜 (4) の各空欄に，ア〜エのうち適切なもの 1 つを挿入せよ。同じ記号を複数回用いてもよい。

(1)　$a < b$ は $a^2 < b^2$ であるための [　]。

(2)　$a = b$ は $a^2 + b^2 = 0$ であるための [　]。

(3)　m, n がいずれも偶数であることは，mn が偶数であるための [　]。

(4)　m, n がいずれも奇数であることは，mn が奇数であるための [　]。

ア：必要十分条件である

イ：必要条件であるが十分条件でない

ウ：十分条件であるが必要条件でない

エ：必要条件でも十分条件でもない

| 例題の解説 |

答え：(1) エ　(2) イ　(3) ウ　(4) ア

(1)　$a < b \implies a^2 < b^2$ は偽であり，反例はたとえば $(a, b) = (-1, 0)$ です。

$a < b \impliedby a^2 < b^2$ は偽であり，反例はたとえば $(a, b) = (1, -\sqrt{2})$ です。

いずれも偽なので，$a < b$ は $a^2 < b^2$ であるための**必要条件でも十分条件でもありません**。

(2)　$a = b \implies a^2 + b^2 = 0$ は偽であり，反例はたとえば $(a, b) = (1, 1)$ です。

$a = b \impliedby a^2 + b^2 = 0$ は真です。任意の実数の 2 乗は 0 以上であり，$a^2 + b^2 = 0$ が成り立つのは $a^2 = 0 = b^2$ つまり $a = 0 = b$ の場合のみだからです。よって，$a = b$ は $a^2 + b^2 = 0$ であるための**必要条件ではありますが，十分条件ではありません**。

このように，"$\implies$" と "$\impliedby$" の各々の真偽を調べていくのです。単純明快ですね。真偽を調べた結果をまとめると，次のようになります。

17　この部分が "全体集合を実数 / 自然数全体とする" ことを意味します。以下も同様です。命題の真偽だけでなく条件の否定を考える際も，（補集合を考える以上）全体集合を明確にすることが欠かせません。

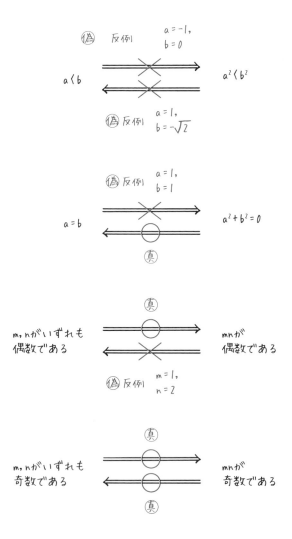

必要条件・十分条件は，数学を正しく理解するだけでなく，試験で高い得点を獲得するためにもつねに意識すべきことです。たとえば $\pi > 3.05$ を証明する問題では，$\pi > 3.1$ を示せば証明として十分ですが，$\pi > 3$ を示すのみでは不十分です。

必要十分条件・同値

x, y を実数とする。このとき，次の2条件 p, q が同値であることを示せ。

$$p : x = 0 \text{ または } y = 0, \qquad q : (x+y)^2 = (x-y)^2$$

何を示せばよいかわからないときは，定義に戻ってみましょう。2つの条件 **p, q が同値であるとは，$p \Longrightarrow q, p \Longleftarrow q$ の双方が真であること**をいうのでした。であれば，その2つを各々示せばよいのです。

例題の解説

答え：以下の通り。

$p \Longrightarrow q$ の証明

$x = 0$ とすると $(x+y)^2 = y^2$, $(x-y)^2 = y^2$ となり q がしたがいます。

$y = 0$ とすると $(x+y)^2 = x^2$, $(x-y)^2 = x^2$ となり q がしたがいます。

これらより $p \Longrightarrow q$ は真です。

$p \Longleftarrow q$ の証明

$(x+y)^2 = (x-y)^2$ を仮定します。両辺を展開すると $x^2 + 2xy + y^2 = x^2 - 2xy + y^2$ となり，これを整理することで $xy = 0$ を得ます。x, y の積が0なので p がしたがい，$p \Longleftarrow q$ は真とわかります。

以上より $p \Longrightarrow q, p \Longleftarrow q$ はいずれも真であるため，p と q は同値です。∎

（別解）次のように同値変形（後述）を繰り返すことで示すこともできます[18]。

$$\underbrace{(x+y)^2 = (x-y)^2}_{q} \Longleftrightarrow x^2 + 2xy + y^2 = x^2 - 2xy + y^2$$

$$\Longleftrightarrow 4xy = 0 \Longleftrightarrow xy = 0 \Longleftrightarrow \underbrace{x = 0 \text{ または } y = 0}_{p} \quad ∎$$

何かを証明したいときは，証明すべきことがらの定義を参照するのが基本です。いまの場合示したいのは $p \Longleftrightarrow q$ であり，その定義は "$p \Longrightarrow q, p \Longleftarrow q$ の双方が真であること" なので，それらを各々証明したわけです。

---

18 以下の式に登場する "$P \Longleftrightarrow Q \Longleftrightarrow R \Longleftrightarrow \cdots$" は「"$P \Longleftrightarrow Q$" かつ "$Q \Longleftrightarrow R$" かつ…」という意味です。"$(P \Longleftrightarrow Q) \Longleftrightarrow R \cdots$" などではありません。

▶ 同値変形

さきほどの例題の別解で言及したものです。名前の通り，条件式をそれと同値なものに変形することをいいます。

たとえば，中学の数学で次のような連立方程式を扱いました。

$$\begin{cases} 4x-3y=-1 & \cdots ① \\ 2x+y=7 & \cdots ② \end{cases}$$

解法は複数ありますが，よくある解法のひとつに次のようなものがあります。

解法
1. まず，②を $y=-2x+7$ …②′ と変形する。
2. ②′を①に代入する。すると $4x-3(-2x+7)=-1$ …③ という方程式が得られる。
3. ③を解くことで，$x=2$ を得る。
4. $x=2$ を②′に代入し，y を求める。結果は次の通り。

$$y=-2x+7=-2\cdot 2+7=3$$

5. 以上より，さきほどの連立方程式の解は $(x,y)=(2,3)$ となる。

よくある解き方ですよね。ところで，この解法に関する次の質問に，あなたはどう答えますか？

[Q] 途中から③や②′を用いているが，$(x,y)=(2,3)$ という解はほんとうに①・②をみたすのか？

素朴な疑問ではありますが，いざ問われると困ってしまいますよね。
でも実は，前述の解法で得られた解 $(x,y)=(2,3)$ は，ちゃんと①・②をみたします。

その理由は，"同値な式変形"に着目することで明らかになります。
前述の解法をもう一度前からなぞっていきましょう。まず②を②′に変形したのでした。これは次のように変形したことを意味します。

$$\begin{cases} 4x-3y=-1 & \cdots ① \\ 2x+y=7 & \cdots ② \end{cases} \iff \begin{cases} 4x-3y=-1 & \cdots ① \\ y=-2x+7 & \cdots ②′ \end{cases}$$

"$\Longleftrightarrow$" とは $\Longrightarrow$, $\Longleftarrow$ の双方が成り立つことを指すのでした。実際，左の連立方程式から右の連立方程式を導けますし，右から左に変形することもできます。そもそも②と②′ が同値な式ですから，当然といえば当然ですね。

次に，②′ を①に代入しました。これは次の変形に対応しています。

$$\begin{cases} 4x - 3y = -1 & \cdots① \\ y = -2x + 7 & \cdots②' \end{cases} \Longleftrightarrow \begin{cases} 4x - 3(-2x + 7) = -1 & \cdots③ \\ y = -2x + 7 & \cdots②' \end{cases}$$

これもやはり，左から右，右から左いずれにも変形できるため，同値です。

そして，得られた x の方程式③を解いたのでした。その結果が $x = 2$ だったわけです。これは次の変形に対応しています。

$$\begin{cases} 4x - 3(-2x + 7) = -1 & \cdots③ \\ y = -2x + 7 & \cdots②' \end{cases} \Longleftrightarrow \begin{cases} x = 2 \\ y = -2x + 7 & \cdots②' \end{cases}$$

最後に，$x = 2$ を②′ に代入し，$y = 3$ を得たのでした。

$$\begin{cases} x = 2 \\ y = -2x + 7 & \cdots②' \end{cases} \Longleftrightarrow \begin{cases} x = 2 \\ y = 3 \end{cases}$$

つまり，左ページの解法は，連立方程式を次のように変形するものなのです。

$$\begin{cases} ① \\ ② \end{cases} \Longleftrightarrow \begin{cases} ① \\ ②' \end{cases} \Longleftrightarrow \begin{cases} ③ \\ ②' \end{cases} \Longleftrightarrow \begin{cases} x = 2 \\ ②' \end{cases} \Longleftrightarrow \begin{cases} x = 2 \\ y = 3 \end{cases}$$

一連の同値変形の最初と最後だけを見ると，次のようになっています。

$$\begin{cases} ① \\ ② \end{cases} \Longleftrightarrow \begin{cases} x = 2 \\ y = 3 \end{cases}$$

つまり，$(x, y) = (2, 3)$ というのはもとの連立方程式の必要十分条件に（ちゃんと）なっています。だから①・②をみたすのです。なお，$(x, y) = (2, 3)$ のほかに解がないことも同値性よりわかります。

左ページの連立方程式の解法は，いわゆる"代入法"です。中学では特に細かい論理を気にせずこの方法を用いることがほとんどですが，同値性の観点でそれが正当化されます。とはいえ，いまの場合 2 元 1 次連立方程式という単純な例だから論理に意識が向かなくても許されていたのであって，本来上述の同値変形も答案で記述すべきなのは忘れずに！

同値変形という観点で眺めると，これまで運用してきた連立方程式の解法がどうして正しいのか正確に理解できますね。

例題 同値性を意識しつつ連立方程式を解く

連立方程式 $\begin{cases} x+2y=8 \\ -2x+y=9 \end{cases}$ を解け。同値記号 $\Longleftrightarrow$ を用いることにこだわる必要はないが，同値性をつねに意識し，できれば記述により表現しつつ解いてみよ。

例題の解説

答え：$(x,\,y)=(-2,\,5)$
たとえば次のように変形できます。

$$\begin{cases} x+2y=8 \\ -2x+y=9 \end{cases} \Longleftrightarrow \begin{cases} x+2y=8 \\ y=2x+9 \end{cases}$$

$$\Longleftrightarrow \begin{cases} x+2(2x+9)=8 \\ y=2x+9 \end{cases}$$

$$\Longleftrightarrow \begin{cases} x=-2 \\ y=2x+9 \end{cases} \Longleftrightarrow \begin{cases} x=-2 \\ y=5 \end{cases}$$

いわゆる代入法を，条件の同値性に着目して整理するとこうなるわけです。

別解：加減法によるもの
連立方程式の解法には"加減法"というものもありましたね。それを意識して変形すると，たとえば次のようになります。

$$\begin{cases} x+2y=8 \\ -2x+y=9 \end{cases} \Longleftrightarrow \begin{cases} 2x+4y=16 \\ -2x+y=9 \end{cases}$$

$$\Longleftrightarrow \begin{cases} (2x+4y)+(-2x+y)=16+9 \\ -2x+y=9 \end{cases}$$

$$\Longleftrightarrow \begin{cases} 5y=25 \\ -2x+y=9 \end{cases} \Longleftrightarrow \begin{cases} y=5 \\ -2x+y=9 \end{cases} \Longleftrightarrow \begin{cases} y=5 \\ x=-2 \end{cases}$$

強調箇所の"$\Longleftrightarrow$"で2式の辺々の和をとり，文字 x を消去しています。もちろん得られる解は代入法のそれと同じなので，お好みの方法で解けば OK です。

| 例題 | この解法，どこがおかしい？ |

連立方程式（＊）$\begin{cases} -x+2y=3 & \cdots① \\ 2x-y=4 & \cdots② \\ x+3y=11 & \cdots③ \end{cases}$ を，次のように解いてみた。

"①，②の辺々の和[19]を計算すると $x+y=7$ となる。これと③を連立したもの $\begin{cases} x+y=7 \\ x+3y=11 \end{cases}$ を解くと，$(x, y)=(5, 2)$ が得られ，これが（＊）の解である。"

しかしこれは誤った議論である。実際，$(x, y)=(5, 2)$ は①，②いずれもみたさない。①も②も使ったのに誤った解が得られてしまったのは，なぜだろうか。

| 例題の解説 |

答え：以下の通り。

この連立方程式は，正しく議論すると解がないことがわかります。にもかかわらず"解"が得られてしまった理由は以下の通りです。

$\begin{cases} x+y=7 \\ x+3y=11 \end{cases}$ という連立方程式は，式番号で記述すると $\begin{cases} ①+② \\ ③ \end{cases}$ に相当します。問題文の連立方程式との論理関係を整理すると，（＊）$\Longrightarrow \begin{cases} ①+② \\ ③ \end{cases}$ は（いま現に導けたので）成り立ちますが，その逆は成り立ちません。

よって，上のウソ解法で得られた $(x, y)=(5, 2)$ は（＊）の必要条件にしかなっていません。条件を勝手にゆるくしたがために，存在しない"解"が得られてしまったわけです。言い換えると，$\begin{cases} ①+② \\ ③ \end{cases}$ の真理集合は（＊）のそれを含みつつ広がってしまっているのです。実際に，（＊）をみたす点の集合と $\begin{cases} ①+② \\ ③ \end{cases}$ のそれをグラフソフト等で図示してみるとよいでしょう。

必要性・十分性や同値性という観点は，数学の正確な理解に不可欠なのです。

---

19 左辺どうし，右辺どうしで和をとるということです。

1-7 ⊙ 否定と逆・裏・対偶

▶ 否定

> **🔍 定義** 条件の否定
>
> 条件 p に対し，"p でない"という条件を p の否定といい，$\overline{p}$ と表記する。

条件の否定を考えることは，真理集合の補集合を考えることに対応します。
条件とその否定のセットをいくつか例示します。

- m を整数とするとき，"m は奇数である"の否定は"m は偶数である"
- k を 2 以上の整数とするとき，
  "k は素数である"の否定は"k は合成数[20] である"
- z を実数とするとき，"$z^2 = 1$"の否定は"$z^2 \neq 1$"
- x を実数とするとき，"$x < 2$"の否定は"$x \geqq 2$"

"○○である"という文の主張に限らず等式・不等式でも否定を考えられます。

▶ "かつ""または"の否定とド・モルガンの法則

> **📐 法則** "かつ""または"の否定
>
> 条件 p, q に対し，以下の 2 つが成り立つ。
> $$\overline{p \text{ かつ } q} \iff \overline{p} \text{ または } \overline{q}, \qquad \overline{p \text{ または } q} \iff \overline{p} \text{ かつ } \overline{q}$$

これは，集合でいうド・モルガンの法則（p.26）に対応します。具体例を見てみましょう。

---

20 2つ以上の素数の積で表せる自然数のことです。

“かつ”“または”の否定

n を 1 以上 12 以下の整数とし，条件 p, q を以下のように定める。

$$p：n は偶数である，\qquad q：n は 3 の倍数である$$

(1)　$\overline{p}, \overline{q}$ 各々の真理集合を求めよ。

(2)　$\overline{p\,かつ\,q}$，$\overline{p}\,または\,\overline{q}$ 各々の真理集合を求め，それらが一致することを確かめよ。

(3)　$\overline{p\,または\,q}$，$\overline{p}\,かつ\,\overline{q}$ 各々の真理集合を求め，それらが一致することを確かめよ。

全体集合を $U := \{n \mid n は 1 以上 12 以下の整数\}$ とし，条件 p, q の真理集合を P, Q とします。P, Q は具体的に次の通りです。

$$P = \{2, 4, 6, 8, 10, 12\}, \qquad Q = \{3, 6, 9, 12\}$$

(1)　**答え：$\overline{p} \cdots \{1, 3, 5, 7, 9, 11\}$ / $\overline{q} \cdots \{1, 2, 4, 5, 7, 8, 10, 11\}$**

$\overline{p}$ の真理集合は P の補集合 $\overline{P}$ です。全体集合に注意しつつこれを求めると $\overline{P} = \{1, 3, 5, 7, 9, 11\}$ となり，この 6 つの要素が $\overline{p}$ をみたす n の値です。

$\overline{q}$ の真理集合は Q の補集合 $\overline{Q}$ です。全体集合に注意しつつこれを求めると $\overline{Q} = \{1, 2, 4, 5, 7, 8, 10, 11\}$ となり，この 8 つの要素が $\overline{q}$ をみたす n の値です。

(2)　**答え：いずれも $\{1, 2, 3, 4, 5, 7, 8, 9, 10, 11\}$**

“p かつ q” の真理集合は $P \cap Q$ であり，これは $P \cap Q = \{6, 12\}$ と求められます。その補集合 $\overline{P \cap Q} = \{1, 2, 3, 4, 5, 7, 8, 9, 10, 11\}$ の要素たちが $\overline{p\,かつ\,q}$ をみたす n の値です。

一方，(1) より $\overline{P}, \overline{Q}$ の和集合は $\overline{P} \cup \overline{Q} = \{1, 2, 3, 4, 5, 7, 8, 9, 10, 11\}$ であり，この要素たちが $\overline{p}$ または $\overline{q}$ をみたす n の値です。両者は完全に一致しており，確かに $\overline{p\,かつ\,q} \Longleftrightarrow \overline{p}\,または\,\overline{q}$ となっています。

(3)　**答え：いずれも $\{1, 5, 7, 11\}$**

“p または q” の真理集合は $P \cup Q$ であり，これは $P \cup Q = \{2, 3, 4, 6, 8, 9, 10, 12\}$ と求められます。その補集合 $\overline{P \cup Q} = \{1, 5, 7, 11\}$ の要素たちが $\overline{p\,または\,q}$ をみたす n の値です。

一方，（1）をもとに $\overline{P}, \overline{Q}$ の共通部分を考えると $\overline{P} \cap \overline{Q} = \{1, 5, 7, 11\}$ となり，この要素が $\overline{p}$ かつ $\overline{q}$ をみたす n の値です。$\overline{P \cup Q}$ と $\overline{P} \cap \overline{Q}$ は完全に一致しており，したがって $\overline{p \text{ または } q} \iff \overline{p} \text{ かつ } \overline{q}$ となっています。

なお，各集合とその要素たちを図示すると次のようになります。

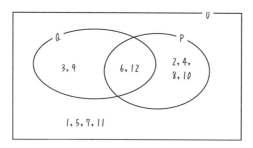

▶ 逆・裏・対偶

次に，複数の命題どうしの関係について学びます。

> **🔍 定義**　**逆・裏・対偶**
>
> 命題 A：$p \implies q$ に対し，
> - 命題 $q \implies p$ を命題 A の**逆**という。
> - 命題 $\overline{p} \implies \overline{q}$ を命題 A の**裏**という。
> - 命題 $\overline{q} \implies \overline{p}$ を命題 A の**対偶**という [21]。

4 つの命題の関係を図示すると，次のようになります。

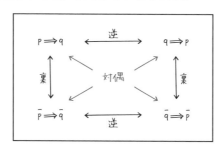

21　もとの命題の逆と裏も，互いに対偶の関係になります。

早速，具体例を見ていきましょう。命題 A を次のように定義します。

$$命題 A：x = 1 \implies x^2 - x = 0$$

命題 A は真ですが，それはさておきこの命題の逆・裏・対偶は以下のようになります。

（命題 A： $x = 1 \implies x^2 - x = 0$）

- 逆　　：$x^2 - x = 0 \implies x = 1$
- 裏　　：$x \neq 1 \implies x^2 - x \neq 0$
- 対偶　：$x^2 - x \neq 0 \implies x \neq 1$

"逆""裏"については，日常会話で用いる"逆に～""裏を返せば…"と意味が大きく異なることに注意しましょう。

似たようなものばかりで混乱するかもしれませんが，定義に従って左右を入れ替えたり，否定を考えたりするのみです。

さて，これらのうち"対偶"には，次のような性質があります。

└ 法則　対偶の真偽

命題 $p \implies q$ とその対偶 $\bar{q} \implies \bar{p}$ の真偽は（命題によらず）一致する。

対偶は，仮定と結論を入れ替え，さらに双方を否定したものですが，その真偽はもとの命題の真偽と一致します。初見だと不思議に思えるかもしれません。

たとえば，ある遊園地に身長 120 cm 未満の人は乗れないジェットコースターがあったとします。このとき

　　　身長が 120 cm 未満である　$\implies$　そのジェットコースターに乗れない

が成り立ちますね。

次に，このジェットコースターにどのような人が乗ったのか出口調査をしたとしましょう。このとき，もし身長 120 cm 未満の人が出口から現れたらおかしいですよね。なぜなら，そのような人はそもそも乗れないからです。つまり

　　　そのジェットコースターに乗れる　$\implies$　身長が 120 cm 以上である

も成り立つわけです。これは上の命題の対偶になっていますね。

▶ もとの命題の対偶を利用した証明

考えている命題を直接証明するのが面倒なことがあります。たとえば

"実数 p, q, r に対し，$p+q+r<0$ ならば p, q, r のうち 1 つ以上は負である。"

という命題を考えましょう。これは真なのですが，まともに証明しようとすると記述のしかたが悩ましいです。

このまま証明する場合，次のような議論をするのが一案です。

> p, q, r の対称性より [22]，特に $p\leqq q\leqq r$ の場合について示せばよい。このとき
> $$p+q+r\geqq p+p+p=3p$$
> が成り立つ。これと条件 $p+q+r<0$ より，$3p<0$ つまり $p<0$ がいえる。よって（現に負のものがあるので）p, q, r のうち少なくとも 1 つは負である。
> p, q, r の大小関係が異なる場合も，適宜文字を入れ替えて同様の評価をすればよい。■

これでも当然正解なのですが，対偶を利用したこんな証明もできます。

> もとの命題の対偶は **"p, q, r がいずれも 0 以上ならば，$p+q+r\geqq0$ である。"** である [23]。$p\geqq0,\ q\geqq0,\ r\geqq0$ がいずれも成り立っているとき，これらの辺々を足し合わせることでただちに $p+q+r\geqq0$ を得る（対偶が真なので，もとの命題も真である）。■

$p\geqq0,\ q\geqq0,\ r\geqq0$ から $p+q+r\geqq0$ を導くプロセスも一応記述してみましたが，それ込みでもだいぶスッキリしましたね。このように，**示したい命題の対偶を考えることで，証明（の対象）を単純化できる場合があります** [24]。

22　p, q, r のどの 2 文字を入れ替えても条件が全く変わらない，ということです。
23　"p, q, r のうち 1 つ以上は負である"という条件は"$p<0$ または $q<0$ または $r<0$"と書き換えられますが，この否定は"$p\geqq0$ かつ $q\geqq0$ かつ $r\geqq0$"です。
24　少なくともこの例では，（対偶を用いない証明を現に載せている通り）対偶を考えないと決して証明できない，というわけではありません。正しい論理により証明ができれば，どのような手段でも OK です。そのうえで，対偶を考えた方がスッキリしているよね，ということです。

例題　　　　対偶を利用した証明

(1)　k を整数とするとき，k^2 が 3 の倍数ならば，k が 3 の倍数であることを示せ。

(2)　3 つの自然数 a, b, c は，直角三角形の 3 辺の長さをなすという。このとき，a, b, c のうち少なくとも 1 つは 3 の倍数であることを示せ。

例題の解説

答え：いずれも以下の通り。

(1) k を整数とし，対偶 "k が 3 の倍数でない $\implies$ k^2 が 3 の倍数でない" …① を示します。

k が 3 の倍数でないとき，ある整数 ℓ を用いて $k = 3\ell \pm 1$ と書け，このとき
$$k^2 = (3\ell \pm 1)^2 = 9\ell^2 \pm 6\ell + 1 = 3(3\ell^2 \pm 2\ell) + 1$$
より k^2 は 3 の倍数ではありません（複号同順[25]）。

対偶①が真であるため，もとの命題も真であることが示されました。■

(2) a, b, c を自然数とし，対偶 "a, b, c のいずれも 3 の倍数でない $\implies$ a, b, c は直角三角形の 3 辺の長さをなさない" …②を示します。

(1) の計算結果を利用すると，a^2, b^2, c^2 はいずれも 3 で割って 1 余る数となります。これらが直角三角形の 3 辺をなすことは
$$a^2 + b^2 = c^2, \qquad b^2 + c^2 = a^2, \qquad c^2 + a^2 = b^2$$
のうちいずれか 1 つが成り立つことと同じですが，いずれの式においても左辺が 3 で割って 2 余る数，右辺が 3 で割って 1 余る数となるため，これはありえません。

したがって対偶②は真であり，もとの命題も真とわかりました。■

25　$\pm$ という記号は複号とよばれます。"複号同順" とは，たとえば $k = 3\ell + 1$ の場合は，以降の式の $\pm$ においても同様に上のプラスを選択し，$k = 3\ell - 1$ の場合は下のマイナスを選択するということを意味しています。上ならずっと上，下ならずっと下，ということです。なお，$\pm$ が登場した際，どこでどちらを選択してもよいことは "複号任意" とよばれることがあります。特に前者はよく見かける表記なので覚えておくとよいでしょう。

（1）のもとの命題は，k^2 の情報から k の情報を逆に導く主張であり，これが厄介です。一方，対偶を考えれば，k の情報から k^2 の情報を導く主張となり，これは解説のように 2 乗の計算をしてやればよいので簡単ですね。

また，（2）のように"結論の否定を考えるとシンプルになる"場合も，対偶を用いた証明が便利になりやすいです。"a, b, c のうち少なくとも 1 つが 3 の倍数"という条件は
● a, b, c のうちちょうど 1 つが 3 の倍数
● a, b, c のうちちょうど 2 つが 3 の倍数
● a, b, c のうちちょうど 3 つが 3 の倍数
という幅広い可能性を指しており，扱うのがなんだか面倒です。

そこで，この条件の否定を考えてみると
● **a, b, c のうちに 3 の倍数は存在しない**
というスッキリした条件になり，議論しやすくなったわけです。

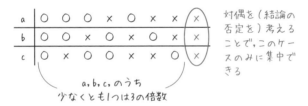

なお，もとの命題の対偶を用いることはあくまで証明手段のひとつであり，多くの場合，義務ではありません。"**（単に）こういう方法もあり，場合によっては便利である**"という程度の捉え方が健全でしょう。

▶ 背理法を利用した証明

ある命題 p が成り立つことを示すとき，直接それを示すことが簡単でない，また
はできないことがあります。このとき，命題の否定 $\bar{p}$ を仮定し，そこから矛盾
を導くことで

"p が成り立たないとすると矛盾が生じる。つまり p は正しい。"
と結論づけることができます。これを**背理法**とよびます。

ただ，これは全く新しい証明方法というわけではありません。実はさきほどの例
題の (2) も背理法だと思うことができます。直角三角形の 3 辺の長さが自然数
a, b, c であるとき，それらがいずれも 3 の倍数でないとすると，どうしても三平
方の定理の式が成り立たない。これはおかしいので，a, b, c のいずれか 1 つ以上
は 3 の倍数である，という論法ですね。

背理法を用いた証明の具体例として次の命題を考えます。

素数は無限に存在する（有限個ではない）ことを示せ。

素数というのは，1 とその数自身でしか割り切ることのできない 2 以上の自然数
のことをいいます [26]。2, 3, 5, 7, 11, 13, … という数たちの総称です。素数は無限
個存在するのですが，それを証明せよというのです。いったいどうすればよいの
でしょうか。

たとえば，素数を頑張って 100 個見つけてきたとしましょう。これで無限個ある
と主張するのは，残念ながら正しくありません。それがたとえ 1000 個でも
10000 個でも同様です。見つけて集めてきた素数が有限個である時点で証明に
なっていないのです。

"じゃあどうすればいいんだ！"と思うことでしょう。ここでは，背理法を用い
た面白い証明をひとつご紹介します。

---

26 "正の約数がちょうど 2 個である"と言い換えることもできます。

素数が無限個存在することを背理法で証明したいので，**素数が有限個，具体的には k 個であるとします。**有限個であればそれを小さい順に並べて番号づけできるので，小さい方から順に $p_1, p_2, p_3, \cdots, p_k$ とします。$p_1 = 2, p_2 = 3, p_3 = 5, \cdots$ ということです。次に，これら k 個の素数すべての積に 1 を加算したものを P と定めます。つまり P の定義は次式の通りです。

$$P := p_1 \cdot p_2 \cdot p_3 \cdot \cdots \cdot p_k + 1$$

ここで，P を素数 p_i $(i = 1, 2, 3, \cdots, k)$ で除算することを考えます。$p_1 \cdot p_2 \cdot p_3 \cdot \cdots \cdot p_k$ の中には必ず p_i が含まれているため，この部分は p_i で割り切れます。しかし "$+1$" の部分がどうにも中途半端で，これは割り切ることができません。よって P は $p_1, p_2, p_3, \cdots, p_k$ のどれで除算しても 1 余ることがわかります。

P は $p_1, p_2, p_3, \cdots, p_k$ のどれでも割り切れないため，P は素数です [27]。しかもこれは $p_1, p_2, p_3, \cdots, p_k$ のどれよりも大きいです。実はもうこの時点で，おかしなことが起こっています。**素数は $p_1, p_2, p_3, \cdots, p_k$ の k 個しかないと仮定していたのに，それらすべてより大きな別の素数がつくれてしまいました。**ここで矛盾が生じていますね。

この矛盾が発生した原因は，素数が有限個であると仮定したことです。よってその仮定が誤りで，素数は無限個存在することが示されました。■

27　素数でしか除算を試していませんが，P が合成数で割り切れるならば，素数でも割り切れるため，素数のみ試せば問題ありません。

背理法の大まかな流れが理解できたところで，例題に取り組んでみましょう。

例題	背理法による証明

自然数 a, b, c が $a^2 = b^2 + c^2$ をみたすとき，a, b, c のうち少なくとも 1 つは偶数であることを示せ。

例題の解説

答え：以下の通り。

"自然数 a, b, c が $a^2 = b^2 + c^2$ をみたすとき" とあるので，$a^2 = b^2 + c^2 \cdots (*)$ という式をみたす数の組の話をしています。それを前提とし，**そのような (a, b, c) の組たちの中で，a, b, c がいずれも奇数であるような組が存在すると仮定し，矛盾を導く**のです。どれかが偶数になる，という主張の否定なので，"どれも偶数でない" となるわけですね。

a, b, c はいずれも奇数で，（*）が成り立っているとします。ここから矛盾をなんとか導きたいのですが，どうすればよいでしょうか。

いずれも奇数だと仮定したことに無理があるならば，きっと偶奇に着目するとよいのでしょう。a^2, b^2, c^2 は奇数の 2 乗なのでいずれも奇数です。すると，$b^2 + c^2$ は奇数どうしの和なので偶数になってしまいます。すなわち**式（*）の左辺は奇数で，右辺は偶数です。**等号で結ばれているのに，一方が奇数で他方が偶数なのはおかしいですね。よってここで矛盾が生じています。

矛盾が生じた原因は，a, b, c はいずれも奇数であると仮定したことです。ということはその仮定は誤りで，a, b, c のうちいずれか 1 つ以上は偶数であるとわかります。■

これで数学 I の集合・論理関係の内容は一段落……なのですが，実は高校数学のカリキュラムで表に出づらい，ある重要テーマが残っています。それは，**"全称命題"** と **"存在命題"** です。教科書では発展事項として扱われる内容ですが，これらを理解しておくと数学の力が飛躍的に向上します。

ここまで読み進めてきたあなたなら理解できることでしょうし，せっかくなので勉強してしまいましょう！

1-8 ⊘ 全称命題と存在命題

数学の命題の中には，次のようにやや複雑なものが存在します。
- **命題 A**：任意の実数 p に対し，$p^2+p+1>0$ である。
- **命題 B**：ある自然数 n が存在し，n^2+n+41 が素数でない数となる。

"任意の""ある"という表現が特徴的で，難しく思うかもしれません。でも実は，
これらの命題を理解できると，高校数学の解像度が飛躍的に向上します。

> **🔍 定義　全称命題**
>
> 全体集合を U とする。文字 x についての条件 $P(x)$ があり，U に属するど
> のような x に対しても $P(x)$ が成り立つことを，**任意の** [28] x $(\in U)$ に対し
> $P(x)$ が成り立つという。

命題 A は"すべての実数 p に対し，$p^2+p+1>0$ である。"と言い換えられます。
p がどのような実数であっても不等式 $p^2+p+1>0$ が成り立つと主張しているわ
けですから，1 つでも不等号が成り立たない p の値が存在してはいけません。そ
の意味で，かなり強い主張なのです。実際に調べてみると，

$$p^2+p+1=\left(p+\frac{1}{2}\right)^2+\frac{3}{4}>0$$

より p がどのような値であっても必ず $p^2+p+1>0$ は成り立ちます。よって，
命題 A は真であるとわかります。

> **🔍 定義　存在命題**
>
> 文字 x についての条件 $P(x)$ があり，1 つ以上の x $(\in U)$ に対して $P(x)$ が
> 成り立つことを，**ある** x $(\in U)$ **が存在し**，$P(x)$ **が成り立つ**という。

28　近年の高校数学においては"任意の"の代わりに"すべての"という表現がよく用いられます。

命題 B がこれに該当します。たとえば $n = 41$ とすると

$$n^2 + n + 41 = 41^2 + 41 + 41$$
$$= 41 \times (41 + 1 + 1)$$
$$= 41 \times 43$$

となります。これは確かに素数でないので，命題 B は真ですね。$n = 41$ 以外にも $n^2 + n + 41$ が素数でなくなる n は存在しますが，命題 B の主張はあくまでそのような n の"存在"なので，1 つ具体例が手に入れば十分です。

例題	全称命題・存在命題

次の各命題の真偽を述べよ。(1)，(2) が偽である場合には，反例も示せ。
(1)　任意の実数 x に対し"$x < 2$ または $1 < x$"が成り立つ。
(2)　任意の実数 x に対し"$x < 1$ または $2 < x$"が成り立つ。
(3)　ある実数 x が存在して，"$x < 2$ かつ $1 < x$"が成り立つ。
(4)　ある実数 x が存在して，"$x < 1$ かつ $2 < x$"が成り立つ。

例題の解説

(1) 答え：真

　$x < 2, 1 < x$ をみたす x の範囲を数直線で図示すると，数直線全体が覆われます。どの実数も $x < 2, 1 < x$ の少なくとも一方はみたすので，これは真です。

(2) 答え：偽

　たとえば $x = \sqrt{2}$ は，$x < 1$ と $2 < x$ のいずれもみたしません。現に"$x < 1$ または $2 < x$"をみたさない x を用意できたので，これは偽です。

(3) 答え：真

　たとえば $x = \sqrt{2}$ は，$x < 2$ と $1 < x$ の双方をみたします。"$x < 2$ かつ $1 < x$"をみたす x の現物を用意できたので，これは真です。

(4) 答え：偽

　1 より小さく，かつ 2 より大きい実数は存在しません。よって偽です。

▶ 全称命題・存在命題の否定

> ∟ 法則　**全称命題の否定**
> "任意の x ($\in U$) に対して $P(x)$ が成り立つ"の否定は"ある x ($\in U$) に対して "$P(x)$ が成り立たない""である。

たとえば"人間の身長はみな 200 cm 以下だ。"と言っている人を否定するには，身長が 200 cm を超えている人を 1 人でも連れてくればよいですね。1 つでも例外があればよいため，無理して世の中の身長 200 cm 超えの人をたくさん集める必要はありません。

ただし，全称命題を否定する際に必要なのは $P(x)$ が成り立たないような x の**存在をいうことであって，そのような x を具体的に差し出すことは本来必要ではありません。**"具体的に示せばそれが何よりの証拠だ"というだけです。

実際，（具体的には何だかわからないけれど）$P(x)$ をみたさない x が存在することだけはいえる，というケースもあるので注意しましょう。

> ∟ 法則　**存在命題の否定**
> "ある x ($\in U$) が存在し，$P(x)$ が成り立つ"の否定は"任意の x ($\in U$) に対して "$P(x)$ が成り立たない""である。

"$P(x)$ が成り立つような x が **1 つは存在する**"というのがもとの主張だったため，その否定は"$P(x)$ が成り立つような x は **1 つも存在しない**"という強いものになります。

たとえば，"東京都のどこかにホタルがいる。"ということを否定するには，東京都内のあらゆる場所へ赴き，どこにもホタルがいないことを立証しなければなりません。"私は一度も見かけたことがない。"と主張しても，"もしかしたら東京都西部の山奥にいるかもしれない。あなたの探す努力が足りないだけだ！"と言われると，何も言い返せませんからね。

このように，**全称命題の否定は存在命題に変わり，存在命題の否定は全称命題に変わります。**

例題　全称命題・存在命題の否定

次の各命題の否定を述べよ。余力があれば，否定前後の命題の真偽も述べよ。
(1)　任意の自然数 n に対し，$n(n+1)(n+2)$ は 6 の倍数となる。
(2)　任意の素数 p に対し，$p+7$ は素数ではない。
(3)　ある実数 x が存在して，$x^2+1=0$ が成り立つ。
(4)　3 つの正の平方数の和で表せるような平方数 [29] が存在する。

例題の解説

(1) 答え：ある自然数 n が存在し，$n(n+1)(n+2)$ は 6 の倍数とならない
（$n(n+1)(n+2)$ が 6 の倍数とならないような自然数 n が存在する）。
なお，もとの命題は真，否定の命題は偽です。

(2) 答え：ある素数 p が存在し，$p+7$ が素数となる
（$p+7$ が素数となる素数 p が存在する）。
"任意の素数 p に対し〜"は"p がどのような素数であっても〜"という主張です。なお，もとの命題は真，否定の命題は偽です。というのも，p が奇素数の場合は $p+7$ が 2 より大きい偶数となりますし，$p=2$ の場合も $p+7=9$ は素数ではありませんからね。

(3) 答え：任意の実数 x に対して $x^2+1\neq0$ となる
（任意の実数 x に対して"$x^2+1=0$ とならない"）。
$x^2+1=0$ となる実数 x が存在する，というのがもとの主張です。
なお，もとの命題は偽，否定の命題は真です。任意の実数 x に対し $x^2\geqq0$ であり，両辺に 1 を足すことで $x^2+1\geqq1>0$ がいえるためです。

(4) 答え：3 つの正の平方数の和で表せるような平方数は存在しない
（いかなる平方数も，3 つの正の平方数の和で表すことはできない）。
3 つの正の平方数の和で表せる平方数が（少なくとも 1 つは）存在する，というのがもとの主張です。なお，たとえば $81=64+16+1$ が成り立つため，もとの命題は真，否定の命題は偽です。

29　整数の 2 乗で表せる数 $(0, 1, 4, 9, 16, \cdots)$ のことです。

以上で，本書の最初の章はおしまいです。最初にしてはキツい内容でしたね。

ここまで読み進めることができたあなたに敬意を表します。本章を一通り学んで
ことで，今後の高校数学を楽しく，効率よく勉強できることでしょう。

さて，本章では"論理"を勉強しましたが，数学の勉強では"数"の取り扱いも
不可欠です。そこで，次章では数の分類や種々の演算について学びます。

順序で意味が変わる⁉

"任意の〜"・"ある〜"は，次の [1]，[2] のように"組み合わせ"が可能です。

[1] 任意の実数 x に対し，"ある実数 y が存在し $x<y$ が成り立つ"。

[2] ある実数 y が存在し，"任意の実数 x に対し $x<y$ が成り立つ"。

これらは"任意の実数 x に対して"と"ある実数 y が存在して"を入れ替えた
だけなのですが，意味や真偽ははたして同じなのでしょうか。

上の 2 つの命題をカジュアルに翻訳すると，次のようになります。
[1] どのような実数 x に対しても，その x に応じてうまく実数 y を決めてあげ
れば $x<y$ が成り立つ。
[2] とある実数 y が存在して（これは x の値を見る前に決める），x がどのよ
うな実数であっても $x<y$ が成り立つ。

[1] では x の値を見てから y を都合よく決めてしまえばよく，これは真です。
たとえば $y=x+1$ としてあげればよいですね。
一方，[2] では y の値を先に決めなければならず，たとえば $x=y+1$ とされ
ると大きさ比べで負けてしまいます。よってこれは偽になるのです。

このように，"任意の〜"・"ある〜"の入れ子構造を入れ替えると数学的な主
張が変わることがあり，したがって真偽も変わりうるのです。
こんなのただの言葉遊びじゃないか！ と思うかもしれませんが，たとえば大学
の数学で学ぶ"連続"と"一様連続"の違いがまさにこの"任意の〜"・"あ
る〜"の入れ子構造の違いに相当し，真剣に区別されるべき主張なのです。

さまざまな“数”

小学校の算数では，まず 0 以上の整数を扱いました。また，それを足がかりに分数や小数ついても学びました。

中学校に入るとまず負の数が登場し，2 次方程式や $y = ax^2$ の形の 2 次関数，そして三平方の定理あたりで $\sqrt{3}$ や $\sqrt{17}$ など根号を含む数も学びましたね。

これから先の数学でも，さまざまな“数”との出会いが待っています。もしかしたら，想像さえしなかった不思議な性質をもつ数があなたの目の前に現れるかもしれません。

その出会いに備え，いったんこれまでに学んだ数たちとその性質を整理しておくこととしましょう。

2-1 ▷ 実数の分類と 有理数・無理数

▶ 実数と数直線，実数の分類の概観

> **🔍 定義**　実数（大雑把に [1]）
>
> 整数と，有限小数・無限小数（後述）で表せる数とをあわせたものを実数という。

算数・中学数学の教科書にこれまで登場した数たちは，この実数に属します。実数は，次に述べる"数直線"上の点と一対一に対応づけられるのでした。

直線上に点 O をとり，単位の長さと正負の方向を定めます。大抵は右方向が正です。この場合，次のように点 P と実数を対応させます。
- P が O の右側にあり OP の長さが a (>0) のとき，実数 a と対応させる
- P が O の左側にあり OP の長さが a (>0) のとき，実数 $-a$ と対応させる

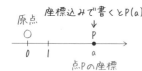

こうしてできる左のような直線を**数直線**といい，さきほどとった点 O を**原点**とよびます。

点 P に対応する実数は点 P の座標とよばれ，座標が a である点 P のことを $\mathbf{P}(a)$ と書きましたね。

さて，実数をくわしく分類すると左図のようになります。まだ聞いたことのない語や見たことのない数があるかもしれませんが，最初に俯瞰してみただけなので，いますべてを理解する必要はありません。

ではまず，有理数・無理数について学びましょう。

────── 実数（無限小数で表せる数）──────

有理数
- $\dfrac{(整数)}{(整数)}$ の形に表せる実数
- 循環小数で表せる実数

$\dfrac{2}{3}(=0.666\cdots)$　$\dfrac{7}{37}(=0.1891891\cdots)$ など

── 有限小数で表せる実数 ──
$0.4\left(=\dfrac{2}{5}\right)$　$0.53125\left(=\dfrac{17}{32}\right)$ など

── 整数 ──
負整数 $\cdots, -3, -2, -1$　0　自然数（正整数）$1, 2, 3, \cdots$

無理数
- 有理数でない実数
- 循環しない無限小数で表せる実数

$\sqrt{31}$　　π

e　　$\dfrac{1+\sqrt{5}}{2}$

など

（実数の"外側"もまだまだあります！）

▶ 有理数と無理数

> **🔍 定義**　**有理数**
>
> ある整数 p, q $(p \neq 0)$ を用いて $\dfrac{q}{p}$ と表せる実数を有理数という。

整数を分母・分子にもつ分数(本節ではこれを単に"分数"とよぶこととします)で表せることが、有理数の要件です。

分数そのものは当然有理数です。また、整数も $2 = \dfrac{2}{1}$, $-5 = \dfrac{-10}{2}$ などと分数で表せるため有理数と判断できます。小数は必ずしも有理数とは限りませんが、たとえば 0.1, 3.125 などは $0.1 = \dfrac{1}{10}$, $3.125 = \dfrac{25}{8}$ などと表せるため、有理数に属します。

分数で"表せる"というのが有理数の要件なので、見た目が分数になっている必要はないことに注意しましょう。同じ値が書き方によって有理数であったりそうでなくなったりするのは、数の分類としてうまく機能しているとはいえませんからね。

> **🔍 定義**　**無理数**
>
> 有理数でない実数、すなわち"どのような整数 p, q $(p \neq 0)$ を用いても $\dfrac{q}{p}$ と表すことのできない実数"を無理数という。

数の中には、どうやっても分数で表せないものが存在します。たとえば $\sqrt{2}$ という数がシンプルな例です。これは 2 乗すると 2 になる正の数ですが、分数では表せないことが知られています。実はここまでの知識でそれを証明できるのですが、ちょっと難しいので第 12 章で扱うこととします。

1　"実数とは何なのか?"という問いに正確に答えるのは容易ではありません。大学の数学では実数の構成についても扱われることがありますが、それも進路によりけりです。少なくともいまの私の力では正確に回答できないため、ごまかすことを許してください。学習の際は、(循環的ではありますが)"実数とは、数直線上に並んだ数である"と思って先に進むのが現実的と思われます。

ほかにも，たとえば円周率 π は無理数であることが知られています。これの証明は容易ではないので，いったん事実だけ知っておくことにしましょう。興味があったらぜひ，証明について考えたり調べたりしてみてください。

▶ 四則演算

四則演算とは，加算（足し算），減算（引き算），乗算（かけ算），除算（割り算）のことをいいます。こうした計算自体は，小学校の頃から行っていますね。
ここでは，数の分類と四則演算について，次のことを考えます。

> **🔎 定義**　**集合が演算について閉じていること**
> 集合 A が演算 $*$ について閉じている [2] とは，任意の $a, b \in A$ について $a * b \in A$ が成り立つことをいう。

たとえば a, b を整数としましょう。このとき，それらの和 $a+b$ や差 $a-b$，そして積 ab はいずれも整数のままです。つまり，整数全体の集合は加算，減算，乗算について閉じています。
しかし，除算については必ずしも整数になるとは限りません。たとえば $3 \div 2$ の計算結果 $\dfrac{3}{2}$ は整数ではありません。よって，整数全体の集合は除算について閉じていません。

> **例題**　　**有理数と四則演算**

有理数全体の集合が，四則演算について閉じていることを示せ。ただし，除算では 0 による除算を考えないものとする。

> **例題の解説**

答え：以下の通り。

$\dfrac{（整数）}{（整数）}$ の形に表せる数のことを有理数とよぶのでした。そこで，2 つの有理数を

$$\frac{k}{\ell}, \frac{m}{n} \quad (k, \ell, m, n \text{ は整数であり，} \ell \neq 0, n \neq 0)$$

2　こう見えて，ちゃんとした数学用語です。英語でも closed といいます。

とし，これらで実際に四則演算を行いましょう。

まず，加算・減算を行うと $\dfrac{k}{\ell} \pm \dfrac{m}{n} = \dfrac{kn \pm \ell m}{\ell n}$ となります。前述の通り整数は加算・減算・乗算について閉じているため，計算結果の分母 ℓn と分子 $kn \pm \ell m$ はいずれも整数です。つまり $\dfrac{kn \pm \ell m}{\ell n}$ は（$\dfrac{(整数)}{(整数)}$ の形なので）有理数です。

乗算を行うと $\dfrac{k}{\ell} \cdot \dfrac{m}{n} = \dfrac{km}{\ell n}$ となります。分母 ℓn と分子 km はいずれも整数ですから，$\dfrac{km}{\ell n}$ は有理数です。

最後は除算です。$m \neq 0$ として除算を行うと $\dfrac{k}{\ell} \div \dfrac{m}{n} = \dfrac{kn}{\ell m}$ となり，分母 ℓm と分子 kn はいずれも整数ですから，$\dfrac{kn}{\ell m}$ は有理数です。

以上より，有理数全体の集合は四則演算について閉じています。■

例題　実数の分類と四則演算

正整数・整数・有理数・実数・無理数全体の集合が，四則演算の各々について閉じているか調べよ。ただし，0 による除算は考えない。

例題の解説

答え：次表の通り。

演算＼分類	正整数	整数	有理数	実数	無理数
加算 ＋	○	○	○	○	×
減算 −	×	○	○	○	×
乗算 ×	○	○	○	○	×
除算 ÷	×	×	○	○	×

（○：その演算について閉じている / ×：閉じていない）

無理数は，どの演算についても閉じていません。各演算について，結果が有理数になってしまう計算の例を挙げておきます。

加算：$\sqrt{2} + (-\sqrt{2}) = 0$，減算：$\sqrt{2} - \sqrt{2} = 0$，乗算：$\sqrt{2} \times \sqrt{2} = 2$，除算：$\sqrt{2} \div \sqrt{2} = 1$

2-2 ⊙ 平方根・根号

ここは中学範囲の復習も兼ねています。パパッと読み進めてしまいましょう。

▶ 平方根

🔍 **定義**　**平方根**

a を実数とする。2 乗したら a になる数のことを a の平方根という。

"2 乗するとその数になるもの"が定義であって，値の正負がどうであるか，ルート ($\sqrt{}$) を用いてどう書けるかは定義に含まれていません。"平方根って，ルートのことでしょう？"と思うかもしれませんが，いったん上の定義を額面通り受け取るのが大切です。

例題　**平方根**

以下の主張の正誤を答えよ。

(1)　-3 は 9 の平方根である[3]。　　　(2)　9 の平方根は -3 である[4]。

(3)　0 は 0 の平方根である。　　　　　(4)　0 の平方根は 0 である。

例題の解説

(1) 答え：**正しい**　$(-3)^2 = 9$ より，-3 は 9 の平方根です。

(2) 答え：**誤り**　2 乗して 9 になる実数は，3，-3 の 2 つです。

(3) 答え：**正しい**　$0^2 = 0$ より，0 は 0 の平方根です。

(4) 答え：**正しい**　2 乗して 0 になる実数は，0 のみです。

実数 a の平方根は，"2 乗すると a になるもの"です。この定義を忘れずに！

3　この文は，"-3 は 9 の平方根の集合に属する"という意味だと思ってください。
4　この文は，"9 の平方根を漏れなく挙げると -3（のみ）である"という意味だと思ってください。

▶ 根号

たったいま，平方根の定義を学習しました。"じゃあ $\sqrt{a}$ って何なの？"と感じることでしょう。そこでこの"$\sqrt{}$"の定義もご紹介します。

> **🔍 定義**　**根号**
>
> **0 以上の実数 a に対し，a の平方根のうち 0 以上のものを $\sqrt{a}$ とする。**
> **"$\sqrt{}$"はルートと読み，これを根号という。**

これまで"a の平方根"と"$\sqrt{a}$"をなんとなく混同していたかもしれませんが，これでハッキリ区別できたはずです……よね？ 例題でチェックしてみましょう。

例題　　根号

以下の主張の正誤を答えよ。
(1)　$\sqrt{3}$ は 3 の平方根である。　　(2)　3 の平方根は $\pm\sqrt{3}$ である。
(3)　$-\sqrt{5}>-2$ である。　　(4)　$\sqrt{(-2)^2}=-2$ である。
(5)　a を正の実数とするとき，$\sqrt{a^2}=a$ である。

例題の解説

(1) 答え：正しい

　定義より $\sqrt{3}$ は 3 の平方根です。

(2) 答え：正しい

　3 の平方根は正負 1 つずつあります。そのうち正の方が $\sqrt{3}$ であり，負の方は $-\sqrt{3}$ と表せます。それら 2 つをあわせた $\pm\sqrt{3}$ が 3 の平方根です。

(3) 答え：誤り

　$4<5$ より $\sqrt{4}<\sqrt{5}$ つまり $2<\sqrt{5}$ を得ます。この両辺に -1 をかけることで $-\sqrt{5}<-2$ がしたがいます。

（4）答え：**誤り**

$(-2)^2=4$ であるため，$\sqrt{(-2)^2}$ は 2 乗すると 4 となる実数のうち 0 以上のもの，つまり 2 を表します。

（5）答え：**正しい**

a を 2 乗すると a^2 となるため，a は a^2 の平方根です。これと $a>0$ より $\sqrt{a^2}=a$ がしたがいます。

この例題で苦労したのだとしたら，それは平方根や根号の定義に理解不足があることを意味します。落ち着いて定義のページに戻るのが最善策です。

さて，高校数学でも根号に関する計算はたくさん登場します。計算規則を復習しておきましょう。

△ 定理　根号を含む式の計算

正実数 a, b について，次が成り立つ。

（ⅰ）　$\sqrt{a}\sqrt{b}=\sqrt{ab}$ （ⅱ）　$\dfrac{\sqrt{a}}{\sqrt{b}}=\sqrt{\dfrac{a}{b}}$ （ⅲ）　$\sqrt{b^2a}=b\sqrt{a}$

定理の証明 ・・・・・・・・・・・・・・・・・・・・・・・・・・・・・・・・・・・・

ここでは（ⅰ）のみ証明します。

$(\sqrt{a}\sqrt{b})^2=\sqrt{a}\sqrt{b}\cdot\sqrt{a}\sqrt{b}=\sqrt{a}^2\sqrt{b}^2=ab$ が成り立ちます。

また，$\sqrt{a}>0$, $\sqrt{b}>0$ ですから $\sqrt{a}\sqrt{b}>0$ です。

よって，$\sqrt{a}\sqrt{b}$ は "2 乗して ab となる数のうち 0 以上のもの" ですから $\sqrt{ab}$ と等しくなります。■

（ⅱ），（ⅲ）の証明は，ぜひ自身で組み立ててみてください。平方根の定義を適宜参照するのが大切です。

さて，以上の性質もふまえ，根号に関する計算問題に取り組んでみましょう。

例題　根号の関係する計算

以下の式を各々計算せよ。

(1) $\sqrt{5}-2\sqrt{5}+3\sqrt{5}$　　(2) $-\sqrt{2}+\sqrt{32}+\sqrt{72}$　　(3) $(1+\sqrt{2})(3+2\sqrt{2})$

(4) $(\sqrt{3}-\sqrt{7})(\sqrt{28}-\sqrt{75})$　　(5) $(3\sqrt{5}+2)^2$　　(6) $(\sqrt{11}+2)(2-\sqrt{11})$

例題の解説

(1) 答え：$2\sqrt{5}$

$\sqrt{5}-2\sqrt{5}+3\sqrt{5}=(1-2+3)\sqrt{5}=2\sqrt{5}$ となります。根号の中身が同じものは，〝同類項〟のように扱えるのでした。

(2) 答え：$9\sqrt{2}$

$\sqrt{32}=\sqrt{4^2\cdot2}=4\sqrt{2}$，$\sqrt{72}=\sqrt{6^2\cdot2}=6\sqrt{2}$ と変形しつつ，次のように計算します。

$$-\sqrt{2}+\sqrt{32}+\sqrt{72}=-\sqrt{2}+4\sqrt{2}+6\sqrt{2}=(-1+4+6)\sqrt{2}=9\sqrt{2}$$

(3) 答え：$7+5\sqrt{2}$

分配法則を用いて地道に計算すると，次のようになります。

$$(1+\sqrt{2})(3+2\sqrt{2})=1\cdot3+1\cdot2\sqrt{2}+\sqrt{2}\cdot3+\sqrt{2}\cdot2\sqrt{2}$$
$$=3+2\sqrt{2}+3\sqrt{2}+4=7+5\sqrt{2}$$

(4) 答え：$-29+7\sqrt{21}$

$\sqrt{28}=2\sqrt{7}$，$\sqrt{75}=5\sqrt{3}$ としてから，(3) 同様，次のように計算します。

$$(\sqrt{3}-\sqrt{7})(\sqrt{28}-\sqrt{75})=(\sqrt{3}-\sqrt{7})(2\sqrt{7}-5\sqrt{3})$$
$$=\sqrt{3}\cdot2\sqrt{7}-\sqrt{3}\cdot5\sqrt{3}-\sqrt{7}\cdot2\sqrt{7}+\sqrt{7}\cdot5\sqrt{3}$$
$$=2\sqrt{21}-15-14+5\sqrt{21}=-29+7\sqrt{21}$$

(5) 答え：$49+12\sqrt{5}$

地道に展開しても構いませんし，次のように展開公式を用いても OK です。

$$(3\sqrt{5}+2)^2=(3\sqrt{5})^2+2\cdot3\sqrt{5}\cdot2+2^2=45+12\sqrt{5}+4=49+12\sqrt{5}$$

(6) 答え：-7

ここでは，$(a+b)(a-b)=a^2-b^2$ の形に気づけるとラクです。

$$(\sqrt{11}+2)(2-\sqrt{11})=(2+\sqrt{11})(2-\sqrt{11})=2^2-\sqrt{11}^2=4-11=-7$$

▶ 分母の有理化

たとえば $\dfrac{2}{\sqrt{3}}$ という数は分母に $\sqrt{3}$ が含まれています。そもそも $\sqrt{3}$ というのは，2 乗すると 3 になる（正の）数でしたから，$(\sqrt{3})^2$ という形をつくってやれば分母の根号をなくせそうです。分母にだけ $\sqrt{3}$ を乗算すると値が変わってしまいますから，分子にも $\sqrt{3}$ を乗算して

$$\frac{2}{\sqrt{3}} = \frac{2 \cdot \sqrt{3}}{\sqrt{3} \cdot \sqrt{3}} = \frac{2\sqrt{3}}{3}$$

とすれば，値を勝手に変えることなしに分母を有理化できますね。

例題 　　**分母の有理化**

以下の各分数の分母を有理化せよ。

(1) $\dfrac{2}{\sqrt{10}}$ 　　　(2) $\dfrac{5}{\sqrt{5}}$ 　　　(3) $\dfrac{1}{\sqrt{2}+1}$ 　　　(4) $\dfrac{1}{1+\sqrt{2}+\sqrt{3}}$

例題の解説

(1) 答え：$\dfrac{\sqrt{10}}{5}$

$$\frac{2}{\sqrt{10}} = \frac{\sqrt{2} \cdot \sqrt{2}}{\sqrt{2} \cdot \sqrt{5}} = \frac{\sqrt{2}}{\sqrt{5}} = \frac{\sqrt{2} \cdot \sqrt{5}}{\sqrt{5} \cdot \sqrt{5}} = \frac{\sqrt{10}}{5}$$

$$\left(別解：\frac{2}{\sqrt{10}} = \frac{2 \cdot \sqrt{10}}{\sqrt{10} \cdot \sqrt{10}} = \frac{2\sqrt{10}}{10} = \frac{\sqrt{10}}{5}\right)$$

(2) 答え：$\sqrt{5}$

$\sqrt{5}$ の定義より $\dfrac{5}{\sqrt{5}} = \sqrt{5}$ とただちにわかります。わざわざ分母・分子に $\sqrt{5}$ を乗算するまでもありませんね。

(3) 答え：$\sqrt{2}-1$

分母が和の形ですから，たとえば単に分母・分子に $\sqrt{2}$ を乗算するだけだと

$$\frac{1}{\sqrt{2}+1}=\frac{1\cdot\sqrt{2}}{(\sqrt{2}+1)\cdot\sqrt{2}}=\frac{\sqrt{2}}{2+\sqrt{2}}$$ となり分母に根号が残ってしまいます。困り

ましたね。

そこで工夫します。中学でも登場した展開公式 $(a+b)(a-b)=a^2-b^2$ を活用

すれば，次のようにうまく変形できるのです。

$$\frac{1}{\sqrt{2}+1}=\frac{1\cdot(\sqrt{2}-1)}{(\sqrt{2}+1)\cdot(\sqrt{2}-1)}=\frac{\sqrt{2}-1}{\sqrt{2}^2-1^2}=\frac{\sqrt{2}-1}{2-1}=\sqrt{2}-1$$

(4) 答え：$\dfrac{\sqrt{2}+2-\sqrt{6}}{4}$

分母に項が 3 つもありますが，分母・分子に $(1+\sqrt{2}-\sqrt{3})$ を乗算すると次の

ように分母がスッキリします。

$$\frac{1}{1+\sqrt{2}+\sqrt{3}}=\frac{1\cdot(1+\sqrt{2}-\sqrt{3})}{(1+\sqrt{2}+\sqrt{3})\cdot(1+\sqrt{2}-\sqrt{3})}$$

$$=\frac{1+\sqrt{2}-\sqrt{3}}{(1+\sqrt{2})^2-\sqrt{3}^2}=\frac{1+\sqrt{2}-\sqrt{3}}{(3+2\sqrt{2})-3}=\frac{1+\sqrt{2}-\sqrt{3}}{2\sqrt{2}}$$

あとは，分母・分子に $\sqrt{2}$ を乗算するのみです。

$$\frac{1+\sqrt{2}-\sqrt{3}}{2\sqrt{2}}=\frac{(1+\sqrt{2}-\sqrt{3})\cdot\sqrt{2}}{2\sqrt{2}\cdot\sqrt{2}}=\frac{\sqrt{2}+2-\sqrt{6}}{4}$$

▶ 二重根号

たとえば $\sqrt{12+2\sqrt{35}}$ のように，根号の中にさらに根号が入った形は**二重根号**と

よばれます。見た目が複雑なので，できればもう少し簡単にしたいですね。

実は，根号の中身 $12+2\sqrt{35}$ は $(\sqrt{5}+\sqrt{7})^2$ と等しいです。実際，

$$(\sqrt{5}+\sqrt{7})^2=\sqrt{5}^2+2\cdot\sqrt{5}\cdot\sqrt{7}+\sqrt{7}^2=5+2\sqrt{35}+7=12+2\sqrt{35}$$

となり，確かに一致していますね。これを利用することで

$$\sqrt{12+2\sqrt{35}}=\sqrt{(\sqrt{5}+\sqrt{7})^2}=|\sqrt{5}+\sqrt{7}|=\sqrt{5}+\sqrt{7}$$

と変形できます。

つまり，二重根号を外す（根号が入れ子にならないようにする）には，

(根号の中身)＝(ある数)²

となる "ある数" を（存在するのであれば）どうにか見つければよいのです。

ただ，あなたはきっと "どうして $\sqrt{5}+\sqrt{7}$ という数を発見したの？ それが見つかれば苦労しないよね？" と思うことでしょう。自然な疑問です。

そこで，"**ある数**" の合理的な求め方を考えます。
二重根号を外した後の形が $\sqrt{a}+\sqrt{b}$ であるとしましょう。ただし，a, b はいずれも 0 以上の実数とします。もともと $\sqrt{a}+\sqrt{b}$ は根号の中に入っていたことになりますが，そのときの形は

$$\sqrt{a}+\sqrt{b}=\sqrt{(\sqrt{a}+\sqrt{b})^2}=\sqrt{\sqrt{a}^2+2\cdot\sqrt{a}\cdot\sqrt{b}+\sqrt{b}^2}=\sqrt{\boldsymbol{a+b+2\sqrt{ab}}}$$

のはずです。よって，二重根号の中身が実数 a, b を用いて $\sqrt{a+b+2\sqrt{ab}}$ と書けるならば，上の式を右からたどって $\sqrt{a+b+2\sqrt{ab}}=\sqrt{a}+\sqrt{b}$ と変形できます。

ここで本来の目的を思い出しましょう。いまは $\sqrt{12+2\sqrt{35}}$ の二重根号を外したいのでした。$\sqrt{12+2\sqrt{35}}$ と $\sqrt{a+b+2\sqrt{ab}}$ を見比べてみると，$\begin{cases} a+b=12 \\ ab=35 \end{cases}$ をみたす実数の組 (a, b) があれば，それを用いて $\sqrt{12+2\sqrt{35}}=\sqrt{a}+\sqrt{b}$ と変形できそうです。そこで，和が 12 で積が 35 となる実数の組を探すと，$(a, b)=(7, 5)$ が見つかります。つまり $\sqrt{12+2\sqrt{35}}=\sqrt{7}+\sqrt{5}$ と変形できるというわけです。

いまの考察を応用すれば，ちょっと異なる形の二重根号も外せます。
たとえば $\sqrt{8-2\sqrt{7}}$ という式を簡単にしてみましょう。まず，**根号の中にマイナスがあるので，最終形は $\sqrt{a}-\sqrt{b}$ という形**になりそうです。ただし，二重根号全体の値は 0 以上なので，a, b は $a \geqq b \geqq 0$ なる実数とします。

もともと $\sqrt{a}-\sqrt{b}$ が根号の中に入っていたとすると，その形は

$$\sqrt{a}-\sqrt{b}=\sqrt{(\sqrt{a}-\sqrt{b})^2}=\sqrt{\sqrt{a}^2-2\cdot\sqrt{a}\cdot\sqrt{b}+\sqrt{b}^2}=\sqrt{\boldsymbol{a+b-2\sqrt{ab}}}$$

であったはずです。よって，$\begin{cases} a+b=8 \\ ab=7 \end{cases}$ をみたす実数の組 (a, b) があれば，それを用いて $\sqrt{8-2\sqrt{7}}=\sqrt{a}-\sqrt{b}$ と変形できそうです。そこで，和が 8 で積が 7 となる実数の組を探します。すると，$(a, b)=(7, 1)$ が見つかります。つまり

$$\sqrt{8-2\sqrt{7}}=\sqrt{7}-\sqrt{1}=\sqrt{7}-1$$

と変形できるというわけです。

二重根号を外す一連の手続きは，**最終形を想定する**のが理解のコツです。

例題　二重根号を外す

次の各式の二重根号を（外せるので[5]）外せ。

(1) $\sqrt{5+2\sqrt{6}}$　　　　(2) $\sqrt{14-\sqrt{132}}$　　　　(3) $\sqrt{2+\sqrt{3}}$

例題の解説

(1) 答え：$\sqrt{5+2\sqrt{6}}=\sqrt{3}+\sqrt{2}$

和が 5，積が 6 となる 2 実数の組を探すと，$(3,2)$ が見つかります。よって $\sqrt{5+2\sqrt{6}}=\sqrt{3}+\sqrt{2}$ です。次のように検算もできますね。

$$(\sqrt{3}+\sqrt{2})^2=\sqrt{3}^2+2\cdot\sqrt{3}\cdot\sqrt{2}+\sqrt{2}^2=5+2\sqrt{6}$$

(2) 答え：$\sqrt{14-\sqrt{132}}=\sqrt{11}-\sqrt{3}$

$\sqrt{●-2\sqrt{○}}$ の形になっていない（内側の根号の前に係数 2 がついていない）ため戸惑うかもしれません。でも，なければつくってしまえばよいのです。すなわち

$$\sqrt{14-\sqrt{132}}=\sqrt{14-2\sqrt{33}}$$

と変形すれば，(1) 同様の形になります。あとは和が 14，積が 33 となる 2 実数を探せば OK。$(11,3)$ がそれをみたすので，$\sqrt{14-\sqrt{132}}=\sqrt{11}-\sqrt{3}$ です。

(3) 答え：$\sqrt{2+\sqrt{3}}=\dfrac{\sqrt{6}+\sqrt{2}}{2}$

こんどは $\sqrt{●+2\sqrt{○}}$ の形にできないじゃないか！　と思うかもしれません。しかし，まだ策はあります。$\sqrt{2+\sqrt{3}}=\dfrac{\sqrt{4+2\sqrt{3}}}{\sqrt{2}}$ と無理やり変形してやるのです。すると，分子の二重根号は

$$\sqrt{4+2\sqrt{3}}=\sqrt{(3+1)+2\sqrt{3\cdot1}}=\sqrt{3}+1$$

と外せますから，結局次のように変形できるのです。

$$\frac{\sqrt{4+2\sqrt{3}}}{\sqrt{2}}=\frac{\sqrt{3}+1}{\sqrt{2}}=\frac{\sqrt{6}+\sqrt{2}}{2}$$

5　二重根号は，"外せて当たり前" ではありません。たとえば $\sqrt{2-\sqrt{2}}$ という式はシンプルな見た目をしていますが，この二重根号は外せないようです。

2-3 ⊙ 小数

ここまでで，実数という大きなまとまりを有理数・無理数という 2 つに分類しました。次は有理数をさらに詳しく分類していきます。

有理数は，ある整数 p, q $(p \neq 0)$を用いて $\dfrac{q}{p}$ という分数の形に書けるもののことでした。整数を除いて考えると，分子を分母で割り算することで小数にできますね。その割り算の例をいくつか観察してみましょう。

$$\frac{1}{4} \quad \rightarrow \quad 1 \div 4 = 0.25 \qquad \frac{5}{3} \quad \rightarrow \quad 5 \div 3 = 1.66666666\cdots$$

$$\frac{17}{32} \quad \rightarrow \quad 17 \div 32 = 0.53125 \qquad \frac{7}{37} \quad \rightarrow \quad 7 \div 37 = 0.18918918\cdots$$

$$\frac{14}{125} \quad \rightarrow \quad 14 \div 125 = 0.112 \qquad \frac{1}{7} \quad \rightarrow \quad 1 \div 7 = 0.14285714\cdots$$

有限の桁数で除算が終わるものと，無限に続くものがあるようです。

> **🔍 定義** **有限小数・無限小数**
>
> 有限の桁数の小数を有限小数といい，無限に桁が続く小数を無限小数という。

ここで特筆すべきなのは，**有限小数で表される数は無限小数で表すこともできる**，ということです。

たとえば 0.1 という（有限）小数は，$0.1 = 0.0\dot{9}$ のように [6] 無限小数に書き改められます。

なお，**異なる記数法になると有限小数が無限小数になったり，無限小数が有限小数になったりする**ので，ベースとなる数に注意しましょう [7]。少なくとも本書では，特にことわりのない場合は 10 進法とします。

さきほどの例を眺めてみると，同じ有理数でも有限小数と無限小数の双方がある

---

6 無限小数の定式化を適切に行うことで，"≒" ではなく "=" が成り立ちます。

7 たとえば $\dfrac{1}{3}$ は 10 進法だと $0.\dot{3}$ という無限小数ですが，3 進法では 0.1 という有限小数です。

ことがわかります。そのうち右側の 3 つの（無限）小数をよく見ると

- $\dfrac{5}{3}$ の小数表示は小数点以下が "6" の繰り返し

- $\dfrac{7}{37}$ の小数表示は小数点以下が "189" の繰り返し

- $\dfrac{1}{7}$ の小数表示は小数点以下が "142857" の繰り返し

になっています。

🔍 定義 **循環小数（大雑把に）**

小数のある桁から下が，決まった数字の並びの繰り返しになっているとき，その小数を循環小数という。

ピッタリ小数第一位から循環する必要はありません。**どこかから数字の並びがずっと繰り返していればそれは循環小数です。**したがって，たとえば次の小数も循環小数です。

$$\frac{1234}{370} = 3.33513513513\cdots$$

ただし，繰り返しが始まったら，途中で止まらずその先もずっと繰り返している必要があります。ずっと先でこっそり数字が変わっているというのは NG です。

🔍 定義 **循環小数の表記**

循環小数は，循環節（繰り返される数字の列）の最初と最後の数字の上にドットを付して表す。

これまでに登場した循環小数の場合，ドットを用いた表記は以下のようになります。繰り返し単位が 1 桁の場合は，その上に 1 つだけドットを付け足します。

$$\frac{5}{3} = 1.66666666\cdots = 1.\dot{6} \qquad \frac{7}{37} = 0.18918918\cdots = 0.\dot{1}8\dot{9}$$

$$\frac{1}{7} = 0.14285714\cdots = 0.\dot{1}42857\dot{7} \qquad \frac{1234}{370} = 3.3351351351\cdots = 3.33\dot{5}1\dot{3}$$

さて，ここで有理数に関する重要な性質について触れておきます。

△ 定理 **有理数と循環小数**

有理数は，必ず循環小数で表せる。

第 2 章 さまざまな "数"

ここまでに登場してきた有理数の中には有限小数にならないものもありましたが，その場合みな循環小数でした。循環しない不規則な小数になる有理数は，いまのところ 1 つも登場していません。

これが実は偶然ではない，というのが上の定理の主張です。**有理数を小数にすると，無限小数になったとしても必ず循環小数で表せる**ということです。

なぜ有理数は必ず循環小数で表せるのかを考えてみましょう。たとえば $\dfrac{7}{37} = 0.18918918\cdots$ という無限小数表示は，次のような除算で求められます。

除算を続けると，途中で "7" という余りが再度出現します。それ以降は（初めて余りが 7 になったときと）同じ除算を繰り返すほかなく，結局その先でまた同じ余り "7" が現れるのです。

このように除算の筆算をするさまを想像してみると，有理数ならば循環小数で表せることがわかるはずです。すなわち，**どれだけ大きな整数 N で除算をしても，割り切れない場合の余りは $1, 2, \cdots, N-2$，$N-1$ の $N-1$ 種類しかありえない**わけですから，**N 回以上除算をすれば，必ずどこかで余りが重複するわけです**[8]。

▶ 循環小数を分数に直す

分数を小数に直すのは難しくありません。実際に筆算をすればよいためです。有限小数にならない場合でも，さきほど述べたように循環小数で表せますからね。

ではその逆，つまり循環小数を分数に直すことはできるのでしょうか。
0.0375 のような有限小数であれば，次のように苦労せず分数に変形できます。

$$0.0375 = \frac{375}{10000} = \frac{3 \cdot 5^3}{2^4 \cdot 5^4} = \frac{3}{2^4 \cdot 5} = \frac{3}{80}$$

8　このような考え方を鳩の巣原理や引き出し論法とよびます。

しかし，たとえば $1.\dot{2}\dot{3}$ のような循環小数だと，上のような変形を行うことはできません。小数がずっと無限に続いており，分母の 0 をいくら増やしても分子が整数にならないためです。

困ったように見えますが，循環していることを利用するうまい解決策があります。まず，$x := 1.\dot{2}\dot{3}$ と定めます。この x を 100 倍してみましょう。すると

$$100x = 100 \cdot 1.\dot{2}\dot{3} = 123.\dot{2}\dot{3}$$

となります。よく見ると **1 の位までは x と異なり，小数第 2 位を含めそれ以降は x とピッタリ一致しています**。ということは，両者の差を計算すると

$$100x - x = 123.\dot{2}\dot{3} - 1.\dot{2}\dot{3} = 123 - 1 = 122 \quad \therefore 99x = 122$$

が成り立ちますね[9]。

```
  100x = 1 2 3 . 2 3 2 3 2 …     小数点以下が同じなので
-)   x =     1 . 2 3 2 3 2 …     減算すると打ち消しあう
  99x = 1 2 2
```

こうして，$x = \dfrac{122}{99}$ つまり $1.\dot{2}\dot{3} = \dfrac{122}{99}$ であることがわかりました。

この手法はセンター試験（現共通テスト）にも出題例があります。知らないとなかなか思いつかないものなので，頭に入れておきたいですね。

なお，簡便な方法に次のようなものもあります。いまの $1.\dot{2}\dot{3}$ の場合，まず

$$\frac{1}{99} = 0.01010101\cdots = 0.\dot{0}\dot{1}$$

という分数を思い浮かべます。これを 23 倍すると $\dfrac{23}{99} = 0.\dot{2}\dot{3}$ となりそうですね。

これで 232323… という循環節はつくれましたが，**整数 1 が不足している**ので，それを補って

$$1.\dot{2}\dot{3} = 1 + \frac{23}{99} = \frac{122}{99}$$

とすれば同じ結果を導けます。同様に，循環節の長さが 1 の場合は $\dfrac{1}{9}$，長さが 3 の場合は $\dfrac{1}{999}$ の小数表示を考え，そこから循環節に相当する分数をつくったり循環節の前の部分を補ったりすることで，お目当ての数をつくれるわけです。

---

9 桁が 2 個ずれているのだから，引き算をしても"最後"の 2 桁は消えないじゃないか！ とあなたが思ったなら鋭いです。実は，循環小数の値を"極限"という概念により定式化することで，このあたりの計算で誤った結果が出てこないことがわかります。

循環小数を分数に変形する

以下の各循環小数を分母・分子の双方が整数である既約分数に変形せよ。

(1) $0.\dot{7}$ (2) $1.\dot{3}\dot{4}$ (3) $0.2\dot{3}5\dot{7}$

例題の解説

(1) 答え：$\dfrac{7}{9}$

$x = 0.\dot{7}$ とすると $10x = 7.\dot{7}$ となり，後者から前者を引き算することで $9x = 7$

つまり $(0.\dot{7}=)x = \dfrac{7}{9}$ が得られます。結果のみすぐ求めたい場合は $\dfrac{1}{9} = 0.\dot{1}$ を 7

倍するとよいでしょう。

(2) 答え：$\dfrac{133}{99}$

$y = 1.\dot{3}\dot{4}$ と定めます。循環節の長さは 2 なので，$(10^2 =)100$ 倍してみます。

すると $100y = 134.\dot{3}\dot{4}$ が得られます。2 式の差をとることで $99y = 133$ がしたが

い，これより $y = \dfrac{133}{99}$ とわかります。(1) 同様，$\dfrac{1}{99} = 0.\dot{0}\dot{1}$ を利用して

$$y = 1.\dot{3}\dot{4} = 1 + 34 \times 0.\dot{0}\dot{1} = 1 + \frac{34}{99} = \frac{133}{99}$$

とする手もあります。

(3) 答え：$\dfrac{157}{666}$

$z = 0.2\dot{3}5\dot{7}$ と定めます。循環節の長さは 3 なので，$(10^3 =)1000$ 倍してみます。

すると $1000z = 235.7\dot{3}5\dot{7}$ が得られます。2 式の差をとることで $999z = 235.5$ が

したがい，これより

$$z = \frac{235.5}{999} = \frac{235.5 \cdot 2}{999 \cdot 2} = \frac{471}{1998} = \frac{157}{666}$$

とわかります。やはり $\dfrac{1}{999} = 0.\dot{0}0\dot{1}$ をふまえ

$$0.2\dot{3}5\dot{7} = \frac{1}{10} \cdot (2 + 0.\dot{3}5\dot{7}) = \frac{1}{10} \cdot (2 + 357 \times 0.\dot{0}0\dot{1}) = \frac{1}{10} \cdot \left(2 + \frac{357}{999}\right) = \frac{157}{666}$$

とするのもアリです（最後に約分をして既約分数にするのを忘れずに！）。

▶ 整数部分・小数部分

> **定義** 　整数部分・小数部分（本書での定義）
>
> - 実数 a に対し，$n \leqq a < n+1$ をみたす整数 n，言い換えれば "a を超えない最大の整数" のことを a の**整数部分**という。
>   また，そのような a, n について，$a-n$ を a の**小数部分**という。
> - 実数 a の整数部分を $[a]$ と表記して**ガウス記号**とよんだり，$\lfloor a \rfloor$ と表記して**床関数**とよんだりすることがある [10]。

定義より，任意の実数 a に対し，その小数部分は 0 以上 1 未満です。

例題 　　整数部分・小数部分

(1) 　3.14 　(2) 　-273.15 　(3) 　$\sqrt{7}$ 　の整数部分と小数部分を求めよ。

例題の解説

(1) 答え：整数部分 3 ／ 小数部分 0.14

　$3 \leqq 3.14 < 4$ ですから，整数部分は 3 であり小数部分は $3.14 - 3 = 0.14$ です。

(2) 答え：整数部分 -274 ／ 小数部分 0.85

　どうせ整数部分は -273，小数部分は 0.15 でしょ？　と思うかもしれませんが，それは誤りです。$-274 \leqq -273.15 < -273$ ですから，-273.15 の整数部分は -274 です。そして，小数部分は $-273.15 - (-274) = 0.85$ となります。

(3) 答え：整数部分 2 ／ 小数部分 $\sqrt{7} - 2$

　$4 \leqq 7 < 9$ より $\sqrt{4} \leqq \sqrt{7} < \sqrt{9}$ すなわち $2 \leqq \sqrt{7} < 3$ がいえるため，$\sqrt{7}$ の整数部分は 2 です。そして，小数部分は $\sqrt{7} - 2$ となります。

10 　ガウス "記号"，床 "関数" という種別の違いは気にしないこととしましょう。なお，世界的には床関数（floor function）という呼称の方が通用しやすいようです。

2-4 ⟩ 絶対値

▶ まずは定義の理解から

実数の絶対値を，まず次のように定義します。

> **🔍 定義** **絶対値**
>
> x を実数とするとき，次式で定義される $|x|$ を x の **絶対値** という。
> $$|x| := \begin{cases} x & (x \geq 0) \\ -x & (x \leq 0) \end{cases}$$

x の値と $|x|$ の値をいくつか例示します。

x	$\pi-8$	-3	$\dfrac{1-\sqrt{17}}{2}$	$\sqrt{2}-\sqrt{3}$	0	$\pi-2$	$\dfrac{\sqrt{17}-1}{2}$	$\sqrt{2}+\sqrt{3}$	$\pi+4$
$|x|$	$8-\pi$	3	$\dfrac{\sqrt{17}-1}{2}$	$\sqrt{3}-\sqrt{2}$	0	$\pi-2$	$\dfrac{\sqrt{17}-1}{2}$	$\sqrt{2}+\sqrt{3}$	$\pi+4$

絶対値の定義を理解しているか，早速例題で確認してみましょう。

例題 絶対値の計算（基本）

以下の値を各々求めよ。

(1) $|-2|+5$　　　(2) $-2+|5|$　　　(3) $|-2|+|5|$　　　(4) $|-2+5|$

(5) $|-|2+5||$　　　(6) $||-2|+5|$　　　(7) $|-2+|5||$　　　(8) $||-2|+|5||$

例題の解説

上の定義にしたがって計算するのみです。

答え：各々以下の通り。

(1) $|-2|+5=2+5=7$

(2) $-2+|5|=-2+5=3$

(3) $|-2|+|5|=2+5=7$

(4) $|-2+5|=|3|=3$

(5) $|-|2+5||=|-|7||=|-7|=\mathbf{7}$ (6) $||-2|+5|=|2+5|=|7|=\mathbf{7}$

(7) $|-2+|5||=|-2+5|=|3|=\mathbf{3}$ (8) $||-2|+|5||=|2+5|=|7|=\mathbf{7}$

定義を理解していれば上の例題レベルの計算はスラスラ正解できます。絶対値記号は今後も登場するため，いまのうちに定義を頭に入れてしまいましょう。
次はちょっとレベルアップした問題にチャレンジします。

例題	絶対値の計算（応用）

以下の各々の値を計算せよ。

(1) $|\sqrt{10}-3|$ (2) $|\sqrt{3}-1|+|\sqrt{3}-2|$

(3) $p=1-\sqrt{7}$ と定めたときの，$|p|+|p+1|+|p+2|+|p+3|$

例題の解説

(1) **答え：$\sqrt{10}-3$**

   $\sqrt{10}^2=10>9=3^2$ より $\sqrt{10}>3$ であるため，$|\sqrt{10}-3|=\sqrt{10}-3$ です。

(2) **答え：1**

   $1^2=1<3<4=2^2$ より $1<\sqrt{3}<2$ ですから，$\sqrt{3}-1>0$, $\sqrt{3}-2<0$ が成り立ちます。したがって $|\sqrt{3}-1|+|\sqrt{3}-2|=\sqrt{3}-1-(\sqrt{3}-2)=1$ です。

(3) **答え：4**

   $2^2=4<7<9=3^2$ より $2<\sqrt{7}<3$ ですから，

$$-3<-\sqrt{7}<-2 \quad \therefore -2<1-\sqrt{7}<-1$$

つまり $-2<p<-1$ と計算できます。ここから

$$p<0, \qquad p+1<0, \qquad p+2>0, \qquad p+3>0$$

とわかるので，問題文の式の値は次のように計算できます。

$$|p|+|p+1|+|p+2|+|p+3|=-p-(p+1)+(p+2)+(p+3)=4$$

そういえば，前章で全称命題・存在命題について学習しましたね。それと関連する問題にも取り組んでおきましょう。

絶対値に関する全称命題・存在命題の真偽

(1)～(4) 各々の命題について，真偽を判定せよ。

(1) 任意の実数 x に対し，$x \leqq |x|$ (3) 任意の実数 x に対し，$x \geqq |x|$

(2) ある実数 x に対し，$x \leqq |x|$ (4) ある実数 x に対し，$x \geqq |x|$

例題の解説

(1) 答え：真

　$x \geqq 0$ では $|x| = x$ であるため $x \leqq |x|$ が成り立ちます。

　$x < 0$ では $|x| = -x > 0$ であるため，やはり $x \leqq |x|$ が成り立ちます。

(2) 答え：真　(1) が真なのでこれも当然真です。

(3) 答え：偽

　$x = -3$ とすると $|x| = |-3| = 3$ より $x < |x|$ となります。

　条件をみたさない x の値が 1 つ見つかったわけですから，"任意の"実数 x に

　対する不等式の成立は否定できました。

(4) 答え：真

　$x = 1$ とすると $|x| = |1| = 1$ より $x \geqq |x|$ が成り立ちます。

　条件をみたす x の値が現に 1 つ存在するわけですから，この命題は真です。

> **絶対値関数と最大値関数の関係**
>
> 絶対値の定義（p.78）より，任意の実数 x に対し次式（＊）が成り立ちます。
>
> $$|x| = \max\{x, -x\} \quad \cdots (*)^{11}$$
>
> x と $-x$ は逆符号であり，これらのうち 0 以上の方を $|x|$ と定義しているわ
> けですから，当然といえば当然ですね。
>
> 式（＊）は多くの場面で活躍します。たとえば，（＊）より $|x| \geqq x$ ですから[12]
> 上の例題の(1)，(2)は真であるとすぐにわかりますね。本章の最後にも
> 出番があるので，お楽しみに！

11　"max" は {　} 内にあるもののうち小さくない方（以下単に"大きい方"）を返す関数です。

12　$|x|$ は $x, -x$ の大きい方なのですから，（最大値の候補の 1 つである）x より小さいはずがありません。同様に $|x| \geqq -x$ もいえます。より一般に，$M := \max\{a, b\}$ とすると $M \geqq a$ かつ $M \geqq b$ が成り立ちます。

▶ 絶対値を図でイメージしよう

絶対値は，**"数直線における原点 (0) からの距離"** に対応しています。これを定義だと思ってもよいでしょう。

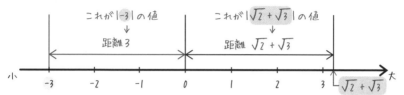

例題　絶対値と数直線①

数直線をイメージしたり描いたりしつつ，以下の方程式・不等式 [13] を解け [14]。

(1) $|x| = 3$　　　(2) $|x-2| = 3$　　　(3) $|x+2| > -1$　　　(4) $|x-1| < 3$

例題の解説

(1) **答え：$x = \pm 3$**

数直線上で原点から距離 3 だけ離れた数は ± 3 です。

(2) **答え：$x = 5, -1$**

実数 a, b に対し，$|a-b|$ は**数直線における 2 点 $\mathrm{A}(a)$, $\mathrm{B}(b)$ 間の距離**です。よって，$|x-2| = 3$ をみたす x は，2 から距離 3 だけ離れた数です。

(3) **答え：任意の実数 x に対し成立**

絶対値の定義より，任意の実数 x に対し $|x+2| \geqq 0$ が成り立つわけですから，$|x+2| > -1$ もつねに成立します。

(4) **答え：$-2 < x < 4$**

(2)同様に考えると，$|x-1| < 3$ をみたす x は，1 からの距離が 3 未満である数とわかります。

13　"方程式" は等式で表された条件，"不等式" は不等号を用いた式で表された条件のことです。
14　方程式・不等式を "解く" とは，解（その方程式・不等式をみたす変数の条件）が一目でわかるようにその式を同値変形することです。

ある条件をみたす実数の範囲を，数直線で図示することを考えよう。たとえば

$$① \; 0<x\leqq 3 \qquad ② \; -3\leqq x \leqq 1$$

をみたす実数 x の範囲は，各々次のように図示できる。ただし，●はその数を範囲に含み，○はその数を範囲に含まないことを表す[15]。

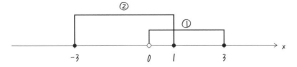

以下の各々をみたす実数 x の範囲を，上のように数直線上に図示せよ。

(1)　$|x|<4$　　　　　　(2)　$|x-3|\leqq 2$　　　　　　(3)　$|x+1|\geqq 2$

例題の解説

答え：

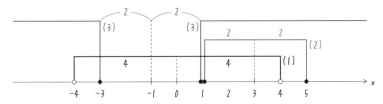

(1)　$|x|<4$ は "数直線上で原点からの距離が 4 未満である" ことを意味します。つまり，原点 0 を中心として左右に幅 4 ずつ広がった範囲を表しています。

(2)　$|x-3|\leqq 2$ は少々悩ましいかもしれませんが，"数直線上で 3 からの距離が 2 以下である" ことを意味します。$x-3$ という式を見て "3 という値が基準なのね" と思えれば素晴らしいですね。

(3)　$|x+1|\geqq 2$ についても，$x+1=x-(-1)$ と捉えることができれば，"-1 からの距離が 2 以上である" ことを意味するとわかります。

15　多くの教科書・参考書で同様の表記が用いられているため，知っておくとよいでしょう。ただし，（私が知らないだけかもしれませんが）数学の世界で広く用いられる記法なのかは不明なので，答案等で用いる際は意味を簡単に述べておくのがよいでしょう。

▶ 絶対値関数とそのグラフ

こんどは絶対値を関数と捉えてグラフを描いてみましょう。

| 例題 | 絶対値を含む関数のグラフ |

(1) 次の表は，最上段にある x の値各々に対する $|x|, |x|-1, |x-2|$ の値を計算するものである。記入例（$x=1$ の場合）にならい，表の空欄を埋めよ。

x	-4	-3	-2	-1	0	1	2	3	4
$|x|$						1			
$|x|-1$						0			
$|x-2|$						1			

(2) (1)をふまえ，関数 $y=|x|, y=|x|-1, y=|x-2|$ のグラフを描け。

例題の解説

(1) 答え：次表の通り。

x	-4	-3	-2	-1	0	1	2	3	4
$|x|$	4	3	2	1	0	1	2	3	4
$|x|-1$	3	2	1	0	-1	0	1	2	3
$|x-2|$	6	5	4	3	2	1	0	1	2

(2) 答え：次ページの図の通り。

(1)の表より，たとえば関数 $y=|x|$ のグラフは

$(-4,4), (-3,3), (-2,2), (-1,1), (0,0), (1,1), (2,2), (3,3), (4,4)$

といった点を通ることがわかります。

これらをまず座標平面上にプロットし，それもふまえてグラフを描いてみましょう。すると，概形が見えてきます。各々のグラフは次のようになります。

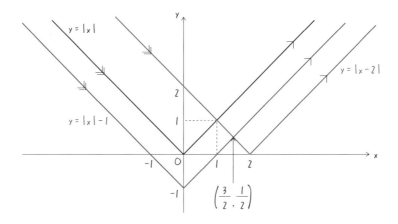

以下は，これら 3 つの関数のグラフの概形に関する補足事項です。

- $y=|x|$ のグラフは V 字の形です。**数直線でいうと"原点からどれくらい離れているか"が絶対値**でしたから，y 軸に関して対称となるのは自然ですね。そして $|x|$ は"距離"ですから，任意の実数 x に対して 0 以上です。

- $y=|x|-1$ という関数は，$y=|x|$ という関数に -1 という定数が足されているわけですから，$y=|x|$ のグラフを y 軸負方向に 1 だけ下げれば OK です。$y=|x|$ のグラフが描ければ，これは平易ですね。

- $y=|x-2|$ は，$y=|x|$ 同様つねに 0 以上の値をとります。ただし $y=|x-2|$ のグラフは $x=0$ ではなく $x=2$ の位置に"谷底"があります。$y=|x|$ のグラフを x 軸方向に 2 平行移動した形になっているわけです。より一般に，実数 a に対し $y=|x-a|$ のグラフの"谷底"は $x=a$ の位置にあります。

絶対値を関数と捉え図示すると理解が深まりますね。数学の学習では，このように**定義とイメージの双方を大切にする**と，楽しくかつ効率的に勉強できます。

▶ 絶対値関数がもつ，2 つの重要性質

△ 定理　　**実数の 2 乗に根号をつけたもの**

任意の実数 a に対し，$\sqrt{a^2}=|a|$ が成り立つ [16]。

定理の証明 ・・

根号（$\sqrt{}$）の定義より，$\sqrt{a^2}$ は "a^2 の平方根のうち 0 以上のもの" です。a^2 の平方根は $|a|, -|a|$ の 2 つであり [17]，つねに $|a| \geqq 0$ ですから $\sqrt{a^2} = |a|$ が成り立ちます。■

例題　実数の2乗に根号をつけたもの

次の式を各々簡単にせよ。ただし，x は実数とする。

(1) $\sqrt{(-3)^2}$　　　(2) $\sqrt{(\sqrt{2}-\sqrt{3})^2}$　　　(3) $\sqrt{(x^2-1)^2+(2x)^2}$

例題の解説

(1) 答え：3　　$\sqrt{(-3)^2} = |-3| = 3$

(2) 答え：$\sqrt{3} - \sqrt{2}$

$\sqrt{(\sqrt{2}-\sqrt{3})^2} = |\sqrt{2}-\sqrt{3}| = \sqrt{3}-\sqrt{2}$ ($\sqrt{3} > \sqrt{2}$) と計算できます。

この計算過程が **2-2** 節（p.70）で学んだ二重根号を外す手続きと関係していることに気づけたとしたら鋭いです。公式 $\sqrt{a^2} = |a|$ を軸にあの手続きを捉え直すと，たとえば $\sqrt{(a+b)-2\sqrt{ab}}$ (a, b は正実数) は

$$\sqrt{(a+b)-2\sqrt{ab}} = \sqrt{(\sqrt{a}-\sqrt{b})^2} = |\sqrt{a}-\sqrt{b}| = \begin{cases} \sqrt{a}-\sqrt{b} & (a \geqq b \text{ のとき}) \\ \sqrt{b}-\sqrt{a} & (a < b \text{ のとき}) \end{cases}$$

と変形でき，これにより二重根号を外していた，というわけです。

(3) 答え：x^2+1

根号の中身は次のように変形できます。

$$(x^2-1)^2+(2x)^2 = x^4-2x^2+1+4x^2 = x^4+2x^2+1 = (x^2+1)^2$$

また，任意の実数 x に対し $x^2+1 > 0$ ですから，次のように変形できます。

$$\sqrt{(x^2-1)^2+(2x)^2} = \sqrt{(x^2+1)^2} = |x^2+1| = x^2+1$$

16　ベクトルのノルム（大きさ）などへの拡張を念頭におき，$|a| = \sqrt{a^2}$ を絶対値の定義とすることもできます。このように，数学に登場する概念の定義は立場・文脈・前提により変わりえます。

17　a^2 の平方根は "a と $-a$" としても正しいです。しかし，a と $-a$ のいずれが正であるかは，a 自体の符号に左右されてしまいます。そこで，絶対値を用いた "$|a|$ と $-|a|$" を平方根の表し方として採用しているわけです。実際，a の値（符号）によらず $|a|^2 = a^2 = (-|a|)^2$ が成り立ちます。

絶対値と不等式

任意の実数 a, b に対し，次の（ⅰ）および（ⅱ）が成り立つ。
（ⅰ） $|a| > b \iff$ "$a < -b$ または $a > b$"　　**（ⅱ）** $|a| < b \iff -b < a < b$

定理の証明 ・・

b の符号で場合分けをして示すのもよいですが，p.80 のコラムで登場した式
$(*)$ $|x| = \max\{x, -x\}$ を用いることで簡潔に示せます。
（ⅰ）の証明
$|a| > b \iff \max\{a, -a\} > b \overset{18}{\iff}$ "$a > b$ または $-a > b$" $\iff$ "$a > b$ または $a < -b$" ■

（ⅱ）の証明
$|a| < b \iff \max\{a, -a\} < b \overset{19}{\iff}$ "$a < b$ かつ $-a < b$" $\iff -b < a < b$ ■

$b \leqq 0$ でも成り立つのが（ⅰ）（ⅱ）の便利な点で，のちの章でも活躍します。

例題　　**絶対値関数を含む不等式**

次の不等式を各々解け。　　(1) $|x - 5| > 1$　　(2) $|x + 1| < 2x$

例題の解説

(1) 答え：$x < 4$ または $6 < x$　　$|x - 5| > 1 \iff x - 5 < -1$ または $x - 5 > 1$
$\iff x < 4$ または $6 < x$

(2) 答え：$1 < x$　　$|x + 1| < 2x \iff -2x < x + 1 < 2x$

$$\iff \begin{cases} -2x < x + 1 \\ x + 1 < 2x \end{cases} \iff \begin{cases} -\dfrac{1}{3} < x \\ 1 < x \end{cases} \iff 1 < x$$

(2) のような複雑な不等式は第 4 章で扱うのですが，先取りしちゃいました。

これで第 2 章は終了です。次は，高校数学でずっと用いる "多項式" について学びます。"高校数学の基礎" のラストとなる章です。引き続き頑張りましょう！

18　$\max\{a, -a\} > b$ は，要は "$a, -a$ のうち大きい方が b より大きい" という意味ですから，$a, -a$ の少なくとも一方が b より大きい，と言い換えられます。

19　$\max\{a, -a\} < b$ は，要は "$a, -a$ のうち大きい方でさえ b より小さい" という意味ですから，$a, -a$ がいずれも b より小さい，と言い換えられます。

多項式の取り扱い

多項式の計算法則の理解と運用は，高校数学で扱う内容のうち最も大切なもののひとつです。

一方で，特に展開・因数分解あたりになると多数の公式が登場するため，早速心が折れそうになるテーマでもありますよね。

でも心配ご無用です。本書では，まず徹底的に地道に計算することで計算法則や公式の理解を深めていきます。

大量の公式をワケもわからず振り回したり，逆に公式に振り回されたりして苦しい思いをするのは，もうやめにしましょう。

3-1 ⊙ 多項式の計算法則

▶ 用語とその定義

数学の勉強をするうえで，定義を頭に入れることは大切です。定義を知らないと，当然それを用いた説明や議論ができないためです。
まずは，この章で必要となる言葉と，その定義を紹介します。

> 🔍 定義　**単項式**
>
> **数や文字，いくつかの数と文字の積でつくられた式を単項式という。**

たとえば $1, 3, -7$ が"数"です。円周率 π や $\sqrt{2}, -\sqrt{17}$ などもこれに含まれます[1]。文字自体（a, b, x, y, P, α など）も単項式と考えられます[2]。そして，数と文字の積も単項式です。ここまでの内容をふまえると，$2p$ や $6a^2$, $4\pi a^2$ などが数と文字の積であり，単項式に含まれることがわかることでしょう。

> 🔍 定義　**多項式とその項**
>
> **1 つ以上の単項式の和や差でつくられた式を多項式といい，多項式を構成する各々の単項式を，その多項式の項という。**

$x^3 - 3x + 2$ や $5n + 5m + 3\ell$, $x^4 + bx + c$ などが多項式に該当します。定義で"1 つ以上"と述べたのは，**単項式自体も多項式に含まれる**ためです。

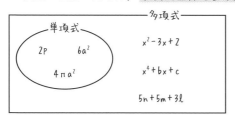

つまり，単項式と多項式の包含関係は左のようになります。正方形が長方形の特別な場合である，というのと同じ構図になっていますね。

1　"数"の定義をしていませんが，そこは気にしないことにします。
2　単項式でないこともあります（例：積分で登場する dx は単項式 d と x の積ではない）。

なお，$x(x-1)$ や $(q-1)(q^2+q+1)$ などは，いちばん外側は乗算の形になっていますが単項式とはよびません。後述する分配法則を用いて展開すると

$$x(x-1)=x^2-x, \qquad (q-1)(q^2+q+1)=\cdots=q^3-1$$

となり，単項式ではないことがわかります。**最後が乗算の形なら OK，というわけではない**のです。$x(x-1)$ を単項式とすると，上のように変形するだけで多項式にも該当してしまい，これは不便です。

🔍 **定義**　同類項

単項式たちのうち，文字の部分が同じであるものを同類項という。

たとえば $-8x$ と $17x$ と x，$\sqrt{5}p$ と p，πa^2 と $\dfrac{\sqrt{3}}{4}a^2$ などが同類項です。後述する分配法則により，これらは各々次のように加算・減算できます。

$$2x+3x=5x,^3 \qquad \sqrt{5}p-p=(\sqrt{5}-1)p,$$

$$\pi a^2+\frac{\sqrt{3}}{4}a^2=\left(\pi+\frac{\sqrt{3}}{4}\right)a^2$$

したがって，同類項は"加算・減算をするときにまとめられるもの"と手短に捉えてもよいでしょう。

🔍 **定義**　係数（大雑把に）

項において，ある文字（たち）以外の"数"の部分を係数という。

たとえば $7a$ の係数は 7，$6\ell^2$ の係数は 6 です。$4\pi r^2$ の係数は 4π と考えられます。π は文字（ギリシャ文字のひとつ）ですが，多くの場合円周率を表すため[4]，これは係数ということになるでしょう。

なお，同じ多項式であっても，目的により異なる文字についての式と捉えることがあり，それにより"係数"が指すものは変化することがあります[5]。

3　$2x+3x=5x^2$ としてしまう人が時折いますが，$2x+3x=(x+x)+(x+x+x)$ であることをイメージすれば迷わないはずです。

4　実は，分野によって"π"は平面を表したり，電子の種類を表したり，いろいろ意味が変わります。

5　項のどの部分が"係数"であるかは，文脈により適切に判断すべきです。たとえば多項式 $-x-1+ax+ax^2$ において，ax^2 という項は（文字しかないので）係数が 1 であると考えられます。一方，たとえば等式 $x^2+ax-1=0$ を考え，これを x の方程式だと思ったとします。この場合は，ax という項を"x に a という係数がついている"とみるべきでしょう。

第 3 章 — 多項式の取り扱い

🔍 定義　定数項

多項式の項のうち，文字変数を含まない項のことを定数項という。

3, $-\sqrt{7}$ などが該当します。π のような定数も文字にカウントしないのが合理的でしょう。よって 2π, $\frac{4}{3}\pi$ なども定数項です。たとえば $x^2+2(1+\sqrt{3})x+4+2\sqrt{3}$ のような多項式では，定数項は $4+2\sqrt{3}$ ということになりますね。

🔍 定義　単項式の次数

単項式において，乗算されている文字の個数を，その単項式の次数という。

たとえば $6L^2$ の次数は 2，$a^2b^2c^2$ の次数は $2+2+2=6$ です。やはり π のような "定数を表す文字" は次数にカウントしないのが自然で，$4\pi r^2$ の次数は 2 です。そして，上の定義にしたがうと，**定数項の次数は 0 である**といえます[6]。

🔍 定義　多項式の次数

多項式をなす項の次数たちの最大値（ほかのどれと比べても小さくないものの値）を，その多項式の次数という[7]。

たとえば $9x^2+6xy^2z+xy^4$ という多項式は $9x^2$, $6xy^2z$, xy^4 という 3 つの項からなりますが，各項で乗算されている文字の個数は

$$9x^2 = 9 \times \underbrace{\boldsymbol{x \times x}}_{2 個}, \qquad 6xy^2z = 6 \times \underbrace{\boldsymbol{x \times y \times y \times z}}_{4 個}, \qquad xy^4 = \underbrace{\boldsymbol{x \times y \times y \times y \times y}}_{5 個},$$

ですよね。これらの中で最も高次のもの[8]は 5 個ですから，多項式 $9x^2+6xy^2z+xy^4$ の次数は 5 となります。**特にことわりのない場合，（定数でない）どのような文字を乗算していても，次数にカウントされる**ことに注意しましょう。

6　ただし，定数 0 の次数は "負の無限大" という扱いにすることが多いです。
7　多項式を整理したのち（すべての同類項をまとめきったのち）の話です。でないと，たとえば $2x^2-1=x^3+2x^2-1-x^3$ と変形するだけで次数が変わってしまい，これでは不合理です。
8　次数が大きいことは **"次数が高い""高次である"** という具合に "高い" という言葉で表現されることが多いです。逆に，次数が小さいことは **"次数が低い""低次である"** などといいます。

> **🔍 定義** ―― n **次式**
>
> 次数が n である多項式のことを n **次式**という。

たとえば x^2+x-1 は 2 次式，z^3+2z^2+3z+4 は 3 次式です。そして，k を正の整数とするとき，$a^k+a^{k-1}+\cdots+a^2+a+1$ は k 次式とよべます。

▶ 多項式の加算・減算

次は加算・減算について考えます。ここで主に意識すべきなのは以下の点です。

- 小学校の頃から習ってきた足し算・引き算と大まかには変わらない。
- 同類項の加減は，係数の加減により計算できる。

たとえば $5z^2+7z-1$ と z^3-8z^2-2z+7 という 2 つの多項式について加減の計算をすると，次のようになります。

$$(5z^2+7z-1)+(z^3-8z^2-2z+7)=(0+1)z^3+(5-8)z^2+(7-2)z+(-1+7)$$
$$=z^3-3z^2+5z+6$$
$$(5z^2+7z-1)-(z^3-8z^2-2z+7)=(0-1)z^3+(5+8)z^2+(7+2)z+(-1-7)$$
$$=-z^3+13z^2+9z-8$$

このように，**加算・減算する 2 つの多項式に同類項がある場合は，それらについて加算・減算を行い 1 つにまとめることができます。** そして，"計算をせよ" という問題の場合，同類項をすべてまとめることが求められていると考えましょう。単に 2 つの多項式の間に "＋" を書くだけであれば誰にでもできますし，ご利益がないですからね。

早速具体例を見ていきます。計算が難しかったり，意味不明だったりはしないと思います。最短ルートを歩むことに執着する必要はないので，まずは自身で説明できる方法により，誤りのないよう丁寧に計算しましょう。

$A = 6p + 9 + p^2$, $B = 7p - 2p^2 + 10$ とする。このとき，次の計算をせよ。

(1) $3A + B$ (2) $3(4B - A) + 2(A - 6B)$

例題の解説

(1) 答え：$p^2 + 25p + 37$

$$
\begin{aligned}
3A + B &= 3(6p + 9 + p^2) + 7p - 2p^2 + 10 \\
&= 18p + 27 + 3p^2 + 7p - 2p^2 + 10 \\
&= (18 + 7)p + (27 + 10) + (3 - 2)p^2 \\
&= 25p + 37 + p^2 (= p^2 + 25p + 37)
\end{aligned}
$$

と計算できます。

なお，多項式はカッコ内のように各項を次数の高い方から順に並べることもあり，この順序のことを**降べきの順**とよび，本書においても多くの場合この順で結果を記述します。次数の順に並んでいた方が読みやすいためです。ただし，**降べきの順で書くことは義務ではありません**。この逆順である昇べきの順やその他の順序が好都合な場合も実際にあります。

(2) 答え：$-p^2 - 6p - 9$

さて，ここが頭の使いどころです。特に工夫せず地道に計算すると

$$
\begin{aligned}
&3(4B - A) + 2(A - 6B) \\
&= 3\{4(7p - 2p^2 + 10) - (6p + 9 + p^2)\} + 2\{(6p + 9 + p^2) - 6(7p - 2p^2 + 10)\} \\
&= 3\{28p - 8p^2 + 40 - 6p - 9 - p^2\} + 2\{6p + 9 + p^2 - 42p + 12p^2 - 60\} \\
&= \mathbf{84p - 24p^2 + 120} - 18p - 27 - 3p^2 + 12p + 18 + 2p^2 \mathbf{- 84p + 24p^2 - 120} \\
&= (-24 - 3 + 2 + 24)p^2 + (84 - 18 + 12 - 84)p + (120 - 27 + 18 - 120) \\
&= -p^2 - 6p - 9
\end{aligned}
$$

となります。**これで正解ですし，減点される理由はありません**。でも，途中で妙にキレイに係数が消えており，何か裏がありそうです。

式に登場する A, B 計 4 ヶ所にそれぞれ A, B の具体形を代入しているわけですが，考えてもみればこれは遠回りです。なぜなら，

$$3(4B - A) + 2(A - 6B) = 12B - 3A + 2A - 12B = -A$$

であり，結局代入しても B はすっかり消えてしまうからです（上の計算過程

の太字部分が，打ち消し合う $12B$，$-12B$ に対応しています）。A についても，$-3A$ と $2A$ に具体形を代入して加減をする前に $-3A+2A=-A$ とまとめてしまい，そこに $A=p^2+6p+9$ を代入した方が明確にラクです。したがって，

$$3(4B-A)+2(A-6B)=12B-3A+2A-12B=-A=-p^2-6p-9$$

という流れが模範的といえば模範的です。

<u>個々に代入してたくさん打ち消し合わせるくらいなら，まず $A,\ B$ の式の計算を済ませてしまい，最後に代入した方が（いちいち代入をしなくてよい分）簡単に計算できる</u>というわけです。

結局これまでの四則演算と似たようなことです。難しくありませんね。
さて，次は複数種類の文字が登場する多項式の計算をしてみます。これまで同様，符号や各文字の指数に注意しつつ同類項をまとめるのみです。

例題　　**多項式の加算・減算（多変数）**

$C=y^2+3xy+3y+2x+1$，$D=xy-2x+5$ とする。このとき，次の計算をせよ。

(1)　$C+4D$ 　　　　　　　　　　　　(2)　$3(C+D)+4(C-D)-6(C-2D)$

例題の解説

(1) 答え：$y^2+7xy-6x+3y+21$

$$
\begin{aligned}
C+4D &= (y^2+3xy+3y+2x+1)+4(xy-2x+5)\\
&= y^2+3xy+3y+2x+1+4xy-8x+20\\
&= y^2+(3+4)xy+(2-8)x+3y+(1+20)\\
&= y^2+7xy-6x+3y+21
\end{aligned}
$$

(2) 答え：$y^2+14xy-20x+3y+56$

$$
\begin{aligned}
3(C+D)+4(C-D)-6(C-2D) &= 3C+3D+4C-4D-6C+12D=C+11D\\
&= (y^2+3xy+3y+2x+1)+11(xy-2x+5)\\
&= y^2+(3+11)xy+(2-22)x+3y+(1+55)\\
&= y^2+14xy-20x+3y+56
\end{aligned}
$$

もちろん，そのまま代入して計算しても問題ありません。**計算の大変さと答案としての正誤は別**ですからね。

▶ 結合法則・交換法則・分配法則，指数法則

3-2 の多項式の乗算において欠かせない計算法則を学んでおきましょう。

> **⌐ 法則　多項式の結合法則，交換法則，分配法則**
>
> 任意の多項式 P, Q, R に対し，以下が成り立つ。
>
> Ⅰ　結合法則　$(PQ)R = P(QR)$
> Ⅱ　交換法則　$PQ = QP$
> Ⅲ　分配法則　$P(Q+R) = PQ + PR, (P+Q)R = PR + QR$

これら 3 つの法則が，多項式の乗算において重要となります。

そして多項式の乗算では，指数の計算も頻繁に登場します。そこで，指数に関する法則も知っておきましょう。

> **⌐ 法則　指数法則**
>
> m, n を正の整数とするとき，以下の式が成り立つ。
>
> ① $p^m \cdot p^n = p^{m+n}$　② $(p^m)^n = p^{mn} = (p^n)^m$　③ $(pq)^m = p^m q^m$

p^m というのは p を m 回乗算したもので，p^n というのは p を n 回乗算したものです。それらを乗算すれば

$$p^m \cdot p^n = \underbrace{(p \cdot p \cdot \dots \cdot p)}_{m \text{個}} \cdot \underbrace{(p \cdot p \cdot \dots \cdot p)}_{n \text{個}} = \underbrace{p \cdot p \cdot \dots \cdot p}_{(m+n) \text{個}} = p^{m+n}$$

となるのは自然な話ですね。残り 2 つの法則についても，このように何個乗算しているか数えることで，公式の成り立ちを理解できることでしょう[9]。

早速，指数法則を意識して例題にチャレンジしましょう。以下の例題がスラスラ解ければ，次に学ぶ展開計算の準備はバッチリだと思います。

9　ちなみに，数学Ⅱに入ると"有理数乗"を考えることになり，さらにその先の数学では"無理数乗"も考えます。そうなると"個数"という捉え方をしづらくなります。

例題	指数法則

次の式を計算せよ。

(1) $a \cdot 3a^3 \cdot 5a^5 \cdot 7a^7$ (2) $x^{12} + (2x^2)^6 + (3x^3)^4$

(3) $(abc)^2 \cdot (abd)^2 \cdot (acd)^2 \cdot (bcd)^2$

例題の解説

(1) **答え：$105a^{16}$**

地道に 2 つずつ乗算していくと次のようになります。

$$a \cdot 3a^3 \cdot 5a^5 \cdot 7a^7 = ((a \cdot 3a^3) \cdot 5a^5) \cdot 7a^7 = (3a^{1+3} \cdot 5a^5) \cdot 7a^7 = (3a^4 \cdot 5a^5) \cdot 7a^7$$
$$= 15a^{4+5} \cdot 7a^7 = 15a^9 \cdot 7a^7 = 105a^{9+7}$$
$$= 105a^{16}$$

ただ，どうせすべて乗算なので次のようにまとめて計算してもよいでしょう。

$$a \cdot 3a^3 \cdot 5a^5 \cdot 7a^7 = 1 \cdot 3 \cdot 5 \cdot 7 \cdot a^{1+3+5+7} = 105a^{16}$$

(2) **答え：$146x^{12}$**

$$x^{12} + (2x^2)^6 + (3x^3)^4 = x^{12} + 2^6 x^{2 \cdot 6} + 3^4 x^{3 \cdot 4} \quad (\because ③, ②)^{10}$$
$$= x^{12} + 64x^{12} + 81x^{12}$$
$$= 146x^{12} \quad (\because Ⅲ)^{11}$$

(3) **答え：$a^6 b^6 c^6 d^6$**

$$(abc)^2 \cdot (abd)^2 \cdot (acd)^2 \cdot (bcd)^2 = a^2 b^2 c^2 \cdot a^2 b^2 d^2 \cdot a^2 c^2 d^2 \cdot b^2 c^2 d^2 \quad (\because ③)$$
$$= a^{2+2+2+0} \cdot b^{2+2+0+2} \cdot c^{2+0+2+2} \cdot d^{0+2+2+2}$$
$$= a^6 b^6 c^6 d^6$$

別解：$(abc)^2 \cdot (abd)^2 \cdot (acd)^2 \cdot (bcd)^2 = (abc \cdot abd \cdot acd \cdot bcd)^2 \quad (\because ③)$
$$= (a^3 \cdot b^3 \cdot c^3 \cdot d^3)^2 = a^6 b^6 c^6 d^6$$

では次に，多項式の乗算（展開計算）について学んでいきます。

---

10 記号 $\because$ は "なぜならば" という意味です（上下逆にした $\therefore$ は "よって" です）。

11 こうした同類項をまとめる操作も，つまるところ分配法則を（"分配" とは逆向きに）用いているだけです。

3-2 ⊙ 展開

▶ 展開公式とその証明・イメージ

そもそも，多項式の展開とは次のようなものでした。

> **🔍 定義** **多項式の展開**
> 複数の多項式の積を 1 つの多項式として整理することを展開するという。

ここでは，中学でも扱った展開計算の復習をしつつ，新しいものも学びます。
高校数学の教科書では，序盤に次のような公式が並んでいます：

① $(a+b)(c+d)=ac+ad+bc+bd$
② $(x+a)(x+b)=x^2+(a+b)x+ab$
③ $(a+b)^2=a^2+2ab+b^2$
④ $(a-b)^2=a^2-2ab+b^2$
⑤ $(a+b)(a-b)=a^2-b^2$

このあたりが
中学で扱った内容

⑥ $(a+b+c)^2=a^2+b^2+c^2+2bc+2ca+2ab$
⑦ $(a+b)^3=a^3+3a^2b+3ab^2+b^3$
⑧ $(a-b)^3=a^3-3a^2b+3ab^2-b^3$
⑨ $(a+b)(a^2-ab+b^2)=a^3+b^3$
⑩ $(a-b)(a^2+ab+b^2)=a^3-b^3$
⑪ $(a+b+c)(a^2+b^2+c^2-bc-ca-ab)=a^3+b^3+c^3-3abc$

このあたりが
高校での
学習事項

ズラリと並んだ公式を見て，あなたは"うわぁ，高校数学ってしんどいかも
……"なんて思ったことがあるかもしれません。私としても"こんなの覚えなく
ていいよ！"と言いたいのですが，さすがにそれは言い過ぎです。展開計算を公
式に頼らず行えたとしても，その次に学ぶ"因数分解"でだいぶ苦労することに
なるためです [12]。

---

[12] あなたを無理やり勉強させるために私がウソをつくことはありません。これは本書で一貫した姿勢です。

しかし一方で，**最初から全部覚える必要はない**，というのが私の考えです。こんなところで圧倒され，高校数学を嫌いになるのはもったいないですよ。

展開公式の根幹をなすのは，**"3-1 多項式の計算法則"** で学んだ**分配法則**です。

> ∟ **法則**　**分配法則**
>
> 任意の多項式 P, Q, R に対し，次の式が成り立つ。
> $$P(Q+R)=PQ+PR, \qquad (P+Q)R=PR+QR$$

この分配法則を用いることで，
$$(a+b)(c+d)=a(c+d)+b(c+d)=ac+ad+bc+bd$$
となり，最初の展開公式を証明できました。同様に

$$(x+a)(x+b)=x\cdot x+x\cdot b+a\cdot x+a\cdot b=x^2+(a+b)x+ab$$

$$(a+b)(a-b)=a\cdot a+a\cdot(-b)+b\cdot a+b\cdot(-b)=a^2-ab+ba-b^2=a^2-b^2$$

も成り立ちます。$(a+b)^2$ や $(a-b)^2$ は上の2つと異なる見た目をしていますが，$(a+b)^2=(a+b)(a+b)$, $(a-b)^2=(a-b)(a-b)$ ですから，やはりこれまで同様に次のように計算できます。

$$\begin{aligned}(a+b)^2&=(a+b)(a+b)\\&=a\cdot a+a\cdot b+b\cdot a+b\cdot b\\&=a^2+ab+ba+b^2\\&=a^2+2ab+b^2\end{aligned}$$

$$\begin{aligned}(a-b)^2&=(a-b)(a-b)\\&=a\cdot a+a\cdot(-b)+(-b)\cdot a\\&\qquad\qquad +(-b)\cdot(-b)\\&=a^2-ab-ba+b^2\\&=a^2-2ab+b^2\end{aligned}$$

気づいたら，中学範囲の展開公式の証明がすべて終わってしまいました。もしかしたら，残りの公式も全部証明できるかもしれません。やってみましょうか。

$$\begin{aligned}(a+b)^3&=(a+b)(a+b)(a+b)\\&=(a+b)\cdot(a+b)^2\\&=(a+b)\cdot(a^2+2ab+b^2)\\&=a^3+2a^2b+ab^2+ba^2+2ab^2+b^3\\&=a^3+3a^2b+3ab^2+b^3\end{aligned}$$

$$\begin{aligned}
(a-b)^3 &= (a-b)(a-b)(a-b) \\
&= (a-b) \cdot (a-b)^2 \\
&= (a-b) \cdot (a^2 - 2ab + b^2) \\
&= a^3 - 2a^2b + ab^2 - ba^2 + 2ab^2 - b^3 \\
&= a^3 - 3a^2b + 3ab^2 - b^3
\end{aligned}$$

$$\begin{aligned}
(a+b)(a^2 - ab + b^2) &= a^3 + a^2b - a^2b - ab^2 + ab^2 + b^3 \\
&= a^3 + b^3
\end{aligned}$$

$$\begin{aligned}
(a-b)(a^2 + ab + b^2) &= a^3 - a^2b + a^2b - ab^2 + ab^2 - b^3 \\
&= a^3 - b^3
\end{aligned}$$

$$\begin{aligned}
(a+b+c)^2 &= (a+b+c)(a+b+c) \\
&= a^2 + ab + ac + ba + b^2 + bc + ca + cb + c^2 \\
&= a^2 + b^2 + c^2 + 2bc + 2ca + 2ab
\end{aligned}$$

$$\begin{aligned}
(a+b+c)(a^2+b^2+c^2-bc-ca-ab) &= \quad a^3 + ab^2 + ac^2 - abc - ca^2 - a^2b \\
&\quad + ba^2 + b^3 + bc^2 - b^2c - abc - ab^2 \\
&\quad + ca^2 + cb^2 + c^3 - bc^2 - c^2a - abc \\
&= a^3 + b^3 + c^3 - 3abc
\end{aligned}$$

こんな具合で，どの公式も簡単に証明できてしまいます。

これはスゴイ！ ……と思ったかもしれませんが，展開計算は本来上記のように分配法則を用いてひとつひとつ計算するものです。特別な形をしているものに限っては公式を知っているとラクができる，というだけのことなのです。

大抵の展開計算は，分配法則をもとに丁寧に計算すれば正解できます。言い換えれば，"公式を知らないから展開計算ができない"という事態はそうそう発生しません。

さて，分配法則を用いて式の展開公式を証明してきましたが，別の捉え方をしてみましょう。たとえば $(a+b)(c+d)$ の展開計算は，次図のように視覚化できます。

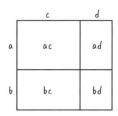

縦の長さ $a+b$，横の長さ $c+d$ の長方形の土地を考えます。この面積はもちろん $(a+b)(c+d)$ ですが，**あえて図のように 4 区画に分けて計算し，最後にそれらの合計を求めても（そのように計算するメリットはさておき）同じ値になるべき**ですよね。それを式で表すと

$$(a+b)(c+d)= \quad ac+ad$$
$$+\,bc+bd$$

となり，さきほどの公式と一致します。

もうちょっと頑張って，$(a+b+c)^2$ の展開公式も図で表現してみましょう。

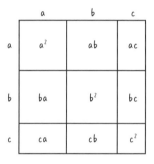

こんどは図のように，縦・横ともに $a+b+c$ という長さの土地を考えます。全面積はもちろん $(a+b+c)^2$ ですが，これをあえて $3\times3=9$ 区画に分割し，各々の面積を計算してからその合計を求めると

$$a^2+ab+ac$$
$$+\,ba+b^2+bc$$
$$+\,ca+cb+c^2$$
$$=a^2+b^2+c^2+2bc+2ca+2ab$$

となり，やはり公式 $(a+b+c)^2=a^2+b^2+c^2+2bc+2ca+2ab$ が再現できます。

このように，展開公式はかけ算や足し算の繰り返しですから，面積図で捉えることができます。またこれにより，**展開公式を忘れてしまったとしても，その場で再現できます**[13]。

展開公式の成立を，まず地道な計算により示し，次に図で表現してみました。これでだいぶ，公式への理解は深まってきたはずです。

13　ただし，登場する文字のうちに 0 と等しいものや負のものがあると，図の見た目は変わってしまうので注意が必要です。公式の視覚化は便利ですが，このようにどうしても一般性に欠けてしまうことがあるので注意しましょう。

……いや，公式を正しく暗記していればそんな図は不要だ，ですって？　確かにそれは一理あります。完璧に覚えているのであれば，わざわざその場で公式を再現する必要なんてありませんからね。

しかしそれは，あくまで"完璧に覚えている"場合に限られます。現実的には，公式を暗記したつもりでも，

$$* \ (p+q)^2 = p^2 + q^2, \qquad * \ (x+y)^3 = x^3 + y^3$$

などと[14]してしまう初学者は多いのです[15]。

ここで，あなたに大切なことをお伝えしておきます。**暗記することの最大のリスクは，誤った形で暗記してしまうことです。**
特に**根拠の理解なしに暗記をしようとすると，そもそも根拠がわからないがために誤った形で"覚えて"しまったり，その公式や定理の適用範囲を勘違いしたりするのです。**

でも，よく考えてみてください。さきほどのような勘違いは，実際に分配法則を用いて計算したり図を描いて考えたりすれば，そもそも起こりようがないのです。

たとえば $(p+q)^2$ の展開計算の場合，地道に計算すると

$$(p+q)^2 = (p+q) \cdot (p+q) = p(p+q) + q(p+q)$$
$$= p^2 + pq + qp + q^2 = p^2 + 2pq + q^2$$

となります。

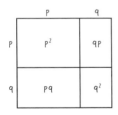

図を用いて考えるのも明快です。

さきほどの図を少し変えて，横の長さも縦の長さも $p+q$ であるような土地を左図のように4つに分割すると，各々の面積は p^2, pq, qp, q^2 となります。これらの合計が $(p+q)^2$ と等しくなるわけですから，
$(p+q)^2 = p^2 + 2pq + q^2$ となるのは明白ですね。

$p^2 + q^2$ だと，左上・右下の正方形の面積しか計算していないことになり，それが不適切なのは理解できるはずです。

14　＊は誤った式であることを意味します。
15　"多い"というのは私個人の感想だと思うかもしれませんが，上記のような"計算"は英語圏で"freshman's dream"という名称がついているくらい，初学者がよくやる勘違いの代表例なのです。

つまり，**分配法則による計算を想像したり左ページの図を連想したりすれば，**
＊ $(p+q)^2 = p^2 + q^2$ のような誤った展開計算をすることはありえません。
理屈を理解することなしに "確かこんな感じだった気がする" と計算ごっこをするから，正しくない結果が出てくるのです。当然のことですね。

"さっきから分配法則を用いたり図を用いたりしているけれど，丸暗記すればそんなの必要ないだろう" という考えがいかに危険か，理解できたはずです。

"正しくない展開計算" とは？

左ページの＊ $(p+q)^2 = p^2 + q^2$ は正しく展開できていない，と述べました。実際，たとえば $p=1$, $q=2$ とすれば

$$(p+q)^2 = (1+2)^2 = 3^2 = 9, \qquad p^2 + q^2 = 1^2 + 2^2 = 1 + 4 = 5$$

となりますから，正しくないことは理解していただけることでしょう。

ただし，ここでいう "正しくない" とは，"そのような等式は決して成り立たない" という意味ではないので注意してください。実際，たとえば $p=4$, $q=0$ とすると

$$(p+q)^2 = (4+0)^2 = 4^2 = 16, \qquad p^2 + q^2 = 4^2 + 0^2 = 16 + 0 = 16$$

より，$(p+q)^2 = p^2 + q^2$ が成り立つことがわかります。いまの場合，$pq=0$（$\iff p=0$ または $q=0$）であれば両者の値は等しくなるのです。

つまり，展開の式が "正しくない" というのは，"文字にどのような値を代入しても成立する" のではない，という意味なのです。本書では，今後も同様の意味で "正しくない" を用いるほか，"一般的には成り立たない" という表現も同義とします。

各展開公式を紹介し，その証明や図でのイメージを考えてきました。ここから先は，**公式を用いることのできる具体的な計算例**を主に扱いますが，公式の使用は任意です。どのような手段であっても正しく展開できていれば問題ありません。

また，**そもそも展開公式を直接使えない問題もあります。**ただし，公式を用いた解法を全く知らないのも考えもので，今後の学習で苦労します。なので，我流の計算で展開した場合も，必ず解説を読むようにしましょう。

▶ 2 次式の展開

| 例題 | 2 次式の展開 |

次の式を各々展開せよ。

(1) $(pq+r)(st+u)$　　(2) $(m+5)(8+m)$　　(3) $(7q+2p)^2$

(4) $(t+5)(-t-5)$　　(5) $(3-y)(3+y)$　　(6) $(2x-1)(4x+2)$

例題の解説

(1) 答え：$pqst+pqu+rst+ru$

分配法則を用いて地道に計算すると次のようになります。

$$(pq+r)(st+u)=pq\cdot st+pq\cdot u+r\cdot st+r\cdot u=pqst+pqu+rst+ru$$

"公式①を用いる"と思っても構いませんが，要は**"各因数（多項式）から1個ずつ項を取り出してできる積"をすべて足し合わせる**というのが展開計算なのです。

(2) 答え：$m^2+13m+40$

地道に計算することで次のように計算できます。

$$(m+5)(8+m)=m\cdot 8+m\cdot m+5\cdot 8+5\cdot m=8m+m^2+40+5m$$
$$=m^2+(8+5)m+40=m^2+13m+40$$

これでも正解ですが，公式②を用いても構いません。

$$(m+5)(8+m)=(m+5)(m+8)=m^2+(5+8)m+5\cdot 8=m^2+13m+40$$

こちらの方がちょっとだけシンプルですね [16]。

(3) 答え：$49q^2+28qp+4p^2$

たとえば公式③を用いることで，次のように計算できます。

$$(7q+2p)^2=(7q)^2+2\cdot 7q\cdot 2p+(2p)^2=49q^2+28qp+4p^2$$

16　$8+m$ を $m+8$ と並び替えたのは，公式②を用いていることを明確化する目的であって，実際のテストでわざわざ順番を入れ替えた形 $(m+5)(m+8)$ を書く必要はありません。

(4) 答え：$-t^2-10t-25$

見た目は（3）と異なりますが，ここでも公式③を使えます。

$$(t+5)(-t-5)=-(t+5)^2=-(t^2+10t+25)=-t^2-10t-25$$

（3）（4）で用いた公式③（や④）を使える機会は今後かなり訪れるため，これらはいまのうちにたくさん用いて，体になじませておきましょう。

(5) 答え：$9-y^2$

たとえば公式⑤を用いることで，次のように計算できます。

$$(3-y)(3+y)=3^2-y^2=9-y^2$$

この公式⑤は，本単元のほかにも整数問題や分母の有理化，はたまた極限や積分（数学Ⅲ）でも登場します。たいへん重要な公式ですから，やはりこの手の計算練習を多数こなし，スムーズに展開できるようにしておきましょう。

(6) 答え：$8x^2-2$

公式を使える場所が見当たらない場合は，やっぱり地道に

$$(2x-1)(4x+2)=2x\cdot4x+2x\cdot2+(-1)\cdot4x+(-1)\cdot2$$
$$=8x^2+4x-4x-2=8x^2-2$$

と計算してしまえばよいでしょう。これで大して苦労しません。展開計算は，積をなす各因数（多項式）から項を1つずつ選んでできるすべての積を加算すればよく，こうした地道な計算こそが最も素直な方法です。一方，たとえば公式⑤を用いることで，次のように計算することもできます。

$$(2x-1)(4x+2)=(2x-1)\cdot2(2x+1)=2\cdot(2x+1)(2x-1)$$
$$=2\cdot\{(2x)^2-1^2\}=2(4x^2-1)=8x^2-2$$

▶ 3次式の展開

| 例題 | 3次式の展開 |

次の式を各々展開せよ。

(1) $(t+1)(t+2)(t+3)$

(2) $(2+p)^3$

(3) $(5k-3\ell)^3$

(4) $(n^2-kn+k^2)(k+n)$

(5) $(m+2)(m^2+2m+4)$

(6) $(d^2+4d+16)(d-4)$

(7) $(x^2-1)(x^2+x+1)$

(8) $(a+2b+3c)^2$

(9) $(z^2-5z-3)^2$

(10) $-(p^2+q^2+r^2+qr+rp-pq)(r-p-q)$

あくまで解答例であり，どんな手段でも正しく展開できていれば正解です。

(1) 答え：$t^3 + 6t^2 + 11t + 6$

公式を用いることにこだわると，公式を直接用いることのできないケースで困ってしまいます。本問に関しては，どうにも公式を使いづらいので

$$(t+1)(t+2)(t+3) = \{(t+1)(t+2)\}(t+3)$$
$$= \{t^2 + (1+2)t + 1\cdot 2\}(t+3) = (t^2 + 3t + 2)(t+3)$$
$$= t^2\cdot t + t^2\cdot 3 + 3t\cdot t + 3t\cdot 3 + 2\cdot t + 2\cdot 3$$
$$= t^3 + 3t^2 + 3t^2 + 9t + 2t + 6 = t^3 + 6t^2 + 11t + 6$$

と計算してしまった方がよいでしょう。

公式を用いるなら，たとえば $T := t+2$ として次のようにするのが一案です。

$$(t+1)(t+2)(t+3) = (T-1)\,T(T+1) = T\cdot(T+1)(T-1)$$
$$= T\cdot(T^2 - 1^2) = T^3 - T = (t+2)^3 - (t+2)$$
$$= t^3 + 3\cdot t^2\cdot 2 + 3\cdot t\cdot 2^2 + 2^3 - t - 2 = t^3 + 6t^2 + 12t + 8 - t - 2$$
$$= t^3 + 6t^2 + (12-1)t + (8-2) = t^3 + 6t^2 + 11t + 6$$

(2) 答え：$p^3 + 6p^2 + 12p + 8$

たとえば公式⑦を用いることで，次のように計算できます。

$$(2+p)^3 = 2^3 + 3\cdot 2^2\cdot p + 3\cdot 2\cdot p^2 + p^3 = 8 + 12p + 6p^2 + p^3 \ (= p^3 + 6p^2 + 12p + 8)$$

(3) 答え：$125k^3 - 225k^2\ell + 135k\ell^2 - 27\ell^3$

たとえば公式⑧を用いることで，次のように計算できます。

$$(5k - 3\ell)^3 = (5k)^3 - 3\cdot(5k)^2\cdot 3\ell + 3\cdot 5k\cdot(3\ell)^2 - (3\ell)^3$$
$$= 125k^3 - 225k^2\ell + 135k\ell^2 - 27\ell^3$$

(4) 答え：$k^3 + n^3$

たとえば公式⑨を用いることで，次のように計算できます。

$$(n^2 - kn + k^2)(k+n) = (k+n)(k^2 - kn + n^2) = k^3 + n^3$$

(5) 答え：$m^3 + 4m^2 + 8m + 8$

公式⑨，⑩がそのまま使える形ではないので，地道に展開しましょう。

$$(m+2)(m^2 + 2m + 4) = m\cdot m^2 + m\cdot 2m + m\cdot 4 + 2\cdot m^2 + 2\cdot 2m + 2\cdot 4$$
$$= m^3 + 2m^2 + 4m + 2m^2 + 4m + 8 = m^3 + 4m^2 + 8m + 8$$

なお，$m^2+2m+4=(m^2-2m+4)+4m$ として公式⑨を用いる手もあります。

(6) 答え：d^3-64

たとえば公式⑩を用いることで，次のように計算できます。
$$(d^2+4d+16)(d-4)=(d-4)(d^2+4d+4^2)=d^3-4^3=d^3-64$$

(7) 答え：x^4+x^3-x-1

直接的に公式を用いづらい形なので，諦めて
$$(x^2-1)(x^2+x+1)=x^2 \cdot x^2+x^2 \cdot x+x^2 \cdot 1-1 \cdot x^2-1 \cdot x-1 \cdot 1$$
$$=x^4+x^3+x^2-x^2-x-1=x^4+x^3-x-1$$
としてもよいでしょう。実際，大して苦労しないですからね。

一方，これまでに登場してきた公式を用いるならば，あとで扱う因数分解も利用することで，たとえば次のように計算できます。
$$(x^2-1)(x^2+x+1)=(x+1) \cdot (x-1)(x^2+x+1)=(x+1)(x^3-1^3)$$
$$=(x+1)(x^3-1)=x^4+x^3-x-1$$

(8) 答え：$a^2+4b^2+9c^2+12bc+6ca+4ab$

たとえば公式⑥を用いることで，次のように計算できます。
$$(a+2b+3c)^2=a^2+(2b)^2+(3c)^2+2 \cdot 2b \cdot 3c+2 \cdot 3c \cdot a+2 \cdot a \cdot 2b$$
$$=a^2+4b^2+9c^2+12bc+6ca+4ab$$

(9) 答え：$z^4-10z^3+19z^2+30z+9$

たとえば公式⑥を用いることで，次のように計算できます。
$$(z^2-5z-3)^2$$
$$=(z^2)^2+(-5z)^2+(-3)^2+2 \cdot (-5z) \cdot (-3)+2 \cdot (-3) \cdot z^2+2 \cdot z^2 \cdot (-5z)$$
$$=z^4+25z^2+9+30z-6z^2-10z^3=z^4-10z^3+19z^2+30z+9$$

(10) 答え：$p^3+q^3-r^3+3pqr$

たとえば公式⑪を用いることで，次のように計算できます。
$$-(p^2+q^2+r^2+qr+rp-pq)(r-p-q)$$
$$=(p+q-r)\{p^2+q^2+r^2-q \cdot (-r)-(-r) \cdot p-pq\}$$
$$=p^3+q^3+(-r)^3-3 \cdot p \cdot q \cdot (-r)$$
$$=p^3+q^3-r^3+3pqr$$

p.96 の展開公式たちは因数分解の際に結局必要となるので，最終的にはある程度頭に入れる必要があります。

しかし，暗記することを急いだ結果覚え間違えてしまっては本末転倒ですから，こうした**問題演習の場で地道に展開したり図を描いたりして，納得しながら覚えていく**とよいでしょう。

▶ 学んだことを活用してみよう

学んだことを利用し，よりハイレベルな問題に挑んでみましょう。

しつこいようですが，展開公式を用いることは全く義務ではありません。むしろ，いったん公式を用いないで展開計算するという経験を積まないと，公式の形を覚えづらいですし，そのありがたみも正直よくわかりませんよね。

次の例題では**地道に展開をする方法・公式を活用する方法の双方を解説します**ので，安心していろいろな手段を試してみてください。

例題　　展開計算における工夫

次の式を各々展開せよ。

(1) $(x+1)(x+2)(x-1)(x-2)$　　　　(2) $(s+t)^2(s-t)^2$

(3) $(p+q+r)(-p+q-r)$

例題の解説

(1) 答え：x^4-5x^2+4

地道に展開をするもの

$$
\begin{aligned}
(x+1)(x+2)(x-1)(x-2) &= [\{(x+1)(x+2)\}(x-1)](x-2) \\
&= \{(x^2+2x+x+2)(x-1)\}(x-2) \\
&= \{(x^2+3x+2)(x-1)\}(x-2) \\
&= (x^3-x^2+3x^2-3x+2x-2)(x-2) \\
&= (x^3+2x^2-x-2)(x-2) \\
&= x^4-2x^3+2x^3-4x^2-x^2+2x-2x+4 \\
&= x^4-5x^2+4
\end{aligned}
$$

公式を活用するもの

$$(x+1)(x+2)(x-1)(x-2) = \{(x+1)(x-1)\}\{(x+2)(x-2)\}$$
$$= (x^2-1^2)(x^2-2^2) = (x^2-1)(x^2-4)$$
$$= x^4-5x^2+4$$

(2) 答え：$s^4-2s^2t^2+t^4$

地道に展開をするもの

$$(s+t)^2(s-t)^2 = [\{(s+t)(s+t)\}(s-t)](s-t)$$
$$= \{(s^2+st+ts+t^2)(s-t)\}(s-t)$$
$$= \{(s^2+2st+t^2)(s-t)\}(s-t)$$
$$= (s^3-s^2t+2s^2t-2st^2+t^2s-t^3)(s-t)$$
$$= (s^3+s^2t-st^2-t^3)(s-t)$$
$$= s^4-s^3t+s^3t-s^2t^2-s^2t^2+st^3-t^3s+t^4$$
$$= s^4-2s^2t^2+t^4$$

公式を活用するもの

$$(s+t)^2(s-t)^2 = \{(s+t)(s-t)\}\{(s+t)(s-t)\}$$
$$= \{(s+t)(s-t)\}^2 = (s^2-t^2)^2$$
$$= s^4-2s^2t^2+t^4$$

(3) 答え：$-p^2+q^2-r^2-2pr$

地道に展開をするもの

$$(p+q+r)(-p+q-r)$$
$$= p\cdot(-p)+p\cdot q+p\cdot(-r)+q\cdot(-p)+q\cdot q+q\cdot(-r)+r\cdot(-p)+r\cdot q+r\cdot(-r)$$
$$= -p^2+pq-pr-qp+q^2-qr-rp+rq-r^2$$
$$= -p^2+q^2-r^2-2pr$$

公式を活用するもの

$$(p+q+r)(-p+q-r) = \{q+(p+r)\}\{q-(p+r)\} = q^2-(p+r)^2$$
$$= q^2-p^2-2pr-r^2$$

数学の問題は，どのような手段であっても，正しく計算できており過程を適切に述べることができていれば正解です。

解説では各々2通りの計算方法を述べましたが，どちらでももちろん正解です
し，それ以外の方法でも全く問題ありません。

たとえば，(2)でちょっと工夫して
$$(s+t)^2(s-t)^2 = (s^2+2st+t^2)(s^2-2st+t^2) = (s^2+t^2+2st)(s^2+t^2-2st)$$
$$= (s^2+t^2)^2 - (2st)^2 = s^4+2s^2t^2+t^4-4s^2t^2$$
$$= s^4-2s^2t^2+t^4$$
と計算しても当然正解です。

このように，**数学は（本来）自由に考え，答えてよい科目なのです。学校で教わっ
た計算方法以外を用いてはいけない，なんてことはありませんし，もしそういう
ことを言ってくる先生がいたとしても，明確なウソなので無視して構いませ
ん。** 数学の問題は，自由に考えてよい。これは今後の数学学習で大切なことな
ので，忘れないようにしましょう。

そのうえで，あなたに伝えたいことがあります。たとえば(1)の地道に展開をする
解法は，公式を活用するよりも過程が長く，係数や符号もまちまちで複雑ですね。

正しい方法ではあるのですが，さまざまな問題で毎回このような計算をしている
と，計算が得意な人でも計算ミスの可能性が高まります。そういうとき，展開公
式を知っていればその恩恵に与る（あずか）ことができるのです。

数学の公式は，絶対に利用しなければならないものではなく，**あなたが効率よく
計算を進められるように適宜利用できる便利ツール**なのです。
公式は，あなたの勉強を阻（はば）むものではなく，あなたを助けてくれるもの。それを
念頭におき，公式の成り立ちを理解したら，うまいこと使ってやりましょう！

ここまで理解できたあなたに挑戦状です。もう少し難しい問題をご用意しました。
もちろん，公式を用いる縛りなんてありません。いまあなたの頭の中にあるもの
をフル活用して攻略しましょう。

| 例題 | 複雑な展開計算 |

(1) $(n-2)(n-1)n(n+1)(n+2)$ を展開せよ。

(2) $(x+1)(x+2)(x+3)(x+4)(x+5)$ を展開した際の x^4 の係数を求めよ。
たとえば，$y^3-6y^2+12y-8$ の y^2 の係数は -6 である。

| 例題の解説 |

だいぶ式が複雑になってきましたが，**"見た目が複雑であること"** と **"難しい問題であること"** は別です。問題によっては工夫の余地がありますが，何も思いつかなくても，気合いで地道に展開計算をすれば正解できます。

もちろん，計算が複雑になるほど計算ミスが生じる確率は上がりますが，解法が全くわからず立ち止まってしまうということは，少なくとも本問においてはないはずです。

(1) **答え：n^5-5n^3+4n**

公式⑤を複数回用いることで，次のように計算できます。

$$(n-2)(n-1)n(n+1)(n+2) = n \cdot (n+1)(n-1) \cdot (n+2)(n-2)$$
$$= n(n^2-1)(n^2-4) = n(n^4-5n^2+4)$$
$$= n^5-5n^3+4n$$

もちろん，次のように計算しても構いません。：

$$(n-2)(n-1)n(n+1)(n+2) = n \cdot (n-2)(n-1) \cdot (n+1)(n+2)$$
$$= n(n^2-3n+2)(n^2+3n+2)$$
$$= n(n^2+2-3n)(n^2+2+3n)$$
$$= n\{(n^2+2)^2-(3n)^2\}$$
$$= n(n^4+4n^2+4-9n^2)$$
$$= n(n^4-5n^2+4)$$
$$= n^5-5n^3+4n$$

さまざまな方法で計算できますが，どの方法を採用しても同じ答えに至ります[17]。

---

17 だからこそ，自分の状況や知識に合った方法を自由に採用してよいのです。

(2) **答え：15**

左にある項から順に素直に展開計算をすると次のようになります。

$$(x+1)(x+2)(x+3)(x+4)(x+5) = (x^2+3x+2)(x+3)(x+4)(x+5)$$
$$= (x^3+6x^2+11x+6)(x+4)(x+5)$$
$$= (x^4+10x^3+35x^2+50x+24)(x+5)$$
$$= x^5+\mathbf{15}x^4+85x^3+225x^2+274x+120$$

よって，展開後の式の x^4 の係数は 15 です。

多項式の展開のようすをイメージする重要な別解：
これでもちろん正解なのですが，ちょっと計算が面倒でしたね。実は，工夫次第で x^4 の係数のみを素早く求めることもできます。
$(x+1)(x+2)(x+3)(x+4)(x+5)$ は $(x+1)$, $(x+2)$, $(x+3)$, $(x+4)$, $(x+5)$ という 5 つの多項式の積なので，**5 つある括弧の中それぞれで，"x" と "文字でない数" のいずれか一方を選択する**ことになります [18]。

$$(\boldsymbol{x}+1)(\boldsymbol{x}+2)(\boldsymbol{x}+3)(\boldsymbol{x}+4)(\boldsymbol{x}+5)$$

たとえば上のようにすべて x を選んだ場合のみ x^5 という 5 次の項ができます。したがって，x の最高次の項は $x^5(=1x^5)$ であることがわかります。
これを応用し，x^4 の係数を求めてみましょう。x の 4 次の項をつくるには x を 5 回中 4 回，文字でない数を 5 回中 1 回とってくればよいですね。文字でない数（定数項）は 1, 2, 3, 4, 5 の 5 個であり，これらをちょうど 1 回ずつ選択するわけですから，x^4 の係数は $\mathbf{1+2+3+4+5=15}$ となるのです。

ここまで，式の展開計算について一緒に考えてきました。
多項式のかけ算を展開するというのは，高校数学でもっとも頻繁に行う計算のひとつであり，今後何千回，何万回と行うことになります。

建物の建造に基礎工事が大切であるように，こうした展開計算は数学の礎（いしずえ）となる欠かせない内容です。よりによってそのような場面で公式の山が現れてしまったので，あなたも困ったかもしれません。
もうあんなの見たくない！ と思うかもしれませんが，それをちょっとだけ我慢し，あらためてひとつひとつ式を眺めてみてください（右上）。この節を読み始める前と比べると，どの公式も "なぜ成り立つのか" がなんとなく理解できるのではないでしょうか。

18 　当然といえば当然ですが，"いずれも選択しない" ことはできません。これもちょっとしたポイントです。

展開公式リスト（再掲）

① $(a+b)(c+d)=ac+ad+bc+bd$

② $(x+a)(x+b)=x^2+(a+b)x+ab$

③ $(a+b)^2=a^2+2ab+b^2$

④ $(a-b)^2=a^2-2ab+b^2$

⑤ $(a+b)(a-b)=a^2-b^2$

⑥ $(a+b+c)^2$
$\quad =a^2+b^2+c^2+2bc+2ca+2ab$

⑦ $(a+b)^3=a^3+3a^2b+3ab^2+b^3$

⑧ $(a-b)^3=a^3-3a^2b+3ab^2-b^3$

⑨ $(a+b)(a^2-ab+b^2)=a^3+b^3$

⑩ $(a-b)(a^2+ab+b^2)=a^3-b^3$

⑪ $(a+b+c)$
$\quad (a^2+b^2+c^2-bc-ca-ab)$
$\quad =a^3+b^3+c^3-3abc$

ここまできたあなたなら，上の式を見てたとえば次のように思うはずです。

- ②，③，④，⑤はどれも①の特殊な場合である。
- ⑦で b のところに $-b$ を"代入"すれば [19] ⑧になるし，逆も同様である。
- ⑨で b のところに $-b$ を"代入"すれば⑩になるし，逆も同様である。
- ⑥で $2bc, 2ca, 2ab$ という項が現れているのは，$(a+b)^2=a^2+2ab+b^2$ の計算で $2ab$ が登場しているのとおおよそ同じ理由である。

11 個並べた展開公式を 1 つも覚えなくてよい，というのは（この節の冒頭で述べた通り）さすがにウソなのですが，**全部完璧に覚える必要はないのです。**

おまけ

私の視点では…

① $(a+b)(c+d)=ac+ad+bc+bd$ ← 覚える / 覚えないというより，分配法則そのものに近い。

② $(x+a)(x+b)=x^2+(a+b)x+ab$ ← 展開計算をイメージすれば当然。

③ $(a+b)^2=a^2+2ab+b^2$

④ $(a-b)^2=a^2-2ab+b^2$ } 使用頻度が高いので覚える…といっても，展開計算の練習をしていれば勝手に身につく。

⑤ $(a+b)(a-b)=a^2-b^2$

⑥ $(a+b+c)^2=a^2+b^2+c^2+2bc+2ca+2ab$ ← ③と大して変わらないのですぐ覚えられる

⑦ $(a+b)^3=a^3+3a^2b+3ab^2+b^3$ } p.110 で述べた"項の選び方"と

⑧ $(a-b)^3=a^3-3a^2b+3ab^2-b^3$ } リンクさせればすぐ頭に入る

⑨ $(a+b)(a^2-ab+b^2)=a^3+b^3$ } だいたいの形を知っていれば，あとは展開する

⑩ $(a-b)(a^2+ab+b^2)=a^3-b^3$ } さまをイメージするだけで容易に再構築できる。

⑪ $(a+b+c)(a^2+b^2+c^2-bc-ca-ab)=a^3+b^3+c^3-3abc$

↑ まあコレは知らないとキツいし覚えておくか…

---

19 「b のところに $-b$ を"代入"する」とは，b を別の文字 c に置換し，その c にあらためて $-b$ を代入するということです。よって，"$b=-b$ とするのだから，$b=0$ のときしか成立しないのでは？"と戸惑う必要はありません。

3-3 ⟩ 因数分解

展開を学んだ次は，因数分解です。ここも苦労する人が多発します。

> **🔍 定義　因数分解（大雑把に [20]）**
>
> **因数分解**とは，多項式を 1 次以上のいくつかの多項式の積の形に表すことをいう。なお，積をなす各多項式を（もとの多項式の）**因数**という。

たとえば多項式 $x^2 + 10x + 24$ は次のように変形できます。

$$x^2 + 10x + 24 = (x+4)(x+6)$$

$x+4$, $x+6$ はいずれも 1 次の多項式であり，$x^2 + 10x + 24$ をそれらの積で表したわけですから，これは因数分解をしたことになります。ほかにも，

$$t^3 + 3t^2 + 3t + 1 = (t+1)^3$$
$$2pq + q^2 + p^2 = (q+p)^2$$
$$a + ab + abc = a(1 + b + bc)$$

などはいずれも因数分解とよべるでしょう。大雑把には**展開の逆操作**が因数分解なのです。本節では，こうした因数分解のさまざまな例を紹介していきます。

▶ 共通する因数に着目する

多項式の各項に共通する因数（積をなすもの）がある場合を考えます。……といってもイメージしづらいと思うので，具体例を挙げますね。たとえば冒頭の $a + ab + abc$ という（a, b, c の）多項式は，次のようにいずれも a を因数に含んでいます。

$$a = a \cdot 1, \qquad ab = a \cdot b, \qquad abc = a \cdot bc$$

20　"大雑把な定義"と表記したのには理由があるのですが，いま述べると話がややこしくなるので，後述します（あまり説明の後回しはよくないのですが，ご容赦ください）。

したがって，分配法則 $A(B+C)=AB+AC$, $(A+B)C=AC+BC$ を（3 項の場合にも使えることを示したのち）用いることで

$$a+ab+abc=a\cdot1+a\cdot b+a\cdot bc=a(1+b+bc)$$

と変形できます。a は a についての 1 次の多項式であり，$1+b+bc$ は b, c についての 2 次の多項式であり，$a+ab+abc$ をそれらの積で表せていますから，これは因数分解の要件をみたしていますね。

このように，共通因数でくくるというのは因数分解の基本的な手法のひとつですが，結局分配法則を"分配"の逆方向に用いているだけであり，新しい知識は必要ありません[21]。

▶ 2 次式の因数分解にはいろいろな手段がある

ある文字（たち）について 2 次となる多項式の展開公式は，結局どれも
$$(a+b)(c+d)=ac+ad+bc+bd$$
の特別な場合であることを前節で学びました。逆にいえば，2 次式の因数分解もこの式をベースにすれば実行できます[22]。

たとえば $x^2+8xy+16y^2$ という式を，さきほどの展開公式で因数分解したいとしましょう。x^2 という項があり，これはたとえば $x\cdot x$ というかけ算でつくれます。一方 $16y^2$ という項もありますが，これは $y\cdot16y$ や $2y\cdot8y$ などさまざまなつくり方がありますね。よって，
$$x^2+8xy+16y^2=(x+\blacksquare y)(x+\square y)$$
と因数分解できるのではないか，と予想することができます。では$\square$, $\blacksquare$ はどのように求めればよいのかというと，実際に展開してうまいこと帳尻をあわせれば OK です。上式は
$$(x+\blacksquare y)(x+\square y)=x^2+(\blacksquare+\square)xy+\blacksquare\square y^2$$
と展開できますが，これが $x^2+8xy+16y^2$ と一致することは $\begin{cases}\blacksquare+\square=8\\ \blacksquare\square=16\end{cases}$ が成

21　等式に左右の配置の意味などというものはないため，本書では展開公式の左辺・右辺を入れ替えて因数分解の公式として載せることはしません。

22　以下の手続きは，いわゆる"たすき掛け"の仕組みを丁寧に述べたものです。最終的にたすき掛けを用いても構いませんし，私もよく用いるのですが，その理屈くらいは知っておきましょう。今後何百回・何千回も行う作業ですからね。

り立つことと同じです。つまり□, ■は"和が8, 積が16"となる数なのです。そのような数を見つけてみると……そう, $(4, 4)$ が条件をみたしますね。よって

$$(x+4y)(x+4y) = x^2 + 4xy + 4yx + 16y^2 = x^2 + 8xy + 16y^2$$

が成り立ちます。つまり $x^2 + 8xy + 16y^2 = (x+4y)^2$ と因数分解できるのです。

いやまて, 条件をみたす□, ■の組なんてどうすれば見つかるんだ！ と思うかもしれません。

実はちょっとしたコツがあります。それは**"積の値から絞り込む"**ことです。■＋□＝8となる整数 (□, ■) の組は

$$\binom{■}{□} = \cdots, \binom{-1}{9}, \binom{0}{8}, \binom{1}{7}, \binom{2}{6}, \cdots$$

という具合に無限個存在します。一方, ■□＝16となる組は有限個しか存在しません。■＋□＝8＞0なのであらかじめ正整数のみの組に限っておくと,

$$\binom{■}{□} = \binom{1}{16}, \binom{2}{8}, \binom{4}{4}, \binom{8}{2}, \binom{16}{1}$$

に限られるのです（偶奇や対称性に着目するとさらに絞り込めます）。このうちより和が8である組を見つけるのはカンタンですよね！

手探りで因数分解をしてみましたが, **どんな方法であろうと, 正しく因数分解できれば全く問題ありません**。前節でも述べた通り自由にやってよく, 方法に制約はないし, 制約すること自体意味がないのです。

公式を暗記しないで問題を解くのは不安かもしれませんが, ある程度展開や因数分解の計算に慣れてくると"これ, 2乗の展開公式の形じゃん"とどのみち気づけるようになります。本問の場合, $16y^2 = (4y)^2$ および $8xy = 2x \cdot 4y$ より

$$x^2 + 8xy + 16y^2 = x^2 + 2 \cdot x \cdot 4y + (4y)^2$$

という形だと思えますね。これと展開公式 $(p+q)^2 = p^2 + 2pq + q^2$ を見比べることで, $p = x, q = 4y$ とすれば右辺が一致しそうだと気づき,

$$x^2 + 8xy + 16y^2 = x^2 + 2 \cdot x \cdot 4y + (4y)^2 = (x+4y)^2$$

と因数分解できるというわけです。

では, ここまでに学んだことをふまえ, いくつか例題に挑戦してみましょう。

繰り返すようですが, 方法は自由です。因数分解は"できたもの勝ち"な側面があるので, どのような手段を使ってでも因数分解できるまで粘ってみましょう。次の例題では, ある程度粘れば正解が見つかるような係数にしてあり, トラップはないのでご安心ください。

シンプルな 2 次式の因数分解

次の各々の式を因数分解せよ。いずれも整数係数の範囲で因数分解できる。

(1)　$t^2 + t - 6$　　　　(2)　$h^2 + 9h + 20$　　　　(3)　$16p^2 + 10pq + q^2$

例題の解説

(1)　**答え：$(t+3)(t-2)$**

　とりあえず今回も，$t^2 + t - 6 = (t + \blacksquare)(t + \square)$ という形に因数分解できると信じることにします。$(t + \blacksquare)(t + \square) = t^2 + (\blacksquare + \square)t + \blacksquare\square$ と展開でき，これが問題の式と一致してほしいのですから，$\begin{cases} \blacksquare + \square = 1 \\ \blacksquare\square = -6 \end{cases}$ となる 2 数を考えます。

すると，$(\blacksquare, \square) = (3, -2)$ という組が見つかり，$t^2 + t - 6 = (t+3)(t-2)$ と因数分解できます。

　条件をみたす $\blacksquare$，$\square$ の組を見つける際は，左ページで述べた通り**積から絞り込むのがコツです**。

(2)　**答え：$(h+4)(h+5)$**

　(1)同様の流れで考えると，和が 9，積が 20 である 2 数を探すことになり，$(4, 5)$ がこれに該当しますね。よって，$h^2 + 9h + 20 = (h+4)(h+5)$ と因数分解できます。

(3)　**答え：$(q+2p)(q+8p)$**

　p^2 の係数が 1 ではなく 16 になっているから，これまで通りの方法では因数分解できないじゃないか！ ……と思う人もいるかもしれません。

　でも，諦めるのはまだ早いです。よく見ると q^2 の係数が 1 なので，

$$16p^2 + 10pq + q^2 = q^2 + 10qp + 16p^2$$

と並び替えて q の 2 次式と思えば，結局これまで通りです。和が 10，積が 16 である 2 数を探すと，$(2, 8)$ がその条件をみたすため，因数分解の結果は次の通りです。

$$q^2 + 10qp + 16p^2 = (q+2p)(q+8p)$$

このまま答えても全く問題ないですが，p よりも q が先に書かれているのがどうしても気になる場合は，順序を入れ替えて $(2p+q)(8p+q)$ としてやればスッキリです。

▶ 複雑な係数の 2 次式の因数分解

これまでは，$(x + \blacksquare y)(x + \square y)$ のように不明な係数が 2 つだけの 2 次式の因数分解を扱ってきました。次はもう少し複雑な 2 次式の因数分解に挑みます。

たとえば $12k^2 + 31k + 20$ という 2 次式の因数分解を考えます。どの係数も 1 ではないため，さきほどまでのように $(k + \blacksquare)(k + \square)$ という形には因数分解できません（そもそも k^2 の係数が 1 ではないためです）。

これは困った，と思うかもしれません。でもまだ策はあります。そもそも因数分解したのちの k の係数がいずれも 1 である必要なんてありません。これまでに扱ってきた例がたまたまそうだった（というか私がそのような問題を並べた）だけの話なのです。

そこで，より一般的な場合を考えましょう。すなわち，
$$12k^2 + 31k + 20 = (\bullet k + \blacksquare)(\bigcirc k + \square)$$
という形に因数分解することを試みます。これら 4 つの係数は $\begin{cases} \bullet\bigcirc = 12 \\ \bullet\square + \blacksquare\bigcirc = 31 \\ \blacksquare\square = 20 \end{cases}$
をみたす必要があります [23]。

4 つも未知の係数があって大変ですが，うまい係数を粘り強く探していきましょう。ここまで自由度が高いと，どこから攻略すればよいかさっぱりわかりませんね。一見，ありうる係数の組をひたすら試すローラー作戦しかなさそうですが，後述するように意外と工夫の余地があります。

まずは $\bullet\bigcirc = 12$ に着目してみましょう。積が 12 となるような 2 数の組は無限にありますが，整数係数でキレイに因数分解できると勝手に信じることにすると
$$(\bullet, \bigcirc) = (1, 12),\ (2, 6),\ (3, 4)$$
あたりが候補となります [24]。

23　ここで $\begin{cases} \alpha := \bullet\square \\ \beta := \blacksquare\bigcirc \end{cases}$ と定め，必要条件 $\begin{cases} \alpha + \beta = 31 \\ \alpha\beta = 12 \times 20 \end{cases}$ を α, β について解くという方針もあります（これと似た発想が p.118 のコラムでも登場します）。

ここまでで，以下のいずれかの形に因数分解できそうだとわかりました。

① $12k^2 + 31k + 20 = (k + \blacksquare)(12k + \square)$

② $12k^2 + 31k + 20 = (2k + \blacksquare)(6k + \square)$

③ $12k^2 + 31k + 20 = (3k + \blacksquare)(4k + \square)$

次に $(\blacksquare, \square)$ について調べることにしましょう。これら 2 数の積は 20 でなければなりません。積が 20 である 2 つの整数の組を探すと，

$(\blacksquare, \square) = (1, 20), (2, 10), (4, 5), (5, 4), (10, 2), (20, 1),$

$(-1, -20), (-2, -10), (-4, -5), (-5, -4), (-10, -2), (-20, -1)$

あたりが見つかります。なお，$(\bullet, \bigcirc)$ の組の候補をリストアップするときに大小と符号を勝手に決めたので，ここで $(\blacksquare, \square)$ の大小や符号を勝手に決めることはできません（詳しくは脚注 24 参照）。

さて，ここまでで因数分解の結果を①，②，③の 3 つのケースに限定し，$(\blacksquare, \square)$ についても計 12 組まで絞ることができました。あとは，残された条件である $\bullet\square + \blacksquare\bigcirc = 31$ をみたすものを探るのみです。

でも，単純計算であと $3 \times 12 = 36$ 通りも残っています。正解が見つかるまでそれを全部調べるのは流石に骨が折れますね。

こういうときこそ頭を使いましょう。その 36 通りは，ほんとうに全部真面目に調べなければいけないのでしょうか。$(\blacksquare, \square)$ の組の中には，双方が負のものが半数あります。しかし，$(\bullet, \bigcirc)$ をいずれも正としたので，$(\blacksquare, \square)$ が負だと

$$\bullet\square + \blacksquare\bigcirc = (正の数)\cdot(負の数) + (負の数)\cdot(正の数) = (負の数)$$

となり，決して 31（という正の値）は出てきません。よって $(\blacksquare, \square)$ の組 12 個のうち，双方が負であるものは除外できるのです。

さらに，残りの $(\blacksquare, \square)$ の組 6 個のうち $(\blacksquare, \square) = (2, 10), (10, 2)$ については，ある次数の係数の"偶奇"に着目することで除外できます（これは自身で考えてみてください）。同様の理由で，k の係数パターン 3 つのうち②も除外できます。

---

24 あなたが注意深く読んでいるならば，$(4, 3), (6, 2), (12, 1)$ あたりを忘れているぞ！ と思うかもしれません。もちろんそれらも積は 12 なのですが，因数分解の結果において $(\bullet k + \blacksquare)$ と $(\bigcirc k + \square)$ の順序は自由なので，2 つの数を入れ替えたものを別途議論する必要はないのです。また，それよりさらに不思議かもしれませんが，$(-1, -12), (-2, -6), (-3, -4)$ といった負の数どうしの組についても，実は調べる必要はありません。たとえば $p^2 - p - 12$ という 2 次式は $p^2 - p - 12 = (-p-3)(-p+4)$ と因数分解できるのですが，右辺の 1 次式 2 つの係数をすべて逆にすれば，$p^2 - p - 12 = (p+3)(p-4)$ と p の係数をいずれも正にできるのです。

したがって，考えるべきなのは
- k の係数の組：① $(k+\blacksquare)(12k+\square)$，③ $(3k+\blacksquare)(4k+\square)$ の 2 通り
- $(\blacksquare,\square)$ の組：$(\blacksquare,\square)=(1,20),(4,5),(5,4),(20,1)$ の 4 通り

の $2\times4=8$ 通りのみです。具体的に列挙すると次のようになります。

$\cancel{(k+1)(12k+20)}$　　$(k+4)(12k+5)$　　$\cancel{(k+5)(12k+4)}$　　$(k+20)(12k+1)$

$\cancel{(3k+1)(4k+20)}$　　$(3k+4)(4k+5)$　　$\cancel{(3k+5)(4k+4)}$　　$(3k+20)(4k+1)$

上記 8 通りのうち打消線を引いた 4 つは，さきほど同様，ある次数の係数の偶奇に着目して除外したものです。つまり，まともに検討しなければならないのは 4 種類だけなのです。

2 次の係数が 12 となること，および定数項が 20 となることはすでに約束されています[25]。したがって，あとは 1 次の係数が 31 となるものを残った 4 組から探せばよいですね。$4\times12k$ や $20\times12k$，それに $20\times4k$ あたりは明らかに係数が 31 を超えてしまうので，計算途中ですぐに除外でき，残った $(3k+4)(4k+5)$ は

$$(3k+4)(4k+5)=12k^2+(3\cdot5+4\cdot4)k+20=12k^2+31k+20$$

となっているので，$12k^2+31k+20=(3k+4)(4k+5)$ と因数分解できました。

複雑な係数の 2 次式の因数分解を解説しました。長くなりましたが，実際に因数分解をするときに以上のことを答案に記述する必要はありません[26]。
ここまでの考え方は慣れるとスピーディにできるようになります。それを心待ちにし，まずは時間がかかっても粘り強く考えてみましょう。
以上をふまえ，複雑な係数の 2 次式の因数分解にチャレンジします。

おまけ：こんな方法もあります

$12k^2+31k+20$ を因数分解する方法には，次のようなものもあります。

16×15（和が 31）

$$12k^2+31k+20=\frac{(12k)^2+31\cdot12k+20\cdot12}{12}$$
$$=\frac{(12k+16)(12k+15)}{12}=\frac{12k+16}{4}\cdot\frac{12k+15}{3}$$
$$=(3k+4)(4k+5)$$

あえて k^2 の係数 12 をダブらせて因数分解するこの方法は，2 変数の 2 次方程式の整数解を求める場合などにも応用できます。

25　そもそも，そうなるような係数の組をリストアップしたからです。
26　因数分解の正当性を確認したければ，結果式を逆に展開し，問題の式と一致することを確認すれば十分です。

| 例題 | 2次の係数が1でない複雑な2次式の因数分解 |

次の式を因数分解せよ。なお，いずれも整数係数の範囲で因数分解できる。

(1) $9x^2 + 29x + 6$　　　(2) $40z + 4z^2 + 99$　　　(3) $6f^2 + 20g^2 + 23gf$

| 例題の解説 |

(1) 答え：$(x+3)(9x+2)$

2次の係数はたとえば $1 \cdot 9$，$3 \cdot 3$ のように分解できますが，$3 \cdot 3$ を選択すると，整数の範囲で因数分解した場合は1次の係数が必ず3の倍数になってしまいます。したがって，キレイに因数分解できるのであれば $1 \cdot 9$ の方なのでしょう。つまり $9x^2 + 29x + 6 = (x + \blacksquare)(9x + \square)$ という形を予想します。

あとは $\blacksquare\square = 6$ と $9\blacksquare + \square = 29$ を同時にみたす $(\blacksquare, \square)$ を探せば OK で，$(\blacksquare, \square) = (3, 2)$ が該当します。よって $9x^2 + 29x + 6 = (x+3)(9x+2)$ です。

(2) 答え：$(2z+11)(2z+9)$

とりあえず $40z + 4z^2 + 99 = 4z^2 + 40z + 99$ と整理し，これを因数分解します。2次の係数はたとえば $1 \cdot 4$ と $2 \cdot 2$ のように因数分解できますが，こんどは $1 \cdot 4$ を選択すると不都合が起こります。というのも，99を2整数の積に分解していくつか因数分解の候補を計算してみるとわかるのですが，1次の係数が必ず奇数になってしまうのです。たとえば

$$(z+9)(4z+11) = 4z^2 + \mathbf{47}z + 99$$
$$(z+3)(4z+33) = 4z^2 + \mathbf{45}z + 99$$

といった具合です。z の係数は40という偶数なので，これではいけませんね。したがって，$4 = 2 \cdot 2$ の方を選択することとなります。

あとは，$99 = \blacksquare\square$ と分解し，$2\blacksquare + 2\square = 40$ をみたすようにすれば完了です。$(\blacksquare, \square) = (11, 9)$ が条件をみたすので，$40z + 4z^2 + 99 = (2z+11)(2z+9)$ です。

(3) 答え：$(3f+4g)(2f+5g)$

$6f^2+20g^2+23gf=6f^2+23gf+20g^2$ と整理でき，係数 6 と係数 20 を分解することとなります。ここで，gf の係数が 23 という奇数になっていることから，g の係数は $20=1\cdot20$ または $20=4\cdot5$ と因数分解すればよいとわかります。

$20=1\cdot20$ の場合，つまり

$$6f^2+23gf+20g^2=(\bullet f+g)(\bigcirc f+20g)$$

と因数分解する場合，$\bullet=1$ としないと gf の係数が 23 を超えてしまいますが，この場合$\bigcirc=6$ に限定され，これは正しくないことが計算によりすぐわかります。そこで $20=4\cdot5$ とすることがわかり，

$(f+4g)(6f+5g)$，　$(2f+4g)(3f+5g)$，　$(3f+4g)(2f+5g)$，　$(6f+4g)(f+5g)$

あたりを試しに展開すると，$6f^2+20g^2+23gf=(3f+4g)(2f+5g)$ が正解とわかります。

なかなか因数分解できないときはどうすればいい？

複雑な係数の 2 次式の因数分解の方法をお話ししました。現実的には，キレイな係数で因数分解ができる問題であっても，なかなかよい係数の組み合わせが見つからず困ってしまうこともあるでしょう。推奨できる方法ではないのですが，ある意味強力な手段を一応ご紹介しておきます。

たとえば，さきほどの例題(2)で登場した $4z^2+40z+99$ を因数分解したいとします。どうしてもうまく分解できないときは，$4z^2+40z+99=0$ という z の 2 次方程式を考え，中学数学で学んだ解の公式によりその解を計算します。すると

$$z=\frac{-40\pm\sqrt{40^2-4\cdot4\cdot99}}{8}=\frac{-40\pm\sqrt{16}}{8}=\frac{-40\pm4}{8}$$

より $z=-\dfrac{11}{2},\ -\dfrac{9}{2}$ となりますね。次に，その 2 つの解を z から減算したものの積を考えます。いまの場合は

$$\left\{z-\left(-\frac{11}{2}\right)\right\}\left\{z-\left(-\frac{9}{2}\right)\right\}=\left(z+\frac{11}{2}\right)\left(z+\frac{9}{2}\right)$$

です。最後に，2 次の係数をもとの式とあわせてやれば OK です。$4z^2+40z+99$ の z^2 の係数は 4 ですから，上の式を 4 倍して

$$4\cdot\left(z+\frac{11}{2}\right)\left(z+\frac{9}{2}\right)=2\left(z+\frac{11}{2}\right)\cdot2\left(z+\frac{9}{2}\right)=(2z+11)(2z+9)$$

となります。実はこれで，因数分解後の形が出てくるのです。

解の公式を利用して因数分解できましたが，考えてみればこれは当然のことです。たとえば x の 2 次式 $f(x)$ が

$$f(x) = k(x - \alpha)(x - \beta) \quad (k \text{ は } 0 \text{ でない定数})$$

と因数分解されることと，2 次方程式 $f(x) = 0$ の解が $x = \alpha, \beta$ であることは同じなのです。

2 次式 $f(x)$ の値が 0 となる点を探すために因数分解をすることもあるくらいですから，解の公式を用いてねじ伏せるのは本末転倒かもしれません。とはいえ，実際の定期試験等で因数分解が出題されてしまったら解くほかないですから，ほんとうにどうしようもない場合はこのような手段を用いてでも因数分解をするのはアリでしょう。

▶ 項がたくさんあり複雑な 2 次式の因数分解

2 次式の因数分解はいったんオシマイ……といいたいところなのですが，ここまで読んできたみなさんであれば試行錯誤に慣れてきたと思いますので，複雑な 2 次式の因数分解にもチャレンジしてみましょう。

$p^2 + r^2 - 2rp + 4q^2 + 4pq - 4qr$ という多項式の因数分解を考えます。突然式が複雑になって驚いたかもしれませんが，ここまでの内容を生かして因数分解してみましょう。

$p^2 + r^2 - 2rp + 4q^2 + 4pq - 4qr$ には p, q, r という 3 種類の文字が含まれていますが，このうちたとえば p に着目し，p の多項式だと思うことにします。q, r は定数とみなすわけです。すると，いま考えている式は次のように整理できます。

$$p^2 + r^2 - 2rp + 4q^2 + 4pq - 4qr = p^2 + (4q - 2r)p + (4q^2 - 4qr + r^2)$$

ここで，定数項は $4q^2 - 4qr + r^2 = (2q)^2 - 2 \cdot 2q \cdot r + r^2 = (2q - r)^2$ と因数分解でき，p の 1 次の係数も $4q - 2r = 2(2q - r)$ と変形できますから，

$$
\begin{aligned}
p^2 + r^2 - 2rp + 4q^2 + 4pq - 4qr &= p^2 + 2(2q - r)p + (2q - r)^2 \\
&= p^2 + 2 \cdot p \cdot (2q - r) + (2q - r)^2 \\
&= \{p + (2q - r)\}^2 \\
&= (p + 2q - r)^2
\end{aligned}
$$

と因数分解できます。

このように，一見複雑な式でも**ある1つの文字に着目し，その多項式とみて整理する**ことで，複雑な式でも因数分解ができることがあります。6つも項がある面倒な多項式でしたが，2文字までの2次式の因数分解を利用すれば，やはりこういう複雑な式でも因数分解できるのです。

ところで，$(a+b+c)^2=a^2+b^2+c^2+2bc+2ca+2ab$ という展開公式があったのを覚えていますか？ これを用いると，

$$p^2+r^2-2rp+4q^2+4pq-4qr$$
$$=p^2+(2q)^2+r^2-2\cdot2qr-2\cdot rp+2\cdot2pq$$
$$=p^2+(2q)^2+r^2+2\cdot2q\cdot(-r)+2\cdot(-r)\cdot p+2\cdot p\cdot(2q)$$
$$=(p+2q-r)^2$$

と手早く因数分解できます。

もとの形を見てすぐにさきの公式を想起するのは容易ではないため，気づけなかったとしても落ち込む必要はありません。しつこく述べている通り，**どのような方法であっても正しく因数分解できればよいのです**から。

ただ，知識があればこうした問題でパパッと因数分解できるのも事実です。複雑な多項式の因数分解の手法は，頭に入れてしまった方がいいかもしれませんね。

では例題にチャレンジしてみましょう。
はじめの一手がわからない場合は，ある文字の多項式だと思って整理することを推奨します。2次式の因数分解のときは，2次の係数が1のものの方がそうでないものよりラクでしたね。それを思い出せば，どの文字に着目するのが有利か見えてきます。

例題　　項がたくさんある場合の因数分解

次の各々の式を因数分解せよ。

(1)　$s^2+6t^2+6u^2+13tu+5us+5st$

(2)　$4b^2+16c^2+64d^2-64cd+32db-16bc$

(1) **答え：$(s+2t+3u)(s+3t+2u)$**

まず，問題の式を s の 2 次式だと思って次のように整理します。
$$s^2+6t^2+6u^2+13tu+5us+5st=s^2+5(t+u)s+6t^2+13tu+6u^2$$
ここで，定数項 $6t^2+13tu+6u^2$ は
$$6t^2+13tu+6u^2=(2t+3u)(3t+2u)$$
と因数分解でき，その因数 $2t+3u$, $3t+2u$ を用いると 1 次の係数が
$$5(t+u)=(2t+3u)+(3t+2u)$$
と変形できます。

よって，本問の式は次のように因数分解できます。
$$s^2+5(t+u)s+6t^2+13tu+6u^2=s^2+\{(2t+3u)+(3t+2u)\}s+(2t+3u)(3t+2u)$$
$$=\{s+(2t+3u)\}\{s+(3t+2u)\}$$
$$=(s+2t+3u)(s+3t+2u)$$

(2) **答え：$4(b-2c+4d)^2$**

まず，係数がすべて 4 の倍数ですから次のように変形できます。
$$4b^2+16c^2+64d^2-64cd+32db-16bc=4(b^2+4c^2+16d^2-16cd+8db-4bc)$$
$$=4\{b^2+4(2d-c)b+4c^2-16cd+16d^2\}$$
$\{\ \}$ 内を b の 2 次式と思うと，定数項 $4c^2-16cd+16d^2$ は
$$4c^2-16cd+16d^2=4(c^2-4cd+4d^2)=\{2(2d-c)\}^2$$
と因数分解でき，その因数 $2(2d-c)$ を用いると 1 次の係数が
$$4(2d-c)=2\cdot2(2d-c)$$
と変形できます。

よって，本問の式は次のように因数分解できます。
$$b^2+4(2d-c)b+4c^2-16cd+16d^2=b^2+2\cdot2(2d-c)b+\{2(2d-c)\}^2$$
$$=\{b+2(2d-c)\}^2$$
$$=(b-2c+4d)^2$$
$$\therefore 4b^2+16c^2+64d^2-64cd+32db-16bc=4(b-2c+4d)^2$$

▶ 3 次式の因数分解

次は 3 次式の因数分解です。たとえば $x^3 + 27y^3$ は
$$x^3 + 27y^3 = x^3 + 3^3 \cdot y^3 = x^3 + (3y)^3$$
ですから，$a^3 + b^3 = (a+b)(a^2 - ab + b^2)$ という展開公式を用いて
$$x^3 + (3y)^3 = (x+3y)\{x^2 - x \cdot 3y + (3y)^2\}$$
$$\therefore x^3 + 27y^3 = (x+3y)(x^2 - 3xy + 9y^2)$$
と因数分解できます。展開公式をあまり覚えずに試行錯誤して因数分解するのも楽しいですが，3 次式になるといよいよ公式の威力が目立ってきますね。手探りで因数分解を試みて上の形を発見するのは，容易なことではありません。

ここでひとつ重要な注意点です。3 次式になると，公式たちを混同してたとえば以下のような"因数分解"をする人が時折います。
$$* \quad x^3 + 27y^3 = (x-3y)(x^2 + 3xy + 9y^2)$$
$$* \quad x^3 + 27y^3 = (x+3y)(x^2 + 6xy + 9y^2)$$
$$* \quad x^3 + 27y^3 = (x-3y)(x^2 - 6xy + 9y^2)$$
$$* \quad x^3 + 27y^3 = (x+3y)^3$$
あなたも過去にこうしたミスをしたことがあるかもしれません。授業中ならまだしも，試験中にこれらを混同するとかなり焦ることでしょう。

でも，少し頭と手を動かせば，上記はいずれも誤りであることがすぐわかります。確かめ方のひとつは**"具体値を代入してみる"**ことです。たとえば，$x=-5, y=2$ とした場合 $x^3 + 27y^3 = (-5)^3 + 27 \cdot 2^3 = -125 + 216 = \mathbf{91} = \mathbf{7 \cdot 13}$ となりますが，

$$(x-3y)(x^2 + 3xy + 9y^2) = -11 \cdot (整数) \neq \mathbf{7 \cdot 13}$$
$$(x+3y)(x^2 + 6xy + 9y^2) = 1 \cdot (25 - 60 + 36) = 1 \neq \mathbf{91}$$
$$(x-3y)(x^2 - 6xy + 9y^2) = -11 \cdot (整数) \neq \mathbf{7 \cdot 13}$$
$$(x+3y)^3 = 1^3 = 1 \neq 91$$

となり，いずれも 91 と等しくありません[27]。自分が指定した数の組ひとつでさえ成り立っていないのだから，さきほどの 4 つは誤りであると断言できますね。

---

[27] なお，この手法で検算をする場合，どのような値を代入するか多少は頭を使うべきです。極端な話，上の 4 つの誤解（＊）で $x=0=y$ とするとすべての等号が成立してしまい，これではチェックになりません。さきほど $x=-5, y=2$ という値をチェックしましたが，これもちょっとした工夫です。まず，計算が平易な "1" を用いないのは，次数のミスを検出するためです（例：$y=1$ だと y^2 も y^3 も 1 のまま）。また，x, y が 2 以上の公約数をもつと，その公約数の倍数がたくさん生まれるのでそれは避けました。そして，検算で大きすぎる数が現れてミスしては仕方ないので，x, y のうち一方を負にしました。

もうひとつ重要なのは，式を展開したさまを想像するということです。たとえば $x^3 + 27y^3$ の因数分解の結果が $(x+3y)(x^2-3xy+9y^2)$, $(x-3y)(x^2+3xy+9y^2)$ のどちらなのか忘れたとします。

このとき，y^3 の項のみ考えると
$$(x+3y)(x^2-3xy+9y^2)=(ほかの項たち)+27y^3$$
$$(x-3y)(x^2+3xy+9y^2)=(ほかの項たち)-27y^3$$
となり，後者はそもそも y^3 の項の符号が違うのだから，誤りであると判断できます。2 択で悩んでいて一方をつぶせたので，前者が正しそうだと思えますね。

このように，展開公式が曖昧で混乱してしまった場合は，具体値を代入したり展開したさまを想像したりすることで，誤りを検出できることがあります。

展開公式に限らず，簡単に確かめられる必要条件で検算をすることは，自身のミスに気づくための有力な手段のひとつです。ただし，この類のチェックは"おかしい点があれば誤り"であることは確実ですが"おかしい点が見つからないから正しい"とは限らないことに注意しましょう。

ちなみに，$x^3 + 27y^3$ という多項式は，$x=-3y$ とすると
$$x^3 + 27y^3 = (-3y)^3 + 27y^3 = -27y^3 + 27y^3 = 0$$
となります。$x=-3y$ とした結果ゼロになったのだから，x^3+27y^3 を因数分解した結果には"$x+3y$"が含まれている，という検算方法もあります。この手法は，数学 II で学ぶ"因数定理"に立脚したものです。

それでは，以下の 3 次式の因数分解にチャレンジしてみましょう。公式を用いて因数分解しても，手探りでも構いません。どれもキレイな係数で因数分解できるので，粘り強く考えてみましょう。

例題　　3 次式の因数分解

次の式を因数分解せよ。

(1)　$k^6 - 64$　　　　　(2)　$x + x^4 + 3x^2 + 3x^3$　　　　(3)　$162u^3 - 72uv^2$

(4)　$z^3 - 8w^3 - 6z^2w + 12zw^2$　　　　　　(5)　$p^3 + q^3 - pq + \dfrac{1}{27}$

(1) 答え：$(k+2)(k-2)(k^2-2k+4)(k^2+2k+4)$

$$k^6-64=(k^3)^2-(2^3)^2=(k^3+2^3)\cdot(k^3-2^3)$$
$$=(k+2)(k^2-2k+4)\cdot(k-2)(k^2+2k+4)$$
$$(=(k+2)(k-2)(k^2-2k+4)(k^2+2k+4))$$

（別解）こちらはちょっと難しいルートです。

$$k^6-64=(k^2)^3-(2^2)^3$$
$$=(k^2-2^2)\{(k^2)^2+k^2\cdot2^2+(2^2)^2\}$$
$$=(k+2)(k-2)\cdot(k^4+4k^2+16)$$
$$=(k+2)(k-2)\cdot(k^4+8k^2+16-4k^2)$$
$$=(k+2)(k-2)\cdot\{(k^2+2^2)^2-(2k)^2\}$$
$$=(k+2)(k-2)\cdot(k^2+2k+4)(k^2-2k+4)$$

別解の方に進むと，$(k+2)(k-2)\cdot(k^4+4k^2+16)$ のところで手が止まってしまうかもしれませんが，そこで小技を使って打破しました。この手法については p.128 で扱います。

(2) 答え：$x(x+1)^3$

$$x+x^4+3x^2+3x^3=x^4+3x^3+3x^2+x$$
$$=x(x^3+3x^2+3x+1)$$
$$=x(x+1)^3$$

（別解）$x+x^4+3x^2+3x^3=x^4+3x^3+3x^2+x=(x^4+2x^3+x^2)+(x^3+2x^2+x)$
$$=x^2(x^2+2x+1)+x(x^2+2x+1)$$
$$=(x^2+x)\cdot(x^2+2x+1)=x(x+1)\cdot(x+1)^2$$
$$=x(x+1)^3$$

(3) 答え：$18u(3u+2v)(3u-2v)$

$$162u^3-72uv^2=18u(9u^2-4v^2)=18u\{(3u)^2-(2v)^2\}=18u(3u+2v)(3u-2v)$$

3 次式の因数分解だからといって，3 次式の展開公式を用いるとは限りません。先入観を捨て，これまでに学んできたさまざまな知識を活用しましょう。

(4) 答え：$(z-2w)^3$

$$z^3-8w^3-6z^2w+12zw^2=z^3-6z^2w+12zw^2-8w^3$$
$$=z^3-3\cdot z^2\cdot 2w+3\cdot z\cdot(2w)^2-(2w)^3$$
$$=(z-2w)^3$$

（別解その1）$W:=-2w$ と定めると，次のように因数分解できます。
$$z^3-8w^3-6z^2w+12zw^2=z^3+W^3+3z^2W+3zW^2$$
$$=z^3+3z^3W+3zW^2+W^3$$
$$=(z+W)^3=(z-2w)^3$$
面倒なものをまとめて捉えることにより計算しやすくなることがあります。

（別解その2）次のようにグルーピングして因数分解しても構いません。
$$z^3-8w^3-6z^2w+12zw^2=\{z^3-(2w)^3\}-(6z^2w-12zw^2)$$
$$=(z-2w)(z^2+2zw+4w^2)-6zw(z-2w)$$
$$=(z-2w)(z^2+2zw+4w^2-6zw)$$
$$=(z-2w)(z^2-4zw+4w^2)$$
$$=(z-2w)\cdot(z-2w)^2=(z-2w)^3$$

(5) 答え：$\left(p+q+\dfrac{1}{3}\right)\left(p^2+q^2+\dfrac{1}{9}-\dfrac{1}{3}q-\dfrac{1}{3}p-pq\right)$

$$p^3+q^3-pq+\dfrac{1}{27}=p^3+q^3+\left(\dfrac{1}{3}\right)^3-3\cdot p\cdot q\cdot\dfrac{1}{3}$$
$$=\left(p+q+\dfrac{1}{3}\right)\left\{p^2+q^2+\left(\dfrac{1}{3}\right)^2-q\cdot\dfrac{1}{3}-\dfrac{1}{3}\cdot p-p\cdot q\right\}$$
$$=\left(p+q+\dfrac{1}{3}\right)\left(p^2+q^2+\dfrac{1}{9}-\dfrac{1}{3}q-\dfrac{1}{3}p-pq\right)$$
$$\left(=\left(p+q+\dfrac{1}{3}\right)\left(p^2-pq+q^2-\dfrac{1}{3}p-\dfrac{1}{3}q+\dfrac{1}{9}\right)\right)$$

(5)に関しては，公式 $(a+b+c)(a^2+b^2+c^2-bc-ca-ab)=a^3+b^3+c^3-3abc$ を知らないと苦労する可能性が高く，因数分解できたとしても手間がかかります。よって，この因数分解の公式は覚えておくべきというのが私の考えです。

公式を（そこまでの工夫なしに）用いることのできる因数分解をいくつかご紹介しましたが，ここから先はアレコレ試行錯誤して解く応用編です。

▶ いわゆる "複2次式" の因数分解

さて，さきほどの例題(1)の別解において，このような式変形をしました。

$$k^4 + 4k^2 + 16 = k^4 + 8k^2 + 16 - 4k^2 = (k^2 + 4)^2 - (2k)^2 = (k^2 + 2k + 4)(k^2 - 2k + 4)$$

$k^4 + 4k^2 + 16$ のように偶数次数の項のみでできた多項式は**複2次式**とよばれ[28]，このような多項式は "$(2次式)^2 - (1次式)^2$" の形だと思うことで上のように因数分解できる可能性があります。

"確かに因数分解できているけど，こんな変形思いつかないよ……"と感じたことでしょう。応用的なテクニックなので，そう思うのも無理はありません。

これは私個人の感想ですが，**こうした複2次式の因数分解は，覚えていないとなかなか実行できない**ように感じます。したがって，複2次式の因数分解についても覚えてしまうことを推奨します[29]。

| 例題 | 複2次式の因数分解 |

次の式を因数分解せよ。

(1)　$t^4 - 3t^2 + 1$　　　　(2)　$-u^4 + 5u^2v^2 - 4v^4$　　　(3)　$\alpha^5 + 4\alpha$

| 例題の解説 |

(1)　答え：$(t^2 + t - 1)(t^2 - t - 1)$

$$t^4 - 3t^2 + 1 = (t^4 - 2t^2 + 1) - t^2 = (t^2 - 1)^2 - t^2 = (t^2 + t - 1)(t^2 - t - 1)$$

(2)　答え：$(3uv + u^2 + 2v^2)(3uv - u^2 - 2v^2)$

$$-u^4 + 5u^2v^2 - 4v^4 = 9u^2v^2 - (u^4 + 4u^2v^2 + 4v^4) = (3uv)^2 - (u^2 + 2v^2)^2$$
$$= (3uv + u^2 + 2v^2)(3uv - u^2 - 2v^2)$$
$$(= -(u^2 + 2v^2 + 3uv)(u^2 + 2v^2 - 3uv))$$

(3)　答え：$\alpha(\alpha^2 + 2\alpha + 2)(\alpha^2 - 2\alpha + 2)$

28　4次式じゃないか！　と思うかもしれませんが，ある文字の2乗（いまの場合は k^2）に関する2次式になっているから "複2次式" という名称になっているのでしょう。

29　暗記事項は増やしたくないですが，知らないとなかなか使えないので仕方がない気がします。

$\alpha^5 + 4\alpha = \alpha(\alpha^4 + 4)$ であり，

$$\alpha^4 + 4 = (\alpha^4 + 4\alpha^2 + 4) - 4\alpha^2 = (\alpha^2 + 2)^2 - (2\alpha)^2$$
$$= (\alpha^2 + 2\alpha + 2)(\alpha^2 - 2\alpha + 2)$$

と変形できるため，次のように因数分解できます。

$$\alpha^5 + 4\alpha = \alpha(\alpha^4 + 4) = \alpha(\alpha^2 + 2\alpha + 2)(\alpha^2 - 2\alpha + 2)$$

▶ 置換を利用するもの

たとえば $(x+1)^2 + 5(x+1) + 6$ という式の因数分解を考えましょう。単純に

$$(x+1)^2 + 5(x+1) + 6 = (x^2 + 2x + 1) + (5x + 5) + 6$$
$$= x^2 + 7x + 12$$
$$= (x+3)(x+4)$$

と因数分解するのも当然正解ですし，答案にこれを書いて減点される理由は皆無です。

ただ，ちょっと工夫することもできます。$(x+1)^2 + 5(x+1) + 6$ という式の中には，$x+1$ という多項式が2つあります。そこで，これをひとかたまりと捉えるのです。たとえば $y := x+1$ とすると

$$(x+1)^2 + 5(x+1) + 6 = y^2 + 5y + 6 = (y+2)(y+3)$$
$$= (x+1+2)(x+1+3)$$
$$= (x+3)(x+4)$$

となり，ややスマートに計算することができるというわけです。

ここで注意点が2つあります。第一に，**自分で勝手に用意した文字で答えを書くのは避けましょう。** 答案内で "$y := x+1$" と明記してあればもちろん（答案全体で見れば）未定義ではないのですが，問題文にある文字で回答せず自前の文字で回答するのは，減点される試験も多そうです（あくまで個人の見解ですが）。

第二に，**別の文字を用意するのは便宜上の問題であり，全く義務ではありません。** たとえば次のように書いたとしても，減点される理由はありません。

$$(x+1)^2 + 5(x+1) + 6 = \{(x+1) + 2\}\{(x+1) + 3\} = (x+3)(x+4)$$

さて，次に $(p+1)(p+2)(p+3)(p+4) - 24$ という式の因数分解を考えます。こんどは $p+1$, $p+2$, $p+3$, $p+4$ という具合に定数項が少しずつ変わっており，同じ形になっていません。それなら置換は使えないか……と諦めて

$$(p+1)(p+2)(p+3)(p+4)-24$$
$$=(p+1)(p+2)\cdot(p+3)(p+4)-24$$
$$=(p^2+3p+2)(p^2+7p+12)-24$$
$$=p^2(p^2+7p+12)+3p(p^2+7p+12)+2(p^2+7p+12)-24$$
$$=p^4+7p^3+12p^2+3p^3+21p^2+36p+2p^2+14p+24-24$$
$$=p^4+10p^3+35p^2+50p=p(p^3+10p^2+35p+50)$$

と計算したとしましょう。すると，ここでちょっと手が止まるのではないでしょうか。最後のカッコ内にある 3 次式の因数分解に困るからです。

特別な知識を使わずとも，頑張れば一応次のように因数分解できます。
$$p^3+10p^2+35p+50=(p^3+10p^2+25p)+(10p+50)$$
$$=p(p+5)^2+10(p+5)=\{p(p+5)+10\}(p+5)$$
$$=(p^2+5p+10)(p+5)$$
$$\therefore\quad (p+1)(p+2)(p+3)(p+4)-24=\boldsymbol{p(p+5)(p^2+5p+10)}$$

これが減点される理由は皆無です。しかし，毎回こうして手探りで因数分解をするのは大変なのも事実です。

そこで計算上の工夫をご紹介します。$(p+1)(p+2)(p+3)(p+4)$ をあえて $(p+1)(p+4)\cdot(p+2)(p+3)$ という 2 ペアに分けます。このあとの"展開"を見れば，その狙いがわかるはずです。
$$(p+1)(p+4)\cdot(p+2)(p+3)=(\boldsymbol{p^2+5p}+4)(\boldsymbol{p^2+5p}+6)$$

前述の分け方をして各々展開することにより，上のように p^2+5p という共通のパートが現れました。そこで，これを $P:=p^2+5p$ と定めると，
$$(p+1)(p+2)(p+3)(p+4)-24=(p^2+5p+4)(p^2+5p+6)-24$$
$$=(P+4)(P+6)-24$$
$$=(P^2+10P+24)-24$$
$$=P^2+10P=P(P+10)$$

と因数分解できるのです。あとは P の式を以下のように p の式に戻し，因数分解できる箇所をさらに分解すれば OK です。
$$P(P+10)=(p^2+5p)(p^2+5p+10)$$
$$=\boldsymbol{p(p+5)(p^2+5p+10)}$$

最初の方法は $35p=25p+10p$ と分けるのが山場でしたが，この方法ではそのようなうまい分け方を見つける必要がありません。

なお，もう少し工夫して $Q := p^2 + 5p + 5$ とするのもアリです。この場合

$$
\begin{aligned}
(p^2 + 5p + 4)(p^2 + 5p + 6) - 24 &= (Q-1)(Q+1) - 24 = (Q^2 - 1) - 24 = Q^2 - 25 \\
&= Q^2 - 5^2 = (Q-5)(Q+5) \\
&= \{(p^2 + 5p + 5) - 5\}\{(p^2 + 5p + 5) + 5\} \\
&= (p^2 + 5p)(p^2 + 5p + 10) \\
&= \boldsymbol{p(p+5)(p^2 + 5p + 10)}
\end{aligned}
$$

と計算でき，さらにラクになります。

例題　置換を利用する因数分解

次の式を因数分解せよ。

(1) $(p-3)^2 - (p-3) - 20$

(2) $8(x+1)^2 + 6(x+1)(y-2) + (y-2)^2$

(3) $(x^2 + 2x + 3)^2 - 4(x^2 + 2x + 3) + 4$

例題の解説

(1) 答え：$\boldsymbol{(p+1)(p-8)}$

$P := p-3$ とすることで，次のように因数分解できます。

$$
\begin{aligned}
(p-3)^2 - (p-3) - 20 &= P^2 - P - 20 = (P+4)(P-5) \\
&= (p-3+4)(p-3-5) = (p+1)(p-8)
\end{aligned}
$$

(2) 答え：$\boldsymbol{(2x+y)(4x+y+2)}$

$X := x+1,\ Y := y-2$ とすることで，次のように因数分解できます。

$$
\begin{aligned}
8(x+1)^2 + 6(x+1)(y-2) + (y-2)^2 &= 8X^2 + 6XY + Y^2 = (2X+Y)(4X+Y) \\
&= (2(x+1) + (y-2))(4(x+1) + (y-2)) \\
&= (2x+y)(4x+y+2)
\end{aligned}
$$

(3) 答え：$\boldsymbol{(x+1)^4}$

$Q := x^2 + 2x + 3$ とすることで，次のように因数分解できます。

$$
\begin{aligned}
(x^2 + 2x + 3)^2 - 4(x^2 + 2x + 3) + 4 &= Q^2 - 4Q + 4 = (Q-2)^2 \\
&= ((x^2 + 2x + 3) - 2)^2 = (x^2 + 2x + 1)^2 \\
&= \{(x+1)^2\}^2 = (x+1)^4
\end{aligned}
$$

最後に $x^2 + 2x + 1 = (x+1)^2$ とさらに因数分解するのをお忘れなく。

▶ 着目する文字により次数が異なる式

さて，次は $s^2 + su + 2tu + 2t^2 + 3st$ という式の因数分解を考えましょう。文字も係数もまちまちですが，見た目の複雑さを理由に諦めるのはもったいないです。ここまで読み進めてきたあなたであれば，きっとこれも因数分解できます。

方法①：s についての多項式だと思う
いったん，上式を何らかの文字についての多項式だと思うことにしましょう。たとえば s についての多項式とみて整理すると

$$s^2 + su + 2tu + 2t^2 + 3st = s^2 + (3t + u)s + 2t^2 + 2tu$$
$$= s^2 + (3t + u)s + 2t(t + u)$$

となります。面倒な見た目ですが，$2t + (t + u) = 3t + u$ と変形できることをふまえると

$$s^2 + (3t + u)s + 2t(t + u) = \boldsymbol{(s + 2t)(s + t + u)}$$

と因数分解できました。これにて一件落着，ですが……

方法②：u についての多項式だと思う
ここで別の見方をしてみましょう。もとの式を u についての多項式とみると，次のようにスムーズに因数分解できてしまうのです！

$$s^2 + su + 2tu + 2t^2 + 3st = (s + 2t)u + (s^2 + 3st + 2t^2)$$
$$= (s + 2t)u + (s + 2t)(s + t)$$
$$= \boldsymbol{(s + 2t)(u + s + t)}$$

多くの人は②の方が①より平易と感じることでしょう。

なぜ簡単に因数分解できたのでしょうか。両者を見比べると，ある大きな違いがあることがわかります。
最初に各々

① $s^2 + (3t + u)s + 2t(t + u)$　　② $(s + 2t)u + (s^2 + 3st + 2t^2)$

と整理しました。前者は s の 2 次式であるのに対し後者は 1 次式です。2 次式の因数分解で必要だった係数調整を，1 次式だと回避できたというわけです。

このように，**着目する文字によって次数が変化する式の因数分解をするときは，次数が最も低くなる文字に着目する**というのが，複雑な式の因数分解における常套手段です。知らないとなかなか実行できないため，この策も頭に入れておくとよいでしょう。

ただし，現に方法①でも因数分解できましたし，**正しく因数分解できれば方法は何でもよい**ので，勝手に自分の思考を縛らないようにしてください。

例題	着目する文字により次数が異なる式の因数分解

$a^3 + c^3 - a(b^2 + c^2) - c(a^2 + b^2)$ を因数分解せよ。

例題の解説

答え：$(a+c)(a-c+b)(a-c-b)$

この式は a, c について3次，b について2次です。そこで，先程同様 b についての多項式だと思って

$$a^3 + c^3 - a(b^2 + c^2) - c(a^2 + b^2) = -(a+c)b^2 + \boldsymbol{a^3 - a^2c - ac^2 + c^3}$$

と変形してみます。ここで b にとって定数項である $\boldsymbol{a^3 - a^2c - ac^2 + c^3}$ は

$$
\begin{aligned}
a^3 - a^2c - ac^2 + c^3 &= (a^3 + c^3) - (a^2c + ac^2) \\
&= (a+c)(a^2 - ac + c^2) - ac(a+c) \\
&= (a+c)(a^2 - 2ac + c^2) \\
&= (a+c)(a-c)^2
\end{aligned}
$$

と変形できるため，全体は次のように因数分解できます。

$$
\begin{aligned}
a^3 + c^3 - a(b^2 + c^2) - c(a^2 + b^2) &= -(a+c)b^2 + \boldsymbol{(a+c)(a-c)^2} \\
&= (a+c)\{(a-c)^2 - b^2\} \\
&= (a+c)(a-c+b)(a-c-b) \\
&(= (a-b-c)(a+b-c)(a+c))
\end{aligned}
$$

いったん定数項だけを因数分解したことで，全体に共通因数が出現し，結果的に全体の因数分解ができたというわけです。

▶ 対称式・交代式

次は，$(q+r)(r+p)(p+q)+pqr$ という式の因数分解を考えましょう。

なんだか見ているだけで目が回るような式ですね。いったいどこから手をつければよいのでしょうか。とりあえず，この式を次のように変形してみます。

$$
\begin{aligned}
(q+r)(r+p)(p+q)+pqr &= \{(r+q)(r+p)\}(p+q)+pqr \\
&= \{r^2+(p+q)r+pq\}(p+q)+pqr \\
&= (p+q)r^2+(p+q)^2r+pq(p+q)+pqr \\
&= (p+q)r^2+\{(p+q)^2+pq\}r+pq(p+q)
\end{aligned}
$$

つまり，r の多項式だと思うことにする，ということです。ここでよく見ると"定数" $p+q,\ pq$ が複数箇所に登場しています。これに着目すると，

$$
(p+q)r^2+\{(p+q)^2+pq\}r+pq(p+q)=\{(p+q)r+pq\}\{r+(p+q)\}
$$

と因数分解できます [30]。

上の結果のまま答えてもよいのですが，それはもったいないです。というのも，
$$
\{(p+q)r+pq\}\{r+(p+q)\}=(qr+rp+pq)(p+q+r)=(p+q+r)(qr+rp+pq)
$$
とすれば，p, q, r が何らかの意味で"対等"になっていることが明白になるためです。ここで，その"なんとなく対等"であることをクリアに説明する用語を導入します。

> **🔍 定義　対称式**
>
> **ある文字たちについての多項式であって，どの2文字を入れ替えても式が変わらないものを対称式という。**

用語を覚えるのは苦痛かもしれません。でも，"だいたいこんな感じ"と表現に困っているものを正確に表現できるわけですから，むしろあなたの学習を助けてくれる便利ツールだと思えますね。

もともとの式 $(q+r)(r+p)(p+q)+pqr$ は p, q, r に関して対称式になっています。実際，たとえば p, q を入れ替えると

$$
(q+r)(r+p)(p+q)+pqr \quad\longrightarrow\quad (p+r)(r+q)(q+p)+qpr
$$

となりますが，これは文字の順序を直せばもとの式と合致します。

30　この式変形の行間が広く戸惑うことと思いますが，逆に結果の式を展開してみると，からくりがわかるはずです。

もとが対称式なのですから，**因数分解の結果式も対称式になるべきです。**実際，因数分解の結果式 $(p+q+r)(qr+rp+pq)$ は p, q, r のうちどの2つを入れ替えても式の値が変わりません。たとえば p, q を入れ替えると

$$(p+q+r)(qr+rp+pq) \quad \longrightarrow \quad (\boldsymbol{q}+\boldsymbol{p}+r)(\boldsymbol{pr}+\boldsymbol{rq}+\boldsymbol{qp})$$

となり，$\boldsymbol{q}+\boldsymbol{p}+r=p+q+r$, $\boldsymbol{pr}+\boldsymbol{rq}+\boldsymbol{qp}=qr+rp+pq$ なのでもとの式と一致していますね。

対称式を因数分解するときは，その性質上どの文字に着目しても次数が同じなので，方針に迷うかもしれません。

でも，そんなときも諦めずに，ある文字についての多項式だと思って整理してみましょう。**ひとたび因数分解ができてしまえば，結果はどの文字に関しても対称的なものになるため，これに注意することで検算ができたり，これを利用して因数分解したりできます。**

次に，$(x^2-y^2)z+(y^2-z^2)x+(z^2-x^2)y$ という式の因数分解を考えます。また面倒そうな見た目の式ですね。

でも，さきほど同様，キレイな文字の並びになっています。そこで，とりあえず x の多項式だと思って整理すると

$$(x^2-y^2)z+(y^2-z^2)x+(z^2-x^2)y=(z-y)x^2-(z^2-y^2)x+z^2y-y^2z$$

となります。$z^2-y^2=(z+y)(z-y)$, $z^2y-y^2z=zy(z-y)$ であることに注意すると，$z-y$ という共通因数があることがわかり，話が前進します。

$$(z-y)x^2-(z^2-y^2)x+z^2y-y^2z=(z-y)x^2-(z-y)(z+y)x+zy(z-y)$$
$$=(z-y)\{x^2-(z+y)x+zy\}$$

そして $x^2-(z+y)x+zy$ は

$$x^2-(z+y)x+zy=(x-z)(x-y)$$

と因数分解できます。x の係数に文字があると混乱するかもしれませんが，"加算して $z+y$，乗算して zy"となる2数の組は (z, y) にほかならないということに気づけば一瞬です [31]。結局，

$$(x^2-y^2)z+(y^2-z^2)x+(z^2-x^2)y=(z-y)x^2-(z-y)(z+y)x+zy(z-y)$$
$$=(z-y)\{x^2-(z+y)x+zy\}$$
$$=(\boldsymbol{z}-\boldsymbol{y})(\boldsymbol{x}-\boldsymbol{z})(\boldsymbol{x}-\boldsymbol{y}) \ (=(\boldsymbol{y}-\boldsymbol{z})(\boldsymbol{z}-\boldsymbol{x})(\boldsymbol{x}-\boldsymbol{y}))$$

と因数分解できました。なお，最後のカッコ内のように文字を並び替えた方が，循環的な文字の並びになるので美しいように思います。

いまの結果式（特に並び替え後）
$$(x^2-y^2)z+(y^2-z^2)x+(z^2-x^2)y=(y-z)(z-x)(x-y)$$
を観察すると，やはりキレイな文字の並びになっています。ただ，マイナスがついていることもあり対称性があるのか（あったとして，どういう対称性なのか）よくわからないですね。こういうときも数学の用語の出番です。

> **🔍 定義　交代式**
>
> ある文字たちについての多項式であって，どの2文字を入れ替えても（式の値の絶対値が変わらず）式全体の符号が反転するものを交代式という。

たとえば因数分解する前の式で x, y を入れ替えると
$$(x^2-y^2)z+(y^2-z^2)x+(z^2-x^2)y$$
$$\longrightarrow \quad (y^2-x^2)z+(x^2-z^2)y+(z^2-y^2)x=-(x^2-y^2)z-(y^2-z^2)x-(z^2-x^2)y$$
となり，確かに全体の符号のみ反転しています。こんどは結果式でも x, y を入れ替えてみると
$$(x-y)(y-z)(z-x) \quad \longrightarrow \quad (y-x)(x-z)(z-y)=-(x-y)(y-z)(z-x)$$
となり，やはり符号のみ反転していますね。

対称式同様，交代式もかなり強い条件のある多項式で，因数分解した結果には，上のように $x-y, y-z, z-x$ などがしばしば登場します。当然，**交代式を因数分解しても交代式のままですから，これを用いた検算や因数分解ができます。**

なお，因数分解前の式で $x=y$ とすると
$$(もとの式)=(y^2-y^2)z+(y^2-z^2)y+(z^2-y^2)y=0$$
となります。因数分解の結果式に $(x-y)$ という因数があることをそこから判断できますね。逆に，因数分解の結果をふまえ，もとの式に $x=y$ などを代入し，ゼロになるか確認するのもよいでしょう。p.125 でも述べた通り，多項式のゼロ点と因数との関係は数学 II でくわしく学習します。

31　全部文字だと混乱するかもしれませんが，2次方程式を因数分解して解くときと同じ作業です。

では，適宜対称式・交代式の知識を用いて例題にチャレンジしてみましょう。

| 例題 | 対称式・交代式の因数分解 |

次の式を因数分解せよ。

(1) $(x+y+z)(yz+zx+xy)-xyz$ (2) $x^2(y-z)+y^2(z-x)+z^2(x-y)$

| 例題の解説 |

(1) **答え：$(y+z)(z+x)(x+y)$**

$$(x+y+z)(yz+zx+xy)-xyz$$
$$=x(yz+zx+xy)+y(yz+zx+xy)+z(yz+zx+xy)-xyz$$
$$=(y+z)x^2+(y^2+2yz+z^2)x+(y^2z+yz^2)$$
$$=(y+z)x^2+(y+z)^2x+(y+z)yz=(y+z)\{x^2+(y+z)x+yz\}$$
$$=(y+z)(x+y)(x+z) \quad (=(y+z)(z+x)(x+y))$$

もとの式が対称式ですから，結果もやはり対称式となります。よって，**$(y+z)$ という因数が見つかったら，$(z+x)$ や $(x+y)$ という因数もある**と予想でき，苦労せずに因数分解の最終形が見えてきます。

(2) **答え：$-(y-z)(z-x)(x-y)$**

たとえば z についての多項式だと思って整理すると，

$$x^2(y-z)+y^2(z-x)+z^2(x-y)=(x-y)z^2-(x^2-y^2)z+x^2y-xy^2$$
$$=(x-y)z^2-(x-y)(x+y)z+(x-y)xy$$
$$=(x-y)\{z^2-(x+y)z+xy\}$$
$$=(x-y)(z-x)(z-y)$$
$$(=-(y-z)(z-x)(x-y))$$

と因数分解できます。

なお，

$$x^2(y-z)+y^2(z-x)+z^2(x-y)=-\{(x^2-y^2)z+(y^2-z^2)x+(z^2-x^2)y\}$$

と変形することで例題の前に扱った因数分解と逆符号になるため，その因数分解の結果にマイナスをつけるだけでも OK ですね。

▶ ずっと隠してきたこと（意欲のある方向け）

実は，これまで説明をずっとごまかしていたことがあります。それは "因数分解はどこまで行うべきか" です。

因数分解とは，"多項式を 1 次以上のいくつかの多項式の積の形に表すこと" であると述べました。これに則ると，たとえば x^8-16 という多項式は
$$x^8-16=(x^4)^2-4^2=(x^4+4)(x^4-4)$$
とするだけでも因数分解したことになります。なぜなら，1 次以上の 2 つの多項式の積で表せているからです。

しかし，さすがにこのままだと点がもらえない or 僅かな部分点といったところでしょう。上式の因数のうち x^4-4 は次のように因数分解できます。
$$x^4-4=(x^2)^2-2^2=(x^2+2)(x^2-2)$$
つまり，x^8-16 は
$$x^8-16=(x^4+4)(x^2+2)(x^2-2)$$
と分解できるというわけです。

でも，よく考えてみると x^2-2 はさらに $x^2-2=x^2-(\sqrt{2})^2=(x+\sqrt{2})(x-\sqrt{2})$ と因数分解できるわけですから，
$$x^8-16=(x^4+4)(x^2+2)(x+\sqrt{2})(x-\sqrt{2})$$
が最終形としてより相応しいと判断することもできますね。

このように無理数が係数や定数項として登場する因数分解は本章では扱いませんでしたし，教科書や参考書にも通常は載っていません。さらにいえば，数学 II で複素数を扱うようになると，$i^2=-1$ なる数 i （**虚数単位**）を用いて
$$x^2+2=(x+\sqrt{2}\,i)(x-\sqrt{2}\,i), \qquad x^4+4=(x+1+i)(x+1-i)(x-1+i)(x-1-i)$$
と因数分解できることを学びます。これをそのまま用いると
$$\boldsymbol{x^8-16=(x+1+i)(x+1-i)(x-1+i)(x-1-i)}$$
$$\boldsymbol{\cdot(x+\sqrt{2}\,i)(x-\sqrt{2}\,i)(x+\sqrt{2})(x-\sqrt{2})}$$
という 8 つの 1 次式の積に分解できるのです [32]！

32　無理数係数でさえも教科書等にそう登場しないですし，そもそも複素数は数学 I の範囲外なので，困惑するかもしれません。いまココの内容を理解する必要はないです。

"結局，どこまで分解すればいいの？"と思うことでしょう。不思議なことに，教科書を参照しても明確な答えが述べられていないことが多いのです。

個人的な見解を述べると，係数の範囲の指示がない場合，
- **有理数係数の範囲で（いまの例でいうと $(x^4+4)(x^2+2)(x^2-2)$ まで）は分解することが通常期待されている**
- 実数係数の範囲で（いまの例でいうと $(x^4+4)(x^2+2)(x+\sqrt{2})(x-\sqrt{2})$ まで）分解できると好ましい

という感じです。複素数係数の範囲で因数分解しきることができたらなお素晴らしいですが，現時点でそれができなくても気にする必要はありません[33]。

なお，マルをもらえるラインよりも詳しく因数分解をしたとしても，減点されたりバツにされたりする理由はありません。ただし，"有理数係数の範囲で""実数係数の範囲で"などの指示があった場合はそれに従いましょう。指示されてしまっては仕方ありません。

こうした面倒ごとのないよう，数学Ⅰで扱う因数分解はだいたい無理数・複素数係数が登場しない"おとなしい"問題ばかりで構成されているのが現実です。

例題	無理数係数が登場する因数分解

x^6-8 を実数係数の範囲で因数分解せよ。

例題の解説

答え：$(x+\sqrt{2})(x-\sqrt{2})(x^2+\sqrt{2}x+2)(x^2-\sqrt{2}x+2)$

$$x^6-8=(x^3)^2-(\sqrt{2}^3)^2=(x^3-\sqrt{2}^3)(x^3+\sqrt{2}^3)$$
$$=(x-\sqrt{2})(x^2+x\cdot\sqrt{2}+\sqrt{2}^2)(x+\sqrt{2})(x^2-x\cdot\sqrt{2}+\sqrt{2}^2)$$
$$=(x+\sqrt{2})(x-\sqrt{2})(x^2+\sqrt{2}x+2)(x^2-\sqrt{2}x+2)$$

ちなみに，$x^2+\sqrt{2}x+2=0 \iff x=\dfrac{-\sqrt{2}\pm\sqrt{6}i}{2}$，$x^2-\sqrt{2}x+2=0 \iff x=\dfrac{\sqrt{2}\pm\sqrt{6}i}{2}$

なので，複素数係数の範囲で因数分解しきると次のようになります。

$$x^6-8$$
$$=(x+\sqrt{2})(x-\sqrt{2})\left(x-\frac{-\sqrt{2}+\sqrt{6}i}{2}\right)\left(x-\frac{-\sqrt{2}-\sqrt{6}i}{2}\right)\left(x-\frac{\sqrt{2}+\sqrt{6}i}{2}\right)\left(x-\frac{\sqrt{2}-\sqrt{6}i}{2}\right)$$

---

[33] 少なくとも本書では扱いません。興味がある場合は，複素数範囲での因数分解について調べてみてください！

3-4 ⟩ 展開・因数分解の応用

本節では，展開・因数分解の知識を用いて応用問題にチャレンジします。

▶ 計算の簡略化

たとえば 2024^2 という計算を行うとします。筆算をすれば計算できますが，正直面倒ですよね。できればラクに答えを出したいものです。

そこで工夫をしてみます。$2024 = 2000 + 24$ であることに着目し，

$$2024^2 = (2000 + 24)^2$$
$$= 2000^2 + 2 \cdot 2000 \cdot 24 + 24^2$$
$$= 4000000 + 96000 + 576$$
$$= 4096576$$

と計算するのです。$(2000 + 24)^2 = 2000^2 + 2 \cdot 2000 \cdot 24 + 24^2$ という箇所では，すでに学習した展開公式 $(a+b)^2 = a^2 + 2ab + b^2$ で $a = 2000$, $b = 24$ としたものを用います。展開することで項の数が増えてしまいますが，**それでも "キリのよい数" が増えてくれる分計算しやすくなる**，というわけです。

こんどは $356^2 - 256^2$ という計算を行うとします。356^2, 256^2 はいずれも大きい数の 2 乗で，やはり面倒です。

しかしここでも工夫ができます。$356^2 - 256^2$ は "(ある数)^2 − (ある数)^2" の形になっているので，

$$356^2 - 256^2 = (356 + 256) \cdot (356 - 256)$$
$$= 612 \cdot 100$$
$$= 61200$$

と計算できます。つまり $a^2 - b^2 = (a+b)(a-b)$ という因数分解の公式において $a = 356$, $b = 256$ としたものを用いたわけです。

このように，展開・因数分解を利用することで計算をラクに進められる場面があります。各種試験においてもこうした工夫を自然に行えるか否かでスピードに差がつくものです。では，早速試してみましょうか。

例題	展開・因数分解を利用した計算の簡略化

次の計算をせよ。どのような手段を用いても正しい値を求められれば正解だが，うまい手段を積極的に見つけて計算をサボってみよう。

(1)　389^2　　　　　　(2)　$2.23^2 - 0.77^2$　　　　(3)　587×613

(4)　403×398　　　　(5)　$198^2 + 199^2 + 200^2 + 201^2 + 202^2$

例題の解説

(1) **答え：151321**

たとえば，$389 = 400 - 11$ と分解することで次のように計算できます。

$$389^2 = (400 - 11)^2 = 400^2 - 2 \cdot 400 \cdot 11 + 11^2$$
$$= 160000 - 8800 + 121 = 151321$$

(2) **答え：4.38**

"(ある数)² − (ある数)²" の形ですから，次のようにするとラクです。

$$2.23^2 - 0.77^2 = (2.23 + 0.77) \cdot (2.23 - 0.77)$$
$$= 3 \cdot 1.46 = 4.38$$

(3) **答え：359831**

気づきづらいかもしれませんが，$587 = 600 - 13, 613 = 600 + 13$ ですから

$$587 \times 613 = (600 - 13) \cdot (600 + 13)$$
$$= 600^2 - 13^2 = 360000 - 169$$
$$= 359831$$

という工夫ができます。

(4) **答え：160394**

$403, 398$ がいずれも 400 に近いことに着目するとよいでしょう。

$$403 \times 398 = (400 + 3) \cdot (400 - 2)$$
$$= 400^2 + (3 - 2) \cdot 400 - 3 \cdot 2$$
$$= 160000 + 400 - 6$$
$$= 160394$$

(5) **答え：200010**

たとえば，各々の2乗を

$$198^2 = (200-2)^2$$
$$= 200^2 - 2 \cdot 200 \cdot 2 + 2^2$$
$$= 40000 - 800 + 4$$
$$= 39204$$

などとして和をとるのも一案ですが，正直面倒ですよね。

そこで，別の工夫をしてみましょう。問題の式を観察すると，200 あたりの整数がたくさんありますね。そこで $a := 200$ としてみると，

$$(計算したい式) = (a-2)^2 + (a-1)^2 + a^2 + (a+1)^2 + (a+2)^2$$
$$= (a-2)^2 + (a+2)^2 + (a-1)^2 + (a+1)^2 + a^2$$
$$= (a^2 - 4a + 4) + (a^2 + 4a + 4) + (a^2 - 2a + 1) + (a^2 + 2a + 1) + a^2$$
$$= \qquad 2a^2 + 8 \qquad + \qquad 2a^2 + 2 \qquad + a^2$$
$$= 5a^2 + 10$$

となります。最後に a に 200 を代入すれば

$$(計算したい式) = 5a^2 + 10$$
$$= 5 \cdot 200^2 + 10$$
$$= 5 \cdot 40000 + 10$$
$$= 200010$$

と計算できるのです。もとの式では似たような数が何度も登場していましたが，**うまい値を文字でおいてその文字で計算を進めることで，最後に 1 回だけ代入計算をすればよくなった**というわけです。

▶ 式の値の計算

たとえば，$x = \dfrac{\sqrt{5} + \sqrt{3}}{2}$, $y = \dfrac{\sqrt{5} - \sqrt{3}}{2}$ としたときの $x^3 + y^3$ の値を計算したいとします。直接代入するならば

$$x^3 + y^3 = \left(\frac{\sqrt{5} + \sqrt{3}}{2} \right)^3 + \left(\frac{\sqrt{5} - \sqrt{3}}{2} \right)^3 = \cdots$$

という計算をすることになりますが，これはかなり面倒に見えますね。
ここでもやはり工夫をしましょう。すでに我々は

$$x^3 + y^3 = (x+y)(x^2 - xy + y^2)$$

と因数分解できることを学習しましたね。そして，因数のうち $x+y$ の値は

$$x + y = \frac{\sqrt{5} + \sqrt{3}}{2} + \frac{\sqrt{5} - \sqrt{3}}{2} = \sqrt{5}$$

とラクに計算できます。これで一歩前進です。

……でも，x^2-xy+y^2 の値は結局頑張って計算するのでしょ？ と思うかもしれ
ません。もちろん代入してもよいのですが，またしても工夫できます。

$$x^2-xy+y^2=(x+y)^2-3xy$$

ですからあとは xy の値がわかればよいのですが，実はこれも

$$xy=\frac{\sqrt{5}+\sqrt{3}}{2}\cdot\frac{\sqrt{5}-\sqrt{3}}{2}=\frac{\sqrt{5}^2-\sqrt{3}^2}{4}=\frac{2}{4}=\frac{1}{2}$$

とすぐ計算できるのです。結局 $x+y=\sqrt{5}$, $xy=\frac{1}{2}$ ですから

$$x^3+y^3=(x+y)\{(x+y)^2-3xy\}=\sqrt{5}\cdot\left(\sqrt{5}^2-3\cdot\frac{1}{2}\right)=\frac{7}{2}\sqrt{5}$$

と計算できます。

流れをまとめると次のようになります。
- $x+y$, xy というパーツで，お目当ての式 x^3+y^3 を組み立てた。
- $x+y$, xy の値を計算した（この計算は苦労しなかった）。
- 得られた $x+y$, xy の値を用いて x^3+y^3 の値を計算した。

ちなみに，ここで活躍した xy, $x+y$ という式は**基本対称式**とよばれるものです。
実は，これについて次の定理が成り立ちます（証明略）。

> △ 定理　**対称式の基本定理（大雑把に）**
>
> **任意の対称式は，基本対称式の多項式で表せる。また，その方法はただ 1 通りである。**

いまの場合，**x, y についてのいかなる対称式も $x+y$, xy（の多項式）で（ただ
1 通りに）表せる**のです。どんなに複雑な高次の対称式でも必ず値を求められる
ので，安心（？）してください。

例題　　式の値の計算

2 次方程式 $x^2-x-3=0$ の 2 実解を α, β $(\alpha<\beta)$ とする。

(1)　α, β の定義より，当然 $x^2-x-3=(x-\alpha)(x-\beta)$ と因数分解できる。これ
　　をふまえ，$\alpha+\beta$, $\alpha\beta$ の値を求めよ。

(2)　$\alpha^2+\beta^2$ の値を求めよ。

(3)　$\alpha^3+\beta^3$ の値を求めよ。

(4)　$\alpha^5+\beta^5$ の値を求めよ。

(1) 答え：$\alpha+\beta=1$, $\alpha\beta=-3$

$x^2-x-3=(x-\alpha)(x-\beta)$ と因数分解でき，右辺を展開すると

$$(x-\alpha)(x-\beta)=x^2-(\alpha+\beta)x+\alpha\beta$$

となります。つまり x^2-x-3 と $x^2-(\alpha+\beta)x+\alpha\beta$ は同じ多項式なのですから，係数を見比べることで $\alpha+\beta=1$, $\alpha\beta=-3$ とわかります。

(2) 答え：$\alpha^2+\beta^2=7$ $\alpha^2+\beta^2=(\alpha+\beta)^2-2\alpha\beta=1^2-2\cdot(-3)=7$

(3) 答え：$\alpha^3+\beta^3=10$

$$\alpha^3+\beta^3=(\alpha+\beta)(\alpha^2-\alpha\beta+\beta^2)=(\alpha+\beta)\{(\alpha+\beta)^2-3\alpha\beta\}$$
$$=1\cdot\{1^2-3\cdot(-3)\}=1\cdot10=10$$

と計算すれば OK ですが，次のように（2）の結果を用いることもできます。

$$\alpha^3+\beta^3=(\alpha+\beta)(\alpha^2-\alpha\beta+\beta^2)=(\alpha+\beta)\{(\alpha^2+\beta^2)-\alpha\beta\}=1\cdot(7-(-3))=10$$

(4) 答え：$\alpha^5+\beta^5=61$

$$(\alpha^2+\beta^2)(\alpha^3+\beta^3)=\alpha^5+\beta^5+\alpha^2\beta^3+\alpha^3\beta^2=\alpha^5+\beta^5+(\alpha+\beta)(\alpha\beta)^2$$

であることに着目すれば，（2），（3）の結果も用いて次のように計算できます。

$$\alpha^5+\beta^5=(\alpha^2+\beta^2)(\alpha^3+\beta^3)-(\alpha+\beta)(\alpha\beta)^2=7\cdot10-1\cdot(-3)^2=61$$

(2)〜(4) の別解：

α, β はその定義より $\begin{cases} \alpha^2-\alpha-3=0 \\ \beta^2-\beta-3=0 \end{cases}$ すなわち $\begin{cases} \alpha^2=\alpha+3 & \cdots① \\ \beta^2=\beta+3 & \cdots② \end{cases}$

をみたします。これを用いて次のように計算できます。

①+②より $\alpha^2+\beta^2=(\alpha+3)+(\beta+3)=(\alpha+\beta)+3(1+1)=1+3\cdot2=\mathbf{7}$

$\alpha\cdot①+\beta\cdot②$より $\alpha^3+\beta^3=\alpha(\alpha+3)+\beta(\beta+3)=(\alpha^2+\beta^2)+3(\alpha+\beta)=7+3\cdot1=\mathbf{10}$

$\alpha^2\cdot①+\beta^2\cdot②$より $\alpha^4+\beta^4=\alpha^2(\alpha+3)+\beta^2(\beta+3)=(\alpha^3+\beta^3)+3(\alpha^2+\beta^2)=10+3\cdot7=31$

$\alpha^3\cdot①+\beta^3\cdot②$より $\alpha^5+\beta^5=\alpha^3(\alpha+3)+\beta^3(\beta+3)=(\alpha^4+\beta^4)+3(\alpha^3+\beta^3)=31+3\cdot10=\mathbf{61}$

これで第 3 章は終了です。長い章でしたが，よく頑張りました！

多項式の計算は，高校数学でたくさん行うこととなります。スピーディに＆正確にこなせるよう練習しておくと，今後の学習が効率的になるでしょう。

関数, 座標平面,
方程式, 不等式

ここでは, タイトルの通り"関数"や"座標平面", そして"方程式""不等式"の基礎を学習します。これらはいずれも, 高校数学で今後たくさん登場するものです。

実は, この章は本書オリジナルのものです。学校の教科書では"数と式"や"2次関数"などの章に散りばめられている内容を集約してつくりました。

というのも, この先に"2次関数"という分野が待っているのですが, いきなり2次のものを扱うのは正直しんどいのです。

本章で扱う関数や方程式は, 1次のものばかりです。いったんここで練習したのちに2次関数の章へ進むことで, 学習がスムーズになることでしょう。

4-1 ⊗ 関数

▶ "関数" について復習しよう

> **🔍 定義**　**関数[1]（大雑把に）**
>
> x の値を定めると，それに応じて y の値がただ 1 つに定まるとき，y は x の関数であるという。

"ただ 1 つ" であるのが要件です。たとえば正実数 x に対し x の平方根は $\sqrt{x}, -\sqrt{x}$ の 2 個あるため，$y=(x \text{の平方根})$ は関数とはいえません[2]。一方，$y=\sqrt{x}$ と定めれば，この y は x の関数となっていますね。

例題　関数の定義

次の各々において，y が x の関数となっているか判定せよ。ただし，(1)，(2) で x が動く範囲は実数全体，(3)，(4) のそれは自然数全体とする。

(1)　$y=|x|$

(2)　$y=\begin{cases} 0 \ (x<0 \text{のとき}) \\ 1 \ (x \geqq 0 \text{のとき}) \end{cases}$

(3)　$y=(x \text{の正の約数})$

(4)　$y=(x \text{の正の約数の個数})$

例題の解説

(1) **答え：y は x の関数である**

x の値を 1 つ定めると，$y=\begin{cases} -x \ (x<0 \text{のとき}) \\ x \ \ \ (x \geqq 0 \text{のとき}) \end{cases}$ というふうに，y の値はただ 1 つに定まります。

1　昔の数学書等では "函数" と表記されており，現在でもこう表記する方はそれなりにいます。
2　このように，1 つの x に対して y が複数定まるものを多価関数とよぶことがありますが，高校数学の多くの場面において "関数" の定義は上述の通りであり，本書においても同様とします。

(2) 答え：y は x の関数である

任意の実数 x に対し y の値がただ 1 つ定まっているため，y は x の関数となっています。$x=0$ を境に場合分けがなされていますが，それは関係ありません。

(3) 答え：y は x の関数でない

たとえば $x=6$ とすると $y=1, 2, 3, 6$ となり，y の値は複数発生します。

(4) 答え：y は x の関数である

正の約数の"個数"は一意に定まるため，これなら関数となりますね。約数自体が複数あることは，本問の正誤に関係ありません。

関数やその値については，以下のようにします。

> 🔍 **定義**　**関数とその値の表記**
>
> - y が x の関数であるとき，f などの文字を用いて [3] $y=f(x)$ と書く。また，この関数を単に**関数 $f(x)$** ともよぶ。ただし，$y=$(関数の具体形) のように，f などの文字を用いずに直接書き下すこともある。
>
> - 関数 $y=f(x)$ において，$x=a$ に対応する y の値を $x=a$ における関数 $f(x)$ の**値**といい，これを $f(a)$ と表す。

たとえば $f(x):=-3x+4$ と定めると，

$$f(1)=-3\cdot1+4=1, \qquad f(2)=-3\cdot2+4=-2$$

などとなります。x には文字を代入することもでき，

$$f(a)=-3a+4, \qquad f(2t)=-3\cdot2t+4=-6t+4$$

などとなります。また，関数自体を代入することもでき，たとえば次のようになります。

$$f(f(x))=-3(-3x+4)+4=9x-8$$

3　"関数"を表す単語 function の頭文字をとって f とすることが多いです。

$f(x) = x^2 + 2x$ と定める。このとき，$f(0)$, $f(3)$, $f(a-1)$ の値を各々求めよ。

答え：$f(0) = 0$, $f(3) = 15$, $f(a-1) = a^2 - 1$

$$f(0) = 0^2 + 2 \cdot 0 = 0 + 0 = 0, \qquad f(3) = 3^2 + 2 \cdot 3 = 9 + 6 = 15$$
$$f(a-1) = (a-1)^2 + 2(a-1) = a^2 - 2a + 1 + 2a - 2 = a^2 - 1$$

実数に対する次の操作 ($*$) を考える。

($*$)：まずその実数を 2 倍し，1 を引いたのちに 3 倍し，2 を引く。

(1)　実数 x に対し操作 ($*$) を 1 回行った結果を x で表せ。

(2)　実数 x に対し操作 ($*$) を 3 回続けて行った結果を x で表せ。

(1)　答え：$6x - 5$

　　x を 2 倍すると $2x$，そこから 1 を引くと $2x - 1$ であり，それを 3 倍すると $3(2x-1) = 6x - 3$，最後にそこから 2 を引くと $6x - 5$ となります。

(2)　答え：$216x - 215$

　　3 回も行うの!? 正直面倒……と思うかもしれませんが，ここで工夫をしてみましょう。(1)で判明した通り，この操作($*$)は結局 x を $6x - 5$ に変えるはたらきをもちます。それを 3 回行うということは，"6 倍して 5 を引く"という関数を x に 3 回作用させることになるのです。つまり，$f(x) := 6x - 5$ と定義したとき，

　●2 回目の操作の結果は $f(f(x)) = 6(6x - 5) - 5 = 36x - 35$

　●3 回目の操作の結果は $f(f(f(x))) = 6(36x - 35) - 5 = 216x - 215$

と計算できるというわけです。

> ### 🔍 定義　関数の定義域・値域
>
> 関数 $f(x)$ において，変数 x のとりうる値の範囲のことを，関数 $f(x)$ の定義域という。また，x が定義域全体を動くとき，$f(x)$ がとりうる値の範囲のことを，この関数の値域という。

たとえば，半径 x の球の体積を y とすると $y = \dfrac{4}{3}\pi x^3$ が成り立ちます。x の値を決めれば y の値は1つに定まりますから，y は x の関数です。ここで，球の半径は正とするのが自然ですから，x には $x>0$ という制約があるのが通常です。これがいまの関数の定義域に相当します。そしてこの場合，値域は $y>0$ です [4]。

ここで3つ補足です。

- 定義域は，$y = \dfrac{4}{3}\pi x^3 \ (x>0)$ のように式の直後に書き添えることが多いです。

- 本書では，特にことわりのない限り，関数の定義域を実数全体のうちでなるべく広くとることとします。

  例：$y = x^2$ の定義域は実数全体 ／ $y = \dfrac{1}{x}$ の定義域は $x \neq 0$ なる実数全体とする

- とはいえ，本来定義域というものは "関係式とセットで与えられるべきもの" であり，"関係式から勝手に決まるもの" ではありません。物理的事情（例：半径が0以下の球は考えない）や数学的事情（例：分数の分母は0にできない）が発生する場合もありますが，それとは別に定義域の制限がないか，問題文等をよく確認しましょう。

例題　　関数の定義域・値域

関数 $y = 2x + 4 \ (0 \leq x \leq 3)$ の値域を求めよ。

例題の解説

答え：$4 \leq y \leq 10$

前述の通り，カッコ内は定義域を表すことに注意しましょう。x が増加すると y も増加する関数となっており，$x=0$ のとき $y=4$，$x=3$ のとき $y=10$ です。$y=4, 10$ の間の値はすべてとることができ，それ以外の値はとれません。

4　正しくは，$y>0$ ではなく $\{y \mid y>0\}$ を値域とよぶべきなのですが，本書では（高校数学の教科書にあわせ）不等式で値域を表してもよいものとします。

4-2 ⊘ 座標平面とグラフ

▶ 座標平面

座標平面は，平面上の点全体を 2 つの実数の組全体と一対一に対応させたものです。中学の数学で扱いましたが，高校でもたくさん登場するのでおさらいしておきましょう。

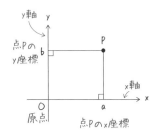

まず数直線を 2 つ用意します。ここでは一方を x 軸，他方を y 軸とよびましょう。x 軸，y 軸各々で実数 0 に対応する点において両者を直交させます。このように軸（座標軸）を定めた平面のことを座標平面といいます。また，両軸の交点のことを原点といいます。

座標平面上の点 P から両軸に垂線を下ろしたところ，x 軸では実数 a，y 軸では実数 b に対応したとします。このとき，点 P の位置は 2 実数の組 (a, b) により指定されますが，この組 (a, b) を点 P の座標というのでした。そして，点 P の座標が (a, b) であることを，点の名称と座標を並べて点 $\mathrm{P}(a, b)$ と表現するのでした。

座標平面に関する次の語も，今後登場するので頭に入れておきましょう。

> 🔍 **定義**　　象限（しょうげん）
>
> | | | |
> |---|---|---|
> | x座標　y座標 の符号　の符号 | | |
> | $(-, +)$ 第2象限 | $(+, +)$ 第1象限 | |
> | $(-, -)$ 第3象限 | $(+, -)$ 第4象限 | |
>
> 座標平面は，両軸によって 4 つに分けられるが，各々を図のように第 1 象限，第 2 象限，第 3 象限，第 4 象限とよぶ。
>
> ※軸上の点はいずれの象限にも属さない。
> ※第 1 象限から反時計回りに番号が振られている。

| 例題 | 座標平面と象限① |

座標平面に 4 点 A$(3, 0)$, B$(-3, -2)$, C$(5, 2)$, D$(-1, 4)$ を描き込め。また，これら 4 点が各々どの象限に属するか述べよ。

| 例題の解説 |

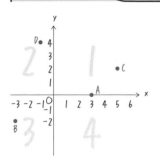

答え：各点の位置は左図の通り。

点 A はどの象限にも属していない。

点 B は第 3 象限に属している。

点 C は第 1 象限に属している。

点 D は第 2 象限に属している。

| 例題 | 座標平面と象限② |

次の各々について，条件をみたす象限をすべて挙げよ。

(1) それに属する点の x 座標は正である。

(2) それに属する点の x 座標と y 座標は逆符号である。

(3) 曲線 $y = \dfrac{1}{x}$ の一部または全部が存在する。

| 例題の解説 |

答え：(1) 第 1, 4 象限

(2) 第 2, 4 象限

(3) 第 1, 3 象限

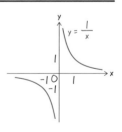

左ページにある象限の定義が頭に入っていれば，苦労しないはずです。

なお，反比例の曲線 $y = \dfrac{1}{x}$ は右図の通りです。これは中学でも登場しましたね。

▶ グラフ

高校数学ではたくさんの"グラフ"を扱います。そもそも，関数のグラフとはどういうものであったかを復習しておきましょう。

> **🔍 定義** **座標平面における 1 変数関数のグラフ**
>
> f を x の関数とする。このとき，座標平面において $y=f(x)$ をみたす点 (x, y) 全体の集合（全体のなす図形）を，関数 f のグラフという。

定義域全体に対応する点を考えなければならないし，余計な点を加えてもいけないことに注意しましょう。

たとえば $y=|x|$ という関係を考えます。定義域は実数全体としましょう。この y は x の関数になっていますね。x のとりうる値は無数に存在しますが，そのうちごく一部を抜粋し，それらに対応する y の値を求めると次のようになります。

x	-2	-1.5	-1	-0.5	0	0.5	1	1.5	2
$y=|x|$	2	1.5	1	0.5	0	0.5	1	1.5	2

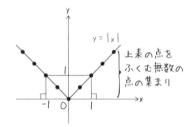

こうした $y=|x|$ をみたす点 (x, y)，つまり
$(-2, 2), (-1.5, 1.5), (-1, 1),$
$(-0.5, 0.5), (0, 0), (0.5, 0.5),$
$(1, 1), (1.5, 1.5), (2, 2)$
などをすべて集めたものが，関数 $y=|x|$ のグラフです。いまの場合左のようになります [5]。

（指定された定義域のうちで）$y=|x|$ をみたす点のみをすべて集めた結果がこの折れ線です。折れ線上の任意の点は $y=|x|$ をみたしますし，折れ線外の点は $y=|x|$ をみたしません。

---

5 実は，このグラフは第 2 章（p.83, 84）ですでに登場しています。

例題 　関数のグラフ

次の各関数のグラフを描け。ただし，無限に広いグラフはもちろん描けないため，ある程度のところで打ち切ってしまってよい。

(1) 　$y = \begin{cases} 0 \ (x < 0 \text{のとき}) \\ 1 \ (x \geqq 0 \text{のとき}) \end{cases}$ （定義域：実数全体）

(2) 　$y = (x \text{の正の約数の個数})$ （定義域：自然数全体）

(3) 　$y = (x \text{より大きくない最大の整数})$ （定義域：実数全体）

例題の解説

(1) **答え：右図の通り。**

$x = 0$ を境に各々定数関数になっていることに注意すると，グラフは右のようになります。

これは階段関数とよばれるものの一種です。

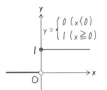

(2) **答え：右図の通り。**

定義域は実数全体ではなく自然数全体であり，それに属する x に対して y はただ１つに定まります。実際に約数の個数を調べてグラフにすると右のようになります。増え続けるわけでも減り続けるわけでもなく，フラフラと値が動く関数です。

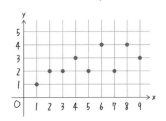

(3) **答え：右図の通り。**

"x より大きくない最大の整数" とは，言い換えれば x の整数部分のことです。x がちょうど整数であるとき，y の値は x の値そのものとなります。そこから x が増えても y は一定のままですが，x が次の整数に達した瞬間に y が１増加します。よって右のようなグラフになるわけです。

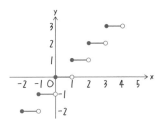

4-3 ⊘ １次関数とそのグラフ

▶１次関数の定義

ここからは，中学でも学習した１次関数について振り返ります。

> **🔍 定義　１次関数**
>
> **ある実数の定数 a, b（$a \neq 0$）を用いて $f(x) = ax + b$ と表せる関数 $f(x)$ を x の１次関数という。**

なお，$a = 0$ の場合は $y = b$ という０次の定数関数になるため，除外しています。

例題　１次関数

次の関係式が各々成り立っているとき，y が x の１次関数となっているか判定せよ。ただし，いずれにおいても x は実数全体を動くものとする。

(1)　$y = x - 2$　　　　　(2)　$x + 9 = y$　　　　　(3)　$3x + 4y = 12$

例題の解説

(1) 答え：y は x の１次関数となっている。

　$y = x - 2 \, (= 1x - 2)$ であり，さきほどの要件をみたしています。

(2) 答え：y は x の１次関数となっている。

　そもそも等式に"向き"はなく，この場合も y は x の１次関数です。どうしても安心したければ，式の両辺を入れ替えて $y = x + 9$ とするとよいでしょう。

(3) 答え：y は x の１次関数となっている。

　戸惑うかもしれませんが，次のように変形するとお馴染みの形になります。

$$3x + 4y = 12 \iff 4y = -3x + 12 \iff y = -\frac{3}{4}x + 3$$

▶ 1 次関数の具体例

1 次関数は，そのシンプルさゆえに世の中のさまざまな場面で見つけることができます。いくつかの例を見ていきましょう。

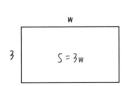

たとえば，1 つの辺の長さが 3，それと隣り合う辺の長さが w である長方形の面積を S とすると，$S=3w$ の関係が成り立ちます。このとき，**S は w の 1 次関数となっています**ね。また，いまの場合定数項はありませんが（0 ですが），このような状態を **"S は w に比例する"** と表現できるのでした。この表現は中学でも学んだことでしょう。

ただし，w は長方形の一辺の長さですから，通常 $w>0$ という制約があります。このように，関数を応用するときは定義域がせまいことがあるため注意しましょう。たとえば $w=-1$ として面積を $S=3w=-3$ とするのは，なんだかおかしいですね[6]。

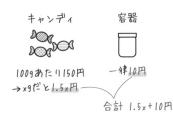

もう 1 つ例を挙げておきます。たとえば 100 g あたり 150 円で販売しているキャンディがあり，容器の価格は 10 円としましょう。キャンディを x g 分購入するときの代金を y 円とすると

$$y=150\times\frac{x}{100}+10=1.5x+10$$ であり，y は x の関数となっています。

なお，ここでもやはり $x\geqq0$ や $x>0$ などという制約を設けるのが現実的です。キャンディを持ち込んで "これをこのお店にあげるのでお金をください" と主張する人が現れたらヤバいですよね。

6　そう定義することで逆にうまくいく問題もありえますが，ここでは単に "負の面積はおかしい" という程度の話だと思ってください。

次の各々において，各文以外の情報を何も仮定しない場合の妥当な定義域（x の動く範囲）の例を1つ述べ，y を x の式で表せ。また，y が x の1次関数であるか判定せよ。

(1) 面積が1である直角三角形において，直角をはさむ2辺の長さを x, y とする。

(2) 直角二等辺三角形において，直角をはさむ2辺の長さを x, y とする。

(3) 最初 $10\,\mathrm{cm}$ の深さの水が貯まっていた直方体の水槽に，毎分 $3\,\mathrm{cm}$ ずつ水深が増すように水を流入する。流入開始から x 分経過した時点での水深を $y\,\mathrm{cm}$ とする。

例題の解説

(1) 答え：$y = \dfrac{2}{x}$ $(x > 0)$，y は x の1次関数でない。

x, y はいずれも長さですから，正が妥当でしょう。この直角三角形の面積は $x \cdot y \cdot \dfrac{1}{2} = \dfrac{xy}{2}$ と計算でき，これが1と等しいため $\dfrac{xy}{2} = 1$ つまり $y = \dfrac{2}{x}$ となります。

(2) 答え：$y = x$ $(x > 0)$，y は x の1次関数である。

x, y は長さですから，いずれも正が妥当です。直角三角形の直角をはさむ2辺は長さが等しいため，つねに $y = x$ が成り立ちます。y は x の1次関数になっていますね。

(3) 答え：$y = 10 + 3x$ $(x \geqq 0)$，y は x の1次関数である。

定義域は $x \geqq 0$ や $x > 0$ がよいでしょう。$x = 0$ を含めるか否かは大した問題ではないです。y と x の関係はすぐに立式でき，これが1次関数の形をしていることも容易にわかりますね。降べきの順にしなくても関数の中身は変わりませんから，このままで OK です。どうしても気になる場合は，$y = 3x + 10$ とするとよいでしょう。

前述の通り，定義域は本来"与えられるべきもの"です。いまの例題では，おかしな状況を回避できそうな定義域をとりあえずひとつ決めた，というだけのことです。

▶1次関数のグラフ

次に1次関数 $y = ax + b$（a, b は実数，$a \neq 0$）のグラフについて復習します。グラフとは次のようなものでした。

> **🔍 定義**　**座標平面における1変数関数のグラフ（再掲）**
>
> **f を x の関数とする。このとき，座標平面において $y = f(x)$ をみたす点 (x, y) 全体の集合（全体のなす図形）を，関数 f のグラフという。**

座標平面において，関数 $y = ax + b$ のグラフは直線を表すのでした。
式中の a はこの直線の傾き，つまり**x の値が1増加したときの y の変化量**のことです[7]。$a > 0$ なら右上がり，$a < 0$ なら右下がりの直線となります。b は y 切片とよばれる量であり，**$y = ax + b$ のグラフと y 軸との交点の y 座標がまさに $(0, b)$ となります。**

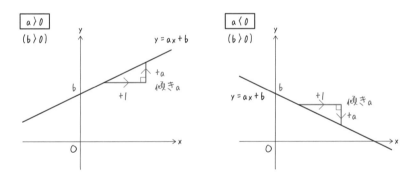

なお，1次関数の式 $y = ax + b$ で $a = 0$ とすると，$y = b$ という定数関数になります。これは x 軸に平行な直線を表すのでした。ただしこれは1次関数とはよびません。x の1次式ではありませんからね。

さて，ここまでは a, b という文字による一般的な話だったので，具体的にいくらか1次関数のグラフを描いてみましょう。

7　"x の値が1増加したときの y の変化量"自体は1次関数以外に対しても定義でき，"変化の割合"とよぶのでした。

1次関数の係数とグラフとの関係

次の関数のグラフを，設問ごとに同じ座標平面に描け。

(1) $y=2x,\ y=2x+2,\ y=2x-4$ (2) $y=-x,\ y=-x+5,\ y=-x-3$

(3) $y-x=0,\ y-x=2,\ y-x=-4$ (4) $x+y=0,\ x+y=5,\ x+y=-3$

例題の解説

答え：下図の通り。

あえて解答図を載せるだけにするので，直線の方程式を描くときに何を意識すればよいか，"a"や"b"の値を変えると直線の位置や向きがどう動くのか等を自身で考えてみましょう。

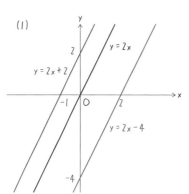

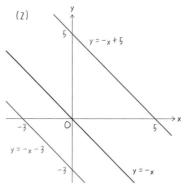

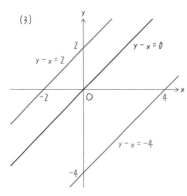

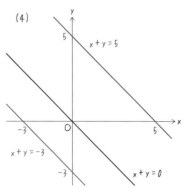

"$y = ax + b$" という形の方程式について，知っておきたい事項についても，例題形式で紹介しておきます。

例題　座標平面における直線の方程式

以下の命題の真偽を述べ，偽である場合は反例を1つ具体的に示せ。すべて座標平面（xy平面）上で考えることとし，x, y以外の文字はみな実定数とする。

(1)　任意の実数 a, b に対して，$y = ax + b$ という方程式は直線を表す。

(2)　平面上のすべての直線の方程式は，ある適切な実数 a, b を選ぶことにより $y = ax + b$ と書ける。

例題の解説

(1)　答え：真

　これは真です。a が 0 の場合は $y = b$ という定数関数となり，これは x の1次関数ではありませんが，グラフはやはり直線です。

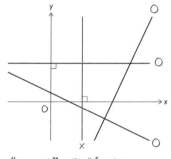

"$y = ax + b$" の形で表せない

(2) 答え：偽（反例：y 軸や直線 $x = 1$ など）

　実はこれは正しくありません。というのも，**y 軸に平行な直線を表せない**のです。

　$y = ax + b$ という関係が成り立っているとき y は x の関数です。一方，y 軸に平行な直線を見ると，そもそも x の値として許されるのは1つのみですから，$y = ax + b$ という形で表せないのは当然といえば当然ですね。y 軸に平行だと "傾き"（a の値）が定義できないというわけです。

　なお，$x = a'y + b'$ という方程式にすれば y 軸に平行な直線を表せますが，こんどは x 軸に平行な直線を表せなくなります。

"直線の方程式" といえば $y = ax + b$，と思いがちなのですが，そもそもこの方程式では表せない直線というのも存在するのです。"どんな直線も表せて当たり前" という思い込みは捨てて，この例題のように丁寧に検証する取り組みを忘れないようにしましょう。

▶ 条件をもとにした直線の方程式の決定

今後さまざまな分野で，以下のような直線の方程式を求めることがあります。
（ⅰ）　指定された1点を通り，指定された傾きをもつ直線
（ⅱ）　指定された相異なる2点を通る直線
こうした直線の方程式の求め方を考えてみましょう。

まず，（ⅰ）については次のような方法があります。

△ 定理　　**指定された1点を通り，指定された傾きをもつ直線**

**a を実数とする。座標平面上の点 $P(x_P, y_P)$ を通り，傾きが a である直線[8]
の方程式は $y - y_P = a(x - x_P)$ である。**

定理の証明 ・・・

この方程式は
$$y - y_P = a(x - x_P) \iff y = ax + (y_P - ax_P)$$
と変形できるため，確かに傾き a の直線を表します。また，

$(x, y) = (x_P, y_P)$ とすると $\begin{cases} y - y_P = 0 \\ a(x - x_P) = 0 \end{cases}$ より $y - y_P = a(x - x_P)$ が成り立つ

ため，点 (x_P, y_P) を通ります。■

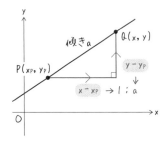

"$x - x_1$" "$y - y_1$" といった式は "点 P からの
座標のズレ" を表しています。x 座標，y 座標
のズレは比例の関係にあり，その比例定数が a
である，というだけのことです。

では早速例題です。気が向いたら，いまの方法を用いてみてください。

8　傾きを指定しているので，この直線は y 軸と平行ではありません。

通過する 1 点と傾きが指定された直線の方程式

座標平面において次の各条件をみたす直線の方程式を求めよ。そのような直線が存在しない場合は，その旨を答えよ。

(1)　点 $(2, 0)$ を通り，傾きが $\dfrac{1}{2}$　　(2)　点 $(t, 2t)$ を通り，傾きが 3（t は実定数）

例題の解説

(1) 答え： $y = \dfrac{1}{2}x - 1$ （$x - 2y - 2 = 0$ なども可。以下もカッコ内は別解）

左の定理より求める方程式は $y - 0 = \dfrac{1}{2}(x - 2)$ であり，これは次のように整理できます。

$$y - 0 = \frac{1}{2}(x - 2) \iff y = \frac{1}{2}(x - 2) \iff y = \frac{1}{2}x - 1$$

[**別解**] 傾きが $\dfrac{1}{2}$ ですから，この直線の方程式は $y = \dfrac{1}{2}x + b$（b は定数）と書けます。この直線は点 $(2, 0)$ を通るわけですが，この座標を代入することで

$$0 = \frac{1}{2} \cdot 2 + b \quad \therefore b = -1$$

となり，これより直線の方程式は $y = \dfrac{1}{2}x - 1$ とわかります。

(2) 答え： $y = 3x - t$ （$3x - y - t = 0$ など）

さきほどの定理を用いてみると，求める方程式は $y - 2t = 3(x - t)$ であり，これは

$$y - 2t = 3(x - t) \iff y - 2t = 3x - 3t \iff y = 3x - t$$

と整理できます。

[**別解**] 傾きが 3 ですから，この直線の方程式は $y = 3x + b$（b は定数）と書けます。この直線は点 $(t, 2t)$ を通るわけですが，この座標を代入することで

$$2t = 3 \cdot t + b \quad \therefore b = -t$$

となり，これより直線の方程式は $y = 3x - t$ とわかります。

ちなみに，$y - 0 = \dfrac{1}{2}(x - 2)$ や $y - 2t = 3(x - t)$ のような形のまま直線の方程式を回答しても正解です。整理し忘れたとしても，あまり気にしないでください。

では次に，（ⅱ）相異なる2点が指定された場合について考えてみます。平面上の相異なる2点を結ぶ直線はちょうど1つに限られるため，直線が1つに確定することは確かです。その方程式はどのように求めればよいのでしょうか。

たとえば2点 $P(x_P, y_P)$, $Q(x_Q, y_Q)$ を通る直線の方程式を求めたいとします。$x_P = x_Q$ の場合，求める直線は $x = x_P$ $(= x_Q)$ です。以下は $x_P \neq x_Q$ の場合を考えましょう。

思いつきやすいのは以下の2つでしょう。
（ⅱ）-1　直線の方程式を $y = ax + b$ として，2点の座標を代入することにより a, b を求める
（ⅱ）-2　2点の座標から傾きを求め，それを利用して前ページのように求める

（ⅱ）-1は，**直線の方程式 $y = ax + b$ に2点の座標を代入した** $\begin{cases} y_P = ax_P + b \\ y_Q = ax_Q + b \end{cases}$ を **a, b の連立方程式とみて解く**というものです。これはこれでシンプルですね。

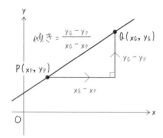

（ⅱ）-2では，まず直線の傾きを求めます。2点の座標の差を考えれば，**傾きは $\dfrac{(2 \text{点の } y \text{ 座標の差})}{(2 \text{点の } x \text{ 座標の差})}$** とわかりますね。これがわかれば，**あとはさきほどと同じ手続きで直線の方程式を求められる**というわけです。

指定された2点を通る直線の方程式の求め方を2つご紹介しました。では例題に取り組んでみましょう。上記のうち好きな方を選んで構いませんし，これら以外の方法でももちろん構いません。

例題　　通過する複数の点が指定された直線の方程式

座標平面において次の各条件をみたす直線の方程式を求めよ。そのような直線が存在しない場合は，その旨を答えよ。
(1)　点 $(0, 7)$ と点 $(3, 1)$ を通る　　　(2)　2点 $(2, 1)$, $(p, 2)$ を通る（p は実定数）
(3)　3点 $(-3, -1)$, $(1, 3)$, $(2, 5)$ を通る　(4)　3点 $(-5, 5)$, $(-1, 3)$, $(3, 1)$ を通る

(1) **答え：$y = -2x + 7$**

直線の方程式を $y = ax + b$ として 2 点の座標を代入すると $\begin{cases} 7 = 0a + b \\ 1 = 3a + b \end{cases}$ となり，

これを解くことで $(a, b) = (-2, 7)$ を得ます。

[**別解**] この直線の傾きは $\dfrac{1-7}{3-0} = -2$ ですから，直線の方程式は

$y - 7 = -2(x - 0)$ となり，これを整理することで同じ結果が得られます。

……というか，点 $(0, 7)$ を通るので y 切片は当然 7 ですよね。

(2) **答え：$p = 2$ の場合 $x = 2$，　　$p \neq 2$ の場合 $y = \dfrac{1}{p-2}x + \dfrac{p-4}{p-2}$**

$p = 2$ の場合，2 点の x 座標はいずれも 2 となり，これらを通る直線の方程式は $x = 2$ となります。以下は $p \neq 2$ の場合を考えましょう。直線の方程式を $y = ax + b$ として 2 点の座標を代入すると $\begin{cases} 1 = 2a + b \\ 2 = pa + b \end{cases}$ となり，これを解くことで $(a, b) = \left(\dfrac{1}{p-2}, \dfrac{p-4}{p-2} \right)$ を得ます。

[**別解**] この直線の傾きは $\dfrac{2-1}{p-2}$ ですから，直線の方程式は $y - 1 = \dfrac{2-1}{p-2}(x-2)$ となり，これを整理することで同じ結果が得られます。

(3) **答え：条件をみたす直線は存在しない。**

2 点 $(-3, -1), (1, 3)$ を通る直線の方程式は $y = x + 2$ です。しかし，点 $(2, 5)$ はこの直線上にないため，3 点 $(-3, -1), (1, 3), (2, 5)$ を通る直線は存在しません。

(4) **答え：$y = -\dfrac{1}{2}x + \dfrac{5}{2}$**

2 点 $(-1, 3), (3, 1)$ を通る直線の方程式は $y = -\dfrac{1}{2}x + \dfrac{5}{2}$ です。点 $(-5, 5)$ もこの直線上にあるため，これら 3 点は同一直線上に存在します。

異なる 2 点を与えればそれらを通る直線は確定します。つまり，相異なる 3 点が同一直線上にあるというのはレアな状態なのです。その意味で，(3) の条件をみたす直線が存在しないのは自然なことですね（もちろん，例外もありえますが）。

第 4 章　一関数，座標平面，方程式，不等式

4-4 ⟩ 関数の値域と 最大値・最小値

高校数学では関数の最大値・最小値を調べる場面がたくさんあります。まずはそれらの定義を学んでおきましょう。明確に定めないと，求めることもできないためです。

まず，最大値・最小値の定義には"値域"が登場します。

🔍 定義　関数の値域（初出は p.149）

関数 $f(x)$ において，x が定義域全体を動くとき，$f(x)$ がとりうる値の範囲のことを，この関数の値域という。

この値域を用いて，最大値・最小値は次のように定義されます。

🔍 定義　関数の最大値・最小値

関数の値域に属する値のうち最大のものが存在するとき，これを最大値という。また，関数の値域に属する値のうち最小のものが存在するとき，これを最小値という。

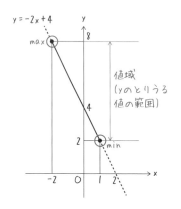

たとえば関数 $y = -2x + 4$（$-2 \leq x \leq 1$）の最大値・最小値を求めてみましょう。前節で1次関数のグラフについて学んだばかりですし，せっかくなのでグラフを描いてみました。

これを見ると，y のとりうる値の範囲は $2 \leq y \leq 8$ とわかります。このうち最大のものは 8（$x = -2$ での値）ですから，最大値は 8 です。また，この値域のうち最小のものは 2（$x = 1$ での値）ですから，最小値は 2 です。

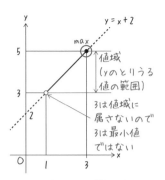

次に，関数 $y = x + 2$ $(1 < x \leqq 3)$ の最大値・最小値を求めてみましょう。

この関数のグラフを描くと左のようになります。これより，y のとりうる値の範囲は $3 < y \leqq 5$ とわかりますね。そして，このうち最大のものが 5 であることもすぐにわかります。

さて，次は最小値です。そりゃ 3 でしょう，と思うかもしれませんが，最大値・最小値の定義をよく読むと，**"関数の値域に属する値のうち"** という制約があります。つまり，最大値・最小値は実際にとりうる値でなければならないのです。

そうである以上，$(y=) 3$ は最小値ではありません。では，結局最小値はいくらなのでしょうか。
たとえば 3.1 という値はどうでしょうか。これは値域に属しますし，だいぶ 3 に近いですね。しかし，それより小さい値，たとえば 3.01 が値域に属するので 3.1 は NG です。じゃあ 3.01 なのかというと，これもダメです。3.001 という値は値域に属し，3.01 よりも小さいからです。……どうやらキリがなさそうですね。

というわけで，いまの場合，最小値は**存在しません**。最小値は"存在して当たり前"ではないのです。同様に，最大値が存在しないこともあります[9]。

考えてみれば当然のことですが，x の1次関数 $y = ax + b$ (a, b は実定数，$a \neq 0$)は，実数全体を定義域とする限り，最大値・最小値をもちません。座標平面でグラフを描くと，0 でない傾きをもつ（無限に長い）直線になっているためです。どこまでも遠くに行けば，y の値を好きなだけ大きくしたり小さくしたりできるということです。

最大値・最小値の定義は理解できたでしょうか。**実現する値のうちで最大・最小**のものを指すことに注意しましょう。では，1次関数の最大値・最小値に関する例題です。

---

9 そうはいっても，いまの例でいう $(y=)3$ という値は値域の"端"ではあるわけで，この値を指す概念はないの？と思うかもしれません。実は，大学以降の数学には"上限・下限"というものが登場し，いまの $(y=)3$ はまさに値域の下限となっています。なお，$(y=)5$ は値域の上限にも該当します。

次の各関数の値域（y のとりうる値の範囲）を求めよ。また，最大値・最小値が存在するならばそれを求め，存在しない場合はその旨を答えよ。ただし，方程式の直後のカッコ内は定義域を表し，それがない場合の定義域は実数全体とする。

(1) 　$y = 1$ 　　　　(2) 　$y = 3x$ 　　　　(3) 　$y = -\dfrac{1}{2}x + 1 \ (-2 < x \leqq 4)$

例題の解説

(1) 答え：**値域：1（のみ），**
　　　　最大値：1，最小値：1

y の値域は 1 のみです。そのうち最大のものは 1 であり，最小のものは 1 です。

(2) 答え：**値域：実数全体，**
　　　　最大値：存在しない，
　　　　最小値：存在しない

x を大きくすれば y はいくらでも大きくできます。また，x を小さくすれば y はいくらでも小さくできます。よって値域は実数全体であり，最大値・最小値ともに存在しません。

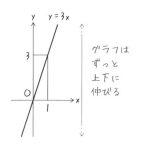

(3) 答え：**値域：$-1 \leqq y < 2$，**
　　　　最大値：存在しない，最小値：-1

この関数のグラフを描くと右のようになります。x の係数が負なので，x が増加するとともに y は減少するわけです。
グラフより値域は $-1 \leqq y < 2$ です。また，これより最大値は存在せず，最小値は -1 であることがわかります。

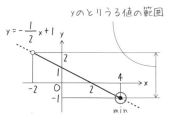

ここまでは，1 次の係数の符号が定まっていたため，関数の増減もただちにわかりました。しかし，1 次の係数に文字が含まれていると話はやや面倒になります。

| 例題 | 1次の係数による関数の増減の違い |

a, b を定数とする。x の関数 $y=ax+b$ の $0 \leqq x \leqq 2$ における最大値は 5，最小値は 1 になったという。このとき，a, b の値を求めよ。

| 例題の解説 |

答え：$(a, b)=(2, 1), (-2, 5)$

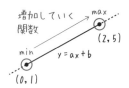

$a>0$ のとき，$y=ax+b$ のグラフは右肩上がりの直線になります。

よって $x=2$ で最大値をとり，$x=0$ で最小値をとります。a, b の条件式は $\begin{cases} 2a+b=5 \\ b=1 \end{cases}$ であり，$a>0$ のもとでこれを解くと $(a, b)=(2, 1)$ が得られます。

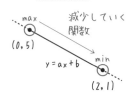

$a<0$ のとき，$y=ax+b$ のグラフは右肩下がりの直線になります。

よって $x=0$ で最大値をとり，$x=2$ で最小値をとります。よって a, b の条件式は $\begin{cases} b=5 \\ 2a+b=1 \end{cases}$ であり，$a<0$ のもとでこれを解くと，$(a, b)=(-2, 5)$ が得られます。

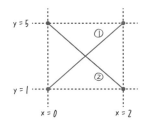

$a=0$ のとき，この関数は $y=b$ （$=$ 一定）となってしまい，最大値・最小値が異なる値となることはありません。

［別解］ $y=ax+b$ のグラフは直線（線分）なので，どうせ"端"つまり $x=0, 2$ で最大値・最小値をとるに決まっています。よってありうるグラフは左図①，②のみで，方程式は順に $y=2x+1$，$y=-2x+5$ です。

では次に，絶対値関数を含む関数の最大値・最小値も考えてみましょう。

次の各関数に最大値・最小値が存在するならばそれを求め，存在しない場合はその旨を答えよ。

(1)　$y=|x|+x$　　(2)　$y=-|2x+1|+\dfrac{1}{2}x+3$　　(3)　$y=|x-5|+\left|\dfrac{1}{2}x+2\right|$

例題の解説

絶対値関数の定義は $|x|=\begin{cases} x & (x\geqq 0) \\ -x & (x<0) \end{cases}$ でした。絶対値は数直線における原点からの距離と対応しているのでした。困ったらそれを思い返しましょう。

(1) 答え：**最大値：存在しない，最小値：0**

x を大きくすることで $|x|+x$ はいくらでも大きくすることができます。したがって，最大値は存在しません。

任意の実数 x に対し，$|x|\geqq -x$ が成り立ちます。この式の両辺に x を加算することで $|x|+x\geqq 0$ がしたがいます。また，たとえば $x=0$ とすると $|x|+x=0$ が成り立ちます。よって最小値は 0 です。

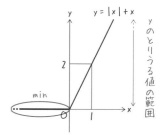

(2) 答え：**最大値：$\dfrac{11}{4}$，最小値：存在しない**

$2x+1<0$ つまり $x<-\dfrac{1}{2}$ のとき，

$y=-(-2x-1)+\dfrac{1}{2}x+3=\dfrac{5}{2}x+4$ です。

一方 $2x+1\geqq 0$ すなわち $-\dfrac{1}{2}\leqq x$ のとき，

$y=-(2x+1)+\dfrac{1}{2}x+3=-\dfrac{3}{2}x+2$ です。したがって，

$y=-|2x+1|+\dfrac{1}{2}x+3$ のグラフは右上のようになります。

(3) 答え：**最大値：存在しない，最小値：$\dfrac{9}{2}$**

絶対値関数が複数ありやや複雑です。そこで，x の値により場合分けをし，各々での y の表式（絶対値関数のないもの）をまとめ，グラフを描くと次のようになります。

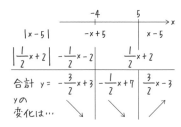

$x \leqq -4$ では $y = -\dfrac{3}{2}x + 3$ であり，x を小さくしていくと y は限りなく大きくなります。よって，y の最大値は存在しません。$5 \leqq x$ において y は x とともに限りなく増加します。そして $-4 \leqq x \leqq 5$ においても y は x の 1 次関数で，1 次の係数は負になっています。よって y が最小となるのは $x = 5$ のときで，最小値は $-\dfrac{1}{2} \cdot 5 + 7 = \dfrac{9}{2}$ です。

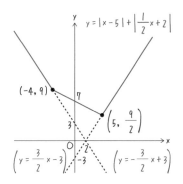

例題　　同じことを述べている文は？

実数全体で定義された関数 $f(x)$ に関する次の文のうちに全く同じ主張はあるか。
(1)　任意の実数 x に対し，$f(x) \geqq 0$ が成り立つ。
(2)　$f(x)$ の値域は $f(x) \geqq 0$ である。　　(3)　$f(x)$ の最小値は 0 である。

例題の解説

答え：ない（(1)，(2)，(3) はどの 2 つも異なる主張である）。

たとえば $f(x) = 1$（定数関数）は (1) をみたしますが，(2) や (3) はみたしません。また，$f(x) = 0$（定数関数）は (1) や (3) をそれぞれみたしますが，(2) はみたしません。なお，これら 3 条件の強弱は右図のようになっており，(2) $\Longrightarrow$ (3) $\Longrightarrow$ (1) が成り立ちます。

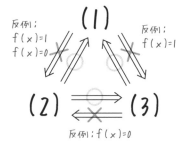

等式の取り扱いと 1次方程式

ここではまず，等式の取り扱いについて復習します。

> **📐 法則** **等式の性質**
>
> **A, B, C はみな実数とする。等式について，以下の性質が成り立つ。**
>
> [1] $A=B \implies A+C=B+C$ [2] $A=B \implies A-C=B-C$
>
> [3] $A=B \implies AC=BC$ [4] $A=B \implies \dfrac{A}{C}=\dfrac{B}{C}$ $(C \neq 0)$

$A=B$ という等式が成り立っているとき，同じ数を加減乗除してもやはり等式は成り立ったままである，ということです。これらの法則は認めます。

> **例題** **等式の性質の"逆"は成り立つか**

A, B, C はみな実数とする。以下の各命題の真偽を述べ，偽である場合は反例も示せ。

(1) $A+C=B+C \implies A=B$ (2) $A-C=B-C \implies A=B$

(3) $AC=BC \implies A=B$ (4) $\dfrac{A}{C}=\dfrac{B}{C} \implies A=B$ $(C \neq 0)$

> **例題の解説**

(1) **答え：真** $A+C=B+C$ を仮定します。このとき，上述の法則[2]より両辺から C を減算しても等号の成立が保たれますから，$A=B$ がいえます。

(2) **答え：真** 流れは(1)と同じです。$A-C=B-C$ を仮定し，法則[1]をふまえ両辺に C を加算しても等号の成立が保たれますから $A=B$ がいえます。

(3) **答え：偽（反例：$(A, B, C)=(1, 2, 0)$ など）**
  これは正しくありません。実際，$(A, B, C)=(1, 2, 0)$ とすると，$AC=0=BC$ が成り立つ一方で $A \neq B$ となっています。なお，$C=0$ を除けば真になります。

(4) **答え：真**　$\dfrac{A}{C} = \dfrac{B}{C}$ $(C \ne 0)$ を仮定します。このとき，**[3]** より両辺に C を乗算しても等号の成立が保たれ，$A = B$ がいえます。

いまの例題の(3)で述べた通り，$AC = BC$ $\implies$ $A = B$ は一般には成り立ちません。$C = 0$ の可能性があるからです。高校の数学では係数が文字になっている方程式・不等式もよく扱いますが，0 での除算をしないよう注意しましょう。

では次に，中学の復習も兼ねてさまざまな 1 次の方程式を解いてみましょう。

▶ 1 元 1 次方程式の解法

たとえば $\dfrac{2x+1}{7} = \dfrac{-x+2}{3} + 10$ という 1 次方程式は，次のように解けます。

$$\dfrac{2x+1}{7} = \dfrac{-x+2}{3} + 10$$

$$21 \cdot \dfrac{2x+1}{7} = 21\left\{\dfrac{-x+2}{3} + 10\right\} \quad \text{（両辺に 21 を乗算した）}$$

$$3(2x+1) = 7(-x+2) + 210 \quad \text{（21 を分配した）}$$

$$6x + 3 = -7x + 224 \quad \text{（3, 7 を分配して整理した）}$$

$$7x + 6x + 3 = 7x - 7x + 224 \quad \text{（両辺に $7x$ を加算した）}$$

$$13x + 3 = 224 \quad \text{（両辺を各々整理した）}$$

$$13x + 3 - 3 = 224 - 3 \quad \text{（両辺より 3 を減算した）}$$

$$13x = 221 \quad \text{（両辺を各々整理した）}$$

$$x = \dfrac{221}{13} = 17 \quad \text{（両辺を 13 で除算した）}$$

普段の問題演習でここまで丁寧に記述する必要はありませんが，方程式や不等式を解く際は，どのような操作をしたのか（カッコ内で述べたもの）を心の中で説明しながら式変形をしていくべきです。

バカバカしいと感じるかもしれませんが，これを徹底するだけで，思い込みによる誤った式変形をするリスクを大幅に減らせます。ぜひ今後意識してみてください。

以下の x についての方程式を解け。ただし，x 以外の文字は実定数とする。

(1) $3x - 8 = -x + 60$

(2) $\dfrac{3}{5}x + \dfrac{5}{4} = 16x - 18$

(3) $t + x = -t^2 x - 1$

(4) $2 - x = -6(t - tx) + 9t^2 x$

例題の解説

(1) 答え：$x = 17$　　(2) 答え：$x = 1.25 \left(= \dfrac{5}{4} \right)$

(3) 答え：$x = -\dfrac{1+t}{1+t^2}$

与えられた方程式を整理すると $(1+t^2)x = -(1+t)$ となり，この式の両辺を $1+t^2$ で除算することで解がわかります。任意の実定数 t に対して $1+t^2 > 0$ となるため，0 での除算をするおそれはありません。

(4) 答え：$t = -\dfrac{1}{3}$ のとき x は任意の実数 ／ $t \neq -\dfrac{1}{3}$ のとき $x = \dfrac{2}{3t+1}$

与えられた方程式を整理すると，

$$(9t^2 + 6t + 1)x = 6t + 2 \qquad \therefore (3t+1)^2 x = 2(3t+1)$$

となります。$3t + 1 \neq 0$ つまり $t \neq -\dfrac{1}{3}$ の場合，両辺を $(3t+1)^2 \ (\neq 0)$ で除算することで解が得られます。$3t + 1 = 0$ の場合，両辺が 0 となるため，任意の実数 x に対して方程式が成り立ちます。

▶ 2元以上の1次方程式

1つの文字の値を求めるだけであれば容易でした。せいぜい 0 での割り算に気を遣うくらいです。一方，複数の文字についての連立方程式は "どこから攻略するか" という任意性が生じ，（難しくなるというよりは）アプローチが多彩になります。

式の形や係数の設定によってラクな解法が変わるので，一般論はやめにして個々のケースの解き方を考えてみましょう。

以下の $x, y \, (, z)$ についての方程式を解け（適宜式番号を用いて過程を整理するとよい）。

(1) $\begin{cases} 0.12y - 0.125x = 1 & \cdots\text{①} \\ 2.25x - 2.2y = -19 & \cdots\text{②} \end{cases}$

(2) $\begin{cases} 4x - 2y + z = -9 & \cdots\text{①} \\ x + y + z = 9 & \cdots\text{②} \\ 9x + 3y + z = 1 & \cdots\text{③} \end{cases}$

(3) $4x - 1 = \dfrac{3x+1}{4} + \dfrac{4y-1}{3} = 3 \, (y - x - 1)$

例題の解説

(1) **答え：$(x, y) = (16, 25)$**

　　①の両辺を 10 倍すると $-1.25x + 1.2y = 10$ $\cdots$①′ となります。①′ と②の辺々を足し合わせると $x - y = -9$ つまり $y = x + 9$ $\cdots$③ を得ます。これを②に代入することで $2.25x - 2.2(x+9) = -19$ つまり $0.05x = 2.2 \cdot 9 - 19 = 0.8$ となり，これより $x = 16$ とわかります。そして，これと③より $y = 25$ です。

(2) **答え：$(x, y, z) = (-2, 4, 7)$**

　　問題文の方程式を変形すると次のようになります。

$$\begin{cases} 4x - 2y + z = -9 & \cdots\text{①} \\ x + y + z = 9 & \cdots\text{②} \\ 9x + 3y + z = 1 & \cdots\text{③} \end{cases} \iff \begin{cases} \text{①} - \text{②} \\ \text{③} - \text{②} \\ \text{②} \end{cases} \iff \begin{cases} 3x - 3y = -18 \\ 8x + 2y = -8 \\ z = 9 - x - y \end{cases} \iff \begin{cases} x - y = -6 \\ 4x + y = -4 \\ z = 9 - x - y \end{cases}$$

$\begin{cases} x - y = -6 \\ 4x + y = -4 \end{cases}$ より $x = -2$, $y = 4$ とわかり，$z = 9 - x - y = 9 - (-2) - 4 = 7$ です。

(3) **答え：$(x, y) = (13, 31)$**

　　この連立方程式は $\begin{cases} \dfrac{3x+1}{4} + \dfrac{4y-1}{3} = 4x - 1 & \cdots\text{①} \\ 4x - 1 = 3(y - x - 1) & \cdots\text{②} \end{cases}$ と同値ですから，代わりにこれを解くこととします。まず①の両辺を 36 倍することで

$$9(3x+1) + 12(4y-1) = 36(4x-1) \qquad \therefore 48y = 117x - 33$$

を得ます。また，②を 16 倍して整理することで $48y = 112x + 32$ を得ます。よって

$$117x - 33 = 112x + 32 \qquad \therefore x = 13$$

であり，これと②より $52 - 1 = 3(y - 14)$ がしたがい，$y = 31$ を得ます。

4-6 ⟩ 不等式の取り扱いと 1次不等式

いきなり具体的な1次不等式・2次不等式の話をする前に，まずは不等式の正しい取り扱いについて学んでおきましょう。

▶ 不等号とその意味

本書ではすでに不等号が登場していますが，ここであらためて記号とその意味をまとめます。

> **🔍 定義** **不等号とその意味**
>
> $>$, $\geqq$, $<$, $\leqq$ といった記号を**不等号**とよび，以下のような意味をもつ。ここで，A, B は実数である（したがって，A, B の大小の比較が可能である）。
>
> - $A>B$ ：A は B より大きい。
> - $A \geqq B$ ："A は B より大きい"または"$A=B$"である（A は B より小さくない，とまとめて表現することもできる）。
>
> - $A<B$ ：A は B より小さい。
> - $A \leqq B$ ："A は B より小さい"または"$A=B$"である（A は B より大きくない，とまとめて表現することもできる）。

こうした不等号に関して，以下の性質が成り立ちます。

> **△ 定理** **不等号における等号の有無**
>
> $A \geqq B$ は $A>B$ であるための必要条件であり，十分条件でない（$A>B$ は $A \geqq B$ であるための十分条件であり，必要条件でない）。

不等号の定義や等号の有無による条件の強弱を正しく理解できているか，確認しましょう。

| 例題 | 不等号における等号の有無 |

以下の各命題の真偽を判定せよ。ただし，x, y は実数とする。

(1) $2 > 2$ (2) $2 \geqq 2$ (3) $-\sqrt{5} < -2$ (4) $-\sqrt{5} \leqq -2$

(5) $x > y \Longrightarrow x \geqq y$ (6) $x \geqq y \Longrightarrow x > y$

| 例題の解説 |

答え：(2), (3), (4), (5) **正しい** / (1), (6) **誤っている**

(1) 左辺の値と右辺の値は等しいため，正しくありません
（一方 "$\geqq$" は両者が等しくても成り立つため，(2)は正しいです）。

(6) $x = y$ の場合，$x \geqq y$ は成り立ちますが $x > y$ は成り立ちません。

| 例題 | 不等号の性質 |

以下の各命題の真偽を判定せよ。ただし，登場する文字はみな実数とする。

(1) "$x < y$ かつ $y < z$" $\Longrightarrow x < z$ (2) "$x < y$ かつ $y < z$" $\Longrightarrow x \leqq z$

(3) "$x \leqq y$ かつ $y \leqq z$" $\Longrightarrow x < z$ (4) "$x \leqq y$ かつ $y \leqq z$" $\Longrightarrow x \leqq z$

| 例題の解説 |

(1) **答え：真** $x < y$ かつ $y < z$ のとき $x < y < z$ であり，$x < z$ を導けます。

(2) **答え：真**   (1)より $x < z$ がいえ，$x < z \Longrightarrow x \leqq z$ なので正しいです。

(3) **答え：偽** $x = y = z$ の場合，が反例となります。

(4) **答え：真** $x \leqq y$ かつ $y \leqq z$ のとき $x \leqq y \leqq z$ であり，$x \leqq z$ を導けます。

▶ 不等式に関する各種操作

> **🔍 定義**   **不等式，不等式を解く（大雑把に）**
>
> 不等号を用いて表された条件を不等式という。
> また，不等式の解が一目でわかるように不等式を同値変形することを，その
> 不等式を解くという。

不等式を解く場合などに，与えられた不等式を変形する際のルールを学びましょう。

不等式の性質

不等式について，以下の性質が成り立つ。なお，各性質において，すべての不等号に等号を付してもやはり成り立つ。ただし，A, B, C はみな実数とする。

[1]　"$A<B$ かつ $B<C$" $\implies A<C$

[2]　$A<B \implies$ "$A+C<B+C$ かつ $A-C<B-C$"

[3]　"$A<B$ かつ $C>0$" $\implies$ "$AC<BC$ かつ $\dfrac{A}{C}<\dfrac{B}{C}$"

[4]　"$A<B$ かつ $C<0$" $\implies$ "$AC>BC$ かつ $\dfrac{A}{C}>\dfrac{B}{C}$"

負の数を乗算・除算すると両辺の大小関係が逆転することに注意しましょう。文字定数で除算する場合も，その符号に注意する必要があります。

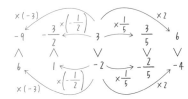

[4] 負実数による乗除は
不等号の向きを反転させる

[3] 正実数による乗除は
不等号の向きを保つ

値のわからない文字が係数になっている不等式

a, b を定数とするとき，x の不等式 $ax \geqq b$ を解け。

例題の解説

答え：$a>0$ のとき　　$x \geqq \dfrac{b}{a}$　　　　$a<0$ のとき　　$x \leqq \dfrac{b}{a}$

$a=0$ かつ $b \leqq 0$ のとき　　x は任意の実数

$a=0$ かつ $b>0$ のとき　　解なし

方程式の場合同様，a が 0 の場合は別途議論するのですが，不等式の場合は a の符号も結果に影響することに注意しましょう。**$a<0$ の場合，不等式の両辺を a で割り算することは可能ですが，その際不等号の向きが逆になります。**

$a=0$ の場合，不等式は $0x \geqq b$ となります。$b \leqq 0$ のときは任意の実数 x に対してこれが成り立ちますが，$b>0$ のときこれをみたす実数 x は存在しません。

▶ 1 次不等式

ここまでの内容をふまえ，1 次不等式の問題に取り組んでみましょう。

例題　　1 次不等式

以下の x についての不等式を解け。ただし，(4)の a は実定数とする。

(1)　$(\sqrt{2}-\sqrt{3})x \leqq 1$

(2)　$\begin{cases} 5x+12<2x \\ 5x<2x+12 \end{cases}$

(3)　$x<2x-1<x-2$

(4)　$ax>a^2$

例題の解説

(1)　**答え：$x \geqq -(\sqrt{2}+\sqrt{3})$**

$\sqrt{2}-\sqrt{3}<0$ に注意して両辺を $\sqrt{2}-\sqrt{3}$ で除算することで，次のように計算できます。

$$x \geqq \frac{1}{\sqrt{2}-\sqrt{3}} = \frac{(\sqrt{2}+\sqrt{3})}{(\sqrt{2}-\sqrt{3})(\sqrt{2}+\sqrt{3})} = \frac{\sqrt{2}+\sqrt{3}}{-1} = -(\sqrt{2}+\sqrt{3})$$

(2)　**答え：$x<-4$**

各方程式の解を求め，それらの条件を連立するのみです。

$$\begin{cases} 5x+12<2x \\ 5x<2x+12 \end{cases} \Longleftrightarrow \begin{cases} 3x<-12 \\ 3x<12 \end{cases} \Longleftrightarrow \begin{cases} x<-4 \\ x<4 \end{cases} \Longleftrightarrow x<-4$$

(3)　**答え：解なし**

そもそも最右辺の $x-2$ が最左辺の x より小さいため，解は存在しません。

(4)　**答え：$a>0$ のとき $x>a$，$a=0$ のとき解なし，$a<0$ のとき $x<a$**

x の係数 a の符号で場合分けをしましょう。

$a>0$ のとき，不等式の両辺を a で除算することにより $x>a$ とわかります。

$a=0$ のとき，不等式は $0>0$ となり，これをみたす実数 x は存在しません。x をあえて書き残して $0x>0$ とすると理解しやすいかもしれません。

$a<0$ のとき，不等式の両辺を a で除算することにより $x<a$ とわかります。

4-7 ⟩ 絶対値関数を含む 方程式・不等式

1次方程式・1次不等式の応用問題として，絶対値関数を含む方程式・不等式にチャレンジしてみましょう。以下のことを練習するのが本節の目的です。

- 方程式・不等式の取り扱いを正しく行う
- （絶対値関数の）定義に忠実に考える
- 場合分けをする
- 適宜グラフを用いて方程式・不等式を解く

いずれも次の2次関数分野で重要となります。

▶ 絶対値関数の値と定数との大小関係

絶対値の定義は $|x| = \begin{cases} x & (x \geq 0) \\ -x & (x < 0) \end{cases}$ であり，以下の性質をもっていました。

- $|x|$ は，数直線上での点 0 から点 x までの距離である。
- 任意の実数 x に対し $|x| \geq 0$ であり，等号が成り立つのは $x = 0$ のときのみである。

これらをふまえ，次の例題に取り組んでみてください。

| 例題 | 絶対値関数の値と定数との大小関係 |

以下の x についての方程式・不等式を解け。
(1)　$|5x - 3| = 3$　　　　(2)　$|x + 3| = -2$
(3)　$|2x + 6| < 4$　　　　(4)　$|x - 1| > 1$　　　　(5)　$|3x + 1| \geq -3$

| 例題の解説 |

(1) 答え：$x = \dfrac{6}{5}, 0$

$|5x-3|=3$ より $5x-3=\pm 3$ つまり $5x=3\pm 3$ なので，$5x=6,0$ となります。あとは両辺を 5 で割るのみです。

(2) 答え：解なし

　(1)と同じノリで $x+3=\pm(-2)$ とするのは誤りです。そもそも定義より絶対値関数の値は 0 以上ですから，-2 という負の値になるはずがありません。

(3) 答え：$-5<x<-1$

　$|2x+6|<4$ は $-4<2x+6<4$ と同値であり，各辺から 6 を減じることで
$$-4-6<2x<4-6 \quad \therefore -10<2x<-2$$
とわかります。各辺を 2 で割れば終了です。最初に両辺を 2 で除算して $|x+3|<2$ とするのもよいですね。

(4) 答え：$x<0$ または $2<x$

　$|x-1|>1$ は "$x-1<-1$ または $1<x-1$" と同値であり，あとはこれを各々解くのみです。もちろん，数直線で点 1 からの距離が 1 より大きい場所を探しても構いません。

(5) 答え：任意の実数 x に対し成り立つ。

　そもそも任意の実数の絶対値は 0 以上ですから，計算するまでもありません。

▶ 絶対値関数が関係する不等式

もう少し難しいものにチャレンジしてみましょう。
たとえば次の不等式を解きたいとします。あなたならどうしますか？

$$x \text{ の方程式 } 2|x+3|=-x-1 \cdots ① \text{ を解け。}$$

絶対値は 0 以上の値をとるため，$-x-1\geqq 0$ つまり $x\leqq -1$ でなければ①は解をもちようがありません。そこで以下は $-x-1\geqq 0$ つまり $x\leqq -1$ のもとで考えます。このとき，
$$2|x+3|=-x-1 \ (\geqq 0)$$
$$\therefore 2(x+3)=-x-1 \text{ または } 2(x+3)=-(-x-1)$$
とわかります。

$2(x+3)=-x-1$ より $x=-\dfrac{7}{3}$ が，$2(x+3)=-(-x-1)$ より $x=-5$ が得られます。よって①の解は $x=-\dfrac{7}{3}$ **または** $x=-5$ とわかります。

$2|x+3|=-x-1$ …① （再掲）には，ほかにも次のような解法があります。

方程式①の別解：

絶対値記号の中身の符号で場合分けをしてもよいでしょう。いまの場合，

$|x+3|=\begin{cases} -x-3 & (x<-3) \\ x+3 & (x\geqq-3) \end{cases}$ ですから，$x=-3$ が場合分けの境界です。

（ i ） $x<-3$ の場合

①は $2(-x-3)=-x-1$ つまり $2(x+3)=x+1$ となり，これを解くことで $x=-5$ を得ます。この解は $x<-3$ をみたしていますね。

（ ii ） $-3\leqq x$ の場合

①は $2(x+3)=-x-1$ となり，これを解くことで $x=-\dfrac{7}{3}$ を得ます。この解は $-3\leqq x$ をみたしていますね。

（ i ），（ ii ）より①の解は $x=-5,-\dfrac{7}{3}$ です。

こんどは不等式にしてみましょう。

x の不等式 $2|x+3|>-x-1$ …② を解け。

絶対値は 0 以上なので，$-x-1<0$ つまり $x>-1$ の範囲で②は必ず成り立ちます。そこで以下は $x\leqq-1$ のもとで考えます。このとき $-x-1\geqq0$ ですから

$$② \Longleftrightarrow 2(x+3)<-(-x-1) \text{ または } -x-1<2(x+3)$$
$$\Longleftrightarrow x<-5 \text{ または } -\frac{7}{3}<x$$

とわかります。つまり $x>-1$ では②がつねに成立し，$x\leqq-1$ では②が $x<-5$ または $-\dfrac{7}{3}<x$ のときに限り成立するので，不等式②の解は $x<-5$ または $-\dfrac{7}{3}<x$ とわかります。

不等式②の別解：

第 2 章（p.86）で扱った関係式 $|a|>b\Longleftrightarrow$ " $a<-b$ または $b<a$ " を用いると，次のようにラクに計算できます。

$$② \Longleftrightarrow 2(x+3)<x+1 \text{ または } -x-1<2(x+3)$$
$$\Longleftrightarrow x<-5 \text{ または } x>-\frac{7}{3}$$

最後に逆向きの不等式も考えてみましょう。

$$x \text{ の不等式 } 2|x+3|<-x-1 \quad \cdots③ \text{ を解け。}$$

絶対値は 0 以上ですから，$-x-1\leqq0$ つまり $x\geqq-1$ の範囲で③は解をもちません。そこで以下は $x<-1$ のもとで考えます。このとき $-x-1>0$ ですから

$$② \Longleftrightarrow -(-x-1)<2(x+3)<-x-1 \Longleftrightarrow x+1<2(x+3)<-x-1$$

$$\Longleftrightarrow \begin{cases} x+1<2x+6 \\ 2x+6<-x-1 \end{cases} \Longleftrightarrow \begin{cases} -5<x \\ 3x<-7 \end{cases}$$

$$\Longleftrightarrow -5<x<-\frac{7}{3} \quad (\text{これは } x<-1 \text{ の範囲内})$$

と計算できます。

不等式③の別解その1：

第2章 (p.86) で扱った関係式 $|a|<b \Longleftrightarrow -b<a<b$ を用いるとやはりラクです。

$$③ \Longleftrightarrow \begin{cases} x+1<2(x+3) \\ 2(x+3)<-x-1 \end{cases} \Longleftrightarrow \begin{cases} -5<x \\ x<-\dfrac{7}{3} \end{cases}$$

不等式③の別解その2：

任意の x に対し，$2|x+3|$ と $-x-1$ との大小関係は

$$2|x+3|=-x-1 \quad \cdots①, \qquad 2|x+3|>-x-1 \quad \cdots②,$$
$$2|x+3|<-x-1 \quad \cdots③$$

のいずれかちょうど1つです。①，②はすでに解を求めたので，それらの和集合の補集合を考えることで，③の解はただちに求められます。①・②の解の"残り"が③の解である，ということです。実際，

● 方程式①の解の集合：$\left\{x \mid x=-5 \text{ または } x=-\dfrac{7}{3}\right\}$

● 不等式②の解の集合：$\left\{x \mid x<-5 \text{ または } -\dfrac{7}{3}<x\right\}$

であり，これらの和集合は $\left\{x \mid x\leqq-5 \text{ または } -\dfrac{7}{3}\leqq x\right\}$ です。

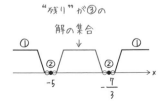

全体集合を実数全体とした場合の補集合は確かに $\left\{x \mid -5<x<-\dfrac{7}{3}\right\}$ となっていますね。

グラフを用いた別解

方程式①，不等式②・③はいずれもグラフを用いて解くこともできます。というより，私はこちらが好きです。

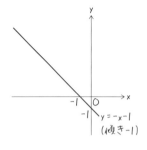

手順1：$y = -x - 1$ のグラフを描く

$y = -x - 1$ という方程式は，点 $(-1, 0)$ を通り傾き -1 の直線を表します。これをもとにグラフを描きましょう。

これは中学数学で扱いましたし，平易ですね。なお，このグラフは最後に描き添えても構いません。

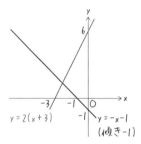

手順2：$y = 2(x+3)$ のグラフを描く

式の形から，点 $(-3, 0)$ を通り傾き 2 の直線であるとわかります。**手順1**で描いた直線 $y = -x - 1$ との位置関係や傾きの大小関係に注意しましょう。

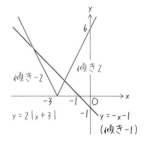

手順3：$y = 2(x+3)$ のグラフを x 軸に関して上に折り返す

x より下にある部分を x 軸に関して折り返すことで，$y = 2|x+3|$ のグラフができあがります。折り返したあとは，傾きの絶対値が等しい "V字型" になるはずです。

手順4：傾きを利用するなどして交点の x 座標を求める

両者の交点を調べることで，方程式の解を求めます。さまざまな調べ方がありますが，一例を示します。

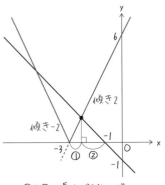

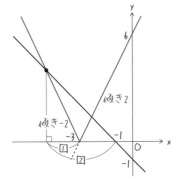

①+②の長さが2なので

②-①の長さが2なので

$$① = \frac{2}{3} \quad \therefore x = -\frac{7}{3}$$

$$② = 2 \quad \therefore x = -5$$

手順5：問われているものに答える

関数の値の大小関係は，グラフの上下関係と対応しています。右図のようにグラフを"縦"に切って考えることで，各 x の値が方程式・不等式の解となっているか否かがわかるのです。

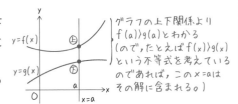

- **方程式 $2|x+3| = -x-1$ …①** の解は $x = -\frac{7}{3}, -5$ です。

- **不等式 $2|x+3| > -x-1$ …②** の場合，$y = 2|x+3|$ のグラフの方が上（y 軸正方向）にある x の範囲が解ですから，$x < -5$ または $-\frac{7}{3} < x$ となります。

- **不等式 $2|x+3| < -x-1$ …③** の場合，$y = -x-1$ のグラフの方が上にある x の範囲が解なので，$-5 < x < -\frac{7}{3}$ ですね。

絶対値関数を含むものに限られませんが，方程式や不等式にはさまざまな解法があります。どのような手段であっても，正しく解けていれば一切問題ありません。まずは，自身が理解していて，説明できる手段で解いてみるとよいでしょう。

一方で，多様な解法を知っていることにより，問題に応じて比較的ラクな手段を選べるようになりますし，答案で使用した方法以外のものにより検算もできます。結果として，試験等でも安定したパフォーマンスを発揮できるでしょう。

では最後に，例題に取り組んでみましょう。

例題　絶対値関数を含む不等式

不等式を解け。　(1)　$|2x|<x-1$　　　(2)　$3\leqq x+2|x|$

例題の解説

(1) 答え：**解なし**

$|2x|<x-1 \Longleftrightarrow -(x-1)<2x<x-1$ と変形してこれを解くと，

$$-(x-1)<2x<x-1 \Longleftrightarrow \begin{cases} -x+1<2x \\ 2x<x-1 \end{cases} \Longleftrightarrow \begin{cases} \dfrac{1}{3}<x \\ x<-1 \end{cases} \Longleftrightarrow \dfrac{1}{3}<x<-1$$

となります。しかし，最終辺をみたす実数 x は存在しません。

[別解] グラフで攻略

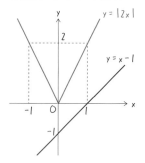

$y=|2x|$, $y=x-1$ のグラフを描くと左図のようになります。直線 $y=x-1$ の y 切片が負であることや，両者のグラフの傾きの大小関係に注意すると，位置関係を誤らずに描けるはずです。

いま解きたい不等式 $|2x|<x-1$ は，"$y=x-1$ のグラフが $y=|2x|$ のグラフより上にある" と言い換えられますが，そのような x は存在しません。

ちなみに，$|2x|\geqq 0$ なので不等式の成立には $x>1$ が必要ですが，$x>1$ では $2x>x-1$ なので解なし，とスマートに判断することもできます。

(2) 答え：$x\leqq -3$ **または** $1\leqq x$

$$3\leqq x+2|x| \Longleftrightarrow 2|x|\geqq -x+3 \Longleftrightarrow 2x\geqq -x+3 \text{ または } x-3\geqq 2x$$

と変形するもよし，$x+2|x|=\begin{cases} -x & (x<0) \\ 3x & (0\leqq x) \end{cases}$ と場合分けして解くもよし。お好みの方法でどうぞ！

この章では 1 次関数や 1 次方程式・不等式，絶対値関数について扱いました。
次はいよいよ 2 次関数。数学 I の山場ともいえる分野で，悩むことも多いはずです。でも，その苦労を楽しみつつ，一緒に乗り越えていきましょう。

2次関数とそのグラフ，方程式，不等式

数学 I の花形ともいえる大事な分野，それがこの 2 次関数です。

中学でも $y = ax^2$ の形の関数は扱いましたが，さらに一般的な 2 次関数を相手どります。グラフを描くこともあれば，最大値・最小値を求めるときもありますし，またあるときは 2 次不等式を解いたりもします。

今後の数学では 2 次関数が大量に出現するため，本章の理解度が高校数学全体の理解度を左右するといっても過言ではありません。

ちょっと長い章ですが，ともに乗り切りましょう！

5-1 ⊗ 2次関数とそのグラフ

▶ 2次関数の定義

🔎 定義 2次関数

x の関数 $f(x)$ が，ある実数定数 $a, b, c \ (a \neq 0)$ を用いて $f(x) = ax^2 + bx + c$ という形で表せるとき，この $f(x)$ を2次関数という。

$y = x^2$, $y = -x^2 + 4$, $y = 2x^2 - 3x + 7$ などが2次関数の例です。1次関数が1次の多項式の形をしていたのと同じように，2次関数は2次の多項式の形をしているというだけの話です。

なお，$a = 0$ の場合は $f(x)$ が2次ではなくなってしまうため，2次関数とはなりません。

例題 2次関数であるか否かの判定

次の関係式が各々成り立つとき，y が x の2次関数であるか否か判定せよ。

(1) $y = -2x^2 + x + x^2 + (1+x)^2$ (2) $y + 3 = -(x+2)^2$

(3) $(y+1)^2 = (y-1)^2 + x^2$ (4) $(|x|+1)(1-|x|) + 2y = 0$

例題の解説

見た目が "$y = ax^2 + bx + c$" でない場合は，整理して確かめる必要があります。

答え：(1)…2次関数でない ／ (2)，(3)，(4)…2次関数である

(1) $y = 3x + 1$ と整理できるため，2次関数ではありません。

(2) $y = -x^2 - 4x - 7$ と整理できるため，2次関数といえます。

(3) $y = \dfrac{1}{4}x^2$ と整理できるため，2次関数といえます。

(4) $y = \dfrac{1}{2}x^2 - \dfrac{1}{2}$ と整理できるため，2次関数といえます。

▶ さまざまな 2 次関数の例

1 次関数と同様の流れで，さまざまな 2 次関数の例を見ていきましょう。

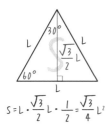

$$S = L \cdot \frac{\sqrt{3}}{2}L \cdot \frac{1}{2} = \frac{\sqrt{3}}{4}L^2$$

一辺の長さが L である正三角形の面積を S とすると $S = \frac{\sqrt{3}}{4}L^2$ が成り立ちます。$\frac{\sqrt{3}}{4}L^2$ は L についての 2 次の多項式ですから，**S は L の 2 次関数となっています**。ただし，L は正三角形の一辺の長さですから，$L > 0$ という制約があるべきですね。関数を応用するときは変数に制約条件がつくこともあるのでした。

もうひとつ例を挙げておきます。ある商品を現在 500 円で販売しており，その商品は 1 日に 100 個売れているとします。売価を $10x$ 円上げると，売れる個数が $x\%$ 減少することがわかっているとしましょう。
このとき，$10x$ 円値上げした場合の 1 日に売れる個数は $(100 - x)$ 個ですから，1 日の売上は

$$\text{（1 日の売上）} = \text{（単価）} \times \text{（日に売れる個数）}$$
$$= (500 + 10x) \cdot (100 - x)$$
$$= -10x^2 + 500x + 50000 \quad \text{（円）}$$

と計算できます。これは x の 2 次関数になっていますね。

例題	関係の立式と 2 次関数の判定

次の各々において，y を x の式で表せ。また，y が x の 2 次関数であるか判定せよ。なお，定義域は気にしないでよい。

(1)　面積が y である直角二等辺三角形の周の長さは x である。

(2)　直角二等辺三角形の斜辺の長さを x，残りの 2 辺の長さを各々 y とする。

(3)　円錐（の側面）の形をした容器があり，母線の長さは 15 cm，底面の円の直径は 18 cm である。この容器を，底面の円が水平で，頂点が下になるよう置く。はじめ，この容器は空であった。ここにある量の水を入れたところ，水深が x cm となった。このとき，水面の面積は y cm² である。

(4)　(3) と同じ容器を同じ向きに置き，空の状態から水を y cm³ 入れたところ，水深が x cm となった。

(1) 答え：$y = \dfrac{3 - 2\sqrt{2}}{4}x^2$，2次関数である

周の長さが x である直角二等辺三角形の，直角をはさむ

2辺の長さは $x \cdot \dfrac{1}{\sqrt{2} + 1 + 1} = \dfrac{x}{2 + \sqrt{2}}$ です。よって，こ

の三角形の面積 y は

$y = \left(\dfrac{x}{2 + \sqrt{2}}\right)^2 \cdot \dfrac{1}{2} = \dfrac{x^2}{12 + 8\sqrt{2}} = \dfrac{x^2}{4} \cdot \dfrac{1}{3 + 2\sqrt{2}}$

$= \dfrac{x^2}{4} \cdot (3 - 2\sqrt{2}) = \dfrac{3 - 2\sqrt{2}}{4}x^2$ となり，y は x の2次関数になっています。

(2) 答え：$y = \dfrac{x}{\sqrt{2}}$，2次関数ではない

$y = \dfrac{x}{\sqrt{2}}$ であり，これは2次関数ではありません

（1次関数です）。

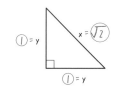

(3) 答え：$y = \dfrac{9}{16}\pi x^2$，2次関数である

この容器の底面は半径 9 cm の円です。したがって，円

錐の高さは $\sqrt{15^2 - 9^2} = 12$ cm と計算できます。水深が

x cm であるとき，容器全体がなす円錐と水がある部分

の円錐の相似比は $12 : x$ であり，底面の円の半径は

$9 \cdot \dfrac{x}{12} = \dfrac{3}{4}x$ cm とわかります。したがって

$y = \pi\left(\dfrac{3}{4}x\right)^2 = \dfrac{9}{16}\pi x^2$ であり，これはもちろん2次関数です。

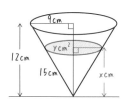

(4) 答え：$y = \dfrac{3}{16}\pi x^3$，2次関数ではない

水のある部分の立体は(3)と同一ですから，

$y = \dfrac{9}{16}\pi x^2 \cdot x \cdot \dfrac{1}{3} = \dfrac{3}{16}\pi x^3$ となります。相似比が $12 : x$

なので，体積比は $12^3 : x^3$ になっており，したがって

2次関数ではない，というわけです。

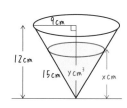

▶ 2 次関数 $y=ax^2$ のグラフ

ここから先が本題です。まずは 2 次関
数のグラフの形について考えましょう。
中学でも登場しましたが、関数
$y=ax^2$ $(a \neq 0)$ のグラフは、原点を頂点
にもつ**放物線**であり、その概形は a と
ともに右図のように変化するのでした。

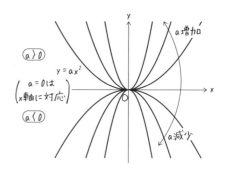

$a>0$ の場合の形状を "**下に凸**"、
$a<0$ の場合の形状を "**上に凸**" といいます。そして、$|a|$ が大きくなると放物線
は比較的細長く尖ったものとなり、$|a|$ が小さくなると放物線は比較的なだらか
な曲線となります。なお、$a=0$ の場合は $y=0$ ($=$ 一定値) となり、x 軸に対応
しています (2 次関数ではありませんが)。それも含めると、a が全実数を動くこ
とで、xy 平面のほぼ全体を通過します [1]。

▶ 2 次関数 $y=ax^2+bx+c$ のグラフ

では、関数 $y=ax^2+bx+c$ $(a \neq 0)$ のグラフはどのようなものなのでしょうか。
文字ばかりなので、もはや頂点がどこにあるのかすらよくわかりませんね。
とりあえず、いま考えている 2 次関数を次のように変形します。

$$y=ax^2+bx+c=\bigcirc(x+\Box)^2+\triangle \quad \cdots(*)$$

$\bigcirc$, $\Box$, $\triangle$ は x に依存しない定数であり、要は "$(x$ の一次式$)^2+$(定数)" という形
にしたいのです。なお、このような変形を**平方完成**とよび、2 次方程式の解の公
式を導出する際にも同じことを行います。

平方完成のご利益はいったん気にせず、未知係数 $\bigcirc$, $\Box$, $\triangle$ を求めましょう。まず、
($*$) の両辺における 2 次の係数に着目することで $\bigcirc=a$ とわかります。よって

$$\bigcirc(x+\Box)^2+\triangle=a(x+\Box)^2+\triangle=ax^2+2a\Box x+a\Box^2+\triangle$$

となるわけですが、1 次の係数が b と等しいことに着目すると $2a\Box=b$ すなわち
$\Box=\dfrac{b}{2a}$ が得られます。

---

1 a が (0 を含む) 実数全体を動いても、曲線 $y=ax^2$ が通過できない点が xy 平面上にあります。
　それはどこでしょうか？
(答え：y 軸上の原点以外の部分)

結局定数項は $a\square^2 + \triangle = a\left(\dfrac{b}{2a}\right)^2 + \triangle$ となりますが，これは c と等しい必要が

あるため次式が成り立ちます。

$$a\left(\frac{b}{2a}\right)^2 + \triangle = c \qquad \therefore \triangle = c - a\left(\frac{b}{2a}\right)^2 = \frac{4ac - b^2}{4a}$$

以上より，関数 $y = ax^2 + bx + c$ は次のように平方完成できます。

$$y = ax^2 + bx + c = a\left(x + \frac{b}{2a}\right)^2 + \frac{4ac - b^2}{4a}$$

$$\therefore \boldsymbol{y - \left(-\frac{b^2 - 4ac}{4a}\right) = a\left\{x - \left(-\frac{b}{2a}\right)\right\}^2} \quad \cdots (*)'$$

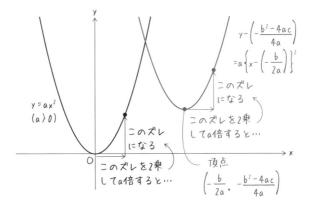

式 $(*)'$ をよく観察すると，$y = ax^2 + bx + c$ のグラフの概形がわかります。

まず，$x - \left(-\dfrac{b}{2a}\right)$ は，$x = -\dfrac{b}{2a}$ という位置からの x 座標のズレを表します。

同様に $y - \left(-\dfrac{b^2 - 4ac}{4a}\right)$ は $y = -\dfrac{b^2 - 4ac}{4a}$ という位置からの y 座標のズレです。

つまり $(*)'$ は次の関係の成立を意味します。

$$\left(y = -\frac{b^2 - 4ac}{4a}\ \text{からの}\ y\ \text{座標のズレ}\right) = a\left(x = -\frac{b}{2a}\ \text{からの}\ x\ \text{座標のズレ}\right)^2$$

$y = ax^2$ は原点を基準としてこの関係をみたしていましたが，$y = ax^2 + bx + c$ で

は点 $\left(-\dfrac{b}{2a},\ -\dfrac{b^2 - 4ac}{4a}\right)$ を基準にしているというだけなのです。

結局，$y = ax^2$ のグラフを x 軸方向に $-\dfrac{b}{2a}$，y 軸方向に $-\dfrac{b^2 - 4ac}{4a}$ だけ平行移

動したものが，関数 $y = ax^2 + bx + c$ のグラフとなります。

| 例題 | 2 次関数のグラフ |

右の各2次関数のグラフを描け。

(1) $y - 1 = (x - 2)^2$

(2) $y + 2 = \dfrac{1}{2}(x + 1)^2$

(3) $y = -x^2 + 3x$

(4) $y = \dfrac{1}{3}x^2 + 2x + 3$

| 例題の解説 |

答え：いずれも解説中の図の通り。

(1) 放物線 $y = x^2$ を頂点が点 $(2, 1)$ となるよう移動します。

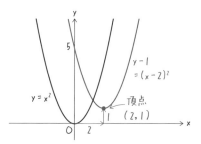

(2) $y - (-2) = \dfrac{1}{2}(x - (-1))^2$ と変形できますから，放物線 $y = \dfrac{1}{2}x^2$ を頂点が点 $(-1, -2)$ となるよう移動します。

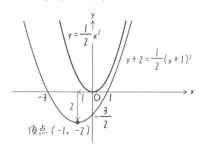

(3) $y - \dfrac{9}{4} = -\left(x - \dfrac{3}{2}\right)^2$ と変形できますから，放物線 $y = -x^2$ を頂点が点 $\left(\dfrac{3}{2}, \dfrac{9}{4}\right)$ となるよう移動します。

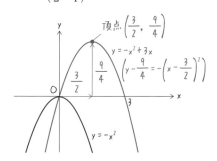

(4) $y = \dfrac{1}{3}(x - (-3))^2$ と変形できますから，放物線 $y = \dfrac{1}{3}x^2$ を頂点が点 $(-3, 0)$ となるよう移動します。

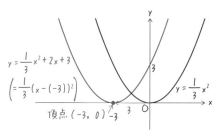

191

2次関数の勉強をしていると，グラフを描くことが求められたり，問題を解く過程でグラフを描いたりすることが多いです。

その際に意識すべきなのは"（放物線であることを認めた場合）図を見るだけで放物線の位置が完全に決まるようにする"ことです。

たとえば，いまの例題(1)の解説では，放物線の頂点が $(2, 1)$ であると解説しましたが，この点を頂点とする放物線自体は，右図のようにたくさん存在します。

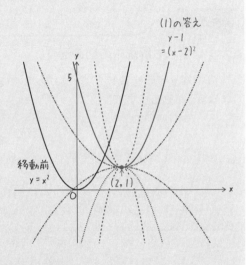

(1)の答え
$y - 1$
$= (x - 2)^2$

移動前
$y = x^2$

$(2, 1)$

頂点を与えても，"すぼまり具合"，つまり x^2 の係数が自由なわけです。この放物線たちの中でどれが正解なのかを明示しないと，グラフを正しく図示できたとはいえない，というのが私の考えです。

正解を明示する最も単純な方法は，**頂点以外の通過点を1つ明記する**ということです。それにより x^2 の係数を確定させることができます。
さきほどの例題の(1)で，正解図に点 $(0, 5)$ の座標が明記されていたのに気づきましたか？ これはまさに，放物線の通過点の1つを示しているのです。

もちろんこれ以外の点でも構わないのですが，両軸との交点などのわかりやすい点にするのがおすすめです。たとえば y 軸との交点の座標であれば，2次関数の定数項を見ればただちにわかるためです。

2次関数の式 $y = ax^2 + bx + c$ を $y - \left(-\dfrac{b^2 - 4ac}{4a} \right) = a\left\{ x - \left(-\dfrac{b}{2a} \right) \right\}^2$ と平方完成し，原点を頂点とする放物線の方程式 $y = ax^2$ と見比べることで，この関数のグラフを描くことができました。

グラフの平行移動について，より一般に次のことがいえます。

座標平面における曲線 $C : y = f(x)$ を x 軸方向に p，y 軸方向に q だけ平行移動してできる曲線 C' の方程式は次のようになる。

$$y - q = f(x - p) \quad \cdots (*)$$

定理の証明 ・・・・・・・・・・・・・・・・・・・・・・・・・・・・・・・

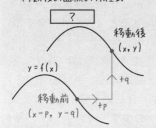

点 (x, y) が移動後の曲線 C' 上にあることは，この点を逆方向に移動した点 $(x-p, y-q)$ が C 上にあることと同値であり，それは（$*$）と同値です。■

なお，点 (p, q) を座標平面における新しい "原点" だと思い，そこからのズレ $x-p, y-q$ が関数 f により対応づけられていると考えることもできます。

これは放物線に限らずあらゆるグラフの平行移動について成り立つ事実です。どういうわけか，時折

　　"x 軸方向に p，y 軸方向に q 平行移動したのだから，移動後の方程式は

　　$y + q = f(x + p)$ になるんじゃないの？　どうしてマイナスがつくの？"

と思う人がいます。

でも，"移動の向きが正である" ことと "符号が正になる" ことには論理のギャップがあり，そこを補おうとすると困ってしまうはずです[2]。自分の直感と異なる結果と出会ったら，その直感がどのような理屈に立脚しているのか考えてみるとよいでしょう。場合によっては，案外ただのカンであり，特に根拠がなかった，なんてこともあります。

式（$*$）の p, q の前にある符号がマイナスである理由は，証明を追うことで自ずとわかるはずです。要は移動前の点の座標が $y = f(x)$ をみたすからです。私はよく，"平行移動でゲタを履かされており，それを脱いだものが f の入力・出力になるから引き算になる。" と説明しています。自分の腑に落ちるよう，理由をあなたなりに言語化しておくとよいでしょう。

2　なので，私は "むしろ当たり前のようにプラスだと思ったのはどうして？" と思うのです。

放物線 $y = x^2 - 4x + 6$ を x 軸方向に -5, y 軸方向に 2 平行移動してできる曲線の方程式を求めよ。

例題の解説

答え：$y = x^2 + 6x + 13$

前述の定理より，移動後の放物線の方程式は $y - 2 = (x - (-5))^2 - 4(x - (-5)) + 6$ とすぐわかります。このままでも構いませんが，整理するとスッキリしますね。

別解：もとの放物線の方程式は $y = (x - 2)^2 + 2$ と変形でき，放物線の頂点の座標は $(2, 2)$ とわかります。この点を x 軸方向に -5, y 軸方向に 2 平行移動すると点 $(-3, 4)$ となりますね。そして，放物線は平行移動しても形が変わらないため，移動後の曲線に対応する 2 次関数は，x^2 の係数は 1 のままです。よって，移動後の曲線の方程式は $y - 4 = (x - (-3))^2$ すなわち $y = x^2 + 6x + 13$ です。

いまの別解のように，頂点の動きを追うことで答えを手早く得ることも可能です。マーク式の試験など，答えの数値のみ知りたい場面で特に便利です。

例題 放物線の平行移動②

放物線 $y = -\dfrac{1}{3}x^2 + \dfrac{2}{3}x + 1$ を x 軸方向にのみ平行移動し，点 $(2, 0)$ を通るようにしたい。どれほど平行移動すればよいか。

例題の解説

答え：（x 軸方向に）3 平行移動する，または -1 平行移動する。

この放物線を x 軸方向に p 平行移動するとします。このとき，移動後の曲線の方程式は

$y = -\dfrac{1}{3}(x - p)^2 + \dfrac{2}{3}(x - p) + 1$ となります。これが点 $(2, 0)$ を通ることは

$$0 = -\dfrac{1}{3}(2 - p)^2 + \dfrac{2}{3}(2 - p) + 1$$

と同値であり，これを p の方程式と思って解くと $p = 3, -1$ を得ます。

▶ グラフの対称移動

2次関数のグラフ関連でしばしば登場するのが対称移動です。これについては，厳密な定義をするのではなく視覚的にサッサと理解してしまいましょう。

以下，点や直線等はみな同じ平面上にあるものとします。まずは1点に対する操作を考えます。

> **🔍 定義** **直線に関する図形の対称移動**
>
> 点 P を直線 ℓ について対称移動するとは，右図のように直線 ℓ を中心に点 P を折り返すことをいう。移動後の点を P′ とすると，直線 PP′ は直線 ℓ と直交し，線分 PP′ の中点は直線 ℓ 上にある。

> **🔍 定義** **点に関する図形の対称移動**
>
> 点 P を点 A について対称移動するとは，右図のように点 A を中心に点 P を $180°$ 回転させることをいう。移動後の点を P′ とすると，線分 PP′ の中点は点 A と一致する。

"線対称""点対称"な図形を想起すれば，理解できるはずです。

例題	**点の対称移動**

点 P $(-4, 3)$ を以下のものを中心に対称移動するとき，各々における移動後の点の座標を求めよ。

(1) y 軸 　　　(2) x 軸 　　　(3) 原点 　　　(4) 直線 $x = 3$

(5) 直線 $y = -1$ 　　　(6) 点 $(3, -1)$

答え：
(1) $(4, 3)$
(2) $(-4, -3)$
(3) $(4, -3)$

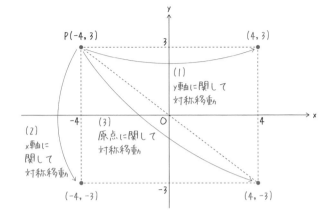

答え：
(4) $(10, 3)$
(5) $(-4, -5)$
(6) $(10, -5)$

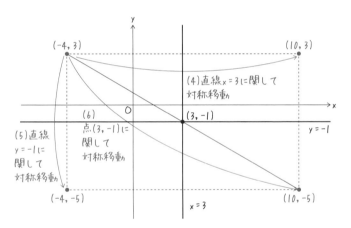

例題の結果を観察すると，点の対称移動について以下のことに気づきます。

- x 軸に関する対称移動：x 座標は不変で y 座標の符号が入れ替わる
- y 軸に関する対称移動：y 座標は不変で x 座標の符号が入れ替わる
- 原点に関する対称移動：x 座標・y 座標双方の符号が入れ替わる

慣れてきたら，頭の中で移動後の点の座標を計算できそうですね。

ちなみに，これらを一般化すると次のことがいえます。

- y 軸に平行な直線 $x=a$ に関する対称移動
  → y 座標は不変で，移動前後の点の x 座標の平均が a となる
- x 軸に平行な直線 $y=b$ に関する対称移動
  → x 座標は不変で，移動前後の点の y 座標の平均が b となる
- 点 (a, b) に関する対称移動
  →移動前後の座標の平均が (a, b) となる

次は複数の点からなる図形の対称移動について考えましょう。

> **🔍 定義** **図形の対称移動**
>
> 平面上の図形 G を対称移動するとは，G に属するすべての点を各々対称移動し，移動後の点の集合を新たな図形とすることをいう。

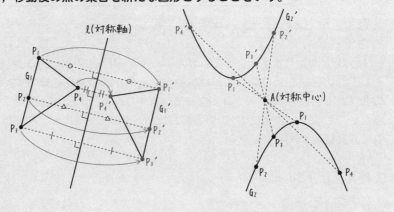

たとえば放物線 $y=x^2+2x-2$ を直線 $x=1$ に関して対称移動するときは，放物線 $y=x^2+2x-2$ 上の点（これは無限にある）を考え，**その各々を対称移動する**操作を繰り返すということです。

とはいえいまの場合，**移動したい点は無限にある**わけで，この作業を延々と続けるわけにはいきません。例題に仕立ててみたので，方法を考えてみてください。

197

放物線を，直線に関して対称移動する

放物線 $C : y = x^2 + 2x - 2$ を，直線 $\ell : x = 1$ に関して対称移動したあとの図形 C' の方程式を求めたい。

(1) まず C を描き，それを ℓ に関してひっくり返すことで C' を描け。また，それをもとに C' の方程式を求めよ。

次に，p.197 の図形の対称移動の定義に基づいて C' を求めてみよう。

(2) C 上で，x 座標が a である点を考える。この点の y 座標を a を用いて表せ。

(3) (2)の a はどのような範囲を動くか。

(4) (2)の点を直線 ℓ に関して対称移動すると，どのような点に移るか。

(5) (2)〜(4)の結果から C' の方程式を求めよ。

例題の解説

(1) **答え：$y = (x-3)^2 - 3 \ (= x^2 - 6x + 6)$**

　放物線 C の方程式は $y - (-3) = (x - (-1))^2$ と変形でき，頂点の座標は $(-1, -3)$ とわかります。よって C は右ページの黒色曲線のようになります。そしてこの曲線を ℓ に関して対称移動したものが図の青色曲線です。移動後の曲線の頂点の座標は $(3, -3)$ になっていますね。また，x^2 の係数は 1 で変わらないでしょう。よって C' の方程式は $y - (-3) = (x-3)^2$ となり，あとはこれを適宜整理すれば OK です。

(2) **答え：$a^2 + 2a - 2$**

(3) **答え：a は実数全体を動く。** 放物線は左右にずっと続く曲線です。

(4) **答え：点 $(-a + 2, a^2 + 2a - 2)$**

　(2)より，移動前の点の座標は $(a, a^2 + 2a - 2)$ です。この点を ℓ に関して対称移動すると，y 座標は不変であり，移動前後の点の x 座標の平均が 1 となります。よって，移動後の点の x 座標を b とすると $\dfrac{a+b}{2} = 1$ であり，これより $b = -a + 2$ を得ます。

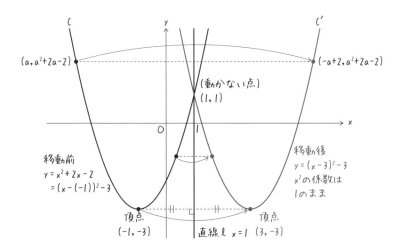

(5) **答え：$y = (x-3)^2 - 3 \ (= x^2 - 6x + 6)$**

移動後の点の x 座標 $-a+2$ を X_a，y 座標 $a^2 + 2a - 2$ を Y_a とします。

$Y_a = (a+1)^2 - 3$ かつ $a+1 = -X_a + 3$ なので，次式が成り立ちます。

$$Y_a = (-X_a + 3)^2 - 3 = (X_a - 3)^2 - 3$$

移動後の点の座標は (X_a, Y_a) ですから，X_a と Y_a の関係式 $Y_a = (X_a - 3)^2 - 3$ が C' の方程式と対応しています。また，(3) より a は実数全体を動くわけですから，C' は放物線 $y = (x-3)^2 - 3$ 全体とわかります。この結果は (1) と確かに一致していますね。

問題を解く際は，

- 実際にグラフを描いて視覚的に答えを求める
- 例題の (2) 以降のように，式変形により答えを求める

のいずれもできるようにすると便利です。問題によって適切な方を選べますし，答案作成時に選択しなかった方を用いることで検算もできるからです。

▶ 2次関数のグラフに関するちょっとした応用問題

例題　　グラフの位置と係数の符号

関数 $y = ax^2 + bx + c \ (a \neq 0)$ のグラフは右の
通りである。

(1)　a, b, c 各々の符号を求めよ。

(2)　$4ac > b^2$ を示せ。

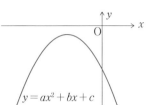

例題の解説

(1) **答え：a, b, c いずれも負（$a < 0, b < 0, c < 0$）**

まず，この放物線は上に凸になっ
ていますから，$a < 0$ がいえます。

次に b の符号を求めましょう。
この放物線の方程式は

$y = ax^2 + bx + c \iff$

$y - \left(-\dfrac{b^2 - 4ac}{4a} \right) = a\left\{ x - \left(-\dfrac{b}{2a} \right) \right\}^2$

と平方完成でき，そこから頂点の

座標が $\left(-\dfrac{b}{2a},\ -\dfrac{b^2 - 4ac}{4a} \right)$ とわかったのでした。

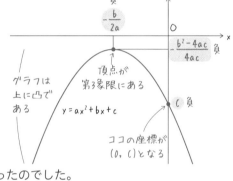

図より，放物線の頂点の x 座標は負です。つまり $-\dfrac{b}{2a} < 0$ が成り立っていま

す。これと $a < 0$ より $b < 0$ がいえます。

そして，この放物線と y 軸との交点の座標は $(0, c)$ であり，図を見ると交点は
$y < 0$ の部分に存在していることから，$c < 0$ であるとただちにわかりますね。

(2) **答え：以下の通り。**

この放物線の頂点の y 座標は負です。つまり $-\dfrac{b^2 - 4ac}{4a} < 0$ が成り立ちます。

これと $a < 0$ より $b^2 - 4ac < 0$ がいえ，これは $4ac > b^2$ と同値です。■

　　　絶対値関数を含む関数のグラフ

(1)　関数 $y=|x^2+2x|$ のグラフを描け。
(2)　関数 $y=|x^2|-|2x|$ のグラフを描け。

絶対値関数は $|x|:=\begin{cases}x & (0\leqq x)\\ -x & (x<0)\end{cases}$ という定義であり，**中身が負の場合のみ符号を逆転させる**というものでした。

(1) その定義をふまえ，まず
$y=x^2+2x$ のグラフを描き，その $y<0$ の部分（x 軸より下にある部分）の符号を反転させるのが手順の一例です。

符号を反転させるというのは，x 軸で折り返すことに対応しています。

実際にやった結果は右の通りです。

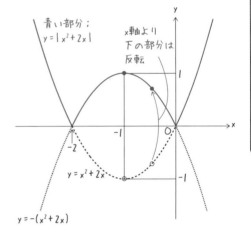

青い部分：
$y=|x^2+2x|$

x軸より下の部分は反転

$y=x^2+2x$

$y=-(x^2+2x)$

(2) 任意の実数 x に対し $0\leqq x^2$ かつ $|2x|=2|x|$ が成り立つため，この関数は $y=x^2-2|x|$ と書き換えられます。よって，絶対値関数の定義もふまえると

$x^2-2|x|=\begin{cases}x^2-2x & (0\leqq x)\\ x^2+2x & (x<0)\end{cases}$

となります。

場合分けこそあるものの，これで絶対値関数を含まない形にできました。あとは各々のグラフを描き，適切な枝を選択するのみです。

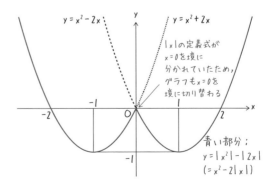

$y=x^2-2x$　　$y=x^2+2x$

$|x|$の定義式が $x=0$を境に分かれていたため，グラフも$x=0$を境に切り替わる

青い部分：
$y=|x^2|-|2x|$
$(=x^2-2|x|)$

5-2 ⊙ 2次関数の最大値・最小値

▶ 2次関数の最大値・最小値

まず，第4章で扱った最大値・最小値の定義をおさらいします。

> **🔍 定義　関数の最大値・最小値（p.164 のものを再掲）**
>
> 関数の値域に属する値のうち最大のものが存在するとき，これを**最大値**という。また，関数の値域に属する値のうち最小のものが存在するとき，これを**最小値**という。

2次関数のグラフは必ず**放物線**になるのでした。これは**対称軸をただ1つもち，山型 or 谷型であり，**（定義域が実数全体ならば）**ずっと遠くまで続く**曲線です。このこともふまえ，2次関数の最大値・最小値について考えてみましょう。1次関数の場合は第4章で扱いましたが，そこから関数の形が変わるだけです。

関数 $y = -(x+1)^2 + 3$ の最大値・最小値と各々における x の値を求めよ[3]。

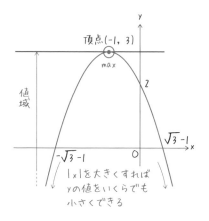

この関数のグラフは左のようになります。グラフは上に凸な放物線であり，頂点は点 $(-1, 3)$ です。したがって，グラフ上の点で y 座標が最大なのは点 $(-1, 3)$ であり，この関数は $x = -1$ で**最大値 3 をとる**ことがわかります。

一方，この放物線は左右に限りなく続くものであり，y 座標はいくらでも小さくできます。したがって**この関数の最小値は存在しません。**

3　この値を最大点・最小点とよぶことがあります。このあとの解説を読むと，何が求められているかわかるはずです。

グラフに"頂点"があり，そこで最大値・最小値をとりうるのが 2 次関数の特徴です。これに注意して，早速例題に取り組んでみましょう。

> **例題**　　**2 次関数の最大値・最小値①**

次の各関数の最大値・最小値と各々を実現する x の値を求めよ。

(1)　$y = x^2 + 2x - 4$　　　　　　　　(2)　$y = -\dfrac{1}{3}x^2 + x$

> **例題の解説**

(1) 答え：**最大値…存在しない，**
最小値… -5 (@$x = -1$)[4]

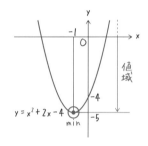

$y = x^2 + 2x - 4 = (x + 1)^2 - 5$ と変形でき，それをふまえてこの関数のグラフを描くと右のようになります。グラフより，最大値は存在しないこと，そして $x = -1$ で最小値 -5 をとることがわかります。

(2) 答え：**最大値… $\dfrac{3}{4}$ $\left(@x = \dfrac{3}{2}\right)$,**
最小値…存在しない

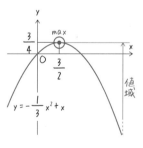

$y = -\dfrac{1}{3}x^2 + x = -\dfrac{1}{3}\left(x - \dfrac{3}{2}\right)^2 + \dfrac{3}{4}$ と変形できますから，この関数のグラフの頂点の座標は $\left(\dfrac{3}{2}, \dfrac{3}{4}\right)$ です。そして方程式の x^2 の係数が負であることから，グラフは上に凸な放物線とわかります。$|x|$ を一定以上大きくすればどんどん y の値は小さくなりますから，y の最小値は存在しません。

一方，上に凸なグラフで点 $\left(\dfrac{3}{2}, \dfrac{3}{4}\right)$ が頂上ですから，y の最大値は $\dfrac{3}{4}$ とわかります。

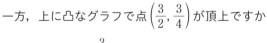

4　本書では，最大値・最小値を実現する変数の値を，以下このように @ で表すことがあります。

ここまでは，2次関数のグラフさえ描ければすぐ最大値・最小値がわかってしまい，正直あまり面白くありませんでしたね。そこで，もう少し手強い設定で最大値・最小値を考えてみましょう。

関数 $y = x^2 - 2x + 2$ の，区間 $0 \le x \le 3$ における最大値・最小値を求めよ[5]。

x のとりうる値の範囲が制限された場合を考えるということです。簡単じゃないか……と思うかもしれませんが，この辺りをよく理解せずに先に進むと，知らぬ間に話についていけなくなります。ここからしばらくの記述は真剣に読むことを推奨します。

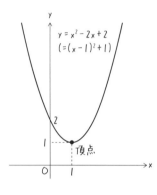

とりあえずこの関数を
$$y = x^2 - 2x + 2 = (x-1)^2 + 1$$
と変形し，定義域を無視したグラフを描いてみると左のようになります。ここまでは至ってシンプルですから，迷う余地はないでしょう。

ここで，定義域に $0 \le x \le 3$ という制限を与えます。つまり，**左のグラフのうち $0 \le x \le 3$ の部分のみを考える**，ということです。

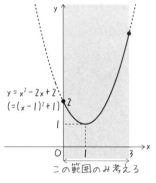

すると左下図のようになります。放物線の一部のみ考え，左右にずっと長く伸びる部分はカットするわけです。青い帯が定義域に対応しています。

このとき，最小値をとる点（y 座標が最小となる点）は放物線の頂点で変わらないようですね。
一方，最大値については話が違います。定義域を制限したことにより，x 座標が最大となる点も発生しています。具体的には，$x = 3$ の点が最も高い位置にありますね。その点の y 座標は
$$(x = 3 \text{ での } y \text{ の値}) = 3^2 - 2 \cdot 3 + 2 = 5$$
と計算できます。

5　関数の定義域を与える際，この問題文のように述べるほかにも，"関数 $y = x^2 - 2x + 2$ $(0 \le x \le 3)$ の最大値・最小値を求めよ。"のようにカッコ書きで記すことがあります。

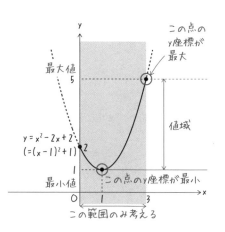

以上をふまえ，値域や最大値・最小値をまとめて図に描き込んでみると左のようになります。

図より，値域は $1 \leq y \leq 5$ であり，最小値（値域に属する値の中で最小のもの）は1，最大値（値域に属する値の中で最大のもの）は5とわかります。

グラフを描いたり，増減を調べたりするのが肝要なのは前章と同じですが，1次関数の場合（直線）と異なり2次関数のグラフは1回"折り返す"ため，頂点の座標にも注意する必要があるのです。

たとえば，次図はいずれもさきほどの関数 $y = x^2 - 2x + 2$ のグラフです。

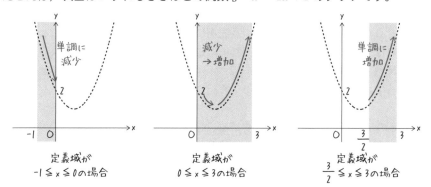

定義域次第で

- **単調に減少する**（上図左）
- **まず減少し，その後増加に転じる**（同中央）
- **単調に増加する**（同右）

という具合に増減が異なることがわかります。上に凸の放物線をグラフとする2次関数であれば，増加→減少というパターンもありえますね。

2次関数の最大値・最小値問題には，1次関数になかった奥深さがあるとわかってきたはずです。高校数学は，この辺りからどんどん面白くなるので，もう少し先に進んでみましょう！

205

▶ 値のわからない定数が定義域や関数に含まれている ときの最大値・最小値

次はこんな設定にしてみます。

a を正定数とする。x の関数 $y=-x^2+4x-1$ の，区間 $0 \leqq x \leqq a$ における
最大値 $M(a)$ を求めよ。

そもそもこれは何を答えるべき問題なの？　関数の最大値を求めているのに，$M(a)$ も "(a)" と関数で書かれているのはどういうこと？　……と思うかもしれません。まずは問題文の意味から考えてみましょうか。

まず，**本問で問われているもの（答えるべきもの）は，関数 $y=-x^2+4x-1$ の最大値**です。これは問題文を素直に読めばわかるでしょう。定義域が $0 \leqq x \leqq a$ と制限されていますが，それは問われているものが何であるかとは別の話です。

ならばどうして最大値が $M(a)$ という表記になっているのか，と思うことでしょう。これは，**a の値を決めれば，それに応じて最大値もただ 1 つに定まるから**です。つまり x の関数 $y=-x^2+4x-1$ の区間 $0 \leqq x \leqq a$ における最大値は a の関数になっており，だから $M(a)$ という表記になっているというわけです。

また，a の値を自分で好き勝手に決めることはできません。本問の場合，**a がどのような正の実数であっても，それに応じた最大値を答えなければならない**のです。これこそが本問の目的であり，これが曖昧なまま問題を解いても，式いじりに終始してしまうため注意しましょう。

この類の問題では "場合分け" が発生するのですが，それ自体は目的ではなく，**すべての場合に対して最大値を答える**という目的を果たすための手段であった，という程度に捉えるのがよいでしょう。

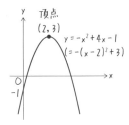

さて，では最大値 $M(a)$ を求めていきます。前もって $f(x) := -x^2+4x-1$ と定めておきます。

まず，$f(x)=-(x-2)^2+3$ と変形できますから，この関数のグラフは点 $(2, 3)$ を頂点とする放物線になります。ここまではさきほどとなんら変わりませんね。

次に，この関数の $0 \leq x \leq a$ の部分がどこなのかを図示しますが，ここでこれま
でになかったことが起こります。a の値によって，$0 \leq x \leq a$ という範囲が頂点の
x 座標 2 を含むか否かが変わり，これに伴い最大値をとる場所が変わるのです。

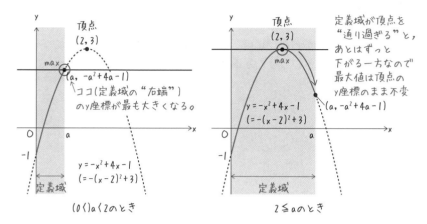

a を大きくすると，定義域の"右端"（直線 $x=a$）が右に移動します。

$0 < a < 2$ の場合，区間 $0 \leq x \leq a$ で 2 次関数 $y = -x^2 + 4x - 1$ のグラフはずっと
右肩上がりですから，$x=a$ で最大値をとることがわかりますね。その最大値は
（$x=a$ のときの y の値ですから）もちろん $f(a)$ つまり $-a^2 + 4a - 1$ です。

一方 $2 \leq a$ の場合，定義域はグラフの頂点 $(2, 3)$ を通り過ぎています。その後は
下る一方ですから，最大値は頂点の y 座標 $3 \, (= f(2))$ のまま不変です。

以上より，2 次関数 $y = f(x) \, (= -x^2 + 4x - 1) \, (0 \leq x \leq a)$ の最大値 $M(a)$ は
$$M(a) = \begin{cases} -a^2 + 4a - 1 \ (0 < a < 2) \\ 3 \ (2 \leq a) \end{cases}$$
です。値のわからない定数が定義域に含まれると，最大値に場合分けが発生しう
ることがわかりましたね。

では次に，同じ関数・定義域で最小値を考えてみましょう。

a を正定数とする。x の関数 $y = -x^2 + 4x - 1$ の，区間 $0 \leqq x \leqq a$ における最小値 $m(a)$ を求めよ。

興味深いことに，場合分けの"境目"はさきほどと異なります。実際にグラフを描き，a の値をいろいろいじってみると，最小値については次の2パターンあることがわかります。

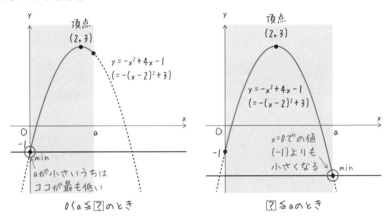

a の値が小さいうちは，$f(0)$ つまり -1 が最小値です。
しかし，山登りを終えてある程度下山すると（a の値がある程度大きくなると），ちょうど $f(a) = -1 (= f(0))$ となる瞬間があります。
さらに a が大きくなると，y の値は -1 からどんどん小さくなります。a がある値以下になると最小値の記録が塗り替わり，それ以降も最小値の記録を更新し続けるようです。

このように，**まずは a の値によって大まかにどういう場合分けが発生するかを調べる**とよいでしょう。ここでは，放物線と定義域の位置関係を気楽にいくつかスケッチする程度で OK です。いきなり境目となる a の値を調べるのもアリですが，何が場合分けの要因なのかを調べてからでないと，不適切な分け方をしてしまう可能性があります。

最小値の話に戻ります。ここで求めなければいけないのが，$f(a)=-1$ となるような a の値です。実際にこれを a の方程式とみて解くと

$$f(a)=-1 \iff -a^2+4a-1=-1 \iff a=0, 4$$

となり，$a=4$ で首位タイ（最下位タイ？）になることがわかります。

ただ，2次方程式を解くよりも，放物線の軸が直線 $x=2$ であることに着目して $\dfrac{0+a}{2}=2$ からパパッと $a=4$ という値を求めてしまう方が個人的には好きです。この辺りはお好みでどうぞ。

ここまでの議論の結果は図の通りです。

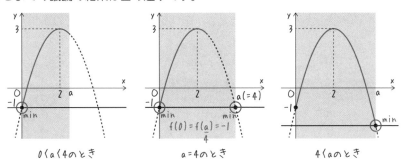

0＜a＜4のとき 　　　 a＝4のとき 　　　 4＜aのとき

したがって $y=f(x)$ $(=-x^2+4x-1)$ の $0 \leqq x \leqq a$ $(a>0)$ における最小値 $m(a)$ は次のようになります。

$$m(a)=\begin{cases} -1 & (0<a\leqq 4) \\ -a^2+4a-1 & (4<a) \end{cases}$$

2次関数の最大値・最小値問題のうち，文字定数（値のわからない定数）があるものは，次のことを意識するとスムーズに解決に至るでしょう。：

- まずグラフを描き，そもそもどのような場合分けが発生するかを把握する。
- 場合分けの境目となる文字定数の値を，方程式や対称性を利用して求める。
- 各々のケースで，問われている最大値・最小値を求め，それを答えとする。

a を $-1 < a$ なる定数，$f(x) = 2x^2 - 3x$ と定める。このとき，2次関数 $y = f(x)$ の区間 $-1 \leqq x \leqq a$ における（1）最大値 $M(a)$，（2）最小値 $m(a)$ を求めよ。

例題の解説

（1）答え：$M(a) = \begin{cases} 5 & \left(-1 < a \leqq \dfrac{5}{2} \right) \\ 2a^2 - 3a & \left(\dfrac{5}{2} < a \right) \end{cases}$

最大値 $M(a)$ をとる点に着目したとき，ありうる場合分けは次図の通りです。

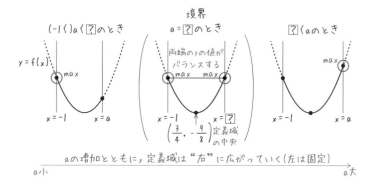

a がある値のときに $f(-1) = f(a)$ とバランスするようです。その境界となる a の値は，放物線の対称性をもとにすれば求められます。この放物線の頂点は点 $\left(\dfrac{3}{4}, -\dfrac{9}{8} \right)$ ですから，$(-1 + a) \div 2 = \dfrac{3}{4}$ より $a = \dfrac{5}{2}$ ですね。よって

$$(-1 <) \ a \leqq \frac{5}{2} \ \text{のとき}：M(a) = f(-1) = 2 \cdot (-1)^2 - 3 \cdot (-1) = 5$$

$$\frac{5}{2} < a \ \text{のとき}：M(a) = f(a) = 2a^2 - 3a$$

となります。なお，**境界の値である $a = \dfrac{5}{2}$ を $M(a)$ の場合分けのいずれに含めるかは任意**です。どのみち $M\left(\dfrac{5}{2} \right)$ の値は 5 ですからね。あえて $-1 < a \leqq \dfrac{5}{2}$ と $\dfrac{5}{2} \leqq a$，と双方に等号を付すのもいまの場合問題ありません。

なお，最大値を実現するxの値も答えるよう求められたら，たとえば右のように回答するのがよいでしょう。前ページの(1)の解説では$a<\dfrac{5}{2}$と

$$M(a)=\begin{cases} 5 & \left(@x=-1\quad; \quad -1<a<\dfrac{5}{2}\right) \\[2mm] 5 & \left(@x=-1,\dfrac{5}{2}\ ; \quad a=\dfrac{5}{2}\ \right) \\[2mm] 2a^2-3a & \left(@x=a\quad; \quad \dfrac{5}{2}<a\right) \end{cases}$$

$a=\dfrac{5}{2}$の場合を統一していましたが，それを分けました。というのも，$a=\dfrac{5}{2}$の場合は定義域の両端での$f(x)$の値が等しくなり，このときに限り最大値をとるxの値が$\left(-1,\dfrac{5}{2}の\right)2$個となるからです。

(2) 答え：$m(a)=\begin{cases} 2a^2-3a & \left(-1<a<\dfrac{3}{4}\right) \\[2mm] -\dfrac{9}{8} & \left(\dfrac{3}{4}\leqq a\right) \end{cases}$

次に最小値$m(a)$を求めます。やはりまずは場合分けの様子を探ることからです。

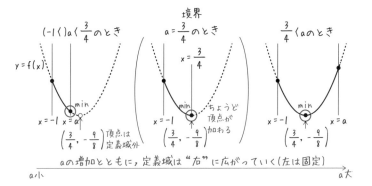

放物線の頂点を含むか否かで最小値をとる位置が変わるため，ここで境界となるaの値は$a=\dfrac{3}{4}$（つまり放物線の頂点のx座標）とただちにわかります。よって

$$(-1<)\ a<\dfrac{3}{4}\ \text{のとき：}m(a)=f(a)=2a^2-3a$$

$$\dfrac{3}{4}\leqq a\ \text{のとき：}m(a)=f\left(\dfrac{3}{4}\right)=-\dfrac{9}{8}$$

とわかります。なお，ここでも$a=\dfrac{3}{4}$をどちらの場合分けに含めるかは任意です。

なお，最小値を実現する x の値も答えるよう求められたら，たとえば右のように回答するとよいでしょう。

$$m(a) = \begin{cases} 2a^2 - 3a & \left(@x = a \;\; ; -1 < a < \dfrac{3}{4}\right) \\ -\dfrac{9}{8} & \left(@x = \dfrac{3}{4} \;\; ; \dfrac{3}{4} \leq a\right) \end{cases}$$

さて，文字定数が含まれる定義域での最大値・最小値問題を扱いましたが，同様の問題にもう1つチャレンジしてみましょう。

例題　　2次関数の最大値・最小値③

a を定数とする。このとき，2次関数 $y = -\dfrac{1}{2}x^2 + 2x + 1$ の区間 $a - 2 \leq x \leq a$ における (1) 最大値 $M(a)$, (2) 最小値 $m(a)$ を求めよ。

例題の解説

(1) 答え： $M(a) = \begin{cases} -\dfrac{1}{2}a^2 + 2a + 1 & (a < 2) \\ 3 & (2 \leq a \leq 4), \\ -\dfrac{1}{2}a^2 + 4a - 5 & (4 < a) \end{cases}$

$f(x) := -\dfrac{1}{2}x^2 + 2x + 1$ と定めます。これは次のように平方完成できます。

$$f(x) = -\dfrac{1}{2}(x - 2)^2 + 3$$

したがって，放物線 $y = f(x)$ の軸は直線 $x = 2$, 頂点の座標は $(2, 3)$ です。
では最大値 $M(a)$ から求めましょう。ありうる場合分けをスケッチしてみます。

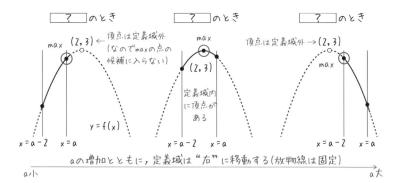

定義域の"幅"は $a-(a-2)=2$ で一定です。放物線は固定されており，a の値が増加すると定義域は右（x 軸正方向）へ幅を保ちつつ移動します。

定義域内に頂点 $(2, 3)$ が含まれる条件は $a-2\leqq 2\leqq a$ つまり $2\leqq a\leqq 4$ であり，上図は左から順に $a<2$，$2\leqq a\leqq 4$，$4<a$ に対応しています。よって

$$a<2 \text{ のとき：} M(a)=f(a)=-\frac{1}{2}a^2+2a+1$$

$$2\leqq a\leqq 4 \text{ のとき：} M(a)=f(2)=3$$

$$4<a \text{ のとき：} M(a)=f(a-2)=-\frac{1}{2}(a-2)^2+2(a-2)+1=-\frac{1}{2}a^2+4a-5$$

とわかります。

(2) 答え：$m(a)=\begin{cases} -\dfrac{1}{2}a^2+4a-5 \ (a<3) \\[2mm] -\dfrac{1}{2}a^2+2a+1 \ (3\leqq a) \end{cases}$

次は最小値 $m(a)$ です。場合分けの様子は次のようになります。

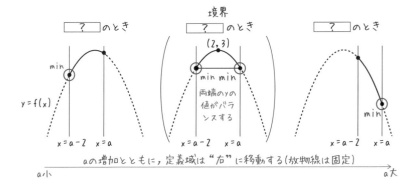

境界となる a の値は対称性から $\dfrac{(a-2)+a}{2}=2$ をみたします。つまり $a=3$ であり，前ページの図は左から順に $a<3$，$a=3$，$3<a$ に対応しています。よって

$$a<3 \text{ のとき：} m(a)=f(a-2)=-\frac{1}{2}a^2+4a-5$$

$$3\leqq a \text{ のとき：} m(a)=f(a)=-\frac{1}{2}a^2+2a+1$$

とわかります。

さて，次はこのような問題を考えてみましょう。

a を定数とする。2 次関数 $y = x^2 - 2ax + 3$ の，区間 $-3 \leq x \leq -1$ における最大値 $M(a)$ および最小値 $m(a)$ を求めよ。

こんどは関数の方に定数 a が混入していますが，やることは同じです。

$f(x) := x^2 - 2ax + 3 (= (x-a)^2 + (3-a^2))$ と定めておきます。まずは最大値 $M(a)$ を実現する x の位置についてありうるケースを列挙します。

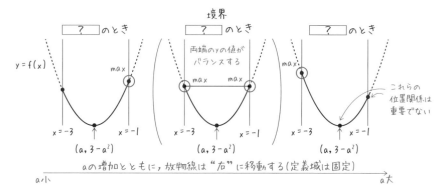

放物線の頂点の座標に値のわからない定数 a が含まれており，**a を大きくすると放物線が右に移動します。** これにより上図のような場合分けが発生するのです。

境界となる a の値（$f(-3) = f(-1)$ をみたすもの）は，対称性から $\dfrac{-3-1}{2} = a$ つまり $a = -2$ とわかります。よって上図は左から順に $a < -2$, $a = -2$, $-2 < a$ に対応しています。

$a \leq -2$ のときは $M(a) = f(-1) = (-1)^2 - 2a \cdot (-1) + 3 = 2a + 4$ です。また，$-2 < a$ のときは $M(a) = f(-3) = (-3)^2 - 2a \cdot (-3) + 3 = 6a + 12$ と計算できますね。

以上より $M(a) = \begin{cases} 2a + 4 & (a \leq -2) \\ 6a + 12 & (-2 < a) \end{cases}$ とわかりました。

次に最小値 $m(a)$ を求めましょう。ありうるケースは次の通りです。

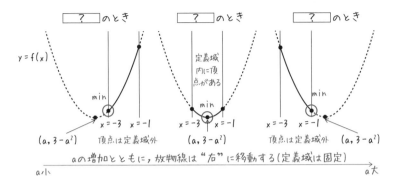

下に凸な放物線をグラフにもつ 2 次関数では，頂点が定義域内に入っていればそこで最小値をとります。頂点は放物線全体の中でさえ y 座標が最小だからです[6]。

場合分けの境界となるのは，頂点 $(a, 3-a^2)$ が定義域 $-3 \leqq x \leqq -1$ を出入りする瞬間ですから，$a = -3, -1$ です。上図左は $a < -3$ のときであり，この場合 $m(a) = f(-3) = 6a + 12$ となります。

中央は $-3 \leqq a \leqq -1$ のときであり，この場合，前述の理由により頂点の y 座標 $3 - a^2$ が最小値です。そして右は $-1 < a$ のときであり，$m(a) = f(-1) = 2a + 4$ となります。

以上より，$m(a) = \begin{cases} 6a + 12 & (a < -3) \\ 3 - a^2 & (-3 \leqq a \leqq -1) \\ 2a + 4 & (-1 < a) \end{cases}$ とわかりました。

文字定数が関数自体に含まれている場合を扱いましたが，定義域の"帯"と放物線との位置関係を調べるというのはさきほどと同じです。

例題　　2 次関数の最大値・最小値④

a を定数とする。2 次関数 $y = -x^2 - ax + 1$ の区間 $0 \leqq x \leqq 3$ における最大値 $M(a)$ および最小値 $m(a)$ を求めよ。

6　たとえば，世界で一番チェスが強い人が日本にいたら，その人は日本でも一番強い，というのと同じです。

答え：$M(a)=\begin{cases} -3a-8 & (a<-6) \\ \dfrac{a^2}{4}+1 & (-6\leqq a\leqq0) \\ 1 & (0<a) \end{cases}$, $\qquad m(a)=\begin{cases} 1 & (a\leqq-3) \\ -3a-8 & (-3<a) \end{cases}$

以下，$f(x):=-x^2-ax+1\left(=-\left(x+\dfrac{a}{2}\right)^2+\dfrac{a^2}{4}+1\right)$ とします。

まずは最大値 $M(a)$ から。ありうる場合分けは下図の通りです。

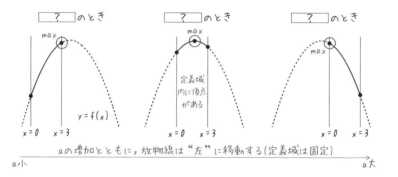

定義域内に頂点が含まれる条件は $0\leqq-\dfrac{a}{2}\leqq3$ つまり $-6\leqq a\leqq0$ であり，上図は左から順に $a<-6$，$-6\leqq a\leqq0$，$0<a$ に対応しています。そして，最大値 $M(a)$ の値は順に $f(3)\ (=-3^2-a\cdot3+1),\ f\left(-\dfrac{a}{2}\right)\left(=\dfrac{a^2}{4}+1\right),\ f(0)=1$ となります。

次に最小値 $m(a)$ を求めましょう。ありうるケースは次の通りです。

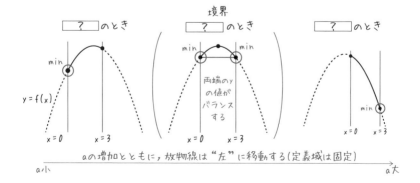

最小値については，図中央のように定義域の両端における y の値が等しくなる，つまり $f(0)=f(3)$ となるような a の値が分水嶺です。この値は，対称性から $\dfrac{0+3}{2}=-\dfrac{a}{2}$　$\therefore a=-3$ とわかります。よって，$m(a)$ は以下の通りです。

$$a\leqq-3 \text{ のとき：} m(a)=f(0)=1$$
$$-3<a \text{ のとき：} m(a)=f(3)=-3a-8$$

いまの問題の別解：候補を図示し，なぞって攻略！

曲線 $y=f(x)$ は放物線なので，$f(x)$ の $0\leqq x\leqq 3$ における最大値・最小値は $x=0,3$ や頂点のいずれかでとります。そこで，$f(0)=1$（$=$ 一定），$f(3)=-3a-8$，$f\left(-\dfrac{a}{2}\right)=\dfrac{a^2}{4}+1$ の大小を比べて最大値・最小値を求める方法もあります。

具体的には，横軸を a としてそれら3つ（を a の関数とみたもの）のグラフを描き，最も上にあるものをなぞれば $M(a)$ がわかり，最も下にあるものをなぞれば $m(a)$ がわかるというわけです（下図）。ただし，放物線 $y=f(x)$ の頂点の x 座標 $-\dfrac{a}{2}$ はつねに定義域内にあるわけではないため，$-6\leqq a\leqq 0$ 以外では最大値・最小値の候補から外すことに注意しましょう。

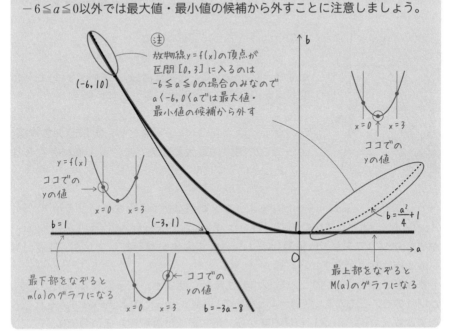

注 放物線 $y=f(x)$ の頂点が区間 $[0,3]$ に入るのは $-6\leqq a\leqq 0$ の場合のみなので $a<-6,0<a$ では最大値・最小値の候補から外す

$(-6,10)$

$y=f(x)$ ココでの y の値 $x=0$ $x=3$

ココでの y の値 $x=0$ $x=3$

$b=1$ $(-3,1)$ $b=\dfrac{a^2}{4}+1$

最下部をなぞると $m(a)$ のグラフになる

ココでの y の値 $x=0$ $x=3$ $b=-3a-8$

最上部をなぞると $M(a)$ のグラフになる

▶ 最大値・最小値に関する発展問題・文章題

最大値・最小値に関する内容はもう少しでおしまいです。残りも頑張りましょう！

x の関数 $f(x) = -(x^2-2x)^2 - 4(x^2-2x)$ の最大値・最小値を求めよ。
ただし，定義域は実数全体とする。

とりあえず $f(x)$ を展開し，整理すると
$$f(x) = -(x^4-4x^3+4x^2)-(4x^2-8x) = -x^4+4x^3-8x^2+8x$$
となりますが，ここから最大値・最小値を求めるのは簡単ではなさそうです。

そこで，何かしら工夫をしてみましょう。$f(x) = -(\boldsymbol{x^2-2x})^2 - 4(\boldsymbol{x^2-2x})$ という式をよく見ると，$\boldsymbol{x^2-2x}$ が 2 ヶ所にありますね。細かいことは後で考えることにして，とりあえず $A(x)=x^2-2x$ と定めると
$$f(x) = -A(x)^2 - 4A(x)$$
となります。これは $\boldsymbol{A(x)}$ についての 2 次関数ですね。4 次関数の取り扱いはよく知りませんが，2 次関数であればこれまでの方法で対処できそうです。

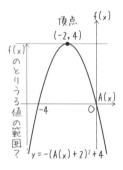

さて，$f(x)$ をさらに変形すると
$$f(x) = -(A(x)+2)^2 + 4$$
となります。よって，**横軸を $\boldsymbol{A(x)}$**，縦軸を $f(x)$ としたグラフを描いてみると左図のようになります。

このグラフは点 $(-2, 4)$ を頂点とし，上に凸の放物線。よってこの関数は最大値 4 をとり，最小値は存在しない。あっという間に解決のようです！

……ところで，$A(x)=-2$ となるような x の値はいくらなのでしょうか？
$A(x)=x^2-2x$ としていたので $A(x)=-2 \iff x^2-2x=-2 \iff (x-1)^2=-1$
が成り立つのですが，$\boldsymbol{(x-1)^2=-1}$ **をみたす実数 $\boldsymbol{x}$ は存在しません。**任意の実数の 2 乗は 0 以上ですから。
それがどうした？ と思うかもしれませんが，結構困った事態になっています。というのも，**そもそも $f(x)=4$ となるのは $A(x)=-2$ のときのみで，それをみたす実数 $\boldsymbol{x}$ が存在しない**わけですから，最大値 4 は実現できないのです。

では、いまの議論のどこにおかしな点があったのでしょうか。

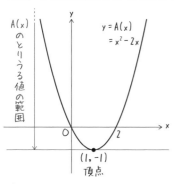

左ページでは横軸を $A(x)$ として放物線を描きましたが、$A(x)=-2$ とはなりえないと判明しました。つまり、"定義域"だと思っていた $A(x)$ の値の範囲に制限があったことが、さきほどの誤りの要因なのです。

ならば、$A(x)$ のとりうる値の範囲を調べるべきですね。早速やってみましょう。といっても、

$$A(x)=x^2-2x=(x-1)^2-1$$

と容易に平方完成できます。

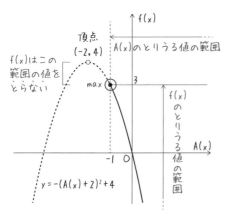

xy 平面における $y=A(x)$ のグラフは左上のようになります。いま x は全実数を動くことがわかっていますから、$A(x)$ は -1 以上の任意の実数値をとり、それ以外の値（-1 未満の実数値）は決してとらないことがわかります。つまり、$f(x)=-(A(x)+2)^2+4$ という $A(x)$ の関数の"定義域"は $-1\leqq A(x)$ なのです。

$A(x)$ のとりうる値の範囲に注意して、$f(x)$ と $A(x)$ の関係を図示し直すとふたつ目の図のようになります。放物線のうち実線でない箇所に対応する $A(x)$ の値が、x をどのような値にしても実現しないものです。これより、**関数 $f(x)$ の最大値は 3 であり、最小値は存在しない**とわかりますね。

このように、変数変換を利用するときは変域の違いの確認が不可欠です。

例題	2次関数の最大値・最小値⑤

$f(x)=-x^2+4x-3$ と定める。このとき、以下の x の関数各々がとりうる値の範囲、そして最大値・最小値を答えよ。ただし、**x は実数全体を動く**ものとする。

(1) $f(x)$ 　　　　　　　　　　(2) $f(f(x))$

(1) 答え：**1 以下の実数全体** ／ **最大値：1** ／ **最小値：存在しない**

$f(x) = -(x-2)^2 + 1$ であり，x は実数全体を動きます。

(2) 答え：**0 以下の実数全体** ／ **最大値：0** ／ **最小値：存在しない**

$f(\ )$ の中にある $f(x)$ は 1 以下の実数全体を動くのですから，$f(f(x))$ のとりうる値の範囲は関数 $f(x)$ の $x \leq 1$ における値域と同じです。

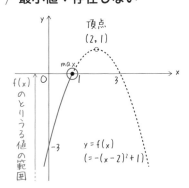

右図より，$x \leq 1$ で $f(x)$ のとりうる値の範囲は $f(x) \leq 0$ であり，x が実数全体を動くときの $f(f(x))$ のとりうる値の範囲もそれと同じです。

例題 　2 次関数の最大値・最小値（図形問題への応用）

直角をはさむ 2 辺の長さの和が 6 である直角三角形のうち，斜辺の長さが最小であるものについて，その 3 辺の長さを求めよ。

答え：$3,\ 3,\ 3\sqrt{2}$

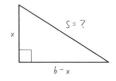

直角をはさむ 2 辺のうち一方の長さを x と定めます。すると他方の長さは $6-x$ となります。これらはいずれも正であるべきですから，$\begin{cases} 0 < x \\ 0 < 6-x \end{cases}$ つまり $0 < x < 6$ が x の動く範囲です。以下このもとで考えましょう。

斜辺の長さを s と定めると，三平方の定理より次式が成り立ちます。

$$s^2 = x^2 + (6-x)^2 = 2x^2 - 12x + 36 = 2(x-3)^2 + 18$$

s はつねに正ですから，s の大小変化と s^2 の大小変化は同じですね。

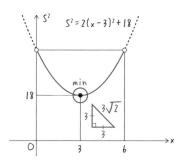

そこで、s^2 が最小となる状態を調べます。これは x の2次関数となっており、グラフを描くと左のようになります。

よって s^2 は $x=3$ で最小値 18 をとります。このとき、他方の辺長は 3 であり、斜辺の長さは $s=\sqrt{18}=3\sqrt{2}$ です。なお、これは直角二等辺三角形になっています。

例題　　2変数関数 ver. にチャレンジ！

実数 x, y が $\begin{cases} x \geqq 0 \\ y \geqq 0 \\ 2x+y=2 \end{cases}$ …① をみたしながら動くとき、$x+\dfrac{y^2}{2}$ の最大値・最小値を求めよ。

例題の解説

答え：最大値… 2 / 最小値… $\dfrac{7}{8}$

$① \Longleftrightarrow \begin{cases} x \geqq 0 \\ y \geqq 0 \\ y=-2x+2 \end{cases} \Longleftrightarrow \begin{cases} x \geqq 0 \\ -2x+2 \geqq 0 \\ y=-2x+2 \end{cases} \Longleftrightarrow \begin{cases} x \geqq 0 \\ 1 \geqq x \\ y=-2x+2 \end{cases} \Longleftrightarrow \underline{\begin{cases} 0 \leqq x \leqq 1 \\ y=-2x+2 \end{cases}}②$

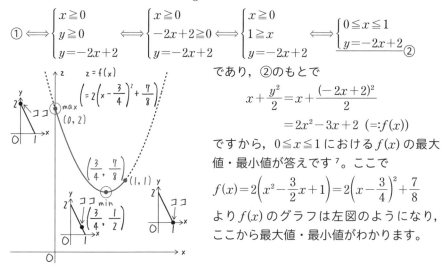

であり、②のもとで

$$x+\frac{y^2}{2}=x+\frac{(-2x+2)^2}{2}$$
$$=2x^2-3x+2 \ (=:f(x))$$

ですから、$0 \leqq x \leqq 1$ における $f(x)$ の最大値・最小値が答えです[7]。ここで

$$f(x)=2\left(x^2-\frac{3}{2}x+1\right)=2\left(x-\frac{3}{4}\right)^2+\frac{7}{8}$$

より $f(x)$ のグラフは左図のようになり、ここから最大値・最小値がわかります。

7　① $\Longleftrightarrow$ ② と同値変形し、$x \geqq 0$ かつ $y \geqq 0$ という条件をすべて x に押し付けました。よって（x の値に対応する y の値はどうせ存在するので）x のことだけを考えればよいのです。同様の議論を p.242 でも行います。

5-3 ▷ 2次関数の決定

これまでは，（文字定数の有無はさておき）具体形がわかっている2次関数を扱ってきました。次は，逆に何らかの条件から2次関数を求める手段を考えます。

▶ 通過点を3つ与えると2次関数が1つ決まる（ことが多い）

まずはこんなものを考えてみましょう。

$f(x)$ を2次関数とする。xy 平面上の曲線 $y=f(x)$ が点 $(1, 1)$ を通るとき，$f(x)$ に課される条件は何か。

これは当然 $f(1)=1$ ですね。では，$f(1)=1$ をみたす2次関数 $f(x)$ はどれほどあるのでしょうか。

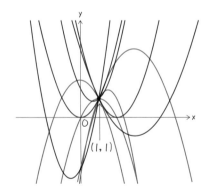

たとえば $\boldsymbol{f(x)=ax^2+bx+c}$ （a, b, c は実数 , $a \neq 0$）とすると，
$$f(1)=1 \Longleftrightarrow a+b+c=1$$
とわかります。

係数3つに対し条件が1つですから，まだ2文字分の自由度があります。実際，点 $(1, 1)$ を通る放物線はさまざまです（左図）。

次に，曲線 $y=f(x)$ が通る点をもう1つ追加してみましょう。

$f(x)$ を2次関数とする。xy 平面上の曲線 $f(x)$ が点 $(1, 1)$ および点 $(3, 5)$ を通るとき，$f(x)$ に課される条件は何か。

a, b, c の条件は，たとえば次のように整理できます。
$$\begin{cases} f(1)=1 \\ f(3)=5 \end{cases} \Longleftrightarrow \begin{cases} a+b+c=1 \\ 9a+3b+c=5 \end{cases} \Longleftrightarrow \begin{cases} b=-4a+2 \\ c=3a-1 \end{cases}$$

したがって，文字定数を 2 つ減らして

$$f(x) = ax^2 + (-4a+2)x + (3a-1) = ax^2 - 2(2a-1)x + (3a-1) \ (a \neq 0)$$

と書けます。文字が 3 つに対し式が 2 本だから自由度は 1 つ，ということです。

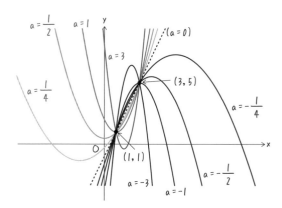

このとき，a の値をいろいろ変えて曲線 $y = f(x)$ を図示すると左のようになります。ぜひご自身でもグラフソフト[8]で曲線 $y = f(x)$ を描画し，a の値を変えて遊んでみてください。

実は，a が実数全体を動くとき，xy 平面のほぼ全体を放物線が一度通過します[9]。逆にいうと，点 $(1, 1)$, $(3, 5)$ のほかにもう 1 点通過点を決めることにより大抵の場合 a を決定でき，これは $f(x)$ が決定されたことを意味します。実際にもう 1 点加えてみましょう。

$f(x)$ を 2 次関数とする。xy 平面上の曲線 $y = f(x)$ が点 $(1, 1)$, $(3, 5)$, $(-6, 8)$ を通るとき，$f(x)$ を求めよ。

グラフが 2 点 $(1, 1)$, $(3, 5)$ を通る以上，$f(x) = ax^2 - 2(2a-1)x + (3a-1) \ (a \neq 0)$ と書けるのは同じです。それに加え $f(-6) = 8$ が成り立つ a の値が答えです。

$$f(-6) = a \cdot (-6)^2 - 2(2a-1) \cdot (-6) + (3a-1) = 63a - 13$$

ですから，$63a - 13 = 8$ より $a = \dfrac{1}{3}$ と計算できますね。つまり放物線 $y = f(x)$ が 3 点 $(1, 1)$, $(3, 5)$, $(-6, 8)$ を通るとき，

$$f(x) = \frac{1}{3} \cdot x^2 - 2 \left(2 \cdot \frac{1}{3} - 1 \right) x + \left(3 \cdot \frac{1}{3} - 1 \right) = \frac{1}{3}x^2 + \frac{2}{3}x$$

と求められます。**通過する 3 点を与えることで放物線が決定される**ようです。

---

8 誰でも利用できるグラフソフトとして，GeoGebra や desmos などが有名です。
9 定数 a を（0 も含め）どのように選んでもこの放物線（・直線）が通れない点たちが xy 平面に存在します。
　それはどこでしょうか？　　　　　　　　　（答え：2 直線 $x = 1$, $x = 3$ から 2 点 $(1, 1)$, $(3, 5)$ を除いた部分）

点 $(1, 1)$, $(3, 5)$ を通過するという条件に，いまの例では点 $(-6, 8)$ を通過するという条件を与え，$f(x)$ を求めました。ですが条件の与え方はほかにもあります。たとえば放物線が x 軸と接するという条件でも a を決定できそうです。

また，さきほどの図の放物線たちを見ると，頂点の x 座標が決まっていないことがわかりますね。つまり頂点の x 座標に関する条件を与えるのもアリです。

このように，2 次関数を決定するための条件の与え方は実に多様なのです。では，こうした条件たちはどのように数式で表現できるのでしょうか。例題にしてみたので，一緒に考えてみましょう。

例題 2 次関数の決定①

$f(x)$ を 2 次関数とする。本文中にある通り，放物線 $C : y = f(x)$ が点 $(1, 1)$, $(3, 5)$ を通るとき，0 でない実数 a を用いて

$$f(x) = ax^2 - 2(2a-1)x + (3a-1)$$

と書けることがわかった。このもとで，以下の問いに答えよ。

(1) C が点 $(4, 5)$ も通るとき，a の値を求めよ。
(2) C が x 軸と接するとき，a の値を求めよ。
(3) C が点 $(1, 1)$ を頂点とするとき，a の値を求めよ。
(4) y 軸上のとある点Ｐは，任意の a ($\neq 0$) の値に対し C 上に存在しないという。このような点Ｐの座標を求めよ。

例題の解説

(1) 答え：$a = -\dfrac{2}{3}$ $f(4) = 5$ を a の方程式とみて解くのみです。

(2) 答え：$a = \dfrac{3 \pm \sqrt{5}}{2}$

$f(x)$ を平方完成すると，次のようになります。

$$f(x) = a\left(x^2 - \frac{2(2a-1)}{a} + \frac{3a-1}{a}\right) = a\left(x - \frac{2a-1}{a}\right)^2 + 3a - 1 - \frac{(2a-1)^2}{a}$$

したがって C の頂点の座標は $\left(\dfrac{2a-1}{a},\ 3a - 1 - \dfrac{(2a-1)^2}{a}\right)$ です。

C が x 軸で接することは，C の頂点の y 座標が 0 であることと同値です。それを a の条件とみると

$$3a-1-\frac{(2a-1)^2}{a}=0 \iff a(3a-1)=(2a-1)^2 \iff a^2-3a+1=0$$

と整理できます。あとはこの 2 次方程式を解けば OK です。

(3) 答え：$a=1$

$f(x)$ の関数形が問題文のようになっていれば，C は必ず点 $(1,1)$ を通ります。よって，**点 $(1,1)$ が C の頂点となることは，C の頂点の x 座標が 1 であること**とと同値です。あとは a の方程式 $\frac{2a-1}{a}=1$ を解けば正解が得られます。

(4) 答え：$P(0,-1)$

$f(0)=3a-1$ ですから，C と y 軸との交点の座標は $(0,3a-1)$ です。ここで $3a-1$ は a の 1 次関数ですが，**$a\neq0$ なので $3a-1=-1$ とはなりえません**。したがって，$a\,(\neq0)$ をどのような値にしても C が点 $(0,-1)$ を通ることはありません。なお，-1 と異なる任意の実数値をとることはできます。

なお，3 点 $(1,1),(3,5),(0,-1)$ は同一直線上にあり，その直線は $a=0$ としたときの $y=f(x)$ のグラフになっています。同一直線上にある異なる 3 点を通る放物線は，確かに存在しない気がしますよね[10]。

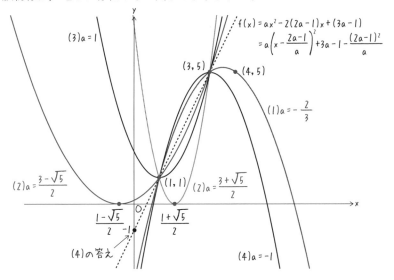

---

10 実際，そのような放物線は（対称軸を傾けたとしても）存在しません。

▶ 与えられた条件に応じて，便利そうな形の方程式を用いる

いまの例題では，$f(x) = ax^2 + bx + c$ とし，曲線 $y = f(x)$ が通る 2 点 $(1, 1)$, $(3, 5)$ を通ることから a, b, c の関係式を 2 つ導き，$f(x) = ax^2 - 2(2a-1)x + (3a-1)\ (a \neq 0)$ という 1 変数の形を導きました。その後さらにさまざまな条件を 1 つ追加することで a を決定しましたね。

もちろんそれで全く問題ないのですが，用いる方程式の形を問題の条件にあわせることで，よりスマートに問題を解ける場合があります。

たとえば次のような問題を考えてみましょう。

$f(x)$ を 2 次関数とする。放物線 $C : y = f(x)$ が点 $(1, 2)$, $(7, 8)$ を通り，かつ x 軸と接するとき，$f(x)$ を求めよ。

これまでのように，$f(x) = ax^2 + bx + c\ (a, b, c$ は定数 , $a \neq 0)$ として，条件をみたす係数 a, b, c の組 (a, b, c) を求めるという方針で解くと，以下のようになります。

$f(x) = ax^2 + bx + c$ とし，(a, b, c) を求める解法

条件より $f(1) = 2$ かつ $f(7) = 8$ であり，これは以下のように同値変形できます。

$$\begin{cases} f(1) = 2 \\ f(7) = 8 \end{cases} \iff \begin{cases} a + b + c = 2 & \cdots① \\ 49a + 7b + c = 8 & \cdots② \end{cases}$$

の左辺・右辺から①の左辺・右辺を各々減算することで $48a + 6b = 6$ つまり $b = -8a + 1$ を得ます。これを①に代入することで $c = 7a + 1$ を得ます。

このとき逆に "①かつ②" も導けるため，放物線 $C : y = f(x)$ が点 $(1, 2)$, $(7, 8)$ を通ることは，$f(x)$ が

$$f(x) = ax^2 + (-8a+1)x + (7a+1)\ (a \neq 0) \quad \cdots③$$

と書けることと同値です。このもとで，放物線 $y = f(x)$ が x 軸と接するような a の値を求め，そこから $f(x)$ を計算します。

$f(x)$ の具体形③を平方完成すると次のようになります。

$$f(x) = a\left\{ x^2 + \left(-8 + \frac{1}{a}\right)x + \left(7 + \frac{1}{a}\right) \right\}$$

$$=a\left\{x+\left(-4+\frac{1}{2a}\right)\right\}^2-a\left(-4+\frac{1}{2a}\right)^2+(7a+1)$$

$$=a\left\{x+\left(-4+\frac{1}{2a}\right)\right\}^2+\left(-9a+5-\frac{1}{4a}\right)$$

放物線 $y=f(x)$ が x 軸と接することは，$f(x)$ を平方完成したときに "余りもの"
がゼロとなることと同じですから，$-9a+5-\dfrac{1}{4a}=0$ とわかります。これを次
のように（$a\neq0$ のもとで）解くことで，a の値を求められます。

$$-9a+5-\frac{1}{4a}=0\Longleftrightarrow 36a^2-20a+1=0\Longleftrightarrow(2a-1)(18a-1)=0\Longleftrightarrow a=\frac{1}{2},\frac{1}{18}$$

あとは，③にこれらの a の値を代入すれば $f(x)$ がわかります。

答え：$f(x)=\dfrac{1}{2}x^2-3x+\dfrac{9}{2}$ または $f(x)=\dfrac{1}{18}x^2+\dfrac{5}{9}x+\dfrac{25}{18}$

当然これでも正解ですが，連立方程式を同値変形したり，a のみで表した $f(x)$
を平方完成したりと手間がかかる解法であったのも事実です。できれば，もう少
し計算量の少ない解法がよいですね。そこで，ここでは "x 軸と接する" という
条件を最初に用いてみましょう。

工夫してみた解法

放物線 $y=f(x)$ が x 軸と接することは，頂点の y 座標が 0 であること，つまり
$f(x)=a(x-p)^2$（a, p は定数，$a\neq0$）という形に平方完成できることと同じです。

で，それの何がスゴいの？ とあなたは思うかもしれません。$f(x)=a(x-p)^2$ と
いう形にする義務はないのですが，これを用いると計算がだいぶラクになります。

実際にやってみましょう。まず，$f(x)=a(x-p)^2$ という形にした時点で確実に
曲線 $y=f(x)$ は x 軸に接します。よって未消化の条件は "放物線 $C:y=f(x)$
が点 $(1, 2), (7, 8)$ を通ること" であり，これらは "$f(1)=2$ かつ $f(7)=8$" と言
い換えられます。これを未知の定数 a, p の条件式にすると次のようになります。

$$\begin{cases}f(1)=2\\f(7)=8\end{cases}\Longleftrightarrow\begin{cases}a(1-p)^2=2 &\cdots①\\a(7-p)^2=8 &\cdots②\end{cases}$$

悩ましい形の連立方程式ですが，ちょっとした工夫で解決に至ります。まず①が
成り立つとき，①の両辺は当然 0 と等しくなりません。そこで②の左辺を①の左
辺で除算し，②の右辺を①の右辺で除算すると

$$\frac{a(7-p)^2}{a(1-p)^2}=\frac{8}{2} \qquad \therefore (7-p)^2=4(1-p)^2$$

という p の方程式が得られ，これは次のようにして容易に解けます。

$$(7-p)^2=4(1-p)^2 \Longleftrightarrow 7-p=\pm 2(1-p) \Longleftrightarrow p=3,\,-5$$

各々の p に対応する a の値は，たとえば①を用いることにより計算できます。

$$a=\frac{2}{(1-p)^2}=\begin{cases}\dfrac{1}{2} \quad (p=3 \text{ の場合}) \\[2mm] \dfrac{1}{18} \ \ (p=-5 \text{ の場合})\end{cases}$$

これで a の値も求まりました。以上より，問題文の条件をみたす 2 次関数 $f(x)$ は次の 2 つです。

$$f(x)=\frac{1}{2}(x-3)^2 \text{ または } f(x)=\frac{1}{18}(x+5)^2$$

$f(x)=ax^2+bx+c$ とする解法よりも計算量を少し減らせましたね。

もちろん，数学的に正しければどのような解法でも満点です。しかし実際の定期試験や入学試験には制限時間がありますから，時間がかかりすぎるというのは（他の問題に取り組む時間が減るという意味で）間接的にマイナスです。負担が少ない解法を採用できるとよいですね。

ところで，条件をみたす $f(x)$ が 2 つあることについて，あなたは当たり前に思ったでしょうか。それとも，意外に感じたでしょうか。

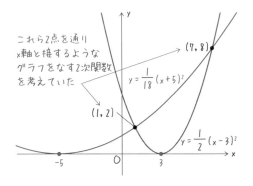

ただ計算をするだけだと，答えが 2 つ存在することを納得しづらいです。

そこで，考えている関数のグラフを描いてみましょう。すると左のようになります。このように図を描けば "なるほど。だから 2 つ答えが出てきたのか！" と納得できます。

たとえばテストでこうした問題に取り組んだ場合，グラフを答案に描く必要はありませんが，図を描いて自身の出した答えの妥当性を検証することで自信をもって次の問題に移れます。

　　2 次関数の決定②

$f(x)$ を x の 2 次式とする。曲線 $y=f(x)$ は x 軸と接し，かつ点 $(1, 1)$, $(-4, 4)$ を通るという。このとき $f(x)$ を求めよ。

例題の解説

答え：$f(x)=\dfrac{1}{25}(x-6)^2$ **または** $f(x)=\dfrac{9}{25}\left(x+\dfrac{2}{3}\right)^2$

放物線 $y=f(x)$ が x 軸と接するということは，曲線 $y=f(x)$ の頂点の y 座標が 0 であること，つまり $f(x)$ が $f(x)=a(x-p)^2$ (a, p は実数，$a \neq 0$) という形で表せることと同値です。この式に 2 点の座標 $(1, 1)$ および $(-4, 4)$ を代入して連立すると，次式が得られます。

$$\begin{cases} a(1-p)^2=1 \\ a(-4-p)^2=4 \end{cases} \iff \begin{cases} a(p-1)^2=1 & \cdots ① \\ a(p+4)^2=4 & \cdots ② \end{cases}$$

①が成り立つとき，①の両辺は当然 0 と等しくなりません。そこで②の左辺を①の左辺で除算し，②の右辺を①の右辺で除算することで

$$\frac{a(p+4)^2}{a(p-1)^2}=\frac{4}{1} \qquad \therefore (p+4)^2=4(p-1)^2$$

という p の方程式が得られ，これを解くことで $p=6, -\dfrac{2}{3}$ とわかります。そして，各々の p に対応する a の値は，たとえば①より次のように計算できます。

$$p=6 \quad \text{のとき } a=\frac{1}{(p-1)^2}=\frac{1}{25},$$

$$p=-\frac{2}{3} \text{ のとき } a=\frac{1}{(p-1)^2}=\frac{9}{25}$$

これで，問題文の条件をみたす 2 次関数 $f(x)$ がわかりました。

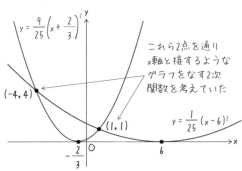

なお，さきほど同様に求めた 2 つの関数のグラフを描くと左のようになります。

こうして図にしてみると，やはり正解が複数あるのも納得ですね！

2 点の座標 $(1,1),(-4,4)$ が自身の求めた方程式をみたすかも確認しておくと盤石です。

引き続き，条件に応じて適切な形で立式をすることを考えます。次はこちら！

$f(x)$ を x の 2 次式とする。曲線 $y=f(x)$ は点 $(-3, 0), (-1, 1), (2, 0)$ を通るという。このとき $f(x)$ を求めよ。

$f(x)=ax^2+bx+c$ とし，(a, b, c) を求める解法

まずは，素朴に $f(x)=ax^2+bx+c$ $(a, b, c$ は定数，$a \neq 0)$ とする解法を用いてみます。曲線 $y=f(x)$ が問題文にある 3 点を通ることから，連立方程式

$$\begin{cases} f(-3)=0 \\ f(-1)=1 \\ f(2)=0 \end{cases} \Longleftrightarrow (*) : \begin{cases} 9a-3b+c=0 & \cdots ① \\ a-b+c=1 & \cdots ② \\ 4a+2b+c=0 & \cdots ③ \end{cases}$$

がしたがいます。$② \Longleftrightarrow c=-a+b+1$ $\cdots④$ であり，これを①，③に代入して

$$\begin{cases} 9a-3b+(-a+b+1)=0 \\ 4a+2b+(-a+b+1)=0 \end{cases} \Longleftrightarrow ⑤ : \begin{cases} 8a-2b=-1 \\ 3a+3b=-1 \end{cases}$$

と変形することで，a, b 2 文字の連立方程式となります。⑤から $a=-\dfrac{1}{6}$，

$b=-\dfrac{1}{6}$ が得られ，これと④より $c=-\left(-\dfrac{1}{6}\right)+\left(-\dfrac{1}{6}\right)+1=1$ とわかります。これらはもとの $(*)$ もみたしますから，答えは $f(x)=-\dfrac{1}{6}x^2-\dfrac{1}{6}x+1$ です。

もちろんこれでも正解なのですが，連立方程式 $(*)$ を解く過程がやや面倒ですね。計算量が増える，または複雑になると，計算の誤りも起こりやすいです。そこで，次のように工夫してみます。

工夫してみた解法

曲線 $y=f(x)$ が通る 3 点が与えられていますが，そのうち 2 点 $(-3, 0), (2, 0)$ は x 軸上の点ですね。つまり，**x の 2 次方程式 $f(x)=0$ の解が $x=-3, 2$ とわかっている**のです。$f(x)$ は 2 次式ですし，ある定数 a $(\neq 0)$ を用いて $f(x)=a(x+3)(x-2)$ と表すことができます。

あとは曲線 $y=f(x)$ が点 $(-1, 1)$ を通るように a の値を決定すれば終了です。この条件は $f(-1)=1$ と書くことができるので，a は次のような値となります。

$$a(-1+3)(-1-2)=1 \qquad \therefore a=-\frac{1}{6}$$

よって答えは $f(x)=-\dfrac{1}{6}(x+3)(x-2)\left(=-\dfrac{1}{6}x^2-\dfrac{1}{6}x+1\right)$ です。

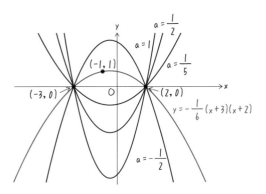

今回も，与えられた条件をうまく用いた $f(x)$ の具体形を用いることで，計算量を削減できました。

なお，a の値をいろいろ変えて関数 $y=a(x+3)(x-2)$ のグラフを描くと左のようになります。

これについても例題を用意しました。これで 2 次関数の決定問題は一段落です。

例題　2 次関数の決定③

$f(x)$ を x の 2 次式とする。曲線 $y=f(x)$ は点 $(3, 0)$, $(4, 1)$, $(7, 0)$ を通るという。このとき $f(x)$ を求めよ。

例題の解説

答え：$f(x)=-\dfrac{1}{3}(x-3)(x-7)$

$\qquad\left(=-\dfrac{1}{3}x^2+\dfrac{10}{3}x-7\right)$

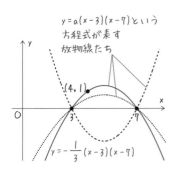

曲線 $y=f(x)$ が 2 点 $(3, 0)$, $(7, 0)$ を通ることから，ある 0 でない実数 a を用いて
$f(x)=a(x-3)(x-7)\ (a\neq 0)$ と書けるとわかり，これと $f(4)=1$ より $a=-\dfrac{1}{3}$ となります。

5-4 ⊘ 2次方程式・2次不等式

2次関数のグラフや最大値・最小値の知識を用いれば，2次方程式や2次不等式に関するさまざまな問題を攻略できます。

▶2次方程式の解法

a, b, c をいずれも実数とし，さらに $a \neq 0$ とします。このとき，2次方程式 $ax^2 + bx + c = 0$ …① の解はどう求めればよいでしょうか。

代表的な手法のひとつは，因数分解を用いるものです。与えられた方程式①を
$$① \Longleftrightarrow a(x-\alpha)(x-\beta) = 0$$
と因数分解できれば，①の解は $x = \alpha$ または $x = \beta$ とわかります。なぜなら
$$a(x-\alpha)(x-\beta) = 0 \Longleftrightarrow (x-\alpha)(x-\beta) = 0 \quad (\because a \neq 0)$$
$$\Longleftrightarrow x - \alpha = 0 \text{ または } x - \beta = 0$$
$$\Longleftrightarrow x = \alpha \text{ または } x = \beta$$
が成り立つからです[11]。

▶2次方程式の解の公式

ひとたび因数分解できれば，2次方程式の解はすぐわかります。しかし，いつもシンプルな係数で因数分解ができるとは限りません。その意味でも，どんな場合にも対応できる公式があると嬉しいですね。そこで，中学では2次方程式の解の公式というものも学習しました。

△ 定理　2次方程式の解の公式

a, b, c をいずれも実数とし，さらに $a \neq 0$ とする。$b^2 - 4ac \geqq 0$ のとき，2次方程式 $ax^2 + bx + c = 0$ …① の解は $x = \dfrac{-b \pm \sqrt{b^2 - 4ac}}{2a}$ である。

11　実数 x, y について "$xy = 0 \Longleftrightarrow x = 0$ または $y = 0$" が成り立つというのが，この解法の要です。

定理の証明 ・・

①の両辺に $4a$ を乗算すると $4a^2x^2 + 4abx + 4ac = 0$ となります。頭の中で $(2ax + b)^2 = 4a^2x^2 + 4abx + b^2$ を思い浮かべながら左辺を平方完成すると

$$4a^2x^2 + 4abx + b^2 = b^2 - 4ac \qquad \therefore (2ax + b)^2 = b^2 - 4ac$$

となります。$b^2 - 4ac \geqq 0$ の場合，$2ax + b$ というものを 2 乗したら $b^2 - 4ac$ という非負実数になったわけですから，方程式①の解は

$$2ax + b = \pm\sqrt{b^2 - 4ac} \qquad \therefore x = \frac{-b \pm \sqrt{b^2 - 4ac}}{2a}$$

と計算できますね[12]。■

結局，平方完成して $(\bullet x + \bigcirc)^2 = \blacksquare$ という形にすれば解を計算できる，という だけのことです。その形にもっていきたい，という目的を忘れなければ，解の公式の導出は容易に理解できます。

因数分解，そして解の公式を振り返りました。適宜これらを用いて，2 次方程式の例題に取り組んでみましょう。

例題　　（主に 2 次の）方程式

以下の x についての方程式の実数解を求めよ。

(1)　$x^2 - 11x + 18 = 0$ 　　(2)　$x(x - 1) = 1$ 　　(3)　$8 = 2(x + 3)^2$

(4)　$12x^2 - 13x - 14 = 0$ 　　(5)　$\dfrac{3x^2 - 2}{5} = 4x + 1$ 　　(6)　$x^3 = 1$

例題の解説

(1) 答え：$x = 2$ または $x = 9$

　この方程式は $(x - 2)(x - 9) = 0$ と因数分解できます。できればそれに気づきたいですが，解の公式を用いてももちろん正解です。

(2) 答え：$x = \dfrac{1 \pm \sqrt{5}}{2}$ $\left(x = \dfrac{1 + \sqrt{5}}{2} \text{ または } x = \dfrac{1 - \sqrt{5}}{2} \right)$

　この方程式を $x^2 - x - 1 = 0$ の形に整理してから解の公式を用いる，または

12　実数 x と非負実数 k に対し，$x^2 = k \iff$ "$x = \sqrt{k}$ または $x = -\sqrt{k}$" が成り立つのがポイントです。

$\left(x-\dfrac{1}{2}\right)^2=\dfrac{5}{4}$ と平方完成して平方根を考えるのがよいでしょう。

(3) **答え：$x=-5$ または $x=-1$**

両辺を 2 で除算すると $(x+3)^2=4$ となり，これより $x+3=\pm 2$ すなわち $x=-3\pm 2$ がしたがいます。

(4) **答え：$x=-\dfrac{2}{3}$ または $x=\dfrac{7}{4}$**

この方程式は $(3x+2)(4x-7)=0$ と因数分解できます。係数がやや複雑なので，開き直って解の公式を使ってもよいでしょう。

(5) **答え：$x=7$ または $x=-\dfrac{1}{3}$**

両辺に 5 を乗算して整理すると $3x^2-20x-7=0$ となり，これを因数分解すると $(3x+1)(x-7)=0$ が得られます。

(6) **答え：$x=1$**

$$x^3=1 \Longleftrightarrow x^3-1=0$$
$$\Longleftrightarrow (x-1)(x^2+x+1)=0$$
$$\Longleftrightarrow x=1 \text{ または } x^2+x+1=0$$

ですが，方程式 $x^2+x+1=0$ に実数解は存在しません。解の公式を用いると根号の中身は負になりますし，（同じことですが）$x^2+x+1=\left(x+\dfrac{1}{2}\right)^2+\dfrac{3}{4}$ より，任意の実数 x に対し x^2+x+1 は正となりますからね。結局，$x=1$ の方のみが残ります。

▶ 2 次方程式の判別式

2 次方程式に実数解が存在するか否か，そして存在するのであればそれがいくつなのかを判断する方法を考えてみましょう。

$f(x)=ax^2+bx+c$ と定めます。ここで a,b,c はいずれも実数であり，さらに $a\neq 0$ です。このもとで 2 次方程式 $f(x)=0$ …① の解の個数を調べましょう。解の公式の導出過程を見るだけでも解の個数はわかるのですが，**5-1** 節で 2 次関数のグラフについて学んだので，グラフを活用することとします。

まず，$f(x)$ を

$$f(x) = a\left(x + \frac{b}{2a}\right)^2 - \frac{b^2 - 4ac}{4a}$$

と平方完成することで，放物線 $C : y = f(x)$ の頂点は点 $\left(-\dfrac{b}{2a}, \ -\dfrac{b^2-4ac}{4a}\right)$ と

わかります。そして，①の解は C と x 軸との交点の x 座標と同じです。

a〉0の場合
放物線の頂点が x 軸から
"下"にあることが，f(x)=0 が
実数解をもつための必要十分条件

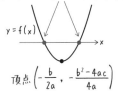

頂点 $\left(-\dfrac{b}{2a}, \ -\dfrac{b^2-4ac}{4a}\right)$

$a > 0$ の場合，この放物線は下に凸ですから，①に実数解が存在することは，C の頂点の y 座標が 0 以下であることと同値です。

つまり，$a > 0$ の場合に①が実数解をもつ必要十分条件は次のようになります。

$$-\frac{b^2-4ac}{4a} \leqq 0 \qquad \therefore b^2 - 4ac \geqq 0 \ (\because a > 0)$$

a〈0の場合
放物線の頂点が x 軸から
"上"にあることが，f(x)=0 が
実数解をもつための必要十分条件

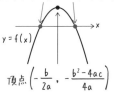

頂点 $\left(-\dfrac{b}{2a}, \ -\dfrac{b^2-4ac}{4a}\right)$

一方 $a < 0$ の場合，この放物線は上に凸ですから，①に実数解が存在することは，C の頂点の y 座標が 0 以上であることと同値です。

つまり，$a < 0$ の場合に①が実数解をもつ必要十分条件は次のようになります。

$$-\frac{b^2-4ac}{4a} \geqq 0 \qquad \therefore b^2 - 4ac \geqq 0 \ (\because a < 0)$$

このように，a が正であっても負であっても，方程式①が実数解をもつ条件は $b^2 - 4ac \geqq 0$ と書くことができます。どうやら $f(x) \ (= ax^2 + bx + c)$ という関数における $b^2 - 4ac$ は便利そうです。

もう少し詳しく調べてみましょう。$b^2 - 4ac = 0$ のとき，C は（a が正か負かに関係なく）x 軸にピッタリ接します。このとき①の実数解は 1 個です。
一方，$b^2 - 4ac > 0$ のとき，C と x 軸は相異なる 2 点で交わります。このとき①の実数解は 2 個です。

以上より，次のことが成り立ちます。

> △ 定理 　**判別式**
>
> 実数 $a\ (\neq 0),\ b,\ c$ に対し $f(x)=ax^2+bx+c$ と定める。このとき x の 2 次
> 方程式 $f(x)=0$ の実数解の個数に関して以下が成り立つ。
>
> $$b^2-4ac>0 \Longleftrightarrow \text{放物線 } y=f(x) \text{ と } x \text{ 軸との共有点は } 2 \text{ 個}$$
> $$\Longleftrightarrow f(x)=0 \text{ の実数解は } 2 \text{ 個}$$
>
> $$b^2-4ac=0 \Longleftrightarrow \text{放物線 } y=f(x) \text{ と } x \text{ 軸との共有点は } 1 \text{ 個}$$
> $$\Longleftrightarrow f(x)=0 \text{ の実数解は } 1 \text{ 個}$$
>
> $$b^2-4ac<0 \Longleftrightarrow \text{放物線 } y=f(x) \text{ と } x \text{ 軸との共有点は } 0 \text{ 個}$$
> $$\Longleftrightarrow f(x)=0 \text{ の実数解は } 0 \text{ 個}$$

この b^2-4ac は（2 次方程式 $ax^2+bx+c=0$ の）**判別式**とよばれます。今後頻
繁に用いるものですし，答案でも使用する機会があるので，名称も含め頭に入れ
ておきましょう。暗記を推奨するのは趣味ではないのですが，便利なものは便利
なのでしょうがないです。

▶ 判別式と解の公式の関係

新しい名称の式が登場して困惑するかもしれません。しかし，判別式という名称
が現れなかっただけで，実はこれまでにも同じものを扱っています。

すでに気づいているかもしれませんが，2 次方程式 $ax^2+bx+c=0$ の解の公式

$$x=\frac{-b\pm\sqrt{b^2-4ac}}{2a}$$

の根号内にも判別式 b^2-4ac が登場しているのです。

これはもちろん偶然ではありません。でも，初見だと“どうして？”と思うこと
でしょう。そこで，2 次方程式の解の公式に判別式 b^2-4ac が登場する理由を考
えます。

2次方程式の判別式と解の公式の関係

$f(x)=ax^2+bx+c$ と定める。ただし a, b, c はいずれも実数であって，さらに $a>0, b^2-4ac>0$ とする。このとき，以下の手順にしたがい2次方程式 $f(x)=0$ の実数解を求めよ。なお，以下では線分 XY の長さを単に XY と表す。

(1)　まず，$f(x)$ を平方完成し，曲線 $C:y=f(x)$ の頂点 P の座標を求めよ。

(2)　$a>0, b^2-4ac>0$ に注意して，C と x 軸の交点が2個であることを簡単に説明せよ。ただし，C が放物線であることや，放物線の概形は既知とする。

P から x 軸に下ろした垂線の足を Q とする。また，C と x 軸の2交点を，x 座標が大きい方から順に R_1, R_2 とする。

(3)　PQ を求めよ。

(4)　PQ と $(R_1Q)^2$, $(R_2Q)^2$ との関係に着目し，R_1Q, R_2Q を求めよ。

(5)　2点 R_1, R_2 の x 座標 x_1, x_2 を求めよ。

この x_1, x_2 が2次方程式 $f(x)=0$ の解であり，判別式 b^2-4ac は放物線の頂点の座標とも，方程式 $f(x)=0$ の2解の差とも密接に関係しているとわかる。

例題の解説

(1)　答え：$P\left(-\dfrac{b}{2a}, -\dfrac{b^2-4ac}{4a}\right)$

$f(x)$ の平方完成は，ぜひ自身でもやっていただきたいです。x^2 の係数が1でないと混乱してしまう場合は，次のように計算することもできます。

$$\frac{f(x)}{a}=x^2+\frac{b}{a}x+\frac{c}{a}=x^2+2\cdot x\cdot\frac{b}{2a}+\frac{c}{a}$$

$$=x^2+2\cdot x\cdot\frac{b}{2a}+\left(\frac{b}{2a}\right)^2+\frac{c}{a}-\left(\frac{b}{2a}\right)^2=\left(x+\frac{b}{2a}\right)^2-\frac{b^2-4ac}{4a^2}$$

$$\therefore f(x)=a\left(x+\frac{b}{2a}\right)^2-\frac{b^2-4ac}{4a}$$

この計算から，C の頂点 P の座標は $\left(-\dfrac{b}{2a}, -\dfrac{b^2-4ac}{4a}\right)$ とわかります。

(2) 答え：$a>0$, $b^2-4ac>0$ より，P の y 座標 $-\dfrac{b^2-4ac}{4a}$ は負とわか

ります。また，$a>0$ なので $|x|$ を大きくすると C はどんどん "上"
に伸びていき，y 座標が大きくなる勢いは増す一方です。よって，C
は x 軸と異なる 2 点で交わります。

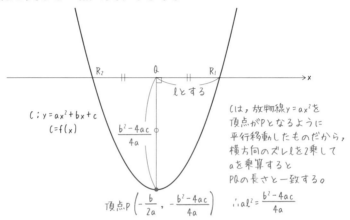

(3) 答え：$PQ=\dfrac{b^2-4ac}{4a}$

PQ は C の頂点 P の x 軸からの距離なので，次のように計算できます。

$$PQ=\left|-\frac{b^2-4ac}{4a}\right|=\frac{|b^2-4ac|}{4|a|}$$

$$=\frac{b^2-4ac}{4a} \quad (\because a>0,\ b^2-4ac>0)$$

(4) 答え：$R_1Q=R_2Q=\dfrac{\sqrt{b^2-4ac}}{2a}$

上図のように，$\ell:=QR_1$ と定めます。$f(x)$ の 2 次の係数が a なので，C は放物
線 $y=ax^2$ と同じ形です。よって $PQ=a\cdot(R_1Q)^2$ つまり $PQ=a\ell^2$ の成立がい
えます。(3)より $PQ=\dfrac{b^2-4ac}{4a}$ ですから，ℓ は次のように計算できます。

$$a\ell^2=\frac{b^2-4ac}{4a} \qquad \therefore \ell=\sqrt{\frac{b^2-4ac}{4a^2}}=\frac{\sqrt{b^2-4ac}}{2a}$$

(5) 答え：$x_1 = \dfrac{-b + \sqrt{b^2 - 4ac}}{2a}$, $x_2 = \dfrac{-b - \sqrt{b^2 - 4ac}}{2a}$

Q の x 座標は P と同じ $-\dfrac{b}{2a}$ なので，x_1, x_2 は次のように計算できます。

$$x_1 = -\frac{b}{2a} + \frac{\sqrt{b^2 - 4ac}}{2a} = \frac{-b + \sqrt{b^2 - 4ac}}{2a},$$

$$x_2 = -\frac{b}{2a} - \frac{\sqrt{b^2 - 4ac}}{2a} = \frac{-b - \sqrt{b^2 - 4ac}}{2a}$$

解の公式を直接用いることなく，放物線の頂点の座標から 2 次方程式の解を求めることができました。この例題をふまえると，**判別式 $b^2 - 4ac$ が解の公式の根号内にあることは当然**だ，と納得できるはずです。

| 例題 | 2 次方程式の実数解の個数① （文字定数なし） |

以下の x の方程式各々について，実数解の個数を調べよ。

(1)　$x^2 + 4x + 5 = 0$　　　(2)　$x^2 + 4x + 4 = 0$　　　(3)　$x^2 + 4x + 3 = 0$

| 例題の解説 |

以下，D を各 2 次方程式の判別式とします。

(1) **答え：0 個**

$D = 4^2 - 4 \cdot 1 \cdot 5 = -4$ より $D < 0$ ですから，実数解は 0 個です。

別解： $x^2 + 4x + 5 = (x+2)^2 + 1$ ですから，任意の実数 x に対して $x^2 + 4x + 5 > 0$ が成り立ち，したがってこの方程式は実数解をもちません。

(2) **答え：1 個**

$D = 4^2 - 4 \cdot 1 \cdot 4 = 0$ ですから，実数解は 1 個です。

別解： 具体的に解を求めてもよいでしょう。この方程式は $(x+2)^2 = 0$ と変形でき，この解は $x = -2$ のみですから，実数解の個数は 1 個です。

(3) **答え：2 個**

$D = 4^2 - 4 \cdot 1 \cdot 3 = 4$ より $D > 0$ ですから，実数解は 2 個です。

別解： 同じことですが，$x^2 + 4x + 3 = (x+2)^2 - 1$ と変形し，2 次関数 $y = (x+2)^2 - 1$ と x 軸との共有点の個数を調べても構いません。

2次方程式の実数解の個数②（文字定数あり）

a を定数とする。x の方程式 $ax^2 + x - 2 = 0$ …① の実数解の個数を求めよ。

例題の解説

答え：$\begin{cases} -\dfrac{1}{8} < a < 0 \text{ または } 0 < a \text{ のとき 2 個} \\[2mm] a = -\dfrac{1}{8} \text{ または } a = 0 \text{ のとき　1 個} \\[2mm] a < -\dfrac{1}{8} \text{ のとき　　　　　　0 個} \end{cases}$

まず $a = 0$ の場合，①は $x - 2 = 0$ という 1 次方程式になります。この実数解は（$x = 2$ の）1 つのみです。

次に $a \neq 0$ の場合ですが，このとき①は 2 次方程式であり，その判別式（D とする）の値は $D = 1^2 - 4 \cdot a \cdot (-2) = 8a + 1$ です。$8a + 1 \gtreqless 0 \iff a \gtreqless -\dfrac{1}{8}$（複合同順）ですから [13]，$-\dfrac{1}{8} < a < 0,\ 0 < a$ のときの実数解は 2 個，$a = -\dfrac{1}{8}$ のときの実数解は 1 個，$a < -\dfrac{1}{8}$ のときの実数解は 0 個です。

例題 2次関数のグラフと座標軸との位置関係

p を定数とする。放物線 $y = 2x^2 - (p+3)x - p$ が x 軸と接するとき，定数 p の値とそのときの接点を求めよ。

例題の解説

答え：$p = -7 \pm 2\sqrt{10}$ のときに放物線は x 軸と接し，そのときの接点の座標は $\left(-1 \pm \dfrac{\sqrt{10}}{2},\, 0\right)$ である。（複号同順）

---

13 "$\gtreqless$" という記号は見慣れないかもしれませんが，$8a + 1 > 0 \iff a > -\dfrac{1}{8}$，$8a + 1 = 0 \iff a = -\dfrac{1}{8}$，$8a + 1 < 0 \iff a < -\dfrac{1}{8}$ がいずれも成り立つということです。

$f(x) := 2x^2 - (p+3)x - p$ と定めます。放物線 $y = f(x)$ が x 軸と接することは，2次方程式 $f(x) = 0$ の実数解が1つである（重解をもつ）こと，つまり方程式 $f(x) = 0$ の判別式 D の値が0であることと同じです。実際に D を計算すると

$$D = \{-(p+3)\}^2 - 4 \cdot 2 \cdot (-p) = p^2 + 14p + 9$$

であり，これが0となる条件は $p = \dfrac{-14 \pm \sqrt{14^2 - 4 \cdot 1 \cdot 9}}{2} = -7 \pm 2\sqrt{10}$ です。

$f(x) = 2\left(x - \dfrac{p+3}{4}\right)^2 + (残りの定数)$ ですから，放物線 $y = f(x)$ の頂点の x 座標は $\dfrac{p+3}{4}$ であり，いまの p の値を代入すると次のようになります。

$$\frac{p+3}{4} = \frac{(-7 \pm 2\sqrt{10}) + 3}{4} = \frac{-4 \pm 2\sqrt{10}}{4} = -1 \pm \frac{\sqrt{10}}{2} \quad (複号同順)$$

なお，$f(x) = 2\left(x - \dfrac{p+3}{4}\right)^2 - \dfrac{p^2 + 14p + 9}{8}$ と平方完成し，放物線 $y = f(x)$ の頂点の y 座標 $-\dfrac{p^2 + 14p + 9}{8}$ が0と等しくなることから p を求めても OK です。

| 例題 | 放物線が切り取る線分の長さ |

k を定数とする。放物線 $y = kx^2 + x - k$ が x 軸から切り取る線分の長さが8であるとき，k の値を求めよ。ここで，放物線が x 軸から切り取る線分の長さとは，両者が相異なる2点 A, B で交わっているときの線分 AB の長さのことをいう。

| 例題の解説 |

答え：$k = \pm \dfrac{1}{2\sqrt{15}}$

$f(x) := kx^2 + x - k$ と定めます。$y = f(x)$ が放物線を表すことから $k \neq 0$ とわかり，以下 $k \neq 0$ のもとで議論をします。

x の2次方程式 $f(x) = 0$ の判別式 D の値は $D = 1^2 - 4 \cdot k \cdot (-k) = 1 + 4k^2$ であり，これは任意の実数 k に対し正であることから，放物線 $y = f(x)$ は x 軸と相異なる2点で交わります。それら2点の x 座標は方程式 $f(x) = 0$ の解にほかならず，k を用いて次のように表せます。

$$x = \frac{-1 + \sqrt{1 + 4k^2}}{2k}, \qquad \frac{-1 - \sqrt{1 + 4k^2}}{2k}$$

これら 2 解の差が 8 になることが AB＝8 と同値であり，条件を k について解くと次のようになります。

$$\left| \frac{-1+\sqrt{1+4k^2}}{2k} - \frac{-1-\sqrt{1+4k^2}}{2k} \right| = 8 \iff \frac{\sqrt{1+4k^2}}{|k|} = 8 \iff 1+4k^2 = 64k^2$$

$$\iff 60k^2 = 1 \iff k = \pm\frac{1}{2\sqrt{15}}$$

別解： $f(x) = k\left(x+\frac{1}{2k}\right)^2 - \left\{k+k\cdot\left(\frac{1}{2k}\right)^2\right\} = k\left(x+\frac{1}{2k}\right)^2 - \frac{4k^2+1}{4k}$ と平方完成でき，放物線 $y=f(x)$ の頂点の座標は $\left(-\frac{1}{2k},\ -\frac{4k^2+1}{4k}\right)$ とわかります。この頂点と x 軸との距離 $\left|-\frac{4k^2+1}{4k}\right|$ から AB の長さを求めても構いません。

▶ 放物線と直線の共有点，放物線どうしの共有点

座標平面における 2 つの曲線 $C_1 : y = f(x)$, $C_2 : y = g(x)$ の共有点を考えます。ここで $f(x)$, $g(x)$ はいずれも多項式です。なお，1 次以下の多項式関数のグラフは直線となりますが，"曲線" は "直線" を含むものとします。

そもそも C_1 は xy 平面上で $y=f(x)$ をみたす点 (x, y) をすべて集めたものであり，C_2 は xy 平面上で $y=g(x)$ をみたす点 (x, y) を集めたものです。よって，C_1, C_2 の共有点 (x, y) は，連立方程式 $\begin{cases} y = f(x) \\ y = g(x) \end{cases}$ …① の解そのものです。

ここで① $\iff$ $\begin{cases} y = f(x) & \cdots ② \\ f(x) = g(x) & \cdots ③ \end{cases}$ と同値変形してみましょう。x のみの方程式③が現れましたね。あとは③を解き，その解を②に代入することで C_1, C_2 の共有点を求められます。

共有点の個数のみ知りたい場合もありますが，実は③の実数解の個数がそのまま C_1, C_2 の共有点の個数となります。$f(x)$ が x の関数であり，③から得られる x の値各々に対し y の値がちょうど 1 個ずつ対応しているからです。

なお，②は代わりに $y=g(x)$ としてももちろん構いません。もとの連立方程式①を同値変形できていれば，行き先の連立方程式は何だってよいのです。
問題に応じて好都合なものを用いるとよいでしょう。

以下の各々について，曲線 $C_1 : y = f(x)$ と $C_2 : y = g(x)$ との共有点の座標を求めよ。共有点が存在しない場合は，その旨を述べよ。

(1)　$f(x) = x^2, g(x) = x - 2$　　　(2)　$f(x) = x^2, g(x) = x + 2$

(3)　$f(x) = x^2, g(x) = x^2 + 1$　　　(4)　$f(x) = x^2, g(x) = x^2 + x + 1$

(5)　$f(x) = 2x^2 - x - 2, g(x) = -x^2 + 4x$

(6)　$f(x) = 2x^2 - x - 2, g(x) = -x^2 + 5x - 5$

例題の解説

いずれの問題も，$f(x) = g(x)$ …(∗) の解を求めることで x 座標を計算し，その解を $y = f(x)$ か $y = g(x)$ の都合のよい方に代入して y 座標を求める，という方針にします。要は左ページで述べた通りに求めるということです。

(1) 答え：共有点なし

$$(∗) \iff x^2 - x + 2 = 0 \iff \left(x - \frac{1}{2}\right)^2 + \frac{7}{4} = 0$$

ですがこれは実数解をもちません。途中の方程式 $x^2 - x + 2 = 0$ について判別式を計算し，それが負であることを根拠にしても構いません。

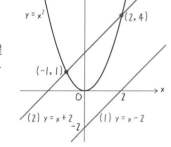

(2) 答え：$(-1, 1), (2, 4)$

$(∗) \iff x^2 - x - 2 = 0 \iff x = -1, 2$ です。

(3) 答え：共有点なし

(∗)の両辺の差はつねに 1 であり，(∗)をみたす実数 x は存在しません。

(4) 答え：$(-1, 1)$

$(∗) \iff x = -1$ です。

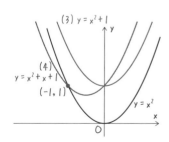

(5) 答え：$\left(-\dfrac{1}{3},\ -\dfrac{13}{9}\right),\ (2,\,4)$

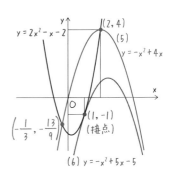

$(*) \Longleftrightarrow 3x^2 - 5x - 2 = 0$

$\Longleftrightarrow (3x+1)(x-2) = 0 \Longleftrightarrow x = -\dfrac{1}{3},\ 2$ です。

(6) 答え：$(1,\,-1)$

$(*) \Longleftrightarrow 3x^2 - 6x + 3 = 0 \Longleftrightarrow (x-1)^2 = 0$

$\Longleftrightarrow x = 1$ です。

例題　　放物線と直線の共有点の個数

k を定数とする。このとき，座標平面における放物線 $C : y = \dfrac{1}{2}x^2 + kx - 1$ と
直線 $\ell : y = x - k$ との共有点の個数を求めよ。

例題の解説

答え：$\begin{cases} k < 1 \text{ または } 3 < k \text{ のとき：共有点 } 2 \text{ 個} \\ k = 1 \text{ または } k = 3 \text{ のとき：共有点 } 1 \text{ 個} \\ 1 < k < 3 \text{ のとき：共有点 } 0 \text{ 個} \end{cases}$

c と ℓ の共有点の個数は，x の 2 次方程式 $\dfrac{1}{2}x^2 + kx - 1 = x - k$ …① の実数解の
個数と同じです。ここで① $\Longleftrightarrow x^2 + 2(k-1)x + 2(k-1) = 0$ …② であり，②
の判別式 D は次のように計算できます。

$$D = \{2(k-1)\}^2 - 4 \cdot 1 \cdot 2(k-1) = 4(k^2 - 4k + 3) = 4(k-1)(k-3)$$

この D の符号から方程式①の実数解の個数，すなわち C と ℓ の共有点の個数が
わかります（それらの個数が等しい理由は p.242 で述べた通りです）。

▶ 2 次不等式

2 次の多項式 $f(x)$ に対し，$f(x) > 0,\ f(x) \geqq 0,\ f(x) < 0,\ f(x) \leqq 0$ といった形に整
理できる不等式を 2 次不等式とよびます。これの解法を考えましょう。
たとえば $x^2 + x - 2 > 0$ …（*）という不等式を解くこととします。左辺は

$$x^2 + x - 2 = (x+2)(x-1)$$

と因数分解できるため，（*）$\Longleftrightarrow (x+2)(x-1) > 0$ です。

ここから先は，例として 3 つの方針をご紹介します。

① $x+2$ と $x-1$ 各々の符号変化を調べる

実数 x に対し，$x+2$ の値の符号は $x=-2$ を境に変化します。また，$x-1$ の値の符号は $x=1$ を境に変化しますね。

xの値(の範囲)	$x<-2$	$x=-2$	$-2<x<1$	$x=1$	$1<x$
$x+2$の符号	$-$	0	$+$	$+$	$+$
$x-1$の符号	$-$	$-$	$-$	0	$+$
$(x+2)(x-1)$の符号	$+$	0	$-$	0	$+$

よって，$x+2$ や $x-1$，そして $(x+2)(x-1)$ の符号は x の値とともに左のように変化します。
この表より，不等式 ($*$) の解は $x<-2$ または $1<x$ とわかります。

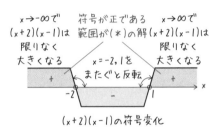

(x+2)(x-1)の符号変化

よりスマートな処理も可能です。
$(x+2)(x-1)$ の符号は，x が $x=-2, 1$ を"またぐ"たびに変化します[14]。
また，絶対値が十分大きい x であれば $x^2+x-2>0$ となります[15]。
これらをふまえ，左図のように符号変化をスケッチするとラクです。

② $x+2$ と $x-1$ の符号の関係を考える

$(x+2)(x-1)>0$ は，$x+2$ と $x-1$ がいずれも 0 ではなく，かつ同符号であることと同値です。これは数直線でいうと"点 $-2, 1$ から見て同じ方向にある"，"点 $-2, 1$ を結んでできる線分の外側に x がある"などと言い換えられます。

"xが点$-2, 1$から見て同じ方向にある"ことが
$(x+2)(x-1)>0$の言い換え

| 点1から見て左 点-2から見て左 | 点1から見て左 点-2から見て右 | 点1から見て右 点-2から見て右 |

したがって($*$)の解は $x<-2$ または $1<x$ となります。

14　関数の値がゼロとなる点をまたぐ際，いつも符号が変化するとは限りません。たとえば x^2 という x の関数は，$x=0$ の前後で符号が同じです。

15　グラフを思い浮かべれば納得がいくはずです。また，$|x|$ が大きくなるほど x^2+x-2 のうち x^2 が支配的になる，という見方もできますね（この見方は，数学 III で"極限"を学習するときなどにも役立ちます）。

第 5 章　2次関数とそのグラフ，方程式，不等式

③ 2次関数 $y=x^2+x-2$ のグラフを考える

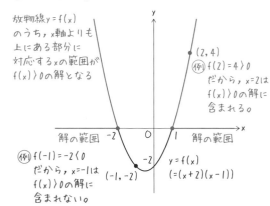

放物線 $y=f(x)$
のうち，x 軸よりも
上にある部分に
対応する x の範囲が
$f(x)>0$ の解となる

解の範囲 -2　　　　1　解の範囲

(例) $f(-1)=-2<0$
だから，$x=-1$ は
$f(x)>0$ の解に
含まれない。

(2, 4)
(例) $f(2)=4>0$
だから，$x=2$ は
$f(x)>0$ の解に
含まれる。

$y=f(x)$
$(=(x+2)(x-1))$
$(-1, -2)$

$f(x)=x^2+x-2$ とします。これが $f(x)=(x+2)(x-1)$ と因数分解できるのはすでに述べた通りです。また，$f(x)$ の最高次の係数は正です。よって，xy 平面における曲線 $y=f(x)$ は下に凸な放物線であり，x 軸と2点 $(-2, 0), (1, 0)$ を共有します。

放物線 $y=f(x)$ のうち直線 $y=0$（x 軸）よりも上にある部分に対応する x の範囲が，不等式 $f(x)>0$，つまり（＊）の解です。

いまは放物線のグラフが x 軸と相異なる2点を共有し，共有点の座標がキレイな値になる（つまり，手計算で因数分解が容易にできる）場合を扱いました。
しかし，放物線と x 軸との共有点の座標が（整数などの）キレイな値になるとは限りませんし，そもそも2次関数のグラフは x 軸と異なる2点を共有するとは限らないのでした。そこで，いくつか異なるケースについても考えてみます。

x の不等式 $x^2>0$ を解け。

0以外の任意の実数は2乗すると正になります。また，$0^2=0$ です。よってこの不等式の解は **$x<0$ または $0<x$** です。お好みで **$x\neq 0$** と表してもよいでしょう。

x の不等式 $2x^2+2\sqrt{6}x+3\leq 0$ を解け。

この不等式は $(\sqrt{2}x+\sqrt{3})^2\leq 0$ と書き換えられます。前問でも同様のことに言及しましたが，2乗して0以下となる実数は0のみです。よってこの不等式の解は

$$\sqrt{2}x+\sqrt{3}=0 \qquad \therefore x=-\frac{\sqrt{3}}{\sqrt{2}}\left(=-\frac{\sqrt{6}}{2}\right)$$

とわかります。不等式だからといって，解が不等号を含むとは限りません [16]。

16　というか，そんな根拠はどこにもありませんよね。

x の不等式 $-2x^2+3x-2>0$ を解け。

不等式の左辺は次のように変形できます。
$$-2x^2+3x-2 = -2\left(x-\frac{3}{4}\right)^2 - \frac{7}{8}$$
よって，任意の実数 x に対し $-2x^2+3x-2<0$ となりますから，この不等式に**実数解は存在しません**。2次の係数が負だと計算が少々面倒なので，もとの不等式の両辺を -2 で除算して $x^2-\frac{3}{2}x+1<0$ としてから考えてもよいでしょう。もちろん，判別式を活用して解くのもアリです。

2次不等式に限っても，その解はさまざまな形をしています。しかし，放物線の位置と解の形の関係をいちいち覚える必要は皆無です。
そんなことよりも，平方完成したりグラフを描いたりしてよく観察し，自身で説明できる正しい議論を積み重ねることが最速の問題解決手段となります。それを肝に銘じて，次の例題に取り組んでみてください。

| 例題 | 2次不等式 |

次の x の不等式を各々解け。
(1)　$x^2+2x>0$ 　　　　　　(2)　$x^2+2x>-1$
(3)　$x^2+2x>-2$ 　　　　　　(4)　$(x+1)^3>(x+2)^3$

| 例題の解説 |

(1) 答え：$x<-2$ または $0<x$
　$x^2+2x>0 \iff x(x+2)>0 \iff$ "x と $x+2$ が同符号"と変形できます。

(2) 答え：$x<-1$ または $-1<x$（$x \neq -1$ も正解）
　$x^2+2x>-1 \iff x^2+2x+1>0 \iff (x+1)^2>0$ と変形できます。0以外の任意の実数の2乗は正であり，2乗して0になる数は0のみです。よって $x+1 \neq 0$ つまり $x \neq -1$ が解となります。

(3) 答え：x は実数（任意の実数に対し成り立つ）
　$x^2+2x>-2 \iff x^2+2x+2>0 \iff (x+1)^2+1>0$ と変形でき，最後の不等式は任意の実数 x に対し成り立ちます。

(4) 答え：$x \in \varnothing$ **（実数解は存在しない）**

　3次不等式じゃないか，そんなの無理だ！　と思うかもしれませんが，

$$(x+1)^3 > (x+2)^3 \iff x^3 + 3x^2 + 3x + 1 > x^3 + 6x^2 + 12x + 8$$

$$\iff 0 > 3x^2 + 9x + 7 \iff 0 > 3\left(x + \frac{3}{2}\right)^2 + \frac{1}{4}$$

と変形できます。そして，最後の不等式に実数解は存在しません。

> **例題**　2 次不等式（応用）

次の x の不等式を各々解け。

(1) $-x^2 < 6x < -x^2 + 7$ ⋯⓪

(2) $\begin{cases} 7x^2 - 34x - 5 \leqq 0 & \cdots① \\ -5x^2 + 3x + 2 > 0 & \cdots② \end{cases}$

> **例題の解説**

(1) **答え：$-7 < x < -6$ または $0 < x < 1$**

　⓪ $\iff \begin{cases} -x^2 < 6x \\ 6x < -x^2 + 7 \end{cases}$ と変形できるのがポイントです。各々の不等式は

$$-x^2 < 6x \iff x(x+6) > 0 \iff x < -6 \text{ または } 0 < x$$

$$6x < -x^2 + 7 \iff x^2 + 6x - 7 < 0 \iff (x+7)(x-1) < 0 \iff -7 < x < 1$$

と解けるため，"$x < -6$ または $0 < x$" かつ $-7 < x < 1$ が⓪の解です。

(2) **答え：$-\dfrac{1}{7} \leqq x < 1$**

　各不等式は次のように変形でき，両者を連立することで解がわかります。

$$① \iff (7x+1)(x-5) \leqq 0 \iff -\frac{1}{7} \leqq x \leqq 5,$$

$$② \iff (5x+2)(x-1) < 0 \iff -\frac{2}{5} < x < 1$$

次は，値のわからない定数を含んだ 2 次不等式について考えます。

2 次不等式 $x^2 - (1+a)x + a < 0 \cdots(*)$ を解け。

2 次不等式の解き方はここまでにいくつか紹介してきましたが，そのうちのどの方法でも構いませんし，あなた独自のメソッドでももちろん OK です。

不等式(＊)の左辺は $x^2-(1+a)x+a=(x-1)(x-a)$ と因数分解できます。つまり $x^2-(1+a)x+a<0 \iff (x-1)(x-a)<0$ です。

なんだ，もう解けたじゃないか。$1<x<a$ でしょ？ と思うかもしれません。実はそれ，不正解なんです。……もう少し詳しく述べると，解が $1<x<a$ となる場合は確かにあるのですが，そうならないこともあるのです。

a は定数なのですが，値は不明です。つまり，$a=2$ かもしれないし，$a=0$ かもしれないし，$a=-3$ かもしれないのです。ほかの値だっていくらでもありうるでしょう。とすると，1 と a との大小関係が定まっていないことに気づきます。$a\leqq1$ のときは，さきほどの $1<x<a$ という解はおかしいですよね。

しかし，不等式に定数 a が現れてしまっている以上，どのような a の値に対しても不等式(＊)の解を求めなければなりません。そこで，場合分けをしてみましょう。分水嶺となるのは，もちろん a と 1 との大小関係です。

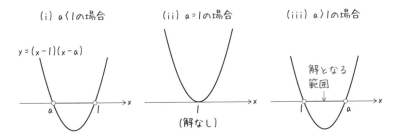

a と 1 との大小関係と，各ケースにおける $y=(x-1)(x-a)$ のグラフはこのようになります。あとはグラフを眺めるだけで解がわかりますね。もちろん，各ケースでグラフではなく $(x-1)$，$(x-a)$ の符号を調べても構いません。

よって，不等式(＊) $x^2-(1+a)x+a<0$ の解は $\begin{cases} a<x<1 \ (a<1) \\ \textbf{解なし} \ (a=1) \\ 1<x<a \ (1<a) \end{cases}$ となります。

場合分けの必要が生じたのは，値のわからない定数が加わったからです。一方，各ケースでの不等式の解き方はなんら変わっていませんね。因数の符号変化を表にまとめたり，グラフを描いたりして攻略すれば OK です。

文字を含む 2 次不等式はさまざまな模擬試験や入試問題で見かける重要テーマです。例題を 2 つ用意したので，取り組んでみてください。

(1)　a を実定数とするとき，x の不等式 $-2x^2+(2-a)x+a \geqq 0$ $\cdots(*)$ を解け。

(2)　$(*)$ をみたす**整数** x がちょうど 4 個となるような a の範囲を求めよ。

例題の解説

(1) 答え：
$$\begin{cases} -\dfrac{a}{2} \leqq x \leqq 1 & (a > -2) \\ x = 1 & (a = -2) \\ 1 \leqq x \leqq -\dfrac{a}{2} & (a < -2) \end{cases}$$

$(*)$ は $(2x+a)(x-1) \leqq 0$ と変形でき，この式の左辺の値が 0 となる x の値は $x = -\dfrac{a}{2}, 1$ の 2 つです。$-\dfrac{a}{2}$ と 1 との大小関係は

$a > -2$ のとき $-\dfrac{a}{2} < 1$，　　$a = -2$ のとき $-\dfrac{a}{2} = 1$，　　$a < -2$ のとき $1 < -\dfrac{a}{2}$

となっており，これに注意しつつ関数 $(2x+a)(x-1)$ のグラフを描くと次のようになります。これを見れば不等式 $(*)$ の解はすぐわかりますね。

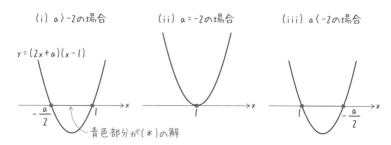

(2) 答え：$4 \leqq a < 6$ または $-10 < a \leqq -8$

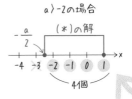

$a > -2$ の場合，（＊）の解は $-\dfrac{a}{2} \leqq x \leqq 1$ でした。

この範囲に整数が 4 つ含まれているとき，その 4 整数は $-2, -1, 0, 1$ に限られます。よって a の条件は $-3 < -\dfrac{a}{2} \leqq -2$ すなわち $4 \leqq a < 6$ です。

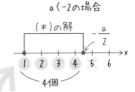

$a < -2$ の場合，（＊）の解は $1 \leqq x \leqq -\dfrac{a}{2}$ でした。

この範囲に整数が 4 つ含まれているとき，その 4 整数は $1, 2, 3, 4$ に限られます。よって a の条件は $4 \leqq -\dfrac{a}{2} < 5$ すなわち $-10 < a \leqq -8$ です。

$a = -2$ の場合，（＊）の整数解は $x = 1$ のみなので条件をみたしません。

(2)には次のような解法もあります。縦軸を x 軸，横軸を a 軸とした座標平面において，直線 $\ell : x = 1$ と直線 $m : x = -\dfrac{a}{2}$ を引きます。不等式（＊）の解は "x は 1 と $-\dfrac{a}{2}$ の間"（両端を含む）と表現できるため，実数 a の値に応じた（＊）の解は下図のように "ℓ と m の間" になります。そこに整数がちょうど 4 個存在する a の範囲を調べれば OK，というわけです。

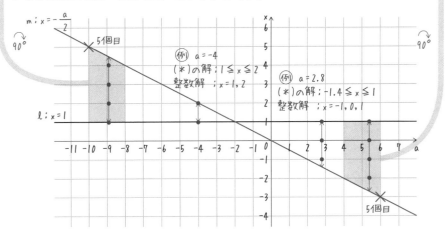

実は，各 a に対応する x の範囲（上下矢印）を横に寝かせるとさきほどの数直線が現れます。いわば，a の値を変えていったときの数直線たちを座標平面で並べて表現しているのです。座標平面を活用した，自由で楽しい方法ですよね。

▶ 2次方程式の解の符号等に関する条件

これまでは，与えられた方程式・不等式を解く作業を行ってきました。こんどは逆に，方程式・不等式の解に制約を与えてみます。

x の 2次関数 $x^2-x-k=0$ …($*$)について，以下の問いに答えよ。ただし，k は x によらない実数の定数とする。
(1) 相異なる実数解が 2つ存在するような k の値の範囲を求めよ。
(2) 相異なる正の実数解が 2つ存在するような k の値の範囲を求めよ。

(1) ($*$)の判別式を計算すると $(-1)^2-4\cdot1\cdot(-k)=4k+1$ となりますが，これが正になることが問題文の条件と必要十分ですから，k の条件は $4k+1>0$ つまり $k>-\dfrac{1}{4}$ です。これは平易ですね。

(2) 方程式($*$)が相異なる 2つの実数解をもつことは(2)の条件が成り立つための必要条件です。そこで，以下は $k>-\dfrac{1}{4}$ の範囲に限ります。

($*$)の 2実解を $\alpha, \beta\ (\alpha<\beta)$ と定めてみます。このとき
$$x^2-x-k=(x-\alpha)(x-\beta)$$
が成り立つ必要があります。$(x-\alpha)(x-\beta)=x^2-(\alpha+\beta)x+\alpha\beta$ と展開でき，これが x^2-x-k と一致するのですから，$\alpha+\beta=1,\ \alpha\beta=-k$ です[17]。

2つの実数解 α, β が正であることは，それらの和 $\alpha+\beta$ と積 $\alpha\beta$ の双方が正であることと同値です[18]。よって，方程式($*$)が相異なる正の実数解を 2つも

つ k の条件は $\begin{cases} k>-\dfrac{1}{4} \\ \alpha+\beta>0 \\ \alpha\beta>0 \end{cases}$ であり，これは $\begin{cases} k>-\dfrac{1}{4} \\ 1>0 \\ -k>0 \end{cases}$ と言い換えられます。この

連立不等式を k について解いた結果 $-\dfrac{1}{4}<k<0$ が正解です。

---

17 より一般に，2次方程式 $ax^2+bx+c=0\ (a\neq0)$ の解を α, β とすると，$\alpha+\beta=-\dfrac{b}{a},\ \alpha\beta=\dfrac{c}{a}$ が成り立ちます。中学・高校の数学において，これはしばしば解と係数の関係とよばれます。

18 $\begin{cases}\alpha>0 \\ \beta>0\end{cases}\Longrightarrow\begin{cases}\alpha+\beta>0 \\ \alpha\beta>0\end{cases}$ は当然正しいので，逆を確認します。$\begin{cases}\alpha+\beta>0 \\ \alpha\beta>0\end{cases}$ と仮定しましょう。第2式より α, β は"いずれも正"または"いずれも負"ですが，いま $\alpha+\beta>0$ なので前者に限られます。これで逆もいえました。

(2)の別解その1：具体的に解を計算する

$k>-\dfrac{1}{4}$ のもとで実際に（＊）の解を求めると $x=\dfrac{1\pm\sqrt{4k+1}}{2}$ となり，小さい方

の解は $x=\dfrac{1-\sqrt{4k+1}}{2}$ です。問題文の条件は "（＊）の小さい方の解が正" つま

り $\dfrac{1-\sqrt{4k+1}}{2}>0$ と言い換えられます。これを解くと

$$\dfrac{1-\sqrt{4k+1}}{2}>0 \iff \sqrt{4k+1}<1 \iff 0\leqq 4k+1<1 \iff k<0$$

となり，$k>-\dfrac{1}{4}$ とあわせることでさきほどと同じ結果が得られます。

(2)の別解その2：グラフを活用する

$f(x):=x^2-x-k$ とし，やはり $k>-\dfrac{1}{4}$ に限って考えます。

$f(x)=\left(x-\dfrac{1}{2}\right)^2-\left(k+\dfrac{1}{4}\right)$ ですから，放物線 $y=f(x)$ の軸は直線 $x=\dfrac{1}{2}$ であり，

頂点の座標は $\left(\dfrac{1}{2},\ -\left(k+\dfrac{1}{4}\right)\right)$ です。また，方程式（＊）が相異なる2実解をもつ

ことは確定しているのですから，この放物線の頂点は x 軸より下にあります。

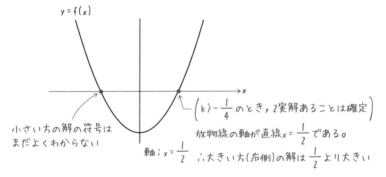

よって，放物線の軸より "右側" にある解は必ず $\dfrac{1}{2}$ より大きくなります。あと

考えるべきなのは "左側" の解です。この解の符号は k の値によって変わる可能

性がありますが，どう判定すればよいか，まず自身で考えてみてください。

その方法は複数あります。たとえば次のようなものはどうでしょうか。

前述の通りこの放物線の頂点の座標は $\left(\dfrac{1}{2},\ -\left(k+\dfrac{1}{4}\right)\right)$ であり，頂点は x 軸より

下に距離 $\left|-\left(k+\dfrac{1}{4}\right)\right|=k+\dfrac{1}{4}$ だけ沈んでいます。

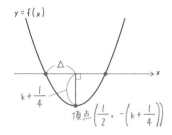

図のように頂点と小さい方の解の水平方向のズレを $\varDelta$ と定めます。

放物線 $y=f(x)\,(=x^2-x-k)$ は（x^2 の係数が 1 なので）放物線 $y=x^2$ と同じ形をしており，

$$\varDelta^2=k+\dfrac{1}{4}\quad\therefore\varDelta=\sqrt{k+\dfrac{1}{4}}$$

が成り立ちます。

小さい方の解が正である条件は $\varDelta<\dfrac{1}{2}$ つまり $\sqrt{k+\dfrac{1}{4}}<\dfrac{1}{2}$ であり，これより

$k<0$ を得ます。以上の議論は $k>-\dfrac{1}{4}$ におけるものでしたから，方程式（＊）が

相異なる正の 2 実解をもつ k の条件は $-\dfrac{1}{4}<k<0$ です。

(2)の別解その3：$f(0)$ の符号に着目するもの

ここでも $k>-\dfrac{1}{4}$ に限って考えます。小さい方の解の符号は，放物線の y 切片

の値 $f(0)$ と次のように対応します。

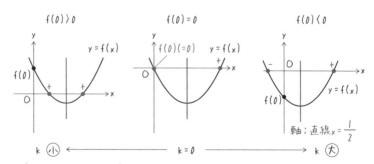

よって，$\left(k>-\dfrac{1}{4}\text{ のもとで}\right)$ 小さい方の解が正であることは $f(0)>0$ と必要十分

であり，これを解くと $k<0$ が得られ，やはり $k>-\dfrac{1}{4}$ とあわせることで同じ答

えに至ります。

(2)の別解その4：定数を分離する

ここでは $k > \dfrac{1}{4}$ を前提と**しません**。$f(x) := x^2 - x \left(= \left(x - \dfrac{1}{2} \right)^2 - \dfrac{1}{4} \right)$ と定めます。

$(*) \iff f(x) = k$ と同値変形できるため，いま考えている方程式 $(*)$ の解は放物線 $C : y = f(x)$ と直線 $\ell : y = k$ との共有点の x 座標と同じです。

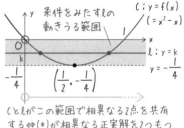

条件をみたす ℓ の動きうる範囲

$C : y = f(x)$ $(= x^2 - x)$
$\ell : y = k$
$y = -\dfrac{1}{4}$
$\left(\dfrac{1}{2}, -\dfrac{1}{4} \right)$

C と ℓ がこの範囲で相異なる2点を共有する $\Leftrightarrow$ $(*)$ が相異なる正実数解を2つもつ

よって，**本問の条件は"C, ℓ が $x > 0$ の範囲で相異なる2点を共有する"と言い換える**ことができるのです。左図より，そのような k の範囲は $-\dfrac{1}{4} < k < 0$ とわかりますね。

しばしば"定数分離"とよばれる，スマートで汎用性も高い解法でした。

p.252 の問題のさまざまな解法をご紹介しました。好みは人それぞれですし，問題によっても便利な解法は変わるので，ぜひ複数の解法を試してみてください。

例題	2次方程式の解に関する制約

x の2次方程式 $x^2 - 2mx + 2m^2 - 4 = 0$ $\cdots(*)$ について，次の問いに答えよ。

(1) 相異なる2実解をもち，それらが逆符号となる m の条件を求めよ。

(2) 正の実数解をもたないような m の条件を求めよ。

例題の解説

$f(x) := x^2 - 2mx + 2m^2 - 4$ と定めます。

(1) **答え：$-\sqrt{2} < m < \sqrt{2}$**

判別式を用いるなどしても構いませんが，曲線 $y = f(x)$ の概形に着目することでスマートに攻略できます。この曲線が下に凸の放物線であることに注意すると，$f(0) < 0$ であることが本問の条件と必要十分であることがわかるのです。あとはそれを次のように解くのみです。

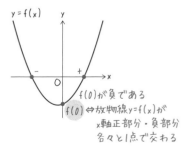

$y = f(x)$

$f(0)$ が負である
$f(0) < 0 \Leftrightarrow$ 放物線 $y = f(x)$ が x 軸正部分・負部分各々と1点で交わる

$$f(0) < 0 \iff 2m^2 - 4 < 0 \iff m^2 < 2 \iff -\sqrt{2} < m < \sqrt{2}$$

(2) **答え：$m \leqq -\sqrt{2}$ または $2 < m$**

$f(x)$ を平方完成すると $f(x) = (x-m)^2 + (m^2-4)$ となるため，方程式（＊）の解の種類は次の通りです（判別式を用いても構いません）。

（ⅰ）　$m < -2$ または $2 < m$ のとき　：実数解をもたない

（ⅱ）　$m = -2$ または $m = 2$ のとき：実数の重解を1つもつ

（ⅲ）　$-2 < m < 2$ のとき　　　　　：相異なる2実解をもつ

以下，これら3つのケースを順に調べていきましょう。

（ⅰ）の場合，（そもそも実数解がないのですから）正の実数解も存在しません。つまり $m < -2$ または $2 < m$ は本問の条件をみたします。

次に（ⅱ）の場合を調べます。まず $m = -2$ のとき，（＊）は $x^2 + 4x + 4 = 0$ となり，この解は $x = -2$ の1つのみ（重解）です。これは負なので OK ですね。一方 $m = 2$ の場合，（＊）は $x^2 - 4x + 4 = 0$ となるので $x = 2$ という正の重解をもち，問題文の条件をみたしません。

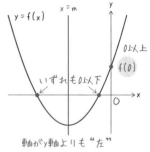

最後に（ⅲ）です。方程式（＊）が2実解をもつ前提で，それらの実数解がいずれも0以下となる m の条件を求めます。
放物線 $y = f(x)$ の位置を考えることで，方程式（＊）の実数解がいずれも0以下である条件は
$$\begin{cases} \text{放物線 } y = f(x) \text{ の軸が } y \text{ 軸よりも左にある} \\ f(0) > 0 \end{cases}$$
とわかります（右図）。前者は $m < 0$，後者は $m \leqq -\sqrt{2}$ または $\sqrt{2} < m$ と整理でき，それらと $-2 < m < 2$ の共通部分は $-2 < m \leqq -\sqrt{2}$ です。

（ⅰ），（ⅱ），（ⅲ）各々で条件をみたす m の範囲をあわせると

　　　　　　　（ⅰ）　　　　　　　　　　（ⅱ）　　　　　　　　（ⅲ）
　　　　"$m < -2$ または $2 < m$" または $m = -2$ または $-2 < m \leqq -\sqrt{2}$
　　　　　　　$\Longleftrightarrow m \leqq -\sqrt{2}$ または $2 < m$

となり，これが本問の答えです。

ほかにも（放物線 $y = f(x)$ の軸の位置で場合分けをするなど）解法はいくつかあります。ぜひ自分なりの解法を考えてみてください。

　　　　　　　長かった2次関数の章も，これにて終了です。よく頑張りました！

三角比の定義と
その拡張

本章では，"サイン""コサイン""タンジェント"が登場します。続けて読むと語呂がよいので，名前くらいは聞いたことがあるかもしれません。

これらは三角比とよばれるものの一部です。三角比は古くより建築・測量で役立てられていたり，三角関数という形で自然現象の記述に用いられていたりします。そんな重要な概念を，いまからともに勉強していきます。

通常の教科書では，三角比に関する内容は1つの章にまとめられています。しかし，学習項目が多いうえ前半と後半で求められる力も異なるため，分割しちゃいました。各章では以下のことを意識して学習を進めるとよいでしょう。

・第6章（本章）：定義に忠実に考えることを徹底する。
・第7章（次章）：定理の主張を正しく理解し，計算を正確に行う。

6-1 ⊘ 三角比の定義とその拡張

▶ 図形の相似拡大と不変量

図形の相似は，中学でも学びましたよね。2つの図形が相似であるとは，一方が他方を拡大・縮小したものであることをいいます[1]。

さて，突然ですが，図形の相似に関するクイズです。

例題　相似拡大における不変量

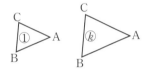

k を正の実定数とする。図のように[2]△ABC を k 倍に拡大することを考える（図は $k>1$ の場合である）。ここで，"k 倍に拡大する"とは，各辺の長さがもとの三角形の k 倍となるように相似なまま変形することをいう。

(1) このとき，以下の各量は何倍に変化するか述べよ[3]。たとえば辺 AB の長さは k 倍になる（そうなるように拡大しているため）。なお，計算や証明は省き，感覚で結論のみ答えればよいものとする。

   （ア）　△ABC の周長　（イ）　辺 AB を底辺とみたときの△ABC の高さ h

   （ウ）　△ABC の面積　（エ）　△ABC の外接円の面積

   （オ）　∠A の大きさ　（カ）　$\dfrac{\text{AB}}{\text{AC}}$　（キ）　$\dfrac{h}{\text{AB}}$（h の定義は（イ）と同じ）

(2) k の値によらず一定のものであって，（1）の選択肢中にないものを，何でもよいので思いつくだけ述べよ。

1　なお，図形の平行移動や回転，裏返しについては自由にやってよいものとしています。
2　問題図の頂点 A, B, C は時計回りに並んでいます。これに違和感を抱くかもしれませんが，本来点の並び順というのは何でもよく，それを知っていただきたいので本書では時折このようにしています。
3　文章だけではよくわからない，という場合は図を描いて考察してみましょう。

(1) 答え：(ア)(イ) k 倍 ／ (ウ)(エ) k^2 倍 ／ (オ)(カ)(キ) **不変（1倍）**

 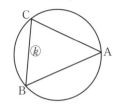

△ABC を k 倍に相似拡大すると，**対応する長さはみな k 倍**になります。

各辺の長さは k 倍になっているため，(ア) 周長は k 倍です。

また，(イ) h（辺 AB を底辺とみたときの△ABC の高さ）も k 倍となります。

(ウ) △ABC の面積は次のように計算できるのでした。

$$\triangle\text{ABC の面積} = \frac{1}{2} \cdot \text{AB} \cdot h$$

$\frac{1}{2}$ はスケール（大きさ）に無関係の量ですから，変化の度合いを考えるうえでは**無視できます**。AB は前述の通り k 倍になります。また，h も k 倍になるのでした。よって，△ABC の面積は $k \cdot k = k^2$ 倍になるとわかります。

(エ) 外接円の半径を R とすると，その面積は πR^2 と書けます。(ア)(イ) 同様に R は k 倍になるので，面積は k^2 倍になります。

(ウ)(エ) の結果を見るに，**"面積"はどれも k^2 倍**になるようです。

一方，値の変わらないものもあります。**相似拡大をしても三角形の"形"は同じですから，角度は変わりません**。よって (オ) ∠A は不変（1倍）です。

不変量はほかにもあります。たとえば (カ) $\dfrac{\text{AB}}{\text{AC}}$ は，k の値によらず同じです。

AB も AC も k 倍になり，**比を考えるとそれらが相殺される**ためです。三角形の相似条件に "2 組の辺の比が各々等しい" というものがあったくらいですし，自然な結果ですね。同様に (キ) $\dfrac{h}{\text{AB}}$ も k の値によりません。

(2) 答え： ∠B, ∠C, $\dfrac{\text{BC}}{\text{AB}}$, $\dfrac{\text{AC}}{\text{BC}}$, $\dfrac{(\triangle\text{ABC の内接円の面積})}{(\triangle\text{ABC の面積})}$,

$\dfrac{(\triangle\text{ABC の内接円の面積})}{(\triangle\text{ABC の外接円の面積})}$ など

（これらはあくまで例であり，正しければ何でも・何個でもよい）。

角度はそもそも値が保たれます。長さや面積は比にしてしまえば OK です。

いまの例題でわかったように，三角形を相似拡大しても角度の値は保たれます。
長さや面積自体は変化しますが，それらも"比"にしてしまえば問題ありません。
それらをふまえ，こんどは次のようなものを考えてみましょう。

例題　辺の長さの比と角度

∠B＝90°の直角三角形 ABC があり，∠A の
値を知っているものとする。このとき，以下
の各量のうち値が1つに定まるものをすべて
答えよ。

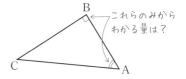

（ア）BC　（イ）AC　（ウ）AB　（エ）$\dfrac{BC}{AC}$　（オ）$\dfrac{AB}{AC}$　（カ）$\dfrac{BC}{AB}$

たとえば，三角形の内角の合計は 180° であるから ∠C の値は計算でき，具体的
には ∠C ＝ 90° － ∠A となる（ので，これは値の定まるものの一例となる）。

例題の解説

答え：（エ）$\dfrac{BC}{AC}$，（オ）$\dfrac{AB}{AC}$，（カ）$\dfrac{BC}{AB}$

相似拡大の自由度がある以上，長さ自体は定まりません。したがって（ア）（イ）
（ウ）は不適当です。そして，前の例題で議論した通り，長さの比であれば三角
形のスケールに依存しないのでした。よって，（エ）$\dfrac{BC}{AC}$（オ）$\dfrac{AB}{AC}$（カ）$\dfrac{BC}{AB}$
の値は既知の情報から1つに定まります。

▶ "サイン・コサイン・タンジェント" がついに登場！

上の例題で再確認した通り，$\dfrac{BC}{AC}$，$\dfrac{AB}{AC}$，$\dfrac{BC}{AB}$ の3つは（比を考えているので）
三角形のスケールの情報を削ぎ落としたものであり，∠A のみの関数です。
その $\dfrac{BC}{AC}$，$\dfrac{AB}{AC}$，$\dfrac{BC}{AB}$ こそが，本章の主役となる量です。ではいよいよ，三角比
に登場してもらいます。

🔍 定義　三角比

$\angle A = \theta$ $(0° < \theta < 90°)$, $\angle B = 90°$ の直角三角形 ABC を考える[4]。このとき，θ（のみ）の関数 $\dfrac{BC}{AC}$, $\dfrac{AB}{AC}$, $\dfrac{BC}{AB}$ を各々以下のように定める。

$$\dfrac{BC}{AC} = \sin \theta \quad （サイン シータ）$$

$$\dfrac{AB}{AC} = \cos \theta \quad （コサイン シータ）$$

$$\dfrac{BC}{AB} = \tan \theta \quad （タンジェント シータ）$$

sin のことを正弦，cos のことを余弦，tan のことを正接という。

sin, cos, tan という 3 つの関数は，今後たくさん登場します[5]。のちほど定義を拡張しますが，いったんこの定義は正確に頭に入れておきましょう[6]。

🔍 定義　三角比（上とほとんど同じもの）

$\angle A = \theta$ $(0° < \theta < 90°)$, $\angle B = 90°$, $AC = 1$ の直角三角形 ABC を考える。

このとき，θ（のみ）の関数 BC, AB, $\dfrac{BC}{AB}$ を各々以下のように定める。

$$BC = \sin \theta, \ AB = \cos \theta, \ \dfrac{BC}{AB} = \tan \theta$$

斜辺の長さを 1 にすれば，$\sin \theta$, $\cos \theta$ の定義式の分母が 1 となり簡単な式で表せるということです。上の 2 つのうちお好みの方を定義として構いません。

4　この "θ"（theta, シータ）はギリシャ文字とよばれる文字たち（p.8 の表参照）のひとつです。

5　直角三角形の 3 辺から 1 つ選んで分母にし，残りから 1 つ選んで分子にする方法は $3 \times 2 = 6$ 通りあります。にもかかわらず数学 I で三角比として通常導入されるのは sin, cos, tan の 3 つのみです。たとえば $\dfrac{AC}{BC}$ という辺長比は $\sin \theta \left(= \dfrac{BC}{AC} \right)$ の逆数なので，別個のものとして導入しなくても済むから現状のようになっているのかもしれません。でも実は，残りの 3 つにも $\csc \theta := \dfrac{AC}{BC}$（コセカント），$\sec \theta := \dfrac{AC}{AB}$（セカント），$\cot \theta := \dfrac{AB}{BC}$（コタンジェント）という名称がちゃんとあり，授業でこれらを導入している学校も実在するんですよ。

6　数学は暗記科目ではありませんが，定義は（決めごとなので）知っておくべきです。

これから学ぶ三角比の性質は，定義を理解していれば成り立ちがすぐに理解できるものばかりです。先を急ぐより，まずはいまの定義を頭にいれることを優先しましょう。また，今後よくわからない箇所が発生したら，さきほどのページに戻ってくるようにしましょう。

直角三角形の辺長の三角比による変換

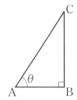

∠A＝θ ($0°<\theta<90°$)，∠B＝$90°$ の直角三角形 ABC について，以下の式が成り立つことを，三角比の定義より示せ。
(1)　BC＝AC$\sin\theta$
(2)　AB＝AC$\cos\theta$
(3)　BC＝AB$\tan\theta$

例題の解説

答え：以下の通り。

(1) 定義より $\sin\theta=\dfrac{BC}{AC}$ であり，両辺に AC を乗じることでしたがいます。■

(2) 定義より $\cos\theta=\dfrac{AB}{AC}$ であり，両辺に AC を乗じることでしたがいます。■

(3) 定義より $\tan\theta=\dfrac{BC}{AB}$ であり，両辺に AB を乗じることでしたがいます。■

三角比の定義を理解していれば，ほとんど当たり前ですね。

こんどは，いくつかの角度について具体的な三角比の値を求めてみましょう。

特殊な角についての三角比の値

三角比の定義に基づき，以下の三角比の値を求めよ。
実際にこれらの角をもつ直角三角形を描きながら考えるとよい。
(1)　$\sin 30°$, $\cos 30°$, $\tan 30°$
(2)　$\sin 45°$, $\cos 45°$, $\tan 45°$
(3)　$\sin 60°$, $\cos 60°$, $\tan 60°$

答え：(1) $\sin 30° = \dfrac{1}{2}$, $\qquad \cos 30° = \dfrac{\sqrt{3}}{2}$, $\quad \tan 30° = \dfrac{1}{\sqrt{3}}$

(2) $\sin 45° = \dfrac{1}{\sqrt{2}}$, $\qquad \cos 45° = \dfrac{1}{\sqrt{2}}$, $\quad \tan 45° = 1$

(3) $\sin 60° = \dfrac{\sqrt{3}}{2}$, $\qquad \cos 60° = \dfrac{1}{2}$, $\qquad \tan 60° = \sqrt{3}$

(1), (3)

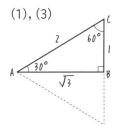

(1) および (3) では，左のような直角三角形を描いて考えるとよいでしょう。∠A＝30°, ∠C＝60° ですから，三角比の定義より

$$\sin 30° = \dfrac{BC}{AC} = \dfrac{1}{2}, \qquad \cos 30° = \dfrac{AB}{AC} = \dfrac{\sqrt{3}}{2},$$

$$\tan 30° = \dfrac{BC}{AB} = \dfrac{1}{\sqrt{3}}$$

$$\sin 60° = \dfrac{AB}{AC} = \dfrac{\sqrt{3}}{2}, \qquad \cos 60° = \dfrac{BC}{AC} = \dfrac{1}{2},$$

$$\tan 60° = \dfrac{AB}{BC} = \sqrt{3}$$

と計算できますね。

(2)

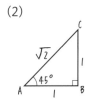

(2) では左の三角形を用いるとよいでしょう。
このとき ∠A＝45° ですから，三角比の定義より

$$\sin 45° = \dfrac{BC}{AC} = \dfrac{1}{\sqrt{2}}, \qquad \cos 45° = \dfrac{AB}{AC} = \dfrac{1}{\sqrt{2}},$$

$$\tan 45° = \dfrac{BC}{AB} = \dfrac{1}{1} = 1$$

と計算できます。

なお，三角比の計算に用いる三角形のスケールは自由です。たとえば (2) で左図のような直角三角形を用いて計算をしても構いません。お好みの大きさでどうぞ。

いまの例題で求めた値たちは，まさにいま行ったように三角形の図を描けばただちにわかることですから，いきなり覚える必要はありません。

直角三角形を用いて，さらに三角比の値を計算してみましょう。

他の三角比の値の計算①

$0° < \theta < 90°$ のもとで $\cos\theta = \dfrac{3}{7}$ であるとき，$\sin\theta$, $\tan\theta$ の値を求めよ。

例題の解説

答え：$\sin\theta = \dfrac{2}{7}\sqrt{10}$, $\tan\theta = \dfrac{2}{3}\sqrt{10}$

本問の θ は左図のような角度であることが，余弦 $\cos$ の定義よりわかります。高さ h は三平方の定理を用いることで
$$3^2 + h^2 = 7^2 \quad \therefore h = \sqrt{40} = 2\sqrt{10}$$
とわかるので，$\sin\theta$, $\tan\theta$ の値は次のように計算できます。
$$\sin\theta = \frac{h}{7} = \frac{2}{7}\sqrt{10}, \qquad \tan\theta = \frac{h}{3} = \frac{2}{3}\sqrt{10}$$

例題 他の三角比の値の計算②

$0° < \theta < 90°$ のもとで $\tan\theta = 1.2$ であるとき，$\sin\theta$, $\cos\theta$ の値を求めよ。

例題の解説

答え：$\sin\theta = \dfrac{6}{\sqrt{61}}$, $\cos\theta = \dfrac{5}{\sqrt{61}}$

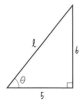

本問の θ は左図のような角度であることが，正接 $\tan$ の定義よりわかります。斜辺の長さ ℓ は三平方の定理より
$$5^2 + 6^2 = \ell^2 \quad \therefore \ell = \sqrt{61}$$
とわかるので，$\sin\theta$, $\cos\theta$ は次のように計算できます。
$$\sin\theta = \frac{6}{\ell} = \frac{6}{\sqrt{61}}, \qquad \cos\theta = \frac{5}{\ell} = \frac{5}{\sqrt{61}}$$

結局，三平方の定理を用いるだけで OK です。簡単ですね。

| 例題 | 三角比の値と有理数・無理数 |

いままでの $\sin\theta$, $\cos\theta$, $\tan\theta$ の値の組には，（$\dfrac{1}{\sqrt{2}}$ や $\dfrac{\sqrt{3}}{2}$ といった）無理数が1つ以上含まれていたが，$0°<\theta<90°$ のもとで $\sin\theta$, $\cos\theta$, $\tan\theta$ がみな有理数となることもある。そのような $\sin\theta$, $\cos\theta$, $\tan\theta$ の値の組をいくつか挙げよ。

| 例題の解説 |

答え：後述するものが答えの例となる。

たとえば3辺の長さがいずれも正整数であるような直角三角形があるとして，その鋭角を θ とすれば，定義より $\sin\theta$, $\cos\theta$, $\tan\theta$ はいずれも有理数となります。

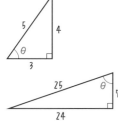

$$\sin\theta=\frac{4}{5}, \qquad \cos\theta=\frac{3}{5}, \qquad \tan\theta=\frac{4}{3}$$

$$\sin\theta=\frac{24}{25}, \qquad \cos\theta=\frac{7}{25}, \qquad \tan\theta=\frac{24}{7}$$

$$\sin\theta=\frac{5}{13}, \qquad \cos\theta=\frac{12}{13}, \qquad \tan\theta=\frac{5}{12}$$

▶ 三角比の表

いまの例題の解説で，左図における θ の三角比を求めました。ところで，この θ は何度なのでしょうか。

直角三角形の辺長比でよく知られたものといえば，
- $30°$, $60°$, $90°$ の三角形の $1:2:\sqrt{3}$
- $45°$, $45°$, $90°$ の三角形の $1:1:\sqrt{2}$

くらいのものです。この図の θ がどれほどの角度なのか，正直よくわからないですよね。実際，この θ は (整数)° というキレイな形はしていません。

このような状況でも角度がわかるように，三角比には早見表が用意されています。巻末 p.645 の表をご覧ください。これは，$0°$〜$90°$ の範囲の (整数)° について，sin, cos, tan の値をまとめたものです。その一部を抜粋します。

θ	$\sin\theta$	$\cos\theta$	$\tan\theta$
45°	0.7071	0.7071	1.0000
46°	0.7193	0.6947	1.0355
47°	0.7314	0.6820	1.0724
48°	0.7431	0.6691	1.1106
49°	0.7547	0.6561	1.1504
50°	0.7660	0.6428	1.1918
51°	0.7771	0.6293	1.2349
52°	0.7880	0.6157	1.2799
53°	0.7986	0.6018	1.3270
54°	0.8090	0.5878	1.3764
55°	0.8192	0.5736	1.4281

だから，θは
約53°とわかる

cosの値が最も
0.6に近いのはココ

たとえば cos の値を用いることとしましょう[7]。いま $\cos\theta = \dfrac{3}{5} = 0.6$ なので，cos の列にある値たちのうち最も 0.6 に近いものを探します。0.6018 というのがそれに該当します。あとは，その行に対応する角度を見るだけです。

$\cos\theta = 0.6$ となる鋭角は $\theta \fallingdotseq 53°$ とわかりました。

"近さ"とは何か

$\cos\theta$ の値が 0.6 に最も近い整数の角度 θ は，三角比の表から $\theta \fallingdotseq 53°$ であることがわかりました。ここでいう"近い"とは"三角比の値の差が小さい"という意味であり，おそらくあなたも同じ解釈だったことでしょう。

ですが，"近さ"の基準としてそれがつねに最適とは限りません。
たとえば，$\tan\theta = 2.3$ となる鋭角 θ の大きさを調べたいとしましょう。三角比の表の tan の列にある値のうち最も 2.3 との差が小さいのは 2.2460 であり，それに対応する鋭角は 66° です。しかし，$\tan 66.5° = 2.29984\cdots < 2.3$ なので $\tan\theta = 2.3$ をみたす角度 θ は 66.5° より大きく，実は 67° の方が 66° よりも θ の正確な値との差が小さいのです。

この逆転現象が起きたのは，角度の増え具合に対する三角比の値の増え具合，つまり三角比の変化の割合が一定でないからです。興味のある場合は，ぜひ三角関数（三角比を角度の関数とみたもの）のグラフを描画して，何が起こっているか解き明かしてみてください。

もともとの方法で別に大問題が起こるわけではないので，本書では引き続き最初の例のように（角度ではなく）三角比の値の差を"近さ"のものさしとします。その方が表を使いやすいですからね。しかし，それのみが絶対的な遠近の判断基準，というわけではないことは覚えておいてください。

7　もちろん，sin の値を用いても構いません。

さきほどの例題の解答例に登場した次の 2 つの鋭角 θ がおおよそ何度か，p.645 にある三角比の表を用いて $\theta =$(整数)$^\circ$ の形で答えよ。

(1) 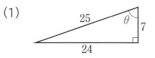　　　　　　(2)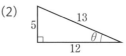

例題の解説

答え：(1) $\theta \fallingdotseq 74^\circ$　　(2) $\theta \fallingdotseq 23^\circ$

(1) ここでは sin の値を用いてみましょう。$\sin\theta = \dfrac{24}{25} = 0.96$ であり，表の sin の列にある値たちのうち最も 0.96 に近いのは 0.9613 です。この行に対応する鋭角は 74° ですね。

(2) 13 での除算を避けたいので，tan の値を用いてみます。$\tan\theta = \dfrac{5}{12} = 0.41\dot{6}$ であり，表の tan の列にある値たちのうち最も $0.41\dot{6}$ に近いのは 0.4245 です。この行に対応する鋭角は 23° ですね。

例題　三角比の表の活用②

日本の道路では，坂の傾斜の度合いを ％ 表示することがある。これは，水平方向の移動量に対する標高の変化量の割合である。
たとえば 5 ％ の坂があったとする。この坂を水平方向に 100 m 登ると標高が 5 m 上がることになる。この坂の傾斜はおよそ何度か，(整数)$^\circ$ の形で答えよ。
必要ならば，p.645 にある三角比の表を参照せよ。

例題の解説

答え：**およそ 3°**

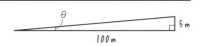

この坂の傾斜角を θ とすると，$\tan\theta = \dfrac{5\ \mathrm{m}}{100\ \mathrm{m}} = 0.05$ が成り立ちます（右上図）。

これをふまえ，三角比の表を用いて θ を求めます。tan の列を参照し，値が 0.05 に最も近いものを探します。すると 0.0524 というものがありますね。対応する角度は 3° ですから，$\theta \fallingdotseq 3^\circ$ とわかります。

とある木の高さを知るために，その木から水平方向に 15 m 離れた場所から最上部を見上げたところ，仰角は 21° であった。目の高さがちょうど 175 cm であるとすると，この木の高さは何 m か。小数第 2 位を四捨五入して答えよ。
必要ならば，p.645 にある三角比の表を参照せよ。

例題の解説

答え：およそ 7.5 m

状況を図示するとこうなります。目と木の最上部との高低差がわかれば，あとは目の高さ 175 cm を加算するのみです。

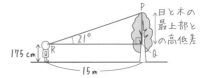

図の青色部分の直角三角形に着目すると，$\tan \angle \mathrm{PRQ} = \dfrac{\mathrm{PQ}}{\mathrm{QR}}$ が成り立ちます。

いま $\angle \mathrm{PRQ} = 21°$ であり，三角比の表より $\tan 21° = 0.3839$ ですから [8]，

$$\mathrm{PQ} = \mathrm{QR} \cdot \tan \angle \mathrm{PRQ} = 15\ \mathrm{m} \cdot \tan 21° = 15\ \mathrm{m} \cdot 0.3839 = 5.7585\ \mathrm{m}$$

と計算できます。よって，木の高さは次のように計算できます。

$$\mathrm{PQ} + 1.75\ \mathrm{m} = 5.7585\ \mathrm{m} + 1.75\ \mathrm{m} = 7.5085\ \mathrm{m} \fallingdotseq 7.5\ \mathrm{m}$$

▶ 三角比の各種性質の証明

今後は三角比のべき乗が登場するので，その表記について述べておきます。

✏ 表記　三角比のべき乗

正整数 n に対し，三角比のべき乗は次の各式の右辺のように表す。

$$(\sin \theta)^n = \sin^n \theta, \qquad (\cos \theta)^n = \cos^n \theta, \qquad (\tan \theta)^n = \tan^n \theta$$

“$\sin \theta$ の n 乗” のことを $\sin \theta^n$ とは通常表しません。このように表記してしまうと，θ^n というものの正弦の値を考えているのか，$\sin \theta$ の n 乗を考えているのか見分けがつかないですからね。

8　正しくは ＝ ではなく ≒ ですが，＝ のまま計算を進めます。

例題	三角比の性質

$0°<\theta<90°$ において以下のことが成り立つ。これらを三角比の定義や三平方の定理をもとに示せ。

(1) $\tan\theta=\dfrac{\sin\theta}{\cos\theta}$　　(2) $0<\sin\theta<1$　　(3) $0<\cos\theta<1$

(4) $\sin^2\theta+\cos^2\theta=1$　　(5) $\tan^2\theta+1=\dfrac{1}{\cos^2\theta}$

例題の解説

答え：以下の通り。

（1）**定義より**次のように証明できます。

$$\frac{\sin\theta}{\cos\theta}=\frac{\dfrac{BC}{AC}}{\dfrac{AB}{AC}}=\frac{\dfrac{BC}{AC}\cdot AC}{\dfrac{AB}{AC}\cdot AC}=\frac{BC}{AB}=\tan\theta\quad■$$

（2）**直角三角形の各辺長は正ですから**，辺長比で定義される $\sin\theta$ も正となります。また，**直角三角形で最も長いのは斜辺ですから** $BC<AC$ が成り立ち，両辺を AC で除算することで $\dfrac{BC}{AC}<1$ すなわち $\sin\theta<1$ がしたがいます。 ■

（3）（2）同様に $\cos\theta>0$ であることがわかります。また，$AB<AC$ が成り立ち，両辺を AC で除算することで $\dfrac{AB}{AC}<1$ すなわち $\cos\theta<1$ がしたがいます。 ■

（4）△ABC で**三平方の定理**を用いることで $AB^2+BC^2=AC^2$ とわかり，その両辺を AC^2 で除算することで $\left(\dfrac{AB}{AC}\right)^2+\left(\dfrac{BC}{AC}\right)^2=1$ すなわち $\sin^2\theta+\cos^2\theta=1$ を得ます。 ■

（5）**（4）で示した式の両辺を $\cos^2\theta$ で除算する**ことにより $\dfrac{\sin^2\theta}{\cos^2\theta}+1=\dfrac{1}{\cos^2\theta}$ となります。また，**（1）より** $\dfrac{\sin^2\theta}{\cos^2\theta}=\left(\dfrac{\sin\theta}{\cos\theta}\right)^2=(\tan\theta)^2=\tan^2\theta$ も成り立ちます。これら2式より $\tan^2\theta+1=\dfrac{1}{\cos^2\theta}$ がしたがいます。 ■

定義をふまえれば，このあたりの性質の証明は楽勝ですね！

▶ 三角比の性質を用いた計算と証明

三角比の各種性質を用いて，応用問題にチャレンジしてみましょう。

問題を解くにあたりこれまでに得た公式をまとめたい場合は，自身でノート等に書き出しておいても構いません。ただし，これまで実際にやってきたように，**三角比の定義や三平方の定理からすぐに公式は導ける**ので，いま示した式たちをいますぐ無理に暗記する必要はありません。

例題　三角比に関する等式の証明

$0° < \theta < 90°$ とする。このとき，以下の等式の成立を示せ。

(1)　$(\sin\theta + \cos\theta)^2 = 1 + 2\sin\theta\cos\theta$

(2)　$|\sin\theta - \cos\theta| = \sqrt{2 - (\sin\theta + \cos\theta)^2}$

(3)　$\sin^4\theta - \cos^4\theta = (\sin\theta + \cos\theta)(\sin\theta - \cos\theta)$

(4)　$\dfrac{2}{\cos\theta} = \dfrac{\cos\theta}{1 - \sin\theta} + \dfrac{\cos\theta}{1 + \sin\theta}$

研究の場での問題とは異なり，各種試験で登場する等式の証明問題は，（"示せ"と言っているわけですから）**成り立つことはわかりきっています。**スマートな方法でなくて構わないので，何がなんでも成り立つことを述べてみましょう。

例題の解説

答え：以下の通り。

(1)
$$(問題文の式の左辺) = \sin^2\theta + 2\sin\theta\cos\theta + \cos^2\theta$$
$$= (\sin^2\theta + \cos^2\theta) + 2\sin\theta\cos\theta$$
$$= 1 + 2\sin\theta\cos\theta$$
$$= (問題文の式の右辺) \quad \blacksquare$$

いま示した関係式 $(\sin\theta + \cos\theta)^2 = 1 + 2\sin\theta\cos\theta$ を用いると，たとえば $\sin\theta + \cos\theta$ の値から $\sin\theta\cos\theta$ の値を求められます。p.292 で実際にその場面があるのでお楽しみに！

(2) いきなり $|\sin\theta-\cos\theta|$ を求めるのは難しそうですし，絶対値がなんだか邪魔なので，2乗したものを計算してみましょう。すると

$$|\sin\theta-\cos\theta|^2=(\sin\theta-\cos\theta)^2 \quad (\because 2乗すれば符号は無関係)$$
$$=\sin^2\theta-2\sin\theta\cos\theta+\cos^2\theta$$
$$=(\sin^2\theta+\cos^2\theta)-2\sin\theta\cos\theta$$
$$=1-2\sin\theta\cos\theta$$

となります。ここで (1) の結果

$$2\sin\theta\cos\theta=(\sin\theta+\cos\theta)^2-1$$

を用いると，

$$|\sin\theta-\cos\theta|^2=1-2\sin\theta\cos\theta$$
$$=1-\{(\sin\theta+\cos\theta)^2-1\}$$
$$=2-(\sin\theta+\cos\theta)^2$$

より $|\sin\theta-\cos\theta|^2=2-(\sin\theta+\cos\theta)^2$ が得られます。この式の両辺の（0以上の）平方根を考えれば (2) の問題文の式がしたがいます。■

(3)
$$（問題文の式の左辺）=\sin^4\theta-\cos^4\theta=(\sin^2\theta)^2-(\cos^2\theta)^2$$
$$=(\sin^2\theta-\cos^2\theta)(\sin^2\theta+\cos^2\theta)$$
$$=\sin^2\theta-\cos^2\theta \quad (\because \sin^2\theta+\cos^2\theta=1)$$
$$=(\sin\theta+\cos\theta)(\sin\theta-\cos\theta)$$
$$=（問題文の式の右辺）\quad ■$$

(4) 等式の証明では，**複雑な方の式を整理していき単純な方の式にする方がその逆より証明しやすい**ことが多いです。そこで，本問では右辺を整理して左辺と等しくなることを示します。

$$（問題文の式の右辺）=\frac{\cos\theta}{1-\sin\theta}+\frac{\cos\theta}{1+\sin\theta}$$
$$=\frac{\cos\theta\{(1+\sin\theta)+(1-\sin\theta)\}}{(1-\sin\theta)(1+\sin\theta)}$$
$$=\frac{2\cos\theta}{1-\sin^2\theta}=\frac{2\cos\theta}{\cos^2\theta} \quad (\because \sin^2\theta+\cos^2\theta=1)$$
$$=\frac{2}{\cos\theta}=（問題文の式の左辺）\quad ■$$

証明問題に苦手意識をもつ高校生は少なくありません。しかし，前述の通り等式の証明は**何がなんでも一方の辺を他方の辺に変形したり，両辺を同じ形に変形したりすれば正解**なので，試験等ではむしろ得点源になります。

▶ 三角比の角度を変えてみると……

三角比の性質についてもう少し調べてみましょう。

例題　　　角度を変換したときの三角比①

$0°<\theta<90°$ とする。このとき，三角比の定義に基づき

$\sin(90°-\theta)$，　$\cos(90°-\theta)$，　$\tan(90°-\theta)$

を $\sin\theta, \cos\theta, \tan\theta$ のうち必要なものを用いて表せ。なお，右のような図を自身でも描いて考察するとよい。

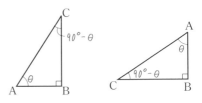

例題の解説

答え：$\sin(90°-\theta)=\cos\theta$，　$\cos(90°-\theta)=\sin\theta$，　$\tan(90°-\theta)=\dfrac{1}{\tan\theta}$

まず，前述の三角比の定義より

$$\sin\theta=\frac{BC}{AC},\qquad \cos\theta=\frac{AB}{AC},\qquad \tan\theta=\frac{BC}{AB}$$

が成り立ちます（上図左側）。同様に，定義より

$$\sin(90°-\theta)=\frac{AB}{AC},\qquad \cos(90°-\theta)=\frac{BC}{AC},\qquad \tan(90°-\theta)=\frac{AB}{BC}$$

とわかります（上図右側）。以上より

$$\sin(90°-\theta)=\frac{AB}{AC}=\cos\theta$$

$$\cos(90°-\theta)=\frac{BC}{AC}=\sin\theta$$

$$\tan(90°-\theta)=\frac{AB}{BC}=\frac{1}{\dfrac{BC}{AB}}=\frac{1}{\tan\theta}$$

とわかります。

いま学んだことを活かし，次の例題にチャレンジしてみましょう。

$0°<\theta<90°$ の範囲で，以下の各式が成り立つか否かを考える。

(a)　$\sin^2\theta+\cos^2(90°-\theta)=1$　　　(b)　$\sin^2(90°-\theta)+\cos^2\theta=1$

(c)　$\sin^2(90°-\theta)+\cos^2(90°-\theta)=1$

(d)　$\sin^2\theta+\sin^2(90°-\theta)=1$　　　(e)　$\cos^2\theta+\cos^2(90°-\theta)=1$

これらを，次の (1)，(2) に分類せよ。

(1)　任意の θ に対し成り立つもの

(2)　成り立たない θ の値が存在するもの

例題の解説

答え：(1)　**任意の θ の値に対し成り立つもの　：(c)，(d)，(e)**

　　　(2)　**成り立たない θ の値が存在するもの：(a)，(b)**

(a) $\cos(90°-\theta)=\sin\theta$ より $\sin^2\theta+\cos^2(90°-\theta)=\sin^2\theta+\sin^2\theta=2\sin^2\theta$ であり，
　　ここまでに登場してきた $\sin$ の値のほとんどは $2\sin^2\theta=1$ をみたしません。

(b) $\sin(90°-\theta)=\cos\theta$ より $\sin^2(90°-\theta)+\cos^2\theta=\cos^2\theta+\cos^2\theta=2\cos^2\theta$ であり，
　　ここまでに登場してきた $\cos$ の値のほとんどは $2\cos^2\theta=1$ をみたしません。

(c)　$\sin(90°-\theta)=\cos\theta,\ \cos(90°-\theta)=\sin\theta$ より
$$\sin^2(90°-\theta)+\cos^2(90°-\theta)=\cos^2\theta+\sin^2\theta=1$$
となるため，(c) の式は任意の θ に対し成り立ちます。

(d) $\sin(90°-\theta)=\cos\theta$ より $\sin^2\theta+\sin^2(90°-\theta)=\sin^2\theta+\cos^2\theta=1$ となるため，
　　この式は任意の θ に対し成り立ちます。

(e) $\cos(90°-\theta)=\sin\theta$ より $\cos^2\theta+\cos^2(90°-\theta)=\cos^2\theta+\sin^2\theta=1$ となるため，
　　この式は任意の θ に対し成り立ちます。

※なお，(a)，(b) の式は $\theta=45°$ とすればいずれも成立します。"**成り立たない θ の値が存在する**"ことと"**成り立つ θ の値が存在しない**"ことは同じではないので注意しましょう。

6-2 ⊙ 180° まで 定義域を拡張する

次章では，三角比を活用して三角形の辺長や角度の計算をします。三角形の内角には鋭角だけでなく鈍角もあるので，鈍角の三角比も定義しておきたいです。

鋭角の三角比は直角三角形を用いて定義されましたが，全くそのまま鈍角に対して定義することはできません。というのも，直角三角形の内角はみな 90° 以下だからです。一方で，鈍角の三角比を定義したとき，**できれば既存の鋭角の三角比たちの値は変わらず，定義も自然に見えるようにしたい**です。角度の範囲によって定義が異なると面倒ですからね。

▶ 座標平面における角度の測り方

新しい定義では，座標平面上の点の"角度"を用います。

> **🔍 定義 座標平面における偏角**
> 座標平面 (xy 平面) において，原点 O とは異なる点 P をとる。原点を中心に，x 軸正部分を角 θ だけ反時計回りに回転させる。それが半直線 OP と一致するとき，回転角 θ を点 P の**偏角**という[9]。

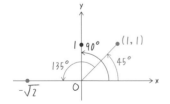

偏角の具体例は次の通りです[10]。

点 $(1, 1)$ の偏角　　：45°
点 $(0, 1)$ の偏角　　：90°
点 $(-\sqrt{2}, 0)$ の偏角：180°

9　本来数学Ⅰの本単元で"偏角"という語は登場しないのですが，将来別の単元で登場する語であり使い勝手もよいため，ここで導入してしまいます。

10　実は偏角には 360°×(整数) 分の自由度があります。余分に (整数) 回だけ回転しても x 軸正部分は同じ位置に来ますからね。よって，たとえば上の点 $(1,1)$ の偏角は 405° や $-315°$ などとしても本来 OK です。これについて興味のある方は，数学Ⅱで学習する"一般角"について調べてみるとよいでしょう。

例題　座標平面における偏角

以下の各点の偏角を $0°$ 以上 $360°$ 未満で答えよ。

A$(1, 0)$,　　B$(-2, 2)$,　　C$(1, \sqrt{3})$,　　D$(0, -1)$,　　E$(1, -1)$,　　F$(-2, 0)$

例題の解説

答え：A：$0°$,　　B：$135°$,

C：$60°$,　　D：$270°$,

E：$315°$,　　F：$180°$

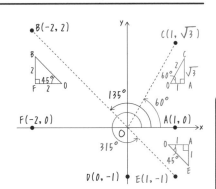

各点の位置は右図の通りです。x 軸正方向から反時計回りに角度を測ることに注意しましょう。

偏角の値は $0°$ 以上 $360°$ 未満に指定してあるため，ここでは一意に定まります。

さて，この偏角も用いて，三角比の定義を拡張します。

🔍 定義　$0° \sim 180°$ の角に対する三角比

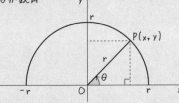

原点を中心とする半径 $r\ (>0)$ の円上に，偏角が $\theta\ (0° \leqq \theta \leqq 180°)$ である点 P をとり，その座標を (x, y) とする。このとき，

$$\sin \theta = \frac{y}{r}, \qquad \cos \theta = \frac{x}{r}, \qquad \tan \theta = \frac{y}{x}$$

と定める。ここで，x, y の値が r に比例することから，上記 3 つは θ のみの関数となっている（r には依存しない）。なお，$\tan \theta$ は $\theta = 90°$ において定義されない（p.278 で詳述）。

直角三角形を用いて鋭角の三角形を定義したときは，斜辺の長さを 1 とすることで式を単純にできました。ここでも同様の工夫をしたいのですが，そのためには円の半径を 1 とすればよさそうですね。

🔍定義 **単位円**

半径が 1 の円のことを**単位円**という [11]。
なお，多くの場合その中心は座標平面上の原点とされる [12]。

この単位円を用いることで，三角比の定義は次のように単純化できます。

🔍定義 **単位円を用いた三角比の定義（上とほぼ同じもの）**

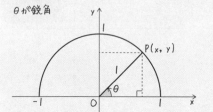
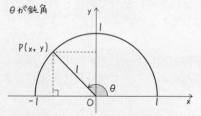

単位円上に偏角が θ $(0° \leqq \theta \leqq 180°)$ である点 P をとり，その座標を (x, y) とする。このとき，$\sin\theta, \cos\theta, \tan\theta$ を各々次のように定める。

$$\sin\theta = y, \qquad \cos\theta = x, \qquad \tan\theta = \frac{y}{x}$$

円の半径 r を 1 にすると，
- $\sin\theta$：偏角 θ に対応する点の y 座標
- $\cos\theta$：偏角 θ に対応する点の x 座標

となり，分数がなくなるので記述や計算がちょっとラクになります。前述の通り，円の半径を変えても三角比の値は不変であるからこそ，特に円の半径を 1 としてよいのです。

上述の単位円は，数学 II の"三角関数"の単元でも登場します。いまのうちに，名称と定義を頭に入れておくとよいでしょう。

11　xy 平面におけるこの単位円の方程式は $x^2 + y^2 = 1$ です。p.269 の例題 (4) で示した関係式 $\cos^2\theta + \sin^2\theta = 1$ と対比させると納得しやすいでしょう。なお，座標平面における円の方程式は，数学 II の"図形と方程式"の単元で本格的に扱います。
12　少なくとも本書においては，ことわりのない場合，単位円の中心は原点とします。

"単位" とつく数学用語

左ページで述べた通り半径 1 の円は単位円とよばれるのですが，"単位" という表現に戸惑ったかもしれません。これはもちろん ［m］や［秒］，［kg］ などのことではなく，半径が 1 であることを指しています。

このように，数学では単位という語で "1" を表すことがあります。せっかくなので，ほかの例もいくつかご紹介しますね。
- 単位球　　　：座標空間等における（主に中心が原点である）半径 1 の球
- 単位ベクトル：長さが 1 のベクトル
- 虚数単位　　：$\sqrt{-1}$ のこと（この虚数の絶対値は 1）

なお，"恒等な変換"（そのままにすること）を表す際にもこの "単位" という語が用いられます。単位行列，単位元などがその例です。

例題　　　　三角比の定義（拡張版）

$0° < \theta < 90°$ において，拡張された三角比の定義に基づく $\sin\theta, \cos\theta, \tan\theta$ の値が，前節で扱った $\sin\theta, \cos\theta, \tan\theta$ の値と一致することを確認せよ。

例題の解説

答え：以下の通り。

半径 r の円上で偏角が θ $(0° < \theta < 90°)$ である点を $\mathrm{P}(x, y)$ とします。このとき $x > 0, y > 0$ であることに注意しましょう。

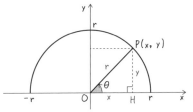

点 P から x 軸に下ろした垂線の足を H とします。H の座標は $(x, 0)$ となりますね。よって，前節で紹介した三角比の定義に基づくと

$$\sin\theta = \frac{\mathrm{PH}}{\mathrm{OP}} = \frac{y}{r}, \qquad \cos\theta = \frac{\mathrm{OH}}{\mathrm{OP}} = \frac{x}{r}, \qquad \tan\theta = \frac{\mathrm{PH}}{\mathrm{OH}} = \frac{y}{x}$$

であり，これは直角三角形を用いて定義したものと一致しています。■
もとの定義による値と一致していることからも，自然な拡張といえますね。

キレイな角度の三角比はシンプルな値をとります。早速調べてみましょう。

拡張された三角比の定義に基づき，以下の三角比の値を求めよ。

(1)　$\sin 0°$, $\cos 0°$, $\tan 0°$　　　　　(2)　$\sin 90°$, $\cos 90°$, $\tan 90°$

(3)　$\sin 120°$, $\cos 120°$, $\tan 120°$　　　(4)　$\sin 135°$, $\cos 135°$, $\tan 135°$

(5)　$\sin 150°$, $\cos 150°$, $\tan 150°$　　　(6)　$\sin 180°$, $\cos 180°$, $\tan 180°$

例題の解説

答え：(1)　$\sin 0° = 0$,　　　$\cos 0° = 1$,　　　$\tan 0° = 0$

(2)　$\sin 90° = 1$,　　　$\cos 90° = 0$,　　　$\tan 90°$ **は定義されない** [13]

(3)　$\sin 120° = \dfrac{\sqrt{3}}{2}$,　$\cos 120° = -\dfrac{1}{2}$,　$\tan 120° = -\sqrt{3}$

(4)　$\sin 135° = \dfrac{1}{\sqrt{2}}$,　$\cos 135° = -\dfrac{1}{\sqrt{2}}$,　$\tan 135° = -1$

(5)　$\sin 150° = \dfrac{1}{2}$,　$\cos 150° = -\dfrac{\sqrt{3}}{2}$,　$\tan 150° = -\dfrac{1}{\sqrt{3}}$

(6)　$\sin 180° = 0$,　　　$\cos 180° = -1$,　　　$\tan 180° = 0$

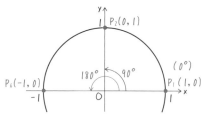

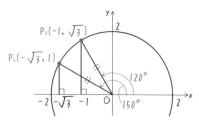

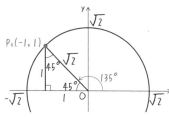

座標平面上で都合のよい半径の円を考え，その円上での (n) に対応する点（P_n とする）を図示するとこのようになります。

点 P_n の座標を求めたら，あとは定義にしたがって三角比を計算するのみです。

これらの値は図を描けばすぐわかるので，無理に覚えないで OK です。

13　円上で偏角が $90°$ である点の x 座標は（円の半径によらず）0 であり，$\tan$ の定義式 $\dfrac{y}{x}$ の分母が 0 となってしまいます。だから $\tan 90°$ は定義されないというわけです。

$0° \leqq \theta \leqq 180°$ とする。このとき，三角比の定義に基づき

$$\sin(180° - \theta), \qquad \cos(180° - \theta), \qquad \tan(180° - \theta)$$

を $\sin\theta, \cos\theta, \tan\theta$ のうち必要なものを用いて表せ。

例題の解説

答え：$\sin(180° - \theta) = \sin\theta, \qquad \cos(180° - \theta) = -\cos\theta,$

$\tan(180° - \theta) = -\tan\theta$

単位円上で，偏角 $\theta, 180° - \theta$ に対応する点を
各々 P, P′ としましょう。
これら 2 点の位置関係は図の通りです。
この図は $0° < \theta < 90°$ の場合のものですが，そ
のほかの角度でも以下の議論は成り立ちます。

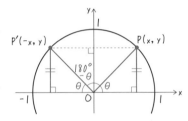

2点 P, P′ は同じ"高さ"になっており，y 軸からの距離も等しいです。
つまり P の座標を (x, y) とすると，P′ の座標は $(-x, y)$ となります。

ここで P の座標に着目すると，三角比の定義より $\sin\theta = \dfrac{y}{r}, \cos\theta = \dfrac{x}{r}, \tan\theta = \dfrac{y}{x}$
であることがただちにわかり，それを用いることで次のように計算できます。

$$\sin(180° - \theta) = \frac{(\text{P′の } y \text{ 座標})}{r} = \frac{y}{r} = \sin\theta$$

$$\cos(180° - \theta) = \frac{(\text{P′の } x \text{ 座標})}{r} = \frac{-x}{r} = -\cos\theta$$

$$\tan(180° - \theta) = \frac{(\text{P′の } y \text{ 座標})}{(\text{P′の } x \text{ 座標})} = \frac{y}{-x} = -\frac{y}{x} = -\tan\theta$$

θ と $180° - \theta$ の和が $180°$ だから，2 点 P, P′ は y 軸に関して対称な位置にある。
それさえ意識すれば証明は容易で，公式自体もすぐ導けます。

$0° \leqq \theta \leqq 90°$ とするとき，$\sin(\theta+90°)$，$\cos(\theta+90°)$，$\tan(\theta+90°)$ を $\sin\theta$，$\cos\theta$，$\tan\theta$ のうち必要なものを用いて表せ。

例題の解説

答え：$\sin(\theta+90°)=\cos\theta$，
$\qquad\cos(\theta+90°)=-\sin\theta$，
$\qquad\tan(\theta+90°)=-\dfrac{1}{\tan\theta}$

$0°<\theta<90°$ の範囲のみ解説しますが，$\theta=0°$，$90°$ についても（tan の式以外は）成り立ちます。

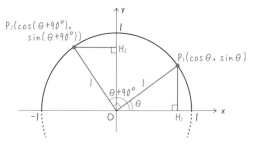

単位円上で，偏角が θ，$\theta+90°$ に対応する点を各々 P_1，P_2 とします。各々の座標は $P_1(\cos\theta, \sin\theta)$，$P_2(\cos(\theta+90°), \sin(\theta+90°))$ となりますね。

点 P_1 から x 軸に下ろした垂線の足を H_1，点 P_2 から y 軸に下ろした垂線の足を H_2 とすると

$$\angle P_2OH_2 = \angle P_2OH_1 - \angle H_2OH_1 = (\theta+90°)-90° = \theta$$

が成り立ち，$\triangle OP_1H_1$，$\triangle OP_2H_2$ は

$$OP_1=1=OP_2, \quad \angle P_1OH_1=\theta=\angle P_2OH_2, \quad \angle P_1H_1O=90°=\angle P_2H_2O$$

より合同です。したがって $P_2H_2=P_1H_1=\sin\theta$，$H_2O=H_1O=\cos\theta$ であり，これより点 P_2 の座標は $(-\sin\theta, \cos\theta)$ とわかります。

一方，前述の通り点 P_2 の座標は $(\cos(\theta+90°), \sin(\theta+90°))$ でしたから，

$$\sin(\theta+90°)=\cos\theta, \qquad \cos(\theta+90°)=-\sin\theta$$

が成り立つことがしたがいます。そして，これらより

$$\tan(\theta+90°)=\frac{\sin(\theta+90°)}{\cos(\theta+90°)}=\frac{\cos\theta}{-\sin\theta}=-\frac{1}{\dfrac{\sin\theta}{\cos\theta}}=-\frac{1}{\tan\theta}$$

つまり $\tan(\theta+90°)=-\dfrac{1}{\tan\theta}$ であることもわかります。

これらの変換公式は，上述のように図を描けばすぐに導けるため，暗記する必要はありません。むしろ無理やり頭に詰め込もうとすると符号など細部を誤ってしまうリスクがあります。**暗記しないのは決して逃げではない**，ということです。

$0° \leqq \theta \leqq 180°$ のもとで $\sin\theta = 0.6$ であるとき，$\cos\theta$, $\tan\theta$ の値を求めよ。

例題の解説

答え：$(\cos\theta, \tan\theta) = (0.8, 0.75)$,
$(-0.8, -0.75)$

$\sin$ は，単位円上の点の y 座標で定義されているのでした。よって，$\sin\theta = 0.6$ となる θ は，図の2点 P_1, P_2 の偏角 θ_1, θ_2 です。

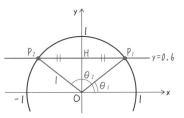

$P_1H = P_2H = \sqrt{1 - (0.6)^2} = 0.8$ より各点の座標は $P_1(0.8, 0.6)$, $P_2(-0.8, 0.6)$ であり，これらの座標と三角比の定義より $\cos\theta$, $\tan\theta$ の値が得られます。

条件をみたす角 θ が2個あるため，$\cos\theta$, $\tan\theta$ の値も2組です。

なお，$0° \sim 180°$ の三角比についても p.269 と同様のことが成り立ちます。

△ 定理　　三角比の性質

$0° \leqq \theta \leqq 180°$ において以下のことが成り立つ。

(1) $\tan\theta = \dfrac{\sin\theta}{\cos\theta}$　　　**(2)** $0 \leqq \sin\theta \leqq 1$　　　**(3)** $-1 \leqq \cos\theta \leqq 1$

(4) $\sin^2\theta + \cos^2\theta = 1$　　　**(5)** $\tan^2\theta + 1 = \dfrac{1}{\cos^2\theta}$

定理の証明 ・・

p.269 の証明と似ている部分が多いため，概要のみ示します。

(1)　定義よりただちにしたがいます。

(2)　単位円の上半分が $0 \leqq y \leqq 1$ の範囲に収まることからしたがいます。

(3)　単位円の上半分が $-1 \leqq x \leqq 1$ の範囲に収まることからしたがいます。

(4)　三平方の定理より示せます。

(5)　(4) の式の両辺を $\cos^2\theta$ で除算し，(1) を用いれば得られます。

上の例題は，性質 (4), (5) あたりを用いて攻略することもできます。

6-3 ⊙ 三角比の方程式・不等式

三角比の値やその範囲から，対応する角度やその範囲を求める方法を考えます。

問：$0° \leqq \theta \leqq 180°$ において，θ の方程式 $\sin\theta = \dfrac{1}{2}$ の解を求めよ。

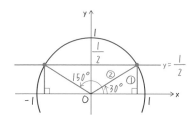

単位円上で，偏角 θ に対応する点の y 座標が $\sin\theta$ なのでした。とすると，単位円上で $y = \dfrac{1}{2}$ となる点の偏角が求めるべき θ です。

そのような点は左図のように 2 つあり，直角三角形の 3 辺の比に着目することで，偏角が $30°, 150°$ とわかります。これらが答えです。

例題　　三角比に関連する方程式

$0° \leqq \theta \leqq 180°$ とする。このとき，以下の θ の方程式の解を求めよ。

(1)　$\cos\theta = -0.5$　　　　(2)　$\sin\theta = \dfrac{\sqrt{3}}{2}$　　　　(3)　$|\tan\theta| = 1$

例題の解説

(1)　答え：$\theta = 120°$

半円上で x 座標が $-0.5 \left(= -\dfrac{1}{2}\right)$ である点を探してみると，右図の P が見つかります。この P から x 軸に垂線を下ろすことで，3 つの角度が $90°, 60°, 30°$ の直角三角形ができます。

よって，この点 P の偏角は $120°$ となります。

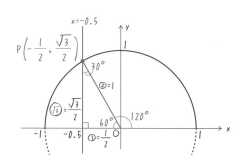

(2) 答え：$\theta = 60°, 120°$

半円上で y 座標が $\dfrac{\sqrt{3}}{2}$ である点
を探してみると，右図の P, P' が
見つかります。これら P, P' より
x 軸に垂線を下ろすことで，3 つ
の角度が $90°, 60°, 30°$ の直角三角
形ができます。
よって，点 P の偏角は $60°$，点 P'
の偏角は $120°$ です。

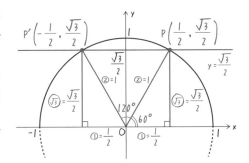

(3) 答え：$\theta = 45°, 135°$

$|\tan\theta| = 1 \Longleftrightarrow \tan\theta = \pm 1$
です。また，$\tan\theta$ は偏角 θ
に対応する点と原点とを通
る直線の傾きなのでした。
よって，$\tan\theta = \pm 1$ をみた
す偏角 θ は直線 $y = \pm x$ に
対応します。この直線と半
円との交点を図示すると右
図のようになります。

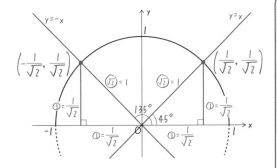

交点の座標自体も計算できますが，直角二等辺三角形を作図することにより，
$\theta = 45°, 135°$ とただちにわかりますね。

定期試験等でもこうした方程式は出題されますが，頭に入れておくべきことは以
下のことくらいです。無理にたくさんのことを頭に入れる必要はありません。

- 三角比の定義（さすがにこれは必須）
- 単位円を考えると明快であること（任意）
- "$30°, 60°, 90°$" や "$45°, 45°, 90°$" の直角三角形の 3 つの辺長の比
  （これは任意。というより，すでに頭に入っている可能性が高い）

例題　　　sin と cos の加算

$0° \leqq \theta \leqq 180°$ とする。このとき，$\sin\theta + \cos\theta = \sqrt{2}$ …(＊)となる θ を求めよ。

例題の解説

答え：$\theta = 45°$

$\theta = 0°$ は解ではありませんし，$90° \leqq \theta < 180°$ のときは

$$\begin{cases} \sin\theta \leqq 1 \\ \cos\theta \leqq 0 \end{cases} \implies \sin\theta + \cos\theta \leqq 1 < \sqrt{2}$$

となり，(＊)は成り立ちません。

以下は $0° < \theta < 90°$ の範囲のみ考えます。右図の直角三角形において $\mathrm{BC} = \sin\theta, \mathrm{AB} = \cos\theta$ となるため，(＊) $\Longleftrightarrow \mathrm{BC} + \mathrm{AB} = \sqrt{2}$ です。つまり，斜辺の長さが 1 であり，直角を挟む 2 辺の長さの和が $\sqrt{2}$ である直角三角形になっているのです。

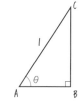

そこで，$x := \mathrm{AB}$ $(0 < x < \sqrt{2})$ とします。このとき $\mathrm{BC} = \sqrt{2} - x$ であり，三平方の定理より $x^2 + (\sqrt{2} - x)^2 = 1^2$ が成り立ちます。これを整理すると $(\sqrt{2}x - 1)^2 = 0$ となり，これより $x = \dfrac{1}{\sqrt{2}}$ を得ます。つまり

$$\mathrm{AB} = \frac{1}{\sqrt{2}},\ \mathrm{BC} = \sqrt{2} - \frac{1}{\sqrt{2}} = \frac{1}{\sqrt{2}} \qquad \therefore \sin\theta = \frac{1}{\sqrt{2}} = \cos\theta$$

です。$0° < \theta < 90°$ の範囲でこれが成り立つのは $\theta = 45°$ のときのみですね。

不等式についても，同様に単位円を活用することで攻略できます。

例題　　　三角比に関連する不等式

$0° \leqq \theta \leqq 180°$ とする。このとき，以下の θ の方程式の解を求めよ。

(1)　$\cos\theta \leqq -\dfrac{1}{2}$　　　　(2)　$\sin\theta \geqq \dfrac{1}{\sqrt{2}}$　　　　(3)　$\tan\theta < \dfrac{1}{\sqrt{3}}$

こんどは不等式ですが，単位円を用いるのは変わりません。

(1) **答え：$120° \leqq \theta \leqq 180°$**

単位円上で偏角 θ に対応する点の x 座標が $\cos\theta$ なのでした。

そこで，x 座標が $-\dfrac{1}{2}$ 以下となるような単位円上の点 P の存在範囲を調べます。すると右図のようになり，P の偏角の範囲は $120° \leqq \theta \leqq 180°$ とわかります。

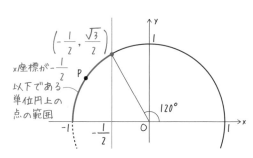

(2) **答え：$45° \leqq \theta \leqq 135°$**

$\sin\theta$ は，単位円上で偏角 θ に対応する点の y 座標です。

そこで，y 座標が $\dfrac{1}{\sqrt{2}}$ 以上となるような単位円上の点 P の存在範囲を調べます。すると右図のようになり，P の偏角の範囲は $45° \leqq \theta \leqq 135°$ とわかります。

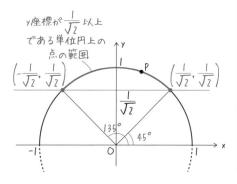

(3) **答え：$0° \leqq \theta < 30°$ または $90° < \theta \leqq 180°$**

$\tan\theta$ は，単位円上で偏角 θ に対応する点と原点とを結んだ直線の傾きなのでした。

そこで，原点から見たときに傾きが $\dfrac{1}{\sqrt{3}}$ 未満となるような単位円上の点 P の存在範囲を調べます。すると右図のようになり，P の偏角の範囲は $0° \leqq \theta < 30°$ または $90° < \theta \leqq 180°$ とわかります。

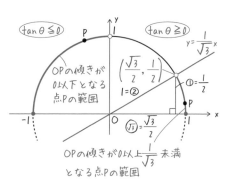

▶ tan に関するいくつかの補足事項

ここで tan（タンジェント）についていくつか補足しておきます。

まず，単位円上に偏角が θ $(0° \le \theta \le 180°, \theta \ne 90°)$ である点 P をとり，その座標を (x, y) としたとき，$\dfrac{y}{x}$ の値を $\tan\theta$ と定めたのでした。そしてこれは，点 P と原点 O を結ぶ直線の傾きになっていましたね。ということは，次図のように直線 OP と直線 $x=1$ との交点（T とします）の座標は $(1, \tan\theta)$ となります。

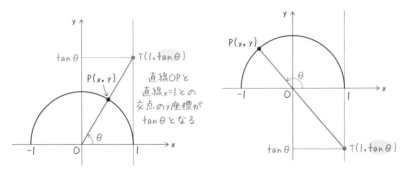

点 P をいろいろ動かすと，点 T は直線 $x=1$ 全体を動きます。このことから，**$0° \le \theta \le 180°, \theta \ne 90°$ のもとで $\tan\theta$ は実数全体を動く**ことがわかりますね。

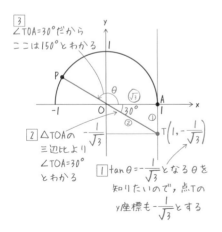

また，同じ構図を利用して tan に関する方程式・不等式を解くこともできます。

たとえば $0° \le \theta \le 180°, \theta \ne 90°$ のもとで $\tan\theta = -\dfrac{1}{\sqrt{3}}$ となる θ を求めたいときは，図のように点 T, A をとり直線 OT と半円との交点を P とします。直角三角形の 3 辺比から $\angle TOA$ を求め，そこから $\angle AOP$ を求めれば OK です。

結局直角三角形の 3 辺比を用いるため，これまでの解説では単位円内で話を済ませていましたが，お好みでこの図も利用してみてください。

左ページでも扱った通り，tan はいわば直線 OP の"傾き"です。これを用いることで，直線どうしのなす角を求めることもできます。

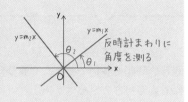

一見複雑な定義ですが，このように定めるとつねに $m=\tan\theta$ が成り立ちます。それをふまえ，2 直線のなす角を例題で計算してみましょう。

例題   **直線どうしのなす角**

(1) 直線 $\ell_1 : y = \dfrac{1}{\sqrt{3}}x$, 直線 $\ell_2 : y = -x$ が x 軸正部分となす角 θ_1, θ_2 を求めよ。

(2) 直線 ℓ_1, ℓ_2 のなす角を求めよ。直線どうしのなす角の値は 2 つ考えられるが，好きな方を答えればよい[14]。

例題の解説

(1) 答え：$\theta_1 = 30°$, $\theta_2 = 135°$

前述の通り $\tan\theta_1 = \dfrac{1}{\sqrt{3}}$, $\tan\theta_2 = -1$ が成り立ち，これらより θ_1, θ_2 も求められます。単位円の中で三角定規の形をつくっても構いませんし，左ページのように直線 $x=1$ を用いて考えても構いません。

(2) 答え：$105°$（$75°$）

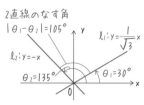

ℓ_1, ℓ_2 が x 軸となす角の差
$|\theta_1 - \theta_2| = |135° - 30°| = 105°$ が答えとなります。
もちろん，$75°$ の方を答えても構いません。

---

14 問題によっては"2 直線のなす鋭角を求めよ"などと指示されることもあります。その場合は，もちろん指示に従いましょう。

6-4 ⟩ 三角比の応用問題

ここまで学んできたことを活かし，応用問題にチャレンジしてみましょう。
難しい問題も多いですが，一通り自力で正解できれば，結構多くの大学入試問題
にも太刀打ちできるはずです。

例題　　　15°の角の三角比

$30°$, $45°$, $60°$ などの角の三角比はすでに扱ったが，$\sin 15°$, $\cos 15°$, $\tan 15°$ の値
についてはまだ一度も登場していない。三角定規 2 種類にも $15°$ という角はなく，
どうやら一瞬で値を求めるのは難しそうだ。そこで，以下のように工夫して $15°$
の角の三角比を求めることとした。(1)−(5) の問に答えよ。

まず，図のように $\angle A = 90°$, $\angle B = 75°$,
$\angle C = 15°$, $AB = 1$ である直角三角形 ABC
を考える。そして，この△ABC の辺 AC
上に $\angle ABD = 60°$ となる点 D をとる。

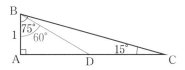

(1)　DB＝DC であることを示せ。
(2)　(1) をふまえ，AC を求めよ。
(3)　(2) をふまえ，BC を求めよ。
(4)　$\angle C = 15°$ であること，三角比の定義，および (2)，(3) の結果に基づき，
　　 $\sin 15°$, $\cos 15°$, $\tan 15°$ の値を求めよ。
(5)　以上より計算できるので，ついでに $\sin 75°$, $\cos 75°$, $\tan 75°$ の値を求めよ。

例題の解説

(1)　**答え：以下の通り。**

　　 $\angle DBC = \angle ABC - \angle ABD = 75° - 60° = 15°$
　　 より $\angle DBC = \angle DCB\ (= 15°)$ であるため，
　　 △DBC は DB＝DC の二等辺三角形です。■

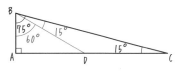

(2) **答え：AC＝2＋$\sqrt{3}$**

△ABD は "90°, 60°, 30°" の直角三角形であり，AB＝1 ですから AD＝$\sqrt{3}$，DB＝2 です。これと(1)より DC＝2 もいえるため，AC＝DC＋AD＝2＋$\sqrt{3}$ とわかります。

(3) **答え：BC＝$\sqrt{6}＋\sqrt{2}$**

△ABC で三平方の定理を用いることで

$$BC^2＝AB^2＋AC^2＝1^2＋(2＋\sqrt{3})^2＝1＋(7＋4\sqrt{3})＝8＋4\sqrt{3}$$

が得られ，（正の）平方根を考えることにより BC は次のように計算できます。

$$BC＝\sqrt{8＋4\sqrt{3}}＝\sqrt{2}\cdot\sqrt{4＋2\sqrt{3}}＝\sqrt{2}(\sqrt{3}＋1)＝\sqrt{6}＋\sqrt{2}$$

(4) **答え：$\sin 15°＝\dfrac{\sqrt{6}－\sqrt{2}}{4}$,**

$$\cos 15°＝\dfrac{\sqrt{6}＋\sqrt{2}}{4},$$

$$\tan 15°＝2－\sqrt{3}$$

∠C＝15° ですから，これまでの結果も用いて次のように計算できます。

$$\sin 15°＝\frac{AB}{BC}＝\frac{1}{\sqrt{6}＋\sqrt{2}}＝\frac{\sqrt{6}－\sqrt{2}}{(\sqrt{6}＋\sqrt{2})(\sqrt{6}－\sqrt{2})}＝\frac{\sqrt{6}－\sqrt{2}}{4}$$

$$\cos 15°＝\frac{AC}{BC}＝\frac{\sqrt{3}＋2}{\sqrt{6}＋\sqrt{2}}＝\frac{(\sqrt{3}＋2)(\sqrt{6}－\sqrt{2})}{(\sqrt{6}＋\sqrt{2})(\sqrt{6}－\sqrt{2})}$$

$$＝\frac{3\sqrt{2}－\sqrt{6}＋2\sqrt{6}－2\sqrt{2}}{4}＝\frac{\sqrt{6}＋\sqrt{2}}{4}$$

$$\tan 15°＝\frac{AB}{AC}＝\frac{1}{2＋\sqrt{3}}＝\frac{2－\sqrt{3}}{(2＋\sqrt{3})(2－\sqrt{3})}＝2－\sqrt{3}$$

(5) **答え：$\sin 75°＝\dfrac{\sqrt{6}＋\sqrt{2}}{4}$, $\cos 75°＝\dfrac{\sqrt{6}－\sqrt{2}}{4}$, $\tan 75°＝2＋\sqrt{3}$**

(4) の結果も適宜用いると，次のように計算できます。

$$\sin 75°＝\frac{AC}{BC}＝\cos 15°＝\frac{\sqrt{6}＋\sqrt{2}}{4}$$

$$\cos 75°＝\frac{AB}{BC}＝\sin 15°＝\frac{\sqrt{6}－\sqrt{2}}{4}$$

$$\tan 75°＝\frac{AC}{AB}＝2＋\sqrt{3}$$

18°の角の三角比

こんどは 18° の角の三角比を求めてみよう。

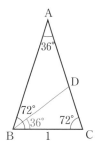

まず，図のように $\angle A = 36°$，$\angle B = 72°$，$\angle C = 72°$，$BC = 1$ である △ABC の辺 AC 上に，$\angle DBC = 36°$ となる点 D をとる。

(1)　$BC = BD = AD$ であることを示せ。

(2)　$\triangle ABC \backsim \triangle BCD$ を示せ。

(3)　(1)(2) をふまえ，AB を求めよ。

B から辺 CD に下ろした垂線の足を H とする。

(4)　$\triangle BCH \equiv \triangle BDH$ を示せ。

(5)　三角比の定義および (3)，(4) の結果より，$\sin 18°$ の値を求めよ。

(6)　BH を求めよ。

(7)　$\cos 18°$，$\tan 18°$ の値を求めよ。

(1) **答え：以下の通り。**

$\angle DBC = 36°$，$\angle BCD = 72°$ より $\angle BDC = 180° - (36° + 72°) = 72°$ であり，$\angle BCD = \angle BDC \ (= 72°)$ なので △BCD は $BC = BD$ の二等辺三角形です。また，$\angle DBA = \angle ABC - \angle DBC = 36°$ より $\angle DAB = \angle DBA \ (= 36°)$ なので $BD = AD$ もいえます。以上より $BC = BD = AD$ です。■

(2) **答え：以下の通り。**

$\angle BAC = 36° = \angle CBD$，$\angle ABC = 72° = \angle BCD$ より $\triangle ABC \backsim \triangle BCD$ です。■

(3) **答え：$AB = \dfrac{\sqrt{5}+1}{2}$**

$x := AB$ と定めます。$BC = 1$ と (1) より $AD = 1$，$CD = x - 1$ です。(2) より $\triangle ABC \backsim \triangle BCD$ なので，$AB : BC = BC : CD$ つまり $x : 1 = 1 : (x-1)$ が成り立ちます。あとは，そこからしたがう $x \cdot (x-1) = 1 \cdot 1$ の正の解を求めるのみです。

(4) **答え：以下の通り。**

$BC = BD$，$\angle BHC = 90° = \angle BHD$ および辺 BH を共有していることから $\triangle BCH \equiv \triangle BDH$ がしたがいます。■

(4) (5)

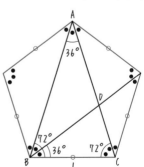

(5) 答え：$\sin 18° = \dfrac{\sqrt{5}-1}{4}$

(4) の結果より $\angle CBH = \dfrac{1}{2}\angle CBD = 18°$ です。また，

$$CD = x - 1 = \dfrac{\sqrt{5}-1}{2} \quad \therefore CH = \dfrac{1}{2}CD = \dfrac{\sqrt{5}-1}{4}$$

です。したがって，$\sin 18° = \dfrac{CH}{BC} = \dfrac{\dfrac{\sqrt{5}-1}{4}}{1} = \dfrac{\sqrt{5}-1}{4}$ と

求められます。

(6) 答え：$\mathbf{BH = \dfrac{\sqrt{10+2\sqrt{5}}}{4}}$

△BCH で三平方の定理を用いることにより

$$BH^2 = BC^2 - CH^2 = 1 - \left(\dfrac{\sqrt{5}-1}{4}\right)^2 = 1 - \dfrac{6-2\sqrt{5}}{16} = \dfrac{10+2\sqrt{5}}{16}$$

が得られ，これより $BH = \sqrt{\dfrac{10+2\sqrt{5}}{16}} = \dfrac{\sqrt{10+2\sqrt{5}}}{4}$ と計算できます。

(7) 答え：$\mathbf{\cos 18° = \dfrac{\sqrt{10+2\sqrt{5}}}{4}}$, $\qquad \mathbf{\tan 18° = \sqrt{1 - \dfrac{2}{\sqrt{5}}}}$

これまでの結果と三角比の定義より，次のように計算できます。

$$\cos 18° = \dfrac{BH}{BC} = \dfrac{\sqrt{10+2\sqrt{5}}}{4}$$

$$\tan 18° = \dfrac{CH}{BH} = \dfrac{\dfrac{\sqrt{5}-1}{4}}{\dfrac{\sqrt{10+2\sqrt{5}}}{4}} = \dfrac{\sqrt{5}-1}{\sqrt{10+2\sqrt{5}}} = \dfrac{(\sqrt{5}-1)\sqrt{10-2\sqrt{5}}}{\sqrt{(10+2\sqrt{5})(10-2\sqrt{5})}}$$

$$= \dfrac{\sqrt{(\sqrt{5}-1)^2(10-2\sqrt{5})}}{\sqrt{10^2-(2\sqrt{5})^2}} = \dfrac{\sqrt{80-32\sqrt{5}}}{\sqrt{80}} = \dfrac{\sqrt{5-2\sqrt{5}}}{\sqrt{5}} = \sqrt{1 - \dfrac{2}{\sqrt{5}}}$$

補足：同じ三角形を用いて $36°$ の角の三角比も

$$\sin 36° = \dfrac{\sqrt{10-2\sqrt{5}}}{4}, \qquad \cos 36° = \dfrac{\sqrt{5}+1}{4},$$

$$\tan 36° = \sqrt{5-2\sqrt{5}}$$

と計算できます。ぜひ証明してみてください。
また，本問の△ABC は辺長 1 の正五角形に埋め込むことができます（左図）。同じ構図が本書のずーっと先で登場するので，お楽しみに！

θ は $0° \le \theta \le 180°$ をみたす角であり，$\sin\theta + \cos\theta = \dfrac{4}{5}$ が成り立っている。

(0)　このような角 θ が（そもそも）存在することを示せ。

そのうえで，以下の値を求めよ。

(1)　$\sin\theta\cos\theta$　　(2)　$|\sin\theta - \cos\theta|$　　(3)　$\sin\theta - \cos\theta$　　(4)　$\sin\theta,\ \cos\theta$

例題の解説

(0)　**答え：以下の通り。**

単位円上で偏角が θ である点の座標が $(\cos\theta,\ \sin\theta)$ となるのでした。

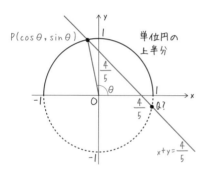

$\sin\theta + \cos\theta = \dfrac{4}{5}$ は，**その点の y 座標と x 座標との和が $\dfrac{4}{5}$ である**ことを意味します。

つまり，点 $(\cos\theta,\ \sin\theta)$ は直線 $x + y = \dfrac{4}{5}$ 上にあるのです。

単位円と直線を描くと左図のようになります。共有点は P, Q の 2 つあり，そのう

ち P が半円上にありますね。よって，P に対応する偏角 θ は問題文の条件を

みたします。

なお，Q の偏角 θ は $0° \le \theta \le 180°$ をみたさないので除外されます。■

(1)　**答え：$-\dfrac{9}{50}$**

2 つの数の和が $\dfrac{4}{5}\ (= 0.8)$ である 2 数の積は，本来

$-0.5 \times 1.3 = -0.65,$　　$0 \times 0.8 = 0,$　　$0.2 \times 0.6 = 0.12,$　　$0.5 \times 0.3 = 0.15,\ \cdots$

といった具合に値が確定しません。"和が $\dfrac{4}{5}$ である"という条件のみでは足り

ないようです。$\sin\theta\cos\theta$ の値を求めるには，ほかの手がかりが必要です。

……問題文で述べられている条件は 1 つのみじゃないか！ と思うでしょう。もちろんその通りなのですが，三平方の定理よりしたがう関係式

$$\sin^2\theta + \cos^2\theta = 1$$

があったことを思い出しましょう。

この式も用いれば本問は解決します。$\sin\theta + \cos\theta = \dfrac{4}{5}$ の両辺を 2 乗してみると

$$(\sin\theta + \cos\theta)^2 = \left(\frac{4}{5}\right)^2$$

$$\sin^2\theta + 2\sin\theta\cos\theta + \cos^2\theta = \frac{16}{25}$$

$$\therefore 2\sin\theta\cos\theta = \frac{16}{25} - (\sin^2\theta + \cos^2\theta)$$

が得られますが，$\sin^2\theta + \cos^2\theta = 1$ なのですから

$$2\sin\theta\cos\theta = \frac{16}{25} - (\sin^2\theta + \cos^2\theta) = \frac{16}{25} - 1 = -\frac{9}{25}$$

$$\therefore \sin\theta\cos\theta = \frac{1}{2}\cdot\left(-\frac{9}{25}\right) = -\frac{9}{50}$$

と計算できますね。**そもそも $\sin\theta, \cos\theta$ には $\sin^2\theta + \cos^2\theta = 1$ という拘束条件があり，だからこそ和を決めるだけで積が勝手に決まったわけです。**

(2) **答え：$\dfrac{\sqrt{34}}{5}$**

$\sin\theta, \cos\theta$ の差が問われています。ちょっと悩むかもしれませんが，こんどは値を知りたい $\sin\theta - \cos\theta$ の方を思いきって二乗してみましょう。すると

$$(\sin\theta - \cos\theta)^2 = \sin^2\theta - 2\sin\theta\cos\theta + \cos^2\theta$$
$$= 1 - 2\sin\theta\cos\theta \quad (\because \sin^2\theta + \cos^2\theta = 1)$$

となります。

残った $\sin\theta\cos\theta$ の値は，ついさっき求めたばかりですね！ それを用いれば，

$$(\sin\theta - \cos\theta)^2 = 1 - 2\sin\theta\cos\theta = 1 - 2\times\left(-\frac{9}{50}\right) = \frac{68}{50} = \frac{34}{25}$$

$$\therefore (\sin\theta - \cos\theta)^2 = \frac{34}{25}$$

と計算できます。両辺の正の平方根を考えることで，

$$\sqrt{(\sin\theta - \cos\theta)^2} = \sqrt{\frac{34}{25}} = \frac{\sqrt{34}}{5} \qquad \therefore |\sin\theta - \cos\theta| = \frac{\sqrt{34}}{5}$$

とわかりました。なお，最後の計算では，任意の実数 x に対し $\sqrt{x^2} = |x|$ であること（p.85）を用いています。

(3) 答え：$\dfrac{\sqrt{34}}{5}$

(2) で $|\sin\theta-\cos\theta|=\dfrac{\sqrt{34}}{5}$ と判明したので $\sin\theta-\cos\theta$ の値は $\dfrac{\sqrt{34}}{5}$, $-\dfrac{\sqrt{34}}{5}$ のいずれかです。でも，それをいきなり答えとするのは誤りです。いずれが正しい値なのでしょうか。あるいは，いずれの値もありうるのでしょうか（なお，(0) で条件をみたす θ の存在はいえたので，少なくとも一方は答えです）。

実は，シンプルな議論により一方を除外できます。$0°\leqq\theta\leqq180°$ において $\sin\theta\geqq0$ であり，$\cos\theta\leqq1$ より $-\cos\theta\geqq-1$ がいえます。したがって

$$\sin\theta-\cos\theta=\sin\theta+(-\cos\theta)\geqq0+(-1)=-1$$

つまり $\sin\theta-\cos\theta\geqq-1$ となるのです。これと $-\dfrac{\sqrt{34}}{5}<-\dfrac{\sqrt{25}}{5}=-1$ より，$\sin\theta-\cos\theta=-\dfrac{\sqrt{34}}{5}$ は（必要条件をみたしていないため）ありえません。

以上で
- 条件をみたす θ は存在する
- $\sin\theta-\cos\theta$ の値は $\dfrac{\sqrt{34}}{5}$, $-\dfrac{\sqrt{34}}{5}$ のいずれかである
- $\sin\theta-\cos\theta=-\dfrac{\sqrt{34}}{5}$ はありえない

ということがいえましたから，$\sin\theta-\cos\theta=\dfrac{\sqrt{34}}{5}$ と確定します。

(4) 答え：$\sin\theta=\dfrac{4+\sqrt{34}}{10}$, $\cos\theta=\dfrac{4-\sqrt{34}}{10}$

問題文と (3) より $\begin{cases}\sin\theta+\cos\theta=\dfrac{4}{5} &\cdots① \\[2mm] \sin\theta-\cos\theta=\dfrac{\sqrt{34}}{5} &\cdots②\end{cases}$ です。これら 2 式の和と差より，

和（①＋②）：$2\sin\theta=\dfrac{4}{5}+\dfrac{\sqrt{34}}{5}$ $\therefore\sin\theta=\dfrac{4+\sqrt{34}}{10}$

差（①＋②）：$2\cos\theta=\dfrac{4}{5}-\dfrac{\sqrt{34}}{5}$ $\therefore\cos\theta=\dfrac{4-\sqrt{34}}{10}$

と計算できますね。

補足：(0) の図 (p.292) にある点 Q は，(2) の結果 $|\sin\theta - \cos\theta| = \dfrac{\sqrt{34}}{5}$ の枝分かれでいうと $\sin\theta - \cos\theta = -\dfrac{\sqrt{34}}{5}$ の方に対応しており，この点の偏角はおよそ $349°$ です。数学Ⅰでは扱いませんが，数学Ⅱの"三角関数"の単元において，こうした $0° \sim 180°$ 以外の角の三角比について学習することとなります。

さて，私が高校 1 年生のときに定期試験で出題された問題を最後に考えていただき，本章を締めくくることとしましょう [15]。

例題　　三角比の大小評価

次の 4 つの値の大小を評価せよ。

$$\sin 50°, \qquad \cos 50°, \qquad \tan 50°, \qquad 0.5$$

例題の解説

答え：$0.5 < \cos 50° < \sin 50° < \tan 50°$

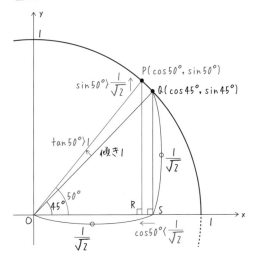

図のように，単位円上で偏角 $50°$，$45°$ に対応する点を各々 P, Q とします。これらの座標はもちろん
$$P(\cos 50°, \sin 50°),$$
$$Q(\cos 45°, \sin 45°)$$
です。Q の座標は $\left(\dfrac{1}{\sqrt{2}}, \dfrac{1}{\sqrt{2}}\right)$ と表すこともできますね。

P, Q から x 軸に下ろした垂線の足を各々 R, S とします。このとき $\triangle OQS$ は直角二等辺三角形であり，$OS = QS \left(= \dfrac{1}{\sqrt{2}}\right)$ です。

15　一部抜粋し，問題文を改めました。ちなみに，私はこれを出題なさった先生といまでも稀に連絡をとるのですが，問題の利用を快諾してくださいました。数学の自由な側面をたくさん見せてくださる楽しい先生で，私の数学観はその影響をだいぶ受けています（，と脱稿後この脚注を追記しながら思いました）。

ここで，△OPR と △OQS の形状・大きさを比較してみましょう。点 P が点 Q よりも"左上"にあるため，次の 2 式が成り立ちます。

$$(\text{点 P の } x \text{ 座標}) < (\text{点 Q の } x \text{ 座標}) \qquad \therefore \cos 50° < \frac{1}{\sqrt{2}}$$

$$(\text{点 P の } y \text{ 座標}) > (\text{点 Q の } y \text{ 座標}) \qquad \therefore \sin 50° > \frac{1}{\sqrt{2}}$$

また，直線 OP の傾きは直線 OQ の傾き（＝1）よりも大きいことから，$1 < \tan 50°$ もしたがいますね。これらと $\sin 50° < 1$ より次が成り立ちます。

$$\cos 50° < \frac{1}{\sqrt{2}} < \sin 50° < 1 < \tan 50°$$

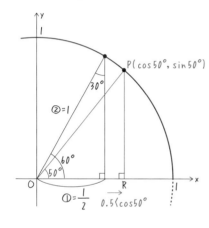

そして，左図のように $30°, 60°, 90°$ の直角三角形をつくると，OR の長さが $\frac{1}{2}$（＝0.5）より大きいこと，つまり $0.5 < \cos 50°$ がわかります。

以上より

$$\begin{cases} \cos 50° < \dfrac{1}{\sqrt{2}} < \sin 50° < 1 < \tan 50° \\ 0.5 < \cos 50° \end{cases}$$

つまり

$$0.5 < \cos 50° < \sin 50° < \tan 50°$$

がしたがいます。

本章では，主に三角比の定義や諸性質について学びました。特に定義の理解に重点をおいたので，これまでとは異なる頭の使い方が求められ，大変だったかもしれません。ここまでよく頑張りました！

次章では，いよいよ三角比を活用して平面図形の長さや角度を求めていきます。パズル感覚で楽しみましょう！

図形の長さや
角度を求める

$\vee$

中学の終盤に，三平方の定理というものを学習しました。直角三角形の 3 辺の長さについての関係式です。これを用いることで多くの"ナナメ"の長さを求められるようになりましたね。

でも，直角が少ない図形だと分が悪いのも事実でした。たとえば 3 辺の長さがわかっている三角形の面積を求めるときは，1 つの頂点から垂線を下ろし，三平方の定理を 2 回立式し，それを解いて垂線の足の位置を決定し，また三平方の定理を用いて高さを計算し……ということを行ったわけです。

面積：S

$$\begin{cases} h^2 = 5^2 - x^2 \\ h^2 = 6^2 - (7-x)^2 \end{cases}$$

$$\therefore\ 5^2 - x^2 = 6^2 - (7-x)^2$$
$$25 - x^2 = 36 - 49 + 14x - x^2$$
$$14x = 25 - 36 + 49 = 38$$
$$\therefore\ x = \frac{38}{14} = \frac{19}{7}$$

$$h = \sqrt{5^2 - x^2} = \sqrt{25 - \frac{361}{49}} = \sqrt{\frac{864}{49}} = \frac{12\sqrt{6}}{7}$$

$$\therefore\ S = \frac{1}{2} \cdot 7 \cdot h = \frac{1}{2} \cdot 7 \cdot \frac{12\sqrt{6}}{7} = 6\sqrt{6}$$

無論誤りではないですが，ちょっと面倒ですよね。直角ばかりの図形でなくても，辺の長さや角度に関する計算をしたい。そういう場面もあるのです。

本章では，前章で定義した三角比を活用し，こうした図形の求値問題を攻略していきます。

7-1 ⊘ 正弦定理

▶ 記号に関する約束ごと

> 🔍 **定義** 　**三角形に関する長さや角度の表記**
>
>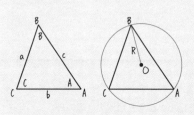
>
> - △ABC の頂点 A, B, C の向かいにある辺の長さを各々 a, b, c とする。$a=$BC, $b=$CA, $c=$AB とする。
> - ∠BAC, ∠CBA, ∠ACB をそれぞれ A, B, C とする。
> - △ABC の外接円[1] の中心を O, 外接円の半径を R とする。

今後ことわりなくこれらの記号を用いることがあるので，頭に入れておきましょう。**定義を知らなければ，それに関連する計算も証明も当然できません**からね。

▶ 正弦定理の主張

まずは sin（正弦）に関する定理をマスターしましょう。

> △ **定理** 　**正弦定理**
>
> 三角形の頂点に自由に A, B, C という名前をつけたとき，次が成り立つ。
>
> $$\frac{a}{\sin A}=\frac{b}{\sin B}=\frac{c}{\sin C}=2R$$
>
>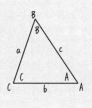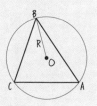

この正弦定理の主張は，**平面上のどのような三角形においても成り立ちます**。

1　三角形の 3 頂点を通る円（これはただ 1 つ存在）を，その三角形の外接円といいます。中学で円周角の定理を学んだときにたくさん描いたはずです。

この式が面倒なのは，a, b, c, R という 4 つの長さと A, B, C という 3 つの角があることです。しかも 4 つのものが等号で結ばれています。こんなの長すぎて覚えられない……と感じる人もいるしょう。

でも，ここであらためて上の式を眺めてみてください。よく見ると，$\dfrac{a}{\sin A}, \dfrac{b}{\sin B},$
$\dfrac{c}{\sin C}$ は文字数が多いだけで，**式としては同じ形をしています。**

それもそのはず。△ABC について特別な性質は何も仮定していないわけですから，$\dfrac{a}{\sin A} = 2R$ がいえたということは，$\dfrac{b}{\sin B} = 2R$ や $\dfrac{c}{\sin C} = 2R$ だっていえるのです。
さらに，それら 3 式をまとめると結局，正弦定理の式が導かれます。

つまり，正弦定理の式を律儀に丸々暗記する必要などないのです。

覚えるとしたらとりあえず $\dfrac{a}{\sin A} = 2R$ だけ頭に入れておき，あとはアルファ

ベットを $\begin{cases} a \to b \\ A \to B \end{cases}$ や $\begin{cases} a \to c \\ A \to C \end{cases}$ と変えて残りの式を導けばよいでしょう。

△ 定理 **定理：正弦定理（記憶量節約 ver.）**

三角形の頂点の 1 つを A とすると，$\dfrac{a}{\sin A} = 2R$ が成り立つ。

さて，正弦定理の式を紹介しましたが，次にその証明を考えてみましょう。

……えっ？ 自分は数学が苦手だから，証明は後回し，ですって？
数学が苦手であることと証明を後回しにすることに，いったいどういう関係があるのでしょうか。

なるほど，確かに難しい大学の試験は記述式ですし，共通テストはマーク式ですね。だから，証明は自分には不要だ，と言いたいわけですね。なんとなく気持ちはわかりました。

そんなあなたにご覧いただきたい問題があります。

〔4〕 三角形 ABC の外接円を O とし，円 O の半径を R とする。辺 BC, CA, AB の長さをそれぞれ a, b, c とし，∠CAB, ∠ABC, ∠BCA の大きさをそれぞれ A, B, C とする。

太郎さんと花子さんは三角形 ABC について

$$\frac{a}{\sin A} = \frac{b}{\sin B} = \frac{c}{\sin C} = 2R \quad \cdots\cdots (*)$$

の関係が成り立つことを知り，その理由について，まず直角三角形の場合を次のように考察した。

$C = 90°$ のとき，円周角の定理より，線分 AB は円 O の直径である。よって，

$$\sin A = \frac{\text{BC}}{\text{AB}} = \frac{a}{2R}$$

であるから，

$$\frac{a}{\sin A} = 2R$$

となる。
同様にして，

$$\frac{b}{\sin B} = 2R$$

である。
また，$\sin C = 1$ なので，

$$\frac{c}{\sin C} = \text{AB} = 2R$$

である。
よって，$C = 90°$ のとき $(*)$ の関係が成り立つ。

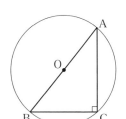

次に，太郎さんと花子さんは，三角形 ABC が鋭角三角形や鈍角三角形のときにも $(*)$ の関係が成り立つことを証明しようとしている。

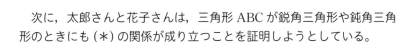

（1） 三角形 ABC が鋭角三角形の場合についても (*) の関係が成り立つ
　　　ことは，直角三角形の場合に (*) の関係が成り立つことをもとにして，
　　　次のような太郎さんの構想により証明できる。

> **太郎さんの証明の構想**
>
> 点 A を含む弧 BC 上に点 A′ をとると，
> 円周角の定理より
> $$\angle CAB = \angle CA'B$$
> が成り立つ。
> 特に，　**カ**　を点 A′ とし，三角形 A′BC
> に対して $C = 90°$ の場合の考察の結果を
> 利用すれば，
> $$\frac{a}{\sin A} = 2R$$
> が成り立つことを証明できる。
> $\dfrac{b}{\sin B} = 2R$，$\dfrac{c}{\sin C} = 2R$ についても同様に証明できる。

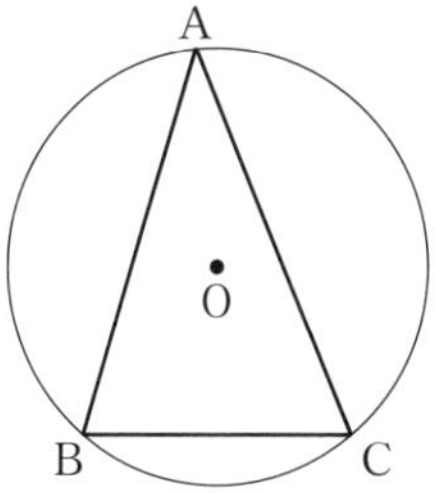

カ に当てはまる最も適当なものを，次の⓪〜④のうちから 1 つ選べ。

⓪　点 B から辺 AC に下ろした垂線と，円 O との交点のうち点 B と異な
　　る点

①　直線 BO と円 O との交点のうち点 B と異なる点

②　点 B を中心とし点 C を通る円と，円 O との交点のうち点 C と異な
　　る点

③　点 O を通り辺 BC に平行な直線と，円 O との交点のうちの 1 つ

④　辺 BC と直交する円 O の直径と，円 O との交点のうちの 1 つ

実はこれ，平成 30 年に行われた**共通テスト試行調査**の問題です。正弦定理の証明は，試行調査で出題されているのです。

試行調査とはいえ，ここで扱われたということは，共通テスト本番でもこうした問題が扱われる可能性もあるということを意味しています。
自分は共通テストでしか数学を使わないから，記述（証明）の勉強は不要！……というわけにはいかないことが理解できたはずです。

せっかく共通テスト試行調査の例を挙げたので，その手順にしたがって正弦定理の証明を行います。△ABC を
　　　（ア）　直角三角形　　（イ）　鋭角三角形　　（ウ）　鈍角三角形
の 3 種類に漏れなく・重複なく分け[2]，この順に議論をしていきましょう。

証明：正弦定理（（ア）△ABC が直角三角形の場合）

△ABC の頂点や辺・角度は対等なものだったので，どの角度を直角にしても構いません（**テキトー**に選んでよいのです）。そこで，$C = 90°$ としましょう。

いま $C = 90°$ であり，これに対応する中心角は $180°$ であることが円周角の定理からわかります。つまり △ABC の辺 AB が外接円の直径 $2R$ となっているわけです。この時点で，
$$\frac{c}{\sin C} = \frac{c}{1} = c = 2R \text{ より } \frac{c}{\sin C} = 2R \text{ がしたが}$$
います。これで c, C についての正弦定理の式が示されました。

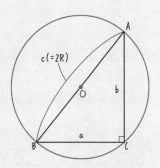

ところで，p.261 の三角比の定義を思い出すと，$\sin A = \dfrac{\mathrm{BC}}{\mathrm{AB}}$ が成り立つのでした。

よって $\sin A = \dfrac{a}{2R}$ つまり $\dfrac{a}{\sin A} = 2R$ が成り立ち，同様に $\dfrac{b}{\sin B} = 2R$ もいえます。

以上で，直角三角形の場合の証明は終了です。■

2　最大角が鋭角，鈍角である三角形を各々鋭角三角形，鈍角三角形とよびます。

"さっきアルファベットをくるくる回せばよいと言ったくせに，a, A や b, B について は別途証明しているのはどうして？"と思うかもしれません。

実は，今回は 3 文字を勝手にくるくる回せないのです。なぜなら，$C=90°$ と決めているから。つまり c, C だけが特別な存在で，a, A や b, B とは別の性質をもっているのです。このような場合，"同様に"ですべて片づけることはできません。

一方，a, A と b, B は相変わらず対等なままなので，これら 2 つは一方のみ議論して使い回すことができます。さきほどの証明でいうと，最後の b, B の箇所は"同様に"で片付けてしまってよいということです。

では次に，**（イ）鋭角三角形**の場合の証明を考えましょう。

証明：正弦定理（（イ）△ABC が鋭角三角形の場合）

鋭角三角形は，すべての角が鋭角である三角形のことをいうのでした。よって，（ア）のケースとは異なり，1 つの角を具体的に指定する必要はなく，たとえば $\dfrac{a}{\sin A} = 2R$ を示せば十分です。

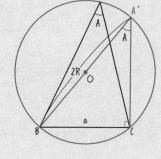

△ABC の外接円と直線 BO との交点のうち，B でない方を A′ とします。BA′ は円の直径ですから，$\angle BCA' = 90°$ が成り立ちます。また，円周角の定理より $\angle CA'B = \angle CAB = A$ です。以上より

$$\sin A = \sin \angle CA'B = \frac{BC}{A'B} = \frac{a}{2R}$$

つまり $\dfrac{a}{\sin A} = 2R$ が成り立ちます。

そして，同様の議論により $\dfrac{b}{\sin B} = 2R$，$\dfrac{c}{\sin C} = 2R$ もしたがいます[3]。■

鋭角三角形には"特別な角"がないため，議論がしやすかったですね。
さて，あとは**（ウ）鈍角三角形**の場合です。

3　そんなわけで，p.301 の空欄 **カ** の正解は①でした！

証明：正弦定理（（ウ）△ABC が鈍角三角形の場合）

鈍角三角形は，1つの内角が鈍角で，他の2つが鋭角です。その鈍角が"特別な角度"ですが，どの内角を鈍角にするかは自由です。そこで，たとえば A $(=\angle\mathrm{BAC})$ を鈍角にしてみましょう。

まずは $\dfrac{c}{\sin C}=2R$ を示します。△ABC の外接円

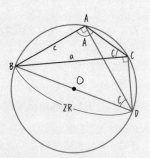

と直線 BO との交点のうち，B でない方を D と します。BD は円の直径ですから，$\angle\mathrm{BCD}=90°$ が成り立ちます。また，円周角の定理より $\angle\mathrm{ADB}=\angle\mathrm{ACB}=C$ です。以上より

$$\sin C=\sin\angle\mathrm{ADB}=\frac{\mathrm{AB}}{\mathrm{BD}}=\frac{c}{2R}$$

つまり $\dfrac{c}{\sin C}=2R$ が成り立ち，同様の議論により $\dfrac{b}{\sin B}=2R$ もしたがいます。

……お気づきかもしれませんが，ここまでの証明は実は（ア），（イ）と同じです。三角形の形状が異なっても，考えている角が鋭角であれば同じ証明が通用する，というオチのようです。

一方，いま残っている $\dfrac{a}{\sin A}=2R$ の証明は鋭角の場合とはちょっと異なります。△ABDC は円に内接しているため，向かい合う角の和は180°になります（詳細は p.332 参照）。これより $\angle\mathrm{BDC}=180°-\angle\mathrm{BAC}$ が得られます。また，BD は円の直径ですから，$\angle\mathrm{BCD}=90°$ が成り立ちます。以上より

$$\sin\angle\mathrm{BAC}=\sin\angle\mathrm{BDC}=\frac{\mathrm{BC}}{\mathrm{BD}}=\frac{a}{2R}$$

つまり $\dfrac{a}{\sin A}=2R$ が成り立ちます。

鈍角三角形の場合も，これで証明完了です。■

これで，任意の△ABC に対し $\dfrac{a}{\sin A}=\dfrac{b}{\sin B}=\dfrac{c}{\sin C}=2R$ の成立を証明できました。では，正弦定理を使った求値問題に取り組んでみましょう！

△ABC において $a=1$ とする。

(1) $A=30°$ のとき,円周角の定理を用いて R を求めよ。

(2) $A=30°$ のとき,正弦定理を用いて R を求めよ。

(3) $A=135°$ のとき,円周角の定理を用いて R を求めよ。

(4) $A=135°$ のとき,正弦定理を用いて R を求めよ。

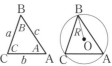

例題の解説

(1)(2) **答え：$R=1$**

円周角の定理より

$$\angle BOC = 2\angle BAC = 2\cdot30° = 60°$$

であり，これと $OB=OC$ より △OBC は正三角形とわかります。よって $R=OB=BC=1$ です。

一方，正弦定理を用いると

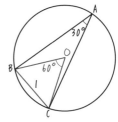

$$R = \frac{BC}{2\sin A} = \frac{1}{2\sin30°} = \frac{1}{2\cdot\frac{1}{2}} = 1$$ となります。結果はもちろん同じです。

(3)(4) **答え：$R=\dfrac{1}{\sqrt{2}}$**

円周角の定理より，$\angle BAC$ に対応する中心角の大きさは $2\times135° = 270°$ であり，よって $\angle BOC = 90°$ です。これと $OB=OC$ より △OBC が BC を斜辺とする直角二等辺三角形であることがしたがいます。よって

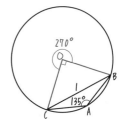

$$R = OB = \frac{BC}{\sqrt{2}} = \frac{1}{\sqrt{2}}$$ です。一方，正弦定理を用いると

$$R = \frac{BC}{2\sin A} = \frac{1}{2\sin135°} = \frac{1}{2\cdot\frac{1}{\sqrt{2}}} = \frac{1}{\sqrt{2}}$$ と計算できます。やはり結果は同じです。

図形を描きながら外接円の半径を求めるのも楽しいのですが，**正弦定理を用いるとかなり手際よく計算できる**ことがわかります。便利ですね！

正弦定理には，三角形の外接円の半径を計算するほかにも使い道があります。

例題　　　正弦定理で辺長を求める

$\triangle ABC$ において，次のものを求めよ。

(1) $A = 135°$, $B = 30°$, $b = 1$ のときの a

(2) $A = 75°$, $B = 45°$, $b = 3$ のときの c

例題の解説

(1) 答え：$a = \sqrt{2}$

正弦定理は $\dfrac{a}{\sin A} = \dfrac{b}{\sin B}$ を含んでいます[4]。

これを用いると，a は次のように計算できます。

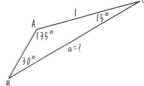

$$\frac{a}{\sin 135°} = \frac{1}{\sin 30°} \qquad \therefore a = \frac{\sin 135°}{\sin 30°} = \frac{1/\sqrt{2}}{1/2} = \sqrt{2}$$

(2) 答え：$c = \dfrac{3}{2}\sqrt{6}$

$A = 75°$, $B = 45°$ より $C = 180° - (75° + 45°) = 60°$ です。

(1) 同様 $\dfrac{b}{\sin B} = \dfrac{c}{\sin C}$ なので，c は次のように計算で

きます。

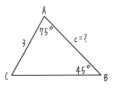

$$\frac{3}{\sin 45°} = \frac{c}{\sin 60°} \qquad \therefore c = \frac{3\sin 60°}{\sin 45°} = \frac{3 \cdot (\sqrt{3}/2)}{1/\sqrt{2}} = \frac{3}{2}\sqrt{6}$$

見方によっては，正弦定理よりこんなこともいえます。

△ 定理　　　3 辺の比と正弦の比

$\triangle ABC$ において $a : b : c = \sin A : \sin B : \sin C$ が成り立つ。

定理の証明 ・・

正弦定理は $\begin{cases} a = 2R\sin A \\ b = 2R\sin B \\ c = 2R\sin C \end{cases}$ と同値であり，これより次式が成り立ちます。

$$a : b : c = 2R\sin A : 2R\sin B : 2R\sin C = \sin A : \sin B : \sin C \quad \blacksquare$$

3つの辺長の比は，向かいの角度の sin の比と等しくなるのです。とてもキレイな性質ですよね。早速これも使ってみましょう。

> **例題**　　**三角形の内角と辺長**

△ABC の内角と辺長に関して，以下の問いに答えよ。

(1)　$A=90°$，$B=60°$，$C=30°$ であるとき，$a:b:c$ を求めよ。また，それがよく知られた比であることを確認せよ。

(2)　$A=90°$，$B=45°$，$C=45°$ であるとき，$a:b:c$ を求めよ。また，それがよく知られた比であることを確認せよ。

(3)　$A=15°$，$B=30°$，$C=135°$ であるとき，$a:b:c$ を求めよ。せっかく p.288 で $\sin 15° = \dfrac{\sqrt{6}-\sqrt{2}}{4}$ という値を求めたので，それを用いてもよい。

> **例題の解説**

(1) **答え：$a:b:c=2:\sqrt{3}:1$**

左ページの定理より

$$a:b:c=\sin 90°:\sin 60°:\sin 30°=1:\frac{\sqrt{3}}{2}:\frac{1}{2}=2:\sqrt{3}:1$$

であり，この形の三角形は中学でも登場したはずです。

(2) **答え：$a:b:c=\sqrt{2}:1:1$**

$$a:b:c=\sin 90°:\sin 45°:\sin 45°=1:\frac{1}{\sqrt{2}}:\frac{1}{\sqrt{2}}=\sqrt{2}:1:1$$

であり，これもやはり有名な比になっていますね。

(3) **答え：$a:b:c=(\sqrt{3}-1):\sqrt{2}:2$**

$\sin 15°$ の値も用いると，次のように計算できます。

$$a:b:c=\sin 15°:\sin 30°:\sin 135°=\frac{\sqrt{6}-\sqrt{2}}{4}:\frac{1}{2}:\frac{1}{\sqrt{2}}$$
$$=(\sqrt{6}-\sqrt{2}):2:2\sqrt{2}=(\sqrt{3}-1):\sqrt{2}:2$$

4　正弦定理を用いる際，外接円の半径が登場しなければいけない理由はなく，定理の一部である $\dfrac{a}{\sin A}=\dfrac{b}{\sin B}$ や $\dfrac{b}{\sin B}=\dfrac{c}{\sin C}$ などを自由にもぎとって用いて構いません。なぜなら，そうして取り出された一部はもとの正弦定理の必要条件であり，それも任意の三角形で成り立つからです。

7-2 > 余弦定理

次は cos（余弦）に関する定理です。

> **△ 定理**　**余弦定理**
>
> 三角形の頂点に自由に A, B, C という名前をつけたとき，次が成り立つ。
>
> $$a^2 = b^2 + c^2 - 2bc \cos A$$

定理の証明・・・

△ABC を座標平面に配置します。ただし，点 A が原点と重なり，点 B が x 軸正部分に含まれるようにします。点 C が x 軸の下にくる場合はあらかじめ x 軸に関して対称移動し，x 軸の上にもってきておきます。

(i) $0° < A < 90°$ のとき　　(ii) $A = 90°$ のとき　　(iii) $90° < A < 180°$ のとき

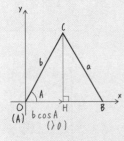
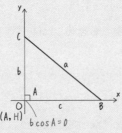
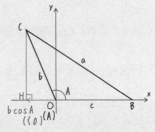

頂点 C から直線 AB に下ろした垂線の足を H とします。このとき，つねに $CH = OC \sin \angle BOC = b \sin A$ と表せます。また，（i）（ii）（iii）いずれの場合も $HB = |x_H - x_B| = |b \cos A - c|$ と表せます。よって，△BCH で三平方の定理を用いると，

$$a^2 = BC^2 = CH^2 + BH^2 = (b \sin A)^2 + |b \cos A - c|^2$$
$$= b^2 \sin^2 A + b^2 \cos^2 A - 2bc \cos A + c^2$$
$$= b^2(\sin^2 A + \cos^2 A) - 2bc \cos A + c^2$$
$$= b^2 + c^2 - 2bc \cos A$$

つまり $a^2 = b^2 + c^2 - 2bc \cos A$ がしたがいます。なお，点 B, H が一致している場合もいま立てた式は成り立ちます。■

いまの証明内で，たとえば三平方の定理として立式した $BC^2 = CH^2 + BH^2$ は，2 点 B, H が一致していても（$BH = 0$ となるだけで，やはり）成り立つのでした。このように，**位置関係による場合分けを省いて議論をするうえで，座標や符号つきの長さを設けることは大変有効**です。

なお，余弦定理の式 $a^2 = b^2 + c^2 - 2bc\cos A$ において特に $A = 90°$ とすると，（$\cos 90° = 0$ より）$a^2 = b^2 + c^2$ という式が得られます。ご覧の通りこれは三平方の定理の関係式そのものであり，**余弦定理はその特殊な場合として三平方の定理を含んでいる**ことがわかります。言い換えれば，我々は三平方の定理の "拡張" に成功したのです。

では余弦定理を用いて早速，求値問題に取り組んでみましょう。

例題	余弦定理の利用①

(1)　△ABC が $a = 1$, $b = \sqrt{3}$, $C = 30°$ をみたしている。
　　（a）　この三角形の概形を図示し，c のおおよその値を目分量で予想せよ。
　　（b）　余弦定理を用いて c を求め，（a）で予想した値と大きく離れていないか確認せよ（その判断は主観でよい）。
(2)　△ABC が $a = 2\sqrt{2}$, $b = 3$, $C = 135°$ をみたしている。
　　（a）　この三角形の概形を図示し，c のおおよその値を目分量で予想せよ。
　　（b）　余弦定理を用いて c を求め，（a）で予想した値と大きく離れていないか確認せよ（その判断は主観でよい）。

例題の解説

(1)（a）答え：**(例) $c = 1$ くらい？　ちょっと 1 より大きいかも？**

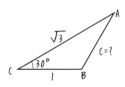

せっかくなので，私が実際に作成した図を載せておきます。こんな感じになりました。c の値はおおよそ 1 くらいのようですね。なんとなく描いてみたら $c > 1$ っぽい見た目になりましたが，わずかな差なので正直よくわからないです。

（1）（b）答え：$c=1$

$$c^2 = a^2 + b^2 - 2ab\cos C = 1^2 + \sqrt{3}^2 - 2\cdot 1\cdot\sqrt{3}\cdot\cos 30°$$

$$= 1 + 3 - 2\sqrt{3}\cdot\frac{\sqrt{3}}{2} = 1$$

ですから，（$c>0$ もふまえると）$c=1$ とわかります。

この $c=1$ という値は，（a）での予想とそこまで矛盾しないと思えます。
（a）の図では $c>1$ っぽくなっていますが，それは私の作図がヘタだからなのでお許しください。

（2）（a）答え：**（例）$c=5, 6$ くらい？**

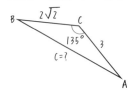

私が作図したらこんな具合になりました。
$2\sqrt{2}$ が 3 より少しだけ小さい値であることに注意するとよいでしょう。
この図から，c はおおよそ 5 か 6 くらいと予想できます。

（b）答え：$c=\sqrt{29}$

$$c^2 = a^2 + b^2 - 2ab\cos C = (2\sqrt{2})^2 + 3^2 - 2\cdot 2\sqrt{2}\cdot 3\cdot\cos 135°$$

$$= 8 + 9 - 12\sqrt{2}\cdot\left(-\frac{1}{\sqrt{2}}\right) = 29$$

ですから，（$c>0$ もふまえると）$c=\sqrt{29}$ とわかります。
$5<\sqrt{29}<6$ ですから，（a）での予想とさほど離れていないと思いました。

2 つの辺長とその間の角がわかっているケース以外でも余弦定理は使えます。

| 例題 | 余弦定理の利用② |

△ABC において，次の値を求めよ。

（1）$a=3, b=3, B=60°$ のときの c

（2）$b=\sqrt{2}, c=1, B=45°$ のときの a

（3）$a=1, c=\sqrt{3}, A=30°$ のときの b

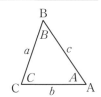

(1) 答え：$c=3$

$a=b$ より $A=B=60°$ なので，$\triangle ABC$ は正三角形です。

(2) 答え：$a=\dfrac{\sqrt{2}+\sqrt{6}}{2}$

余弦定理 $b^2=c^2+a^2-2ca\cos B$ より

$$\sqrt{2}^{\,2}=1^2+a^2-2\cdot 1\cdot a\cdot\dfrac{1}{\sqrt{2}} \qquad \therefore\ a^2-\sqrt{2}a-1=0$$

となり，$a=\dfrac{\sqrt{2}\pm\sqrt{6}}{2}$ を得ます。$a>0$ より $a=\dfrac{\sqrt{2}+\sqrt{6}}{2}$ に限られます。

(3) 答え：$b=1,\ 2$

余弦定理 $a^2=b^2+c^2-2bc\cos A$ より

$$1^2=b^2+\sqrt{3}^{\,2}-2\cdot b\cdot\sqrt{3}\cdot\dfrac{\sqrt{3}}{2} \qquad \therefore\ b^2-3b+2=0$$

となり，これより $b=1,\ 2$ を得ます。しかし，これらはいずれも正の値ですから，(2) 同様に $b>0$ という条件では一方に絞れません。

じゃあ答えはどっちなの？ と思うことでしょう。でも，そもそも一方に絞る必要性などなく，本問の答えは $b=1,\ 2$ なのです。

……といっても，それですぐ納得するのは難しいですよね。本問のように**複数の答えが残ったら，それに対応する三角形を図示するのが大切**です。

実際に図を描いてみると，$a=1,\ c=\sqrt{3}$，$A=30°$ をみたす $\triangle ABC$ は複数あることがわかります。
右図の $\triangle ABC_1$ では $b=1$，$\triangle ABC_2$ では $b=2$ なので，$b=1,\ 2$ の双方が答えになっていたというわけです。

"すべて求めよ"と書かれていなくても，答えが複数存在することは当然あります。

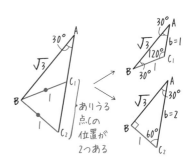

第7章 図形の長さや角度を求める

ここでちょっとした補足情報です。中学では，次のような三角形の合同条件を学びました。

Ⅰ　3組の辺がそれぞれ等しい。

Ⅱ　2組の辺とその間の角がそれぞれ等しい。

Ⅲ　1組の辺とその両端の角がそれぞれ等しい。

ここで，直前の2つの例題で与えられていた条件式を再掲します。

（ⅰ）　$a=1, b=\sqrt{3}, C=30°$　　　（ⅱ）　$a=2\sqrt{2}, b=3, C=135°$

（ⅲ）　$a=3, b=3, B=60°$　　　　　（ⅳ）　$b=\sqrt{2}, c=1, B=45°$

（ⅴ）　$a=1, c=\sqrt{3}, A=30°$

余弦定理の利用①（p.309）で扱った条件（（ⅰ），（ⅱ））は，2辺とその間の角を与えているものでした。よって，さきほどの合同条件Ⅱもふまえると，これで三角形が1つに決定されるので，答えが1つに定まったのは自然といえます。

一方，**余弦定理の利用②**（p.310）で扱った条件（（ⅲ），（ⅳ），（ⅴ））は2辺とその間でない角を与えているものです。合同条件を直接的にはみたしていないので，答えが2つ発生する可能性があるのも異常ではありません。

そうはいっても，②(1)(2)では答えが1つに定まったじゃないか！　と思うかもしれません。これは次図を見ると納得できるでしょう。

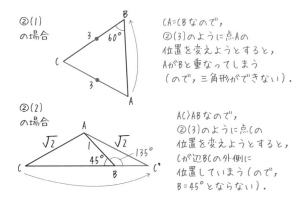

（3）では条件をみたす点Cが2ヶ所に存在しましたが，三角形の辺の大小関係次第で1ヶ所に限られるというわけです。

ちょっと難しいですが，こんな問題もご用意しました。

例題	120°の角をもつ三角形

$\triangle \mathrm{ABC}$ が $a=3$, $C=120°$ をみたしており，b は正整数である。

(1) c を a, b で表せ。

(2) $b+1 < c < b+3$ を示せ。

(3) なんと，c も正整数であるという。このとき，b を求めよ。

例題の解説

(1) **答え：$c = \sqrt{b^2 + 3b + 9}$**

余弦定理より次のようにすぐ計算できます。

$$c^2 = a^2 + b^2 - 2ab\cos 120° = 3^2 + b^2 - 2 \cdot 3 \cdot b \cdot \left(-\frac{1}{2}\right) = b^2 + 3b + 9$$

$$\therefore c = \sqrt{b^2 + 3b + 9} \quad (\because c > 0)$$

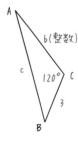

(2) **答え：解説の通り。**

(1) より $c = \sqrt{b^2 + 3b + 9}$ ですから，

$$c^2 - (b+1)^2 = (b^2 + 3b + 9) - (b^2 + 2b + 1) = b + 8 > 0$$

が成り立ち，これより $c^2 - (b+1)^2 > 0$ すなわち $b+1 < c$ を得ます。また，

$$(b+3)^2 - c^2 = (b^2 + 6b + 9) - (b^2 + 3b + 9) = 3b > 0$$

が成り立ち，これより $(b+3)^2 - c^2 > 0$ すなわち $c < b+3$ を得ます。

以上より $b+1 < c < b+3$ とわかりました。■

(3) **答え：$b = 5$**

(2) で $b+1 < c < b+3$ とわかりました。ここで $b+1$, $b+3$ はいずれも整数であり，その間にある c も整数なのですから，$c = b+2$ に限られます。よって

$$\sqrt{b^2 + 3b + 9} = b+2 \quad \therefore b^2 + 3b + 9 = (b+2)^2$$

が成り立ち，これより $b = 5$ を得ます。

さて，ここまでは辺長を求める計算を行いましたが，余弦定理を用いて角度を求めることもできます。

第7章　図形の長さや角度を求める

△ **定理** 余弦定理（変形 ver.）

三角形の頂点に自由に A, B, C という名前をつけたとき，

$$\cos A = \frac{b^2+c^2-a^2}{2bc}$$ が成り立つ。

定理の証明 ・・

余弦定理 $a^2 = b^2+c^2-2bc\cos A$ を変形すると $2bc\cos A = b^2+c^2-a^2$ となり，この式の両辺を $2bc\ (\neq 0)$ で除算することでしたがう。∎

わざわざ証明するまでもないかもしれませんね。では，早速例題です。

例題 余弦定理から三角形の角を求める

△ABC が $a=8$, $b=7$, $c=5$ をみたしている。
(1) $\cos A$, $\cos B$, $\cos C$ を求めよ。
(2) A, B, C のうちに，（整数）°というふうに度数で綺麗に表せる角がちょうど1つある（これは認めてよい）。それがどの角か決定し，その角の大きさを求めよ。

例題の解説

(1) 答え：$\cos A = \dfrac{1}{7}$, $\cos B = \dfrac{1}{2}$, $\cos C = \dfrac{11}{14}$

余弦定理より次のように計算できます。

$$\cos A = \frac{b^2+c^2-a^2}{2bc} = \frac{7^2+5^2-8^2}{2\cdot 7\cdot 5} = \frac{1}{7}$$

$$\cos B = \frac{c^2+a^2-b^2}{2ca} = \frac{5^2+8^2-7^2}{2\cdot 5\cdot 8} = \frac{1}{2}$$

$$\cos C = \frac{a^2+b^2-c^2}{2ab} = \frac{8^2+7^2-5^2}{2\cdot 8\cdot 7} = \frac{11}{14}$$

(2) 答え：$B=60°$

$\cos B = \dfrac{1}{2}$ より $B=60°$ とわかります。

▶ 鋭角・直角・鈍角の判断

△ABC の三辺の長さが与えられているとき，いま実践したように $\cos A = \dfrac{b^2+c^2-a^2}{2bc}$ から $\cos A$ の値を計算できます。すると，

$$\begin{cases} \cos A > 0 \text{ ならば } A \text{ は鋭角} \\ \cos A = 0 \text{ ならば } A \text{ は直角} \\ \cos A < 0 \text{ ならば } A \text{ は鈍角} \end{cases}$$

というふうに，角 A が鋭角・直角・鈍角のいずれなのか判断できます。

ここで，$\cos A = \dfrac{b^2+c^2-a^2}{2bc}$ の分母にある $2bc$ は正実数なので，分子の符号のみ調べれば十分です。結局，次のことがいえます。

> △ 定理　**定理：三角形の角と $90°$ との大小関係**
> △ABC において次が成り立つ。
> $$b^2+c^2-a^2 > 0 \text{ ならば } A \text{ は鋭角}$$
> $$b^2+c^2-a^2 = 0 \text{ ならば } A \text{ は直角}$$
> $$b^2+c^2-a^2 < 0 \text{ ならば } A \text{ は鈍角}$$

……で，これらも覚えなきゃいけないの？　と思うかもしれません。でも安心してください。こんなものを暗記する必要はありません。

A が直角である条件 $b^2+c^2-a^2=0$ を変形すると $b^2+c^2=a^2$ となり，これは三平方の定理（の逆）そのものです。また，この状態より a だけが小さくなると，感覚的に A は鋭角になりそうですよね。だから，$b^2+c^2-a^2>0$ が鋭角の条件となっているのは自然に思えます。逆に直角三角形の状態から a だけが大きくなると，A は鈍角になる気がします。よって，$b^2+c^2-a^2<0$ が鈍角の条件であることも自然ですね。

こんなふうに，公式をなんでも頭に詰め込むのではなく，既存の知識（いまの場合は三平方の定理）に関連したものと捉えることで，暗記量が減り，覚え間違いのリスクも低下します。

▶ もう１つの "余弦定理"

実は，余弦定理という名称がついている定理はもう１つあります。

△ **定理**　**定理：第一余弦定理** [5]

三角形の頂点に自由に A, B, C という名前をつけたとき，
$a = b\cos C + c\cos B$ が成り立つ。

定理の証明 ・・

（これまでの方の）余弦定理を用いれば，次のように容易に証明できます。

$$
\begin{aligned}
(\text{上式の右辺}) &= b \cdot \frac{a^2 + b^2 - c^2}{2ab} + c \cdot \frac{c^2 + a^2 - b^2}{2ca} \\
&= \frac{a^2 + b^2 - c^2}{2a} + \frac{c^2 + a^2 - b^2}{2a} \\
&= \frac{a^2 + b^2 - c^2 + c^2 + a^2 - b^2}{2a} \\
&= \frac{2a^2}{2a} = a = (\text{上式の左辺}) \blacksquare
\end{aligned}
$$

この第一余弦定理は，図形的には次のように解釈できます。

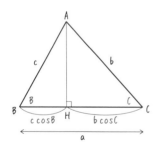

左図のように，△ABC の点 A から辺 BC に垂線 AH を下ろします。このとき，直角三角形 ABH に着目することで

$$BH = AB \cdot \cos \angle ABH = c\cos B$$

が成り立ちます。また，直角三角形 ACH に着目することで

$$CH = AC \cdot \cos \angle ACH = b\cos C$$

も成り立ちます。これら２式より

$$BC = BH + CH = c\cos B + b\cos C$$

がしたがいますが，$a = BC$ でもあったため，$a = c\cos B + b\cos C$ が成り立つというわけです [6]。

5　区別のために，この定理は第一余弦定理とよび，これまでの余弦定理はそのままの名称とします。

6　ただし，角 B, C のいずれかが $90°$ 以上の場合は点 H の位置が２点 B, C の間ではなくなり，別途議論が必要です。
　図形的解釈は公式の理解を助けますが，無意識のうちに特殊なケースに限定してしまう可能性があるので注意が必要です。

$\triangle$ABC は $c=2$, $A=60°$, $B=75°$ をみたす。このとき以下の問いに答えよ。

(1)　C, a, b の値を求めよ。　　　　　(2)　$\sin 75°$ の値を求めよ。

例題の解説

(1) 答え：$C=45°$, $a=\sqrt{6}$, $b=1+\sqrt{3}$

$C=180°-A-B=180°-60°-75°=45°$ ですから，正弦定理より

$$\frac{a}{\sin A}=\frac{c}{\sin C} \qquad \therefore a=\frac{c\sin A}{\sin C}=\frac{2\sin 60°}{\sin 45°}=\frac{2\cdot\frac{\sqrt{3}}{2}}{\frac{1}{\sqrt{2}}}=\sqrt{6}$$

と計算できます。また，b は第一余弦定理より次のように計算できます。

$$b=c\cos A+a\cos C=2\cos 60°+\sqrt{6}\cos 45°=2\cdot\frac{1}{2}+\sqrt{6}\cdot\frac{1}{\sqrt{2}}=1+\sqrt{3}$$

(1)の別解

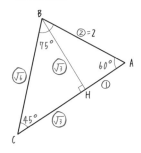

点 B から辺 CA に垂線 BH を下ろします。このとき$\triangle$ABH の内角に着目することで

$$AH:AB:BH=1:2:\sqrt{3}$$

とわかり，同様に$\triangle$CBH の内角に着目することで

$$CH:BH:BC=1:1:\sqrt{2}$$

もしたがいます。以上より各線分の長さは左図のようになります。AB$=2$ より①$=1$ なので，$a=\sqrt{6}$，$b=1+\sqrt{3}$ ですね。

(2) 答え：$\sin 75°=\dfrac{\sqrt{2}+\sqrt{6}}{4}$

$\triangle$ABC で正弦定理を用いることで

$$\frac{c}{\sin C}=\frac{b}{\sin B} \qquad \therefore \sin B=\frac{b\sin C}{c}$$

を得ます。いま $b=1+\sqrt{3}$, $c=2$, $B=75°$, $C=45°$ ですから

$$\sin 75°=\frac{(1+\sqrt{3})\sin 45°}{2}=\frac{(1+\sqrt{3})\cdot\frac{1}{\sqrt{2}}}{2}=\frac{1+\sqrt{3}}{2\sqrt{2}}=\frac{\sqrt{2}+\sqrt{6}}{4}$$

と計算できます。

▶ 正弦定理・余弦定理の応用

直前の例題の (2) もそうですが，正弦定理・余弦定理の双方を活用する応用問題に取り組んでみましょう。

例題 辺長比と最大角

$\triangle ABC$ は $\sin A : \sin B : \sin C = 3 : 5 : 7$ をみたしている。このとき，$\triangle ABC$ の最大角はいくらか。

例題の解説

答え：$120°$
前節でも述べた通り，正弦定理より

$$a : b : c = \sin A : \sin B : \sin C$$

が成り立つのでした。これと問題文の条件より
$a : b : c = 3 : 5 : 7$ を得ます。したがって，ある正実数 ℓ により

$$a = 3\ell, \ b = 5\ell, \ c = 7\ell$$

と表せます。

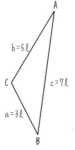

一般に，**三角形の辺の大小関係は，その向かいにある角の大小関係と一致します**
（これは第 11 章 p.507 で詳しく扱います）。いま考えている $\triangle ABC$ の 3 辺のうち最大なのは c ですから，最大角は C ということになりますね。

そこで，余弦定理を用いて $\cos C$ を計算してみると

$$\cos C = \frac{a^2 + b^2 - c^2}{2ab} = \frac{(3\ell)^2 + (5\ell)^2 - (7\ell)^2}{2 \cdot 3\ell \cdot 5\ell} = \frac{-15\ell^2}{30\ell^2} = -\frac{1}{2}$$

となり，これより $C = 120°$ がしたがいます。

なお，三角形の最大辺の向かいにある角度が最大角であること，およびその逆について知らなかったとしても，$C = 120°$ さえ求められれば，それが最大角であることはすぐわかります。三角形の内角和は $180°$ であり，$120°$ の角が存在したら，残りの 2 角の和は $60°$ ですからね。

　　　三角形の形状決定

(1)　$\sin A \cos B = \sin C$ …① が成り立つような△ABC の形状を述べよ。

(2)　$b \cos B = c \cos C$ …② が成り立つような△ABC の形状を述べよ。

例題の解説

そもそも"△ABC の形状"とは，二等辺三角形や正三角形，直角三角形などのことを指します。そうした特徴のうち該当するものがあるか調べたいわけですから，条件式①，②を辺長 a, b, c のみのシンプルな式に書き下したいですね。

(1) **答え：$A = 90°$ の直角三角形** [7]

正弦定理より次式が成り立ちます。

$$\frac{a}{\sin A} = \frac{c}{\sin C} = 2R \qquad \therefore \sin A = \frac{a}{2R},\ \sin C = \frac{c}{2R}$$

また，余弦定理より $\cos B = \dfrac{c^2 + a^2 - b^2}{2ca}$ となるのでした。これらより①は

$$① \iff \frac{a}{2R} \cdot \frac{c^2 + a^2 - b^2}{2ca} = \frac{c}{2R}$$
$$\iff c^2 + a^2 - b^2 = 2c^2$$
$$\iff a^2 = b^2 + c^2$$

と変形できます。したがって，**三平方の定理の逆**より $A = 90°$ とわかります。

(2) **答え：$b = c$（AC＝AB）の二等辺三角形 or $A = 90°$ の直角三角形**

余弦定理より $\cos B = \dfrac{c^2 + a^2 - b^2}{2ca}$, $\cos C = \dfrac{a^2 + b^2 - c^2}{2ab}$ ですから，②は

$$② \iff b \cdot \frac{c^2 + a^2 - b^2}{2ca} = c \cdot \frac{a^2 + b^2 - c^2}{2ab}$$
$$\iff b^2(c^2 + a^2 - b^2) = c^2(a^2 + b^2 - c^2) \iff b^2 a^2 - b^4 = c^2 a^2 - c^4$$
$$\iff (b^2 - c^2)a^2 - (b^4 - c^4) = 0 \iff (b^2 - c^2)a^2 - (b^2 - c^2)(b^2 + c^2) = 0$$
$$\iff (b^2 - c^2)(a^2 - b^2 - c^2) = 0$$
$$\iff b = c \ \text{または} \ a^2 = b^2 + c^2$$

となります。$b = c$ の場合は二等辺三角形，$a^2 = b^2 + c^2$ の場合は直角三角形です。

---

[7] 単に"直角三角形"と答えても主張自体は誤りではありませんが，3 つの内角のうち A が $90°$ であるとわかっているので，情報量を減らさずにそれを明記するのがよいでしょう。

7-3 ⊘ 三角形の面積

ここからは，正弦定理・余弦定理を使い倒していきます。

▶ 三角形の面積

小学校の算数で，三角形の面積は “$\frac{1}{2}$×(底辺)×(高さ)” であると学びました。
ここでは，三角形の面積公式を，三角比の力を借りて再構成します。

例題　　三角形の面積

△ABC を，座標平面に図のように配置した。
点 A は原点と一致しており，辺 AB は x 軸正部分と
重なっている。また，点 C の y 座標は正である。
(1)　辺 AB を底辺とみたときの高さ，つまり点 C の
　　y 座標を b, A を用いて表せ。
(2)　△ABC の面積を b, c, A を用いて表せ。

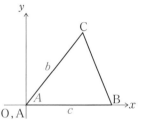

例題の解説

(1) 答え：$b \sin A$

sin の定義（拡張版）より次のように計算できます。
$$(点 C の y 座標) = CA \cdot \sin \angle CAB = b \sin A$$
三角比の定義を $180°$ まで広げたので，A が直角や鈍角でも無問題です。

(2) 答え：$\dfrac{1}{2} bc \sin A$

(1) の結果より，次のように計算できます[8]。
$$\triangle ABC = \frac{1}{2} \cdot AB \cdot (点 C の y 座標) = \frac{1}{2} \cdot c \cdot b \sin A = \frac{1}{2} bc \sin A$$

いまの例題の結果をまとめると，次のようになります。

> **△ 定理 三角形の面積**
>
> △ABC の面積は △ABC $= \dfrac{1}{2} bc \sin A$ となる。

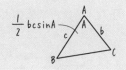

同様に △ABC $= \dfrac{1}{2} ca \sin B = \dfrac{1}{2} ab \sin C$ も成り立ちますが，アルファベットを入れ替えただけなので結局同じ式であり，わざわざ列挙する必要はありません。

例題　三角形の面積計算①

(1)　$a = 4$, $b = 5$, $C = 45°$ であるような △ABC の面積を求めよ。
(2)　辺長 1 の正六角形の面積を求めよ。

例題の解説

(1) 答え：$5\sqrt{2}$

さきほどの公式を用いることで，次のように計算できます。

$$\triangle ABC = \frac{1}{2} ab \sin C = \frac{1}{2} \cdot 4 \cdot 5 \cdot \sin 45° = 5\sqrt{2}$$

面積公式の使用は必須ではありません。たとえば図のように，点 B から辺（直線）AC に垂線 BH を下ろします。このとき BH $=$ BC $\cdot \sin \angle$BCA $= 4 \cdot \sin 45° = 2\sqrt{2}$ ですから，△ABC の面積は次のようにも計算できます。

$$\triangle ABC = \frac{1}{2} \cdot AC \cdot BH = \frac{1}{2} \cdot 5 \cdot 2\sqrt{2} = 5\sqrt{2}$$

個人的にはこうやってお絵描きするのが好きです。とはいえ，そもそもこれら 2 つの解法に大した違いはないので，好きな方で計算するとよいでしょう。

8　△ABC の面積を，単に △ABC と表記しています（以下しばらく同様）。

(2) 答え：$\dfrac{3\sqrt{3}}{2}$

正六角形は，次図のように 6 つの合同な正三角形に分割できます。

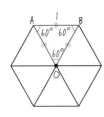

この正三角形の 1 ピースを図のように△OAB とします。これは 1 辺の長さ 1 の正三角形ですから，

$$\triangle\text{OAB} = \frac{1}{2}\cdot\text{OA}\cdot\text{OB}\cdot\sin\angle\text{AOB} = \frac{1}{2}\cdot1\cdot1\cdot\sin60° = \frac{\sqrt{3}}{4}$$

です。よって，面積は次のように計算できます。

$$(\text{正六角形の面積}) = 6\cdot(\triangle\text{OAB の面積}) = 6\cdot\frac{\sqrt{3}}{4} = \frac{3\sqrt{3}}{2}$$

もちろん，(1) 同様垂線を下ろすなどして面積を計算しても OK です。

2 辺とその間の角（の sin）がわかっていれば，三角形の面積が計算できることがわかりましたね。では，ちょっとした応用問題に取り組んでみましょう。

例題　　**三角形の面積計算②**

---

(1)　△ABC について，$a=8,\ b=5,\ c=7$ が成り立っている。さきほどの公式を用いて△ABC の面積を求めたいのだが，あいにくどの角の sin の値もわかっていない。そこで，以下の手順で面積を計算してみよう。

（a）　余弦定理を用いて，$\cos A$ の値を求めよ。

（b）　$\cos A$ の値から $\sin A$ の値を求めよ。

（c）　$\sin A$ の値を用いて，△ABC の面積を求めよ。

(2)　適宜 (1) の流れを参考にし，3 辺の長さが 2, 3, 4 の三角形の面積を求めよ。

例題の解説

---

(1)（a）答え：$\cos A = \dfrac{1}{7}$

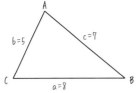

余弦定理より次のように計算できます。

$$\cos A = \frac{b^2+c^2-a^2}{2bc} = \frac{5^2+7^2-8^2}{2\cdot5\cdot7}$$

$$= \frac{25+49-64}{2\cdot5\cdot7} = \frac{10}{2\cdot5\cdot7} = \frac{1}{7}$$

（b）答え：$\sin A = \dfrac{4\sqrt{3}}{7}$

（a）の結果 $\cos A = \dfrac{1}{7}$ を用いると，次のように計算できます。

$$\sin A = \sqrt{1 - \left(\dfrac{1}{7}\right)^2} = \sqrt{\dfrac{48}{49}} = \dfrac{4\sqrt{3}}{7}$$

（c）答え：$\triangle\mathrm{ABC} = 10\sqrt{3}$

$\sin A = \dfrac{4\sqrt{3}}{7}$ でしたから，$\triangle\mathrm{ABC}$ の面積は次のようになります。

$$\triangle\mathrm{ABC} = \dfrac{1}{2}bc\sin A = \dfrac{1}{2}\cdot 5\cdot 7\cdot\dfrac{4\sqrt{3}}{7} = 10\sqrt{3}$$

（2）答え：$\dfrac{3\sqrt{15}}{4}$

（1）同様，$\sin$ の値がわからなければ，計算してしまえばよいのです。

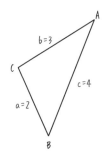

各頂点を左のように命名しましょう。

どの角の $\sin$ でもよいのですが，たとえば $\sin B$ を求めてみましょうか。余弦定理より

$$\cos B = \dfrac{c^2 + a^2 - b^2}{2ca} = \dfrac{4^2 + 2^2 - 3^2}{2\cdot 4\cdot 2} = \dfrac{16 + 4 - 9}{2\cdot 4\cdot 2} = \dfrac{11}{16}$$

であり，これと $\sin B > 0$ より

$$\sin B = \sqrt{1 - \cos^2 B} = \sqrt{1 - \left(\dfrac{11}{16}\right)^2} = \dfrac{3\sqrt{15}}{16}$$

を得ます。よって $\triangle\mathrm{ABC}$ の面積は次の通りです。

$$\triangle\mathrm{ABC} = \dfrac{1}{2}ca\sin B = \dfrac{1}{2}\cdot 4\cdot 2\cdot\dfrac{3\sqrt{15}}{16} = \dfrac{3\sqrt{15}}{4}$$

角度やその $\sin$ の値が与えられている場合はもちろんのこと，いまのように **3辺の長さだけしか与えられていないときも，面積公式を用いることは可能**です。

その意味で，$\triangle\mathrm{ABC} = \dfrac{1}{2}bc\sin A$ という面積公式を“2辺とその間の角が与えられているときに使える公式”と思い込むのは不適切です。公式の用途を勝手に限定せず，状況に応じて柔軟に用いるのが大切です。

▶ ヘロンの公式

p.322 の例題 **"三角形の面積計算②"** では三角形の 3 辺の長さのみから三角形の面積を計算したのでした。角度の情報が直接的には与えられていなかったのに，です。なんだか不思議な感じですね。

その一連の議論を一般化すると，次のことがいえます。

> **△ 定理 　ヘロンの公式**
>
> $\triangle ABC$ において，$s := \dfrac{a+b+c}{2}$ と定める[9]。このとき，次が成り立つ。
>
> $$\triangle ABC = \sqrt{s(s-a)(s-b)(s-c)}$$
>
> （証明はいったん省略。のちの例題で，一緒に証明してみましょう！）

試しに，**"三角形の面積計算②"**（1）の三角形で上の公式を用いてみましょう。$a=8$, $b=5$, $c=7$ でしたから，$s = \dfrac{8+5+7}{2} = \dfrac{20}{2} = 10$ ですね。よって

$$\triangle ABC = \sqrt{10 \cdot (10-8) \cdot (10-5) \cdot (10-7)} = \sqrt{10 \cdot 2 \cdot 5 \cdot 3} = 10\sqrt{3}$$

となり，確かに正解と一致しています。

（2）でも試してみましょうか。解説同様 $a=2$, $b=3$, $c=4$ とすると

$s = \dfrac{2+3+4}{2} = \dfrac{9}{2}$ ですから，

$$\triangle ABC = \sqrt{\dfrac{9}{2} \cdot \left(\dfrac{9}{2} - 2\right) \cdot \left(\dfrac{9}{2} - 3\right) \cdot \left(\dfrac{9}{2} - 4\right)} = \sqrt{\dfrac{9}{2} \cdot \dfrac{5}{2} \cdot \dfrac{3}{2} \cdot \dfrac{1}{2}} = \dfrac{3\sqrt{15}}{4}$$

となり，やはり正解と一致しています。

結構便利な式ですが，ロクに証明もしないで使うのはなんだか怖いですね。いまの 2 つの例でたまたま成り立っているだけかもしれませんし。

そこで，この公式の証明を考えてみましょう。ちょっと面倒なのですが，これまでの学習事項をたくさん使えるので，ぜひチャレンジしてください。

9 　$\dfrac{a+b+c}{2}$ という量は $\triangle ABC$ の半周長（semiperimeter）なので，その頭文字をとり s とすることが多いようです。

| 例題 | ヘロンの公式の証明 |

$\triangle$ABC の面積を a, b, c のみで表したい。

(1)　$\cos A$ を a, b, c で表せ。

(2)　(1) の結果を用いて，$\sin A$ を a, b, c で表せ。
　　やや複雑な式になるが，なるべく因数分解すること。

(3)　$s := \dfrac{a+b+c}{2}$ とし，この s を用いて $\sin A$ を（比較的）簡単な式にせよ。

(4)　(3) の結果を用いて，$\triangle$ABC の面積を a, b, c で表せ。

| 例題の解説 | |

(1)　答え：$\boldsymbol{\cos A = \dfrac{b^2+c^2-a^2}{2bc}}$

　　余弦定理の式は $\cos A = \dfrac{b^2+c^2-a^2}{2bc}$ と同値変形できるのでした。これまで
にも何度か登場していますね。

(2)　答え：$\boldsymbol{\sin A = \dfrac{1}{2bc}\sqrt{(a+b+c)(b+c-a)(c+a-b)(a+b-c)}}$

　　$\sin A > 0$ ですから，

$$\sin A = \sqrt{1-\cos^2 A} = \sqrt{1-\left(\frac{b^2+c^2-a^2}{2bc}\right)^2} = \frac{1}{2bc}\sqrt{(2bc)^2-(b^2+c^2-a^2)^2}$$

です。ヤバそうな見た目の式になりましたが，頑張って因数分解していきます。
まず，この根号の中身は (あるもの)^2 $-$ (あるもの$'$)^2 の形をしていますから，

$$(2bc)^2-(b^2+c^2-a^2)^2 = \{2bc+(b^2+c^2-a^2)\}\{2bc-(b^2+c^2-a^2)\}$$

と因数分解できます。各々の括弧の中身はさらに

$$2bc+(b^2+c^2-a^2) = (b^2+2bc+c^2)-a^2 = (b+c)^2-a^2 = (b+c+a)(b+c-a)$$
$$2bc-(b^2+c^2-a^2) = a^2-(b^2-2bc+c^2) = a^2-(b-c)^2 = (a+b-c)(a-b+c)$$

と因数分解できますから，$\sin A$ は次のように計算できます。

$$\sin A = \frac{1}{2bc}\sqrt{\{2bc+(b^2+c^2-a^2)\}\{2bc-(b^2+c^2-a^2)\}}$$

$$= \frac{1}{2bc}\sqrt{(b+c+a)(b+c-a) \cdot (a+b-c)(a-b+c)}$$

$$= \frac{1}{2bc}\sqrt{(a+b+c)(b+c-a)(c+a-b)(a+b-c)}$$

別解： $\sin^2 A = 1 - \cos^2 A = (1 + \cos A)(1 - \cos A)$ なので，初手で

$$\sin A = \sqrt{(1 + \cos A)(1 - \cos A)} = \sqrt{\left(1 + \frac{b^2 + c^2 - a^2}{2bc}\right)\left(1 - \frac{b^2 + c^2 - a^2}{2bc}\right)}$$

と因数分解しておくこともできます。

(3) **答え：$\sin A = \dfrac{2}{bc}\sqrt{s(s-a)(s-b)(s-c)}$**

ここで s の登場です。$s = \dfrac{a+b+c}{2}$ ですから，$2s = a+b+c$ とただちにわかり

ますね。また，

$$b+c-a = a+b+c-2a = 2s-2a = 2(s-a)$$
$$c+a-b = a+b+c-2b = 2s-2b = 2(s-b)$$
$$a+b-c = a+b+c-2c = 2s-2c = 2(s-c)$$

と計算できます。したがって，

$$\sin A = \frac{1}{2bc}\sqrt{2s \cdot 2(s-a) \cdot 2(s-b) \cdot 2(s-c)} = \frac{2}{bc}\sqrt{s(s-a)(s-b)(s-c)}$$

と表せます。

(4) **答え：$\triangle \mathrm{ABC} = \sqrt{s(s-a)(s-b)(s-c)}$**

ここまで来れば簡単です。p.321 の面積公式を用いることで，

$$\triangle \mathrm{ABC} = \frac{1}{2}bc\sin A = \frac{bc}{2} \cdot \frac{2}{bc}\sqrt{s(s-a)(s-b)(s-c)} = \sqrt{s(s-a)(s-b)(s-c)}$$

となります。

これでヘロンの公式を証明できました。対称性のよい見た目をしているので，覚えるのは案外容易です。キレイな式なので，個人的にお気に入りです。

証明なしに試験の答案でコレを用いるのはイヤだ！ と思うかもしれません。無闇に強力な定理・公式を用いないというのは悪くない姿勢です。一方，答案外で検算に用いるだけ，というライトな使い方もできますから，ほどよく頼るのもアリだと思います。こうした便利な道具を

● 試験で使う or 使わない
● 使う場合，答案で使う or 答案外で（検算に）使う
については，自分なりに納得のいく立場をとるとよいでしょう。

▶ 内接円の半径

> **🔍 定義** 　**三角形の内接円**
>
> △ABC の辺 BC, CA, AB すべてに接する円を
> （△ABC の）内接円という。また，内接円の中
> 心を（△ABC の）内心という。

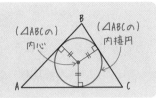

三角形を与えたとき，その内接円はただ 1 つ存在しま
す。また，三角形の内心は，3 つの内角の二等分線の
交点になっています。

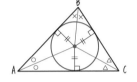

三角形の内接円について，次のことが知られています。

> **△ 定理** 　**内接円の半径**
>
> △ABC の面積を S，内接円の半径を r とするとき，次式が成り立つ。
>
> $$(*): S = \frac{1}{2}(a+b+c)r$$
>
> なお，これは p.324 で定めた半周長 s を用いて $S = sr$ とも書ける。

例題 　　**三角形の面積と内接円の半径①**

上の定理の式(*)を示せ。

例題の解説

答え：以下の通り。

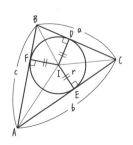

△ABC の内心を I とし，△ABC の内接円と辺
BC, CA, AB との接点を各々 D, E, F とします。

D, E, F は辺と内接円の接点ですから
$$BC \perp ID, \quad CA \perp IE, \quad AB \perp IF$$
が成り立ち，これと ID = IE = IF = r より

$$\triangle \text{IBC} = \frac{1}{2} \cdot \text{BC} \cdot \text{ID} = \frac{1}{2}ar$$

$$\triangle \text{ICA} = \frac{1}{2} \cdot \text{CA} \cdot \text{IE} = \frac{1}{2}br$$

$$\triangle \text{IAB} = \frac{1}{2} \cdot \text{AB} \cdot \text{IF} = \frac{1}{2}cr$$

が成り立ちます。これら3式の和を計算すると

$$\triangle \text{IBC} + \triangle \text{ICA} + \triangle \text{IAB} = \frac{1}{2}ar + \frac{1}{2}br + \frac{1}{2}cr$$

$$= \frac{1}{2}(a+b+c)r$$

となり，これと $\triangle \text{ABC} = \triangle \text{IBC} + \triangle \text{ICA} + \triangle \text{IAB}$ より（＊）を得ます。■

こうして示された（＊）： $S = \dfrac{1}{2}(a+b+c)r$ という式を眺めてみると，$\triangle \text{ABC}$ の

- 面積 S
- 周長 $a+b+c$
- 内接円の半径 r

のうち2つの値がわかれば，それらより残り1つの値を計算できそうです。

例題　三角形の面積と内接円の半径②

以下の各々の $\triangle \text{ABC}$ について，その内接円の半径 r を求めよ。
(1)　$a=3, b=4, c=5$ 　　　(2)　$a=5, b=6, c=7$

例題の解説

$\triangle \text{ABC}$ の面積を S，内接円の半径を r とすると，（＊）より $r = \dfrac{2S}{a+b+c}$ が成り立ちます。それを用いて，S および $a+b+c$ から r を求めましょう。

(1) 答え：$r=1$

$3^2+4^2=5^2$ より $C=90°$ です。よって

$$S=\frac{1}{2}\cdot a\cdot b=\frac{1}{2}\cdot 3\cdot 4=6$$

です。また，この三角形の周長は $a+b+c=3+4+5=12$
です。以上と（＊）より，r は次のように計算できます。

$$r=\frac{2S}{a+b+c}=\frac{2\cdot 6}{12}=1$$

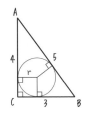

別解：右図のように点 I, D, E, F をとります。□CDIE は
正方形なので，$CD=CE=r$，ひいては $AF=AE=4-r$
および $BF=BD=3-r$ がいえます。これと $AB=5$ より
$r=1$ とわかります。

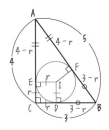

(2) 答え：$r=\dfrac{2\sqrt{6}}{3}$

こんどは直角三角形ではないので，面積計算の手間
が少し増えます。まず，余弦定理より

$$\cos A=\frac{b^2+c^2-a^2}{2bc}=\frac{6^2+7^2-5^2}{2\cdot 6\cdot 7}=\frac{36+49-25}{2\cdot 6\cdot 7}=\frac{5}{7}$$

が成り立ちます。これより

$$\sin A=\sqrt{1-\cos^2 A}=\sqrt{1-\left(\frac{5}{7}\right)^2}=\sqrt{1-\frac{25}{49}}=\frac{2\sqrt{6}}{7}$$

とわかりますから，△ABC の面積は

$$S=\frac{1}{2}bc\sin A=\frac{1}{2}\cdot 6\cdot 7\cdot\frac{2\sqrt{6}}{7}=6\sqrt{6}$$

です。また，この三角形の周長は $a+b+c=5+6+7=18$ です。したがって

$$r=\frac{2S}{a+b+c}=\frac{2\cdot 6\sqrt{6}}{18}=\frac{2\sqrt{6}}{3}$$

と計算できます。

なお，（1）のような特殊なケースはさておき，三角形の内接円の半径を求める過
程は（2）のように長くなりがちで，計算ミスが発生しやすいです。自身で解説
にあるような図を描き，計算結果と図を見比べて，おかしな値を出していないか
チェックするとよいでしょう。

▶ その他の応用問題

三角形の面積に関する応用問題は，ほかにもたくさんあります。すべてを扱うわけにはいかないので，ここでは有名なものを2つ例題にしてみました。

まずは，シンプルな設定ながらうまく解かないと面倒になりやすい不思議な問題です。やはり三角形の面積に着目して攻略します。

例題　角の二等分線の長さ

$\triangle$ABC は $a=8$, $b=4$, $C=120^\circ$ をみたしている。$\angle$ACB の二等分線と辺 AB との交点を D とするとき，線分 CD の長さを求めよ。

例題の解説

答え：$\mathrm{CD} = \dfrac{8}{3}$

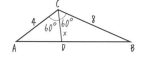

まず，$\triangle$ABC の面積は次のように計算できます。

$$\triangle\mathrm{ABC} = \frac{1}{2}ab\sin C = \frac{1}{2}\cdot 8\cdot 4\cdot \sin 120^\circ = 8\sqrt{3}$$

いま，CD は $\angle$ACB を二等分しているため

$$\angle\mathrm{ACD} = \angle\mathrm{BCD} = \frac{120^\circ}{2} = 60^\circ$$

となります。よって，$x := \mathrm{CD}$ と定めると，$\triangle$ACD, $\triangle$BCD の面積は

$$\triangle\mathrm{ACD} = \frac{1}{2}\cdot \mathrm{CA}\cdot \mathrm{CD}\cdot \sin\angle\mathrm{ACD} = \frac{1}{2}\cdot 4\cdot x\cdot \sin 60^\circ = \sqrt{3}\,x$$

$$\triangle\mathrm{BCD} = \frac{1}{2}\cdot \mathrm{CB}\cdot \mathrm{CD}\cdot \sin\angle\mathrm{BCD} = \frac{1}{2}\cdot 8\cdot x\cdot \sin 60^\circ = 2\sqrt{3}\,x$$

と計算できます。
ここで $\triangle\mathbf{ABC} = \triangle\mathbf{ACD} + \triangle\mathbf{BCD}$ なので

$$8\sqrt{3} = \sqrt{3}\,x + 2\sqrt{3}\,x$$

であり，これより $x = \dfrac{8}{3}$ とわかります。

はじめて上の解法を学んだとき，上手い方法だなと感心した記憶があります。

ここまで扱ってきた面積公式 $S = \dfrac{1}{2}ab\sin C$ は a, b, c や A, B, C に関して非対称な見た目をしていました。でも実は，対称性のよい形の公式も存在します。その公式の証明を行い，本節をおしまいとしましょう。

例題　三角形の面積と外接円の半径

$\triangle ABC$ の面積を S とするとき，以下の式を各々示せ。

(1)　$S = \dfrac{abc}{4R}$

(2)　$S = 2R^2 \sin A \sin B \sin C$

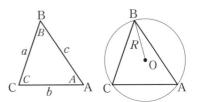

例題の解説

$S = \dfrac{1}{2}ab\sin C$ …（＊）が成り立つのでした。これと正弦定理を組み合わせて攻略します。

(1) 答え：以下の通り。

正弦定理より

$$\frac{c}{\sin C} = 2R \qquad \therefore \ \sin C = \frac{c}{2R}$$

がしたがい，これを上述の面積公式（＊）に代入することで

$S = \dfrac{1}{2}ab\sin C = \dfrac{1}{2}ab \cdot \dfrac{c}{2R} = \dfrac{abc}{4R}$ が得られます。■

(2) 答え：以下の通り。

正弦定理より

$$\frac{a}{\sin A} = \frac{b}{\sin B} = 2R \qquad \therefore \ a = 2R\sin A, \qquad b = 2R\sin B$$

がしたがい，これをやはり（＊）に代入することで次式が得られます。

$$S = \frac{1}{2}ab\sin C = \frac{1}{2} \cdot 2R\sin A \cdot 2R\sin B \cdot \sin C$$

$$= 2R^2 \sin A \sin B \sin C \quad ■$$

(1)(2) いずれもキレイな見た目の式なので，個人的に気に入っています。とはいえ重要公式というほどのものではないので，無理に覚えないで OK です。

7-4 ⊘ 円に内接する四角形

次は，円に内接する四角形の角度や辺長について考えてみます。

△ 定理　円に内接する四角形

円に内接する四角形の向かい合う角の和は $180°$ である。

大まかな証明：円に内接する四角形 ・・・・・・・・・・・・・・・・・・・・・・・・・・・・・・・・・・

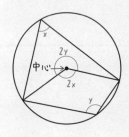

向かい合う角のうち 1 組の角が x, y であるとする。円周角の定理より，それらに対応する中心角の大きさは各々 $2x, 2y$ である。

ここで左図より $2x + 2y = 360°$ であり，両辺を 2 で除算することにより $x + y = 180°$ を得る。

また，四角形の内角和は $360°$ であるから，残りの 1 組の角の和も $360° - 180° = 180°$ となる。■

これは，円に内接する四角形の代表的な性質といえます。これからの例題でも重要となるので，頭の片隅においておきましょう[10]。

例題　円に内接する四角形①

□ABCD は円に内接しており，$AB = 1, BC = 3\sqrt{2}, CD = 4\sqrt{2}, DA = 7$ をみたしている。また，$\theta := \angle ABC$ と定めておく。このとき，以下の問いに答えよ。

(1) △ABC で余弦定理を用いることで，AC^2 を θ で表せ。

(2) $\cos \angle ADC$ を θ を用いて表せ。

(3) △ADC で余弦定理を用いることで，AC^2 を θ で表せ。

(4) (1), (3) はいずれも AC^2 を θ で表したものだから，それらは等しいべきである。それを用いて AC を求めよ。

10　なお，この定理は第 11 章（p.547）でも登場し，そこではこの定理の"逆"などにも言及しています。

(1) **答え：$AC^2 = 19 - 6\sqrt{2}\cos\theta$**

△ABC で余弦定理を用いることにより，次のよう
に計算できます。

$$
\begin{aligned}
AC^2 &= AB^2 + BC^2 - 2 \cdot AB \cdot BC \cdot \cos\angle ABC \\
&= 1^2 + (3\sqrt{2})^2 - 2 \cdot 1 \cdot 3\sqrt{2} \cdot \cos\theta \\
&= 19 - 6\sqrt{2}\cos\theta
\end{aligned}
$$

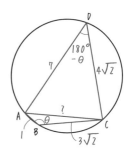

(2) **答え：$\cos\angle ADC = -\cos\theta$**

ここで，左ページの性質を用います。□ABCD は円に内接していますから
$\angle ABC + \angle ADC = 180°$ であり，これより $\angle ADC = 180° - \theta$ です。よって

$$
\cos\angle ADC = \cos(180° - \theta) = -\cos\theta
$$

となります。

(3) **答え：$AC^2 = 81 + 56\sqrt{2}\cos\theta$**

△ADC で余弦定理を用いることにより，次のように計算できます。

$$
\begin{aligned}
AC^2 &= CD^2 + DA^2 - 2 \cdot CD \cdot DA \cdot \cos\angle ADC \\
&= (4\sqrt{2})^2 + 7^2 - 2 \cdot 4\sqrt{2} \cdot 7 \cdot (-\cos\theta) \\
&= 81 + 56\sqrt{2}\cos\theta
\end{aligned}
$$

(4) **答え：$AC = 5$**

問題文にもある通り，(1)，(3) の計算結果は等しくなっているべきです。し
たがって

$$
\begin{aligned}
19 - 6\sqrt{2}\cos\theta &= 81 + 56\sqrt{2}\cos\theta \\
62\sqrt{2}\cos\theta &= -62 \\
\therefore \cos\theta &= -\frac{1}{\sqrt{2}}
\end{aligned}
$$

とわかります（なお，$\theta = 135°$ です）。よって

$$
AC^2 = 19 - 6\sqrt{2}\cos\theta = 19 - 6\sqrt{2} \cdot \left(-\frac{1}{\sqrt{2}}\right) = 25 \qquad \therefore AC = 5
$$

と計算できます。

いまの例題をさらに応用し，あの大学の入試問題にチャレンジしてみましょう！

第7章 — 図形の長さや角度を求める

　　　円に内接する四角形②

▱ABCD が，半径 $\dfrac{65}{8}$ の円に内接している。この四角形の周の長さは 44 で，辺

BC と辺 CD の長さはいずれも 13 である。このとき，以下の手順にしたがい，
残りの 2 辺 AB と DA の長さを求めよ。

(1)　$\sin \angle CBD$ の値を求めよ。　　　(2)　BD の値を求めよ。

(3)　$\cos \angle BCD$ の値を求めよ。

(4)　$x := AB$ と定める。△ABD で余弦定理を用いて，BD^2 を x の式で表せ。

(5)　AB, DA の値を求めよ。

　　　　　　　［2006 年 東京大学 文系数学 第 1 問の改題(小問 (1)～(4)を追加)］

例題の解説

(1)　**答え：$\sin \angle CBD = \dfrac{4}{5}$**

　△BCD で正弦定理を用いると次のように
計算できます。

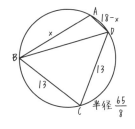

$$\frac{CD}{\sin \angle CBD} = 2 \cdot (\triangle BCD \text{ の外接円の半径})$$

$$\therefore \ \sin \angle CBD = 13 \cdot \frac{1}{2} \cdot \frac{8}{65} = \frac{4}{5}$$

(2)　**答え：$BD = \dfrac{78}{5}$**

　右図のように，△BCD において点 C から辺 BD に
垂線を下ろして考えるのが明快です。

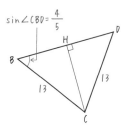

　△BCH は直角三角形であり，(1) より $\sin \angle CBH = \dfrac{4}{5}$

ですから BC：CH：BH＝5：4：3 が成り立ちます。
よって

$$BH = BC \cdot \frac{3}{5} = 13 \cdot \frac{3}{5} = \frac{39}{5}$$

です。また，△BCD は CB＝13＝CD をみたす二等辺三角形なので H は辺
BD の中点です。したがって BD は次のように計算できます。

$$BD = 2BH = 2 \cdot \frac{39}{5} = \frac{78}{5} \ \left(= 13 \cdot \frac{6}{5}\right)$$

(3) 答え：cos∠BCD = $\dfrac{7}{25}$

△BCD で余弦定理を用いることにより次のように計算できます。

$$\cos\angle BCD = \frac{CB^2+CD^2-BD^2}{2\cdot CB\cdot CD} = \frac{13^2+13^3-\left(13\cdot\dfrac{6}{5}\right)^2}{2\cdot 13\cdot 13} = \frac{1+1-\dfrac{36}{25}}{2} = \frac{7}{25}$$

(4) 答え：BD² = $x^2+(18-x)^2-2x(18-x)\cdot\left(-\dfrac{7}{25}\right)$

□ABCD は円に内接しており，∠BAD＝180°−∠BCD なので

$$\cos\angle BAD = \cos(180°-\angle BCD) = -\cos\angle BCD = -\frac{7}{25}$$

となります。また，この四角形の周長は 44 なので AB＋DA＝44−13・2＝18 です。よって，$x := $ AB とすると DA＝18−x です。なお，x は 0＜x＜18 の範囲を動きます。

以上をふまえ，△ABD で余弦定理を用いると BD² は次のように表せます。これを整理したものを答えとしてももちろん構いません。

$$BD^2 = AB^2+DA^2-2\cdot AB\cdot DA\cdot\cos\angle BAD = x^2+(18-x)^2-2x(18-x)\cdot\left(-\frac{7}{25}\right)$$

(5) 答え：(AB, DA)＝(4, 14), (14, 4)

(2) より BD＝$13\cdot\dfrac{6}{5}$ なので，(4) の結果とあわせることで次式を得ます。

$$\left(13\cdot\frac{6}{5}\right)^2 = x^2+(18-x)^2-2x(18-x)\cdot\left(-\frac{7}{25}\right)$$

これを x の 2 次方程式とみて解くと x＝4, 14 が得られます（計算略）。

2 つの解はいずれも妥当なものです。本問の条件をみたす □ABCD は，点 B, C, D の位置を変えずに A のみ AB, DA の長さを入れ替えても，やはり条件をみたすからです。

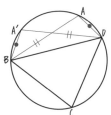

辺ABとDAの長さを入れ替えても，
$\left\{\begin{array}{l}\text{そもそも □ABCDが}\\\text{円に内接すること}\\\text{□ABCDの外接円の半径}\\\text{辺BCの長さ}\\\text{辺CDの長さ}\end{array}\right.$
は変わらない。

誘導をたくさん追加したとはいえ，東京大学の入試問題の一部が本書の内容だけでも攻略できてしまいました。大学受験はそれなりに大変ですが，あなたの志望校の合格も日頃の勉強の延長線上にきっとあります。引き続き頑張りましょう！

7-5 ⊙ 空間図形の求値

空間図形でも，特定の平面に着目することで正弦定理や余弦定理などを使えます。難度は上がりますが，空間図形の求値問題に挑戦してみましょう！

例題 　正四面体

正四面体 ABCD において，辺 CD の中点を M とする。
このとき，$\cos \angle AMB$ の値を求めよ。

例題の解説

答え：$\cos \angle AMB = \dfrac{1}{3}$

$AB = a \ (>0)$ とします。$\triangle ACD$ は辺長 a の正三角形であり，M は CD の中点なので $AM = \dfrac{\sqrt{3}}{2} AD = \dfrac{\sqrt{3}}{2} a$ が成り立ちます。同様に $BM = \dfrac{\sqrt{3}}{2} a$ もわかりますね。
あとは $\triangle AMB$ で余弦定理を用いれば，$\cos \angle AMB$ の値がわかります。

$$\cos \angle AMB = \frac{AM^2 + BM^2 - AB^2}{2 \cdot AM \cdot BM} = \frac{\left(\dfrac{\sqrt{3}}{2}a\right)^2 + \left(\dfrac{\sqrt{3}}{2}a\right)^2 - a^2}{2 \cdot \dfrac{\sqrt{3}}{2}a \cdot \dfrac{\sqrt{3}}{2}a} = \frac{\dfrac{3}{4} + \dfrac{3}{4} - 1}{2 \cdot \dfrac{3}{4}} = \frac{1}{3}$$

例題 　垂線の長さ

立方体の一部を図のように切り取り，四面体 OABC をつくった。OA = 6, OB = 3, OC = 4 となっている。これについて，次の問いに答えよ。

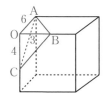

(1) この四面体の体積 V を求めよ。

(2) $\triangle ABC$ の 3 つの辺長を求めよ。

(3) $\triangle ABC$ の面積 S を求めよ。

(4) この四面体で点 O から平面 ABC に下ろした垂線の長さ h を求めよ。

(1) 答え：$V = 12$

OC と平面 OAB は垂直です（それはこの立体が立方体の一部であったことからいえます）。よって，体積 V は次のように計算できます。

$$V = \triangle OAB \cdot OC \cdot \frac{1}{3} = \left(OA \cdot OB \cdot \frac{1}{2}\right) \cdot OC \cdot \frac{1}{3} = \frac{1}{6} \cdot OA \cdot OB \cdot OC = \frac{1}{6} \cdot 6 \cdot 3 \cdot 4 = 12$$

(2) 答え：$BC = 5$, $CA = 2\sqrt{13}$, $AB = 3\sqrt{5}$

三平方の定理より，たとえば BC は次のように計算できます（CA, AB も同様）。

$$BC^2 = OB^2 + OC^2 = 3^2 + 4^2 = 25 \qquad \therefore BC = 5$$

(3) 答え：$S = 3\sqrt{29}$

△ABC で余弦定理を用いることにより，

$$\cos \angle BAC = \frac{AB^2 + CA^2 - BC^2}{2 \cdot AB \cdot CA} = \frac{(3\sqrt{5})^2 + (2\sqrt{13})^2 - 5^2}{2 \cdot 3\sqrt{5} \cdot 2\sqrt{13}} = \frac{45 + 52 - 25}{12\sqrt{65}} = \frac{6}{\sqrt{65}}$$

が得られ，これより

$$\sin \angle BAC = \sqrt{1 - \cos^2 \angle BAC} = \sqrt{1 - \left(\frac{6}{\sqrt{65}}\right)^2} = \sqrt{\frac{29}{65}}$$

が成り立ちます。これを用いると，S は次のように計算できます。

$$S = \frac{1}{2} \cdot AB \cdot CA \cdot \sin \angle BAC = \frac{1}{2} \cdot 3\sqrt{5} \cdot 2\sqrt{13} \cdot \sqrt{\frac{29}{65}} = 3\sqrt{29}$$

(4) 答え：$h = \dfrac{12}{\sqrt{29}}$

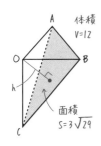

体積 V=12

面積 $S = 3\sqrt{29}$

ここまでで，私たちは四面体 OABC の体積 V および △ABC の面積を計算し，値を得ました。

(1)で V を計算した際は△OAB を底面とみていましたが，ここで△ABC を底面と捉えてみましょう。すると，高さはちょうど本問で知りたい h となります。よって，

$$V = \frac{1}{3} \cdot S \cdot h$$

が成り立ち，これより h は次のように計算できます。

$$h = \frac{3V}{S} = \frac{3 \cdot 12}{3\sqrt{29}} = \frac{12}{\sqrt{29}}$$

▶ 内接球の半径

三角形の面積公式を扱ったときに，内接円の半径の求め方を扱いました。実は，同様の方法で四面体の内接球の半径を求めることもできます。まずは準備から。

例題　**四面体の体積と内接球の半径**

四面体 ABCD の体積を V，表面積を S，内接球の半径を r とする。

このとき $V = \dfrac{1}{3} Sr$ が成り立つことを示せ。

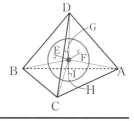

例題の解説

答え：以下の通り。

四面体 ABCD の内接球の中心を I とし，この内接球と面 BCD, ACD, ABD, ABC との接点を各々 E, F, G, H とします。このとき

　　　面 BCD ⊥ IE，　　面 ACD ⊥ IF，　　面 ABD ⊥ IG，　　面 ABC ⊥ IH

が成り立っています。また，IE = IF = IG = IH = r です。したがって

$$(\text{四面体 IBCD の体積}) = \frac{1}{3} \cdot \triangle\text{BCD} \cdot \text{IE} = \frac{1}{3} \cdot \triangle\text{BCD} \cdot r$$

$$(\text{四面体 IACD の体積}) = \frac{1}{3} \cdot \triangle\text{ACD} \cdot \text{IF} = \frac{1}{3} \cdot \triangle\text{ACD} \cdot r$$

$$(\text{四面体 IABD の体積}) = \frac{1}{3} \cdot \triangle\text{ABD} \cdot \text{IG} = \frac{1}{3} \cdot \triangle\text{ABD} \cdot r$$

$$(\text{四面体 IABC の体積}) = \frac{1}{3} \cdot \triangle\text{ABC} \cdot \text{IH} = \frac{1}{3} \cdot \triangle\text{ABC} \cdot r$$

が成り立ちます。これら 4 式の和は次のように計算できます。

---

[11]　四面体には内接球がちょうど 1 つだけ存在するのですが，この事実は認めてしまいます。

(四面体 IBCD, IACD, IABD, IABC の体積和)

$$= \frac{1}{3} \cdot \triangle\text{BCD} \cdot r + \frac{1}{3} \cdot \triangle\text{ACD} \cdot r + \frac{1}{3} \cdot \triangle\text{ABD} \cdot r + \frac{1}{3} \cdot \triangle\text{ABC} \cdot r$$

$$= \frac{1}{3}(\triangle\text{BCD} + \triangle\text{ACD} + \triangle\text{ABD} + \triangle\text{ABC})r = \frac{1}{3}Sr$$

これと $V=$(四面体 IBCD, IACD, IABD, IABC の体積和) より $V=\frac{1}{3}Sr$ がした
がいます。■

いま示したことを用いると，四面体の内接球の半径を計算できます。

例題　　四面体の内接球の半径

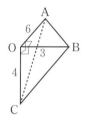

p.336 の例題"**垂線の長さ**"と同じ四面体 OABC を考える。
これは以下の条件をみたすものであった。
$$\angle\text{BOC} = \angle\text{COA} = \angle\text{AOB} = 90°,$$
$$\text{OA} = 6, \ \text{OB} = 3, \ \text{OC} = 4,$$
（四面体 OABC の体積）$= 12,$　　$\triangle\text{ABC} = 3\sqrt{29}$
この四面体 OABC の内接球の半径 r を求めよ。

例題の解説

答え：$r = \dfrac{12}{9 + \sqrt{29}} \left(= \dfrac{3(9 - \sqrt{29})}{13} \right)$

この立体の体積を V，表面積を S とすると，前の例題の結果より $r = \dfrac{3V}{S}$ が成
り立ちます。そこで，**V および S を求め，それらから r を計算します。**

すでに四面体の体積 V は $V=12$ とわかっています。S は

$$S = \triangle\text{OBC} + \triangle\text{OCA} + \triangle\text{OAB} + \triangle\text{ABC} = \frac{1}{2} \cdot (3 \cdot 4 + 4 \cdot 6 + 6 \cdot 3) + 3\sqrt{29} = 27 + 3\sqrt{29}$$

と計算できますから，内接球の半径は次のようになります。

$$r = \frac{3V}{S} = \frac{3 \cdot 12}{27 + 3\sqrt{29}} = \frac{12}{9 + \sqrt{29}} \left(= \frac{12(9 - \sqrt{29})}{(9 + \sqrt{29})(9 - \sqrt{29})} = \cdots = \frac{3(9 - \sqrt{29})}{13} \right)$$

辺長が a (>0) の正四面体 ABCD がある。頂点 A から面 BCD に下ろした垂線の足を H とすると，H は正三角形 BCD の外心と一致する（これは認めてよい[12]）。それもふまえ，正四面体 ABCD について以下の各量を求めよ。

(1)　体積 V　　　　　　　　　　　　(2)　内接球の半径 r

例題の解説

(1)　答え：$V = \dfrac{\sqrt{2}}{12}a^3$

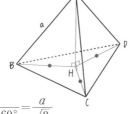

△BCD を底面とみます。これは辺長 a の正三角形

ですから，$\triangle BCD = \dfrac{1}{2} \cdot a \cdot a \cdot \sin 60^\circ = \dfrac{\sqrt{3}}{4}a^2$ です。

H は △BCD の外心なので，正弦定理より

$$\frac{CD}{\sin \angle CBD} = 2 \cdot BH \qquad \therefore BH = \frac{CD}{2\sin \angle CBD} = \frac{a}{2\sin 60^\circ} = \frac{a}{\sqrt{3}}$$

が成り立ちます。これをふまえ，△ABH で三平方の定理を用いると

$$AB^2 = BH^2 + AH^2 \qquad \therefore AH = \sqrt{AB^2 - BH^2} = \sqrt{a^2 - \left(\frac{a}{\sqrt{3}}\right)^2} = \sqrt{\frac{2}{3}}a$$

とわかります。よって体積 V は次のようになります。

$$V = \frac{1}{3} \cdot \triangle BCD \cdot AH = \frac{1}{3} \cdot \frac{\sqrt{3}}{4}a^2 \cdot \sqrt{\frac{2}{3}}a = \frac{\sqrt{2}}{12}a^3$$

(2)　答え：$r = \dfrac{\sqrt{6}}{12}a$

$S = \dfrac{\sqrt{3}}{4}a^2 \cdot 4 = \sqrt{3}a^2$ および (1) の結果より，r は次のように計算できます。

$$r = \frac{3V}{S} = \frac{3 \cdot \frac{\sqrt{2}}{12}a^3}{\sqrt{3}a^2} = \frac{\sqrt{6}}{12}a$$

前章・本章で学んだ三角比は，数学 II の"三角関数"という単元においてその定義域が拡張され，加法定理を中心とする新しい性質も登場します。お楽しみに！

12　△AHB，△AHC，△AHD の合同や，$BH = CH = DH = \sqrt{a^2 - AH^2}$ からいえます。

第 **8** 章

データの分析

模試を受けたことはありますか？

あの手の試験を受けると，後日成績表が返却されます。そこには自身の得点だけでなく平均点や全国順位，偏差値などが載っています。

もし成績資料にそれらの値がなく，自身を含む全員の得点データがズラリと並べられていたらどうなるでしょうか。想像してみてください。きっと，成績のよしあしや順位はサッパリわからないですよね。

つまり，模試の成績表では，自身の立ち位置が明確になるよう採点結果を平均点などの代表的な値に要約しているのです。

本章では，このように数値の集まりがもつ性質の調べ方について学習します。

8-1 ⊙ データを整理し，表現する

本章の題には当たり前のように "データ" という語が用いられていますが，そもそもデータとは何でしょうか。

> **🔍 定義** **変量，データ**
>
> 変　量：調査・実験対象の性質を表す量。
> データ：調査・実験により得られた変量の測定値などの集まり。
> 　量的データ：数値で得られるデータ。（例：長さや面積，質量，気温）
> 　質的データ：数値ではないデータや番号。（例：場所，色，学年）
> 　データの大きさ：そのデータを構成する測定値等の個数

具体例を見た方が明快かもしれません。

とある高校の1年生には1組，2組，3組という3クラスがあります。この学年の数学の学習状況を把握し，クラスごとに今後の指導方針を立てたいとしましょう。そのためには，1年生全体を対象に数学のテストを行うのが一案です。

テストを実施し，採点すると，生徒ごとに得点と所属クラスのデータが得られますね。こうした，調べたい対象（いまの場合は生徒）の性質を表すものが変量であり，個々の測定値を学年全員分まとめたものをデータというわけです。

そして，得点は数値で表されるものですから量的データであり，所属クラスは質的データであるといえます。1組，2組，3組という数字を用いていますが，何かの大きさが 1, 2, 3 であるわけではありませんからね。A組，B組，C組のようなアルファベット表記と似たようなものです。

> **🔍 定義** **分布**
>
> **データの散らばる様子を分布という。**

たとえばクラスで数学のテストを実施したとして，データがどのように散らばっているか（分布しているか）を知るにはどうすればよいでしょうか。

まずはシンプルに，全生徒の得点データを書き並べてみましょう。さきほど登場した1年1組の生徒（在籍40名）の試験結果が以下のようになったとします。

$$52 \quad 32 \quad 73 \quad 25 \quad 76 \quad 25 \quad 37 \quad 68 \quad 28 \quad 42$$
$$74 \quad 62 \quad 81 \quad 51 \quad 55 \quad 73 \quad 37 \quad 41 \quad 56 \quad 41$$
$$66 \quad 41 \quad 61 \quad 52 \quad 43 \quad 64 \quad 59 \quad 42 \quad 55 \quad 35$$
$$67 \quad 88 \quad 61 \quad 56 \quad 18 \quad 50 \quad 31 \quad 74 \quad 87 \quad 69 \ [点]$$

しかし，これだとたとえば"どこに山があるのか"を見つけづらいですよね。55点という成績と56点という成績は，山の位置を知りたい場合"似たようなもの"でしょう。なので，一定の幅をもつ区間ごとに点数をまとめてやるとよさそうです。そこで役立つのが"度数分布表"です。

> **🔍 定義　度数分布表とそれに関連する量**
>
> - **度数分布表：**
>   右のように，量的データを一定幅ごとに区切って個数を数えたもの。
> - **階級**　　　：区切られている各々の区間。
> - **階級の幅**：その区間の幅。
> - **度数**　　　：その階級に入るデータの値の個数[1]。
> - **階級値**　：各階級の真ん中の値。

40人の得点データの度数分布表

階級(点)	度数(人)
10以上20未満	1
20 〜 30	3
30 〜 40	5
40 〜 50	6
50 〜 60	9
60 〜 70	8
70 〜 80	5
80 〜 90	3
計	40

右上の度数分布表は，階級の幅を10にしてさきほどの40名の得点データをまとめたものです。得点が30点以上40点未満である階級の度数は5になっていますね。これは，その範囲の得点であった生徒が5人いることを意味します。そして，この階級の階級値は（30と40の単純平均である）35点です。

この表を見ると，得点が50点〜70点あたりの生徒が多いことがただちにわかります。度数分布表にまとめたことで，分布がわかりやすくなりましたね。

---

[1]　なお，データの大きさに対する度数の割合のことを**相対度数**といいます。いまの場合，相対度数は表の上から順に 0.025, 0.075, 0.125, 0.150, 0.225, 0.200, 0.125, 0.075 となります。

度数分布表は，各階級に属する値の個数を数字で表記し，まとめたものでした。
それをより視覚的に明快な形にまとめたものに，ヒストグラムがあります。

🔍 定義　ヒストグラム

度数分布表の内容を柱状に表現した図をヒストグラムという。
右図は，前ページに登場した 40 人の得点の度数分布表をヒストグラムに表したものである。

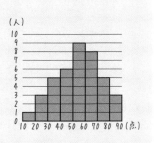

ヒストグラムでは，度数の大きい階級の柱が高くなっています。これを見れば，データがどう分布しているのか，ぱっと見ですぐ理解することができますね。

40 人の得点の元データを度数分布表にし，その後ヒストグラムにしました。
あらためて並べて眺めてみましょうか。

52　32　73　25　76　25　37　68　28　42
74　62　81　51　55　73　37　41　56　41
66　41　61　52　43　64　59　42　55　35
67　88　61　56　18　50　31　74　87　69 ［点］

これらはどれか 1 つが他より優れているわけではありません。目的に応じて適切なものを選択し，用いるとよいでしょう。

40人の得点データの度数分布表

階級(点)	度数(人)
10以上20未満	1
20 ～ 30	3
30 ～ 40	5
40 ～ 50	6
50 ～ 60	9
60 ～ 70	8
70 ～ 80	5
80 ～ 90	3
計	40

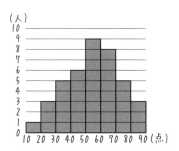

度数分布表とヒストグラム

次のデータは，長野県軽井沢市における 2023 年 4 月の日別最高気温である[2]。

18.1	12.5	14.3	17.1	17.1	18.7	17.1	12.1	10.5	17.8
21.8	17.7	16.4	22.0	11.7	17.8	11.6	10.0	21.9	22.8
23.7	14.3	14.7	11.2	12.0	10.2	17.2	20.6	18.3	17.5 [℃]

(1) このデータを度数分布表にまとめよ。階級は自由に定めてよいが，決める
のが面倒な場合は，たとえば次のように区切ってみよう。
10.0℃以上 12.0℃未満，12.0℃以上 14.0℃未満，14.0℃以上 16.0℃未満，…
(2) (1) の度数分布表の内容をヒストグラムで表現せよ。

例題の解説

答え：(1) 次の通り。　(2) 次の通り。

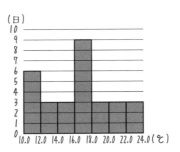

日別最高気温の度数分布表

階級(℃)	度数(日)
10.0以上12.0未満	6
12.0 ～ 14.0	3
14.0 ～ 16.0	3
16.0 ～ 18.0	9
18.0 ～ 20.0	3
20.0 ～ 22.0	3
22.0 ～ 24.0	3
計	30

なお，階級の幅や区切る位置によって，ヒストグラムの形は思いのほか変わりま
す。特に，同じ値が重複している場合にその差が生じやすいです。上の結果はあ
くまで一例なので，ぜひ異なる階級での整理も試してみてください。

第 8 章 ― データの分析

---

2 気象庁 "過去の気象データ検索" を利用し抽出しました。

8-2 ⊙ 平均値, 中央値, 最頻値

データの各々の数値を眺めるだけでは, データ全体の大まかな性質を把握しづらいものです。木を見て森を見ず, というやつです。
そこで本節では, データ全体を代表するいくつかの指標について学びます。

▶ 平均値

> **🔍 定義** 　平均値
>
> 変量 x のデータが $x_1, x_2, \cdots, x_n$ であったとき, $\dfrac{x_1 + x_2 + \cdots + x_n}{n}$ をこの
> データの平均値といい, これを本書では $\overline{x}$ とバーをつけて表す。

標語的に述べると "(平均)＝(合計)÷(個数)" です。日常生活でも登場しやすい語ですし, 定義をすでに知っていたかもしれませんね。では早速例題です！

例題 　平均値の計算

下のデータは, とある 10 人の生徒が取り組んだ数学の試験の結果である。

$$43 \quad 49 \quad 50 \quad 59 \quad 62 \quad 66 \quad 68 \quad 79 \quad 81 \quad 93 \ [点]$$

(1) 平均点（このデータの平均値）を求めよ。
(2) 試験を行った日に欠席していた生徒が 1 名おり, 翌日同じ試験を受験したところ, 結果は 54 点であった。その生徒も含めた平均点はいくらか。

例題の解説

(1) **答え：65 点**
　定義通り計算をすると, 平均点は次のようになります。

$$(平均点) = \frac{43 + 49 + 50 + 59 + 62 + 66 + 68 + 79 + 81 + 93}{10} = \frac{650}{10} = 65 \ [点]$$

(2) 答え：64 点

(1) で調べた 10 人の生徒の合計点は 650 点でした。そこに新たに受験した生徒の得点を加え，合計人数 11 で除算すれば OK です。

$$(新たな平均点) = \frac{650 + 54}{10 + 1} = \frac{704}{11} = 64 \ [点]$$

例題	異なるデータを合併したときの平均点

とある高校の 1 年 1 組・1 年 2 組で同じ数学のテストを行ったところ，右のような結果となった。2 クラス全体の平均点はいくらか。なお，平均点は（四捨五入等していない）正確な値とする。

クラス	人数[人]	平均点[点]
1 組	35	61.2
2 組	40	59.7

例題の解説

答え：60.4 点

平均点は得点の平均値のことですから，"(合計点)÷(人数)" で計算できます。
2 クラスの合計人数は 75 人ですから，あとは合計点を知りたいですね。
生徒各々の得点データがありませんが，全体の合計点は計算できます。表より

$$(1 組の合計点) = (1 組の平均点) \times (1 組の人数) = 61.2 \times 35$$
$$(2 組の合計点) = (2 組の平均点) \times (2 組の人数) = 59.7 \times 40$$

とわかるからです。以上より，全体の平均点は次のように計算できます。

$$(全体の平均点) = \frac{(全体の合計点)}{(全体の人数)} = \frac{(1 組の合計点) + (2 組の合計点)}{(全体の人数)}$$

$$= \frac{61.2 \times 35 + 59.7 \times 40}{75} = \cdots = 60.4 \ [点]$$

別解："仮平均" を利用してラクに計算

各クラスの平均点が 60 点に近いことに着目し，**"60 点からのズレ" の 2 クラス全体での平均を求め，それに 60 点を加える**という方法もあります。

$$(全体でのズレの合計) = (61.2 - 60) \times 35 + (59.7 - 60) \times 40$$
$$= 1.2 \times 35 + (-0.3) \times 40 = 42 - 12 = 30 \ [点]$$

$$\therefore (全体の平均点) = \frac{30}{35 + 40} + 60 = 0.4 + 60 = 60.4 \ [点]$$

ここでいう 60 [点] のような **"いったんこの値からのズレを考える"** という値を仮平均といいます。これについては p.370 で別途扱いますね。

▶ 中央値

次は中央値。これは初耳かもしれませんね。まずは定義をご紹介します。

> **🔍 定義**　**中央値**
>
> データを値の小さい順に並べ替えたとき，中央にくる値のことを，そのデータの中央値（メジアン）という。
> 小さい順に並び替えたとき，データの大きさが奇数の場合はちょうど中央の値が存在し，それを中央値とする。データの大きさが偶数の場合はちょうど中央に位置するデータが存在しないが，中央に最も近い2データの平均値を中央値とする。

早速具体例を見てみましょう。
次のデータは，ある喫茶店で1日に売れたメロンソーダの個数を，1月21日〜1月31日についてリストアップしたものです。

　　　　　12　9　8　15　4　7　7　9　13　10　6［個］

これを小さい順にソートする（並び替える）と，次のようになります。

　　　　　4　6　7　7　9　9　9　10　12　13　15［個］

データの大きさは11なので，中央にある値は9であり，中央値は9［個］です。

2月21日〜2月28日についても同様の調査をした結果，次のようになりました。

　　　　　5　10　15　8　8　4　12　6［個］

これを小さい順に並べると，次のようになります。

　　　　　4　5　6　8　8　10　12　15［個］

こんどはデータの大きさが8（偶数）ですから，ちょうど中央の値はありません。
そこで，中央に最も近い2つの値8, 8の平均値8［個］を中央値とします。

| 例題 | 中央値の定義 |

中央値に関する次の各記述について，その正誤を判定せよ。
(1)　中央値が最大値と等しくなることはない。
(2)　どのようなデータであっても，中央値と等しい値がデータ中に存在する。

(1) 答え：**誤り**

　すべての値が等しいデータの最大値と中央値は一致します。

(2) 答え：**誤り**

　さきほどの 2 月 21 日〜2 月 28 日におけるメロンソーダの販売数のデータが

$$4 \quad 5 \quad 6 \quad \mathbf{7} \quad 8 \quad 10 \quad 12 \quad 15 \ [個]$$

であったと仮定します。すると，中央にある値は 7, 8 ですから，販売数の中

央値は $\dfrac{7+8}{2}=7.5$ [個] となります。これと等しいものは上のデータ中に存

在しません（そもそも 7.5 は整数ではありませんし，当然ですね）。

例題　　**中央値を求める**

次のデータは，15 人の生徒が行ったシャトルランの結果である。

　43　105　56　83　62　78　68　72　65　62　60　80　51　91　50 [回]

(1)　上のデータの中央値を求めよ。

(2)　どうやら 1 人集計漏れをしていたようで，その生徒の記録は 71 回であった。その記録も含めたときの中央値を求めよ。

例題の解説

(1) 答え：**65 回**

　上のデータを小さい順に並び替えると，次のようになります。

　　43　50　51　56　60　62　62　**65**　68　72　78　80　83　91　105

データの大きさは 15 ですから，中央は 8 番目であり，その値は 65 [回] です。

(2) 答え：**66.5 回**

　新たに 71 回というデータを追加すると，次のようになります。

　　43　50　51　56　60　62　62　**65**　**68**　71　72　78　80　83　91　105

データの大きさは 16 ですから，中央に最も近いのは 8 番目の 65 と 9 番目の

68 です。それらの平均は $\dfrac{65+68}{2}=66.5$ [回] ですね。

平均値・中央値はいずれもデータの値たちを代表する量ですが，その性質には相違点があります。

たとえば，ある町には 999 の世帯があり，世帯年収の平均値・中央値はともに 800 万円であるとします。また，その 800 万円付近に多くの家庭が集中している（そこに "山" がある）こととします。

そこに超有名アスリートの家庭（世帯年収 10 億円）が引っ越してきました。

すると，平均世帯年収は $\dfrac{800 \times 999 + 100000}{1000} = 899.2$ 万円となります。なんと，たった 1 世帯加わっただけで平均が約 100 万円上昇してしまうのです。

しかし，大抵の世帯の年収は 800 万円前後に集中しているわけで，この 899.2 万円という数値は多くの家庭の実態を反映しているとはいえないでしょう。

一方，中央値はそれほど変わりません。小さい方から 500 番目の値を採用していたのが，500 番目と 501 番目の値の平均に変わるだけだからです。

平均値よりも中央値の方が，極端に大きい or 小さい値を加えたときそれに引っ張られにくいという性質があるようです。逆に平均値の方が適切・便利であるケースの例もあることでしょう。ぜひ考えてみてください。

▶ 最頻値

🔍 定義　**最頻値①**

そのデータのうち個数の最も多い値を，そのデータの最頻値（モード）という [3]。

たとえば，生徒 15 人にある月の読書数を尋ねた結果が次の通りだとします。

$$3 \quad 5 \quad 0 \quad \mathbf{1} \quad \mathbf{1} \quad 0 \quad 2 \quad 7 \quad 5 \quad 3 \quad \mathbf{1} \quad \mathbf{1} \quad 2 \quad 6 \quad 4 \;[\text{冊}]$$

このうち個数が最も多いのは 1 ですから，最頻値は 1 ［冊］となるわけです。

---

[3] "個数が最多の値" が複数存在する場合は，それらをみな最頻値とします。

| 例題 | 最頻値を求める① |

20 人の生徒が利き腕の握力を kg 単位で測定したところ，下のようなデータが得られた。このデータの最頻値を求めよ。

| | 30 | 32 | 40 | 57 | 39 | 50 | 52 | 40 | 52 | 47 |
| | 47 | 43 | 57 | 51 | 46 | 48 | 43 | 38 | 39 | 40 [kg] |

| 例題の解説 |

答え：**40 kg**　大小の順にソートしたり，同じ値に印をつけたりすると明快です。

データを度数分布表にまとめている場合，もとのデータが完全にはわかりません。この場合は次のように最頻値を定めます。

> **🔍 定義　最頻値②**
>
> **データが度数分布表にまとめられている場合，最も度数の大きい階級の階級値を最頻値とする。**

| 例題 | 最頻値を求める② |

40 人のクラスで数学の期末試験を行い，その結果を度数分布表にまとめたところ右のようになった。このとき，最頻値を求めよ。ただし，各階級の"真ん中"の値をその階級の階級値とする。

得点[点]	人数[人]
30 以上 40 未満	3
40 ～ 50	4
50 ～ 60	10
60 ～ 70	14
70 ～ 80	7
80 ～ 90	2
計	40

| 例題の解説 |

答え：**65 点**

度数が最大の階級は 60 点以上 70 点未満で，その階級値は $\dfrac{60+70}{2}=65$[点] です。

なお，各生徒の正確な点数がわからない以上，ちょうど 65 点であった生徒が最多とは限らないことに注意しましょう。

8-3 ⊘ 四分位数と箱ひげ図

▶ 範囲

🔍 定義　範囲

データの最大値と最小値の差のことを範囲（レンジ）という。

範囲は，データの散らばり具合を示す量のひとつです。
最大値から最小値を減算するというシンプルな方法で算出されます。

例題　　範囲の計算と比較

高校生の A さん，B さん各々の平日 10 日分の通学時間は次の通りであった。
　　　　A さん：22　29　28　26　31　24　21　32　26　25
　　　　B さん：49　67　51　52　51　48　47　49　50　54［分］
(1)　A, B 各々の通学時間の範囲を求めよ。
(2)　"範囲が大きい"ことを"ばらつきが大きい"こととするとき，A, B のいずれの方が通学時間のばらつきが大きいか。

例題の解説

(1)　答え：**A さん…32−21＝11［分］ / B さん…67−47＝20［分］**
(2)　答え：**B さんの方が（範囲が大きいので）通学時間のばらつきが大きい。**

この範囲という量は定義が明快で計算しやすいのですが，弱点もあります。
上の例題で，B さんの通学時間の範囲は 20 分でした。67 分かかっている日がありますが，データをよく見ると，その次に大きいのは 54 分であり，それと 13 分も差をつけているのです。

たとえば B さんが電車で通学をしているとしましょう。電車だと，どうしても時折，信号トラブルや人身事故で遅延・運休が発生することがあります。もしかしたら，67 分という値は電車のトラブルによるものかもしれません。この値がなければ B さんの通学時間の範囲は 54−47＝7 分となるわけで，例外的に大きな値が発生したことにより，範囲の大小が逆転した構図になっています。

このように，**最大値と最小値の差で定義される範囲という量は，極端に大きい（小さい）値の影響を直接被ってしまう**のです。普段は起こらない事故や測定エラーが一度発生するだけでも，値が大きく変わってしまうということです。

範囲という量には別の弱点もあります。たとえば，左ページの例題と同じ設定でC さんの通学時間も調べたところ，次のようなデータになったとしましょう。
　　　C さん：27　21　22　29　32　25　31　31　21　29 ［分］

ここで，A さんと C さんの通学時間データを，各々小さい順にソートして比較してみます。すると，両者のデータの最大値・最小値は同じであり，範囲も32−21＝11 分で等しいことがわかります。
　　　A さん（ソート済）：**21**　22　24　25　26　26　28　29　31　**32**
　　　C さん（ソート済）：**21**　21　22　25　27　29　29　31　31　**32** ［分］

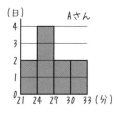

しかし，データをよく見ると，散らばり具合は C さんの方が大きいように見えます。ヒストグラム（左図）を描いて比べるとより実感しやすいです。

つまり，範囲という量は**最大値・最小値の間でデータがどれほど散らばっているかを判別できない**というわけです。ヒストグラムでいうと，いわゆる "山" の幅（急峻なのか，なだらかなのか）がわからないのです。

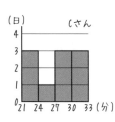

データのばらつきを示す量であって，**（範囲と比べると）例外的なデータに影響されづらいもの**や，**いわゆる "山" の大まかな幅を反映できるもの**があると助かりますね。

そこで登場するのが四分位範囲というものです。

▶ 四分位数

四分位範囲は，四分位数を用いて定義されるものです。そこで，まずは四分位数の定義を知りましょう。

🔍 定義　四分位数（まず大まかに）

データをその値の大小の順に並べ，（値の個数を）4 等分する。
このとき，等分する位置にくる値（これは 3 個ある）を四分位数といい，値の小さい順に第 1 四分位数，第 2 四分位数，第 3 四分位数とよばれる。そして，これらは順に Q_1, Q_2, Q_3 と表される[4]。

個数の意味で四分の一（25%）ずつに区切ったときの境目の値のことを四分位数とよぶわけです。
大まかな定義を理解したところで，詳しい算出方法をご紹介します。

🔍 定義　四分位数（詳細な算出方法[5]）

- 第 2 四分位数 Q_2 は中央値のこととする。
- Q_1 は，データのうち値の小さい方の半数における中央値であり，Q_3 は，データのうち値の大きい方の半数における中央値である。
  ただし，データの大きさが奇数の場合は，ちょうど真ん中の値（これは Q_2 と等しい）を取り除き，それを境に半分ずつに分けるものとする。

文章だと面倒に見えるかもしれませんが，具体例を見ると明快です。たとえば，次のデータ（大きさ 12）の四分位数たちを求めたいとします。なお，すでに小さい順にソートしてあります。

　　　　　例：37　39　40　41　41　**49**　**51**　53　55　57　60　62

まず第 2 四分位数 Q_2 を求めるとよいでしょう。といってもこれは中央値のことなので，6 番目と 7 番目の値の平均 $\dfrac{49+51}{2}=50$ とすぐ求められますね。

次に，このデータを上位・下位半々に分けます。

　　　　　　　下位 6 個　　　　　　　　　上位 6 個
　　　37　39　40　41　41　49 ／ 51　53　55　57　60　62

4　"四分位数"を表す英語 quartile の頭文字をとり，大文字の Q で表しています。
5　実は，四分位数の定義にはいくつかの流儀があるようです。日本の高校数学ではこうしている，という話であって，世界どこでもこの定義，とは思わないようにしてください。

下位 6 個のデータの中央値は $\dfrac{40+41}{2} = 40.5$ ですから $Q_1 = 40.5$ です。一方，上位 6 個のデータの中央値 $\dfrac{55+57}{2} = 56$ ですから $Q_3 = 56$ と計算できます。

以上より，四分位数は $Q_1 = 40.5$, $Q_2 = 50$, $Q_3 = 56$ とわかりました。まとめると次のようになります。

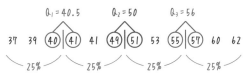

例題　　　**四分位数**

次の各データの四分位数 Q_1, Q_2, Q_3 を求めよ。

(1)　9　2　10　4　19　14　15　17　15　20　6　15　8　6　13

(2)　67　30　69　86　34　55　32　76　68　85　52　30　62　82　81　67

例題の解説

(1) 答え：$Q_1 = 6$, $Q_2 = 13$, $Q_3 = 15$

このデータを小さい順にソートすると，次のようになります。

2　4　6　**6**　8　9　10　**13**　14　15　15　**15**　17　19　20

データの大きさは 15 なので，$Q_2 = 13$ とわかります。左ページで述べた通り，データの大きさが奇数の場合はちょうど真ん中のデータを除外してから半々に分けるので，$Q_1 = 6$, $Q_3 = 15$ となります。

(2) 答え：$Q_1 = 43$, $Q_2 = 67$, $Q_3 = 78.5$

このデータを小さい順にソートすると，次のようになります。

30　30　32　**34**　**52**　55　62　**67**　**67**　68　69　**76**　**81**　82　85　86

データの大きさは 16 なので，$Q_2 = \dfrac{67+67}{2} = 67$ とわかります。そこを境に半々に分け，下位 8 個の中央値を考えることで $Q_1 = \dfrac{34+52}{2} = 43$ とわかります。

また，上位 8 個の中央値を考えることで $Q_3 = \dfrac{76+81}{2} = 78.5$ とわかります。

▶ 四分位範囲

こうして定義される四分位数を用いて，四分位範囲は次のように定義されます。

> **🔍 定義** **四分位範囲**
>
> $$(四分位範囲) = Q_3 - Q_1$$

第3四分位数と第1四分位数との差を四分位範囲とよびます[6]。定義より，**四分位範囲が大きいほど，中央値からの値のばらつきが大きい**ことになります。

早速四分位範囲を使ってみましょう。ちょっと前に登場したAさん，Cさんの通学時間について再考します。

Aさん（ソート済）：21　22　24　25　26　26　28　29　31　32
Cさん（ソート済）：21　21　22　25　27　29　29　31　31　32 ［分］

両者の範囲はいずれも11分であり，範囲という観点では同じ散らばり具合です。しかし，ヒストグラムを描いてみたところ，Cの方が（図の見た目的に）値が散らばっているように見えたわけです。

そこで，両者の四分位数を求めると以下のようになります。

$$A さん：Q_1 = 24, Q_2 = 26, Q_3 = 29$$
$$C さん：Q_1 = 22, Q_2 = 28, Q_3 = 31$$

Aさんの通学時間の四分位範囲は $29 - 24 = 5$ ［分］，Cさんのそれは $31 - 22 = 9$ ［分］です。四分位範囲はCさんの方が大きくなっており，**ヒストグラムを見て感じられた散らばり具合がちゃんと数値にも反映されています**。

四分位範囲は"下から25％"と"上から25％"に位置する値の差ですが，これが中央値からの値のばらつきをある程度表現できる値であることがわかりましたね。では，これについての例題に取り組んでみましょう。

6　なお，四分位範囲の半分の値 $\dfrac{Q_3 - Q_1}{2}$ は四分位偏差とよばれています。

例題　　四分位範囲

次のデータの四分位範囲を求めよ。

25　75　25　76　41　34　21　62　57　58　51　72　65　74　23　76　64　41

例題の解説

答え：38

このデータの大きさは 18 で，小さい順にソートすると次のようになります。

21　23　25　25　**34**　41　41　51　**57**　**58**　62　64　65　**72**　74　75　76　76

これより $Q_1 = 34$, $Q_3 = 72$ ですから，四分位範囲は次のように計算できます。

$$(四分位範囲) = Q_3 - Q_1 = 72 - 34 = 38$$

例題　　四分位範囲による散らばり具合の評価

20 名の生徒を対象に，英語と数学の小テストを実施した。このテストで各科目において発生しうる得点は 0 以上 10 以下の整数である。全員の試験結果を科目ごとにまとめ，点数順にソートしたところ次のようになった。

英語：0　0　1　3　3　5　5　6　6　6　7　7　7　8　8　8　8　9　10　10

数学：0　1　1　1　1　1　2　3　4　5　6　6　6　7　7　8　10　10　10〔点〕

四分位範囲が大きい方を "ばらつきが大きい" とするならば，点数のばらつきが大きいのはいずれの科目か。

例題の解説

答え：**数学の方が（四分位範囲が大きいので）点数のばらつきが大きい。**

英語は $Q_1 = 4$, $Q_3 = 8$ ですから (四分位範囲)$= Q_3 - Q_1 = 4$ です。

数学は $Q_1 = 1$, $Q_3 = 7.5$ ですから (四分位範囲)$= Q_3 - Q_1 = 6.5$ です。

これより，数学の四分位範囲の方が大きいことがわかります。

▶ 箱ひげ図

では次に，四分位数を利用した表示方法である箱ひげ図について学習します。

> **定義** **箱ひげ図** [7]
>
> データの最小値・第1四分位数・第2四分位数・第3四分位数・最大値を次図のように表記したものを箱ひげ図という。なお，上記の値のほかに平均値を十字で記すことがある。

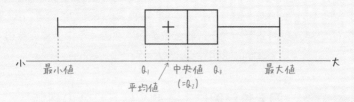

せっかく知識を仕入れたのですから，早速箱ひげ図をつくってみましょう。
次のデータは，2023年4月の東京・那覇各々における日毎の最高気温です [8]。

東京：23.3　19.0　18.4　21.0　21.8　23.4　21.3　21.1　17.7　21.6
　　　25.0　24.5　21.3　22.5　18.0　24.5　20.3　21.0　24.9　26.0
　　　26.8　18.4　20.5　16.0　19.1　19.7　23.8　24.1　23.8　22.0〔℃〕

那覇：24.3　23.8　25.2　25.0　24.7　25.9　23.8　20.8　21.9　23.7
　　　26.3　26.4　24.9　26.5　26.0　27.2　28.7　27.1　26.5　25.8
　　　26.2　25.2　25.8　26.2　27.1　22.3　24.4　27.0　28.4　25.3〔℃〕

各々の代表値は以下の通りです（単位は℃）。ただし，平均値は小数第2位を四捨五入したものです。

	最小値	Q_1	Q_2	Q_3	最大値	平均値
東京	16.0	19.7	21.45	23.8	26.8	21.7
那覇	20.8	24.4	25.8	26.5	28.7	25.4

7　ちょっと面白いネーミングですが，英語でも同様に box-and-whisker plot などとよびます。
8　気象庁"過去の気象データ検索"を利用し抽出しました。左上から右方向に 4/1，4/2，…，4/10，（2段目左端）4/11，4/12，…という順で並んでいます。このあと登場するデータも同様です。

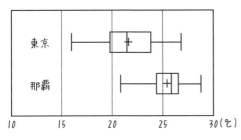

よって，2つのデータの箱ひげ図は左のようになります。

図にしてみると，両者の分布の違いが一目でわかります。
たとえば東京のデータの箱よりも那覇のそれの方が小さいことから，那覇は東京よりも最高気温のばらつきが小さいことがわかります[9]。また，箱とひげの位置を比べると，東京よりも那覇の方が最高気温の値は全体的に大きいことがわかります。

例題

自分でも箱ひげ図を描いてみよう

次のデータは，2023年4月の大垣における日毎の最高気温である[10]。

大垣：25.3　23.6　21.1　22.6　19.7　16.9　17.8　15.9　18.1　21.3
　　　23.6　18.7　23.1　23.0　16.5　21.1　17.6　18.8　23.4　28.0
　　　26.8　21.1　22.3　17.3　13.8　16.8　21.1　23.9　22.1　18.7

(1)　頑張って，このデータの最大値と最小値，四分位数，平均値を求めよ。ただし，平均値は小数第2位を四捨五入して答えよ。
(2)　前述の東京・那覇のデータの箱ひげ図を自身でも描き，大垣のデータの箱ひげ図もそれらに並べて描け。
(3)　(2)で描いた図を見比べ，大垣市の最高気温の分布がもつ性質を述べよ。

例題の解説

(1) **答え：(最小値)=13.8, Q_1=17.8, Q_2=21.1, Q_3=23.1, (最大値)=28.0**
　　(平均値)=20.7（単位はいずれも℃）

次のようにデータをソートしてから代表値を計算するとミスしづらいです。

大垣：**13.8**　15.9　16.5　16.8　16.9　17.3　17.6　**17.8**　18.1　18.7
　　　18.7　18.8　19.7　21.1　**21.1**　**21.1**　21.1　21.3　22.1　22.3
　　　22.6　23.0　**23.1**　23.4　23.6　23.6　23.9　25.3　26.8　**28.0**

9　海に囲まれている地域は気温の変化が小さい，と聞いたことがあります。その影響でしょうか。
10　こちらも左ページ同様，気象庁"過去の気象データ検索"を利用し抽出しました。

(2) 答え：**下図の通り。**

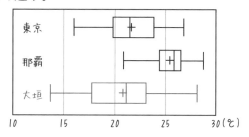

(3) 答え：**たとえば以下のことが読み取れる。**

　箱の位置を比べてみると，東京・那覇よりも大垣の方が（大雑把には）最高気温が低めに分布していることがわかります。

　また，大垣のデータのひげは，東京や那覇のそれよりも（上下ともに）長くなっています。箱とひげをあわせた全体の大きさもやはり大垣が最大であり，この地域は東京・那覇より最高気温の変動が激しいことがわかります[11]。

箱ひげ図はヒストグラムと異なり，"山"の位置がわからないのではないか？ と思うかもしれません。その名の通り，箱とひげしかありませんからね。

しかし，箱ひげ図でも値が集中している位置を判断できるのです。たとえば，ここまで扱ってきた大垣・那覇の最高気温データについて，ヒストグラムと箱ひげ図を並べると次のようになります。

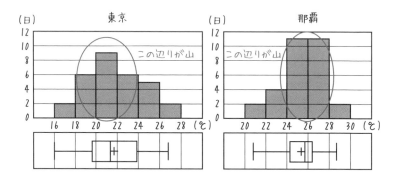

ヒストグラムの山の位置と箱ひげ図の箱の位置がおおよそ同じになっています。このデータに限らず，世の中のデータをヒストグラムや箱ひげ図にすると同じ法則が成り立つことが多いです。

11　内陸部にあるからだと思います。違ったらごめんなさい。

ただし，ここでいきなり"山の位置と箱の位置はだいたい同じ"と思い込むのは
NG です。というのも，例外を簡単に用意できるからです。

たとえば，次のデータを考えましょう。
$$1\ 1\ 1\ 2\ 2\ 2\ 3\ 4\ 4\ 6\ 7\ 8\ 8\ 9\ 9\ 9$$
このデータの代表値は以下のようになります。

最小値	Q_1	Q_2	Q_3	最大値	平均値
1	2	4	8.5	9	5

それもふまえ，ヒストグラムと箱ひげ図をつくってみると次のようになります。

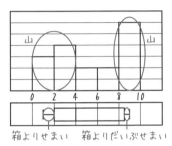

箱よりせまい　箱よりだいぶせまい

ヒストグラムの山は左右に分離しています。そ
して，箱ひげ図の箱の位置は，いずれの山の位
置にもヒットしていないように見えます。

このように，そもそも山が複数あったり，極端
な位置にあったりすると，山の位置と箱の位置
がずれてしまうのです。

では箱ひげ図から山の位置について何もわからないのかというと，そうでもあり
ません。上図をよく見ると，これまでに登場した箱ひげ図よりもひげがだいぶ短
くなっています。この図は四分位数ごとにデータを区切って表示しているので，
下位 25 ％・上位 25 ％のデータがかなりせまい範囲に集中しているといえますね。

これを一般化すると，Q_1, Q_2, Q_3 によって区切られる 4 つのエリア（下位のひ
げ，箱の下半分，箱の上半分，上位のひげ）のうちにせまい箇所があるならば，
そこに山があるっぽいということになります。

左ページの図は，山の位置と箱の位置が一致しているというより"箱ひげ図にお
ける 4 つのエリアのうち中央の 2 つ（それがたまたま箱の部分だった）がせまく
なっており，確かにそこに山がある"と解釈する方が適切です。

次の箱ひげ図 A, B, C は，ヒストグラムア，イ，ウのいずれに対応しているか。

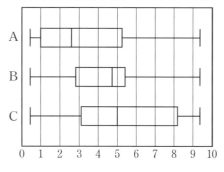

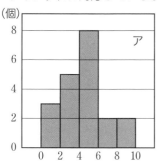

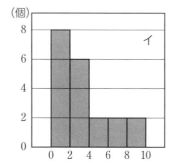

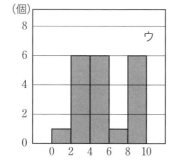

例題の解説

答え：A…イ，B…ア，C…ウ

データの大きさはみな 20 であり，データの値を小さい順に $x_1, x_2, \cdots, x_{20}$ とすると $Q_1 = \dfrac{x_5 + x_6}{2}$, $Q_2 = \dfrac{x_{10} + x_{11}}{2}$, $Q_3 = \dfrac{x_{15} + x_{16}}{2}$ であることに注意しましょう。

箱ひげ図を見ると A の第 1 四分位数は 0 以上 2 未満とわかりますが，5 番目・6 番目のデータが 0 以上 2 未満の階級に属しているのはイのみです。

また，箱ひげ図より C の第 3 四分位数は 8 以上 10 未満とわかりますが，15 番目・16 番目のデータが 8 以上 10 未満の階級に属しているのはウのみです。
このように，"極端な値" に着目すると区別しやすいですね。

▶ 外れ値

さまざまな実験や測定をしていると，ほかのデータよりも極端に大きい or 極端に小さい値が得られることがあります。そのような値を**外れ値**とよびます。
外れ値の定義にはさまざまあるのですが，ここでは次のようにします。

> **🔍 定義** 　**外れ値**
>
> **以下の一方をみたす値を外れ値とする。**
> - $Q_1 - 1.5(Q_3 - Q_1)$ 以下の値
> - $Q_3 + 1.5(Q_3 - Q_1)$ 以上の値
>
> **箱ひげ図でいうと箱の端から四分位範囲（箱の幅）の 1.5 倍以上離れた値である。**

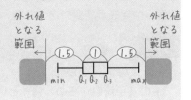

箱ひげ図において，外れ値は。等により示します。また，ひげは外れ値を除いた範囲で描き，四分位数は通常外れ値を除かない（本来の）値を用います。

p.358 にある，2023 年 4 月の那覇での最高気温データに再び注目します。このデータでは $Q_1 = 24.4$，$Q_3 = 26.5$ となっており，これより
$$Q_1 - 1.5(Q_3 - Q_1) = 24.4 - 1.5 \times 2.1 = 21.25$$
と計算できます。よって，4 月 8 日に観測された 20.8 ℃ という最高気温は（いまの基準では）外れ値ということになります。
これを除外する前後の箱ひげ図を並べたのが次の図です。

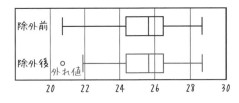

外れ値は，その性質上最大値・最小値を引っ張り，データのばらつきを実態以上に拡げてしまいます。それを除外することでデータの分布が実態に即したものになるわけです。

ただし，外れ値を除外すべきでない場合もあります。たとえば自動車のエアバッグの開発をする際，自動車が障害物等に衝突してからエアバッグが作動するまでの時間を測定した結果，極端に所要時間が長いものがあったとしましょう。その外れ値を"まあ偶然でしょ。"と思って除外してしまったら，新しく生産される自動車の一部に欠陥があるエアバッグが搭載されてしまうかもしれません。それは事故等の際に最悪の事態につながる可能性があり，避けなければなりません。

8-4 ⊙ 分散・標準偏差

四分位数という量は，中央値からの値のばらつきの指標となるものでした。
データの値のばらつきを表す量はほかにもあります。ここでは，平均値からの値のばらつきを示す量である分散・標準偏差について学びます。

> **🔍 定義** **偏差**
>
> 変量 x のデータが $x_1, x_2, \cdots, x_n$ であったとき，$x_k - \overline{x}$ $(k = 1, 2, \cdots, n)$ を x_k の（平均値からの）偏差という。

要は"平均値からのズレ"のことです。この偏差には次の性質があります。

> **⚠ 定理** **偏差はゼロサムである**
>
> データ全体で偏差の和をとると 0 になる。

定理の証明 ・・・

実際に偏差の和を計算すると，確かに

$$(偏差の和) = (x_1 - \overline{x}) + (x_2 - \overline{x}) + \cdots + (x_n - \overline{x})$$
$$= (x_1 + x_2 + \cdots + x_n) - n\overline{x}$$
$$= (x_1 + x_2 + \cdots + x_n) - (x_1 + x_2 + \cdots + x_n) = 0$$

となっています。ただし，途中で平均値の定義 $\overline{x} = \dfrac{x_1 + x_2 + \cdots + x_n}{n}$ を用いました。■

平均値からのばらつき具合を示す量がほしいのですが，偏差には上のような性質があるため，単純に偏差の和を考えても仕方がありません。

絶対値 $|x_k - \overline{x}|$ の平均を用いるという策はあり，この量を平均偏差といいます。
これが用いられる場面もあるのですが，絶対値関数がちょっと厄介で，数学的な取り扱いをしづらいです。世の中で（比較的）よく用いられており，高校数学でも登場するのは分散・標準偏差という量です。

🔍 定義　分散

変量 x のデータが $x_1, x_2, \cdots, x_n$ であったとき，
$$\frac{(x_1-\overline{x})^2+(x_2-\overline{x})^2+\cdots+(x_n-\overline{x})^2}{n}$$
により定義される量をこのデータの分散といい，本書では s^2 と表す。

式の外見は複雑ですが，"偏差の2乗の平均"を計算しているだけです。

△ 定理　分散の性質

分散は 0 以上であり，0 となるのはデータの値がすべて等しい場合に限られる。

定理の証明 ・・・

$k=1, 2, \cdots, n$ に対し $(x_k-\overline{x})^2 \geqq 0$ が成り立つため分散は 0 以上です。また，分散がちょうど 0 となるのは $x_1-\overline{x}=x_2-\overline{x}=\cdots=x_n-\overline{x}=0$ の場合のみですが，これは $x_1=x_2=\cdots=x_n=\overline{x}$ すなわちデータの値がみな等しいことと同値です。■

分散は偏差を2乗して平均をとったものなので，通常正の値になってくれます。ただし，2乗しているがゆえの使いづらさもあります。たとえばハンドボール投げの記録［m］を分析する際，ばらつきの指標として分散を参照すると，それは面積［m^2］の単位になっているわけです。次元が違うと大きさを実感しづらいですよね。

それなら分散の平方根を考えればよい，というわけで標準偏差の登場です。

🔍 定義　標準偏差

変量 x のデータが $x_1, x_2, \cdots, x_n$ であったとき，分散の（非負の）平方根
$$\sqrt{\frac{(x_1-\overline{x})^2+(x_2-\overline{x})^2+\cdots+(x_n-\overline{x})^2}{n}}$$
により定義される量をこのデータの標準偏差といい，本書では s と表す。

分散や標準偏差により，データの散らばり具合を調べたり比べたりできます。

12 人の生徒が計算テストに取り組んだところ，下のようなデータが得られた。このデータの分散 s^2 および標準偏差 s を求めよ。

$$9 \quad 7 \quad 5 \quad 3 \quad 10 \quad 5 \quad 4 \quad 4 \quad 8 \quad 7 \quad 4 \quad 6 \ [点]$$

例題の解説

答え：$s^2 = 4.5$,　　　$s = \sqrt{4.5} \fallingdotseq 2.1$

変量を x とし，s^2, s を求める過程を表にまとめると次のようになります。

x	9	7	5	3	10	5	4	4	8	7	4	6	計 72
$x - \overline{x}$	3	1	-1	-3	4	-1	-2	-2	2	1	-2	0	計 0
$(x - \overline{x})^2$	9	1	1	9	16	1	4	4	4	1	4	0	計 54

これより $s^2 = \dfrac{54}{12} = 4.5$ であり，その（0 以上の）平方根が s です。

平均等が何も計算されていない状態から分散・標準偏差を定義通り求める場合，
- まずデータの平均値 $\overline{x}$ を計算する
- 次に各々の値と平均をもとに偏差 $x - \overline{x}$ を計算する
- その 2 乗 $(x - \overline{x})^2$ を各々計算し，それらの平均 s^2 を計算する

という手順をふむこととなります。

でもこの手順，正直面倒です。しかも，いまの例題では平均値が偶然 $\overline{x} = 6$ というキレイな値になりましたが，これが割り切れなくなるとなおさら大変です。……というより，**世の中の大抵のデータの平均値はキレイな値ではないので**，面倒な目に遭うことがほとんどなのです。でも，計算をラクにする策があります。

△ 定理　　分散の性質

分散 $s^2 \left(= \dfrac{(x_1 - \overline{x})^2 + (x_2 - \overline{x})^2 + \cdots + (x_n - \overline{x})^2}{n} \right)$ は次式をみたす。

$$s^2 = \dfrac{x_1^2 + x_2^2 + \cdots + x_n^2}{n} - \overline{x}^2 \ \left(= \overline{x^2} - \overline{x}^2 \right)$$

定理の証明 ・・・・・・・・・・・・・・・・・・・・・・・・・・・・・・・・・・・・・・・

$$s^2 = \frac{(x_1-\overline{x})^2+(x_2-\overline{x})^2+\cdots+(x_n-\overline{x})^2}{n} \quad (\because \text{分散}s^2\text{の定義})$$

$$= \frac{(x_1^2-2x_1\overline{x}+\overline{x}^2)+(x_2^2-2x_2\overline{x}+\overline{x}^2)+\cdots+(x_n^2-2x_n\overline{x}+\overline{x}^2)}{n}$$

$$= \frac{x_1^2+x_2^2+\cdots+x_n^2}{n}-2\cdot\frac{(x_1+x_2+\cdots+x_n)}{n}\cdot\overline{x}+\frac{n\overline{x}^2}{n}$$

$$= \frac{x_1^2+x_2^2+\cdots+x_n^2}{n}-2\cdot\overline{x}\cdot\overline{x}+\overline{x}^2 \quad \left(\because \overline{x}=\frac{x_1+x_2+\cdots+x_n}{n}\right)$$

$$= \frac{x_1^2+x_2^2+\cdots+x_n^2}{n}-\overline{x}^2 \quad (=\overline{x^2}-\overline{x}^2) \quad ■$$

標語的にいえば，"(分散)＝(2乗の平均)−(平均の2乗)"ということです。
早速この定理を使い，どこが便利なのか体感してみましょう。

| 例題 | **分散の性質の利用** |

直前の例題の得点データ（下に再掲）の分散 s^2，標準偏差 s を，いまの定理の方法により再び計算せよ。

9　7　5　3　10　5　4　4　8　7　4　6〔点〕

| 例題の解説 |

答え：$s^2=4.5,\ s=\sqrt{4.5}\fallingdotseq 2.1$（再掲）

$\overline{x}$ と $\overline{x^2}$ がわかれば s^2, s を計算できます。

x	9	7	5	3	10	5	4	4	8	7	4	6	計 72
x^2	81	49	25	9	100	25	16	16	64	49	16	36	計 486

これより $\overline{x}=\dfrac{72}{12}=6$，$\overline{x^2}=\dfrac{486}{12}=40.5$ ですから，s^2, s は次のようになります。

$$s^2=\overline{x^2}-\overline{x}^2=40.5-6^2=4.5,\ s=\sqrt{4.5}$$

$x-\overline{x}$ を各々計算せずとも s^2, s を求められるのがありがたいですね。前述の通り，平均値 $\overline{x}$ が整数値とならない場合はなおさらこの方法が便利です。

8-5 ⊙ 変量の変換

データの値たちに対し一斉に何らかの演算を行ったとき，代表値（平均値や分散，標準偏差）がどのような変更をうけるか考えてみましょう。

演算対象の変量を x とします。データの値は $x_1, x_2, \cdots, x_n$ の n 個とし，これらの平均値を $\overline{x}$，分散を s_x^2，標準偏差を s_x と定めます。

ここでは $\boldsymbol{y = ax + b}$（a, b は x に依存しない実定数）という変換により定まる新しい変量 y を考えましょう。

変換前	x_1	x_2	$\cdots$	x_n
変換後	$ax_1 + b \ (= y_1)$	$ax_2 + b \ (= y_2)$	$\cdots$	$ax_n + b \ (= y_n)$

この変量 y の平均値 $\overline{y}$，分散 s_y^2，標準偏差 s_y について，次のことがいえます。

> **△ 定理** **変量の変換による平均値，分散，標準偏差の変化**
>
> （ⅰ） $\overline{y} = a\overline{x} + b$ 　（ⅱ） $s_y^2 = a^2 s_x^2$ 　（ⅲ） $s_y = |a| s_x$

定理の証明 ・・・

（ⅰ） $\displaystyle \overline{y} = \frac{y_1 + y_2 + \cdots + y_n}{n}$ 　（∵ 平均値 y の定義）

$\displaystyle = \frac{(ax_1 + b) + (ax_2 + b) + \cdots + (ax_n + b)}{n}$ 　（∵ $y = ax + b$）

$\displaystyle = \frac{ax_1 + ax_2 + \cdots + ax_n}{n} + \frac{\overbrace{b + b + \cdots + b}^{n 個}}{n}$ 　（∵ 和を並び替えた）

$\displaystyle = a\frac{x_1 + x_2 + \cdots + x_n}{n} + \frac{nb}{n} = a\overline{x} + b$ 　（∵ $\overline{x}$ の定義） ■

（ⅱ） （ⅰ）の結果もふまえると，$k = 1, 2, \cdots, n$ の各々に対し

$$y_k - \overline{y} = (ax_k + b) - (a\overline{x} + b) = a(x_k - \overline{x}) \quad \cdots (*)$$

が成り立ちます。これを用いることで次のように示せます。

$$s_y^2 = \frac{(y_1-\overline{y})^2 + (y_2-\overline{y})^2 + \cdots + (y_n-\overline{y})^2}{n} \quad (\because \text{分散 } s_y^2 \text{ の定義})$$

$$= \frac{a^2(x_1-\overline{x})^2 + a^2(x_2-\overline{x})^2 + \cdots + a^2(x_n-\overline{x})^2}{n} \quad (\because (*))$$

$$= a^2 \frac{(x_1-\overline{x})^2 + (x_2-\overline{x})^2 + \cdots + (x_n-\overline{x})^2}{n} = a^2 s_x^2 \quad (\because s_x^2 \text{ の定義}) \blacksquare$$

(iii) $s_y^2 = a^2 s_x^2$ であり s_x, s_y は 0 以上であることから，次式が成り立ちます。

$$\sqrt{s_y^2} = \sqrt{a^2 s_x^2} = \sqrt{a^2}\sqrt{s_x^2} = |a|s_x$$

ただし，任意の実数 a に対し $\sqrt{a^2} = |a|$ であることを用いました。 $\blacksquare$

▶ 代表値がうける変更のまとめと結果の考察

△ 定理　**変量の変換による平均値，分散，標準偏差の変化（まとめ）**

変量 x から，新しい変量 y を $y = ax+b$ により定める。変量 x, y の平均値を $\overline{x}$, $\overline{y}$，分散を s_x^2, s_y^2，標準偏差を s_x, s_y とすると，次式が成り立つ。

（ i ）$\overline{y} = a\overline{x} + b$　　（ ii ）$s_y^2 = a^2 s_x^2$　　（iii）$s_y = |a|s_x$

$y = ax+b$ という変換は，次の 2 つの操作を合成したものです。

　　　① 変量 x を a 倍する → ② その結果に b を加える

これにより平均値 $\overline{x}$ は次のように変化します。これは納得しやすいでしょう。

$$\overline{x} \xrightarrow{\text{①}:\times a} a\overline{x} \xrightarrow{\text{②}:+b} a\overline{x}+b \ (=\overline{y})$$

比較的，納得しづらいのは分散・標準偏差です。これらは次のように変化します。

$$s_x^2 \xrightarrow{\text{①}:\times a} a^2 s_x^2 \xrightarrow{\text{②}:+b} a^2 s_x^2 \ (=s_y^2)$$

$$s_x \xrightarrow{\text{①}:\times a} |a|s_x \xrightarrow{\text{②}:+b} |a|s_x \ (=s_y)$$

操作①で $s_x^2 \to a^2 s_x^2$ $(s_x \to |a|s_x)$ と変化するのは，**各値を a 倍することにより偏差も a 倍になる**からです。そして，操作②で s_x^2, s_x ともに不変だったのは，**各値に同じ定数を加算しても偏差は変わらない**からです。

証明中に登場した式（＊）：$y_k - \overline{y} = (ax_k + b) - (a\overline{x} + b) = a(x_k - \overline{x})$ が，まさにそれら 2 点を表しています。

最高点だった生徒には満点をあげたい

あるクラスで数学の定期試験（100 点満点）を行った。テストを難しくつくりすぎてしまったらしく，平均点は 52 点，標準偏差は 12 点，最高点は 80 点となった。成績評価をするにあたり，最高点だった生徒が満点になるよう得点調整をしたい。次の各方法をとるとき，平均点・標準偏差は何点になるか求めよ。
(1) 全員の得点に 20 点加算する。
(2) 全員の得点を 1.25 倍する。ただし，得点の四捨五入はしない（以下同）。
(3) まず全員の得点を 1.1 倍し，その後最高点の生徒が 100 点になるよう，全員の得点に一定の点数を加算する。

例題の解説

(1) 答え：**平均点…72 点，標準偏差…12 点**
全員 20 点増加したので平均点は同じだけ増加しますが，平行移動しただけですから分散・標準偏差は不変です。

(2) 答え：**平均点…65 点，標準偏差…15 点**
単なる定数倍であれば，平均点・標準偏差も同じように定数倍されます。

(3) 答え：**平均点…69.2 点，標準偏差…13.2 点**
最高点を 1.1 倍すると $80 \times 1.1 = 88$ 点です。それを 100 点にしたいので，加算するのは 12 点ということになります。さきの変換式でいうと $a = 1.1$, $b = 12$ です。よって平均点は $52 \times 1.1 + 12 = 69.2$ 点であり，標準偏差は定数倍の影響のみうけるため $12 \times 1.1 = 13.2$ 点となります。

なお，前ページの定理の特殊な場合として次のことがいえます。

△ 定理　**仮平均は自由に決められる**

変量 x のデータを $x_1, x_2, \cdots, x_n$，その平均を $\overline{x}$ とする。任意の実数 x_0 に対し，"x_0 からのズレ $x_1 - x_0, x_2 - x_0, \cdots, x_n - x_0$ の平均" と x_0 との和は $\overline{x}$ となる。　（p.369 の定理で $a = 1$, $b = -x_0$ とした場合の（ i ）そのもの）

任意の実数 x_0 に対しこれが成り立つため，**特に減算後の値が簡単になる好都合な x_0 を選択してよい**，というわけです。この値 x_0 は**仮平均**とよばれます。

仮平均＆スケール変換でラクに計算

10 人の学生がとある英語の試験を受験したところ，スコアは次のようになった。

$$715 \quad 775 \quad 700 \quad 865 \quad 670 \quad 760 \quad 835 \quad 805 \quad 730 \quad 745$$

このデータの平均と分散を計算したいのだが，値が大きくて正直面倒である。
そこで，スコアの平均がぱっと見 750 点くらいであること，そしてこの試験のスコアが 5 点刻みであることに着目し，以下の手順により平均・分散を計算した。

(1) この試験のもとのスコアを変量 x とし，新しい変量 y を $y = \dfrac{x - 750}{5}$ により定める。このとき，変量 y のデータを書き下せ。

(2) 変量 y のデータの平均 $\overline{y}$ および分散 s_y^2 を求めよ。

(3) 変量 x のデータの平均 $\overline{x}$ および分散 s_x^2 を求めよ。

例題の解説

(1) 答え：**下表 3 段目の通り。**

次のような表を用意し，段階的に計算するとよいでしょう。

x	715	775	700	865	670	760	835	805	730	745
$x - 750$	-35	25	-50	115	-80	10	85	55	-20	-5
$y \left(= \dfrac{x-750}{5} \right)$	-7	5	-10	23	-16	2	17	11	-4	-1
y^2	49	25	100	529	256	4	289	121	16	1

(2) 答え：$\overline{y} = 2$, $s_y^2 = 135$

$$\overline{y} = \frac{-7 + 5 - 10 + 23 - 16 + 2 + 17 + 11 - 4 - 1}{10} = \frac{20}{10} = 2$$

$$\overline{y^2} = \frac{49 + 25 + 100 + 529 + 256 + 4 + 289 + 121 + 16 + 1}{10} = \frac{1390}{10} = 139$$

$$s_y^2 = \overline{y^2} - \overline{y}^2 = 139 - 2^2 = 135 \quad (\because s_y = \sqrt{135} \fallingdotseq 11.6)$$

(3) 答え：$\overline{x} = 760$, $s_x^2 = 3375$

$y = \dfrac{x - 750}{5} \iff x = 5y + 750$ であり，これに p.369 の定理を用います。

$$\overline{x} = \overline{5y + 750} = 5\overline{y} + 750 = 5 \cdot 2 + 750 = 760$$

$$s_x^2 = 5^2 s_y^2 = 25 \cdot 135 = 3375 \quad (\because s_x = \sqrt{3375} \fallingdotseq 58.1)$$

私たちはこれまで，1つの変量のデータを分析する方法を学んできました。全体の大まかな値を平均値で代表したり，ばらつきの程度をたとえば四分位範囲や標準偏差で表現したりしたわけです。

ところで，実際に世の中でデータを活用する場面を想像すると，**複数の変量の間の関係を調べる**ケースも多そうです。具体例をいくつか挙げておきます：
- 8月の気象予報での最高気温と海の家での売上高は関係しているか。
- ウェブサイトのロード時間と読み込みまでの離脱率は関係しているか。
- 数学の成績がよい受験生は，物理の成績もよい傾向にあるか。

一方の変量のみに着目してアレコレ計算をしていても，こうした疑問への答えは見つかりません。そこで，本節では**2つの変量の間に成り立つ関係の調べ方**を学びましょう。

▶ 散布図

次の表は，2023年4月の日本各地における緯度 x（°）と平均気温[12] y（℃）をまとめたものです[13]。たとえば，仙台の緯度（北緯）は 38.3° であり，仙台での2023年4月の平均気温は 13.3℃ だった，ということです。

都市	網走	札幌	青森	秋田	仙台	新潟	福島	東京	鳥取	横浜
x	44.0	43.1	40.8	39.7	38.3	37.9	37.8	35.7	35.5	35.4
y	6.7	9.2	10.7	11.2	13.3	12.7	14.0	16.3	14.3	16.6

都市	京都	静岡	大阪	岡山	広島	松山	福岡	熊本	宮崎	那覇
x	35.0	35.0	34.7	34.7	34.4	33.8	33.6	32.8	31.9	26.2
y	15.4	16.6	15.9	14.8	15.7	15.9	16.7	17.0	17.2	22.5

---

12 "日毎の平均気温"の，1ヶ月間の平均です。
13 気象庁"過去の気象データ検索"を利用し抽出しました。都市は"なんとなく"で選びました。

この表だけでも 2 つの変量 x, y の関係はおおよそわかりますが，正直ちょっと見づらいですよね。

そこで工夫をします。変量 x, y の値の組を座標だと思って，平面にプロットするのです。

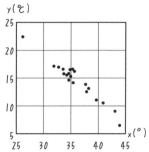

すると右図のようになります。x（緯度）の増加にともなって y（平均気温）が減少するという傾向がぱっと見で理解できますね。

このような，2 つの変量の値の組を座標平面にプロットした図を散布図といいます。

> ### 🔍 定義　相関関係
>
> - 2 つの変量の一方が増加すると他方も増加する傾向があるとき，それらの変量の間には正の相関がある（正の相関関係がある）という。
> - 2 つの変量の一方が増加すると他方が減少する傾向があるとき，それらの変量の間には負の相関がある（負の相関関係がある）という。
> - 上記いずれの傾向もないと判断できる場合，それらの変量の間には相関がない（相関関係がない）という。

いま扱っている緯度と気温のデータの場合，変量 x（緯度）と y（平均気温）の間には負の相関があることが，右上の散布図よりいえます。

なお，相関関係には強弱の概念もあります。より一直線に近い形に点が分布しているとき，強い相関がある（強い相関関係がある）といいます。

以上の内容をまとめたのが次図です。

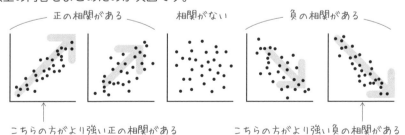

10人の生徒を対象に，数学・物理・化学のペーパーテストを行った。次の表は
その結果をまとめたものである。

生徒番号	1	2	3	4	5	6	7	8	9	10
数学[点]	7	3	8	1	5	9	6	7	3	4
物理[点]	8	4	7	2	6	9	7	6	3	2
化学[点]	9	5	5	3	7	7	8	6	2	5

(1)　数学と物理，そして数学と化学の得点について各々散布図を作成せよ。
　　　ただし，いずれも横軸を数学の得点にせよ。
(2)　各々について，相関があるか，あるとしてどのような相関かを述べよ。
　　　同じ相関の場合は，その強弱を述べよ。強弱の判断は大雑把なものでよい。

例題の解説

(1)　答え：次の通り。

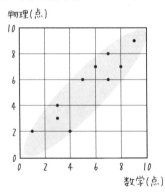
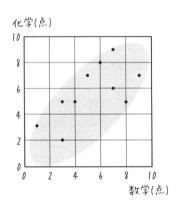

(2)　答え：**数学と物理，数学と化学の双方について，正の相関がある。**
　　　　　　また，前者の相関の方が後者のそれより強い。

　　右の図の方が，左の図よりも点がばらけているように見えます。得点データ（の
数字）自体を読むより，こうして散布図にした方が相関の有無・強弱が明快で
すね。

▶ 相関係数

散布図を作成すると，2つの変量の相関の有無やおおまかな強さがわかります。ただ，特に相関の強弱については"ぱっと見"の話なのも事実です。できれば定量的な指標がほしいですよね。そのひとつが相関係数というものです。

いま，変量 x, y のデータが次のように与えられているとしましょう。

$$(x_1, y_1), (x_2, y_2), \cdots, (x_n, y_n)$$

また，$x_1, x_2, \cdots, x_n$ の平均値を $\overline{x}$，$y_1, y_2, \cdots, y_n$ の平均値を $\overline{y}$ としておきます。以下の解説や定義では，これらの量を用いることとします。

ほしいのは相関の強さを示す量。<u>いわば散布図における"直線っぽさ"を数値化したい</u>というわけです。そこで，次の共分散という量を導入します。

🔍 定義　共分散

x の偏差 $x_k - \overline{x}$ と y の偏差 $y_k - \overline{y}$ の積 $(x_k - \overline{x})(y_k - \overline{y})$ の平均

$$\frac{(x_1 - \overline{x})(y_1 - \overline{y}) + (x_2 - \overline{x})(y_2 - \overline{y}) + \cdots + (x_n - \overline{x})(y_n - \overline{y})}{n}$$

のことを変量 x, y の共分散といい，本書ではこれを s_{xy} と表す。

"直線っぽさ"を求めるのに共分散が役立つのはどうして？　と思うはずです。

そこで次の図をご覧ください。これは，散布図上で偏差の積 $(x_k - \overline{x})(y_k - \overline{y})$ が正となる領域，負となる領域を図示したものです。

この図より，次のことがわかります。
- **右上・左下に点が多い　→　共分散が正になりやすい**
- **右下・左上に点が多い　→　共分散が負になりやすい**

そして大雑把には
- 右上・左下に点が多い
  - → 右上がり（x, y に正の相関がある）
- 右下・左上に点が多い
  - → 右下がり（x, y に負の相関がある）

となるわけですから，共分散という量は確かに相関の指標として便利そうですね。

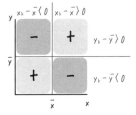

偏差値 $(x_k - \overline{x})(y_k - \overline{y})$ の符号

ただし，この共分散という量は相関の指標として扱いづらい点もあります。

△ 定理　変量のスケーリングと共分散の値

a を実定数とする。変量 x の値 $x_1, x_2, \cdots, x_n$ を a 倍すると，共分散

$$s_{xy} = \frac{(x_1 - \overline{x})(y_1 - \overline{y}) + (x_2 - \overline{x})(y_2 - \overline{y}) + \cdots + (x_n - \overline{x})(y_n - \overline{y})}{n}$$

の値は a 倍になる（変量 y についても同様のことがいえる）。

定理の証明 ・・

"変量の変換"の節でも扱った通り，$x_1, x_2, \cdots, x_n$ を a 倍すると平均値 $\overline{x}$ も a 倍になります。よって偏差 $x_k - \overline{x}$ は $ax_k - a\overline{x} = a(x_k - \overline{x})$ となり，s_{xy} の分子の各項が a 倍となることから上の定理がしたがいます（変量 y についても同様）。■

データの値を定数倍すると，共分散も同じだけ変更をうけてしまうのです。

それの何がマズいの？　と思うかもしれません。
たとえば，あるクラスで英語・数学のテストを行い，前の例題のように2科目の得点の相関を調べるとします。数学の問題が極端に難しく，みんなの成績がボロボロだったので，全員の得点をちょうど2倍にして得点調整を行ったとしましょう。すると，得点調整により共分散の値も2倍になってしまうのです。

だから，それの何が困るの？　と思うことでしょう。
得点を2倍にするというのは，散布図でいうと一方を2倍に引き延ばすことに相当しますが，**全体を同じように引き伸ばしたところで，"直線っぽさ"は変わらないでほしい**のです。
極端な話，もともと同一直線上に全データが並んでいたら，引き伸ばした後もそうなっているわけですから。

共分散は相関の指標として使えそうなものの，スケールを変換するとその影響を受けてしまうという点で不便です。そこでいよいよ，相関係数が登場します。

（単に一方を2倍にしただけなので）
両者の指標の値は同じであってほしい

相関係数

変量 x, y の共分散 s_{xy} を x, y の標準偏差の積 $s_x s_y$ で除算した値 $\dfrac{s_{xy}}{s_x s_y}$ を,

変量 x, y の**相関係数**といい, 本書では r と表す。

データの値を用いて相関係数の具体的な式を書き下すと次のようになる[14]。

$$r = \frac{s_{xy}}{s_x s_y} = \frac{\dfrac{(x_1-\overline{x})(y_1-\overline{y})+(x_2-\overline{x})(y_2-\overline{y})+\cdots+(x_n-\overline{x})(y_n-\overline{y})}{n}}{\sqrt{\dfrac{(x_1-\overline{x})^2+(x_2-\overline{x})^2+\cdots+(x_n-\overline{x})^2}{n}}\sqrt{\dfrac{(y_1-\overline{y})^2+(y_2-\overline{y})^2+\cdots+(y_n-\overline{y})^2}{n}}}$$

$$\left(=\frac{(x_1-\overline{x})(y_1-\overline{y})+(x_2-\overline{x})(y_2-\overline{y})+\cdots+(x_n-\overline{x})(y_n-\overline{y})}{\sqrt{(x_1-\overline{x})^2+(x_2-\overline{x})^2+\cdots+(x_n-\overline{x})^2}\sqrt{(y_1-\overline{y})^2+(y_2-\overline{y})^2+\cdots+(y_n-\overline{y})^2}}\right)$$

見た目はヤバいですが, 共分散を標準偏差の積で除算しているだけです。
この相関係数は以下の性質をもちます。

- $-1 \leqq r \leqq 1$ である[15]。
- $r > 0$ の場合, 散布図の点は右上がりに分布する（正の相関を表す）。
  $r < 0$ の場合, 散布図の点は右下がりに分布する（負の相関を表す）。
- $|r|$ が大きいほど（1 に近いほど）相関は強くなる。
  ちょうど $|r| = 1$ となるのは, 点が同一直線上にある場合に限られる。
  $|r|$ が 0 に近いとき, 2 つの変量は相関をもたないことを意味する。

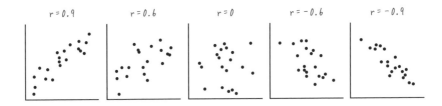

なお, 上のように定義される相関係数について次のことがいえます。

14　一方の変量のデータがみな同じ値の場合, 分母の s_x や s_y が 0 となり相関係数を定義できなくなりますが, そのような特殊なケースは考えないこととします。

15　この証明は, ちょっと大変で見た目もしんどいので省略させてください。一般的に知られた事実ではあるため, たくさんの数学書に証明が載っていることでしょう。

変量のスケーリングと相関係数の値

相関係数の値は，一方の変量の値を正の定数倍しても変わらない。

定理の証明 ・・・

$x_1, x_2, \cdots, x_n$ の値を $a \, (> 0)$ 倍したとします。すると，p.376 の定理の証明で述べた通り偏差も a 倍になるのでした。よって，定義式（変形 ver.）

$$r = \frac{(x_1 - \overline{x})(y_1 - \overline{y}) + (x_2 - \overline{x})(y_2 - \overline{y}) + \cdots + (x_n - \overline{x})(y_n - \overline{y})}{\sqrt{(x_1 - \overline{x})^2 + (x_2 - \overline{x})^2 + \cdots + (x_n - \overline{x})^2} \sqrt{(y_1 - \overline{y})^2 + (y_2 - \overline{y})^2 + \cdots + (y_n - \overline{y})^2}}$$

の分子は a 倍になります。分母については，1 つ目の根号の中身が a^2 倍になっており，分母全体では $\sqrt{a^2} = |a| = a$ （∵ $a > 0$）より a 倍になります。分母・分子がいずれも a 倍になっていることから，相関係数の値は不変とわかります。■

つまり，変量を正の定数倍しても相関係数の値は変わらず，p.376 で述べたような困ったことは基本的に起こらないわけです。ただし，一方の変量の値を**負**の定数倍してしまうと，相関係数の符号は逆転するので注意が必要です [16]。

では，相関係数を求める問題にチャレンジしてみましょう。

例題 **散布図と相関関係②**

下の表は，10 人の生徒を対象に数学 I，数学 A のテストを実施した結果をまとめたものである（数学 I の得点を変量 x，数学 A の得点を変量 y としている）。変量 x, y の相関係数を求めよ。

生徒番号	1	2	3	4	5	6	7	8	9	10
数学 I：x [点]	3	8	9	8	7	6	6	5	4	4
数学 A：y [点]	3	7	10	9	8	7	8	5	6	7

16　一方の変量の値に負の数を乗算すると大小関係が逆になるため，右上がりだったものが右下がりになること（またはその逆）は自然ですね。数学的には，上の証明で $a < 0$ だと $\sqrt{a^2} = |a| = -a$ となるため，相関係数の符号が逆転するというカラクリです。

答え：相関係数はおよそ 0.83

$\overline{x}$ や s_y など，これまでと同じ記号をことわりなく用います。まず各々の平均値を計算すると次のようになります。

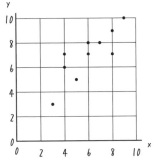

$$\overline{x} = \frac{3+8+\cdots+4}{10} = \frac{60}{10} = 6,$$

$$\overline{y} = \frac{3+7+\cdots+7}{10} = \frac{70}{10} = 7$$

これをもとに，変量 x, y の標準偏差や共分散を計算します。次のように表を用いると効率的でミスも生じにくいでしょう。

生徒番号	1	2	3	4	5	6	7	8	9	10	計
x	3	8	9	8	7	6	6	5	4	4	(60)
$x-\overline{x}$	-3	2	3	2	1	0	0	-1	-2	-2	(0)
$(x-\overline{x})^2$	9	4	9	4	1	0	0	1	4	4	**36**
y	3	7	10	9	8	7	8	5	6	7	(70)
$y-\overline{y}$	-4	0	3	2	1	0	1	-2	-1	0	(0)
$(y-\overline{y})^2$	16	0	9	4	1	0	1	4	1	0	**36**
$(x-\overline{x})(y-\overline{y})$	12	0	9	4	1	0	0	2	2	0	**30**

この表より

$$s_x = \sqrt{\frac{36}{10}} = \sqrt{3.6}, \ s_y = \sqrt{\frac{36}{10}} = \sqrt{3.6}, \ s_{xy} = \frac{30}{10} = 3$$

とわかります[17]。したがって，変量 x, y の相関係数 r は次のように計算できます。

$$r = \frac{s_{xy}}{s_x s_y} = \frac{3}{\sqrt{3.6} \cdot \sqrt{3.6}} = \frac{3}{3.6} = \frac{5}{6} \fallingdotseq 0.83$$

r の値は 1 に近いです[18]。このことから，テストでの数学 I の得点と数学 A の得点の間には正の相関があるといえますね。

17　共分散 s_{xy} は，$s_{xy} = \overline{xy} - \overline{x} \cdot \overline{y}$ という関係を用いて求めることもできます。ぜひ試してみてください。余力があったら，この公式の証明もしてみましょう！

18　値が "1 に近い" ことの絶対的な基準はありませんが，ここでは "1 に近い" と判断しました。

▶ 相関係数や相関についての注意事項

散布図や相関係数といったツールはあくまで分析の一手段にすぎず，いくつかの意味での限界があるのも事実です。知識の濫用を防ぐためにも，私たちが備えているツールの限界（の一部）を知っておきましょう。

- **相関係数は，散布図において直線状に並んでいないデータに弱い。**

    たとえば右のような散布図を考えましょう。これを見ると，点が山型に分布していることがわかります。しかし，相関係数はあくまで"直線っぽさ"の指標であり，こうした分布で相関係数を計算しても 0 に近い値となってしまいます。つまり，**相関係数の値が 0 に近いからといって，何も分布に特徴がないということはしたがわない**のです。

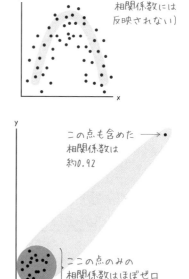

山型になっている（が，直線状に分布していないので相関係数には反映されない）

- **相関係数は，極端な値（外れ値）に弱い。**

    右の散布図をご覧ください。このデータの相関係数はおよそ 0.92 になります。だいぶ大きいですよね。ところが，右上の点を除外し，残った左下の点たちで相関係数を計算すると，なんとほぼゼロになるのです。

    このように，相関係数は**平均から極端に離れている点に影響されやすい**性質があります。

この点も含めた相関係数は約0.92

ここの点のみの相関係数はほぼゼロ

- **相関があることは，因果があることを意味しない。**

    あるコンビニでホットスナックの売上とアイスの売上を一定期間ごとに調べたところ，これらには負の相関があることがわかったとします。それを"アイスの売上を減らせばホットスナックの売上が増える"と考え，ホットスナックの売上が低迷する夏にアイスの無料配布をしたとしましょう。

    これは妥当な施策でしょうか？ ……常識的に考えてそうではありませんね。

    負の相関があるのは，夏になると（暑いので）アイスが売れやすく，冬になると（寒いので）ホットスナックが売れやすくなっているだけのことです。

    相関と因果は別。これは，妥当な意思決定のために大変重要なことです。

▶ 2 変量が質的データをとる場合

世の中には質的データの間の関係を分析したい場面もあります。

たとえば，ある資格試験ではその協会が公式参考書（以下 "参考書"）を販売しているとします。その試験の受験者 200 人に対し，

● 参考書を用いて勉強したか否か

● 合否はどうであったかを

尋ねた結果は右のようになりました。
こうした表のことを**クロス集計表，分割表**などとよびます。

		合	否	
		合格	不合格	計
参考書の有無	参考書使用	64	42	106
	参考書不使用	50	44	94
	計	114	86	200

参考書を使用した・使用しなかった受験者各々の合否の割合は右の通りです。たとえば参考書を使用した受験者の合格率は $\frac{64}{106} = 0.603\cdots$ より約 60 ％ と計算できます。

	合格	不合格	(計)
参考書使用	60%	40%	(100%)
参考書不使用	53%	47%	(100%)

例題	クロス集計表と合格率

この協会は，公式問題集（以下 "問題集"）も販売している。**同じ受験者 200 人**のうち，問題集を使用したのは 100 名であり，そのうち合格者は 68 名であった。

(1) 問題集の使用／不使用と合否をクロス集計表にまとめよ。

(2) 合格率の向上により大きく影響していると思われるのは，参考書・問題集のいずれであるか。

例題の解説

(1) **答え：1 つ目の表の通り。**

同じ 200 人を対象としており，合格者数 114 人，不合格者数 86 人は変わりません。

	合格	不合格	計
問題集使用	68	32	100
問題集不使用	46	54	100
計	114	86	200

(2) **答え：問題集の方が影響が大きい。**

参考書の使用・不使用による合格率の差は $60-53=7$ ポイントであり，問題集でのそれは $68-46=22$ ポイントです。後者の方が大きいため，問題集の方がより合否に影響すると思えます。

	合格	不合格	(計)
問題集使用	68%	32%	(100%)
問題集不使用	46%	54%	(100%)

8-7 ⊙ 仮説検定

世の中には，"100％そうである"と断言できないけれど，それでも何らかの判断をしたい場面がたくさんあります。

▶ カードゲームの商品開発にて

カードゲームでは，コイントスの結果に応じて効果が発動したりしなかったりするカードがあります。ここでのコイントスは表と裏が等確率で出ることが通常期待されるわけですが[19]，コインにゲームのロゴを彫ったり表裏で異なるデザインをしたりすると，表・裏が等確率で出ないものになるかもしれません。

さて，あなたはこのカードゲームの商品開発に携わっています。コインのデザインをもとに試作品を作成したところ，困ったことが起こりました。**コインを20回投げたら，表が15回も出た…(＊)** のです。20回投げたわけですから，公正な[20]コインであれば割合的には表裏が10回ずつくらい出ることが多いでしょう。

もしかしたらこのコインは，デザインの影響で表が出やすくなっているのかもしれません。 それを"表に偏っている"とよぶことにします。このコインが表に偏っているか否かは，どう判断すればよいでしょうか[21]？

まず理解すべきなのは，**20回中表が15回出たという結果から，表への偏りの有無を100％正確にジャッジすることはできない**ということです。なぜなら表裏が等確率で出るコインでも，上述のような回数の偏りは稀に発生するからです。これから考えるのは，**絶対的な答えがわからない状況で，それでもある程度妥当と思える判断を下すためのプロセス**です。

---

19 特に明確な根拠はないですが，そういうことにしましょう。

20 表裏が等確率 $\frac{1}{2}$ で出るコインのことを，こうよぶこととします。

21 重要な注：考えてみると，コインのデザインをしたからといって（裏ではなく）表が一方的に出やすくなるとは限りません。したがって，"表が出やすくなっている"ではなく"表裏が偏っている"という仮説の立て方も（というより本来そちらの方が）自然です。本文の仮説といま述べた仮説の違いは，検定において片側検定・両側検定という違いとして現れます。現在の高校数学Ⅰの学校教科書等では多くの場合片側検定が用いられており，本書でもそれに従います。しかし，実際の研究等の場においては，片側検定が妥当である明確な根拠のない場合，基本的に（片側検定ではなく）両側検定が用いられることが多いらしいです。

▶ この具体例で仮説検定の流れを理解しよう

（＊）では表が多く出ました。そこで，[仮説 A] **このコインは表に偏っている** という仮説を立て，検証を行います。

そのために [仮説 B] **このコインは公正である** と仮定し，20 回コイントスをしたときに表が出る回数（0 〜 20 回）に応じた確率を計算すると，次のようなヒストグラムが得られます（計算方法は p.385 参照）。

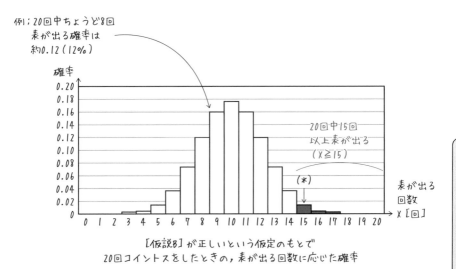

例：20回中ちょうど8回
表が出る確率は
約0.12（12%）

20回中15回
以上表が出る
（X≧15）

（＊）

表が出る
回数
X [回]

[仮説B] が正しいという仮定のもとで
20回コイントスをしたときの，表が出る回数に応じた確率

[仮説 B] **このコインは公正である**が正しいという仮定のもとで，20 回中 15 回以上表が出ることは，上図の青色部分に対応しています。この部分の確率は $\dfrac{21700}{1048576} = 0.02069\cdots \fallingdotseq 2\%$ とわかりました。

この 2 ％という値から，**表が 15 回以上出るのはそうそう起こらないことと判断できます**（※）。よって，[仮説 B] **このコインは公正である** よりも [仮説 A] **このコインは表に偏っている** の方が正しそうだと推測できます。

※どれほど小さい確率になると"そうそう起こらない"といえるかは場合により，絶対的な基準は存在しません。実用上は，しばしば 5 ％，1 ％という値が用いられます。

▶ 仮説検定の手順

p.383 で行ったような，確率の評価により仮説が正しいか否か検証する手段のことを**仮説検定**とよびます。その手順を一般的に述べると次のようになります。

1. まず，基準となる確率（**有意水準**という）を事前に [22] 決めておく。
   何らかの問題を解く場合，通常この基準値は問題文で与えられている。
2. 正しいか検証したい［**仮説 A**］に相反し，確率計算の行いやすい［**仮説 B**］を設定する [23]。
3. ［**仮説 B**］が正しいという仮定のもとで，いま考えている変量（X とする）の値とそれが実現する確率を計算する。
4. ［**仮説 A**］が正しいと推測する際に利する "そうそう起こらないゾーン"（**棄却域**という）を次図のように設定する。

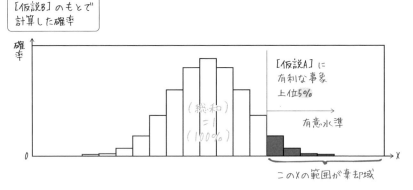

5. 実際に実験等により得られた変量 X の値が……
   - 棄却域に含まれる場合
     ［**仮説 B**］より［**仮説 A**］の方が正しそうだと推測できる。このことを "［**仮説 B**］が**棄却される**"，"［**仮説 A**］が**採択される**" などという。
   - 棄却域に含まれない場合
     前項の "［**仮説 A**］の方が正しそう" という推測はできない
     （ただし，"［**仮説 B**］の方が正しそう" という推測もできない）。

22　後述する確率計算をしたのちに，それを見てこの基準を決めてはいけません。それはもはや，仮説検定の結果を操作していることと同義だからです。
23　この仮説が，［**仮説 A**］の否定そのものである必要はありません。たとえばなんらかの確率 p について，［**仮説 A**］を "$p > \dfrac{1}{2}$ である" としたとき，［**仮説 B**］を "$p \leqq \dfrac{1}{2}$ である" とする必要はありません。

> **🔍 定義** **仮説検定とそれに関連する語**
> - **仮説検定：データから主張の正誤の推測材料を得る，以上のような手法。**
> - **対立仮説：正誤の判断をしたい主張（いまでいう［仮説 A]）。**
>   **帰無仮説：対立仮説に反するものとして立てた仮説 [24]（いまでいう［仮説 B]）。**
> - **有意水準：基準となる確率。しばしば 5 ％, 1 ％ という値が用いられる。**
> - **棄却域　："珍しい"といえる変量の値の範囲（有意水準に依存）。**
> - **（仮説が）棄却される：その仮説が成り立たないと推測されること。**
>   **（仮説が）採択される：その仮説が正しそうだと推測されること。**

▶ 確率計算の手順（詳しくは p.478 "独立試行，反復試行"を参照）

コインを 20 回投げたとき，ちょうど k 回表が出る確率を p_k としましょう。
表がちょうど k 回であるような表裏の出方のパターンは $_{20}\mathrm{C}_k$（通り）であり，
各々が起こる確率はいずれも $\left(\dfrac{1}{2}\right)^k \cdot \left(\dfrac{1}{2}\right)^{20-k} = \dfrac{1}{2^{20}} = \dfrac{1}{1048576}$ です。

これらより $p_k = {}_{20}\mathrm{C}_k \cdot \dfrac{1}{1048576}$ と計算でき，その具体値は下表のようになります
（**p.383 のヒストグラムはこの値たちを図示したもの**，というわけです）。

$k=0, 1, 2, \cdots, 20$ の各々に対する p_k の値。上から 4 桁目を四捨五入している。
また，$_{20}\mathrm{C}_{20-k} = {}_{20}\mathrm{C}_k$ より $p_{20-k} = p_k$ なので，$k=10$ までのみを載せている。

k	0	1	2	3	4	5
p_k	9.54×10^{-7}	1.91×10^{-5}	0.000181	0.00109	0.00462	0.0148
k	6	7	8	9	10	⋯
p_k	0.0370	0.0739	0.120	0.160	0.176	⋯

▶ 確率計算の代わりに表を用いる

いまの確率計算は数学 A で学ぶ確率の知識を用いるものでした。まだそこを勉
強していない場合，上の計算は理解できないかもしれませんね。その対策なのか，
数学 I で仮説検定を学ぶ際は次ページのような表がよく登場します。

---

24 "帰無"という名称は，もとの仮説が棄却されるか否かの判断をするために立てられたものであり，"いまの主
題ではない（無に帰すことを見込んでいる）"という程度の意味です。

これは, 公正なコインを 20 回投げ表が出た回数を記録する, というのを 200 セット行った結果です [25]。

表の回数	3	4	5	6	7	8	9	10	11	12	13	14	15	16	17	計
度数	1	1	3	8	13	25	30	37	31	23	16	⑥	3	2	1	200

ここまで含めると上から累計 12 回（>10 回）となる
∴ 棄却域は表が 15 回以上（15≦X）

上から累計 6 回

いま有意水準は 0.05 としています。200 セットのコイン投げの 5 ％ に相当するのは $200 \times 0.05 = 10$ ですから, **上の表の結果で"珍しい"といえるのは"10 回以下しか起こっていないこと", つまり表が 15 枚以上出ること** $(15 \leq X)$ です。棄却域はさきほどと同じで, やはり(＊)のような結果は珍しいと判断できます。

ただし, 上の表はあくまで"200 回実験したらこうなった"という話であって, さきほど計算したものとは一致していません。この表のデータで代替してよいだろう, と思って（思わされて）いるだけです。

例題　　　仮説検定

そんなわけで, コインのデザインを刷新した。新しいコインを 20 回投げてみたところ, こんどは 13 回表が出た。この新しいコインは, 表に偏っているといえるだろうか。ただし, 有意水準は引き続き 0.05 とし, 適宜上の表を用いてよい。

例題の解説

答え：表に偏っているとはいえない（公正であるともいえない）。
対立仮説 [A]：新しいコインは表に偏っている。
帰無仮説 [B]：新しいコインは公正である。
とし, [B] を仮定します。このとき, 有意水準 0.05 での棄却域は（具体的に計算しても, 表を利用しても）"表が 15 回以上"すなわち $15 \leq X$ なのでした [26]。新しいコインを 20 回投げた結果は $X = 13$ であり, これは棄却域に入っていません。したがって, 新しいコインは表に偏っているとはいえません。

数学 I の内容は以上です。よく頑張りました！ 次章から数学 A に入ります。

25　実際にやったわけではなく, Excel で確率を計算し, それっぽいものをつくっただけです。ごめんなさい。
26　仮定も有意水準も同じなので, 棄却域は変わらないことに注意しましょう。

場合の数

中学生でも，極端にいえば小学生でも問題を解ける……でも，さっぱり解けない高校生もたくさんいる。"場合の数"は，そんな不思議な単元です。

出来具合にこれほど残酷なまでに差が開いてしまうのは，大事な原則を理解しないままいきなり解法を頭に詰め込まれてしまうからだと，私は考えます。その結果，
"これはかけ算ですか？ 足し算ですか？"
"これはＣですか？ Ｐですか？"
といった短絡的かつ的外れな疑問を抱き，どんどん問題が解けなくなっていくのです。

当然，あなたにはそうなってほしくありません。そこで本章は通常の教科書・参考書とは大きく異なった切り口で構成し，"大事な原則"を見失うことなく学習を進められるようにしました。

私が最もこだわりぬいた第9章，ぜひお楽しみください。

9-1 〉集合の要素の個数

まずは，数え上げの基礎を固めましょう。第 1 章と重複する箇所がありますが，理解している場合はスキップして OK です。

▶ 有限集合・無限集合

> **🔎 定義** **有限集合と無限集合**
>
> 要素の個数が有限個である集合を有限集合，要素の個数が無限個である集合を無限集合という。

たとえば $A := \{x \,|\, x$ は 0 以上 10 未満の整数$\}$ と定めたとき，具体的に要素を書き出すと $A = \{0, 1, 2, 3, 4, 5, 6, 7, 8, 9\}$ となり，要素の個数は 10 個なので（現に 10 個と数えられたので）A は有限集合と判断できます。

一方，$B := \{x \,|\, x$ は 0 以上 10 未満の実数$\}$ と定義すると，これは無限集合です。というのも，たとえば

$$1, \qquad 1.1, \qquad 1.11, \qquad 1.111, \qquad 1.1111, \qquad \cdots$$

はみな B の要素であり，1 を連ねていけばいくらでも新しい要素を生み出せますからね。

> **✏️ 表記** **有限集合の要素の個数**
>
> 有限集合 A について，その要素の個数を $n(A)$ と表す[1]。

たとえば $P := \{2, 4, 6, 8, 10, 12, 14\}$ と定めたとき，$n(P) = 7$ です。
また，$Q := \{q \,|\, q$ は 20 以下の素数$\}$ と定めたとき，$Q = \{2, 3, 5, 7, 11, 13, 17, 19\}$ ですから $n(Q) = 8$ です。
今後もそれなりに用いますから，いまのうちにこの記法に慣れておきましょう。

1　大学以降の数学では，$|A|$ などの記号が（有限集合の場合）集合の要素の個数を表すようです。

集合 A, B, C を次のように定める。

$$A := \{n \mid n \text{ は 12 の正の約数}\}$$
$$B := \{x \mid x \text{ は } |x| < 10 \text{ をみたす整数}\}$$
$$C := \{x \mid x \text{ は } x^2 - 4x < 5 \text{ をみたす整数}\}$$

このとき，$n(A)$, $n(B)$, $n(C)$ を各々求めよ。

例題の解説

答え：$n(A) = 6$, $n(B) = 19$, $n(C) = 5$

$n(A)$：12 の正の約数は 1, 2, 3, 4, 6, 12 ですから $n(A) = 6$ です。

$n(B)$：絶対値が 10 未満の整数は -9, -8, -7, $\cdots$, 7, 8, 9 であり，実際に数えてみることで $n(B) = 19$ とわかります。$1 \sim 9$ とそれらをマイナスにしたものが 9 個ずつあり，それらとは別に 0 もあるので $9 \times 2 + 1 = 19$ と計算することもできます。

$n(C)$：$x^2 - 4x < 5 \iff x^2 - 4x - 5 < 0 \iff (x + 1)(x - 5) < 0 \iff -1 < x < 5$
ですから，

$$C = \{x \mid x \text{ は } -1 < x < 5 \text{ をみたす整数}\}$$

となります。これより $C = \{0, 1, 2, 3, 4\}$ であり，$n(C) = 5$ とわかりますね。

▶ 和集合・共通部分の要素の個数

次に，和集合や共通部分の要素の個数について調べましょう。

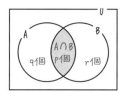

全体集合 U のもとで，その部分集合 A, B を左のような図に表します。また，

- 集合 $A \cap B$ の要素の個数を p 個
- 集合 $\{x \mid x \in A \text{ かつ } x \notin B\}$ の要素の個数を q 個
- 集合 $\{x \mid x \notin A \text{ かつ } x \in B\}$ の要素の個数を r 個

としましょう。このとき以下の式が成り立ちます。

$$n(A \cup B) = p + q + r$$
$$n(A) + n(B) - n(A \cap B) = (p + q) + (p + r) - p = p + q + r$$

よって，有限集合 A, B について一般に次のことがいえます。

△ 定理　**和集合の要素の個数**

$$n(A \cup B) = n(A) + n(B) - n(A \cap B)$$

また，これの特殊な場合として次のことも成り立ちます。

△ 定理　**和集合の要素の個数**

$A \cap B = \varnothing$ のとき，次が成り立つ。

$$n(A \cup B) = n(A) + n(B)$$

定理の証明 ・・

$n(A \cup B) = n(A) + n(B) - n(A \cap B)$ および $n(\varnothing) = 0$ よりしたがいます。■

▶ 補集合の要素の個数

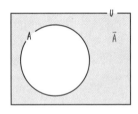

こんどは補集合の要素の個数について考えてみましょう。有限集合 U を全体集合とし，A をその部分集合とします。任意の U の要素は A に属するか属さないかのちょうど一方ですから[2]，

$$n(U) = n(A) + n(\overline{A})$$

となります。

△ 定理　**補集合の要素の個数**

有限集合 U を全体集合とし，A をその部分集合とする。このとき次が成り立つ。

$$n(U) = n(A) + n(\overline{A})$$

では，ここまでの内容をふまえ，例題に取り組んでみましょう！

2　これを当然と思わない立場もあると思うのですが，本書では認めてしまいます。

　　　全体集合・補集合・和集合・積集合

300 以下の自然数全体の集合を全体集合とし，その部分集合

$\quad A:=\{n\,|\,1\leqq n\leqq 300,\ n \text{ は 3 の倍数}\}, \qquad B:=\{n\,|\,1\leqq n\leqq 300,\ n \text{ は偶数}\}$

を考える。また，有限集合 X の要素の個数を $n(X)$ のように表すこととする。

(1)　$n(A),\ n(\overline{A}),\ n(B),\ n(\overline{B})$ を求めよ。

(2)　$A\cap B$ を，要素の性質を述べる記法で表せ。また，$n(A\cap B)$ を求めよ。

(3)　$A\cup B$ を，要素の性質を述べる記法で表せ。また，$n(A\cup B)$ を求めよ。

例題の解説

(1)　答え：$n(A)=100,\ n(\overline{A})=200,\ n(B)=150,\ n(\overline{B})=150$

$\quad n(A)=(1 \text{ 以上 } 300 \text{ 以下の 3 の倍数の個数})=300\div 3=100$

$\quad n(\overline{A})=n(U)-n(A)=300-100=200$

$\quad n(B)=(1 \text{ 以上 } 300 \text{ 以下の偶数の個数})=300\div 2=150$

$\quad n(\overline{B})=n(U)-n(B)=300-150=150$

(2)　答え：$A\cap B=\{n\,|\,1\leqq n\leqq 300,\ n \text{ は 6 の倍数}\}$

$\qquad\quad (A\cap B=\{6m\,|\,1\leqq m\leqq 50,\ m \text{ は整数}\}$ **などても正解)**

$\qquad\quad n(A\cap B)=50$

自然数 n が集合 $A,\ B$ の双方に属することは n が 3 の倍数かつ偶数であること
を意味し，これは n が 6 の倍数であることと同じです。

また，$n(A\cap B)=300\div 6=50$（個）です。

(3)　答え：$A\cup B=\{n\,|\,1\leqq n\leqq 300,\ n \text{ は 3 の倍数または偶数}\}$

$\qquad\quad (A\cup B=\{n\,|\,1\leqq n\leqq 300, n \text{ は 6 と共通の素因数をもつ整数}\}$

$\qquad\quad$ **などても正解)**

$\qquad\quad n(A\cup B)=200$

自然数 n が集合 $A,\ B$ の少なくとも一方に属することは n が 3 の倍数または偶
数であることを意味し，これは n が 6 と互いに素でない（1 以外の公約数をもつ）
ことと同じです。

また，(1)(2) の結果および $n(A\cup B)=n(A)+n(B)-n(A\cap B)$ より

$\quad n(A\cup B)=n(A)+n(B)-n(A\cap B)=100+150-50=200$（個）

と計算できます。

1 以上 200 以下の整数のうち，(1) 5 と 7 の一方または両方で割り切れるもの，
(2) 5 でも 7 でも割り切れないもの，は各々いくつあるか。

例題の解説

1 以上 200 以下の整数全体の集合を全体集合 U とし，そのうち 5 の倍数全体の
集合を F，7 の倍数全体の集合を S と定めます。

(1) 答え：63 個

問われているのは $n(F \cup S)$ です。

F の要素は 5, 10, 15, $\cdots$, 200 の 40 個，S の要素は 7, 14, 21, $\cdots$, 196 の 28 個
です。また，$F \cap S$ は 35 の倍数全体の集合ですから，$F \cap S$ の要素は
35, 70, 105, 140, 175 の 5 個です。よって $n(F \cup S)$ は次のように計算できます。

$$n(F \cup S) = n(F) + n(S) - n(F \cap S) = 40 + 28 - 5 = 63$$

(2) 答え：137 個

$n(\overline{F \cup S})$ が問われており，(1) の結果も用いると次のように計算できます。

$$n(\overline{F \cup S}) = n(U) - n(F \cup S) = 200 - 63 = 137$$

ちょっと背伸びして，集合が 3 つの場合についても考えてみます。

△ 定理　**3 つの集合の和集合**

全体集合 U（有限集合）と A, B, C（$\subset U$）について，次式が成り立つ[3]。

$n(A \cup B \cup C)$
$= n(A) + n(B) + n(C) - n(B \cap C) - n(C \cap A) - n(A \cap B) + n(A \cap B \cap C)$

定理の証明 ·

右のような図を描いて考えると明快です。

ここで，$a, b, \cdots, g$ は各小区画（に対応する集合）に
属する要素の個数です。たとえば A と B に属し，C
に属さない要素の個数を f とする，という具合です。

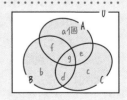

3　こうした式の一般化に興味がある場合は，"包除原理" について調べてみると楽しいですよ。

示したい式の右辺にある $n(\cdot)$ がどこをカウントしているのか表にまとめると右のようになります。

これより，次式がしたがいます。

	a	b	c	d	e	f	g
$n(A)$	1			1	1		1
$+n(B)$		1		1		1	1
$+n(C)$			1		1	1	1
$-n(B\cap C)$						-1	-1
$-n(C\cap A)$					-1		-1
$-n(A\cap B)$				-1			-1
$+n(A\cap B\cap C)$							1
計	1	1	1	1	1	1	1

$$n(A)+n(B)+n(C)$$
$$-n(B\cap C)-n(C\cap A)-n(A\cap B)$$
$$+n(A\cap B\cap C)$$
$$=a+b+c+d+e+f+g$$
$$=n(A\cup B\cup C)\ \blacksquare$$

いまの定理を適宜用いて，応用問題にチャレンジしてみましょう。

例題　　3 でも 5 でも 7 でも割り切れない整数は何個？

1 以上 300 以下の整数のうち，3, 5, 7 のいずれでも割り切れないものはいくつか。

例題の解説

答え：138 個

1 以上 300 以下の整数全体の集合を全体集合 U とし，そのうち 3 の倍数全体，5 の倍数全体，7 の倍数全体の集合を各々 T, F, S と定めます。このとき，求めたいのは $n(\overline{T\cup F\cup S})\,(=n(U)-n(T\cup F\cup S))$ です。

p.77 に登場したガウス記号を用いると，たとえば $n(T)=\left[\dfrac{300}{3}\right]=100$ と計算でき，同様に各集合の要素の個数は次のようになります。

$$n(F)=\left[\frac{300}{5}\right]=60, \qquad n(S)=\left[\frac{300}{7}\right]=42$$

$$n(F\cap S)=\left[\frac{300}{35}\right]=8, \qquad n(S\cap T)=\left[\frac{300}{21}\right]=14,$$

$$n(T\cap F)=\left[\frac{300}{15}\right]=20, \qquad n(T\cap F\cap S)=\left[\frac{300}{105}\right]=2$$

参考：要素の個数の分布

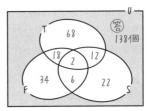

この結果を用いることで，$n(T\cup F\cup S)$ の値が次のように得られます。

$$n(T\cup F\cup S)=n(T)+n(F)+n(S)-n(F\cap S)-n(S\cap T)-n(T\cap F)+n(T\cap F\cap S)$$
$$=100+60+42-8-14-20+2=162$$

よって，$n(\overline{T\cup F\cup S})=n(U)-n(T\cup F\cup S)=300-162=138$ となるわけです。

9-2 > ものを数える方法

▶ 書き出して考える

場合の数の学習で大切なのは "書き出して考える" ことです。まず何よりそれを意識しておきましょう。これだけでも，学習効率が大きく変わります。

いきなりですが，例題に取り組んでいただきます。

例題　アルファベットの並べ方①

A, B, C の 3 文字を 1 つずつ，たとえば ACB, BAC のように並べて文字列をつくるとき，文字列は何種類つくれるか。具体的に書き出して数えてみよう。

例題の解説

答え：6種類

実際に書き出してみると，ABC, ACB, BAC, BCA, CAB, CBA の 6 通りある。

例題　番勝負の勝敗①　まずは三番勝負

P, Q の 2 人がある勝負を複数回行い，さきに 2 勝した方を優勝とする。なお，各勝負において引き分けはないものとする。このとき，優勝者が決まるまでの勝敗の流れは何通りあるか。具体的に書き出して数えてみよう。

例題の解説

答え：6通り

P, Q が勝利することを各々 p, q とし，勝敗の流れを具体的に書き出してみると次のようになります。

$$pp, \qquad qq, \qquad pqp, \qquad pqq, \qquad qpp, \qquad qpq$$

正解できましたか？ できたのであれば素晴らしいです。そして，本来こうした地道な方法でよいのです。

本章では，これから場合の数の各種記法や重要な問題解決法を扱います。しかし，それらはあくまで問題解決をサポートしてくれる概念・ツールにすぎません。**場合の数は，"ひとつひとつ数えていく"ことから始まります**。これを忘れないようにしましょう。

▶ そうはいっても……

書き出すことで解決できる問題はたくさんあります。とはいえ，それだけだと不便なことも多いです。たとえば，こんな問題を考えてみましょう。

[問題]
A, B, C, D の 4 文字を 1 つずつ，たとえば ACDB, BDAC のように並べて文字列をつくるとき，文字列は何種類つくれるか。

さきほどの問題の 4 文字バージョンです。
これも書き出しにより攻略するとします。早速，条件をみたす文字列を思いつくままに挙げてみましょうか。

ACDB, BDAC, CADB, BADC, CBAD, ABCD, BDAC, DCAB, …

左ページの最初の例題では 6 通りしかありませんでしたが，どうやら今回は多数存在するようです。

はたして，この調子で正確に数えきり，正解を出すことはできるでしょうか。
もちろん不可能ではないのですが，このままだと
● ほんとうにそれらのほかに条件をみたす並べ方はないの？
● もしかしたら，ダブっているんじゃないの？
と言われたときにちょっと困ってしまいますよね。実際，さきほど列挙したものではまだまだ足りませんし，よくみると BDAC が重複しています。

▶ 漏れなく・重複なく

ここで，本分野において大切なことをもうひとつお伝えします。それは，**漏れなく・重複なく数える**ということです。

これらを徹底しないと正確にカウントできないのは，考えてみると当たり前ですね。漏れがあったら正解の数に届きませんし，重複してカウントすると逆にオーバーしてしまいますから。

書き出すのが基本とはいえ，何も工夫せずに書き出してしまうと，漏れや重複が発生し正確に数えられない可能性が高まります。そこで，以下のように工夫してみるのはどうでしょうか。

まず，文字列を左から読むことにし，
- A から始まるもの
- B から始まるもの
- C から始まるもの
- D から始まるもの

の 4 種類に分けてみます。

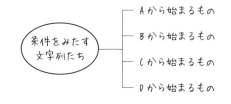

条件をみたす文字列はこれら以外に存在しませんし，重複も当然ありません。

このように分けたら，次は各枝分かれの文字列を列挙してみましょう。たとえば A から始まるものは次のようになります。

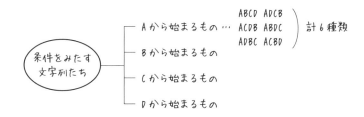

調べたところ，6 通りあるようです。これはさほど数が多くないので，苦労せず調べ尽くせました。

B, C, D から始まるものについても，同様に調べてしまいましょう。

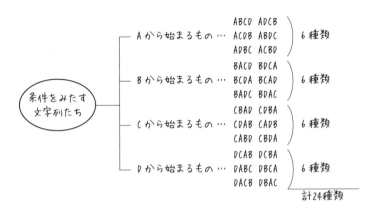

こんな感じになりました。最初の1文字で分類したおかげで，漏れや重複がだいぶ発生しづらくなっています。

A, B, C, Dのいずれから始まるものも6種類ずつありましたから，条件をみたす文字列は全部で$6+6+6+6=24$**種類**あることがわかります。

▶ 樹形図で情報を整理する

これで問題は解けましたが，結局上図では24種類の文字列を全部書いてしまっています。正しいとはいえ正直面倒です。そこで，さらに工夫してみましょう。

条件をみたす文字列のうち A から始まるものは右の6通りでした。最初の分類同様，2文字目・3文字目でも分類してしまいましょう。

```
Aから始まるもの …   BCD  DCB
                   CDB  BDC
                   DBC  CBD
```

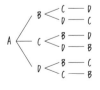

上の図からさらに日本語を省くなどすると，左のようなかなりシンプルな図になります。

もとの問題で問われているのはあくまで文字列の種類の数であり，文字列自体を全部書き出す必要はないので，このように枝分かれだけ書いてしまえばよいのです。

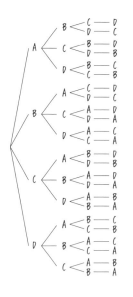

いまの書き出しかたを全体に適用すると，左のようになります[4]。すべての文字列を具体的に書き出すよりだいぶラクですね。本問の正解は，前述の通り 24 種類です。

このように，ありうるケースを枝分かれさせつつ書き出した図を**樹形図**といいます。

ここでは左から右向きに図が広がっていますが，樹形図の向きに制限などありません。たとえば上から下に広げても構いませんし，中央から放射状に広げてもよいでしょう。とはいえ，実際に試してみるとわかりますが，あんまり変な配置にしてしまうとミスのもとになるので注意してください。

樹形図を活用し，次の問題に取り組んでみましょう。

例題　番勝負の勝敗② こんどは五番勝負！

P, Q の 2 人がある勝負を複数回行い，さきに 3 勝した方を優勝とする。なお，各勝負において引き分けはないものとする。最初の 1 戦で P が勝利したとき，優勝者が決まるまでのその後の勝敗の流れは何通りあるか。

例題の解説

答え：10 通り

P, Q が勝利することを各々 p, q とし，勝敗の流れを樹形図で書き出してみると次のようになります。

なお，丸で囲まれている箇所は，そこで優勝者が決まることを表します。

書き出して地道に数える。その際，樹形図などを利用しつつ漏れ・重複のないよう注意する。 これが場合の数の基本です。

4　上の枝から順に辞書式配列になるよう書き出すと，漏れや重複が発生しづらいです。

▶ 和の法則

数え上げに関する 2 つの法則を知っておきましょう。

> **┗ 法則**　**和の法則**
>
> 2 つのことがら A, B は同時には起こらないものとする。また，A の起こり方が a 通り，B の起こり方が b 通りあるとする。
> このとき，A または B の起こる場合の数は $a+b$ 通りである。

なんだか難しそうに見えますが，大したことはありません。実際の問題で試してみましょう。

例題	さいころの目の和①

大小 2 つのさいころ[5] を投げるとき，目の和が 6 の倍数となる場合の数（目の出方）は何通りか。

例題の解説

答え：6 通り

さいころの目は 1～6 ですから，目の和がとりうる値の範囲は 2～12 です。よって，和が 6 の倍数となる場合，その値は 6, 12 のいずれかです。当然，それらの値を同時にとることはありません。

和が 6 の場合，目の組は
$$(大, 小)=(1, 5), (2, 4), (3, 3), (4, 2), (5, 1)$$
の 5 通りです。一方，和が 12 の場合，目の組は $(大, 小)=(6, 6)$ の 1 通りに限られます。

したがって，和の法則より求める場合の数は $5+1=6$ 通りです。

カンタンですね！　当たり前のものと思ってよいでしょう。

5　特にことわりのない場合，"さいころ" は 1～6 の目をもつ（通常の）ものとします。

和の法則は，（どの2つも同時に起こらないような）3つ以上のことがらにも適用できます。

例題　さいころの目の和②

大小2つのさいころを投げるとき，目の和が9以上となる場合の数は何通りか。

例題の解説

答え：10通り

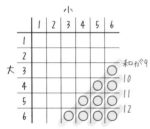

出目の樹形図を描くと，左のようになります。和が9以上となる出目の組のうち

- 大きい方の出目が3であるものは1通り
- 大きい方の出目が4であるものは2通り
- 大きい方の出目が5であるものは3通り
- 大きい方の出目が6であるものは4通り

となっていますね。当然これらは同時に起こりえません。よって，求める場合の数は1＋2＋3＋4＝10通りとわかります。

[別解]

上の解法で一切問題ないのですが，別の整理のしかたもついでにご紹介します。大きい方のさいころの目は1〜6のいずれかであり，これは小さい方も同様です。そこで，大小のさいころの目を表にまとめ，そのうち目の和が9以上であるところにマークをつけてみましょう。

すると左のようになります。○がついているのが，目の和が9以上である場合です。そのうち

- 和が9であるものは4通り
- 和が10であるものは3通り
- 和が11であるものは2通り
- 和が12であるものは1通り

です。やはりこれらは同時には起こりえませんから，求める場合の数は1＋2＋3＋4＝10通りと求められます。

このように表にまとめてみると，条件をみたす出目の組がキレイに並ぶため，
- **数え漏れが起こりづらい**
- **全部で何通りか数えやすい**

などのメリットがあります。樹形図のみならず，こんな整理のしかたもあるのです。よかったら採用してみてください。

もう一題，類題に取り組んでみましょうか。せっかくなので，よかったらさきほどのような出目の表を活用してみてください。

| 例題 | さいころの目の和③ |

大小2つのさいころを投げるとき，目の和が 12 の（正の）約数となる場合の数は何通りか。

| 例題の解説 |

答え：12 通り

12 の（正の）約数は 1, 2, 3, 4, 6, 12 です。

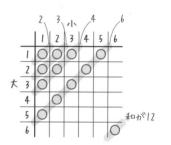

大小のさいころの目を表にまとめ，条件をみたす組にマークをつけると左のようになります。そのうち

- 和が 2 であるものは 1 通り
- 和が 3 であるものは 2 通り
- 和が 4 であるものは 3 通り
- 和が 6 であるものは 5 通り
- 和が 12 であるものは 1 通り

です。

やはりこれらは同時には起こりえませんから，求める場合の数は

$$1+2+3+5+1=12（通り）$$

と求められます。

▶ 積の法則

これも，具体例を見ると納得できるはずです。

例題　道順は何通り？①

町 P, Q, R が右図のような道でつながっている。
P から出発し，Q を経由して R に至る方法は何通りあるか。
ただし，通れる道は図のいずれかに限られ，引き返すことはせず，同じ町は二度以上訪れないものとする。

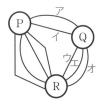

例題の解説

答え：6 通り

P → Q の道はア，イの 2 通り，Q → R の道はウ，エ，オの 3 通りです。
P → Q でどの道を選択しても Q → R の道を制限なく選択できるため，求める場合の数は $2 \times 3 = 6$ 通りです。

もちろん，樹形図を描いて求めても構いません。というより，その方が積の法則をイメージしやすいことでしょう。

P → Q，Q → R での道の選択を樹形図にまとめると左のようになります。
P → Q でア，イのいずれを選択しても，Q → R での枝分かれの数は等しくなっており，いずれも 3 通りです。房の大きさが同じなので，最初にアを選択した場合とイを選択した場合を分けて数える必要はもはやなく，乗算で計算できたというわけです。

町 P, Q, R が図のような道でつながっている。P から出発し、ほかの 2 つの町を経由して P に戻ってくる方法は何通りあるか。ただし、通れる道は図のいずれかに限られ、引き返すことはせず、Q, R は二度以上訪れないものとする。

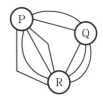

例題の解説

答え：48 通り

考えられる経路は

（ⅰ）P → Q → R → P,

（ⅱ）P → R → Q → P

の 2 つに漏れなく・重複なく分けられます。

あとは、［例題：道順は何通り？①］同様に経路数を各々計算し、和を求めればよいでしょう。（ⅰ）の経路は $2 \times 3 \times 4 = 24$ 通り、（ⅱ）は $4 \times 3 \times 2 = 24$ 通りですから、条件をみたす経路の総数は $24 + 24 = 48$ 通りです。

いまの問題で（ⅰ）,（ⅱ）の経路数が等しくなったのは、偶然ではありません。いずれも PQ 間、QR 間、RP 間を 1 回ずつ通ることを考えれば、同数である理由がわかるはずです。

例題　　　カードの並べ方

A, B, C, D から自由に文字を 3 つ選んで一列に並べるとき、文字列は何種類できるか。ただし、同じ文字を複数回用いてもよいものとする。たとえば ABC, DCD, BBB といった文字列ができる。

例題の解説

答え：64 種類

1 文字目は 4 通りあり、そこで何を選んだとしても 2 文字目は 4 通りである。また、そこまでの選び方によらず、3 文字目もやはり 4 通りである。よって、文字列は $4 \times 4 \times 4 = 64$ 種類できる。

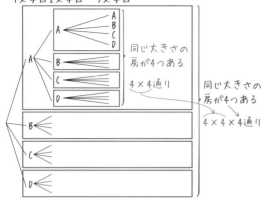

これも結局，"房の大きさ"が同じことを利用しているわけです。

積の法則で場合の数が求められる理由がよくわからない場合は，面倒でも樹形図を描いてみましょう。
基本はとにかく"書き出す（描き出す）こと"です。

ここまでは，いかにも場合の数の問題らしい設定ばかりでした。しかし，積の法則はたとえばこんなところに姿を見せます。

例題	多項式の展開

次の各式を展開し，同類項をまとめるといくつの項が生じるか。

(1) $(a+b+c)(d+e+f+g)$ (2) $(p+q)(r+s+t)(u+v+w)$

(3) $(a+b)(a-b)(p+q+r+s)$

例題の解説

(1) **答え：12 個**

この式を展開するときは，分配法則に基づき

$(a+b+c)(d+e+f+g)=(a+b+c)d+(a+b+c)e+(a+b+c)f+(a+b+c)g=\cdots$

という計算をします。結局，

- $a+b+c$ から 1 項
- $d+e+f+g$ から 1 項

選んで乗算したものがすべて生じるわけです。

ここで，**どのように文字を選んでも同類項は発生しません**。なぜなら，そもそも登場している文字に一切重複がないからです。よって，文字の組の個数と同数の項が生じることとなり，項の数は $3 \times 4 = 12$ 個となります。

(2) 答え：18 個

乗算する多項式が $p+q,\ r+s+t,\ u+v+w$ と 3 つありますが，(1) 同様に考えられます。すなわち

- $p+q$ から 1 項
- $r+s+t$ から 1 項
- $u+v+w$ から 1 項

選んで乗算したものがすべて生じ，ここでも**重複（同類項）は一切発生しません。**よって，項の数は $2 \times 3 \times 3 = 18$ 個です。

(3) 答え：8 個

ちょっと捻った問題をご用意しました。$a+b,\ a-b$ という 2 つの多項式に同じ文字が含まれており，全部の文字の組を考えると同類項があるため，(1)(2) のようなシンプルな乗算は通用しません。

ここでちょっと工夫をします。先に，文字が重複している箇所を計算すると
$$(a+b)(a-b) = a^2 - b^2$$
となりますね。よって，本問の式は
$$(a+b)(a-b)(p+q+r+s) = (a^2 - b^2)(p+q+r+s)$$
と変形できます。この式の右辺を見ると，**$a^2 - b^2$ と $p+q+r+s$ に登場する文字には重複が一切ありません。**よって，

- $a^2 - b^2$ から 1 項
- $p+q+r+s$ から 1 項

選んで乗算したものの数だけ項が発生することとなり，答えは $2 \times 4 = 8$ 個となるのです。

(3) はイジワルな問題でした。これが定期試験等で出題された場合，文字の重複に気づいたら混乱して撤退してしまう生徒が多いように思います。でも，文字が重複している部分を先に乗算することで，それまでと同じ考え方を用いることができましたよね。

捻った問題であっても，工夫次第で自分の知識の範囲内に収められることがよくあります。**あなたが解ける問題は，あなたの想像以上に多いのです。**

9-3 ⊙ ものを並べる

いくつかのもの（文字や人など）を並べてできる列を**順列**といいます。本節では，順列の総数の求め方を考えてみましょう。

▶ 順列の数を乗算で求めてみる

p.395 で，このような例題を扱いました。

例題 アルファベットの並べ方②

A, B, C, D の 4 文字を 1 つずつ，たとえば ACDB, BDAC のように並べて文字列をつくるとき，文字列は何種類つくれるか。

あのときは樹形図を描いて攻略しましたが，結構大きい図になりましたよね。問題を解くたびにあのような図を描くのは正直面倒……と思ったかもしれません。ここでは，上の問題をよりスマートに，手短な計算で攻略してみます。

使える文字
A, B, C, D

ア〜エという 4 つの空欄を設け，そこに A, B, C, D を 1 文字ずつ入れていくことにより文字列をつくります。たとえばアに B，イに A，ウに D，エに C を入れると，BADC という文字列ができあがるわけです。

ア→イ→ウ→エの順に文字を入れることにしましょう。このとき，途中で A, B, C, D から文字をどのように選んでも，各ステップでの場合の数は次のようになります。

- アに入れる文字の選び方は 4 通り（∵ まだ何も文字を入れていない）
- イに入れる文字の選び方は 3 通り（∵ アに入れた文字は再利用不可）
- ウに入れる文字の選び方は 2 通り（∵ ア・イに入れた文字は再利用不可）
- エに入れる文字の選び方は 1 通り（∵ ア・イ・ウに入れた文字は再利用不可）

こうやって文章で書かれるとわかりづらいと思うので，図にしてみました。

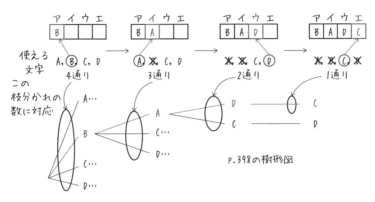

P.398の樹形図

こんなふうに，4つの空欄に次々と文字を入れていくさまを想像してみましょう。すると，樹形図の各ステップにおける枝分かれの数が 4, 3, 2, 1 であるとわかります。よって，文字列の種類は $4 \times 3 \times 2 \times 1 = 24$ 種類と計算で求められるのです。

本問の結果を一般化すると，次のようになります。

△ 定理　**区別のできるものを並べる方法**

n を正整数とする。どの2つも互いに区別できる n 個のものを一列に並べる場合の数は $n(n-1)(n-2) \cdots 3 \cdot 2 \cdot 1$ 通りである。

左ページの例題同様，片方の端から1つずつものを並べていくこととし，各ステップでの選び方を考えれば，このように計算できることが理解できますね。

例題　　アルファベットの並べ方③

A, B, C, D, E の5文字を1つずつ，たとえば DBEAC, BDEAC のように並べて文字列をつくるとき，文字列は何種類つくれるか。

例題の解説

答え：120 種類

左から順に文字を決めて置いていくとき，文字の選び方は順に5通り，4通り，3通り，2通り，1通りです。よって文字列は $5 \times 4 \times 3 \times 2 \times 1 = 120$ 種類つくれます。

▶ 階乗

ここで，便利かつ重要な記法を紹介しておきます。

> **✏ 表記**　**階乗**
>
> 正整数 n に対し，$n! := n(n-1)(n-2)\cdots 3 \cdot 2 \cdot 1$ と定め，これを n の階乗と
> よぶ。また，$0! = 1$ と定義する [6]。

たとえば，$1, 2, 3, \cdots, 10$ の階乗の値は次のようになります。

$$1! = 1, \quad 2! = 2, \quad 3! = 6, \quad 4! = 24, \quad 5! = 120, \quad 6! = 720,$$
$$7! = 5040, \quad 8! = 40320, \quad 9! = 362880, \quad 10! = 3628800$$

場合の数・確率の学習をしていると階乗の計算が何度も登場するため，いまのうちに上の定義を頭に入れ，かつ具体的な値の計算に慣れておくとよいでしょう。

階乗を用いると，p.407 の定理での場合の数は $n!$ 通りとスッキリ書けますね。なお，この階乗の記号は数学の世界一般で用いられるものですから，答案を書く際にももちろん使えます。

> **例題**　　**レーンの決め方**
>
> 8名の選手が参加する 100 m 走で，第1レーンから第8レーンに1名ずつ選手を割り当てる方法は何通りあるか [7]。

> **例題の解説**
>
> 答え：**40320 通り**
>
> 第1レーンから順に選手を決めていくとき，第1レーン，第2レーン，……，第8レーンの選手の選び方は順に8通り，7通り，……，1通り。よって，求める場合の数は $8! = 40320$ 通りです。

6　不思議に思うかもしれませんが，このように定義しておくと好都合な場面が多いです。p.410 や p.422 でその例と早速出会えます。

7　場合の数分野における慣習として，人間はどの2人も互いに区別できるものとします。ことわりのない場合，今後も同様です。教科書や他の参考書でも通常このような取り扱いをします。

▶ 一部だけ並べる場合も，考え方は同じ

一部しか並べない場合は，その分の枝分かれの数を乗算すれば OK です。

例題　　アルファベットの並べ方④

A, B, C, D, E の 5 文字から 3 つ選んで並べることで，たとえば DAC, BEA などの文字列をつくる。文字列は何種類つくれるか。

例題の解説

答え：60 種類

左から順に文字を決めていくとき，1 文字目，2 文字目，3 文字目の選び方は順に 5 通り，4 通り，3 通りです。よって文字列は $5 \times 4 \times 3 = 60$ 種類つくれます。

△ 定理　　区別のできるものを並べる方法

n を正整数，r を $r \le n$ なる正整数とする。
どの 2 つも区別できる n 個のものから r 個を選び，それらを一列に並べる場合の数は $n(n-1)(n-2)\cdots(n-r+1)$ 通りである。

定理の証明 ・・

上の例題と同様に考えればすぐに示せます。左端から並べることにすると，

- 1 番目のものを選ぶ方法は n 通り
- 2 番目のものを選ぶ方法は $n-1$ 通り
- 3 番目のものを選ぶ方法は $n-2$ 通り
- ・・・
- r 番目のものを選ぶ方法は $n-r+1$ 通り

となっており，これらを乗算するだけですね。■

"$n-r+1$ まで乗算する" というのがわかりづらい，と感じるかもしれませんが，**要は n から 1 ずつ小さくしていき，r 個乗算するというだけのこと**です。
これまでやってきたように，ひとつひとつものを並べていくさまを想像すれば，乗算すべき整数やその個数で迷うことはありませんね。

▶ 順列の表記

順列

n 個のものから r 個を選び, それらを一列に並べる場合の数を $_n\mathrm{P}_r$ と書く[8]。さきほどの定理もふまえると, 次が成り立つ (この式を定義としてもよい)。

$$_n\mathrm{P}_r = n(n-1)(n-2)\cdots(n-r+1)$$

階乗と順列

n, r を $r \leq n$ なる正整数とするとき, $_n\mathrm{P}_r = \dfrac{n!}{(n-r)!}$ が成り立つ[9]。

定理の証明 ‥‥‥‥‥‥‥‥‥‥‥‥‥‥‥‥‥‥‥‥‥‥‥‥‥‥‥‥‥‥‥

上述の式を用いた証明

$$_n\mathrm{P}_r = n(n-1)(n-2)\cdots(n-r+1)$$
$$= \frac{n(n-1)(n-2)\cdots(n-r+1)\cdot(n-r)(n-r-1)\cdots\cdot 1}{(n-r)(n-r-1)\cdots\cdot 1} = \frac{n!}{(n-r)!} \blacksquare$$

組合せ論的な証明

n 個のものからただ r 個を選んで並べる代わりに, 次の操作を考えます。

（ i ）いったん n 個全部を横一列に並べる

（ ii ）その後, 右から $(n-r)$ 個を捨てる

（ i ）の方法は $n!$ 通りありますが, （ ii ）で右の一部を捨てることにより, もともと異なる並びだったのに結局重複してしまうことがあります。

たとえば $n=6, r=3$ とし, a, b, c, d, e, f の 6 文字を並べることを考えましょう。このとき abcdef, abcdfe は異なる文字列ですが, 右 3 文字を捨てると

$$\mathrm{a\,b\,c\,\cancel{d\,e\,f}} \rightarrow \mathrm{a\,b\,c}, \qquad \mathrm{a\,b\,c\,\cancel{d\,f\,e}} \rightarrow \mathrm{a\,b\,c}$$

となり, 結局同じ文字列 abc になってしまいます。つまり右の $(n-r)$ 個の部分のみシャッフルしたものは結局同一視されるのです。そのシャッフルのしかたは $(n-r)!$ 通りですから, $n!$ を重複度 $(n-r)!$ で除算したものが $_n\mathrm{P}_r$ と等しくなるのです。 $\blacksquare$

8　この "P" は permutation（順列）の頭文字です。
9　$0! = 1$ と定めているため（p.408 参照）, この式は $r=n$ の場合も成り立ちます。

| 例題 | 順列を表す記号 |

次の各々の値を求めよ。

(1) $_4\mathrm{P}_2$ (2) $_6\mathrm{P}_4$ (3) $_7\mathrm{P}_7$

| 例題の解説 |

答え：(1) $_4\mathrm{P}_2=12$ (2) $_6\mathrm{P}_4=360$ (3) $_7\mathrm{P}_7=5040$

(1) $_4\mathrm{P}_2=4\times3=12$

(2) $_6\mathrm{P}_4=6\times5\times4\times3=360$

(3) $_7\mathrm{P}_7=7\times6\times5\times4\times3\times2\times1=5040$

順列の記号を用いて，いままでに出た問題の解答を記述し直してみましょう。

| 例題 | アルファベットの並べ方④（再掲） |

A, B, C, D, E の 5 文字から 3 つ選んで並べることで，たとえば DAC, BEA などの文字列をつくる。文字列は何種類つくれるか。

| 例題の解説 |

答え：60 種類

異なる 5 文字から 3 文字選んで並べるのですから，文字列は $_5\mathrm{P}_3=5\times4\times3=60$ 種類つくれます。

この "P" は，つまるところ順列を表す**ただの記号**です。これを導入する前も問題は解けていたわけですし，**"P" を用いるのは全く義務ではありません**。テストでは，こんなものを用いなくても正しければ満点をもらえます。

記号とその定義は頭に入れておくにしても [10]，"答案を簡潔に記述できる便利な記法" という程度に捉えましょう。もちろん，正しく使えるのであれば積極的に活用して OK です。

10　ほんとうは "こんなの覚えなくていいよ" と言いたいのですが，大学入試の問題文において稀にこの "P" が用いられることがあります。なので，定義はさすがに頭に入れておきましょう。

9-4 ⊙ 重複を考慮する

前節では，どの2つも互いに区別できるものを並べる方法の数を求めました。

A, B, C, D, E の5文字を横一列に並べるとき，文字列は何種類つくれるか。

この問題の場合，まず一番左の文字を選び，その右の文字を選び，……という流れで文字を決めていくことで，つくれる文字列は $(5! =)\ 5 \times 4 \times 3 \times 2 \times 1 = 120$ 種類と計算できたわけです。

▶ 重複の発生

しかし，設定によってはそううまくはいきません。たとえば，並べるアルファベットをちょっといじって，次のような問題に変えてみます。

A, B, C, D, D の5文字を横一列に並べるとき，文字列は何種類つくれるか。

文字 D が重複しているのがどうやら厄介そうです。この場合，いったい何種類の文字列をつくれるでしょうか。

いったん，冒頭の問題と同じ流れに持ち込んでみましょう。すなわち，2つある D にこっそり D_1, D_2 と番号を振り，それらを区別して5文字 A, B, C, D_1, D_2 を並べるのです。すると，文字列の総数はさきほど同様120種類となります。

しかし，それがそのまま答えになるわけではありません。というのも，その120種類にはたとえば
$$AD_1CBD_2, \qquad AD_2CBD_1$$
という文字列がいずれも含まれていますが，本問ではこれらを区別せず，同じ ADCBD という文字列とみなす（1種類と数える）からです。

ならどうして D_1, D_2 と区別したんだ！ と思うかもしれません。でも，このようにしたのにはちゃんと理由があります。

120 通りのうちには実際は区別しない文字列がたくさん混入しているのですが，**そのすべてがいまの例のように 2 個 1 組になっている**のです。

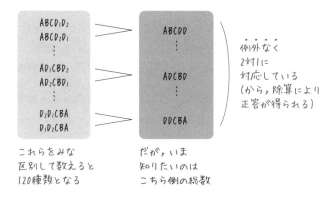

勝手に D_1, D_2 と番号を振って得られた 120 通りという値は，上図の左側の文字列を数えたものです。しかし，左ページの問題で問われているのは右側の文字列の総数です。そして，前述の通り**両者は例外なく 2 対 1 に対応しています**。

したがって，A, B, C, D, D の 5 文字を横一列に並べたときにつくれる文字列は

$$\frac{(\text{D_1, D_2 と区別した場合の総数})}{(\text{重複度})} = \frac{120}{2} = 60 \ (\text{種類})$$

と計算できるのです。

なお，このように単純な除算により場合の数を計算できるのは**重複度がみな等しい場合に限る**ので注意してください。

では，この重複度で除算するというアイデアと，**9-2**（p.398）で学んだ樹形図を活用しつつ次の例題に取り組んでみましょう。

例題	文字の重複と辞書式配列

K, O, D, A, M, A という 6 文字を横一列に並べ，文字列をつくる。

(1)　全部で何種類の文字列ができるか。

(2)　考えられるすべての文字列をアルファベット順（辞書式）に並べたとき，
　　　MADOKA という文字列は最初から何番目に位置するか。

（1）答え：360 通り

A が 2 個ありますが，いったんそれらを A_1，A_2 と区別することにします。

すると，つくれる文字列は $(6! =)$ $6 \times 5 \times 4 \times 3 \times 2 \times 1 = 720$ 種類です。

しかし，実際は A_1，A_2 の入れ替えによりちょうど 2 通りずつ重複が生じているため，その重複度 2 で除算した $\dfrac{720}{2} = 360$ 通りが正解となります。

（2）答え：252 番目

本問を計算一発で片付けるのは容易ではないため，地道に数えていくことになるでしょう。ただし，最初の AADKMO から全部文字列を書き出していくととんでもなく時間がかかってしまいます。

そこで，まず文字列の最初の 1 文字で分類してみます。

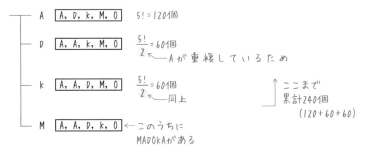

頭文字が A, D, K のものが計 240 個あり，その後頭文字が M であるものが続くという流れになっているようです。

次に，M で始まる文字列たちを細かく分けてみると，次のようになります。

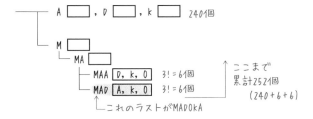

MADOKA という文字列は MAD から始まる 6 個の文字列たちのラストであり，$240 + 6 + 6 = 252$ 番目とわかります。

▶ "端"のない順列

いきなりですが，まずはこんな問題を考えてみましょう。

例題 円形の座席配置

(1)　円卓に席が5つあり，反時計回りに①，②，③，④，⑤と番号が振られている。これら5席に A, B, C, D, E の5人が着席する方法は何通りあるか。
(2)　5席ある円卓に A, B, C, D, E の5人が着席する方法は何通りあるか。ただし，回転したら一致する座り方は区別しない（1通りとみなす）ものとする。

例題の解説

(1) 答え：120 通り

　これはカンタンです。A〜E の5人を横一列に並べ，左から順に①，②，③，④，⑤に着席してもらえば OK なので，割り振り方は $({}_5 P_5) = 5! = 120$ 通りですね。

(2) 答え：24 通り

　(1) と同じような設定になっていますが，ある違いがあります。それは，座席の絶対的な位置を区別するか否かです。

　いったん (1) 同様，心の中で①，②，③，④，⑤と番号を振ってみます。どの番号に誰が着席するかを考えると，(1) で求めた通り 120 通りの座り方がありますね。しかし，問題文にもある通り，いまは5人の位置関係のみを区別しています。よって，次図の5通りの座り方は同一視されるべきなのです。

(1)ではこれらを区別していたが，
(2)では同じものとみなしている

　実際，これら5通りの座り方における5人の位置関係は同じになっています。A から反時計回りに A, B, C, D, E という並び順になっていることに着目すると，納得しやすいことでしょう。

5人の位置関係はほかにもさまざま考えられます。そのいずれについても，(1)では（上図のように）5通りカウントされています。しかし，やはり(2)では1通りとみなされるべきですね。

よって，(2)で問われている場合の数は(1)の結果のちょうど $\frac{1}{5}$ 倍，つまり

$120 \times \frac{1}{5} = 24$ **通り**となります。

(1)(2)で違いが発生した理由は，**"特別な位置"の有無**にあります。
(1)では5席には①，②，③，④，⑤の番号が振られており，座席は互いに区別されていました。一方，(2)では座席に番号などなく，**どの席も対等**でした。だから，5人の位置関係を保ちつつクルクル回しただけの座り方は区別しなかったというわけです。

このように，同じ形状にものや人を並べるとしても，場合の数のカウント方法は問題設定により変化します。よって，次のような考えは誤りです。
×5人を並べるときは，どんなときも 5! 通り。
×円形に並べるときは，必ず除算する。
"形状"や"数"だけでなく，"何と何を区別するか（しないか）"を問題文から正しく読み取るのが大切です。

さて，さきほどの例題はいったん解決したわけですが，(2)の答えを別の方法で出してみましょう。

| 例題 | 円形の座席配置（一部再掲） |

(2)　5席ある円卓に A, B, C, D, E の5人が着席する方法は何通りあるか。ただし，回転したら一致する座り方は区別しない（1通りとみなす）ものとする。

例題の解説

(2) **答え：24 通り（再掲）**
　5席に A, B, C, D, E が着席するわけですが，どこかの席に必ず A はいるわけです。そして，いまはあくまで5人の位置関係が重要であり，A 自体がどこに座っているかは気にしないのでした。

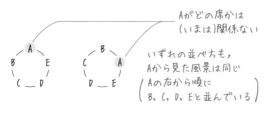

つまり，A がまずどこかに座ったとして，ほかの 4 席に B, C, D, E が座る場合の数をカウントすればよいのです。A の位置はどこかテキトーな場所にして，あとは 4 人を並べるわけです。

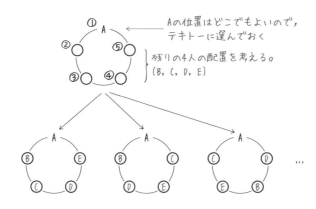

こうすれば，条件をみたす座り方をすべてつくることができますし，重複することもありません。

あとは，4 つある空席②, ③, ④, ⑤に B, C, D, E を座らせる場合の数を考えるのみです。番号の若い順に人を座らせるとすると，
- ②に座らせる人の選び方は 4 通り
- ③に座らせる人の選び方は 3 通り
- ④に座らせる人の選び方は 2 通り
- ⑤に座らせる人の選び方は 1 通り

ですから，4 人の座らせ方は $({}_4 P_4) = 4! = 24$ 通りであり，（2）の答えもこれに同じです。

"A はどこかしらに座るのだから，その A から見た風景を考えることとし，ほかの 4 席に 4 人を配置する場合の数を求めた" というわけです。

なお，5 人のうち特に A に着目した理由はありません。なんとなく A にしました。もちろん，ほかの誰かに着目して攻略しても OK です。

▶ "回転" 以外の重複

ブレスレットのつくり方

赤，青，黄，緑，紫の玉が1つずつある。これらに紐を通すことでつくれるブレスレットは何種類か。ただし，ブレスレットなので回転したり裏返したりして一致するものは区別しない（1種類とみなす）ものとし，結び目と玉の位置関係など細かいことは気にしない。

例題の解説

答え：**12種類**

さっきの(2)と同じで24通りなのでは？ と思うかもしれませんが，実はそれは誤りです。次の図を見ると，その理由がわかります。

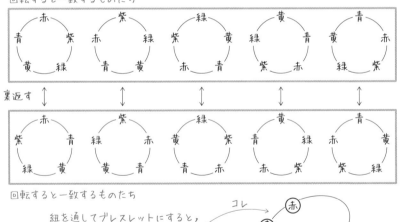

回転すると一致するものたち

紐を通してブレスレットにすると，
これら10通りの配置はみな同じものとなる。
（前の例題では，上段・下段を区別していた。）

座席の問題との最大の違いは**"裏返し"の有無**です。いまの場合，上段と下段の計10通りの配置は，みな同じブレスレットに対応するのです。

色の配置は5!＝120通りありますが，いまの図のように10通りずつ重複していることになるため，つくれるブレスレットは $120 \times \frac{1}{10} = 12$ 種類とわかります。

▶ 選ぶだけで，並べないなら……

"選び方"は何通り？

赤，青，黄，緑，紫の玉が1つずつある。これらから2個を選ぶ方法は何通りか。

例題の解説

答え：10通り
右図のように2つの色を線で結ぶことを考えま
す。線の両端にある色の玉を選ぶイメージです。
このような線が全部で何本引けるか調べると，右
図のようになります。線は全部で10本引けるた
め，答えは10通りです。

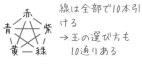

これで答えは出ました。しかし，玉の数が増えると上のような図による処理が困
難になるため，この解法をずっと押し通すのは無理があります。

そこでちょっと工夫し，線で結ぶ2つの色を1つずつ選んでみます。1つ目の色
の選び方は5通り，2つ目の色の選び方は5−1＝4通りですね。
しかし，単に5×4＝20通りとするのは誤りです。たとえば**赤→緑の順に選んだ
場合と緑→赤の順に選んだ場合で，選ばれる玉の組は結局同じ**だからです。

同じとみなされるものをすべて2通りにカウントした結果が20通りなのですか
ら，玉の選び方を正しく求めるには，20通りを重複度2で除算すればよさそう
です。実際に計算すると $20 \times \dfrac{1}{2} = 10$ であり，さきほどと同じ値になりました。

本節のまとめです。
- 順列の問題において，設定によって"重複"が発生することがある。
- 重複度合いが等しい場合，適切な除算により場合の数を計算できる。
- 重複の有無や重複度合いは，何と何を同一視するか（しないか）により決まる。
  その基準は，問題文から読み取ることができる。

次節では，最後の例題で扱った"選び方"について掘り下げます。

9-5 ⟩ 組合せ

▶ 組合せの基礎と記法

前ページで言及した"選び方"の総数の求め方を一般化することから始めます。

> **△ 定理**　組合せ
>
> n を正整数，r を $0 \leqq r \leqq n$ なる整数とする。どの 2 つも互いに区別できる n 個のものから r 個選び出す方法は
> $$\frac{n(n-1)(n-2)\cdots(n-r+1)}{r!} \text{ 通り}$$
> である。ただし，$r=0$ の場合（何も選ばない場合）は 1 通りとする。

定理の証明 ・・

前節，最後の例題で紹介した第 2 の解法を応用します。

n 個のものから 1 個ずつ選抜するさまを想像すると，

- 1 個目を選ぶ方法は n 通り
- 2 個目を選ぶ方法は $n-1$ 通り
- 3 個目を選ぶ方法は $n-2$ 通り
- …
- r 個目を選ぶ方法は $n-r+1$ 通り

あります。順序込みだと，選び方は $n(n-1)(n-2)\cdots(n-r+1)$ ($=_n\mathrm{P}_r$) 通りあるわけです。

しかし，さきほどの例題同様このままではいけません。r 個のセットの中身が同じであれば，構成要素を選ぶ順番は何でもよいからです。区別できる r 個のものを並べる順序は $r!$ 通りです。よって，さきほどの場合の数を重複度 $r!$ で割ることで正しい場合の数が得られます。■

つまるところ，<u>順列の総数を重複度で除算している</u>だけのことです。

組合せの数の計算

(1) 生徒会メンバー 10 名から書記と会計を 1 名ずつ選ぶ方法は何通りあるか。
　　ただし，同じメンバーを選んではいけないものとする。
(2) 生徒会メンバー 10 名から書記 2 名を選ぶ方法は何通りあるか。

例題の解説

公式を用いるか否かは自由です。自身で説明ができる方法で計算しましょう。

(1) 答え：**90 通り**

　　書記→会計の順に選ぶことにすると，書記の選び方は 10 通りであり，会計の
　　選び方は 9 通りです。よって，選び方の総数は $10 \times 9 = 90$ 通りとなります。
　　短く書きたければ，$_{10}P_2 = 10 \cdot 9 = 90$ 通りでよいでしょう。

(2) 答え：**45 通り**

　　まず (1) 同様に 1 名ずつ選ぶことにすると，1 人目の選び方は 10 通りであり，
　　2 人目の選び方は 9 通りです。

　　ただし，同じペアになるのであれば，2 名の指名順はどちらでも構わないので
　　した。この重複度を考慮すると，書記 2 名の選び方は次のようになります。

$$(選び方の総数) = \frac{(順番込みでの総数)}{(重複度)} = \frac{10 \times 9}{2} = 45 \text{ 通り}$$

　　これはさきほどの定理で $n = 10$, $r = 2$ とした場合に相当します。

順列には $_nP_r$ という記号がありましたが，組合せにも同様の記号があります。

✏ 表記　　**組合せ**

どの 2 つも互いに区別できる n 個のものから r 個選び出す方法の数を $_nC_r$
と書く [11]。さきほどの定理もふまえると，

$$_nC_r = \frac{n(n-1)(n-2)\cdots(n-r+1)}{r!} \left(= \frac{_nP_r}{r!} \right)$$

が成り立つ（この式を定義としてもよい）。

11　本書ではこの表記を採用しますが，高校数学以外では，$_nC_r$ ではなく $\binom{n}{r}$ と書かれることが多い印象です。も
　　ちろん，好きな方を用いて OK です。

なお，階乗を用いるとこのような表記もできます。

△ 定理　組合せの別の表記

n を正整数，r を $0 \leqq r \leqq n$ なる整数とする。このとき次が成り立つ[12]。

$$_n\mathrm{C}_r = \frac{n!}{r!(n-r)!} \quad \cdots (*)$$

定理の証明 ・・

$$\text{(上式の右辺)} = \frac{n(n-1)\cdots(n-r+1)(n-r)\cdots 2 \cdot 1}{r!(n-r)!}$$

$$= \frac{n(n-1)\cdots(n-r+1)\cdot(n-r)!}{r!(n-r)!}$$

$$= \frac{n(n-1)\cdots(n-r+1)}{r!} = {}_n\mathrm{C}_r = \text{(上式の左辺)} \blacksquare$$

これもただの記号であり，正しく解けていれば用いる義務はありません。ただ，数式で場合の数を計算する際に自身・読み手双方にとって計算の意図が明確になるため，本書では以降この記号を積極的に用います。

では，早速例題に取り組んでみましょう。

例題　組合せの計算

(1) $_4\mathrm{C}_1$　(2) $_7\mathrm{C}_7$　(3) $_6\mathrm{C}_2$　(4) $_{10}\mathrm{C}_4$　の値を各々計算せよ。

例題の解説

(1) 答え：$_4\mathrm{C}_1 = 4$　4個のものから1個選ぶ方法の数です。

(2) 答え：$_7\mathrm{C}_7 = 1$　7個のものから7個選ぶときに選択の余地はありません。

(3) 答え：$_6\mathrm{C}_2 = 15$

$_6\mathrm{C}_2 = \dfrac{6 \cdot 5}{2!} = 15$ と計算できますし，$(*)$を用いても構いません（次式）。

$$_6\mathrm{C}_2 = \frac{6!}{2!(6-2)!} = \frac{6 \cdot 5 \cdot 4 \cdot 3 \cdot 2 \cdot 1}{(2 \cdot 1) \cdot (4 \cdot 3 \cdot 2 \cdot 1)} = \frac{6 \cdot 5}{2 \cdot 1} = 15$$

12　$0! = 1$ と定めているため（p.408 参照），この式は $r = 0, n$ の場合も成り立ちます。なお，この次の証明パートでは，$n = r$ の場合および $r = 0$ の場合の確認を省略しています。

(4) 答え：$_{10}\mathrm{C}_4 = 210$

$_{10}\mathrm{C}_4 = \dfrac{10 \cdot 9 \cdot 8 \cdot 7}{4!} = \dfrac{10 \cdot 9 \cdot 8 \cdot 7}{4 \cdot 3 \cdot 2 \cdot 1} = 210$ と計算できます。もちろん，(∗)を用いて

$_{10}\mathrm{C}_4 = \dfrac{10!}{4!(10-4)!} = \dfrac{10 \cdot 9 \cdot 8 \cdot 7 \cdot 6 \cdot 5 \cdot 4 \cdot 3 \cdot 2 \cdot 1}{(4 \cdot 3 \cdot 2 \cdot 1) \cdot (6 \cdot 5 \cdot 4 \cdot 3 \cdot 2 \cdot 1)} = \dfrac{10 \cdot 9 \cdot 8 \cdot 7}{4 \cdot 3 \cdot 2 \cdot 1} = 210$

と計算しても構いません。

> **例題**　　　代表の選び方

(1)　10 冊の異なる書籍のうち，5 冊を選ぶ方法は何通りあるか。
(2)　36 人のクラスで，学級委員を 3 名選ぶ方法は何通りあるか。

> **例題の解説**

(1) 答え：**252 通り**　　　$_{10}\mathrm{C}_5 = \dfrac{10 \cdot 9 \cdot 8 \cdot 7 \cdot 6}{5 \cdot 4 \cdot 3 \cdot 2 \cdot 1} = 252$

(2) 答え：**7140 通り**　　　$_{36}\mathrm{C}_3 = \dfrac{36 \cdot 35 \cdot 34}{3 \cdot 2 \cdot 1} = 7140$

もう少し，組合せの性質について深掘りしておきます。

> △ **定理**　**直接選ぶか，残りを選ぶか**
>
> n を正整数，r を $0 \leqq r \leqq n$ なる整数とする。このとき次が成り立つ。
> $$_n\mathrm{C}_r = {}_n\mathrm{C}_{n-r}$$
>
> **定理の証明** ∙∙∙
>
> 左ページの式 (∗) を用いる方法と，組合せ論的な方法があります。
>
> **(∗)(p.422) を用いるもの**
> $$(上式の右辺) \overset{(∗)}{=} \dfrac{n!}{(n-r)!\{n-(n-r)\}!}$$
> $$= \dfrac{n!}{(n-r)!r!} \overset{(∗)}{=} (上式の左辺) \quad ∎$$
>
> **組合せ論的な証明**
>
> $_n\mathrm{C}_r$ は，どの 2 つも互いに区別できる n 個のものから r 個を選ぶ場合の数です。ここで，代わりに "選ばれないもの" $n-r$ 個を決めてもよく，その場合の数は $_n\mathrm{C}_{n-r}$ です。これらは等しいため $_n\mathrm{C}_r = {}_n\mathrm{C}_{n-r}$ が成り立ちます。∎

　　　　組合せの計算の工夫

次の値を各々計算せよ。

(1)　$_{10}C_9$　　　　　　(2)　$_{15}C_{12}$　　　　　(3)　$_7C_1 - {}_7C_2 + {}_7C_3 - {}_7C_4 + {}_7C_5 - {}_7C_6$

例題の解説

必須ではないですが，さきほど示した公式を用いるとラクです。

(1)　答え：$_{10}C_9 = 10$　　　　　$_{10}C_9 = {}_{10}C_{10-9} = {}_{10}C_1 = 10$

(2)　答え：$_{15}C_{12} = 455$　　　　$_{15}C_{12} = {}_{15}C_{15-12} = {}_{15}C_3 = \dfrac{15 \cdot 14 \cdot 13}{3 \cdot 2 \cdot 1} = 455$

(3)　答え：$_7C_1 - {}_7C_2 + {}_7C_3 - {}_7C_4 + {}_7C_5 - {}_7C_6 = 0$

$$\begin{aligned}
_7C_1 - {}_7C_2 + {}_7C_3 - {}_7C_4 + {}_7C_5 - {}_7C_6 &= ({}_7C_1 - {}_7C_6) - ({}_7C_2 - {}_7C_5) + ({}_7C_3 - {}_7C_4) \\
&= ({}_7C_1 - {}_7C_{7-6}) - ({}_7C_2 - {}_7C_{7-5}) + ({}_7C_3 - {}_7C_{7-4}) \\
&= ({}_7C_1 - {}_7C_1) - ({}_7C_2 - {}_7C_2) + ({}_7C_3 - {}_7C_3) \\
&= 0
\end{aligned}$$

ちょっと難しいですが，もうひとつ公式をご紹介します。

△ 定理　特定のものを選ぶか否か

n を 2 以上の整数，r を $1 \le r \le n-1$ なる整数とする。このとき次が成り立つ。

$$_nC_r = {}_{n-1}C_{r-1} + {}_{n-1}C_r$$

定理の証明 ・・

(＊)（p.422）を用いるもの

$$\begin{aligned}
(\text{上式の右辺}) &= \frac{(n-1)!}{(r-1)!\{(n-1)-(r-1)\}!} + \frac{(n-1)!}{r!\{(n-1)-r\}!} \quad (\because (\ast)) \\
&= \frac{(n-1)!}{(r-1)!(n-r)!} + \frac{(n-1)!}{r!(n-r-1)!} \\
&= \frac{(n-1)!r}{r!(n-r)!} + \frac{(n-1)!(n-r)}{r!(n-r)!} = \frac{(n-1)!}{r!(n-r)!} \cdot \{r + (n-r)\} \\
&= \frac{(n-1)!}{r!(n-r)!} \cdot n = \frac{n!}{r!(n-r)!} \\
&= (\text{上式の左辺}) \quad (\because (\ast)) \quad ■
\end{aligned}$$

組合せの解釈による証明

$_nC_r$ は，どの2つも互いに区別できる n 個のものから r 個を選ぶ場合の数です。ここで，n 個のもののうち特定の1個 A に着目します。あらゆる選び方は次のちょうど一方に分類されます。

- A を含むもの
- A を含まないもの

前者の場合，A 以外の $n-1$ 個から $r-1$ 個を選ぶのですから，選び方は $_{n-1}C_{r-1}$ 通りです。

後者の場合，A 以外の $n-1$ 個から r 個を選ぶのですから，選び方は $_{n-1}C_r$ 通りです。これら2つを合計すると $_{n-1}C_{r-1}+_{n-1}C_r$ 通りとなりますが，そもそも A を選ぶか否かで場合分けをしなければ $_nC_r$ 通りとすぐ求められていたわけで，これらは等しいはずです。■

▶ おまけ：パスカルの三角形

ここで，ちょっと面白いものをご紹介します。いまの定理と関連するものです。次のようなルールで，数をピラミッド状に並べていきます。

〈大まかなルール[13]〉
- まず1を書く。この段を0段目とする。
- 次の段からは，その位置の右上と左上にある数の和を書いていく。一方にしか数がない場合はその数を書き写す。右上にも左上にも数がない場所には何も書かない。

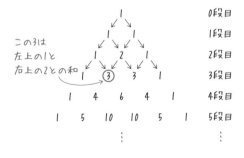

この3は
左上の1と
右上の2との和

0段目
1段目
2段目
3段目
4段目
5段目

n を正整数，r を $0 \leqq r \leqq n$ なる整数とします。

このとき，興味深いことに **n 段目の左から $r+1$ 個目の数は $_nC_r$ と等しくなります**。言い換えると，左のピラミッドは次のものと同じになるのです！

13　記述が大雑把ですが，忖度してください。

$$_0C_0$$

$$_1C_0 \quad _1C_1$$

$$_2C_0 \quad _2C_1 \quad _2C_2$$

$$_3C_0 \quad _3C_1 \quad _3C_2 \quad _3C_3$$

$$_4C_0 \quad _4C_1 \quad _4C_2 \quad _4C_3 \quad _4C_4$$

$$_5C_0 \quad _5C_1 \quad _5C_2 \quad _5C_3 \quad _5C_4 \quad _5C_5$$

$$\vdots$$

実際に計算してみると，2つのピラミッドの数たちがみな一致しているとわかります（なお，$_0C_0 = 1$ ということにしています）。

不思議に思うかもしれませんが，さきほど示した公式 $_nC_r = {}_{n-1}C_{r-1} + {}_{n-1}C_r$ をふまえると，両者が一致するのはなかば当然であると納得できます。ぜひ考えてみてください。

なお，上のように数を並べたものは**パスカルの三角形**とよばれており，いま紹介したもの以外にもさまざまな性質を秘めています。興味のある場合は，その名前で検索してみてください。

では，ここまでに学んできた組合せの計算方法や記法，基本性質を活用し，応用問題にチャレンジしてみましょう。

▶ 図形における組合せ

例題　　　　　正多角形の対角線の本数
---

(1) 　正 12 角形の対角線の本数を求めよ。
(2) 　n を 3 以上の整数とする。正 n 角形の対角線は全部で 104 本であるという。このとき，n の値を求めよ。
(3) 　n を 3 以上の整数とする。正 n 角形の対角線は全部で 500 本以上あるという。このような n の値のうち最小のものを求めよ。

例題の解説
---

(1) 答え：**54 本**

"12 個の頂点から相異なる 2 点を選ぶ方法の数"から辺数 12 を減じたものが対角線の本数であり，それは $_{12}C_2 - 12 = \dfrac{12 \cdot 11}{2 \cdot 1} - 12 = 54$ 本と計算できます。

なお，1 つの頂点からのびる対角線が 9 本なので $9 \times 12 \times \dfrac{1}{2} = 54$ 本と計算することもできます。ここで $\dfrac{1}{2}$ を乗算しているのは，単に 9×12 だとすべての対角線が 2 回ずつカウントされてしまうためです。

(2) **答え：$n = 16$**

(1) 同様に考えると，正 n 角形の対角線の本数は次のように計算できます。

$$_n\mathrm{C}_2 - n = \frac{n(n-1)}{2 \cdot 1} - n = \frac{n(n-1) - 2n}{2} = \frac{n(n-3)}{2} \text{ (本)}$$

これが 104 となる n が本問の答えであり，以下のように求められます。

$$\frac{n(n-3)}{2} = 104 \iff n(n-3) = 208 \iff n^2 - 3n - 208 = 0$$
$$\iff (n+13)(n-16) = 0 \iff n = -13, 16$$

(3) **答え：$n = 34$**

正 n 角形の対角線の本数は，(1) で計算した通り $\frac{n(n-3)}{2}$ 本です。そこで，

$\frac{n(n-3)}{2} \geqq 500$ となる n（のうち最小のもの）を調べます。計算を進めると

$$\frac{n(n-3)}{2} \geqq 500 \iff n(n-3) \geqq 1000 \iff n^2 - 3n - 1000 \geqq 0$$
$$\iff n \leqq \frac{3 - \sqrt{4009}}{2} \text{ または } \frac{3 + \sqrt{4009}}{2} \leqq n$$

となり，($n \geqq 3$ にも注意すると)$\frac{3 + \sqrt{4009}}{2} \leqq n$ が条件の言い換えとわかります。

ここで $63^2 = 3969 < 4009 < 4096 = 64^2$ より $63 < \sqrt{4009} < 64$ ですから，

$$\frac{3 + 63}{2} < \frac{3 + \sqrt{4009}}{2} < \frac{3 + 64}{2} \quad \therefore 33 < \frac{3 + \sqrt{4009}}{2} < 33.5$$

が得られます。つまり "33 と 33.5 の間にある何らかの実数" 以上の n が条件をみたすわけです。そのうち最小のものは $n = 34$ ですね。

(3) **別解**

$n(n-3) \geqq 1000$ という条件を導いたら，あとは具体的な n の値を代入してしまうのも手です。不等号が逆転する n がどれくらいなのか悩ましいですが，$n(n-3) \fallingdotseq n^2$ だと思って $n^2 \fallingdotseq 1000 \fallingdotseq 32^2$ から $n = 32$ 周辺にアタリをつけるとよいでしょう。実際にその周辺を調べると次のようになります。

n	$\cdots$	32	33	34	$\cdots$
$n(n-3)$	$\cdots$	928	990	1054	$\cdots$

この $n(n-3)$ は，n の増加に伴いどんどん大きくなります。そして，$n = 33, 34$ のときの対角線の本数の間に 1000 があります。よって，条件をみたす最小の n の値は $n = 34$ です。

いまの問題の類題もご紹介します。きっとできると思いますよ。

例題　三角形は全部でいくつ？

(1)　円上に 7 個の点がある。これらから相異なる 3 点を選び，それらを結んでできる三角形は全部でいくつあるか。

(2)　n を 3 以上の整数とする。円上に n 個の点がある。これらから相異なる 3 点を選び，それらを結んでできる三角形は全部で 300 個以上あった。そのような n の値として最も小さいものを答えよ。

例題の解説

(1)　答え：35 個

円上の点から相異なる 3 点を選んだとき，それらが同一直線上に存在することはありません。そもそも円と直線の交点は高々 2 個だからです。よって，3 点を選びそれらを結ぶと，必ず三角形ができます。また，異なる点のセットを選んだ場合，できる三角形は一致しません。

つまり，三角形の個数は 3 点の選び方と同じであり，$_7\mathrm{C}_3 = \dfrac{7 \cdot 6 \cdot 5}{3 \cdot 2 \cdot 1} = 35$ 個です。

(2)　答え：$n = 14$

(1) 同様に考えると，三角形の個数は

$$_n\mathrm{C}_3 = \frac{n(n-1)(n-2)}{3 \cdot 2 \cdot 1} = \frac{n(n-1)(n-2)}{6} \ \text{（個）}$$

となります。これが 300 以上となるような最小の n を求めましょう。

$$\frac{n(n-1)(n-2)}{6} \geqq 300 \iff n(n-1)(n-2) \geqq 1800$$

であり，$n(n-1)(n-2) \fallingdotseq (n-1)^3$ だと思えば，**$1800 \fallingdotseq 1728 \fallingdotseq 12^3$ から $n = 13$ 周辺にアタリをつけられます。**その近辺の n の値に対する $n(n-1)(n-2)$ の値をいくつか計算すると次のようになります。

n	$\cdots$	12	13	14	15	$\cdots$
$n(n-1)(n-2)$	$\cdots$	1320	1716	2184	2730	$\cdots$

この $n(n-1)(n-2)$ は，n の増加に伴いどんどん増加します。そして，$n = 13, 14$ のときの三角形の個数の間に **1800** があります。よって，条件をみたす最小の n の値は $n = 14$ です。

▶ 区別できる人・ものの組分け

次はこんなものを考えてみましょう。

> **例題** 組分けの方法①

（区別できる）9人を次のように組分けする方法は何通りあるか。
(1)　4人組，3人組，2人組を1つずつ。
(2)　A組（3人），B組（3人），C組（3人）。
(3)　3人組を3つ。(2)と異なり，名称等で区別はしない。

> **例題の解説**

(1) 答え：1260 通り

　人数の多い組からメンバーを決めることとしましょう。すると，

- 4人組のつくり方　　　　　　：$_9C_4 = \dfrac{9 \cdot 8 \cdot 7 \cdot 6}{4 \cdot 3 \cdot 2 \cdot 1} = 126$ 通り

- その後の3人組のつくり方　　：$_{9-4}C_3 = {}_5C_3 = \dfrac{5 \cdot 4 \cdot 3}{3 \cdot 2 \cdot 1} = 10$ 通り

- さらにその後の2人組のつくり方：$_{5-3}C_2 = {}_2C_2 = 1$ 通り

です。そして，各ステップでどのようにメンバーを選んでもその結果の組分けに重複は生じません。よって，組分けの方法の総数は次のようになります。

$$126 \times 10 \times 1 = 1260 \text{ 通り}$$

(2) 答え：1680 通り

　A, B, C の順にメンバーを決めることとしましょう。すると，

- A組のつくり方：$_9C_3 = \dfrac{9 \cdot 8 \cdot 7}{3 \cdot 2 \cdot 1} = 84$ 通り

- B組のつくり方：$_{9-3}C_3 = {}_6C_3 = \dfrac{6 \cdot 5 \cdot 4}{3 \cdot 2 \cdot 1} = 20$ 通り

- C組のつくり方：$_{6-3}C_3 = {}_3C_3 = 1$ 通り

です。そして，各ステップでどのようにメンバーを選んでもその結果の組分けに重複は生じません。よって，組分けの方法の総数は次のようになります。

$$84 \times 20 \times 1 = 1680 \text{ 通り}$$

（3）答え：**280 通り**

とりあえず 1 組ずつメンバーを決めることとしましょう。すると

- 最初の 3 人組のメンバーの決め方：$_9C_3 = \dfrac{9 \cdot 8 \cdot 7}{3 \cdot 2 \cdot 1} = 84$ 通り

- つぎの 3 人組のメンバーの決め方：$_{9-3}C_3 = {}_6C_3 = \dfrac{6 \cdot 5 \cdot 4}{3 \cdot 2 \cdot 1} = 20$ 通り

- 最後の 3 人組のメンバーの決め方：$_{6-3}C_3 = {}_3C_3 = 1$ 通り

となります。

しかし，ここで問題が発生します。というのも，**各ステップでのメンバーの選び方によっては，組分けに重複が発生する**のです。

9 人のメンバーを A, B, C, D, E, F, G, H, I と命名します。このとき，
$$(A, B, C) \rightarrow (D, E, F) \rightarrow (G, H, I)$$
という順にメンバーを選んだ場合と
$$(A, B, C) \rightarrow (G, H, I) \rightarrow (D, E, F)$$
とでは，結局同じ組分けになっているのです。重複がある以上，$84 \times 20 \times 1 = 1680$ 通りをそのまま答えにするのは誤りですね。

正しい答えに至るためのカギは"重複度"です。上の例の場合，

・$(A, B, C) \rightarrow (D, E, F) \rightarrow (G, H, I)$ ・$(A, B, C) \rightarrow (G, H, I) \rightarrow (D, E, F)$

・$(D, E, F) \rightarrow (A, B, C) \rightarrow (G, H, I)$ ・$(D, E, F) \rightarrow (G, H, I) \rightarrow (A, B, C)$

・$(G, H, I) \rightarrow (A, B, C) \rightarrow (D, E, F)$ ・$(G, H, I) \rightarrow (D, E, F) \rightarrow (A, B, C)$

の 6 通りは同じ組分けになってしまいますから，本問では 1 通りとカウントされるべきです。ほかの分け方においても 6 通りずつの重複があるため，組分けの方法の総数は

$$\frac{1680}{6} = 280 \text{ 通り}$$

となるのです。

なお，重複度が 6 だったのは，3 人組 3 つを並び替える場合の数が $3! = 6$ 通りだからです。

いまの考え方を応用し，もう少しレベルアップした問題に挑戦してみましょう。

（区別できる）10 人を次のように組分けする方法は何通りあるか。ただし，同じ人数の組は名称等で区別しないものとする。

(1)　2 人組を 5 つ。　　　　　　　　　　(2)　3 人組を 2 つと，2 人組を 2 つ。

例題の解説

(1) 答え：945 通り

とりあえず 1 組ずつメンバーを決める場合の数を求めると

$$_{10}C_2 \times {}_8C_2 \times {}_6C_2 \times {}_4C_2 \times {}_2C_2 = \frac{10 \cdot 9}{2} \cdot \frac{8 \cdot 7}{2} \cdot \frac{6 \cdot 5}{2} \cdot \frac{4 \cdot 3}{2} \cdot \frac{2 \cdot 1}{2} = \frac{10!}{2^5} \text{ 通り}$$

です。しかし，5 組の人数はみな 2 人ですからこの数え方では重複が発生します。10 人のメンバーを A 〜 J としたとき，たとえば最終的に

$$(A, B), (C, D), (E, F), (G, H), (I, J)$$

という組分けに至るメンバーの選び方は 5! ＝ 120 通りあります。どのような組分けでも重複度はこれと同じですから，求める組分けの総数は次の通りです。

$$\frac{10!}{2^5} \times \frac{1}{120} = \frac{10 \cdot 9 \cdot 8 \cdot 7 \cdot 6 \cdot 5 \cdot 4 \cdot 3 \cdot 2 \cdot 1}{2^5 \cdot 120} = 945 \text{ 通り}$$

(2) 答え：6300 通り

3 人組 2 つのメンバーを決め，その後 2 人組 2 つのメンバーを決めることとしましょう。このとき，順序込みでのメンバーの選び方は

$$_{10}C_3 \times {}_7C_3 \times {}_4C_2 \times {}_2C_2 = \frac{10 \cdot 9 \cdot 8}{6} \times \frac{7 \cdot 6 \cdot 5}{6} \times \frac{4 \cdot 3}{2} \times \frac{2 \cdot 1}{2} = \frac{10!}{6^2 \cdot 2^2}$$

通りですが，人数が等しい組があるためやはり重複が発生します。10 人を A 〜 J としたとき，たとえば最終的に (A, B, C), (D, E, F), (G, H), (I, J) という組分けに至るメンバーの選び方を調べてみると

- $(A, B, C) \rightarrow (D, E, F) \rightarrow (G, H) \rightarrow (I, J)$
- $(A, B, C) \rightarrow (D, E, F) \rightarrow (I, J) \rightarrow (G, H)$
- $(D, E, F) \rightarrow (A, B, C) \rightarrow (G, H) \rightarrow (I, J)$
- $(D, E, F) \rightarrow (A, B, C) \rightarrow (I, J) \rightarrow (G, H)$

の 4 通りあります。他の組分けについても同様に 4 通りずつ重複がありますから，求める組分けの総数は次のように計算できます。

$$\frac{10!}{6^2 \cdot 2^2} \times \frac{1}{4} = \frac{10 \cdot 9 \cdot 8 \cdot 7 \cdot 6 \cdot 5 \cdot 4 \cdot 3 \cdot 2 \cdot 1}{(6^2 \cdot 2^2) \cdot 4} = \frac{10 \cdot 9 \cdot 8 \cdot 7 \cdot 6 \cdot 5 \cdot 4 \cdot 3 \cdot 2 \cdot 1}{3^2 \cdot 2^6} = 6300 \text{ 通り}$$

▶ 区別できないものを含む順列

同じ文字を含む文字列の総数

X, X, X, X, Y, Y, Y, Z, Z, Z の計 10 文字を余さず一列に並べるとき, 何種類の文字列がつくれるか。

例題の解説

答え：**4200 種類**

解法その 1：文字ごとに置き場所を決めるもの

X は 4 つ, Y は 3 つ, Z は 3 つあり, これら計 10 個を一列に並べます。

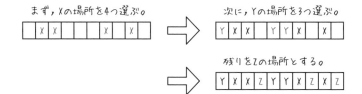

上図のように 10 ヶ所の空欄があるとし, まず X を配置する場所を決め, ついで Y の場所を決め, そして Z の場所を決めるという段取りにします。すると,

- X を配置する場所の決め方：$_{10}C_4 = \dfrac{10 \cdot 9 \cdot 8 \cdot 7}{4 \cdot 3 \cdot 2 \cdot 1} = 210$ 通り

- Y を配置する場所の決め方：$_{10-4}C_3 = _6C_3 = \dfrac{6 \cdot 5 \cdot 4}{3 \cdot 2 \cdot 1} = 20$ 通り

- Z を配置する場所の決め方：$_{6-3}C_3 = _3C_3 = 1$ 通り

となります。そして, 各ステップでどのように文字の位置を決めても, できあがる文字列は重複しません。よって, 文字列の総数は次のように計算できます。

$$210 \times 20 \times 1 = 4200 \text{ 種類}$$

解法その 2：いったんすべて区別→重複度で除算

9-4 冒頭（p.412）で考えた問題と同じように計算することもできます。

まず, 重複している文字に $X_1, X_2, X_3, X_4, Y_1, Y_2, Y_3, Z_1, Z_2, Z_3$ と番号を与え, こっそり区別します。これら 10 文字を一列に並べる方法は 10! 通りですね。

しかし，添字は心の中で勝手につけたものであり，たとえば

・$X_1 X_2 X_3 X_4 \mathbf{Y_1 Y_2 Y_3} Z_1 Z_2 Z_3$　　　・$X_1 X_2 X_3 X_4 \mathbf{Y_1 Y_3 Y_2} Z_1 Z_2 Z_3$
・$X_1 X_2 X_3 X_4 \mathbf{Y_2 Y_1 Y_3} Z_1 Z_2 Z_3$　　　・$X_1 X_2 X_3 X_4 \mathbf{Y_2 Y_3 Y_1} Z_1 Z_2 Z_3$
・$X_1 X_2 X_3 X_4 \mathbf{Y_3 Y_1 Y_2} Z_1 Z_2 Z_3$　　　・$X_1 X_2 X_3 X_4 \mathbf{Y_3 Y_2 Y_1} Z_1 Z_2 Z_3$

の 6 つは区別しません。これらはいずれも XXXXYYYZZZ と対応していますからね。もちろん，これに加え X, Z の添字を入れ替えたものも区別しません。

よって，重複度で除算する必要があります。X, Y, Z の配置は同じで添字の並びのみ異なるものたちが重複するわけですが，

- X の添字の並び替えは 4! 通り
- Y の添字の並び替えは 3! 通り
- Z の添字の並び替えは 3! 通り

なので重複は 4!・3!・3! 通りとなりますね。

以上より，つくれる文字列の総数は次のように計算できます。

$$\frac{10!}{4! \cdot 3! \cdot 3!} = \frac{10 \cdot 9 \cdot 8 \cdot 7 \cdot 6 \cdot 5 \cdot 4 \cdot 3 \cdot 2 \cdot 1}{(4 \cdot 3 \cdot 2 \cdot 1) \cdot (3 \cdot 2 \cdot 1) \cdot (3 \cdot 2 \cdot 1)} = \cdots = 4200 \text{ 種類}$$

二項係数

本節では組合せの数を表す "$_nC_r$" を扱いましたが，これには**二項係数**という名称がついています。

"二項" って何のこと？ と思うことでしょう。実は，この名称は数学 II で学習する "二項定理" に由来します。

この定理は，次式が成り立つと主張するものです。

$$(a+b)^n = a^n + {}_nC_1 a^{n-1}b + {}_nC_2 a^{n-2}b^2 + \cdots + {}_nC_{n-1}ab^{n-1} + b^n \left(= \sum_{r=0}^{n} {}_nC_r a^{n-r}b^r \right)$$

要は，a, b という 2 項の和のべき乗を展開する公式です。確かに式中に $_nC_r$ がいくつも登場していますね（最後のカッコ内にあるのは "和の記号" とよばれるもので，数学 B の "数列" 分野で学習します）。

$_nC_r$ の意味を考えることで，この二項定理は組合せ論的に証明できます。ぜひ考えてみてください（第 3 章 p.110 の解説で触れた考え方がヒントです）。

9-6 ⊘ 一対一に対応させる

場合の数の問題における"対応づけ"について学びます。早速例題です。

例題 　道順は何通り？①

図のように，どの2つも平行か直交する道路でできた市街が
ある。A 地点から B 地点に至る最短経路は何通りあるか。

例題の解説

答え：10 通り

A から見て B は"右上"にあります。よって，最短経路で A から B に至る場合，
各ブロックでの進行方向は右または上に限られます。

図の○の経路は，右または上向きにし
か進んでいないため，最短経路といえ
るでしょう。一方，×の経路は途中で
下向きに進んでおり，これは遠回りで
すから NG ですね。

最短経路（のひとつ）

遠回りしている

つまり，本問は"**右または上向きのみの移動で A から B に至る方法は何通りあ
るか**"と言い換えることができます。
でも，そのような経路の個数はどうやって数えればよいでしょうか。それを探る
ために，条件をみたす経路をいくつか図示し，共通点を探してみます。

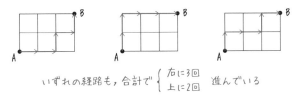

いずれの経路も，合計で { 右に3回　上に2回 } 進んでいる

すると，**いずれのルートも右方向に3回，上方向に2回進んでいる**ことがわかります。AとBは横に3ブロック，縦に2ブロック離れているのですから，当然といえば当然です。

この事実をふまえ，本問の経路を次のようにカウントしてみます。まず，→，→，→，↑，↑の5つを一列に並べるのです。→→↑→↑などの列ができますね。これをそのままAからの進行方向に翻訳するのです。たとえばいまの→→↑→↑は図の左の経路に対応しています。すると次のことがいえます。

- 5つの矢印でできる列に対応する経路は必ず最短経路となっている。逆に，最短経路には，必ず対応する→，→，→，↑，↑の列がある。
- 5つの矢印でできる列に対応する経路には，重複がない。

つまり，→，→，→，↑，↑の並べ方の総数が求める最短経路の数と同じなのです。そしてこれは，5ヶ所のうちから→を並べる3ヶ所を選ぶ場合の数であり，

$$_5\mathrm{C}_3 = \frac{5\cdot4\cdot3}{3\cdot2\cdot1} = 10 \ \text{通り}$$

と容易に計算できます。

いまの解法において，5つの矢印でできる列と最短経路との対応をすべて図にしてみると次のようになります。矢印の列と最短経路が一対一に対応していることを実感できることでしょう。

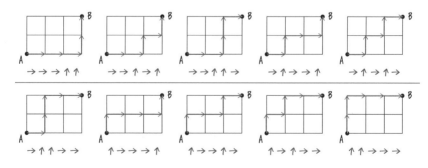

もちろん，"5回の移動のうち何回目で右に進むかを選ぶ方法は $_5\mathrm{C}_3$ 通り"というふうにさっぱり捉えても構いません。というより，同じことですね。
では，類題に挑戦してみましょう。設定をちょっと複雑にしてみます。

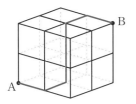

図のように，小立方体を 8 つ貼り合わせた立体を用意する。点 A から点 B まで，小立方体の辺上を沿って最短経路で移動する方法は何通りあるか。
図の青色は，条件をみたす経路の一例である。

例題の解説

答え：90 通り

さきほどの例題の 3 次元 ver. ですが，やることは変わりません。

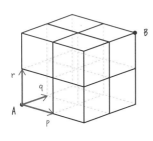

最短経路で A から B まで移動するのですから，許される移動方向は図の p, q, r に限られます。そして，どの最短経路も必ず
- p 方向の移動 2 回
- q 方向の移動 2 回
- r 方向の移動 2 回

により構成されます。

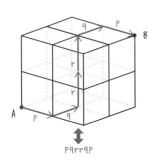

よって，p, p, q, q, r, r の 6 文字を一列に並べ，その文字に対応する移動を左から順に行うことで，最短経路をつくることができます。たとえば問題文の図の経路は $pqrrqp$ という文字列に対応しています。

なお，最短経路は必ず上述の 6 文字の順列で表現できます。そして，順列が異なれば対応する最短経路も異なります。

つまり，求める経路数は上述の順列の数と同じであり，これは

$$_6C_2 \times {}_4C_2 \times {}_2C_2 = \frac{6 \cdot 5}{2 \cdot 1} \times \frac{4 \cdot 3}{2 \cdot 1} \times \frac{2 \cdot 1}{2 \cdot 1} = 90 \text{ 通り}$$

と計算できます。

図のように，どの2つも平行か直交する道路でできた市街がある。
(1)　A地点からB地点に至る最短経路は何通りか。
(2)　(1)の経路のうち，点Pを通るものは何通りか。
(3)　(1)の経路のうち，点Pを通らないものは何通りか。

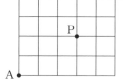

例題の解説

(1) 答え：126通り

Aから見てBは“右上”にあります。よって，最短経路でAからBに至る場合，各ブロックでの進行方向は右または上に限られ，**いずれの最短経路も右方向に5回，上方向に4回進む**ことになります。

そこで，→，→，→，→，→，↑，↑，↑，↑の9つを一列に並べ，これをそのままAからの進行方向に対応させればOKですね。9ヶ所のうちから↑を並べる4ヶ所を選ぶ場合の数，すなわち $_9C_4 = \dfrac{9 \cdot 8 \cdot 7 \cdot 6}{4 \cdot 3 \cdot 2 \cdot 1} = 126$ 通りが正解です。

(2) 答え：60通り

● AからPに至るルート
● PからBに至るルート
に分け，各々の場合の数を考えます。

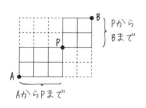

AからPまでは 3×2 の街路になっています。よって，Aを出発して最短経路でPに至るルートの数はこれまで同様 $_{3+2}C_2 = \dfrac{5 \cdot 4}{2 \cdot 1} = 10$ 通りです。

一方，BからPまでは 2×2 の街路です。よって，Pを出発して最短経路でBに至るルートの数は $_{2+2}C_2 = \dfrac{4 \cdot 3}{2 \cdot 1} = 6$ 通りです。

A→Pで10通りのうちどのルートを選択したとしても，P→Bでのルート選択は完全に自由です。よって，A→P→Bの最短経路の数は（積の法則より）

　　　（A→Pの最短経路の数）×（P→Bの最短経路の数）$= 10 \times 6 = 60$ 通り
となります。

(3) 答え：66 通り

これまでの結果をまとめると，次のようになります。

- A から B へ至る最短経路は 126 通り
- A から P を経由し B へ至る最短経路は 60 通り

A から B へ至る経路は "P を経由する" "P を経由しない" のいずれか一方ですから，その総数は次のように計算できます。

$$（P を経由しない最短経路の数）$$
$$=（すべての最短経路の数）-（P を経由する最短経路の数）$$
$$=126-60$$
$$=66 \text{ 通り}$$

さて，次はこんなものを考えてみましょう。

例題	よりどり 5 点セット

スーパーで，リンゴ・オレンジ・グレープの缶ジュースがたくさん売られていた。5 点セットで安価で買えるとのことだ。しかも，セットの内訳は何でもよく，たとえば全部リンゴジュースでもよいらしい。さて，5 点セットのつくり方は何通りあるだろうか。

例題の解説

答え：21 通り

本問の設定を抽象的に捉えると，"合計の個数が指定されており，それを（区別できる）3 グループに分ける" という状況になっています。

これをふまえ，次のように考えてみましょう。まず，"○"（まる）と "｜"（しきり）という文字を用意し，○ 5 個と ｜ 2 個を一列に並べます。そして，それを次のようにジュースの選び方と対応させます。

｜が2つあるので，この列は3つの領域に仕切られますが，そこで

- 左　の領域にある○の個数：リンゴジュースの個数
- 中央の領域にある○の個数：オレンジジュースの個数
- 右　の領域にある○の個数：グレープジュースの個数

とみなす，というわけです。

すると，○と｜の列に対応する選び方は必ず問題文の条件をみたします。逆に，問題文の条件をみたす選び方は必ず○と｜の列で表現できます。そして，○と｜の列が異なれば対応する選び方も異なります。

結局，ジュースの選び方の総数は○と｜の列の総数と同じとわかりますね。そしてこれは，7ヶ所のスペースから｜を設置するところを2ヶ所選択する場合の数と同じですから，$_{5+2}\mathrm{C}_2 = \dfrac{7 \cdot 6}{2 \cdot 1} = 21$ 通りと計算できます。

例題　　スキルの割り振り方は何通り？

あるRPG（キャラクターが成長するゲーム）では，レベルアップのたびにスキルポイントというものがもらえ，これを攻撃スキル・呪文スキル・防御スキルに（非負整数値で）自由に割り振れる。あるレベルアップでスキルポイントを5獲得した。スキルポイントの割り振り方は何通りあるだろうか。

例題の解説

答え：21通り

実はこれ，前の例題と全く同じ構造になっています。"5つのものを3種類に自由に割り振る"という点で共通しているわけですから，

- リンゴジュースの個数　　⟷攻撃スキルに割り振るポイント数
- オレンジジュースの個数⟷呪文スキルに割り振るポイント数
- グレープジュースの個数⟷防御スキルに割り振るポイント数

と対応させればよいのです。当然，答えも同じ数値になります。

このように，数え上げの問題では異なるネタでも同じ構造になっていることがよくあります。以下のことを心がければ，それに気づきやすくなるでしょう。

- 細かい問題設定に気をとられない（過度にカテゴライズしない）
- ○と｜の列などに対応づけて考える

(1) 方程式 $x+y+z=9$ をみたす非負整数の組 (x, y, z) はいくつあるか。

(2) 方程式 $x+y+z=9$ をみたす正の整数の組 (x, y, z) はいくつあるか。

例題の解説

無関係に見えますが，実はこれも"対応づけ"で攻略できます。

(1) **答え：55 個**

まず，"○"（まる）と"｜"（しきり）を用意し，○ 9 個と｜ 2 個を一列に並べます。そして，それを次のように非負整数の組 (x, y, z) と対応させます。

すると，○と｜の列に対応する (x, y, z) は必ず問題文の条件をみたします。逆に，問題文の条件をみたす (x, y, z) は必ず○と｜の列で表現できます。そして，○と｜の列が異なれば対応する (x, y, z) も（もちろん）異なります。

結局，方程式 $x+y+z=9$ の非負整数解の総数は○ 9 個と｜ 2 個の列の総数と同じとわかりますね。そしてこれは，$9+2$ ヶ所のスペースから｜を設置するところを 2 ヶ所選択する場合の数と同じですから，次のように計算できます。

$$_{9+2}C_2 = \frac{11 \cdot 10}{2 \cdot 1} = 55 \text{ 個}$$

(2) **答え：28 個**

こんどは正整数解ですから，x, y, z のうちに 0 があってはいけません。よって，たとえばさきほどの図右側の $(x, y, z) = (4, 0, 5)$ は除外する必要があります。とすると，一見 (1) の方法は使えないように思えますね。

しかし，諦める必要はありません。x, y, z がいずれも 1 以上ならば，**先に 1 ずつ"配って"しまえばよい**のです。

どういうことか詳しくご説明します。(1) では〇 9 個と | 2 個を並べましたが，先に〇を 1 個ずつ x, y, z に配ってあげて，残りの〇 6 個と | 2 個を並べるのです。そして，それを次のように正整数の組 (x, y, z) と対応させます。

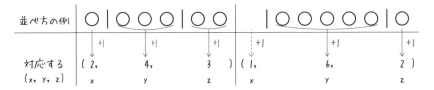

すると，〇と | の列に対応する (x, y, z) は必ず問題文の条件をみたします。逆に，問題文の条件をみたす (x, y, z) は必ず〇と | の列で表現できます。そして，〇と | の列が異なれば対応する (x, y, z) も（もちろん）異なります。

結局，方程式 $x + y + z = 9$ の正整数解の総数は〇 6 個と | 2 個の列の総数と同じとわかりますね。そしてこれは，6 + 2 ヶ所のスペースから | を設置するところを 2 ヶ所選択する場合の数と同じですから，次のように計算できます。

$$_{6+2}C_2 = \frac{8 \cdot 7}{2 \cdot 1} = 28 \text{ 個}$$

別解：(1)同様の方程式に帰着するもの
新しい変数 $X := x - 1, Y := y - 1, Z := z - 1$ を定めます。

$$\underbrace{x + y + z = 9}_{①} \Longleftrightarrow (x-1) + (y-1) + (z-1) = 6 \Longleftrightarrow \underbrace{X + Y + Z = 6}_{②}$$

ですから，①をみたす正整数の組 (x, y, z) と②をみたす非負整数の組 (X, Y, Z) は一対一に対応します。たとえば $(x, y, z) = (5, 1, 3)$ と $(X, Y, Z) = (4, 0, 2)$ が対応する，という具合です。あとは（1）同様に②の非負整数解の個数を求めればよく，

$$_{6+2}C_2 = \frac{8 \cdot 7}{2 \cdot 1} = 28 \text{ 個}$$

となります。

なお，本問にはほかにもさまざまな数え方があるのですが，そのうちひとつを最終章（第 12 章 p.641）でご紹介しますね [14]。

第 9 章　場合の数

---

14 訳あって後回しにします。

9-7 ⊙ 制約の処理

これまでは，モノや人をただ並べるような問題が多かったです。しかし，難度の高い問題になると，それに何らかの制約が発生することがあります。
本節では，制約つきの場合の数の問題をどう処理するか考えてみましょう。
基礎知識は揃っているので，例題を軸に学習を進めていきます。

例題　　なかよし2人組

7人の生徒が横一列に並んだ写真を撮ることになった。
そのうちの2人A, Bは特に仲がよく，どうしても隣り合いたいと言ってきた。
それを聞き入れるとき，生徒の並び方は何通り考えられるだろうか。

例題の解説

答え：1440通り

7人の生徒を並べる方法の数を考えているわけですが，AとBはつねにくっついているわけです。とすると，実質的に6人を並べているようなものですね。

AとBをあわせてPとよぶこととしましょう。このとき，ほかの5人（C, D, E, Fとする）とともに"6人"を並べる場合の数は

$$(_6\mathrm{P}_6 =) \; 6! = 720 \; 通り$$

となります。

ですが，これで終了！ ……というわけにはいきません。次図を見るとわかる通り，P, C, D, E, F, Gに対応する7人の並び方は1通りではないのです。

例 F　 P 　 C 　 G 　 E 　 D

F　A　B　C　G　E　D ⎫ A, Bの並び順が
F　B　A　C　G　E　D ⎭ まだ決まっていない

P, C, D, E, F, Gの並び順各々に対し，A, Bの並び順は$2! = 2$通りあります。
よって，求める場合の数は$720 \times 2 = 1440$通りとなるのです。

S, A, Y, A, K, A, C, H, A, N の 10 文字を横一列に並べて文字列をつくる。
(1) どの 2 つの A も隣り合わない文字列は何種類あるか。
(2) S, Y, K が左からこの順に並ぶ文字列は何種類あるか。

例題の解説

(1) 答え：25200 種類

本問の解法は，知っておくと得をする場面がかなり多いですし，知らないとなかなか自分では編み出しづらいものでもあるので，頭に入れておくとよいでしょう。解法暗記を勧めるのは大嫌いなのですが，便利なので仕方ありません。

まず，A 以外の 6 文字 (S, Y, K, C, H, N) を一列に並べます。
そして，それら 6 文字の間および両端（計 7 ヶ所）のうち 4 ヶ所を選び，そこに A を 1 つずつ挿入します。

この方法で生成される文字列はみな本問の条件をみたします。
そして，逆に本問の条件をみたす文字列はみなこの方法で生成できます [15]。
よって，この方法で生成される文字列の総数が本問の答えです。その総数は，
(S, Y, K, C, H, N の並べ方の数)×(A を挿入する箇所の選び方の数)
$$= 6! \times {}_7\mathrm{C}_4$$
$$= 720 \times 35 = 25200 \text{ 通り}$$
と計算できます。

---

15 上記の方法で生成される文字列が本問の条件をみたすことはただちにわかりますが，それだけだと十分条件の検証にしかなっておらず，必要性の確認が必要です。なお，本来必要性については証明をすべきなのですが，答案ではそこまで述べなくても満点がもらえる（もらえてしまう）場面がほとんどと思われるため省略しています。証明自体はさほど難しくありません。たとえば AHAKSAYNAC という文字列をつくりたい場合，まず HKSYNC を並べ，適切な箇所に A を挿入すれば OK ですから。

（2）答え：25200 種類

解法その 1：S, Y, K の置き場所を用意する→あとで置換

S, Y, K の順序に制約がありますが，いったん S, Y, K の代わりに□を並べる
こととします。つまり□, □, □, A, A, A, A, C, H, N を並べるのです。

できあがった文字列には当然 3 個の□があるわけですが，それらを左から順に
S, Y, K に置き換えます。

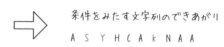

この方法についても，生成される文字列はみな本問の条件をみたしますし，
逆に本問の条件をみたす文字列はみなこの方法で生成できます。

その場合の数は，p.432 の例題などをふまえると次のように計算できます。

$$\frac{（すべてを区別した場合の並べ方の総数）}{（□に関する重複度）×（Aに関する重複度）}=\frac{10!}{3!\cdot 4!}=25200 種類$$

解法その 2：S, Y, K が対等であることを利用

S, Y, K の並び順を気にしない場合，4 個ある A の入れ替えに関する重複度の
み考慮すればよいため，文字列は $\dfrac{10!}{4!}$ 種類つくれます。

ここで,（他の文字のことはさておき）S, Y, K のみに着目したときの位置関係は

$$S \to Y \to K, \qquad S \to K \to Y, \qquad K \to S \to Y,$$
$$K \to Y \to S, \qquad Y \to S \to K, \qquad Y \to K \to S$$

の 6 通りあるわけですが,その 6 通り各々の文字列は同数になっているはずです。

それらの合計が上述の $\dfrac{10!}{4!}$ 種類なのですから，S→Y→K と並んでいる文字
列の数は次のように計算できます。

$$\frac{10!}{4!}\times\frac{1}{6}=\frac{10!}{3!\cdot 4!}=25200 種類$$

解法その 1・その 2 は実質的に同じです。 いずれも理解はしておきたいですが，
問題を解く際は自身の腑に落ちる方を選択すれば OK です！

　　　　大人と子供の並べ方

大人 3 人と子供 5 人でハイキングをすることにした。縦一列に並んで進むのだが，その並び順を考えているようだ。以前の問題同様どの 2 人も互いに区別して数えるとき，以下のような並び方は何通りあるか。

(1)　先頭を大人にする。
(2)　先頭と末尾は大人にする。
(3)　先頭と末尾は大人にし，かつ子供が 4 人以上連続しないようにする。

例題の解説

全くの無制限の場合，並び方は $(3+5)!=8!=40320$ 通りあるのですが，(1)(2)(3) いずれも制約がありますからこれでは不適当です。

(1) 答え：15120 通り

先頭から順に決めることとしましょう。大人は 3 人いますから，先頭の大人の決め方は 3 通りですね。その後は，

- 2 人目：1 人目で選択した人（大人）以外の 7 通り
- 3 人目：2 人目までで選択した人以外の 6 通り
- ……
- 8 人目：7 人目までで選択した人以外の 1 通り

ですから，求める場合の数は

　　(先頭の大人の選び方)×(それ以外の人の並び方)$=3×7!=15120$ 通り

と計算できます。先頭以外は制約がないので 7! 通りになるということです。

(2) 答え：4320 通り

(1) 同様に先頭から決めると，ちょっと困ったことが起こります。いま

- 大人：A, B, C
- 子供：a, b, c, d, e

と命名します。たとえば先頭から順に

　　　　（先頭）$A \to a \to B \to b \to c \to d \to e \to C$（末尾）

とすると先頭・末尾ともに大人にできるのですが，

　　　　（先頭）$A \to a \to B \to b \to c \to C \to d \to e$（末尾）

というふうに途中で大人を選びきってしまうと，最後に子供だけが残ってしまい，末尾を大人にできないのです。

そこで，先頭・末尾を先に決めることとしましょう。

- 先頭の大人の選び方：大人は全部で 3 人いるので 3 通り
- 末尾の大人の選び方：先頭で選ばなかった 2 人から選ぶので 2 通り

ですから，先頭・末尾の大人の選び方は $3 \times 2 = 6$ 通りです。

これで本問の条件をみたすことは約束されていますから，残り 6 人（先頭・末尾以外）は自由に並んでしまってよく，並び方は 6! 通りです。以上より，条件をみたす並び方は

（先頭・末尾の大人の選び方）×（それ以外の人の並び方）$= 6 \times 6! = 4320$ 通り

と計算できます。

（3）答え：**1440 通り**

前問では先頭・末尾の 2 人を大人に限定していましたが，それに加えさらに大人の配置に制約が加わっています。

先頭・末尾が大人であるとき，大人・子供の配置としてありうるものを列挙してみます。

すると，本問の条件をみたす大人・子供の配置は図で○をつけた 2 通りに限られることがわかります。面倒そうでも，書き出してみると案外シンプルですね。

ただし，答えは 2 通りではありません。あくまで大人・子供の配置を決めたのみであり，たとえば先頭をどの大人にするかなどは決めていないからです。

○をつけた配置の一方で並び方の数を計算すると次のようになります。
もう大人・子供の配置は決まっているので，あとは大人どうし・子供どうしの並び順を決めてやればよく，人数の階乗（3! ＝ 6 通り，5! ＝ 120 通り）になったわけです。

先頭　　　　　　末尾

大人の並び方　 3　　 × 2　　　× 1 ＝ 6 通り
子供の並び方　 5 × 4　　 × 3 × 2 × 1　＝ 120 通り

よって，この場合の並び方は $6 \times 120 ＝ 720$ 通りです。大人・子供の配置はもう 1 つありえましたが，そちらの並び方も同数ですから，本問の答えは

$$720 \times 2 ＝ 1440 \text{ 通り}$$

です。

制約がある場合の数の計算では，単に順列の数を計算して終了，というわけにはいきません。
こうした問題で多くの場合重要なのは，**“条件の厳しいものから決める”** ということです。

たとえば本問 (2) では，8 人のメンバーのうち先頭・末尾にのみ“大人でなければならない”という条件がありました。先頭から順に決めると，末尾の条件をいったん無視してしまうので，前述のような不都合が起きてしまうわけです。

一方，先頭・末尾を先に決めてしまえば，それ以外の 6 人に条件はありませんから，不都合は起きませんでした。

(3) ではさらに条件が強まりました。これにより，そもそも大人の配置はかなり限定されるため，最初に大人・子供の位置関係のみ決めました。それさえ決めてしまえば，あとは大人どうし・子供どうしの配置を自由に決めることができ，平易な計算により場合の数を計算できたというわけです。

厳しい条件に着目する練習を，もう少し行ってみましょう。

例題　図形の塗り方

右図の領域ア〜オをいくつかの色で塗る。ただし，線分を共有する領域どうしは同色で塗らないものとする。なお，そのもとで，同じ色を複数箇所に塗るのは構わない。

(1) 決められた 5 色をすべて用いて塗り分ける方法は何通りあるか。
(2) 決められた 4 色をすべて用いて塗り分ける方法は何通りあるか。
(3) 決められた 3 色をすべて用いて塗り分ける方法は何通りあるか。
(4) 決められた 5 色のうちいくつの色を用いてもよいとき，塗り分ける方法は何通りあるか。

例題の解説

用いる色の数によって，最適な数え方が変化するのが本問の面白いところです。場合の数の問題を攻略するヒントがたくさん詰まっているので，面倒でもこの例題は自分なりに取り組んでみてから解説を読むことを推奨します。

(1) 答え：120 通り

本来同色を複数回用いるのは OK です。しかし，いまの場合
● 色を塗る領域：5 ヶ所
● 使わなければならない色：5 色
ですから，**5 色をちょうど 1 回ずつ用いることが勝手に確定します。**

あとは 5 色の配置を考えるほかありません。アから順に色を塗ることにすると
● アに用いる色：5 通り
● イに用いる色：4 通り
● ウに用いる色：3 通り
● エに用いる色：2 通り
● オに用いる色：1 通り
ですから，塗り分け方は

$$(5!=)\ 5\times4\times3\times2\times1=120\ 通り$$

と計算できます。

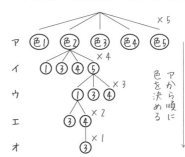

(2) **答え：72通り**

おそらくこれが最も難しい小問です。いま

- 色を塗る領域：5ヶ所
- 使わなければならない色：4色

ですから，ある1色だけ2ヶ所に用い，他の色は1ヶ所ずつに用いることとなります。これに基づき，以下の順に色の使い方を決めていくのが明快です。

（ⅰ）まず，2ヶ所に用いる色（重複色とよぶ）を4色のうちから選ぶ方法は$(_4C_1=)$ 4通りです。

（ⅱ）重複色を決めたとして，ア〜オのうちどの2ヶ所に用いるかを考えます。**隣り合う領域に同色は塗れないため，ありうるペアはアとウ，アとオ，ウとエの3組**です。それらから1組選び，重複色を塗ります。

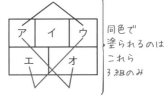

（ⅲ）残りの3ヶ所に，重複色以外の3色を塗ります。領域数と色の数が同じですから，この場合の数は$(3!=)$ $3 \times 2 \times 1 = 6$通りです。

よって，塗り方の総数は$4 \times 3 \times 6 = 72$通りと計算できます。

(3) **答え：6通り**

使える色はたった3色です。ここまで少ないと，**隣り合う領域で色が重複しないようにするので精一杯になる**というのがポイントです。

使える3色を仮に青，黒，灰とし，領域アに青色を塗ったとします。

次は，条件がわかりやすいイ・エを塗ることにしましょうか。
これら2ヶ所に塗る色の条件として，以下の3つはすぐ思い浮かびます。

- イは（アと同色ではいけないので）青でない（つまり黒or灰）
- エは（アと同色ではいけないので）青でない（つまり黒or灰）
- イとエの色は異なる

よって，イ・エに用いる色の組は
- イ：黒，エ：灰
- イ：灰，エ：黒

のいずれかです。いったん，前者の通りに塗ったとします。

すると右のようになります。残るはウ・オですね。
ところが，オには

- オは（イと同色ではいけないので）黒でない
- オは（エと同色ではいけないので）灰でない

という条件がありますから，自動的に青に確定します。さらに，それもふまえるとウは

- ウは（イと同色ではいけないので）黒でない
- ウは（オと同色ではいけないので）青でない

という条件がありますから，オに続いて自動的に灰に確定します。

このように，アから何ヶ所か色を決めてしまうと，あとは自動で残りの箇所の色も決まるのです。これまでの観察をまとめると次のようになります。

1. まずアの色を決める。これは3通りある。まだ他にどこも色を塗っていないため，どの色を用いても以降の条件は同じ。
2. 次にイ・エの色を決める。いずれもアとは異なる色であり，かつイ・エどうしも異なる色の必要があるため，塗り方は2通りに限られる。
3. するとオ・ウの塗り方も自動的に決まってしまう。

その流れを樹形図で表すと，右のようになります。

したがって，問題図を3色で塗り分ける方法は3×2＝6通りです。

ここではアから塗っていきましたが，ほかの領域から塗っていく場合の数え方もぜひ考えてみてください。

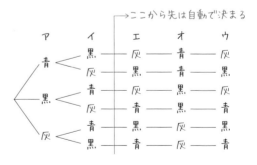

(4) **答え：540 通り**

これまでの結果を活用します。5 色のうち好きな数の色を用いてよい場合，
（ⅰ）5 色を用いて塗り分ける
（ⅱ）4 色を用いて塗り分ける
（ⅲ）3 色を用いて塗り分ける
というケースに漏れなく・重複なく分類できます。なお，2 色や 1 色での塗り分けはできません。

（ⅰ）の場合の数は，(1) で計算した通り 120 通りです。

（ⅱ）の場合の数は同様に 72 通り……かと思いきや，それでは誤りです。というのも，そもそも 5 色からどの 4 色を選ぶかは自由だからです。使用色の選び方は $_5C_4 = 5$ 通りですから，4 色で塗る方法の数は次のように計算できます。

$$(使用色を 4 つ選ぶ方法の数) \times (その 4 色で塗り分ける方法の数)$$
$$= 5 \times 72 = 360 \text{ 通り}$$

同様に，（ⅲ）の場合の塗り方の総数は次の通りです。

$$(使用色を 3 つ選ぶ方法の数) \times (その 3 色で塗り分ける方法の数)$$
$$= {}_5C_3 \times 6 = 10 \times 6 = 60 \text{ 通り}$$

以上より，求める場合の数は次のようになります。

$$((ⅰ) の場合の数) + ((ⅱ) の場合の数) + ((ⅲ) の場合の数)$$
$$= 120 + 360 + 60 = 540 \text{ 通り}$$

いまの問題設定には，次のような性質がありました。
● 色の数が多いと，それらの色を使い切るのが大変
● 色の数が少ないと，隣り合う領域で同色にならないようにするのが大変

つまり，使用色の数によって"厳しい条件"が変化したのです。それにあわせて，小問ごとに異なるアプローチを採用したわけです。

何が厳しい条件なのかは，問題設定によってさまざまに変化します。いま (3) で行ったように，実験をしてそれを見抜くことで，場合の数のハイレベルな問題を攻略できるようになることでしょう。

最後に，これまでの知識・経験を活用し，難度の高い問題に挑戦しましょう。

例題　完全順列

A, B, C, D の 4 人が 1 つずつプレゼントを用意し，プレゼント交換を行う。4 人が誰かのプレゼントを 1 つずつ受け取るとき，全員が自分のものでないプレゼントを受け取る方法は何通りあるか。

このような"すべてあべこべ"な順列は**完全順列（撹乱順列）**とよばれ，実はこのような場合の数を計算するための式もちゃんと存在します。しかし，その式を知っている，あるいはすぐ求められる人はそういないと思われます。

そのような知識のない状態で問題を解くことを想定しましょう。あなたはどのように答えを導きますか？ ……たとえば，このように考えた人がいたとします。

[誤答例]

　A は B, C, D のいずれかのプレゼントを受け取る必要があり，これは 3 通り。次に B は残りの 3 つのプレゼントのうち自分のもの以外を受け取る必要があり，これは 2 通り。そして C は残りの 2 つのプレゼントのうち自分のもの以外を受け取る必要があり，これは 1 通り。よって答えは $3 \times 2 \times 1 = 6$ より 6 通りである。

もっともらしい言い方をしていますが，"誤答例"と記した通りこの考え方は誤りです。

というのも，"B は残りの 3 つのプレゼントのうち自分のもの以外を受け取る必要があり，これは 2 通り"と書きましたが，自然に見えるここに誤りがあります。**最初に A が B のプレゼントを受け取った場合，次に B は（A,C,D のプレゼントうち）どれを受け取ってもよいことになります。**
したがって，A がもらうプレゼントを決めたときの B のプレゼントの受け取り方はつねに 2 通りというわけではありません。

さきほどの誤答例が誤りであることは理解できたでしょうか。数え上げの問題では，冷静かつ批判的に自身の解法を検討しないと，こうしたミスが生じます。

さて，左ページの考え方は正しくなかったわけですが，これからどうにかして問題を解かなければなりません。ぜひご自身でも解法を考えてみてください。

……えっ，一発で計算できないなら無理じゃないかって？
一発で計算する必要なんてありません。問題文のどこにも，そのような制約はありません。
多少手間がかかっても，無理矢理式一本で求めようとしてさきほどのようなミスをするくらいなら，丁寧に調べてしまえばよいのです。

例題の解説

答え：9 通り

自分のプレゼントを受け取ってもよいとした場合のプレゼントの受け取り方は $4! = 24$ より 24 通りです。どうせ 24 通りしかないので，**この中で条件をみたすものがいくつあるのか数えてしまえばよい**のです。

24 通りも調べるのは面倒……正直そう思ったのではないでしょうか。まあ確かに，私もちょっと面倒だと思ってしまいます。
でも実は，もっと手間を省きつつ丁寧に数え上げることができます。

まず，A, B, C, D が持参したプレゼントを各々 a, b, c, d としましょう。そして，A, B, C, D がたとえばそれぞれ c, d, b, a をもらうケースを，(c, d, b, a) のようにカッコで並べて表記することとします。

例 (c, d, b, a) … $\begin{matrix} A & B & C & D \\ c & d & b & a \end{matrix}$ Ok

例 (c, b, d, a) … $\begin{matrix} A & B & C & D \\ c & b & d & a \end{matrix}$ NG

このとき，$(a, ■, ■, ■)$ というパターンは 24 通り中 6 通りです。しかし，■の中身がどうなっていてもこのようなパターンは問題文の条件をみたしません。
そもそも A が自分のプレゼントを受け取ってしまっているためです。

というわけで残りの $(b, ■, ■, ■), (c, ■, ■, ■), (d, ■, ■, ■)$ の場合に絞って考えるのですが，**これら 3 パターンはどれも 6 通りですし，A から見たら b, c, d はどれも対等なので，$(b, ■, ■, ■)$ のパターンだけ考え，最後にそれを 3 倍してやればよい**ですね。つまり，調べるべきなのは高々 6 通りなのです。

$(b, ■, ■, ■)$ のパターンを具体的に書き出すと，次のようになります。

$(b, a, c, d), (b, a, d, c), (b, c, a, d), (b, c, d, a), (b, d, a, c), (b, d, c, a)$

たった 6 通りなので，これならすぐ書き出せますね。

この 6 通りのうち，たとえば $(b, a, c, \boldsymbol{d})$ は問題文の条件をみたしません。D が自身のプレゼント d をもらうことになるからです。同様に $(b, c, a, \boldsymbol{d})$，$(b, d, \boldsymbol{c}, a)$ もダメですね。

$\cancel{(b, a, c, d)}, (\boldsymbol{b, a, d, c}), \cancel{(b, c, a, d)}, (\boldsymbol{b, c, d, a}), (\boldsymbol{b, d, a, c}), \cancel{(b, d, c, a)}$

残りの $(b, a, d, c), (b, c, d, a), (b, d, a, c)$ は，4 人とも自分以外のプレゼントを受け取るケースなので問題文の条件をみたします。

ただしこれは A が b を受け取る場合限定なので，A が c, d を受け取る場合もふまえて 3 倍した $3 \times 3 = 9$ 通りが，本問の答えになります。

一見面倒な問題でしたが，やったことは
- A が b を受け取る場合の，残り 3 人の受け取り方 6 通りをすべて書き出す。
- そのうち，問題文の条件をみたすものがいくつあるかを数える。
- その個数を 3 倍する。

くらいです。それっぽいけれど根拠のない計算をするくらいなら，このように具体的に書き出して考えた方が，よほど正確ですね [16]。

最後に，場合の数の問題に取り組むときのポイントをまとめておきます：
- 漏れなく・重複なくカウントすること
- 書き出して考えること
- 複数の解法を吸収し，できれば演習時にも複数の解法で解いて検算すること

第 9 章はこれで以上です。最後までよく頑張りました！

16　とはいえ，プレゼントの個数が増えると場合の数は急速に増加し，地道に書き出すことが実質的にできなくなるのも事実です。その場合，たとえば漸化式というものを考えることになります。それを用いると，プレゼントが 5 個，6 個，7 個……のときの完全順列の総数を順々に計算できるのです！

じゃんけん，ライブチケットの抽選，席替え……。世の中の現象は"確率"であふれています。
でも，そもそも"確率"とは何のことで，どう計算するのでしょうか。いきなり問われると，
案外困ってしまうものです。

本章では，ある種の確率の定義をし，それに基づいて計算を行います。
これまで大雑把に捉えていた"確率"について，解像度が高まることでしょう。

そのあと，条件付き確率や期待値についても勉強します。これにより，確率の概念が私たちの
社会でどう活用されうるかが見えてくるはずです。

10-1 ⊙ 確率の定義

▶ 確率という量の意味

たとえば，5本のくじが箱に入っており，そのうち1本は当たり，そのほかの4本はハズレであるとします。そこから無作為に1本を引くことを考えましょう。ここでいう"無作為に"とは，偏りがないように，という程度の意味です。くじは全部で5本なので，当たりを引く"割合"は $\frac{1}{5}$ と思えますね。

その"割合"って何？ と思うかもしれません。もっともな疑問です。ここでは $\frac{(当たりを引いた回数)}{(くじを引いた回数)}$ という量を考えましょう。くじを何十回，何百回も引くと，この割合は $\frac{1}{5}$ に近づいていきます[1]。このような"近づく先"の値のことを，当たりを引く割合と考えているわけです。

いま考えたような，ある事柄の起こる割合のことを**確率**とよびます。本章では，この"確率"について学んでいきます。

▶ 試行と事象

確率を定義するにあたり，試行・事象の概念は欠かせません。

> **🔍 定義　試行・事象**
>
> 同じ状態のもとで繰り返すことができ，ありうるすべての結果がわかっている一方で，そのいずれが起こるかは偶然によって決まる実験・観測を**試行**という。また，試行の結果起こる事柄を**事象**という。

---

1 そもそも"近づいていく"とはどういうことなのか，そしてなぜ近づくといえるのかは難しい話です。"まあ確かに近づきそうだな"という程度の理解で先に進んでしまいます。

たとえば，サイコロを 1 回振ることを考えましょう。このとき，出目は 1, 2, 3, 4, 5, 6 のいずれかちょうど 1 つです。しかし，どの目が出るかは偶然によって決まります[2]。よって，この行為は試行であるといえますね。

そして，この試行における事象は
- A：6 の目が出る
- B：偶数の目が出る
- C：6 の約数でない目が出る

といったものを指します。なお，
- D：1 以上 6 以下の目が出る
- E：7 の倍数の目が出る

のように，確実に起こる or 決して起こらないものを考えても構いません（考える価値があるか否かは別問題ですが）。

事象＼出目	1	2	3	4	5	6
A						○
B		○		○		○
C				○	○	
D	○	○	○	○	○	○
E						

▶ 集合で記述する

"確率" を定義するにあたり，事象の集合による記述が役立ちます。

サイコロを 1 回振るとき，その結果起こりうる場合は以下の 6 通りです。

1 の目が出る，2 の目が出る，3 の目が出る，
4 の目が出る，5 の目が出る，6 の目が出る

毎回これらをそのまま記述するのは面倒なので，以下これらを単に

1, 2, 3, 4, 5, 6

と略記することとしましょう。

いま，$U := \{1, 2, 3, 4, 5, 6\}$ をこれら 6 つの場合全体の集合とします。この試行において，上述の事象 A, B, C は，U の部分集合として

$$A = \{6\}, \qquad B = \{2, 4, 6\}, \qquad C = \{4, 5\}$$

と表せます。条件をみたす出目の集合を考えているわけです。

このように，ある試行を行う際，**起こりうるすべての場合を集めた集合**を U とすると，さまざまな事象は U の部分集合で表すことができます。

2　もちろん，投げ方を統一して高い精度で投げれば出目をある程度制御できるでしょうが，そのような投げ方は考えないことにします。なんとなくポイっと投げることを想像するとよいでしょう。

- ある試行を行う際，起こりうるすべての場合を集めた集合を U とする。このとき，U で表される事象を**全事象**という。
- 空集合で表される事象を**空事象**という。
- U の要素 1 個のみからなる集合で表される事象を**根元事象**という。

なお，以下では“集合”と“集合で表される事象”とを区別せず，集合のことを単に事象とよぶ。

さきほどの例の場合，根元事象は $\{1\}, \{2\}, \{3\}, \{4\}, \{5\}, \{6\}$ の 6 個ということになります。

なお，本書では全体集合 U が有限集合である場合のみ扱います[3]。

例題　　事象の表し方①

10 枚のカードがあり，各々に 1 以上 10 以下の整数が重複なく 1 つずつ書かれている。ここから無作為に 1 枚引く試行を考える。

(1) 全事象（を表す集合）を書き下せ。

(2) 以下の事象（を表す集合）を求めよ。

　　A：偶数の書かれたカードを引く。

　　B：12 の約数のカードを引く。

　　C：素数でない数の書かれたカードを引く。

なお，整数 a の書かれたカードを引くことを単に a としてよい[4]。

| 1 | 2 | 3 | 4 | 5 |
| 6 | 7 | 8 | 9 | 10 |

例題の解説

(1) 答え：$\{1, 2, 3, 4, 5, 6, 7, 8, 9, 10\}$

(2) 答え：$A = \{2, 4, 6, 8, 10\}$,　　　$B = \{1, 2, 3, 4, 6\}$,

　　　　　$C = \{1, 4, 6, 8, 9, 10\}$

3　この注は読まなくても問題ありません。たとえば，表計算ソフトで 0 以上 1 以下の一様乱数を出力することを考えましょう。桁数の限界など細かいことは無視すると，出力される乱数の値は無限に存在します。このとき，たとえばちょうど 0.5 という値が出力される確率はいくらか？　というのを素朴に考えてみましょう。すると，（乱数の値が無限通りあるので）確率はゼロなのではないかと思えます。一方で，0.5 という値は 0 以上 1 以下ですから，“ありえない”わけではなさそうです。このように，全体集合が無限である場合の確率は，定義が難しく奥が深いのです。

4　本章では，カードに関する問題で以降もこの略記をことわりなく用います。

▶ 同じ見た目のモノがある場合の事象

同じ見た目のモノが複数ある場合，見た目ベースで根元事象を定めると（後述のように）同様に確からしくないものとなることがあります。
こういうときは，**各々のモノに番号等を与え，区別して事象を考える**ことにより，同様に確からしい根元事象を構成することで正しく確率を定義できます[5]。

たとえばコイン2枚を投げたとき，結果は次のいずれかになります。
（ⅰ）　2枚とも表である。
（ⅱ）　1枚が表であり，1枚が裏である。
（ⅲ）　2枚とも裏である。

ここで，2枚のコインにこっそりA, Bと名前を書いておいたとします。（ⅱ）のケースには次の2パターンありますが，これらを区別するわけです：
● Aが表，Bが裏
● Aが裏，Bが表

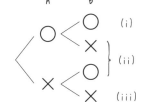

たとえばAが表，Bが裏であるケースを (○, ×) と表すことにすると，いまの試行の全事象 U は以下の通りとなります。

$$U = \{(○, ○), (○, ×), (×, ○), (×, ×)\}$$

そして，根元事象は $\{(○, ○)\}, \{(○, ×)\}, \{(×, ○)\}, \{(×, ×)\}$ です。

例題　　事象の表し方②

引き続き上の試行について考える。コインを2枚投げる試行において，以下の各事象を上述の U の部分集合で表せ。
（1）　表がちょうど1枚である。　　　　（2）　裏が1枚以下である。

例題の解説

答え：(1) $\{(○, ×), (×, ○)\}$　　　(2) $\{(○, ○), (○, ×), (×, ○)\}$

5　同じ見た目のものを区別するというのは，同様に確からしい根元事象を構成（し，それに基づいて確率を計算）するために必要に応じて行うことであり，区別すること自体は義務ではありません。

もう少し複雑な設定での試行についても，全事象を考えておきましょう。

青玉 2 個，白玉 2 個が入った袋がある。このうちから無作為に 2 個玉を取り出す試行を考える。同色の玉もみな区別し，全事象やその部分集合を求めよう。ただし，玉の取り出し方は全部で $_4C_2 = 6$ 通りあり，ここではそれら 6 通りの事象の集まりを全事象 U とする。

(1)　起こりうる場合を適切に略記しつつ，U を，要素を列挙する方法で書き下せ。
(2)　異なる色の玉の組を取り出す事象を，U の部分集合で表せ。
(3)　青玉が（1 個以上）含まれる事象を，U の部分集合で表せ。

例題の解説

ここでは青玉を B_1, B_2，白玉を W_1, W_2 と命名し[6]，たとえば B_1, W_2 を取り出すことを (B_1, W_2) とします。

(1) 答え：$U = \{(B_1, B_2), (B_1, W_1), (B_1, W_2),$
$(B_2, W_1), (B_2, W_2), (W_1, W_2)\}$

(2) 答え：$\{(B_1, W_1), (B_1, W_2), (B_2, W_1), (B_2, W_2)\}$
U の要素のうち，B_1, B_2 から 1 つ，W_1, W_2 から 1 つ取り出しているものをまとめるだけです。

(3) 答え：$\{(B_1, B_2), (B_1, W_1), (B_1, W_2), (B_2, W_1), (B_2, W_2)\}$
U の要素のうち，B_1, B_2 のうち 1 つ以上が含まれているものをまとめます。(W_1, W_2) 以外のすべてが該当しますね。

ここまで確率の話を全くしていないじゃないか！　……と思うかもしれません。でもご安心ください。実は，全事象や根元事象というのがそのまま確率の定義につながります。では，右ページで最後の準備をしましょう。

6　blue，white の頭文字です。このように，記号を導入する際は意味が明快なものにすることを推奨します。

▶ "同様に確からしい" とは？

まず，極めて重要な概念の導入をしておきます。

> 🔍 **定義** **同様に確からしい**
>
> ある試行において，根元事象のいずれも同じ程度で起こると期待できるとき，それらの根元事象は**同様に確からしい**という。

たとえばサイコロを 1 回振るとき，全事象は

$$\{1, 2, 3, 4, 5, 6\}$$

でした。根元事象は

$$\{1\}, \{2\}, \{3\}, \{4\}, \{5\}, \{6\}$$

ですが，多くの場合これらは同様に確からしいものとします。**1 ～ 6 の目が同じ程度出ると仮定している**，ということです[7]。

同様に確からしくない根元事象も存在します。たとえば，飛行機で大阪から東京へ向かう試行において，根元事象を

$$\{墜落せずに東京にたどり着ける\}, \{途中で墜落する\}$$

としましょう。当然これらは同様に確からしくありません。ほとんど確実に無事に到着できますからね。

そこまで極端でなくとも，たとえば強さに差がある 2 チーム A, B が対戦する場合，その結果

$$\{A が勝利する\}, \{B が勝利する\}$$

は同様に確からしくないと思えます。ほかにも，サイコロやコインに細工をしておくなど，"同様に確からしい" という前提が崩れる設定はいくらでも存在します。

なお，**本書では今後，根元事象が同様に確からしい設定で，さまざまな事象の確率を考えます**。上で述べたような例たちは考えないということです。

---

7 特に問題文において指示のない場合，サイコロであれば 1 ～ 6 の目が同じ程度出るものとし，コインであれば表・裏が同じ程度出るものとしています。本書においても同様とします。

▶ 確率の導入・確率の基本性質

そしていよいよ，確率の導入です。

> **🔍✎ 定義と表記**　確率
>
> 考えている試行の全事象を U とする。また，この試行の根元事象はいずれも同様に確からしいとする。このとき，事象 A について
> $$\frac{n(A)}{n(U)} \left(= \frac{（事象 A の起こる場合の数）}{（起こりうるすべての場合の数）} \right)$$
> を事象 A の起こる確率という。また，この量を $P(A)$ と表す。

回りくどいと感じるかもしれませんが，丁寧に定義しておくことでこの先の議論が明快になりますから，面倒でもこの定義は頭に入れておきましょう。

> **△ 定理**　確率の基本性質
>
> 上述の定義に基づくと，$0 \leqq P(A) \leqq 1$ が成り立つ。
>
> 定理の証明 ・・・
>
> A は U の部分集合ですから，$0 \leqq n(A) \leqq n(U)$ が成り立ちます。これの各辺を $n(U)\ (\neq 0)$ で除算することにより次がしたがいます。
> $$\frac{0}{n(U)} \leqq \frac{n(A)}{n(U)} \leqq \frac{n(U)}{n(U)} \qquad \therefore 0 \leqq P(A) \leqq 1$$
> なお，$P(A) = 0$ となるのは $A = \varnothing$ のときであり，$P(A) = 1$ となるのは $A = U$ のときです。

確率は 0 以上 1 以下の値をとります。よって，確率の計算結果が負の値になったり 1 より大きい値になったりしたら，どこかに誤りがあるといえます[8]。

では，以上の内容をふまえ，いくつかの確率を計算してみましょう。

8　ちなみに，量子論では"負の確率"が登場するそうです。不思議ですね。

▶ 早速計算してみよう！

| 例題 | 確率の定義① |

10 枚のカードがあり，各々には 1 以上 10 以下の整数が
重複なく 1 つずつ書かれている。ここから無作為に 1 枚
引くとき，12 の約数のカードを引く確率を求めよ。

| 1 | 2 | 3 | 4 | 5 |
| 6 | 7 | 8 | 9 | 10 |

例題の解説

答え：$\dfrac{1}{2}$

全事象 U は $U = \{1, 2, 3, 4, 5, 6, 7, 8, 9, 10\}$ と書けます。"無作為に"とあるので，
10 個の根元事象 $\{1\}, \{2\}, \{3\}, \{4\}, \{5\}, \{6\}, \{7\}, \{8\}, \{9\}, \{10\}$ は同様に確からし
いと判断できます。ここで，12 の約数のカードを引く事象（T とします）は
$T = \{1, 2, 3, 4, 6\}$ と表すことができ，$n(T) = 5$ です。したがって，T の起こる確
率は $P(T) = \dfrac{n(T)}{n(U)} = \dfrac{5}{10} = \dfrac{1}{2}$ と計算できます。

| 例題 | 確率の定義② |

100 枚のカードがあり，各々には 1 以上 100 以下
の整数が重複なく 1 つずつ書かれている。
ここから無作為に 1 枚引くとき，7 の倍数のカードを引く確率を求めよ。

| 1 | 2 | 3 | … | 99 | 100 |

例題の解説

答え：$\dfrac{7}{50}$

全事象 U は $U = \{1, 2, 3, \cdots, 100\}$ と書くことができ，上の例題同様 100 個の根元
事象は同様に確からしいと判断できます。ここで，7 の倍数のカードを引く事象
（S とします）は $S = \{7, 14, 21, \cdots, 98\}$ と表すことができ，$n(S) = 14$ です。した
がって，S の起こる確率は $P(S) = \dfrac{n(S)}{n(U)} = \dfrac{14}{100} = \dfrac{7}{50}$ と計算できます。

第 10 章 確率

▶ 2 つのサイコロを投げるときの根元事象は？

もう少し複雑な設定を考えてみましょう。

たとえば，サイコロを 2 個同時に振るとします。ただし，一方のサイコロの出目が他方のそれに影響することはないものとします。

このとき，考えられる出目の組は以下の 21 通りです。

1 と 1，2 と 2，3 と 3，4 と 4，5 と 5，6 と 6
1 と 2，1 と 3，1 と 4，1 と 5，1 と 6
2 と 3，2 と 4，2 と 5，2 と 6
3 と 4，3 と 5，3 と 6
4 と 5，4 と 6
5 と 6

たとえば，2 つとも 1 の目が出ているのは上記のうち 1 通りです。よって，その確率は $\dfrac{1}{21}$ と計算できそうです。

……ところが，これは誤った結論です。何がマズいかわかりますか？

誤りなのは，**根元事象が"いずれも同様に確からしい"という条件をみたしていない**点です。実は，上に挙げた 21 通りは同じ程度起こるわけではありません。

そのワケを述べます。2 つのサイコロに A, B と命名し，これらを区別します。このとき，たとえば"1 と 1"が実現するには，A, B がいずれも 1 の目でないといけません。しかし，"1 と 2"は

- A の出目が 1，B の出目が 2
- A の出目が 2，B の出目が 1

のいずれでもよく，"1 と 1"よりも"1 と 2"の方が起こりやすいのです。

というわけで，前述の 21 通りに分解してしまうと確率を計算できません。しかし，ここまで読んできたあなたなら，対処法がわかるはず。……そう，たとえば

- A の出目が 1，B の出目が 2
- A の出目が 2，B の出目が 1

のように，**異なる出目を入れ替えたものも区別する**のです。

そうすると，結局 A の出目 6 通りの各々について B の出目が 6 通りあるわけです。

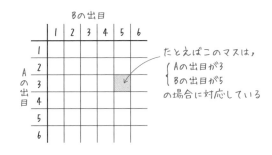

そこで，右のような表を描いてみるとよいでしょう。この 36 個あるセルが，両者を区別したときの出目の組の一覧になっています。

1 つのサイコロの出目 1 〜 6 は同様に確からしいと認めていたので，この 36 通りは同様に確からしいと思えますね。よって，これらを根元事象とすれば正しく確率を計算できそうです。

2 個のサイコロを投げたときの各種事象の確率を，早速計算してみましょう。

| 例題 | 2 つのサイコロを投げる① |

2 個のサイコロを同時に投げるとき，出目の和が 5 となる確率を求めよ。

| 例題の解説 |

答え：$\dfrac{1}{9}$

2 個のサイコロの目の出方は $6 \times 6 = 36$ 通りであり，これらは同様に確からしいです。

このうち出目の和が 5 となる目の出方は
$$(1, 4), (2, 3), (3, 2), (4, 1)$$
の 4 通りです（右のように出目の和を表にまとめるのもおすすめです）。
よって，求める確率は次のように計算できます。

$$\frac{(和が5となる目の出方)}{(すべての目の出方)} = \frac{4}{36} = \frac{1}{9}$$

○：和が5となる出目の組

2個のサイコロを同時に投げるとき，出目の和がいくらになる確率が最も高いか。また，そうなる確率を求めよ。

例題の解説

答え：出目の和が 7 となる確率が最大で，その確率は $\dfrac{1}{6}$

出目の和は 2 以上 12 以下ですが，すべての値について出目を書き出すのは（当然可能ですが）大変です。

そこで，さきほどの表を利用しましょう。表の各マスに出目を書き込んでみると，右のようになります。

	Bの出目					
	1	2	3	4	5	6
1	2	3	4	5	6	7
2	3	4	5	6	7	8
3	4	5	6	7	8	9
4	5	6	7	8	9	10
5	6	7	8	9	10	11
6	7	8	9	10	11	12

（左列：Aの出目）

このうち最も登場回数が多いのは "7" です。

つまり，出目の和が 7 になる確率が最も大きいです。対応する出目の組は図で強調した 6 通りであり，

その確率は $\dfrac{6}{36} = \dfrac{1}{6}$ と計算できます。

確率を計算する際は，以下のことをつねに意識しましょう：

- 同様に確からしい根元事象までバラし，その個数を数える。
- そのうち，考えている事象に対応するものがいくつあるか数える。
- それらの数の比が，考えている事象の確率である。

▶ さまざまな確率を計算してみよう

では引き続き，いろいろな設定で確率を計算していきます。

例題 コインの表裏

3 枚のコインを同時に投げるとき，3 枚の表裏がすべて同じになる確率を求めよ。

答え：$\dfrac{1}{4}$

各々のコインを投げた結果は"表が出る""裏が出る"の2通りですから，3枚のコインを投げた結果は $2 \times 2 \times 2 = 8$ 通りであり，これらは同様に確からしいと考えられます。そのうち，3枚の表裏がみな同じになるのは

- 3枚とも表（1通り）
- 3枚とも裏（1通り）

の計2通りです。よって，求める確率は次のように計算できます。

$$\binom{\text{3枚の表裏が}}{\text{すべて同じになる確率}} = \frac{(\text{表裏がすべて同じになる表裏の出方の総数})}{(\text{表裏の出方の総数})} = \frac{2}{8} = \frac{1}{4}$$

例題 6人の並び方

A, B, C, D, E, F の6人が横一列に並ぶ。A は B と隣になりたいらしいのだが，あいにく並び方は無作為に決められるようだ。A と B が隣り合う確率はいくらか？

例題の解説

答え：$\dfrac{1}{3}$

6人の並び方の総数は $6! = 720$ 通りあり，それらは同様に確からしいと考えられます。そのうち A, B が隣り合う場合の数が何通りあるかを数えましょう。

2人が隣り合うとして，その位置は右図の5パターンです。
また，それ以外の自由度は以下の通りです：

- A, B の並び方 ：2通り（左右の入替）
- C, D, E, F の並び方：$4! = 24$ 通り

よって，
（A, B が隣り合う場合の数）
＝(2人が隣り合う位置の数)×(A, B の並び方の数)×(C, D, E, F の並べ方の数)
＝$5 \times 2 \times 24 = 240$ 通り

であり，これより2人が隣り合う確率は $\dfrac{240}{720} = \dfrac{1}{3}$ と計算できます。

10-2 ⊚ 事象どうしの関係

これまでは，1つの事象の起こる確率のみを考えてきました。
本節では，複数の事象を同時に取り扱います。

▶ 積事象・和事象

サイコロを1回投げるという試行を考えましょう。やはり a の目が出ることを単に a と記すことにします。このとき，全事象 U は次のようになるのでした。
$$U = \{1, 2, 3, 4, 5, 6\}$$

この試行において，次の事象 A, B を考えます。

   A：4以上の目が出る B：偶数の目が出る

A, B を表す U の部分集合は次の通りです。

   $A = \{4, 5, 6\}, \qquad B = \{2, 4, 6\}$

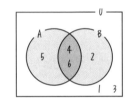

ここで，上の2事象が同時に起こる，つまり"4以上かつ偶数の目が出る"という事象を考えます。この事象は $\{4, 6\}$ という集合で表すことができますね。そしてこれは A と B（を表す集合）の共通部分 $A \cap B$ となっています。

次に，上の2事象の少なくとも一方が起こる，つまり"4以上または偶数の目が出る"という事象を考えます。この事象は $\{2, 4, 5, 6\}$ という集合で表すことができますね。そしてこれは A と B（を表す集合）の和集合 $A \cup B$ となっています。

> **🔎 定義と表記**　　**積事象・和事象**
>
> - 2つの事象 A, B が同時に起こるという事象を A と B の積事象といい，$A \cap B$ と表す。
> - 2つの事象 A, B のうち少なくとも一方が起こるという事象を A と B の和事象といい，$A \cup B$ と表す。

集合と事象を同一視しているため，共通部分の記号 ∩ や和集合の記号 ∪ を用いています。

なお，以下では "（を表す集合）" というカッコ書きは省略し，事象と集合をことわりなく同一視します。

積事象・和事象の起こる確率についても，前節同様

$$P(A \cap B) = \frac{n(A \cap B)}{n(U)}, \qquad P(A \cup B) = \frac{n(A \cup B)}{n(U)}$$

と計算できます。それをふまえ，早速例題に取り組んでみましょう。

例題 　積事象・和事象

サイコロを 1 個投げる試行において，次のように事象を定める。

A：平方数の目が出る　　B：偶数の目が出る

(1)　A, B を表す集合を求めよ。

(2)　A, B の積事象 $A \cap B$ および $P(A \cap B)$ を求めよ。

(3)　A, B の和事象 $A \cup B$ および $P(A \cup B)$ を求めよ。

例題の解説

全事象を U とすると $U = \{1, 2, 3, 4, 5, 6\}$ であり，
根元事象 $\{1\}, \{2\}, \{3\}, \{4\}, \{5\}, \{6\}$ は同様に確からしいと判断できます。

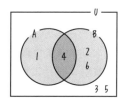

(1) **答え：$A = \{1, 4\}$, $B = \{2, 4, 6\}$**

1 〜 6 のうち平方数は 1, 4 ですから $A = \{1, 4\}$ です。

そして，1 〜 6 のうち偶数は 2, 4, 6 ですから，$B = \{2, 4, 6\}$ です。

(2) **答え：$A \cap B = \{4\}$, $P(A \cap B) = \dfrac{1}{6}$**

(1) の結果より $A \cap B = \{4\}$ であり，$P(A \cap B)$ は次のようになります。

$$P(A \cap B) = \frac{n(A \cap B)}{n(U)} = \frac{1}{6}$$

(3) **答え：$A \cup B = \{1, 2, 4, 6\}$, $P(A \cup B) = \dfrac{2}{3}$**

(1) の結果より $A \cup B = \{1, 2, 4, 6\}$ であり，$P(A \cup B)$ は次のようになります。

$$P(A \cup B) = \frac{n(A \cup B)}{n(U)} = \frac{4}{6} = \frac{2}{3}$$

第10章　確率

469

▶ 排反事象

10 枚のカードがあり，各々には 1 以上 10 以下の整数が重複なく 1 つずつ書かれているとします。ここから無作為に 1 枚引く試行において，事象 A, B を次のように定めます。

A：素数のカードを引く　　B：4 の倍数のカードを引く

A, B を表す集合は各々次の通りです。：

$$A = \{2, 3, 5, 7\}, \qquad B = \{4, 8\}$$

これらの集合に共通する要素はないため，A, B は同時には起こらないことがわかります。

> **🔍 定義**　　**排反事象**
>
> 2 つの事象 A, B が同時に起こらない，つまり $A \cap B = \varnothing$ であるとき，事象 A と B は互いに**排反**である（**排反事象**である）という。

例題　　排反事象

10 枚のカードがあり，各々には 1 以上 10 以下の整数が重複なく 1 つずつ書かれているとする。ここから無作為に 1 枚引く試行において，事象 A, B, C, D を次のように定める。このとき，互いに排反である事象の組をすべて挙げよ。

| 1 | 2 | 3 | 4 | 5 |
| 6 | 7 | 8 | 9 | 10 |

A：素数のカードを引く，　　　B：4 の倍数のカードを引く，
C：平方数のカードを引く，　　D：8 以上のカードを引く

例題の解説

答え：$(A, B), (A, C), (A, D)$ の 3 組が各々互いに排反である。

整数 a が書かれたカードを引くことを単に a とします。このとき全事象 U は

$$U = \{1, 2, 3, 4, 5, 6, 7, 8, 9, 10\}$$

です。そして，$A \sim D$ の各々に対応する集合は

$$A = \{2, 3, 5, 7\}, \qquad B = \{4, 8\}, \qquad C = \{1, 4, 9\}, \qquad D = \{8, 9, 10\}$$

となります。これらのうち 2 つを選んでできる組であって，共通部分のないものが答えとなります。

排反事象の確率について，次のことが成り立ちます。

> ### △ 定理　確率の加法定理
>
> 全事象 $U(\neq \varnothing)$ のもとで，互いに排反な事象 A, B について次が成り立つ。
> $$P(A \cup B) = P(A) + P(B)$$
> これを（確率の [9]）加法定理という。

定理の証明 ･･･

前章で学んだ通り，集合の要素の個数について
$$n(A \cup B) = n(A) + n(B) - n(A \cap B)$$
が成り立ちます。ここで，A, B が排反のとき，$A \cap B = \varnothing$ より $n(A \cap B) = 0$
ですから
$$n(A \cup B) = n(A) + n(B) - 0 = n(A) + n(B)$$
つまり $n(A \cup B) = n(A) + n(B)$ が成り立ち，これの両辺を $n(U)\ (\neq 0)$ で除
算することで
$$\frac{n(A \cup B)}{n(U)} = \frac{n(A)}{n(U)} + \frac{n(B)}{n(U)} \qquad \therefore P(A \cup B) = P(A) + P(B)$$
がしたがいます。■

同時に起こらない複数の事象について，それらのいずれか 1 つ以上が起こる確率
は，各々の起こる確率の単純な和になるということです。なお，これは**あくまで
$A \cap B = \varnothing$ の場合の話**なので注意してください。

例題	確率の加法定理①

10 枚のカードがあり，各々には 1 以上 10 以下の整数が
重複なく 1 つずつ書かれているとする。この中から 2 枚
同時に無作為に引くとき，それらに書かれている数字の
偶奇が一致する確率を求めよ。

1	2	3	4	5
6	7	8	9	10

9　"加法定理" という名称自体は，他分野（たとえば数学 II の三角関数）でも登場します。

答え：$\dfrac{4}{9}$

すべてのカードの引き方は $_{10}C_2 = 45$ 通りで，これらは同様に確からしいです。
2枚に書かれている数字の偶奇が一致するケースは

A：いずれも偶数　　B：いずれも奇数

という2つの事象の和事象 $A \cup B$ であり，この A, B は互いに排反です
（よって，求める確率は $P(A) + P(B)$ です）。
いま，A が起こる場合の数は，10枚中5枚ある偶数のカードのうちから2枚選択する場合の数と等しく，$_5C_2 = 10$ 通りです。B が起こる場合の数は，10枚中5枚ある奇数のカードのうちから2枚選択する場合の数と等しく，$_5C_2 = 10$ 通りです。以上より，$P(偶奇が一致する ^{10)}) = P(A) + P(B) = \dfrac{10}{45} + \dfrac{10}{45} = \dfrac{20}{45} = \dfrac{4}{9}$ です。

青玉3個と白玉5個が袋の中に入っている。ここから無作為に
2個取り出すとき，取り出した玉が同色である確率を求めよ。

答え：$\dfrac{13}{28}$

すべての玉の取り出し方は $_{3+5}C_2 = 28$ 通りで，これらは同様に確からしいです。
2つの玉が同色になるケースは

A：いずれも青玉　　B：いずれも白玉

という2つの事象の和事象 $A \cup B$ であり，この A, B は互いに排反です。
いま，A が起こる場合の数は $_3C_2 = 3$ 通りです。B が起こる場合の数は，5個ある白玉から2個選択する場合の数と等しく，$_5C_2 = 10$ 通りです。以上より，

$P(同色になる) = P(A) + P(B) = \dfrac{3}{28} + \dfrac{10}{28} = \dfrac{13}{28}$ と計算できます。

10　重要な注：本書では，以下このように $P(\sim)$ のカッコ内に日本語を記述し，"〜の起こる確率" という意味で用います。やや雑な表記だとは思いますが，便利なので採用します。

事象が 3 つ以上の場合も，それらのうちどの 2 つの事象も互いに排反であるとき，p.471 の定理と同様のことがいえます。

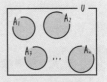

> | △ 定理 | 確率の加法定理（事象が 3 つ以上の場合）
>
> 全事象 U のもとで，A_1, A_2, $\cdots$, A_n をどの 2 つも互いに排反な事象とすると，次が成り立つ[11]。
>
> $$P(A_1 \cup A_2 \cup \cdots \cup A_n) = P(A_1) + P(A_2) + \cdots + P(A_n)$$

| 例題 | 確率の加法定理③

黒玉，青玉，白玉が各々 6 個ずつ袋の中に入っている。これらのうちから無作為に 2 個取り出すとき，取り出した玉が同色である確率を求めよ。

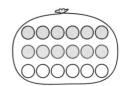

| 例題の解説 |

答え：$\dfrac{5}{17}$

すべての玉の取り出し方は $_{6+6+6}C_2 = 153$ 通りで，これらは同様に確からしいです。
そのうち 2 つの玉が同色になるケースは

      A：いずれも黒玉　　　B：いずれも青玉　　　C：いずれも白玉

という 3 つの事象の和事象 $A \cup B \cup C$ であり，この A, B, C は互いに排反です（よって，求める確率は $P(A) + P(B) + P(C)$ です）。

いま，A が起こる場合の数は $_6C_2 = 15$ 通りです。3 色の玉の個数はいずれも 6 個なので，B, C が起こる場合の数も各々 15 通りですね。
以上より，取り出した玉が同色である確率は次のように計算できます[12]。

$$P(同色になる) = P(A) + P(B) + P(C) = \frac{15}{153} + \frac{15}{153} + \frac{15}{153} = \frac{45}{153} = \frac{5}{17}$$

11　次の式の左辺に $A_1 \cup A_2 \cup \cdots \cup A_n$ というものがありますが，これは A_1, A_2, $\cdots$, A_n のうち 1 つ以上に属する要素全体の集合を指しています。なお，$\cup$ のみや $\cap$ のみであればこのように複数個繋げても問題ないのですが，$\cup$ と $\cap$ が混在する場合，複数個繋げるだけの表記は NG です。たとえば $A_1 \cap A_2 \cup A_3$ という表記は $(A_1 \cap A_2) \cup A_3$ とも $A_1 \cap (A_2 \cup A_3)$ とも解釈できそうですが，これらが表す部分は同じではありません。興味のある場合は，p.468-469 にあるような図を描くことでそれを確認してみましょう。

12　結局本問の確率は $\dfrac{_6C_2}{_{18}C_2} \times 3$ という計算で求められますが，"C" どうしの除算では $\dfrac{_6C_2}{_{18}C_2} = \dfrac{2!}{18 \cdot 17} \times \dfrac{6 \cdot 5}{2!} = \dfrac{6 \cdot 5}{18 \cdot 17}$ のように階乗を相殺すると，計算がちょっとラクになります。

▶ 和事象の確率

ここまでは排反である事象について和事象の確率を計算してきましたが，排反でない場合も当然あります。次の定理は事象一般について成り立つものです。

△ 定理　　和事象の確率

全事象 $U(\neq \varnothing)$ のもとで，事象 A, B について次が成り立つ。

$$P(A \cup B) = P(A) + P(B) - P(A \cap B) \quad \cdots (*)$$

定理の証明 ··

集合の要素の個数について

$$n(A \cup B) = n(A) + n(B) - n(A \cap B)$$

が成り立ち，これの両辺を $n(U)$ $(\neq 0)$ で除算することによりしたがいます。■

式 $(*)$ は A, B が互いに排反である場合を含んでいる一般的なものであり，むしろ p.471 で扱った排反であるケースが特殊です。よって，無理に双方の式を暗記する必要はありません。$(*)$ あるいは $n(A \cup B) = n(A) + n(B) - n(A \cap B)$ だけ，右上の図とともに頭に入れておけばよいでしょう。

例題　　和事象の確率

200 枚のカードがあり，各々には 1 以上 200 以下の整数が重複なく 1 つずつ書かれているとする。

$\boxed{1}$ $\boxed{2}$ $\boxed{3}$ $\cdots$ $\boxed{199}$ $\boxed{200}$

ここから無作為に 1 枚引くとき，それに書かれている数が 4 の倍数または 7 の倍数となる確率を求めよ。

例題の解説

答え：$\dfrac{71}{200}$

すべてのカードの取り出し方は 200 通りで，これらは同様に確からしいです。引いたカードに書かれている数字について，次の 2 つの事象を考えます。

　　　　　A：4 の倍数である　　　B：7 の倍数である

このとき，求める確率は $P(A \cup B)$ と表せますね。

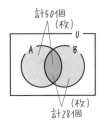

$200 = 4 \times 50$ より，整数 $1 \sim 200$ のうちに 4 の倍数は 50 個あります。また，$200 = 7 \times 28 + 4$ より 7 の倍数は 28 個です。そして，$A \cap B$ はカードに書かれている数が 4 の倍数かつ 7 の倍数，つまり 28 の倍数である事象を表します。$200 = 28 \times 7 + 4$ より 28 の倍数は 7 個ありますね。

以上より，求める確率 $P(A \cup B)$ は次のように計算できます。

$$P(A \cup B) = P(A) + P(B) - P(A \cap B)$$
$$= \frac{50}{200} + \frac{28}{200} - \frac{7}{200}$$
$$= \frac{71}{200}$$

▶ 余事象の確率

> **🔍 定義と表記　余事象**
>
> 考えている試行の全事象を U とする。事象 A について，A が起こらないという事象を A の**余事象**といい，$\overline{A}$ と表す。

これは，集合でいう補集合（p.24）に対応するものです。
余事象の確率について，次のことが成り立ちます。

> **△ 定理　余事象の確率**
>
> 全事象 $U(\neq \varnothing)$ のもとで，A とその余事象 $\overline{A}$ について次が成り立つ。
> $$P(A) + P(\overline{A}) = 1$$

定理の証明 ・・・・・・・・・・・・・・・・・・・・・・・・・・・・・・・・・・・・・

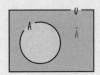

U に属するどの場合も，$A, \overline{A}$ のいずれかちょうど一方に属します。よって

$$n(A) + n(\overline{A}) = n(U)$$

であり，両辺を $n(U)$ で除算することにより上の式がしたがいます。■

表のコインが少なくとも 1 枚はある確率

コインを 3 枚投げるとき，少なくとも 1 枚は表が出るという事象を A とする。
A の起こる確率 $P(A)$ を以下の手順で求めてみよう。

(1) 面倒だと思うが，まず全事象 U を表す集合を求めよ。
   また，そのうち A の余事象 $\overline{A}$ を表す集合を求めよ。

(2) $P(\overline{A})$ を求めよ。また，それを用いて $P(A)$ を求めよ。

例題の解説

各々のコインで表・裏の 2 通りの結果がありうるため，$n(U)=2\times2\times2=8$ です。
これを先に計算しておくと，全事象を書き下す際に漏れが発生しづらいです。
以下，コインを投げたとき表が出ることを○，裏が出ることを×と表記します。

(1) 答え：解説中の太字部分の通り。

3 枚のコインに X, Y, Z と名前を与えます。また，これらを投げたときにたと
えば X が表，Y・Z が裏であることを (○, ×, ×) と表すことにしましょう。
全事象を具体的に書き下すと次のようになります。

$$U=\left\{\begin{array}{l}(○, ○, ○), (○, ○, ×), (○, ×, ○), (×, ○, ○), \\ (○, ×, ×), (×, ○, ×), (×, ×, ○), (×, ×, ×)\end{array}\right\}$$

そして，A の余事象 $\overline{A}$ は，"表が 1 枚も出ないこと" を意味します。これに対応
する結果は (×, ×, ×) のみですから，$\overline{A}=\{(×, ×, ×)\}$ です。

(2) 答え：$P(\overline{A})=\dfrac{1}{8}$, $P(A)=\dfrac{7}{8}$

根元事象は $n(U)=8$ 通りであり，これらは同様に確からしいです。よって，

$$P(\overline{A})=\frac{n(\overline{A})}{n(U)}=\frac{1}{8}$$

となります。これと $P(A)+P(\overline{A})=1$ より $P(A)$ も次のように計算できます。

$$P(A)=1-P(\overline{A})=1-\frac{1}{8}=\frac{7}{8}$$

余事象 $\overline{A}$ の要素が (×, ×, ×) の 1 個のみであったため $P(\overline{A})$ が容易に計算でき，
1 からそれを減じることで $P(A)$ もスマートに求められたというわけです。

くじ引きで 1 本以上は当たりを引く確率

10 本のくじが入った箱がある。くじのうち 3 本は当たり，7
本はハズレである。この箱から 3 本同時に無作為にくじを
引くとき，1 本以上が当たりである確率を求めよ。

例題の解説

答え：$\dfrac{17}{24}$

くじの引き方の総数は $_{10}C_3 = 120$ 通りであり，これらは同様に確からしいと判断
できます。ここで，"1 本以上が当たりである"の余事象は"3 本ともハズレであ
る"であって，その場合の数は $_7C_3 = 35$ 通りです。よって，3 本ともハズレとな
る確率は $\dfrac{35}{120} = \dfrac{7}{24}$ であり，求める確率は $1 - \dfrac{7}{24} = \dfrac{17}{24}$ となります。

ここまでは"少なくとも 1 枚""1 本以上"という表現が問題文にありましたね。
ですが，そのような表現がなくても余事象の考え方が便利な場面は存在します。

例題 **出目の積が偶数となる確率**

2 個のサイコロ A, B を投げるとき，出目の積が偶数となる確率を求めよ。

例題の解説

答え：$\dfrac{3}{4}$

A, B の出目の組の総数は $6 \times 6 = 36$ 通りあり，これらは同様に確からしいです。
"出目の積が偶数である"は"A, B の出目の少なくとも一方が偶数である"と言
い換えられます。その余事象は"A, B の出目がいずれも奇数である"です。
サイコロに奇数の目は 1, 3, 5 の 3 つありますから，ともに奇数である出目の組
は $3 \times 3 = 9$ 通りです。したがって，出目がいずれも奇数である確率は $\dfrac{9}{36} = \dfrac{1}{4}$
であり，出目の積が偶数となる確率は $1 - \dfrac{1}{4} = \dfrac{3}{4}$ と計算できます。

10-3 ⟩ 独立試行, 反復試行

▶ 独立な試行

A, B という 2 つのサイコロを投げるとします。たとえば先に A を, その次に B を投げるとしても, A の出目は B の出目に影響しません。逆順でも同様です。

> 🔍 **定義** **独立な試行**
>
> 2 つの試行について, 互いの結果が他方の結果に影響しないとき, それらを互いに**独立な試行**とよぶ。

例題 | 独立な試行

10 本のくじが入った箱がある。くじのうち 3 本は当たり, 7 本はハズレである。次の各々において, 試行 T_1, T_2 は独立か否かを判断せよ。
(1) まず無作為に 1 本引く (試行 T_1)。その後, 引いたくじを戻さずに, 残りのうちから無作為に 1 本引く (試行 T_2)。
(2) まず無作為に 1 本引く (試行 T_1)。その後, 引いたくじを戻して, 再び無作為に 1 本引く (試行 T_2)。

例題の解説

(1) 答え：**独立でない**
- T_1 で当たりを引くと, T_2 で当たりを引きづらくなる
- T_1 でハズレを引くと, T_2 で当たりを引きやすくなる

ため, T_1 の結果が T_2 に影響します。つまり, T_1 と T_2 は独立ではありません。

(2) 答え：**独立である**

T_1 と T_2 で箱の中身は全く同じであり, 互いに無影響です。

▶ 独立な試行の確率

独立な試行に関する事象の確率は，どのように計算すればよいでしょうか。

たとえば，サイコロ 1 個とコイン 1 枚を投げるとして，サイコロは素数の目が出て，コインは表が出る確率を考えてみましょう。
サイコロを投げる試行を S，コインを投げる試行を T とします。また，試行 S，T の各々においてありうる結果は次の通りです。

$$U_S = \{1, 2, 3, 4, 5, 6\}, \qquad U_T = \{表, 裏\}$$

U_S に属する結果の各々において U_T に属する結果が起こりうるため，ありうるすべての結果は $6 \times 2 = 12$ 通りです（積の法則）。そして
- サイコロの目 $1, 2, 3, 4, 5, 6$ が出ることは同様に確からしい
- コインの表が出ることと裏が出ることは同様に確からしい

わけですから，その 12 通りはみな同様に確からしいと思えますね。

次に，試行 S において素数の目が出るという事象を A_S，試行 T において表が出るという事象を A_T とします。
このとき，各事象に対応する集合は次のようになります。
- A_S に対応する集合：$\{2, 3, 5\}$ $(\subset U_S)$
- A_T に対応する集合：$\{表\}$ $(\subset U_T)$

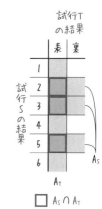

よって，"試行 S で素数の目が出て，試行 T で表が出る"事象を A とすると，A の起こる場合の数は $n(A_S) \times n(A_T) = 3 \times 1$ 通りであり，$P(A)$ は次のように計算できます。

$$P(A) = \frac{n(A_S) \times n(A_T)}{n(U_S) \times n(U_T)} = \frac{3 \times 1}{6 \times 2} = \frac{1}{4}$$

試行 S, T は互いに独立であるため，全事象の総数も A の起こる場合の数も，単純な積で計算できました。

いまの $P(A)$ の計算は次のように捉えることもできます。

$$P(A) = \frac{n(A_S) \times n(A_T)}{n(U_S) \times n(U_T)} = \frac{n(A_S)}{n(U_S)} \times \frac{n(A_T)}{n(U_T)} = P(A_S)P(A_T) \quad \therefore P(A) = P(A_S)P(A_T)$$

独立な試行たちの確率を計算する際は，"$P(A_S)$ の割合で A_S が起こり，そのうち $P(A_T)$ の割合で A_T が起こり，……"という感覚で，確率を単純に乗算すればよい，というわけです。

より一般に，次のことが成り立ちます。

△ 定理 | **独立な試行の確率**

試行 S, T は互いに独立であるとする。"試行 S で事象 A_S が起こり，試行 T で事象 A_T が起こる" という事象を A とすると，次が成り立つ。

$$P(A) = P(A_S)P(A_T)$$

感覚的にも納得しやすいのではないでしょうか。では，早速例題です。

例題 | **独立な試行の確率①**

2個のサイコロを1個ずつ順に投げる。
(1) 1個目で3の倍数の目が出て，2個目で偶数の目が出る確率を求めよ。
(2) 1個目の出目を十の位，2個目の出目を一の位にしてできる2桁の整数が5の倍数となる確率を求めよ。

例題の解説

(1) 答え：$\dfrac{1}{6}$

1個目，2個目を投げる試行を各々 S, T とします。また，S で3の倍数が出る事象を A_S，T で偶数の目が出る事象を A_T とします。このとき

$$P(A_S) = \frac{2}{6} = \frac{1}{3}, \qquad P(A_T) = \frac{3}{6} = \frac{1}{2}$$

です。S, T は互いに独立ですから，問題文の事象（A とします）の起こる確率は次のように計算できます。

$$P(A) = P(A_S)P(A_T) = \frac{1}{3} \times \frac{1}{2} = \frac{1}{6}$$

(2) 答え：$\dfrac{1}{6}$

ひねった問題を用意したいな，となんとなく思ったので用意しました。
第12章でも扱いますが，整数が5の倍数であることの必要十分条件は一の位が0または5であることです。1個目の出目は何でもよく，2個目が5であることが条件であり，その確率は $\left(1 \times \dfrac{1}{6} = \right) \dfrac{1}{6}$ となります。

A, B 2つの袋があり，A には赤玉 6 個と白玉 2 個が，B には赤玉 3 個と白玉 5 個が入っている。A, B から無作為に玉を 1 個ずつ取り出すとき，同色の玉を取り出す確率を求めよ。

例題の解説

答え：$\dfrac{7}{16}$

各々から 1 個球を取り出す事象は互いに独立です。また，いま考えている事象は
R：A, B 双方から赤玉を取り出す
W：A, B 双方から白玉を取り出す
という排反な 2 事象の和事象ですから，各事象の確率の和 $P(R)+P(W)$ が答えとなります。

まず $P(R)$ について考えましょう。A，B から赤玉を取り出す確率はそれぞれ $\dfrac{6}{8}$, $\dfrac{3}{8}$ です。よって双方から赤玉を取り出す確率は $P(R)=\dfrac{6}{8}\times\dfrac{3}{8}=\dfrac{18}{64}$ です。

$P(W)$ も同様に計算できます。A，B から白玉を取り出す確率はそれぞれ $\dfrac{2}{8}$, $\dfrac{5}{8}$ です。よって双方から白玉を取り出す確率は $P(W)=\dfrac{2}{8}\times\dfrac{5}{8}=\dfrac{10}{64}$ です。

以上より，求める確率は次のように計算できます。
$$P(R\cup W)=P(R)+P(W)=\dfrac{18}{64}+\dfrac{10}{64}=\dfrac{7}{16}$$

3 つ以上の互いに独立な試行たちについても，同様の性質が成り立ちます。

△ 定理 　独立な試行の確率

試行 $S_1, S_2, \cdots, S_n$ は互いに独立であるとする。"試行 S_1 で事象 A_1 が起こり，試行 S_2 で事象 A_2 が起こり，……，試行 S_n で事象 A_n が起こる"という事象を A とすると，次が成り立つ。
$$P(A)=P(A_1)P(A_2)\cdots P(A_n)$$

1個のサイコロを3回投げる。このとき，次のものを各々求めよ。

(1)　1回目に2の約数，2回目に4の約数，3回目に6の約数の目が出る確率。

(2)　平方数の目が1回以上出る確率。

(3)　1回目の出目が，2回目・3回目のいずれにも出ない確率。

例題の解説

(1)　答え：$\dfrac{1}{9}$

サイコロの出目としてありうるもののうち，2の約数は 1, 2 であり，4の約数は 1, 2, 4 であり，6の約数は 1, 2, 3, 6 です。よって次のように計算できます。

$$(求める確率)$$
$$= P(1回目が2の約数) \times P(2回目が4の約数) \times P(3回目が6の約数)$$
$$= \dfrac{2}{6} \times \dfrac{3}{6} \times \dfrac{4}{6} = \dfrac{1}{9}$$

(2)　答え：$\dfrac{19}{27}$

"平方数の目 (1, 4) が1回以上出る"の余事象は"平方数の目 (1, 4) は1回も出ない"つまり"毎回 2, 3, 5, 6 のいずれかしか出ない"であり，その確率は

$$P(毎回 2, 3, 5, 6 のいずれか)$$
$$= P(1回目が 2, 3, 5, 6 のいずれか) \times P(2回目が〃) \times P(3回目が〃)$$
$$= \dfrac{4}{6} \times \dfrac{4}{6} \times \dfrac{4}{6} = \dfrac{8}{27}$$

と計算できます。これより，もとの確率は次のようになります。

$$(求める確率) = 1 - P(毎回 2, 3, 5, 6 のいずれか) = 1 - \dfrac{8}{27} = \dfrac{19}{27}$$

(3)　答え：$\dfrac{25}{36}$

2回目・3回目のいずれにおいても，1回目の出目と同じものが出ない確率は $\dfrac{5}{6}$ です（**この値が，1回目の出目自体に依存していないのがポイントです**）。

それにさえ気づけば，求める確率は $\dfrac{5}{6} \times \dfrac{5}{6} = \dfrac{25}{36}$ とすぐ計算できます。

▶ 反復試行

いまの例題でサイコロを3回振ることを考えました。このように，全く同じ設定で（互いに独立な状態で）同じ試行を複数回行うことを反復試行といいます。本節では，反復試行に関する確率の計算を行います。

サイコロ1個を5回投げるとき，6の目がちょうど2回出る確率を求めたいとします。1, 4回目に6が出て，2, 3, 5回目に6以外の目が出る，というのが一例です。6の目が出ることを○，6以外の目が出ることを×と表すことにすると，条件をみたす目の出方を調べると，右のア～コのようになります。

これら10個の事象は互いに排反です。よって，ア～コの各々が起こる確率の和が答えとなります。

各試行において

● 6の目が出る確率：$\dfrac{1}{6}$

● 6以外の目が出る確率：$1 - \dfrac{1}{6} = \dfrac{5}{6}$

	#1	#2	#3	#4	#5
ア	○	○	×	×	×
イ	○	×	○	×	×
ウ	○	×	×	○	×
エ	○	×	×	×	○
オ	×	○	○	×	×
カ	×	○	×	○	×
キ	×	○	×	×	○
ク	×	×	○	○	×
ケ	×	×	○	×	○
コ	×	×	×	○	○

であることをふまえ，アから順に確率を計算してみましょう。すると以下のようになります。

$$P(ア) = P(1回目○) \times P(2回目○) \times P(3回目×) \times P(4回目×) \times P(5回目×)$$
$$= \frac{1}{6} \times \frac{1}{6} \times \frac{5}{6} \times \frac{5}{6} \times \frac{5}{6} = \left(\frac{1}{6}\right)^2 \left(\frac{5}{6}\right)^3$$

$$P(イ) = P(1回目○) \times P(2回目×) \times P(3回目○) \times P(4回目×) \times P(5回目×)$$
$$= \frac{1}{6} \times \frac{5}{6} \times \frac{1}{6} \times \frac{5}{6} \times \frac{5}{6} = \left(\frac{1}{6}\right)^2 \left(\frac{5}{6}\right)^3$$

$$P(ウ) = P(1回目○) \times P(2回目×) \times P(3回目×) \times P(4回目○) \times P(5回目×)$$
$$= \frac{1}{6} \times \frac{5}{6} \times \frac{5}{6} \times \frac{1}{6} \times \frac{5}{6} = \left(\frac{1}{6}\right)^2 \left(\frac{5}{6}\right)^3$$

とりあえずア，イ，ウのパターンになる確率を各々計算しましたが，なんとこれらは全く同じ値になりました！

これは偶然ではありません。6 の目が出るタイミングこそ違うものの，

- 5 回中 2 回 6 の目が出る　　→ 確率 $\frac{1}{6}$ が 2 回乗算される

- 5 回中 3 回 6 以外の目が出る → 確率 $\frac{5}{6}$ が 3 回乗算される

という点は共通しているからです。

つまり，ア〜コのいずれも起こる確率は $\left(\frac{1}{6}\right)^2\left(\frac{5}{6}\right)^3$ で等しいわけです。よって

$$P(6\text{ の目がちょうど 2 回出る}) = \left(\frac{1}{6}\right)^2\left(\frac{5}{6}\right)^3 \times 10 = \frac{5^3 \times 10}{6^5} = \frac{625}{3888}$$

と計算できます。最後に乗算した 10 は，6 の目が出るパターン（ア〜コ）の総数です。**確率が等しいからシンプルに乗算してよいわけですね。**

なお，さきほどはパターンを○，×で具体的に書き出して求めましたが，"5 回のうちどの 2 回で 6 の目が出るか"を数えればよいことに注意すれば，${}_5\mathrm{C}_2 = 10$ 通りとすぐ計算できます。これをふまえ，あらためて確率の計算式を記述すると

$$P(6\text{ の目がちょうど 2 回出る}) = {}_5\mathrm{C}_2\left(\frac{1}{6}\right)^2\left(\frac{5}{6}\right)^3$$

となります。つまり
- 6 の目が出るタイミングの総数
- 6 の目が 2 回出る分の確率
- 6 以外の目が 3 回出る分の確率

を乗算することで，所望の確率が計算できたということになります。

せっかくなので，いまの考え方を一般的にまとめておきましょう。

△ 定理　　反復試行における確率

n を正整数，r を $0 \leqq r \leqq n$ なる整数，p を $0 \leqq p \leqq 1$ なる実数とする。また，ある試行において事象 A の起こる確率が p であるとする。
この試行を n 回行ったとき，事象 A がそのうちちょうど r 回起こる確率は
$$_n\mathrm{C}_r\, p^r (1-p)^{n-r}$$
である。ただし，ここでは $0^0 = 1$ としている。

n 回の試行で事象 A がちょうど r 回起こるケースが $_n\mathrm{C}_r$ 通りあり，各々の起こる確率が $p^r(1-p)^{n-r}$ で等しいので，上式で確率が計算できるというわけです。

1枚のコインを6回投げる。このとき，以下の問いに答えよ。
(1)　表がちょうど2回出る確率を求めよ。
(2)　表が何回出る確率が最も高いか。また，その確率はいくらか。

例題の解説

(1) 答え：$\dfrac{15}{64}$

　条件をみたす表裏の出方の総数は，6回の試行から表が出る2回を選択する場合の数と等しく，${}_6C_2$ 通りです。その各々の確率は $\left(\dfrac{1}{2}\right)^2\left(\dfrac{1}{2}\right)^{6-2}$ ですから，求める確率は

$$ {}_6C_2\left(\frac{1}{2}\right)^2\left(\frac{1}{2}\right)^{6-2}=15\times\frac{1}{2^6}=\frac{15}{64} $$

となります。さきほどの定理でいうと，$n=6$, $r=2$, $p=\dfrac{1}{2}$ の場合に相当します。

(2) 答え：**表が3回となる確率が最大で，その確率は** $\dfrac{20}{64}\left(=\dfrac{5}{16}\right)$

　表が出る回数ごとに，(1) 同様に確率を計算すると，次のようになります。

表が0回：$\left(\dfrac{1}{2}\right)^6=\dfrac{1}{64}$　　　　　　　表が1回：${}_6C_1\left(\dfrac{1}{2}\right)^1\left(\dfrac{1}{2}\right)^{6-1}=\dfrac{6}{64}$

表が2回：${}_6C_2\left(\dfrac{1}{2}\right)^2\left(\dfrac{1}{2}\right)^{6-2}=\dfrac{15}{64}$　　　表が3回：${}_6C_3\left(\dfrac{1}{2}\right)^3\left(\dfrac{1}{2}\right)^{6-3}=\dfrac{20}{64}$

表が4回：${}_6C_4\left(\dfrac{1}{2}\right)^4\left(\dfrac{1}{2}\right)^{6-4}=\dfrac{15}{64}$　　　表が5回：${}_6C_5\left(\dfrac{1}{2}\right)^5\left(\dfrac{1}{2}\right)^{6-5}=\dfrac{6}{64}$

表が6回：$\left(\dfrac{1}{2}\right)^6=\dfrac{1}{64}$

表が出る回数	0	1	2	3	4	5	6
確率	$\dfrac{1}{64}$	$\dfrac{6}{64}$	$\dfrac{15}{64}$	$\dfrac{20}{64}$	$\dfrac{15}{64}$	$\dfrac{6}{64}$	$\dfrac{1}{64}$

　結果をまとめるとこのようになります。表が3回出る確率が最大のようです。表裏が等確率で出るコインを投げるわけですから，6回のちょうど半分である3回が最も実現しやすいのは自然に思えますね。

1個のサイコロを8回投げる。このとき，次のものを各々求めよ。

(1)　2以下の目が7回以上出る確率

(2)　5回目の試行で3度目の1の目が出る確率

例題の解説

(1)　答え：$\dfrac{17}{3^8}\left(=\dfrac{17}{6561}\right)$

1回サイコロを投げたとき，2以下の目が出る確率は $\dfrac{2}{6}=\dfrac{1}{3}$ であり，2以下の目が出ない（3以上の目が出る）確率は $1-\dfrac{1}{3}=\dfrac{2}{3}$ です。

全部で8回サイコロを投げるわけですから，2以下の目が7回以上出る事象は

A：2以下の目がちょうど8回出る

B：2以下の目がちょうど7回出る

という2事象の和事象であり，これらは互いに排反です。よって，求める確率は $P(A)+P(B)$ となります。そして

$$P(A)=\left(\dfrac{1}{3}\right)^8=\dfrac{1}{3^8}, \qquad P(B)={}_8C_7\left(\dfrac{1}{3}\right)^7\left(\dfrac{2}{3}\right)^{8-7}=8\times\dfrac{2}{3^8}=\dfrac{16}{3^8}$$

ですから，求める確率は $P(A)+P(B)=\dfrac{1}{3^8}+\dfrac{16}{3^8}=\dfrac{17}{3^8}\left(=\dfrac{17}{6561}\right)$ です。

(2)　答え：$\dfrac{25}{1296}$

"5回目の試行で3度目の1の目が出る"という事象は，

A：4回目までに1の目がちょうど2回出る

B：5回目に1の目が出る

という2事象の積事象であり，これらは互いに独立です。各々の確率は

$$P(A)={}_4C_2\left(\dfrac{1}{6}\right)^2\left(\dfrac{5}{6}\right)^{4-2}=6\times\dfrac{25}{6^4}=\dfrac{25}{6^3}, \qquad P(B)=\dfrac{1}{6}$$

ですから，求める確率は $\dfrac{25}{6^3}\times\dfrac{1}{6}=\dfrac{25}{6^4}\left(=\dfrac{25}{1296}\right)$ です。

n を正整数とし，1個のサイコロを n 回投げたときの出目の積を X_n とする。
このとき，次の各事象の起こる確率を求めよ。

(1) X_n が偶数とならない   (2) X_n が3の倍数とならない

(3) X_n が偶数にも3の倍数にもならない   (4) X_n が6の倍数となる

例題の解説

(1) 答え：$\dfrac{1}{2^n}$　　"X_n が偶数でない" $\Longleftrightarrow$ "n 個の出目がみな奇数である"

であり，各回で奇数の目が出る確率は $\left(\dfrac{3}{6}=\right)\dfrac{1}{2}$ です。

(2) 答え：$\dfrac{2^n}{3^n}$　　"X_n が3の倍数でない" $\Longleftrightarrow$ "n 個の出目がみな「3の倍数

でない」" であり [13]，各回で3の倍数でない目が出る確率は $\left(\dfrac{4}{6}=\right)\dfrac{2}{3}$ です。

(3) 答え：$\dfrac{1}{3^n}$　　"X_n が偶数でも3の倍数でもない" $\Longleftrightarrow$ "n 個の出目がみ

な「偶数でも3の倍数でもない」" $\Longleftrightarrow$ "n 個の出目がみな「1 or 5」である"
です。また，各回で 1, 5 のいずれかの目が出る確率は $\left(\dfrac{2}{6}=\right)\dfrac{1}{3}$ です。

(4) 答え：$1-\dfrac{3^n+4^n-2^n}{6^n}$

X_n が偶数とならない事象を A，3の倍数と
ならない事象を B とします。すると

$$P(A)=\dfrac{1}{2^n},\ P(B)=\dfrac{2^n}{3^n},\ P(A\cap B)=\dfrac{1}{3^n}$$

です。求める確率は $P(\overline{A}\cap\overline{B})$ ですが，こ
れは次のように計算できます。

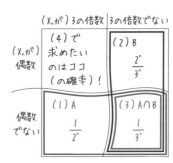

$$P(\overline{A}\cap\overline{B})=P(\overline{A\cup B})=1-P(A\cup B)=1-\{P(A)+P(B)-P(A\cap B)\}$$
$$=1-\left(\dfrac{1}{2^n}+\dfrac{2^n}{3^n}-\dfrac{1}{3^n}\right)=1-\dfrac{3^n+4^n-2^n}{6^n}$$

13　地味に重要な注：［みな "3の倍数でない"］と［"みな3の倍数" でない］は異なる条件です。

10-4 ⊘ 条件付き確率

10本中2本が当たりであるくじをP, Qの2人がこの順に引くことを考えます。このとき，Pが当たりを引く確率は $\frac{2}{10} = \frac{1}{5}$ です。

ここで，次のような状況を考えてみましょう。くじを引くのはPの方が先ですが，先にQが自身の引いたくじを見たところ，当たりだったようです。このとき，Pが当たりを引いている確率はいくらでしょうか。たった2本しかない当たりの一方をすでにQが握っているわけですから，Pが引いたくじも当たりである確率は，前述の $\frac{1}{5}$ よりも小さそうです。

このように，**ある事象 A が起こっているもとで**事象 B が起こっている確率を求めたい，という場面があります。そこで登場するのが条件付き確率です。

▶ まずは具体例から

ある高校の1年生160名を対象に，通学時の交通手段についてアンケートをとったとします。
- 電車を用いているか否か
- バスを用いているか否か

の各々に回答してもらうというものです。その結果をまとめたところ，次のようになりました。

バス／電車	バスを利用している	バスを利用していない	計
電車を利用している	18	78	96
電車を利用していない	42	22	64
計	60	100	160

さて，1年生160人から1人を無作為に選ぶとして，次の事象 A, B を考えます。

● A：選んだ生徒が通学に電車を用いている。
● B：選んだ生徒が通学にバスを用いている。

いま，160人のうち通学に電車を用いているのは計96人ですから

$$P(A) = \frac{96}{160} = \frac{3}{5}$$

です。これは簡単ですね。

次はちょっと前提を変えてみましょう。やはり160人から無作為に生徒1人を選ぶのですが，その生徒が通学にバスを利用していることが判明したとします。このとき，その生徒が電車も利用している確率はいくらでしょうか。

何も前提条件がなければ，生徒の総数160を分母にして確率を計算することとなります。しかし，いま選んだ生徒はバスを利用していることが判明しているわけですから，バスを利用している生徒の総数60を分母にすべきですね。そして，分子にすべきなのは電車通学をしている生徒の総数ではなく，バスも電車も利用している生徒の総数です。つまり，

$$P(その生徒が電車も利用している) = \frac{(バスも電車も利用している生徒の総数)}{(バスを利用している生徒の総数)}$$

$$= \frac{18}{60} = \frac{3}{10}$$

と計算できます。

電車＼バス	バスを利用している	バスを利用していない	計
電車を利用している	18	78	96
電車を利用していない	42	22	64
計	60	100	160

事前情報が何もない場合は，生徒全体を分母として $\frac{96}{160}\left(=\frac{3}{5}\right)$ と計算した。

選んだ生徒がバスを利用していることを知っている場合は，生徒全体ではなくバスを利用している60人を分母として $\frac{18}{60}\left(=\frac{3}{10}\right)$ と計算する。

まとめると上のような感じです。つまり，"全体"とみなす範囲を前提条件に応じて変化させることで，都度適切な確率を定義できるというわけです。

いまの通学手段の例において，160人の生徒から1人を無作為に選んだところ，その生徒が通学に電車を利用していることがわかった。このとき，その生徒がバスも利用している確率を求めよ。

例題の解説

答え：$\dfrac{3}{16}$

さきほどの表を参照すると，電車通学をしている生徒は計96名いて，そのうち電車・バスの双方を用いている生徒は18名です。よって，

$$P(その生徒がバスも利用している) = \frac{(電車もバスも利用している生徒の総数)}{(電車を利用している生徒の総数)}$$

$$= \frac{18}{96} = \frac{3}{16}$$

と計算できます。

▶ 条件付き確率の定義

🔍 定義　条件付き確率

事象 A が起こったと判明しているときに事象 B が起こる確率のことを，事象 A が起こったときに事象 B が起こる条件付き確率といい，これを $P_A(B)$ と表す。

では，この条件付き確率はどのように計算すればよいでしょうか。

全事象 $U(\neq \varnothing)$ から定まる根元事象は，みな同様に確からしいものとします。
事象 A が起こったことを前提としたいわけですから，根元事象たちのうち A が起こっているものたちのみの世界で確率を計算すべきでしょう。

また，A が起こっている前提で B が起こるということは，A も B も起こる，つまり積事象 $A \cap B$ に対応しています。

よって，$P_A(B)$ は次のように計算されるべきです。

$$P_A(B) = \frac{(\text{根元事象のうち } A \text{ も } B \text{ も起きているものの総数})}{(\text{根元事象のうち } A \text{ が起きているものの総数})} = \frac{n(A \cap B)}{n(A)}$$

この式の最右辺は

$$\frac{n(A \cap B)}{n(A)} = \frac{\dfrac{n(A \cap B)}{n(U)}}{\dfrac{n(A)}{n(U)}} = \frac{P(A \cap B)}{P(A)}$$

と変形できるため，$P_A(B) := \dfrac{P(A \cap B)}{P(A)}$ を条件付き確率の定義式とします。

🔍 **定義**　**条件付き確率（あらためて）**

事象 A が起こったと判明しているときに事象 B が起こる確率

$$\frac{P(A \cap B)}{P(A)}$$

のことを，事象 A が起こったときに事象 B が起こる条件付き確率といい，
これを $P_A(B)$ と表す。

なお，今後条件付き確率を考える際，前提となる事象（いまでいう A）は空で
ないものとします。
では早速，例題に取り組んでみましょう。

例題　　**定義に忠実に計算しよう**

A, B を，ある試行における事象とする。以下の各場合における $P_A(B)$ および
$P_B(A)$ を求めよ。

(1)　$P(A) = 0.8$, $P(B) = 0.3$, $P(A \cap B) = 0.25$ のとき。

(2)　$P(A) = 0.5$, $P(B) = 0.4$, $P(A \cup B) = 0.7$ のとき。

例題の解説

(1) 答え：$P_A(B) = \dfrac{5}{16}$, $P_B(A) = \dfrac{5}{6}$

定義より，ただちに次のように計算できます。

$$P_A(B) = \frac{P(A \cap B)}{P(A)} = \frac{0.25}{0.8} = \frac{5}{16},$$

$$P_B(A) = \frac{P(B \cap A)}{P(B)} = \frac{0.25}{0.3} = \frac{5}{6}$$

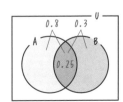

(2) 答え：$P_A(B) = \dfrac{2}{5}$, $P_B(A) = \dfrac{1}{2}$

$P(A \cap B)$ ではなく $P(A \cup B)$ が与えられていますが，
すでに学習したように

$P(A \cup B) = P(A) + P(B) - P(A \cap B)$

$\therefore P(A \cap B) = P(A) + P(B) - P(A \cup B) = 0.5 + 0.4 - 0.7 = 0.2$

ですから，知りたい確率 $P_A(B)$, $P_B(A)$ は次のように計算できます。

$$P_A(B) = \frac{P(A \cap B)}{P(A)} = \frac{0.2}{0.5} = \frac{2}{5},$$

$$P_B(A) = \frac{P(B \cap A)}{P(B)} = \frac{0.2}{0.4} = \frac{1}{2}$$

直接 $P(A \cap B)$ が与えられていなくても，計算できれば問題ありませんね。

例題　履修登録率は？

ある大学の統計物理学の講義は，1・2年生いずれも受講でき，履修登録をするか
否かも任意である。先生が受講者全員にアンケートをとったところ，全体の60%
が2年生であり，全体の15%が履修登録をしていない2年生であった。2年生
から無作為に1名を選ぶとき，その生徒が履修登録をしている確率を求めよ。

例題の解説

答え：$\dfrac{3}{4}$

全体から1名を選ぶとき，事象 A, B を以下のように
定めます。

- A：その受講者が2年生である
- B：その受講者が履修登録をしている

いま $P(A) = \dfrac{60}{100}$ および $P(A \cap \overline{B}) = \dfrac{15}{100}$ なので，

$$P(A \cap B) = P(A) - P(A \cap \overline{B}) = \frac{60}{100} - \frac{15}{100} = \frac{45}{100}$$

と計算できます。よって，いま知りたい確率 $P_A(B)$ は次のように計算できます。

$$P_A(B) = \frac{P(A \cap B)}{P(A)} = \frac{\dfrac{45}{100}}{\dfrac{60}{100}} = \frac{3}{4}$$

▶ 乗法定理

条件付き確率の定義より，次のことがいえます。

△ 定理 | **（確率の）乗法定理**

A, B を事象とするとき，$P(A \cap B) = P(A)P_A(B)$ が成り立つ。

定理の証明 ‥‥‥‥‥‥‥‥‥‥‥‥‥‥‥‥‥‥‥‥‥‥‥‥‥‥‥‥‥‥‥

$P_A(B) = \dfrac{P(A \cap B)}{P(A)}$ の両辺に $P(A)$ を乗算することでしたがいます。∎

これをふまえると，たとえば次のような事象の確率も計算できます。

例題 | **白玉だけを取り出す確率は？**

青玉 4 個，白玉 6 個が入った袋がある。無作為に 1 個ず
つ，合計 2 個玉を取り出すとき，いずれも白玉である確
率を求めよ。なお，取り出した玉は袋に戻さない。

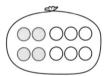

例題の解説

答え：$\dfrac{1}{3}$

次のように事象を定義します。
- A：取り出した 1 個目の玉が白色である事象
- B：取り出した 2 個目の玉が白色である事象

このとき，求める確率は $P(A \cap B)$ ですが，これは $P(A)P_A(B)$ と等しいです。

まず $P(A) = \dfrac{6}{10}$ とただちにわかります。そして 1 個目が白玉であったとき，

2 個目を取り出す直前の袋の中身は青玉 4 個，白玉 5 個なので，$P_A(B) = \dfrac{5}{9}$ です。

よって，取り出したのがいずれも白玉である確率 $P(A \cap B)$ は次のように計算で
きます。

$$P(A \cap B) = P(A)P_A(B) = \frac{6}{10} \times \frac{5}{9} = \frac{1}{3}$$

3つ以上の事象に対しても，さきほどと同じような乗法定理が存在します。

△ 定理　　（確率の）乗法定理

$A_1, A_2, \cdots, A_n$ を事象とするとき，次が成り立つ。

$$P(A_1 \cap A_2 \cap \cdots \cap A_n) = P(A_1) P_{A_1}(A_2) P_{A_1 \cap A_2}(A_3) \cdots P_{A_1 \cap A_2 \cdots \cap A_{n-1}}(A_n)$$

定理の証明 ・・・・・・・・・・・・・・・・・・・・・・・・・・・・・・・・・・・・

（上式の右辺）

$$= P(A_1) \times \frac{P(A_1 \cap A_2)}{P(A_1)} \times \frac{P(A_1 \cap A_2 \cap A_3)}{P(A_1 \cap A_2)} \times \cdots \times \frac{P(A_1 \cap A_2 \cap A_3 \cap \cdots \cap A_n)}{P(A_1 \cap A_2 \cap \cdots \cap A_{n-1})}$$

$$= P(A_1 \cap A_2 \cap A_3 \cap \cdots \cap A_n)$$

$$= （上式の左辺） ∎$$

事象の数が増えると見た目はヤバくなりますが，つまるところ“その場その場での確率を乗算していくことで確率を計算できる”ということです。

例題　　全部白玉である確率は？

直前の例題同様，青玉 4 個，白玉 6 個が入った袋がある。無作為に 1 個ずつ，こんどは合計 3 個玉を取り出すとき，3 個の玉がみな白色である確率を求めよ。なお，取り出した玉は袋に戻さないこととする。

例題の解説

答え：$\dfrac{1}{6}$

乗法定理によると，次のように計算できます。

$P(3 個とも白玉である)$

$= P(1 個目が白玉である)$

$\qquad \times P(1 個目が白玉であったときに 2 個目が白玉である)$

$\qquad \times P(1 \cdot 2 個目が白玉であったときに 3 個目が白玉である)$

$= \dfrac{6}{10} \times \dfrac{5}{9} \times \dfrac{4}{8} = \dfrac{1}{6}$

例題　　くじ引きは何人目がいちばん有利？

10本のくじがあり，そのうち3本は当たり，7本はハズレである。このくじを A, B, C の3人がこの順に無作為に引くとき，以下のものを求めよ。
(1)　A が当たりを引く確率
(2)　B が当たりを引く確率
(3)　C が当たりを引く確率

例題の解説

A が当たりを引く事象を A○，B がハズレを引く事象を B× などと表現します。

(1) 答え：$\dfrac{3}{10}$

　10本中3本が当たりで，A は最初にこれを引くだけなので，これは単純ですね。

(2) 答え：$\dfrac{3}{10}$

　B○という事象を互いに排反な事象に分解し，各々の確率を計算すると

　ア　A○ → B○　確率：$\dfrac{3}{10} \times \dfrac{2}{9} = \dfrac{6}{90}$　　イ　A× → B○　確率：$\dfrac{7}{10} \times \dfrac{3}{9} = \dfrac{21}{90}$

となります。よって，$P(B○) = P(ア) + P(イ) = \dfrac{6}{90} + \dfrac{21}{90} = \dfrac{3}{10}$ です。

(3) 答え：$\dfrac{3}{10}$

　C○という事象を互いに排反な事象に分解し，各々の確率を計算すると

　　ウ　A○ → B○ → C○　確率：$\dfrac{3}{10} \times \dfrac{2}{9} \times \dfrac{1}{8} = \dfrac{6}{720}$

　　エ　A○ → B× → C○　確率：$\dfrac{3}{10} \times \dfrac{7}{9} \times \dfrac{2}{8} = \dfrac{42}{720}$

　　オ　A× → B○ → C○　確率：$\dfrac{7}{10} \times \dfrac{3}{9} \times \dfrac{2}{8} = \dfrac{42}{720}$

　　カ　A× → B× → C○　確率：$\dfrac{7}{10} \times \dfrac{6}{9} \times \dfrac{3}{8} = \dfrac{126}{720}$

したがって，C○となる確率は次のように計算できます。

$$P(C○の確率) = P(ウ) + P(エ) + P(オ) + P(カ)$$
$$= \dfrac{6}{720} + \dfrac{42}{720} + \dfrac{42}{720} + \dfrac{126}{720} = \dfrac{3}{10}$$

第10章　確率

いまの例題の結果をよく見ると，**当たりを引く確率は三者とも $\frac{3}{10}$ という等しい値になっていますね！** ちなみに，C が引いた後も 1 本ずつくじを誰かに引いてもらうことにしても，当たりを引く確率は（10 人とも）同じ $\frac{3}{10}$ となります。

実は，これは偶然ではありません。大雑把には以下のように納得できます。

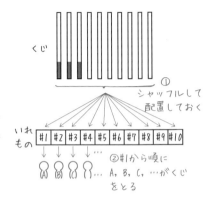

いまの例題では 10 本のくじが無作為に 1 本ずつ選ばれたわけですが，**10 本のくじを無作為に並べ，一方の端から順に A, B, C……に 1 本ずつ渡していくのも実質同じこと**です（右図）。
10 ヶ所のうち 3 ヶ所に当たりくじを並べるわけですし，無作為に並べる以上並べ方の偏りもありません。よって，何番目にくじを引いたとしても，$P(当たりを引く) = \dfrac{(当たりの総数)}{(くじの総数)} = \dfrac{3}{10}$ になると思えますね。
そういうわけなのでくじ引きは**実はちゃんと公平になっている**のです。

例題　　ほんとうに陽性である確率はどれくらい？

困ったことに，世の中に I という感染症が広がってしまった。病院で医師をしているあなたは，来院者が I に感染しているか否か日々検査をしている。
現在この地域で I に感染しているのは 1000 人に 1 人の割合だという。そして，病院で行っている検査は，99 % の確率で陽性・陰性を正しく判断できる。
ある来院者（**注：この人はこの地域から無作為に選ばれて来院した**）の検査結果が陽性であったとき，その人が（実際に）I に感染している確率 p を求めよ。

例題の解説

答え：$p = \dfrac{11}{122}$

来院者が（実際に）陽性である事象を S，検査結果が陽性を示す事象を T とします。すると，いま問われている確率 p は $P_T(S)\left(= \dfrac{P(S \cap T)}{P(T)}\right)$ のことになります。

$P(S \cap T)$ は，来院者が実際に感染している人であり，かつ検査結果も（ちゃんと）陽性になっている確率ですから，次のように計算できます。

$$P(S \cap T) = \frac{1}{1000} \times \frac{99}{100} = \frac{99}{100000}$$

あとは $P(T)$ の値を知りたいのですが，これは直接求めづらいです。来院者が実際に感染しているか否かが検査結果に（当然）影響するからです。そこで

$$P(T) = P(S \cap T) + P(\overline{S} \cap T)$$

と分解し，$P(\overline{S} \cap T)$ を求めます。これは，来院者が実際に感染していないにも関わらず検査結果が陽性となる確率であり，次のように計算できます。

$$P(\overline{S} \cap T) = \left(1 - \frac{1}{1000}\right) \times \left(1 - \frac{99}{100}\right) = \frac{999}{100000}$$

したがって，$P(T)$，そして p は次のように求められます。

$$P(T) = P(S \cap T) + P(\overline{S} \cap T) = \frac{99}{100000} + \frac{999}{100000} = \frac{1098}{100000}$$

$$\therefore p = \frac{P(S \cap T)}{P(T)} = \frac{\dfrac{99}{100000}}{\dfrac{1098}{100000}} = \frac{99}{1098} = \frac{11}{122}$$

本問の結果 $\frac{11}{122}$ は百分率にするとおよそ 9 ％です。つまり，**検査結果が陽性だった場合，実際にその来院者が陽性である確率は 9 ％しかありません。**

99 ％ の確率で正しく陽性・陰性の判断ができる検査でも，感染率が $\frac{1}{1000}$ という微小な値になると，感染していないが陽性と判断されるケース（偽陽性とよばれます）が無視できなくなる，というのが $\frac{11}{122}$ という低い数値の原因です。

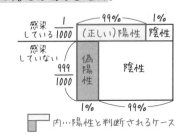

ただし，**本問では来院者の感染率を地域全体と同じ $\frac{1}{1000}$ としてあり，この不自然な仮定も上記の結果をもたらした要因であることには注意してください。**

何らかの症状を自覚してから病院に検査を受けにいく場合，$\frac{1}{1000}$ よりも高い確率で感染していると考えるのが自然ですからね。

10-5 ⊙ 期待値

世の中のくじは，大抵の場合やればやるほど損をするようになっています。厳しいものです。でも，どれくらい損をするのか考えたことはないかもしれません。本節では，期待できるリターンの量の見積り方を考えてみましょう。

くじには，1等，2等，3等などの当たりと，それに応じた賞金やプレゼントが用意されているものが多いです。

	賞金額	本数
1等	100000 円	1 本
2等	10000 円	4 本
3等	1000 円	25 本
4等	200 円	320 本
ハズレ	0 円	1650 本
計		2000 本

たとえば右の表のようなくじを考えましょう。このくじを引いた際，**平均して1本あたり何円の賞金が期待できるでしょうか。**

まずすべてのくじを購入した場合の賞金額は

$$100000 \times 1 + 10000 \times 4 + 1000 \times 25 + 200 \times 320 + 0 \times 1650 = 229000 \text{ 円}$$

です。また，くじは合計で 2000 本なので，1本あたりの平均の賞金額は

$$229000 \text{円} \div 2000 = 114.5 \text{円}$$

と計算できますね。

いまの過程をひとつの式にまとめると

$$(\text{平均の賞金額}) = \frac{100000 \times 1 + 10000 \times 4 + 1000 \times 25 + 200 \times 320 + 0 \times 1650}{2000}$$

となりますが，これは

$$(\text{平均の賞金額})$$
$$= 100000 \times \frac{1}{2000} + 10000 \times \frac{4}{2000} + 1000 \times \frac{25}{2000} + 200 \times \frac{320}{2000} + 0 \times \frac{1650}{2000}$$

と変形することもできます。この式に出てくる $\frac{1}{2000}, \frac{4}{2000}, \frac{25}{2000}, \frac{320}{2000}, \frac{1650}{2000}$ は，各々1等，2等，3等，4等，ハズレを引く確率です。

つまり，次の表のように，賞金額とそれがもらえる確率の積を考え，それらの和をとることでも平均の賞金額は計算できるわけです。

	賞金額	それを引く確率	
1 等	100000 円	$\dfrac{1}{2000}$	$100000 \times \dfrac{1}{2000}$
2 等	10000 円	$\dfrac{4}{2000}$	$10000 \times \dfrac{4}{2000}$
3 等	1000 円	$\dfrac{25}{2000}$	$1000 \times \dfrac{25}{2000}$
4 等	200 円	$\dfrac{320}{2000}$	$200 \times \dfrac{320}{2000}$
ハズレ	0 円	$\dfrac{1650}{2000}$	$0 \times \dfrac{1650}{2000}$
計		1	以上の和が 平均の賞金額

🔍 定義 **期待値**

X を，ある試行を一度行うことで値の定まる変量とする。X のとりうる値が $x_1, x_2, x_3, \cdots, x_n$ であり，各々の値をとる確率が $p_1, p_2, p_3, \cdots, p_n$ であるとする[14]。このとき，

$$x_1 p_1 + x_2 p_2 + x_3 p_3 + \cdots + x_n p_n$$

により定義される量を変量 X の期待値（平均，平均値）といい，これを E, $E(X)$ などと表す。

標語的に述べるならば，"**(変量の値)×(そうなる確率) の和**" が期待値です。

"変量" という表現に戸惑うかもしれませんが，試行により定まる
- サイコロを振ったときの出目
- コインを 3 枚同時に投げたときの表の枚数
- くじを引いたときの賞金

等の値のことです。

---

14 ここで n は正整数，p_k $(k=1,2,3,\cdots,n)$ は非負実数であり，$p_1+p_2+p_3+\cdots+p_n=1$ が成り立っているものとします。

では早速，さまざまな期待値を計算してみましょう！

サイコロの出目・その2乗の期待値

サイコロ1個を1回投げるとき，次のものを各々求めよ。
- 出目 X の期待値 $E(X)$　　　　・出目の2乗 Y の期待値 $E(Y)$

例題の解説

答え：$E(X) = \dfrac{7}{2},\ E(Y) = \dfrac{91}{6}$

同じ試行に関する問題ですから，ひとつの表にまとめて計算するとラクです。

X（出目）	1	2	3	4	5	6	計
Y（出目の2乗）	1	4	9	16	25	36	
確率	$\dfrac{1}{6}$	$\dfrac{1}{6}$	$\dfrac{1}{6}$	$\dfrac{1}{6}$	$\dfrac{1}{6}$	$\dfrac{1}{6}$	1

上表より，$X,\ Y$ の期待値は各々次のように計算できます。

$$E(X) = 1 \times \dfrac{1}{6} + 2 \times \dfrac{1}{6} + 3 \times \dfrac{1}{6} + 4 \times \dfrac{1}{6} + 5 \times \dfrac{1}{6} + 6 \times \dfrac{1}{6} = \dfrac{7}{2}$$

$$E(Y) = 1 \times \dfrac{1}{6} + 4 \times \dfrac{1}{6} + 9 \times \dfrac{1}{6} + 16 \times \dfrac{1}{6} + 25 \times \dfrac{1}{6} + 36 \times \dfrac{1}{6} = \dfrac{91}{6}$$

なお，$E(X)$ はつまるところ"出目の平均"ですから，1〜6のちょうど真ん中である $\dfrac{7}{2}$ という値になるのは自然なことですね。

例題 サイコロの出目2つにより定まる変量の期待値

サイコロ2個を同時に投げるとき，次の変量の期待値を各々求めよ。
（1）　出目の和　　　（2）　出目の差（一方から他方を減算したものの絶対値）
（3）　出目の最小値（いまの場合，2つのうち大きくない方）

例題の解説

以下，2個のサイコロを区別し，一方の出目を X，他方の出目を Y とします。

（1）**答え：7**　　1個の出目の期待値は，前の例題で計算した通り $\dfrac{7}{2}$ です。

本問では2個のサイコロを振っていますが、それらの出目 X, Y は互いに独立（無関係）であり、各々については (1) で計算した $\dfrac{7}{2}$ という出目が平均として期待できます。よって、出目の和の期待値は $\dfrac{7}{2}+\dfrac{7}{2}=7$ です。

なお、**一般に変量 X, Y について $E(X+Y)=E(X)+E(Y)$ となります**[15]。和の期待値は期待値の和と等しい、ということです。これは、期待値の線形性とよばれる性質の一部です。

(2) 答え：$\dfrac{35}{18}$

出目の差を右のような表に整理すると明快です。表をもとに、出目の差とその確率をまとめると次の表のようになります。

出目の差	0	1	2	3	4	5	計
確率	$\dfrac{6}{36}$	$\dfrac{10}{36}$	$\dfrac{8}{36}$	$\dfrac{6}{36}$	$\dfrac{4}{36}$	$\dfrac{2}{36}$	1

出目の差		Y					
		1	2	3	4	5	6
	1	0	1	2	3	4	5
	2	1	0	1	2	3	4
X	3	2	1	0	1	2	3
	4	3	2	1	0	1	2
	5	4	3	2	1	0	1
	6	5	4	3	2	1	0

よって、期待値は次のように計算できます。

$$E(\text{出目の差})=0\times\dfrac{6}{36}+1\times\dfrac{10}{36}+2\times\dfrac{8}{36}+3\times\dfrac{6}{36}+4\times\dfrac{4}{36}+5\times\dfrac{2}{36}=\dfrac{70}{36}=\dfrac{35}{18}$$

(3) 答え：$\dfrac{91}{36}$

やはり表を用いて出目の最小値を整理すると明快です。表をもとに、出目の最小値とその確率をまとめると次の表のようになります。

出目の最小値	1	2	3	4	5	6	計
確率	$\dfrac{11}{36}$	$\dfrac{9}{36}$	$\dfrac{7}{36}$	$\dfrac{5}{36}$	$\dfrac{3}{36}$	$\dfrac{1}{36}$	1

出目の最小値		Y					
		1	2	3	4	5	6
	1	1	1	1	1	1	1
	2	1	2	2	2	2	2
X	3	1	2	3	3	3	3
	4	1	2	3	4	4	4
	5	1	2	3	4	5	5
	6	1	2	3	4	5	6

よって、期待値は次のように計算できます。

$$E(\text{出目の最小値})=1\times\dfrac{11}{36}+2\times\dfrac{9}{36}+3\times\dfrac{7}{36}+4\times\dfrac{5}{36}+5\times\dfrac{3}{36}+6\times\dfrac{1}{36}=\dfrac{91}{36}$$

15　重要な注：この式自体は、X, Y が互いに独立（無関係）であることを必要としません。少し前に X, Y が互いに独立であると言及したのは、そもそも $E(X)$, $E(Y)$ がともに（前の例題で計算した）$\dfrac{7}{2}$ という値のままであることの根拠として、それが必要であったためです。

1枚のコインを，裏が初めて出るまで投げる。それまでに表がちょうど n 回出たとき，賞金を 2^n 万円とする。たとえば最初に裏が出たら賞金は $2^0 = 1$ 万円であり，表が3回出たのちに裏が出たら賞金は $2^3 = 8$ 万円である。ただし，6回連続で表が出たらその時点で打ち切り，賞金は $2^6 = 64$ 万円とする。このとき，賞金の期待値はいくらか。

答え：4万円

裏が初めて出るまでに表がちょうど n 回出る確率は $\left(\dfrac{1}{2}\right)^n \left(\dfrac{1}{2}\right) = \dfrac{1}{2^{n+1}}$

($n = 1, 2, 3, 4, 5$) です。また，最初から6回連続で表が出てゲームが終了する確率は $\left(\dfrac{1}{2}\right)^6 = \dfrac{1}{64}$ です。よって，賞金とそれを得る確率は次の通りです。

賞金	1万円	2万円	4万円	8万円	16万円	32万円	64万円	計
確率	$\dfrac{1}{2}$	$\dfrac{1}{4}$	$\dfrac{1}{8}$	$\dfrac{1}{16}$	$\dfrac{1}{32}$	$\dfrac{1}{64}$	$\dfrac{1}{64}$	1

これより，賞金の期待値は次のように計算できます。

$$(賞金の期待値) = 1 \times \frac{1}{2} + 2 \times \frac{1}{4} + 4 \times \frac{1}{8} + 8 \times \frac{1}{16} + 16 \times \frac{1}{32} + 32 \times \frac{1}{64} + 64 \times \frac{1}{64}$$

$$= \frac{1}{2} + \frac{1}{2} + \frac{1}{2} + \frac{1}{2} + \frac{1}{2} + \frac{1}{2} + 1 = 4 \ (万円)$$

いまの問題では表が連続で6回出たら強制終了でした。実は，この上限を無くして期待値を計算すると面白いことがわかります。ぜひ計算してみてください[16]。

▶ 期待値をもとにした行動選択

期待値は，いわば"期待できる平均のリターン"であり，これをひとつの基準にした行動選択が可能です。

16　調べたい方向け：この期待値を計算すると判明する興味深い事実とそれに対する人間の感覚との関係については，"St. Petersburg のパラドックス"という名称がついています。

どちらが得？

次の3つのくじから1つを選択するとき，いずれが最も得か。ただし，本問において "最も得である" とは，得られる金額の期待値が最大であることをいう。

（ア） $\dfrac{1}{2}$ の確率で何ももらえず，$\dfrac{1}{2}$ の確率で6000円がもらえる。

（イ） 2500円，3500円，5000円が各々 $\dfrac{1}{3}$ の確率でもらえる。

（ウ） サイコロを振り，出目 $\times$ 1000円がもらえる。

例題の解説

答え：**（イ）**

各々の期待値を計算すると，次のようになります。

（ア）：$0 \times \dfrac{1}{2} + 6000 \times \dfrac{1}{2} = 3000$（円）

（イ）：$2500 \times \dfrac{1}{3} + 3500 \times \dfrac{1}{3} + 5000 \times \dfrac{1}{3} = \dfrac{11000}{3} = 3666.\dot{6}$（円）

（ウ）：$1000 \times \dfrac{1}{6} + 2000 \times \dfrac{1}{6} + 3000 \times \dfrac{1}{6} + 4000 \times \dfrac{1}{6} + 5000 \times \dfrac{1}{6} + 6000 \times \dfrac{1}{6} = 3500$（円）

このうち期待値が最大なのは（イ）ですね。

例題 **最適な行動選択は？（ちょっと難しいです）**

1個のサイコロを振り，出目に応じて次のような賞金がもらえるゲームに参加することとなった。

出目	1	2	3	4	5	6
賞金	200円	500円	1000円	2000円	5000円	10000円

ただし，このゲームでは出目を見たのちに一度だけサイコロを振り直すことができる。この場合，2回目の出目で賞金が決まり，1回目の出目を採用することはできない。以上をふまえ，賞金の期待値が最大となるような行動選択を考えよう。

(1) まず，振り直しができない場合の期待値を求めよ。

(2) 1回目の出目を見て振り直すことにした場合，2回目の出目で賞金が決まることとなるが，その際の期待値は(1)で求めた通りとなる。とすると，振り直しを選択すべきなのは，1回目の出目がいくつのときか。

(3) 振り直しができ，かつ最適な行動選択をするとき，賞金の期待値はいくらか。

第10章 確率

(1) 答え：$\dfrac{18700}{6}\ (=3116.\dot{6})$ 円

これは平易ですね。次のように計算できます。

(振り直しができない場合の賞金の期待値)

$$= 200 \times \frac{1}{6} + 500 \times \frac{1}{6} + 1000 \times \frac{1}{6} + 2000 \times \frac{1}{6} + 5000 \times \frac{1}{6} + 10000 \times \frac{1}{6}$$

$$= \frac{200 + 500 + 1000 + 2000 + 5000 + 10000}{6} = \frac{18700}{6} = 3116.\dot{6} \ (円)$$

(2) 答え：**出目が 1, 2, 3, 4 のときに（のみ）振り直す。**

振り直した場合の賞金の期待値は (1) より $3116.\dot{6}$ 円です。ということは，1回目の出目に応じた（未確定の）賞金がそれより低い場合は，振り直した方が高いリターンを期待できます。

一方，1回目の出目に応じた（未確定の）賞金が $3116.\dot{6}$ 円より高い場合は，振り直すと（平均的に）むしろ損をすると考えられます。

したがって，1回目の出目が 1, 2, 3, 4 のときのみ振り直すべきとわかります。

(3) 答え：$\dfrac{41200}{9}\ (=4577.\dot{7})$ 円

(2) で述べた通りの行動選択をする場合の賞金は，次のようになります。

1回目の出目	1	2	3	4	5	6
確率	$\dfrac{1}{6}$	$\dfrac{1}{6}$	$\dfrac{1}{6}$	$\dfrac{1}{6}$	$\dfrac{1}{6}$	$\dfrac{1}{6}$
行動選択	振り直す				そのまま	そのまま
賞金	期待値 $\dfrac{18700}{6}$ 円				5000 円	10000 円

よって，最善を尽くした場合の賞金の期待値は次のように計算できます。

$$\frac{18700}{6} \times \left(\frac{1}{6} + \frac{1}{6} + \frac{1}{6} + \frac{1}{6}\right) + 5000 \times \frac{1}{6} + 10000 \times \frac{1}{6}$$

$$= \left(\frac{18700}{6} \times 4 + 5000 + 10000\right) \times \frac{1}{6} = \frac{41200}{9} = 4577.\dot{7} \ (円)$$

本問のような期待値に基づいた行動選択に興味がある場合は，"ゲーム理論"というものを勉強してみると楽しいと思います。というわけで，第 10 章は以上！

第 **11** 章
図形の性質

中学では，平行線の性質や三角形の合同・相似，円周角の定理，三平方の定理，柱体・錐体の体積計算などを学びました。

また図形を学ぶの？ とあなたは思うかもしれません。しかし，本章ではこれまでに学習していない定理や法則にたくさん出会えるはずです。

"論理の組み立て"，"イメージ"，そして"美しい性質"。それらをいずれも楽しみつつ学習を進めましょう。

11-1 ⊘ 三角形の成立と 形状に関する諸性質

▶ 三角形の成立条件

> **△ 定理**　**三角形の成立条件①**
> 三角形の辺から自由に1つ選んだとき，その長さは残りの
> 2辺の長さの和よりも小さい。逆に，3つの正実数の組で
> あって，そのうち任意の1つが他の2つの和よりも小さい
> とき，その組の3要素を辺長とする三角形が存在する。

三角形の3辺の長さを a, b, c とします。これらはいずれも正実数です。
$a>b+c$ だと，そもそも長さ b, c の辺をくっつ
けることができません。$a=b+c$ だと一応くっ
つきますが，完全につぶれてしまいますね。

> **△ 定理**　**三角形の成立条件②**
> 三角形の辺長を a, b, c（これらはいずれも正実数）としたとき，三角形の
> 成立条件①は $|b-c|<a<b+c$ と同値である。

定理の証明 ••

①は $\begin{cases} a<b+c \\ b<c+a \quad \cdots(*) \\ c<a+b \end{cases}$ と表せます。また，$|b-c|<a \iff \begin{cases} b-c<a \\ c-b<a \end{cases}$ より[1]

$|b-c|<a<b+c \iff {}^{"}\begin{cases} b-c<a \\ c-b<a \end{cases}$ かつ $a<b+c{}^{"} \iff \begin{cases} a<b+c \\ b-c<a \iff (*) \\ c-b<a \end{cases}$

と同値変形できます。■

1　たとえば $|b-c|<a \iff -a<b-c<a$ と変形することで示せます（p.86 参照）。

三角形の成立条件

3 実数 x, $x+3$, x^2 が三角形の 3 辺長となりうる x の値の範囲を求めよ。

例題の解説

答え：$\sqrt{3}<x<3$

これら 3 つがいずれも正となる条件は $0<x$ です。以下このもとで考えます。

$a=x^2$, $b=x+3$, $c=x$ とし，成立条件②を用いると

$$|(x+3)-x|<x^2<(x+3)+x \quad \cdots ①$$

となり，これは次のように変形できます。

$$① \Longleftrightarrow |3|<x^2<2x+3 \Longleftrightarrow \begin{cases} 3<x^2 & \cdots ② \\ x^2-2x-3<0 & \cdots ③ \end{cases}$$

$0<x$ のもとで② $\Longleftrightarrow \sqrt{3}<x$，③ $\Longleftrightarrow 0<x<3$ であり，これらを連立することで答えが得られます。

▶ 三角形の辺と角の大小関係

第 7 章で用いた三角形の内角・辺長の記号をここでも用います。

△ 定理　　**三角形の辺と角の大小関係**

三角形の辺と角の大小関係は一致する。すなわち，三角形の頂点に自由に A, B, C と名前を与えたとき，$a \gtreqless b \Longleftrightarrow A \gtreqless B$ が成り立つ[2]。

定理の証明 ··

$a \gtreqless b \Longleftrightarrow A \gtreqless B$ を示すには，（ⅰ）$a=b \Longleftrightarrow A=B$（ⅱ）$a>b \Longleftrightarrow A>B$ を示せば十分です。$a<b \Longleftrightarrow A<B$ は（ⅱ）の議論で a,b を入れ替えればよいからです。

なお，以下の証明で三角形の合同条件を用いますが，合同条件については後ほど復習コーナーを設けます。

第11章　図形の性質

2　$a \gtreqless b \Longleftrightarrow A \gtreqless B$ は，"$a>b \Longleftrightarrow A>B$" "$a=b \Longleftrightarrow A=B$" "$a<b \Longleftrightarrow A<B$"がいずれも成り立つことを表します。

(ⅰ)-1　$a=b \Longrightarrow A=B$ の証明

$a=b$ とすると，△CAB と △CBA は（2つの辺長とその間の角が各々等しいため）合同とわかります。これより ∠CAB＝∠CBA つまり $A=B$ がいえます。

(ⅰ)-2　$a=b \Longleftarrow A=B$ の証明

$A=B$ とすると，△CAB と △CBA は（1辺とその両端の角が各々等しいため）合同とわかります。これより CA＝CB つまり $b=a$ がいえます。

(ⅱ)-1　$a>b \Longrightarrow A>B$ の証明

$a>b$ とすると，辺 BC 上（端点を除く）に CA＝CD となる点 D をとれる。このとき，

$$\angle CAB = \angle CAD + \angle BAD = \angle CDA + \angle BAD$$
$$= (\angle ABC + \angle BAD) + \angle BAD$$
$$> \angle ABC$$

より ∠CAB＞∠ABC すなわち $A>B$ が成り立つ。

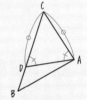

(ⅱ)-2　$a>b \Longleftarrow A>B$ の証明

$A>B$ とすると，辺 BC 上（端点を除く）に

$$\angle BAD = \frac{A-B}{2} \ (<A)$$ となる点 D をとれる。このとき，

$$\angle CAD = \angle CAB - \angle BAD = A - \frac{A-B}{2} = \frac{A+B}{2}$$

$$\angle CDA = \angle CBA + \angle BAD = B + \frac{A-B}{2} = \frac{A+B}{2}$$

より ∠CAD＝∠CDA であり，これより CA＝CD を得る。したがって CB＝CD＋DB＞CA すなわち $a>b$ が成り立つ。

(ⅰ)，(ⅱ) がいえたので，これで $a \gtreqless b \Longleftrightarrow A \gtreqless B$ が示されました[3]。■

図を用いたシンプルな証明をご紹介しましたが，余弦定理を用いる方法などもあります。ぜひ考えてみてください。

3　なお，(ⅰ)-1 と (ⅱ)-1，そして $a<b \Longrightarrow A<B$（これは(ⅱ)-1 と"同様に"で OK）を示し，そこで転換法という考え方を用いると，それら3つの逆も示せてしまいます。余力があったらぜひその方法も調べてみてください。

▶ 三角形の合同条件

のちの内容理解に役立つので，中学で学んだ"合同"について復習しましょう。

> **🔍 定義　合同**
>
> 図形 A と図形 B の形も大きさも同じで，適宜平行移動や裏返しをすれば
> ぴったり重なるとき，A, B は合同であるという。また，これを $A \equiv B$ と表す。

> **📐 法則　三角形の合同条件**
>
> 2つの三角形は，次のいずれかをみたすとき合同である。
> [1] 3辺相等　　　　：3つの辺長が各々等しい。
> [2] 2辺挟角相等：2つの辺長とその間の角が各々等しい。
> [3] 2角挟辺相等：1つの辺長とその両端の角が各々等
> 　　（1辺両端角相等）　しい。

| 例題 | 三角形の合同の証明 |

右図において，△ABC，△CDE はいずれも正三角形で
ある。このとき，△ACD ≡ △BCE を示せ。

| 例題の解説 |

答え：以下の通り。

△ABC は正三角形なので $\begin{cases} AC = BC & \cdots① \\ \angle ACB = 60° & \cdots② \end{cases}$ であり，

△CDE は正三角形なので $\begin{cases} DC = EC & \cdots③ \\ \angle DCE = 60° & \cdots④ \end{cases}$ です。

そして，②・④より次のことがいえます。

$$\angle ACB = \angle DCE$$
$$\angle ACB + \angle BCD = \angle DCE + \angle BCD \quad (\because 両辺に \angle BCD を加算した)$$
$$\therefore \angle ACD = \angle BCE \quad \cdots⑤$$

△ACD，△BEC は①③⑤より2辺長とその間の角が各々等しいため合同です。■

合同条件［2］には，2 辺長と"その間の"角とある。これがない場合，つまり
"2 つの辺長と 1 つの角が各々等しい"が成り立っている 2 つの三角形は，合同
といえるか否か考えよ。

例題の解説

答え：合同とは限らない。

右図の △ABC, △DEF は

$$AB = DE, \qquad AC = DF, \qquad \angle ABC = \angle DEF$$

をみたしますが，合同ではありません。
現にこのような反例があるため，"2 辺 1 角相等"は
合同条件としては不十分です。

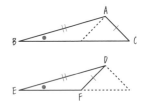

例題 2 辺 1 角相等②

そんなわけで"2 つの辺長と 1 つの角が各々等しい"は合同条件として不十分で
ある。では"2 つの辺長と 1 つの角が各々等しい"場合，その辺長と角がどのよ
うな値であっても，条件をみたす三角形はつねに複数存在するのだろうか。

例題の解説

答え：三角形が一意に定まる場合もある。

たとえば △ABC, △DEF が

$$AB = DE, \qquad AC = DF, \qquad \angle ABC = 90° = \angle DEF$$

をみたすとします。このとき，三平方の定理（ここではいった
ん認めます）より

$$
\begin{aligned}
BC &= \sqrt{AC^2 - AB^2} \\
&= \sqrt{DF^2 - DE^2} \quad (\because AB = DE, AC = DF) \\
&= EF
\end{aligned}
$$

となり BC = EF がいえるため，結局三辺相等より △ABC ≡ △DEF がいえます。
なんだかんだ，"2 辺 1 角相等"は強い条件なのです。いま扱ったケースは，次
の直角三角形の合同条件とも関係してきます。

▶ 直角三角形の合同条件

△ 定理 ┃ 直角三角形の合同条件

2つの直角三角形は，次のいずれかをみたすとき合同である。 [4]
[4] 斜辺1鋭角相等：斜辺長と1つの鋭角が各々等しい。
[5] 斜辺1辺相等 ：斜辺長と他の1辺長が各々等しい。 [5]

三角形の内角和は180°ですから，合同条件［4］は結局［3］に帰着されます。

例題 ┃ "斜辺1辺相等" が妥当であることの証明

合同条件［1］，［2］，［3］，［4］を認め，［5］が妥当であることを説明せよ。

例題の解説

答え：以下の通り。

△ABC，△DEF について次の3条件が成り立っているとします。

$\angle ABC = 90° = \angle DEF$ …①， $AC = DF$ …②， $AB = DE$ …③

③をふまえ，△ABC，△DEF を右図のように貼り合わ
せてみます。すると，①より3点 C, B(E), F は一直線
上に存在することがわかります。ここで，②より
△ACF は $\angle ACB = \angle DFE$ …④ なる三角形とわかり，
△ABC と △DEF は①②④と合同条件［4］より合同と
いえます。∎

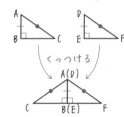

例題 ┃ 直角三角形の合同の証明 [4]

右図のように，$\angle BAC = 90°$ である直角二等辺三角形
ABC と点 A のみ共有する直線 ℓ を引き，ℓ に点 B, C か
ら下ろした垂線の足を各々 D, E とする。このとき
(1)　△ABD ≡ △CAE，(2)　DE ＝ BD ＋ CE をそれぞれ示せ。

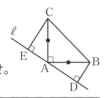

4　本問は"中学 自由自在 数学"（受験研究社）に収録されているものとほぼ同一ですが，シンプルな構図であるた
　め，ことわりなく用いています。

(1) 答え：**以下の通り。**

$\theta := \angle ABD\ (0 < \theta < 90°)$ と定めます。任意の三角形の内角和は $180°$ ですから，

$$\angle BAD = 180° - (\angle ABD + \angle ADB)$$
$$= 180° - (\theta + 90°) = 90° - \theta$$
$$\therefore\ \angle CAE = 180° - (\angle BAD + \angle BAC)$$
$$= 180° - \{(90° - \theta) + 90°\} = \theta$$

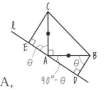

を得ます。よって $\angle ABD = \angle CAE$ です。これと $AB = CA$，$\angle ADB = 90° = \angle CEA$ より，$\triangle ABD \equiv \triangle CAE$ がしたがいます。なお，合同条件 [4] を用いました。■

(2) 答え：**以下の通り。**

(1) で示した $\triangle ABD \equiv \triangle CAE$ より $BD = AE$, $DA = EC$ が成り立ち，これらより $AE + DA = BD + CE$ すなわち $DE = BD + CE$ がしたがいます。■

▶ 三角形の相似条件

🔍 **定義**　**相似**

図形 A を拡大（縮小）すると図形 B と合同になる**とき，図形 A, B は相似であるという。また，これを $A \infty B$ と表す。**

"形" が同じであることを相似であるというのでした。大きさや向きは不問です。

📐 **法則**　**三角形の相似条件**

2 つの三角形は，次のいずれかをみたすとき相似である[5]。

[6] **3 辺比相等**　　　：3 つの辺長比がすべて等しい。
[7] **2 辺比挟角相等**：2 つの辺長比と間の角が各々等しい。
[8] **2 角相等**　　　　：2 つの角が各々等しい。

[6]，[7]，[8] が相似条件として妥当であることは，認めさせてください。

5　番号が [6] から始まっているのは，三角形の合同条件からの連番にしているためです。

右図のように，辺長 1 の正三角形 ABC の辺 BC 上に，
BD＝t $(0<t<1)$ なる点 D をとり，A, D を頂点にもつ
正三角形 ADE をつくる。ただし，点 E は直線 AD に
関して C と同じ側にとる。
そして，線分 AC, DE の交点を F とする。

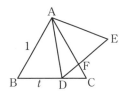

(1)　△ABD∽△DCF を示せ。

(2)　線分 AF の長さを，t を用いて表せ。

例題の解説

(1) **答え：以下の通り。**

　（以下，△ABC，△ADE が正三角形であることに直接言及せず，その仮定を
　用いる箇所があります）

　$\theta := \angle\mathrm{BAD}$ とします。このとき

$$\angle\mathrm{BDA} = 180° - (\angle\mathrm{ABD} + \angle\mathrm{BAD})$$
$$= 180° - (60° + \theta) = 120° - \theta$$

　です。よって

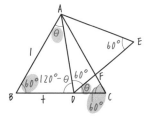

$$\angle\mathrm{CDF} = 180° - (\angle\mathrm{BDA} + \angle\mathrm{ADE})$$
$$= 180° - \{(120° - \theta) + 60°\} = \theta$$

となり，$\angle\mathrm{BAD} = \angle\mathrm{CDF}$ とわかります。これと $\angle\mathrm{ABD} = 60° = \angle\mathrm{DCF}$ より
△ABD と △DCF は相似といえます。なお，用いた相似条件は ［8］ です。

(2) **答え：$1 - t + t^2$**

　△ABD∽△DCF より AB：BD＝DC：CF がいえます。DC＝$1-t$ にも注意
　すると

$$1 : t = (1-t) : \mathrm{CF} \qquad \therefore \mathrm{CF} = t - t^2$$

　が得られます。よって AF＝AC－CF＝$1 - (t - t^2) = 1 - t + t^2$ です。

　なお，△AEF も △ABD，△DCF と相似になります。

11-2 ⊙ 線分の内分・外分と平行線

▶ 線分の内分・外分

> ### 🔍 定義　線分の内分・外分
>
> m, n を正実数とする。
> - 線分 AB 上に点 P があり，$AP : BP = m : n$
>   が成り立つとき，点 P は線分 AB を $m : n$ に内分するという。
> - 直線 AB 上の線分 AB 以外に点 P があり，$AP : BP = m : n \ (m \neq n)$ が成り立つとき，点 P は線分 AB を $m : n$ に外分するという。

たとえば右図において，点 P は線分 AB を $1 : 3$ に内分，点 Q は線分 AB を $7 : 3$ に外分，点 R は線分 AB を $1 : 3$ に外分しています。

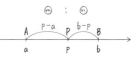

例題　数直線上での線分の内分・外分

a, b を $a < b$ なる実数，m, n を正実数とする。数直線上に点 $A(a), B(b)$ をとる。
(1) 線分 AB を $m : n$ に内分する点 $P(p)$ について，p を求めよ。
(2) 線分 AB を $m : n \ (m \neq n)$ に外分する点 $Q(q)$ について，q を求めよ。

例題の解説

(1) 答え：$p = \dfrac{na + mb}{m + n}$

$a < p < b$ であり，右図より $AP = p - a, BP = b - p$
と表せます。$AP : BP = m : n$ ですから

$$(p - a) : (b - p) = m : n \qquad \therefore n(p - a) = m(b - p)$$

が成り立ち，これを解くことで p の値が得られます。

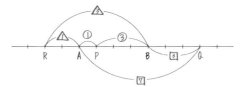

(2) 答え：$p = \dfrac{-na + mb}{m - n}$

m, n の大小関係によって p と a, b との大小関係が変わりますから，（ほんとうに必要かはわかりませんが）ここではその大小関係で場合分けします。

$m > n$ の場合，$AP = p - a$, $BP = p - b$ であり，$AP : BP = m : n$ ですから
$$(p - a) : (p - b) = m : n \qquad \therefore n(p - a) = m(p - b)$$
が成り立ち，これより $p = \dfrac{-na + mb}{m - n}$ が得られます。

$m < n$ の場合，$AP = a - p$, $BP = b - p$ であり，$AP : BP = m : n$ ですから
$$(a - p) : (b - p) = m : n \qquad \therefore n(a - p) = m(b - p)$$
となり，やはり $p = \dfrac{-na + mb}{m - n}$ が得られます。

結局，いずれの場合も $p = \dfrac{-na + mb}{m - n}$ という同じ形になりました。なお，a, b の大小関係は逆 ($a > b$) でも問題ありません。

いまの結果をまとめておきます。

△ 定理	**内分点・外分点の座標**

m, n を実数とし，a, b を $a \neq b$ なる実数とする。数直線上において，点 $A(a)$, $B(b)$ がなす線分 AB を

- $m : n$ に**内分**する点 P の座標は $\left(\dfrac{na + mb}{m + n}\right)$ である。

- $m : n$ に**外分**する点 P の座標は $\left(\dfrac{-na + mb}{m - n}\right)$ である [6]。

内分点の式で m, n の一方にマイナスをつけると後者の式になります。

上の定理は数学 II の "図形と方程式" という単元で役立ちますが，内分点・外分点の座標は地道に毎回計算をしてもよいですし，いますぐ覚えなくても OK です。

---

[6] n ではなく m の方にマイナスをつけた $\dfrac{na - mb}{-m + n}$ でも OK です。分母・分子双方の符号が反転し，結局 $\dfrac{-na + mb}{m - n}$ と同じ値になります。

▶ 平行線と線分の比

中学の復習になりますが，平行線の性質について学びます。
次の定理は，本章でもっとも重要な定理のひとつです。

△ 定理 **平行線と線分の比**

△ABC の辺 AB, AC 上（端点を除く）に各々点 P, Q をとる。
このとき次が成り立つ。
(a) $PQ /\!/ BC \Longleftrightarrow AP : AB = AQ : AC$
(b) $PQ /\!/ BC \Longleftrightarrow AP : PB = AQ : QC$
(c) $PQ /\!/ BC \Longrightarrow AP : AB = PQ : BC$

本来三角形の相似条件 [6][7][8]（p.512）はこの定理から導かれるのですが，
いったんその順序は忘れ，次の例題を考えてみましょう。

例題 **平行線と線分の比の定理の証明**

三角形の相似条件を認め，上の定理のうち (a) が成り立つことを（(b)・(c) を
認めずに）確認せよ。

例題の解説

答え：以下の通り。
$PQ /\!/ BC \Longrightarrow AP : AB = AQ : AC$ の確認
$PQ /\!/ BC$ とすると，$\angle APQ = \angle ABC$, $\angle AQP = \angle ACB$
が成り立ちます。よって △APQ と △ABC は相似であ
り，$AP : AB = AQ : AC$ が得られます。

$PQ /\!/ BC \Longleftarrow AP : AB = AQ : AC$ の確認
$AP : AB = AQ : AC$ とすると，$\angle PAQ = \angle BAC$ も用
いることで △APQ と △ABC は相似といえます（相似
条件 [7]）。これより $\angle APQ = \angle ABC$ であり，同位角
が等しいことから $PQ /\!/ BC$ がしたがいます。

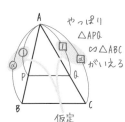

以上より $PQ /\!/ BC \Longleftrightarrow AP : AB = AQ : AC$ です。■

これで（a）が証明できました。あとは，たとえば
$$\mathrm{AP:AB=AQ:AC} \Longleftrightarrow \mathrm{AP:PB=AQ:QC} \quad \cdots(*)$$
を示すことで（b）も示せます。（＊）は，たとえば次のように証明できます。

$$\mathrm{AP:AB=AQ:AC} \Longleftrightarrow \frac{AB}{AP}=\frac{AC}{AQ} \Longleftrightarrow \left(\frac{AB}{AP}-1\right)=\left(\frac{AC}{AQ}-1\right)$$

$$\Longleftrightarrow \frac{AB-AP}{AP}=\frac{AC-AQ}{AQ} \Longleftrightarrow \frac{PB}{AP}=\frac{QC}{AQ} \Longleftrightarrow \mathrm{AP:PB=AQ:QC} \quad \blacksquare$$

（c）は（a）の"$\Longrightarrow$"の証明とほとんど同様に示せます。すなわち，
$\triangle \mathrm{APQ} \backsim \triangle \mathrm{ABC}$ より $\mathrm{AP:AB=PQ:BC}$ がしたがうとい
うわけです。

ところで，（c）に"$\Longleftarrow$"がないことにお気づきでしょうか。
これは誤植ではありません。右のような具体例があるため，
（c）の"$\Longleftarrow$"は成り立たないのです（この図の $\triangle \mathrm{APQ}$
と $\triangle \mathrm{ABC}$ は，2 辺の比とその間でない角が等しいのですが，
いずれの相似条件もみたしていません）。

なお，定理（a），（b），（c）は，
- 点 P が線分 AB の A 側の延長線上にあり，
  点 Q が線分 AC の A 側の延長線上にある
- 点 P が線分 AB の B 側の延長線上にあり，
  点 Q が線分 AC の C 側の延長線上にある

場合にも成り立ちます。これらの証明は省略させてください。

そういえば，中学で**中点連結定理**というものも学習しましたね。

△ 定理	**中点連結定理**

$\triangle \mathrm{ABC}$ の辺 AB, AC の中点を各々 D, E とする。

このとき $\mathrm{DE} \parallel \mathrm{BC}$ および $\mathrm{DE}=\dfrac{1}{2}\mathrm{BC}$ が成り立つ。

これはもちろん正しいし各種試験で用いても OK ですが，結局左ページの定理
などの特殊なケースに過ぎないので，特別視する必要はありません。なお，この
中点連結定理の証明や"逆"の主張については省略します。

▶ チェバの定理

ここまでの内容から，一般の三角形について次のことがいえます。

> **△ 定理　チェバの定理（の一部）**
>
> △ABC とその内部の点 O がある。直線 OA, OB, OC
> と辺 BC, CA, AB との交点を各々 P, Q, R とする。
> このとき，$\dfrac{BP}{PC}\cdot\dfrac{CQ}{QA}\cdot\dfrac{AR}{RB}=1$ …$(*)_1$ が成り立つ。
>
>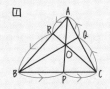

定理の証明 ···

右図のように，△ABC の点 A を通り辺 BC と平行な
直線を引き，それと直線 BQ, CR との交点を各々 S, T
とします。このとき，三角形の相似に着目することで
△AOS∽△POB より AO : PO = SA : BP

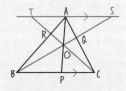

$$\therefore BP = \frac{SA\cdot PO}{AO}$$

△AOT∽△POC より AO : PO = TA : CP　$\therefore CP = \dfrac{TA\cdot PO}{AO}$

△AQS∽△CQB より CQ : QA = BC : SA
△ART∽△BRC より AR : RB = TA : CB
がいえます。したがって，次式が成り立ちます。

$$\therefore \frac{BP}{PC}\cdot\frac{CQ}{QA}\cdot\frac{AR}{RB} = \frac{\dfrac{SA\cdot PO}{AO}}{\dfrac{TA\cdot PO}{AO}}\cdot\frac{BC}{SA}\cdot\frac{TA}{CB} = \frac{SA}{TA}\cdot\frac{BC}{SA}\cdot\frac{TA}{CB} = 1 \quad\blacksquare$$

なお，このチェバの定理は次のように拡張できます。

> **△ 定理　チェバの定理（拡張版）**
>
> △ABC と点 O があり，O は直線
> BC, CA, AB いずれの上にもない。
> 直線 OA, OB, OC と直線 BC, CA,
> AB との交点を各々 P, Q, R とする。
> このとき，$\dfrac{BP}{PC}\cdot\dfrac{CQ}{QA}\cdot\dfrac{AR}{RB}=1$ …$(*)_1$ が成り立つ。
>
>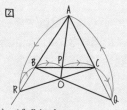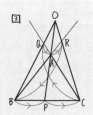

②，③のような位置関係でも同じ式（＊）₁が成り立つのです。また，①の証明とほぼ同様にして②，③の証明もできます。ぜひ証明を考えてみてください。

なお，チェバの定理にはその"逆"も存在します（この証明は省略します）。

> △ **定理**　チェバの定理の逆
>
> △ABC の直線 BC, CA, AB 各々の上に点 P, Q, R がある。ただし，これらのうち △ABC の辺上にあるのは 1 個または 3 個とする。このとき，BQ と CR が交点をもち，かつ $\dfrac{\text{BP}}{\text{PC}} \cdot \dfrac{\text{CQ}}{\text{QA}} \cdot \dfrac{\text{AR}}{\text{RB}} = 1$ が成り立つならば，3 直線 AP, BQ, CR は 1 点で交わる。

▶ メネラウスの定理

> △ **定理**　メネラウスの定理（の一部）
>
> △ABC と直線 ℓ がある。ℓ は辺 BC の延長，辺 CA，辺 AB と各々点 P, Q, R で交わっている。
>
> このとき，$\dfrac{\text{BP}}{\text{PC}} \cdot \dfrac{\text{CQ}}{\text{QA}} \cdot \dfrac{\text{AR}}{\text{RB}} = 1$ …（＊）₂ が成り立つ。

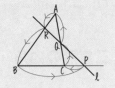

例題　メネラウスの定理（の一部）の証明

右図のように，△ABC の点 C を通り ℓ と平行な直線を引き，それと辺 AB との交点を S とする。

このとき，三角形の相似に着目し，メネラウスの定理の式（＊）₂ を示せ。

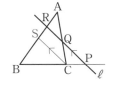

例題の解説

答え：以下の通り。

△BCS∽△BPR より BP：PC＝BR：RS であり，△AQR∽△ACS より CQ：QA＝SR：RA もいえます。よって次式が成り立ちます。

$$\therefore \frac{\text{BP}}{\text{PC}} \cdot \frac{\text{CQ}}{\text{QA}} \cdot \frac{\text{AR}}{\text{RB}} = \frac{\text{BR}}{\text{RS}} \cdot \frac{\text{SR}}{\text{RA}} \cdot \frac{\text{AR}}{\text{RB}} = 1 \quad ■$$

やはり，メネラウスの定理についても拡張版や逆が存在します。余力があれば証明に取り組んでみましょう！

△ 定理　**メネラウスの定理（拡張版）**

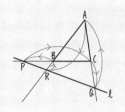

△ABC と，その 3 頂点のいずれも通らない直線 ℓ がある。ℓ は直線 BC, CA, AB と各々点 P, Q, R で交わっている。このとき，
$\dfrac{\mathrm{BP}}{\mathrm{PC}} \cdot \dfrac{\mathrm{CQ}}{\mathrm{QA}} \cdot \dfrac{\mathrm{AR}}{\mathrm{RB}} = 1 \cdots (*)_2$ が成り立つ。

△ 定理　**メネラウスの定理の逆**

△ABC があり，直線 BC, CA, AB 各々の上に点 P, Q, R がある。ただし，これらのうち △ABC の辺上にあるのは 0 個または 2 個とする。このとき，
$\dfrac{\mathrm{BP}}{\mathrm{PC}} \cdot \dfrac{\mathrm{CQ}}{\mathrm{QA}} \cdot \dfrac{\mathrm{AR}}{\mathrm{RB}} = 1$ が成り立つならば，3 点 P, Q, R は同一直線上にある。

▶ 三角形の内角・外角の 2 等分線

平行線に関する定理から，なんと次のようなこともいえます。

△ 定理　**三角形の内角の二等分線**

△ABC の ∠A の二等分線と辺 BC との交点を D とする。このとき，BD : CD = AB : AC が成り立つ。

定理の証明 ••

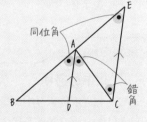

右図のように，C を通り AD と平行な直線を考え，これと半直線 BA との交点を E とします。D の定義より ∠BAD = ∠CAD であり，AD ∥ EC より $\begin{cases} ∠BAD = ∠AEC \\ ∠DAC = ∠ACE \end{cases}$ が成り立ちます。以上 3 式より ∠ACE = ∠AEC であり，AC = AE を得ます。AD ∥ EC と p.516 の定理（b）より BD : DC = BA : AE ですが，これと AC = AE より BD : DC = BA : AC がいえます。■

$BC = 7$, $CA = 12$, $AB = 8$ である $\triangle ABC$ において，$\angle B$ の二等分線と辺 CA との交点を D とする。このとき CD の長さを求めよ。

例題の解説

答え：$\dfrac{28}{5}$

$AD : CD = BA : BC = 8 : 7$ なので

$CD = \dfrac{7}{8+7} AC = \dfrac{7}{15} \cdot 12 = \dfrac{28}{5}$ です。

外角の二等分線についても，内角の場合と同様のことがいえます。

△ 定理　　　三角形の外角の二等分線

$\triangle ABC$ の $\angle A$ の外角の二等分線と直線 BC との交点を D とする。このとき，$BD : CD = AB : AC$ が成り立つ。

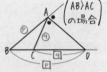

定理の証明 ・・・

$AB > AC$ の場合を示します。$AB < AC$ の場合もほとんど同様です[7]。

右図のように，C を通り AD と平行な直線を考え，これと辺 BA との交点を E とします。また，辺 AB の点 A 側の延長線上に点 F をとります。いま D の定義より

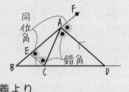

$\angle FAD = \angle CAD$ です。また，$AD \parallel EC$ より $\begin{cases} \angle FAD = \angle AEC \\ \angle DAC = \angle ACE \end{cases}$ が成り立ちます。以上3式より $\angle ACE = \angle AEC$ であり，$AC = AE$ を得ます。$AD \parallel EC$ とさきほどの定理（a），（b）より $BD : DC = BA : AE$ ですが[8]，これと $AC = AE$ より $BD : DC = BA : AC$ がいえます。■

内角・外角いずれの二等分線であっても，成り立つ式が同じなのは面白いですね。

第11章―図形の性質

7　なお，$AB = AC$ の場合は，$\angle A$ の外角の二等分線が辺 BC と平行になるため，そもそも定理の主張内にある点 D をとることができません。

8　ある定理から簡単に導かれる命題のことを系とよびます。いまの場合，たとえば（a）より $BD : BC = BA : BE$ がいえ，ここからさほど苦労せずに $BD : CD = BA : AE$ を導けます。

BC＝7, CA＝12, AB＝8 である △ABC において，∠C の外角の二等分線と辺 AB との交点を E とする。このとき BE の長さを求めよ。

例題の解説

答え：$\dfrac{56}{5}$

前述の定理より AE：BE＝CA：CB＝12：7 なので，$BE＝\dfrac{7}{12-7}AB＝\dfrac{7}{5}\cdot 8＝\dfrac{56}{5}$ と計算できます。

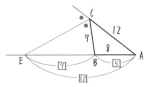

本節までで学習したことをふまえ，次のクイズにチャレンジしてみましょう。

例題　ウソ証明の誤りを指摘せよ！[9]

任意の三角形が二等辺三角形であることを，次のように"証明"した。

図のように，△ABC の辺 BC の垂直二等分線と ∠A の二等分線との交点を P とする。そして，P から直線 AB, AC に下ろした垂線の足を Q, R とする。

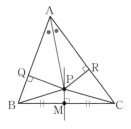

ここで，△APQ と △APR はいずれも直角三角形であり，辺 AP を共有し，かつ ∠PAQ＝∠PAR をみたすため合同である（合同条件 [4]）。よって AQ＝AR …① および PQ＝PR …② である。

また，△PMB と △PMC は辺 PM を共有しており，∠PMB＝∠PMC, MB＝MC なので合同である（合同条件 [2]）。よって PB＝PC …③ である。

さて，△PQB と △PRC はいずれも直角三角形であり，②③もあわせることでこれらは合同といえる（合同条件 [5]），よって BQ＝CR …④ である。①④より AQ＋BQ＝AR＋CR すなわち AB＝AC がしたがう。■

9　いくつかの参考書・問題集に収録されているネタですが，これは有名問題だと思うのでことわりなく用いています（高校生の頃，私は学校の授業でこの問題と出会いましたし）。

二等辺三角形でない三角形が存在する以上，この証明は当然誤りである。
では，どこに誤りがあったのだろうか？

例題の解説

答え：点 P は △ABC の内部には存在しない。

なんかちょっと図が歪んでいないか？　と感じたのであ
れば，あなたは鋭いです。実は，いちばん最初の段階に
ウソが隠されています。**点 P を図のような位置にとるこ
とはできないのです** [10]。

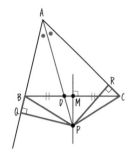

問題文中の図同様，AB<AC の場合を考えましょう。
p.521 で述べた通り ∠A の二等分線と辺 BC との交点を
D とすると，BD：CD＝AB：AC が成り立つのでした。

いま AB<AC ですから，D は C よりも B に近いことがわかります。よって，
∠A の二等分線と辺 BC の垂直二等分線が交わるのは △ABC の外なのです。ま
たこれに伴い，P から直線 AB に下ろした垂線の足 Q が辺 AB の外部に位置し
ます。

実はそれでも △APQ≡△APR や △PMB≡△PMC，そしてそれらからしたが
う PB＝PC，BQ＝CR は成り立ちますし，

$$\begin{cases} AQ=AR \\ BQ=CR \end{cases} \quad \therefore AQ+BQ=AR+CR$$

も正しいです。

しかし，点 Q は実際には辺 AB 上にないため，**AQ＋BQ＝AB が成立しなくなる**
のです。正しくは AQ＋BQ＝AB＋2BQ ですね。AR＋CR＝AC は問題なく成
り立つこともふまえると，結局ちゃんと

$$AB+2BQ=AC \quad \therefore AB<AC$$

となっており，AB＝AC は得られないことがわかります。

10　なるべく図の違和感を消してあなたを騙すべく，角度や長さをせっせと調整しました。

▶ 面積と線分の長さの比

次は，三角形の面積と線分の長さの比に関して調べます。
まず，基本ともいえるのが次の定理です。

△ 定理　三角形の面積比と線分の長さの比①

図のように，直線 ℓ 上の相異なる点 A, B, C と ℓ 上
にない点 D をとる。すると
△DAB：△DBC＝AB：BC が成り立つ[11]。

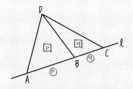

定理の証明 ・・・

△DAB, △DBC の底辺を各々辺 AB, BC とすると，これら 2 つの三角形の
高さは同じです。よって面積比は底辺の長さの比 AB：BC と同じです。■

上の定理を用いると，次のことがいえます。

△ 定理　三角形の面積比と線分の長さの比②

図のように，△ABC の辺 BC 上（端点を除く，以
下同）に点 D をとり，線分 AD 上に点 E をとる。
このとき，△ABE：△ACE＝BD：CD が成り立つ。

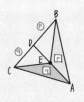

定理の証明 ・・・

前の定理より $\begin{cases} △ABD：△ACD＝BD：CD \\ △EBD：△ECD＝BD：CD \end{cases}$ なので，加比の理[12]

$$(△ABD－△EBD)：(△ACD－△ECD)＝BD：CD$$
$$∴ △ABE：△ACE＝BD：CD$$

となります。■

なお，点 B, C から直線 AD に垂線を下ろし，その長さの比を求めることで
も証明できます。

11　△XYZ の面積を，単に △XYZ と表すことにします。

12　$\begin{cases} a：b＝x：y \\ c：d＝x：y \end{cases}$ が成り立つとき，$(a+c)：(b+d)＝x：y$ が成り立つというものです。要は "同じ比のものどうし
　　の和 (or 差) も，やはり同じ比になる" ということです。

△ABC とその内部の点 O がある。

直線 OA, OB, OC と辺 BC, CA, AB との交点を各々
P, Q, R とする。

このとき，$\dfrac{\text{BP}}{\text{PC}} \cdot \dfrac{\text{CQ}}{\text{QA}} \cdot \dfrac{\text{AR}}{\text{RB}} = 1$ が成り立つことを示せ。

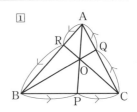

例題の解説

答え：以下の通り。

左ページのふたつ目の定理より

$$\dfrac{\text{BP}}{\text{PC}} = \dfrac{\triangle\text{OAB}}{\triangle\text{OCA}}, \quad \dfrac{\text{CQ}}{\text{QA}} = \dfrac{\triangle\text{OBC}}{\triangle\text{OAB}}, \quad \dfrac{\text{AR}}{\text{RB}} = \dfrac{\triangle\text{OCA}}{\triangle\text{OBC}}$$

が成り立ち，これらより次がしたがいます。

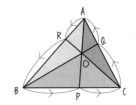

$$\dfrac{\text{BP}}{\text{PC}} \cdot \dfrac{\text{CQ}}{\text{QA}} \cdot \dfrac{\text{AR}}{\text{RB}} = \dfrac{\triangle\text{OAB}}{\triangle\text{OCA}} \cdot \dfrac{\triangle\text{OBC}}{\triangle\text{OAB}} \cdot \dfrac{\triangle\text{OCA}}{\triangle\text{OBC}} = 1 \quad ∎$$

メネラウスの定理も同様に証明できます。ぜひ考えてみてください。

△ 定理　三角形の面積比と線分の長さの比③

図のように，半直線 OX 上に点 A, C を，半直線 OY
上に点 B, D をとる。

このとき，$\triangle\text{OAB} : \triangle\text{OCD} = (\text{OA} \cdot \text{OB}) : (\text{OC} \cdot \text{OD})$
が成り立つ。

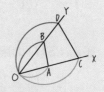

定理の証明 ••

$\triangle\text{OAB} = \dfrac{1}{2} \cdot \text{OA} \cdot \text{OB} \cdot \sin \angle\text{XOY}, \triangle\text{OCD} = \dfrac{1}{2} \cdot \text{OC} \cdot \text{OD} \cdot \sin \angle\text{XOY}$ です。

よって，次が成り立ちます。

$$\triangle\text{OAB} : \triangle\text{OCD} = \left(\dfrac{1}{2} \cdot \text{OA} \cdot \text{OB} \cdot \sin \angle\text{XOY} \right) : \left(\dfrac{1}{2} \cdot \text{OC} \cdot \text{OD} \cdot \sin \angle\text{XOY} \right)$$

$$= (\text{OA} \cdot \text{OB}) : (\text{OC} \cdot \text{OD}) \quad ∎$$

では，ここまでの内容を用いて応用問題にチャレンジしてみましょう！

中央の三角形の面積は？①

図のように，面積 1 の $\triangle ABC$ の辺 BC, CA, AB を $t : (1-t)$ に内分する点を各々 P, Q, R とする。ただし t は $0<t<1$ なる実数である。

(1) $\triangle PQR$ の面積 $S(t)$ を求めよ。

(2) $S(t)$ の最小値と，それを実現する t の値を求めよ。

例題の解説

(1) **答え：$S(t) = 1 - 3t + 3t^2$**

さきほどの定理より

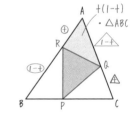

$$\triangle ARQ = \frac{AR}{AB} \cdot \frac{AQ}{AC} \triangle ABC = t(1-t)$$

$$\triangle BPR = \frac{BP}{BC} \cdot \frac{BR}{BA} \triangle ABC = t(1-t)$$

$$\triangle CQP = \frac{CQ}{CA} \cdot \frac{CP}{CB} \triangle ABC = t(1-t)$$

と計算できます。したがって，$S(t)$ は次のように計算できます。

$$S(t) = \triangle ABC - (\triangle ARQ + \triangle BPR + \triangle CQP) = 1 - 3t(1-t) = 1 - 3t + 3t^2$$

(2) **答え：$S(t)$ の最小値は $\dfrac{1}{4}$ $\left(@ t = \dfrac{1}{2} \right)$**

$S(t) = 3\left(t - \dfrac{1}{2} \right)^2 + \dfrac{1}{4}$ より，$0<t<1$ における $S(t)$ のグラフは右のようになります。

これより，$t = \dfrac{1}{2}$ で $S(t)$ は最小値 $\dfrac{1}{4}$ をとるとわかりますね。

なお，$t = \dfrac{1}{2}$ は点 P, Q, R が各辺の中点であるときに対応しています。

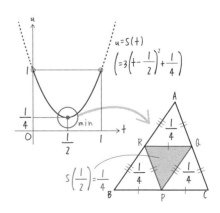

526

中央の三角形の面積は？②

前の例題において，t の範囲を $0<t<\dfrac{1}{2}$ に制限する。

BQ と CR の交点を X，CR と AP の交点を Y，AP と BQ の交点を Z とするとき，△XYZ の面積 $s(t)$ を求めよ。各点の位置関係が右図のようになっていることや △XYZ が（そもそも）存在することは認めてよいので，面積計算だけを頑張ろう。

例題の解説

答え：$s(t)=\dfrac{1-4t+4t^2}{1-t+t^2}\ \left(=\dfrac{(1-2t)^2}{1-t+t^2}\right)$

△BCX，△CAY，△ABZ の面積の和を △ABC から減算すれば $s(t)$ が求められます。というわけで，たとえば △BCX の面積を求める方法を考えましょう。

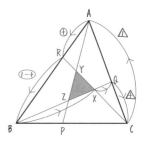

△ABQ と直線 CR でメネラウスの定理を用いると

$$\frac{QC}{CA}\cdot\frac{AR}{RB}\cdot\frac{BX}{XQ}=1 \qquad \therefore\ \frac{t}{1}\cdot\frac{t}{1-t}\cdot\frac{BX}{XQ}=1$$

が得られ，これより $BX:XQ=(1-t):t^2$ がしたがいます。これもふまえると，

$$\triangle BXC=\frac{BX}{BQ}\triangle BCQ=\frac{BX}{BQ}\cdot\frac{CQ}{CA}\triangle ABC$$

$$=\frac{(1-t)}{(1-t)+t^2}\cdot\frac{t}{1}\cdot 1=\frac{t-t^2}{1-t+t^2}$$

が得られます。

同様に $\triangle CAY=\triangle ABZ=\dfrac{t-t^2}{1-t+t^2}$ ですから，$s(t)$ は次のように計算できます。

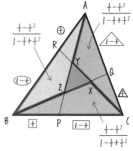

$$s(t)=\triangle ABC-(\triangle BCX+\triangle CAY+\triangle ABZ)$$

$$=1-3\cdot\frac{t-t^2}{1-t+t^2}$$

$$=\frac{1-4t+4t^2}{1-t+t^2}\ \left(=\frac{(1-2t)^2}{1-t+t^2}\right)$$

11-3 ⊙ 三角形の五心

本節では，三角形の"五心"（**内心・傍心・外心・重心・垂心**）とよばれるもの
について，存在を示したり性質を調べたりします。

▶ 内心

三角形の内角の二等分線
任意の三角形で，3 つの内角の二等分線は 1 点で交わる。

内心の理解には上の定理が欠かせません。以下これを証明します。

角の二等分線と 2 直線からの距離
半直線 OX, OY がある。∠XOY の二等分線上に点 P
をとり，P から半直線 OX, OY に下ろした垂線の足を
各々 Q, R とする。このとき，PQ＝PR である。すな
わち，点 P から半直線 OX, OY までの距離は等しい。

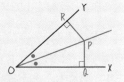

定理の証明 ‥‥‥‥‥‥‥‥‥‥‥‥‥‥‥‥‥‥‥‥‥‥‥‥‥‥‥‥‥‥‥‥

$\triangle$OPQ と $\triangle$OPR は $\begin{cases} \angle \mathrm{PQO}=90°=\angle \mathrm{PRO} \\ \mathrm{OP} \text{ 共有} \\ \angle \mathrm{POQ}=\angle \mathrm{POR} \end{cases}$ より合同です（合同条件 [4]）。

よって PQ＝PR であり，これは P から両半直線までが等距離であることを
意味します。■

角の二等分線に関するこの性質を用いることで，次のことがいえます。

内角の二等分線の交点
$\triangle$ABC において，∠ABC, ∠ACB の二等分線の交点
を I とする。このとき，∠BAI＝∠CAI である
（すなわち ∠BAC の二等分線も I を通る）。

右図のように，∠ABC, ∠ACB の二等分線の交点 I から辺 BC, CA, AB に
下ろした垂線の足を各々 D, E, F とします。
前の定理より ID＝IF かつ ID＝IE がいえ，これら
より IE＝IF がしたがいます。

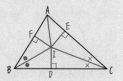

ここで，△AIE と △AIF はいずれも直角三角形であ
り，斜辺 AI を共有しています。IE＝IF が成り立つ
こともあわせると，これら 2 つの三角形は合同とわ
かります（合同条件 [5]）。
したがって ∠BAI＝∠CAI が成り立ちます。■

この定理より，任意の三角形の内角の二等分線 3 本は 1 点で交わります（前ペー
ジ冒頭の定理が示されたわけです）。

上の証明の途中で，ID＝IE＝IF が明らかになりました。この等しい長さを r と
しましょう。このとき，I を中心とする半径 r の円を描くと，その円は三角形の
3 辺すべてに接することになります。

> **🔍 定義**　三角形の内心と内接円
>
> 上述の I を △ABC の**内心**という。
> I を中心とする半径 r の円を，
> △ABC の**内接円**という。

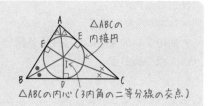

例題　角の二等分線の交点

直角三角形の合同を用いることで，三角形の内角の二等分線 3 本が 1 点で交わる
ことをさきほど証明した。実は角の二等分線の性質 (p.520) を用いて同じことを
証明することもできる。実際にやってみよ。

答え：以下の通り。

$\angle A$, $\angle B$, $\angle C$ の二等分線と対辺との交点を各々
D, E, F とします。すると，角の二等分線の性質より

$$\begin{cases} BD : DC = AB : CA \\ CE : EA = BC : AB \quad が成り立ちます。よって \\ AF : FB = CA : BC \end{cases}$$

$$\frac{BD}{DC} \cdot \frac{CE}{EA} \cdot \frac{AF}{FB} = \frac{AB}{CA} \cdot \frac{BC}{AB} \cdot \frac{CA}{BC} = 1$$

であり，チェバの定理の逆より $\triangle ABC$ の内角の二等分線 AD, BE, CF は1点で
交わります。■

▶ 傍心

三角形の3内角の二等分線は1点で交わるのでした。それと似ていますが，任意
の三角形で次のことも成り立ちます。

△ 定理   三角形の内角の二等分線

任意の三角形で，
- 1つの内角の二等分線
- 他の2つの内角に対応する外角の二等分線

は1点で交わる。

これを内心のとき同様，次のように証明します。

△ 定理   三角形の内角・外角の二等分線

$\triangle ABC$ において，$\angle B$, $\angle C$ の外角の二等分線の
交点を I_A とする。このとき，$\angle BAI_A = \angle CAI_A$
である。
すなわち $\angle A$ の二等分線も I_A を通る。

右図のように，I_A から辺 BC，直線 CA，直線 AB
に下ろした垂線の足を各々 D, E, F とします。

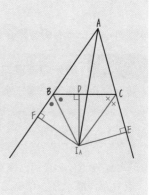

p.528 の定理より $I_A D = I_A F$ かつ $I_A D = I_A E$ がい
え，これらより $I_A E = I_A F$ がしたがいます。

ここで，$\triangle AI_A E$ と $\triangle AI_A F$ はいずれも直角三角
形であり，斜辺 AI_A を共有しています。
$I_A E = I_A F$ が成り立つこともあわせると，これら2
つの三角形は合同とわかります（合同条件 [5]）。
したがって $\angle BAI_A = \angle CAI_A$ が成り立ちます。■

証明の構造は内心の場合と実質同じです。

上の証明の途中で，$I_A D = I_A E = I_A F$ が明らかになりました。この等しい長さを
r_A としましょう。このとき，I_A を中心とする半径 r_A の円を描くと，その円は辺
BC，直線 CA，直線 AB のすべてに接することとなります。

そして，この I_A に相当する点は $\angle B$，
$\angle C$ の内側にも各々存在します。それら
を I_B, I_C としましょう。また，対応する
円の半径を各々 r_B, r_C とします。

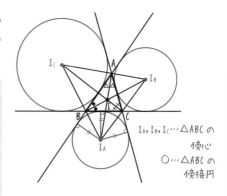

🔍 定義 **三角形の傍心と傍接円**

上述の I_A, I_B, I_C を，$\triangle ABC$ の**傍心**
という。
I_A, I_B, I_C を中心とし，半径が各々
r_A, r_B, r_C の円を，$\triangle ABC$ の**傍接円**
という。

任意の三角形において，その傍心・傍接円は3個ずつ存在します。

▶ 外心

次は外心というものを紹介します。ここでベースとなるのは次の定理です。

△ 定理   **線分の垂直二等分線**

線分 AB の垂直二等分線[13] を ℓ とする。このとき，次が成り立つ。

$$点 P が \ell 上にある \iff PA = PB$$

定理の証明 ・・

ℓ と線分 AB の交点，すなわち線分 AB の中点を M とします。
点 P が直線 AB 上にある場合の同値性は ℓ の定義よりただちにわかるため，
以下 P が直線 AB 上にない場合を考えます。

"$\Longrightarrow$" の証明

点 P が直線 AB 上になく，かつ ℓ 上にあるとします。

$\triangle PMA$ と $\triangle PMB$ は $\begin{cases} \angle PMA = 90° = \angle PMB \\ MA = MB \\ 辺 PM を共有している \end{cases}$

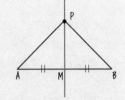

より合同です（合同条件 [2]）。よって $PA = PB$ です。

"$\Longleftarrow$" の証明

点 P が直線 AB 上になく，$PA = PB$ をみたすとし

ます。$\triangle PMA$ と $\triangle PMB$ は $\begin{cases} PA = PB \\ MA = MB \\ 辺 PM を共有している \end{cases}$

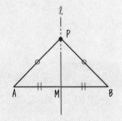

より合同です（合同条件 [1]）。よって
$\angle PMA = \angle PMB$ であり，2 直角を等分しているた
めこれらは各々 $90°$ です。したがって，点 P は ℓ 上
にあります。■

これをもとにすると，次のことがいえます。

13 　線分 AB の垂直二等分線とは，その名の通り線分 AB の中点を通り，線分 AB と垂直である直線のこととします。

△ 定理　三角形の辺の垂直二等分線

任意の三角形で，3 辺の垂直二等分線は 1 点で交わる。

定理の証明 ‥‥‥‥‥‥‥‥‥‥‥‥‥‥‥‥‥‥‥‥‥‥‥‥‥‥

△ABC において，辺 CA, AB の垂直二等分線の
交点を O とします。このとき，前述の定理を
"$\Longrightarrow$"の向きで用いることにより $\begin{cases} OC = OA \\ OA = OB \end{cases}$ が
成り立ち，これより OB＝OC を得ます。ここで，
同じ定理を"$\Longleftarrow$"の向きに用いることにより，
O が線分 BC の垂直二等分線上にあることがいえ
ます。■

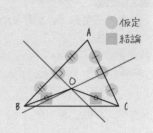

上の証明からわかる通り，この点 O は OA＝OB＝OC をみたします。その長さ
を R とすると，O を中心とする半径 R の円は △ABC
の頂点 A, B, C をすべて通ることがわかります。

△ABC の外接円

🔍 定義　三角形の外心と外接円

**上述の O を，△ABC の外心という。O を中心と
する半径が R の円を，△ABC の外接円という。**

△ABC の外心
(3 辺の垂直二等分線の交点)

なお，鋭角三角形の外心は三角形の内部にありますが，直角三角形では周上に，
鈍角三角形では外部に存在します。

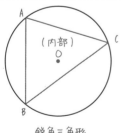

鋭角三角形

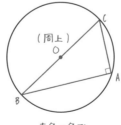

直角三角形

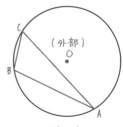

鈍角三角形

第11章｜図形の性質

▶ 重心

三角形の中線

任意の三角形で，3頂点から対辺の中点に引いた線分（中線という）は一点で交わる。

定理の証明 ･･･

△ABC の辺 BC, CA, AB の中点を各々 D, E, F とします。このとき BE と CF は交わっており，

$$\frac{BD}{DC} \cdot \frac{CE}{EA} \cdot \frac{AF}{FB} = \frac{1}{1} \cdot \frac{1}{1} \cdot \frac{1}{1} = 1$$

が成り立つため，チェバの定理の逆より AD, BE, CF は1点で交わります。■

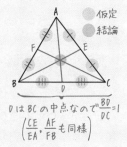

三角形の重心

上述の3中線の交点（以下 G とする）を，△ABC の重心という。

三角形の重心には，次のような重要性質があります。

重心による中線の内分

△ABC の重心 G は，3中線 AD, BE, CF を各々 2：1に内分する。

定理の証明 ･･････････････････････････

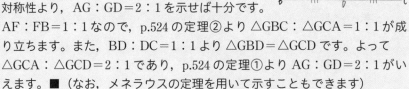

対称性より，AG：GD＝2：1を示せば十分です。AF：FB＝1：1なので，p.524の定理②より △GBC：△GCA＝1：1が成り立ちます。また，BD：DC＝1：1より △GBD＝△GCD です。よって △GCA：△GCD＝2：1であり，p.524の定理①より AG：GD＝2：1がいえます。■（なお，メネラウスの定理を用いて示すこともできます）

▶ 垂心

三角形の頂点から下ろした垂線

任意の三角形で，3 頂点から向かいの辺またはその延長に下ろした垂線は一点で交わる。

定理の証明 ‥‥‥‥‥‥‥‥‥‥‥‥‥‥‥‥‥‥‥‥‥‥‥‥‥

ここでは鋭角三角形の場合に限り証明します。

△ABC の頂点 A, B, C から対辺またはその延長に下ろした垂線の足を各々 D, E, F とします。このとき

$$BD = AB \cos \angle B, \qquad DC = CA \cos \angle C,$$
$$CE = BC \cos \angle C, \qquad EA = AB \cos \angle A,$$
$$AF = CA \cos \angle A, \qquad FB = BC \cos \angle B$$

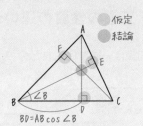

が成り立つため，

$$\frac{BD}{DC} \cdot \frac{CE}{EA} \cdot \frac{AF}{FB} = \frac{AB \cos \angle B}{CA \cos \angle C} \cdot \frac{BC \cos \angle C}{AB \cos \angle A} \cdot \frac{CA \cos \angle A}{BC \cos \angle B} = 1$$

となり，チェバの定理の逆より AD, BE, CF が一点で交わることがいえます。■

🔍 定義　　**三角形の垂心**

上述の 3 垂線の交点（以下 H とする）を，△ABC の**垂心**という。

外心の場合同様，鋭角三角形の垂心は三角形の内部にありますが，直角三角形では周上に，鈍角三角形では外部に存在します。

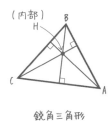

鋭角三角形

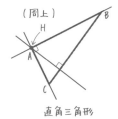

直角三角形

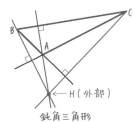

鈍角三角形

さて，これで三角形の五心が出揃いました。

- 内心：内角の二等分線の交点（内接円の中心）
- 傍心：1 内角・2 外角の二等分線の交点（傍接円の中心）
- 外心：3 辺の垂直二等分線の交点（外接円の中心）
- 重心：3 頂点から対辺への中線の交点（中線を 2：1 に内分）
- 垂心：3 頂点から向かいの辺 or その延長に下ろした垂線の交点

これらの存在・名称・主たる性質は，今後別の分野（数学 C のベクトルなど）でも役立つので，証明とともに頭に入れておくとよいでしょう。

▶ 五心の性質の違い・五心の間に成り立つ関係

知識は一通り仕入れたので，求値問題や証明問題に取り組んでみましょう。

例題　内心，外心，垂心に関する角度計算

△ABC の内部に点 X をとったら，∠ABX＝22°，∠BCX＝35° となった。点 X が

(1)　△ABC の内心 I である場合

(2)　△ABC の外心 O である場合

(3)　△ABC の垂心 H である場合

の各々について，角 x の大きさを求めよ [14]。

なお，**右図は私がテキトーに書いたものであり，正確な図は問題ごとに結構変わるので注意せよ。**

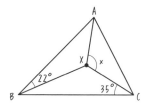

例題の解説

(1) 答え：$\angle x = 112°$

内心は 3 内角の二等分線の交点ですから，右図の同じ記号の角は等しくなります。

∠ABC＝2∠ABI＝44° より

$$\angle BCA + \angle BAC = 180° - 44° = 136°$$

であり，∠BCA＋∠BAC＝2∠IAC＋2∠ICA より

$$\angle IAC + \angle ICA = \frac{136°}{2} = 68°$$

ですから，$\angle x = 180° - (\angle IAC + \angle ICA) = 180° - 68° = 112°$ です。

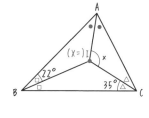

14　本問は，私と同年代で，私が尊敬するとある先生がつくられた問題（の数値をいじったもの）です。

(2) 答え：$\angle x = 114°$

外心 O は△ABC の外接円の中心であり，
OA＝OB＝OC をみたすのでした。これより
$\angle OBC = \angle OCB = 35°$ であり，円周角の定理より

$$\angle x = 2\angle ABC$$
$$= 2\cdot(\angle OBA + \angle OBC)$$
$$= 2\cdot(22° + 35°) = 114°$$

と計算できます。

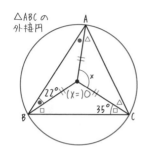

(3) 答え：$\angle x = 125°$

垂心 H は，3 頂点から向かいの辺（またはその延長）
に下ろした垂線の交点なのでした。よって，右図のよ
うに点 D をとると特に $\angle ADC = 90°$ が成り立ち，
三角形の外角の性質より

$$\angle x = \angle HCD + \angle HDC = 35° + 90° = 125°$$

と計算できます。

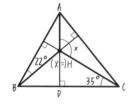

例題　　　**五心（のうち一部）の一致**

三角形の内心と重心が一致するならば，その三角形は正三角形であることを示せ。

例題の解説

答え：以下の通り。

△ABC を用意し，その内心を I とします。また，
直線 AI と辺 BC の交点を D としておきます。
いま I の定義より $\angle BAD = \angle CAD$ であり，
AB：AC＝BD：CD …① が（**内心と重心が一
致していなくても**）成り立ちます。

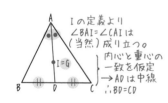

ここで，△ABC の内心と重心の一致を仮定します。このとき **I は △ABC の重
心でもあるので，線分 AD は頂点 A から辺 BC への中線であり**，
BD：CD＝1：1 …② がいえます。

①②より AB：AC＝1：1 すなわち AB＝AC がしたがいます。そして，以上の
議論と同様のことを直線 BI と辺 CA に関しても行うことで AB＝BC がいえます。
よって BC＝CA＝AB であり，△ABC は正三角形です。■

▶ 外心，重心，垂心の性質：オイラー線（発展）

> **△ 定理**　**オイラー線の存在と内分比**
> △ABC の外心 O，重心 G，垂心 H は同一直線上に
> あり，この直線をオイラー線という。
> △ABC が正三角形でないとき O, G, H はこの順に
> 並んでおり，OH＝3OG である。

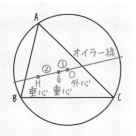

以下，鋭角三角形におけるこの定理の証明を考えます。

例題　　オイラー線に関するこの証明，どこがおかしい？

鋭角三角形における上の定理を次のように"証明"した。しかし，これには誤り
がある。どこが誤りなのか指摘せよ。

右図のように，点 A から直線 BC に下ろした垂線と直
線 OG との交点を H とする。
AH, OD はいずれも辺 BC と垂直だから AH∥OD であ
る。よって OG：GH＝DG：GA である。
すでに示した通り DG：GA＝1：2 だから，確かに
OG：GH＝1：2 すなわち OH＝3OG が成り立つ。■

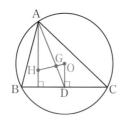

例題の解説

答え："証明"中の点 H が △ABC の垂心であることが示されていない。
上の"証明"では，A から直線 BC に下ろした垂線と直線 OG との交点を H と
しています。この H は定義より AH⊥BC をみたしますが，**BH⊥CA や**
CH⊥AB をみたすかは不明であり，したがってこの H が △ABC の垂心である
かは（結果的にどうなるかはさておき）定かではありません[15]。

15　重要な注：このウソ証明で定めた H が △ABC の垂心になっていないのが誤り，というわけではありません。
　　結果的にこの H は垂心になるのですが，それを示さずに H を垂心として扱っているのが誤りなのです。この類
　　の違いは，数学の多くの証明において重要です。

いまの例題のような構図を考えるならば，

"(そもそも)点 H が △ABC の垂心であること"…(＊)

を示さなければなりません。逆に（＊）さえ示せれば，いまのウソ証明をそのま
ま用いて前述の定理を証明できます。

例題	オイラー線に関する証明を完成させよう

そういうわけなので，以下の手順に従って（＊）を示そう。(図は左ページと同じ)
(1)　AH＝2OD を示せ。
(2)　直線 BO と △ABC の外接円との交点のうち B とは異なるものを K とす
　　る。このとき，KC＝2OD および KC∥AH を示せ。
(3)　▱AHCK が平行四辺形であることを示せ。
(4)　H が △ABC の垂心であることを示せ。

例題の解説

(1)–(4) の答え：以下の通り。
(1)　ウソ証明のうち AH∥OD は正しいです。よって △GOD∽△GHA であり，
　　OD：AH＝GD：GA＝1：2 より AH＝2OD がしたがいます。■

(2)　O は線分 BK の中点になります。また，D は線分 BC の中点です。よって，
　　中点連結定理より KC＝2OD および KC∥OD がいえます。KC∥OD と
　　AH∥OD から KC∥AH もいえますね。■

(3)　AH＝2OD および KC＝2OD より AH＝KC がいえます。また KC∥AH も
　　(2) で示したのでした。よって，▱AHCK
　　は 1 組の辺の長さが等しく，かつ平行になっ
　　ているため，平行四辺形といえます。■

(4)　(3) の結果より AK∥HC がいえます。ま
　　た，BK は円 O の直径ですから BA⊥AK が
　　成り立ちます。これらより BA⊥HC がいえ，
　　AH⊥BC とあわせることで，H が △ABC
　　の垂心とわかります。■

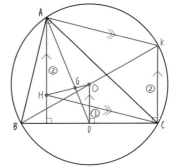

11-4 ⊙ 三角形の線分長に関する諸定理

第7章で，三平方の定理から余弦定理を示しました。本節では，これを用いて三角形の辺長に関する関係式を導きます[16]。

> △ **定理**　**余弦定理（表記を変えて再掲）**
>
> 三角形の頂点に自由に A, B, C という名前をつけたとき，次が成り立つ。
> $$BC^2 = AB^2 + AC^2 - 2AB \cdot AC \cdot \cos \angle BAC$$

▶ 中線定理

> △ **定理**　**中線定理（パップスの定理）**
>
> △ABC において，辺 BC の中点を M とするとき，次が成り立つ。
> $$AB^2 + AC^2 = 2(AM^2 + BM^2)$$

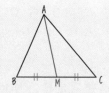

定理の証明 ・・・

△AMB, △AMC で余弦定理を用いることにより次が成り立ちます。
$$\begin{cases} AB^2 = AM^2 + BM^2 - 2 \cdot AM \cdot BM \cdot \cos \angle AMB & \cdots ① \\ AC^2 = AM^2 + CM^2 - 2 \cdot AM \cdot CM \cdot \cos \angle AMC & \cdots ② \end{cases}$$
ここで $\cos \angle AMC = \cos(180° - \angle AMB) = -\cos \angle AMB$ であり，これと BM = CM に注意して①②の辺々の和を計算することで次が成り立ちます。
$$\begin{aligned} AB^2 + AC^2 &= (AM^2 + BM^2 - 2 \cdot AM \cdot BM \cdot \cos \angle AMB) \\ &\quad + (AM^2 + CM^2 - 2 \cdot AM \cdot CM \cdot \cos \angle AMC) \\ &= (AM^2 + BM^2 - 2 \cdot AM \cdot BM \cdot \cos \angle AMB) \\ &\quad + (AM^2 + BM^2 + 2 \cdot AM \cdot CM \cdot \cos \angle AMB) \\ &= 2(AM^2 + BM^2) \quad ■ \end{aligned}$$

16　余弦定理は三平方の定理から導けるものですから，本節で扱う諸定理は三平方の定理から組み立てられるもの，ということになります。

△ABC の重心を G とし，辺 BC, CA, AB の中点を各々 D, E, F とする。

(1)　$3(\mathrm{BC}^2+\mathrm{CA}^2+\mathrm{AB}^2)=4(\mathrm{AD}^2+\mathrm{BE}^2+\mathrm{CF}^2)$ …① を示せ。

(2)　$\mathrm{BC}^2+\mathrm{CA}^2+\mathrm{AB}^2=3(\mathrm{AG}^2+\mathrm{BG}^2+\mathrm{CG}^2)$ …② を示せ。

例題の解説

(1) 答え：以下の通り。

$a:=\mathrm{BC}, b:=\mathrm{CA}, c:=\mathrm{AB}$ と定めます。△ABC で，着目する中線を変えつつ中線定理を 3 回用いることにより

$$\begin{cases} b^2+c^2=2\left\{\mathrm{AD}^2+\left(\dfrac{a}{2}\right)^2\right\} \\ a^2+\ c^2=2\left\{\mathrm{BE}^2+\left(\dfrac{b}{2}\right)^2\right\} \\ a^2+b^2=2\left\{\mathrm{CF}^2+\left(\dfrac{c}{2}\right)^2\right\} \end{cases}$$

を得ます。これらの式の辺々の和を考えると

$$2(a^2+b^2+c^2)=2(\mathrm{AD}^2+\mathrm{BE}^2+\mathrm{CF}^2)+\frac{1}{2}(a^2+b^2+c^2)$$

$$\therefore\left(2-\frac{1}{2}\right)(a^2+b^2+c^2)=2(\mathrm{AD}^2+\mathrm{BE}^2+\mathrm{CF}^2)$$

となり，これを整理することで①がしたがいます。■

(2) 答え：以下の通り。

重心は中線 AD, BE, CF をいずれも 2：1 に内分するのでした（p.534）。よって

$$\mathrm{AG}=\frac{2}{3}\mathrm{AD}\qquad\therefore\ \mathrm{AD}^2=\frac{9}{4}\mathrm{AG}^2$$

であり，同様に $\mathrm{BE}^2=\dfrac{9}{4}\mathrm{BG}^2$,

$\mathrm{CF}^2=\dfrac{9}{4}\mathrm{CG}^2$ となります。これらと①より

$$3(\mathrm{BC}^2+\mathrm{CA}^2+\mathrm{AB}^2)=4\left(\frac{9}{4}\mathrm{AG}^2+\frac{9}{4}\mathrm{BG}^2+\frac{9}{4}\mathrm{CG}^2\right)$$

となり，これを整理することで②がしたがいます。■

$$\mathrm{AG}=\frac{2}{3}\mathrm{AD}$$
$$\mathrm{BG}=\frac{2}{3}\mathrm{BE}$$
$$\mathrm{CG}=\frac{2}{3}\mathrm{CF}$$

▶ スチュワートの定理

中線定理を一般化したものに，次の定理があります。

> **△ 定理**　**スチュワートの定理**
>
> △ABC の辺 BC 上に点 P をとる。右図のように
> 長さを定めると，次式が成り立つ。
> $$c^2 n + b^2 m = a(d^2 + mn) \quad \cdots (*)$$

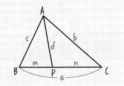

例題　スチュワートの定理の証明

上図の設定を引き継ぎ，さらに $\theta := \angle\mathrm{APB}$ と定める。
(1)　△APB で余弦定理の式を立てよ。
(2)　△APC で余弦定理の式を立てよ。
(3)　(1)，(2) の式を用いて (*) を示せ。

例題の解説

(1)　答え：$c^2 = d^2 + m^2 - 2dm\cos\theta \quad \cdots ①$

(2)　答え：$b^2 = d^2 + n^2 + 2dn\cos\theta \quad \cdots ②$

　　$\angle\mathrm{APC} = 180° - \theta$ より $\cos\angle\mathrm{APC} = \cos(180° - \theta) = -\cos\theta$ となります。

(3)　答え：**以下の通り。**
$$n \times ① : c^2 n = d^2 n + m^2 n - 2dmn\cos\theta$$
$$m \times ② : b^2 m = d^2 m + n^2 m + 2dmn\cos\theta$$

　の辺々の和を考えることで
$$c^2 n + b^2 m = (m+n)d^2 + (m+n)mn = (m+n)(d^2 + mn) = a(d^2 + mn)$$
がしたがいます。なお，途中で $a = m + n$ を用いました。■

▶ 角の二等分線の長さの定理

第 7 章で，角の二等分線の長さを計算しました (p.330)。ただ，あの問題では角
度がキレイな値だったからこそうまくいった，というのが正直なところです。

実は，スチュワートの定理から角の二等分線の長さの公式を生み出せます。

$\angle \mathrm{BAP} = \angle \mathrm{CAP}$ のとき $\mathrm{BP} : \mathrm{CP} = \mathrm{AB} : \mathrm{AC}$ が
成り立つのでした。よって $m = \dfrac{ca}{b+c}$, $n = \dfrac{ba}{b+c}$
となります。スチュワートの定理の式（＊）の左
辺のみにそれらを代入すると

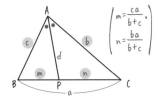

$$c^2 \frac{ba}{b+c} + b^2 \frac{ca}{b+c} = a(d^2 + mn) \qquad \therefore bc = d^2 + mn$$

となり，これより $\underline{d = \sqrt{bc - mn}}$ が得られます。

> **△ 定理** ┃ **角の二等分線の長さ**
>
> $\triangle \mathrm{ABC}$ において，$\angle \mathrm{A}$ の二等分線と辺 BC との交点を P とすると，
> $\mathrm{AP} = \sqrt{\mathrm{AB} \cdot \mathrm{AC} - \mathrm{BP} \cdot \mathrm{CP}}$ が成り立つ。

シンプルなこともあり，個人的にお気に入りの定理です。

例題 ┃ **角の二等分線の長さ**

$\triangle \mathrm{ABC}$ は $\mathrm{BC} = 7$, $\mathrm{CA} = 6$, $\mathrm{AB} = 5$ をみたす。$\angle \mathrm{A}$ の二等分線と辺 BC との交点
を D とするとき，AD の長さを求めよ。

例題の解説

答え：$\mathrm{AD} = \dfrac{12}{11}\sqrt{15}$

角の二等分線の性質より

$$\mathrm{BD} = \frac{\mathrm{AB}}{\mathrm{AB} + \mathrm{AC}} \mathrm{BC} = \frac{5}{5+6} \cdot 7 = \frac{5 \cdot 7}{11}$$

$$\mathrm{CD} = \frac{\mathrm{AC}}{\mathrm{AB} + \mathrm{AC}} \mathrm{BC} = \frac{6}{5+6} \cdot 7 = \frac{6 \cdot 7}{11}$$

となります。これとさきほどの定理より，AD は次のように計算できます。

$$\mathrm{AD} = \sqrt{\mathrm{AB} \cdot \mathrm{AC} - \mathrm{BD} \cdot \mathrm{CD}} = \sqrt{5 \cdot 6 - \frac{5 \cdot 7}{11} \cdot \frac{6 \cdot 7}{11}} = \sqrt{5 \cdot 6 \cdot \frac{11^2 - 7^2}{11^2}}$$

$$= \sqrt{5 \cdot 6 \cdot \frac{18 \cdot 4}{11^2}} = \sqrt{5 \cdot 6 \cdot \frac{6 \cdot 3 \cdot 2^2}{11^2}} = \frac{12}{11}\sqrt{15}$$

11-5 ⊘ 円の性質

▶ 円周角の定理

> △ **定理** **円周角の定理（証明略）**
> - 同じ弧に対する円周角は一定である。
> - その円周角は，同じ弧に対する中心角の $\frac{1}{2}$ 倍である。

例題　円周角の定理

以下の角 x の大きさを各々求めよ。

(1)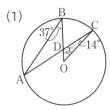

(2)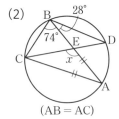

(AB＝AC)

(3)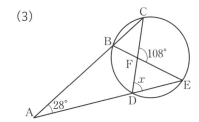

例題の解説

しばらくの間，例題の解説では"円周角の定理"を"[円]"と表記します。
また，"三角形の外角の性質"を"[外]"と表記します。

(1) **答え：$x＝46°$**

　[円] より $\angle \mathrm{BAC}＝\dfrac{1}{2}\angle \mathrm{BOC}＝\dfrac{x}{2}$ です。また，$\angle \mathrm{ADB}＝\angle \mathrm{ODC}$ なので

　$\angle \mathrm{DAB}＋\angle \mathrm{DBA}＝\angle \mathrm{DOC}＋\angle \mathrm{DCO}$ となります。つまり $\dfrac{x}{2}＋37°＝x＋14°$ で

　あり，これより $x＝46°$ が得られます。

(2) 答え：$x=120°$

　$AB＝AC$ より $∠ACB＝∠ABC＝74°$ であり，［円］より $∠ACD＝∠ABD＝28°$ がいえます。よって $∠BCE＝74°－28°＝46°$ であり，$△BCE$ での［外］から $x＝∠EBC＋∠ECB＝74°＋46°＝120°$ と計算できます。

(3) 答え：$x=68°$

　［外］より $∠ACD＝x－28°$ がいえ，さらに［円］から $∠BED＝x－28°$ もわかります。$△DEF$ での［外］より $x＋(x－28°)＝108°$ なので $x＝68°$ です。

円周角の定理は，同一の（同じ場所にある）弧でなくても適用できます。右図でいうと，$∠APB＝∠CQD$ が成り立つということです。

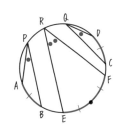

また，同じ円において弧長と円周角は比例します。
たとえば右図では $∠ERF＝2∠APB$ が成り立ちます。

例題　　弧長と円周角の関係

右の図における角 x を求めよ。ただし，(1) の A～I は円周を 9 等分する点であり，(2) では $AB＝CD$ および $BC＝DE$ が成り立っている。

(1)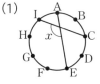

(2)

例題の解説

(1) A～I は円周の 9 等分点ですから，弧 $\overset{\frown}{AI}$ の中心角は $360°×\dfrac{1}{9}＝40°$ であり，［円］より $∠AEI＝\dfrac{1}{2}·40°＝20°$ とわかります。同様に弧 $\overset{\frown}{CE}$ の中心角は $360°×\dfrac{2}{9}＝80°$ であり，［円］より $∠CIE＝\dfrac{1}{2}·80°＝40°$ です。よって，$x＝180°－(20°＋40°)＝120°$ です。

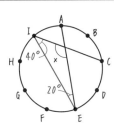

(2) AB＝CD なので，［円］より ∠ACB＝∠DAC が
いえ[17]，これより AD∥BC とわかります。よって
□ABCD は等脚台形となり，∠BAD＝∠ADC＝x
です。

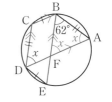

同様に，BC＝DE なので BE∥CD がいえます。よっ
て ∠AFB＝∠ADC＝x です。そして，△AFB の内
角和が $180°$ であることより $62°+x+x=180°$ が成り立つため，$x=59°$ と計算
できます。

円周角の定理には"逆"もありました。次のようなものです。

△ 定理　円周角の定理の逆

**平面上の相異なる 4 点 A, B, P, Q について，P, Q が直線
AB に関して同じ側にあり，かつ ∠APB＝∠AQB が成り
立っているとき，4 点 A, B, P, Q は同一円周上にある。**

定理の証明 ・・・・・・・・・・・・・・・・・・・・・・・・・・・・・・

上述の 2 条件がいずれも成り立っているとします。このと
き，3 点 A, B, P を通る円（△ABP の外接円）を C とし
ます。（ⅰ）点 Q が C の内側にないこと，（ⅱ）点 Q が C
の外側にないことの双方を示せば十分です。

ここでは（ⅰ）のみ示します。Q が C 内にあったとしましょう。直線 AQ と
C との交点のうち A とは異なるものを点 Q′ とします。Q′ はその定義より
C 上にあるのですから，円周角の定理より ∠AQ′B＝∠APB …① です。
そして，△BQQ′ で外角の性質を考えることで
∠AQB＝∠AQ′B＋∠QBQ′ …② とわかります。
①②より ∠APB＜∠AQB となりますが，これは ∠APB＝∠AQB という仮
定に反します。よって，Q は C の内部には存在しません。■

前述の通り，（ⅱ）の証明は省略します。ぜひ自身で考えてみてください。
円周角の定理の逆を用いると，難しめの角度の計算問題も攻略できます。

17　AB＝CD というのは弦の長さの等式ですが，ここから弧の長さが等しいこともいえ，結局円周角が等しいこと
　　もいえます。弧の長さへの言及はせず，いきなり円周角が等しいとして問題ないでしょう。

右図における角 x を求めよ。
流れ的に □ABCD が円に内接する
と察しがつくだろうが，その根拠を
必ず見つけよう。

(1)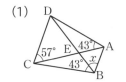

(2)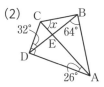

例題の解説

平易な問題に見えますが，三角形の内角和が $180°$ であることのみを用いても角 x は求められません。そこで円周角の定理の逆の出番です。

(1) 答え：$x = 57°$

$\angle CAD = 43° = \angle CBD$ ですから，円周角の定理の逆より 4 点 A, B, C, D は同一円周上にあります [18]。よって，円周角の定理より $\angle ABD = \angle ACD = 57°$ です。

(2) 答え：$x = 58°$

まず $\angle ACD = 180° - (26° + 90°) = 64°$ と計算できます。よって $\angle ABD = 64° = \angle ACD$ ですから，4 点 A, B, C, D は同一円周上にあります。よって，円周角の定理より $x = \angle ADB = 90° - 32° = 58°$ です。

▶ 円に内接する四角形

円に内接する四角形には次のような性質があります。

△ 定理	円に内接する四角形の性質

円に内接する四角形は次の（a），（b）をみたす。
（a）　向かい合う角の和は $180°$ である。
（b）　いずれの内角も，その対角の外角と等しい。

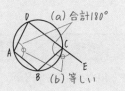

実は，（a）の方は p.332 で登場済みです。たとえば円周角の定理を用いて証明できるのですが，それもすでに行いました。

---

18 点 A, B が直線 CD に関して同じ側にあることもほんとうは述べなければならないのですが，今後このように省略することがあります。

（ b ）は（ a ）とほぼ同じです。たとえば右図のように $\square$ABCD が円に内接しているとします。$x := \angle\mathrm{A}$ とすると，（ a ）より $\angle\mathrm{BCD} = 180° - x$ と表せます。よって $\angle\mathrm{BCE} = 180° - \angle\mathrm{BCD}$ $= 180° - (180° - x) = x$ となり，確かに（ b ）も成り立ちます。

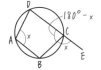

例題　　円に内接する四角形

右の図における角 x を求めよ。

(1)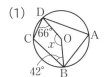

(2)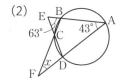

例題の解説

(1) **答え：$x = 144°$**

　［円］より $\angle\mathrm{BAD} = \dfrac{1}{2}\angle\mathrm{BOD} = \dfrac{x}{2}$ です。$\square$ABCD は円に内接しているため，$\angle\mathrm{BCD} = 180° - \angle\mathrm{BAD} = 180° - \dfrac{x}{2}$ となります。$\square$OBCD の内角和は $360°$ ですから $x + 42° + \left(180° - \dfrac{x}{2}\right) + 66° = 360°$ となり，これより $x = 144°$ を得ます。

(2) **答え：$x = 31°$**

　$\square$ABCD は円に内接しているため $\angle\mathrm{BCD} = 180° - \angle\mathrm{BAD} = 180° - 43° = 137°$ であり，$\triangle$ADE での［外］より $\angle\mathrm{EDF} = \angle\mathrm{AED} + \angle\mathrm{EAD} = 63° + 43° = 106°$ も成り立ちます。さらに $\triangle$CDF での［外］より $\angle\mathrm{BCD} = \angle\mathrm{CFD} + \angle\mathrm{CDF}$ つまり $137° = x + 106°$ となり，$x = 31°$ とわかります。

例題　　内接四角形を利用した証明

右図のように，2 円が 2 点 A, B を共有している。点 A を通る直線と左右の円との共有点のうち A と異なるものを各々 C, D とする。また，点 B を通る直線と左右の円との交点を各々 E, F とする。このとき，CE∥DF となることを示せ。

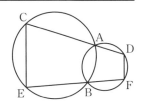

答え：以下の通り。

線分 AB を引いておきます。また，図のように点 G を
とります。

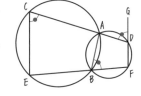

△ABEC は円に内接しているため，∠ECA ＝∠ABF
が成り立ちます。また，△ABFD も円に内接している
ため，∠ABF ＝∠ADG です。これらより
∠ECA ＝∠ADG が得られ，錯角が等しいため CE ∥ DF がいえます。■

さて，円に内接する四角形の定理については，次のような"逆"も存在します。

> **△ 定理　円に内接する四角形の性質（の逆）**
>
> 次の（a）または（b）の一方が成り立つ四角形は，円に内接する。
> （a）　向かい合う角の和は $180°$ である。
> （b）　いずれの内角も，その対角の外角と等しい。

p.547 でも述べた通り（a），（b）は結局同じことです。よって，（a）が成り立つ
四角形が円に内接することを示せば，上の定理が証明できたこととなります。

定理の証明 ・・・

△ABCD が（a）をみたす，
つまり $∠B ＋∠D ＝180°$ …① が成り立つとします。

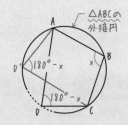

ここで，△ABC の外接円（これは確実に存在する）
の $\overarc{AC}$ 上（点 B を含まない方）に点 D′ をとると，
△ABCD′ は円に内接しますから
$∠B ＋∠D′ ＝180°$ …② が成り立ちます。

①②より $∠D ＝∠D′$ となるため，円周角の定理の逆より4点 A, C, D,
D′ は円に内接します。この円はその周上に点 A, C, D を含むことから
△ABCD′ の外接円そのものであり，5点 A, B, C, D, D′ はみなこの円上に
あるとわかります。したがって，△ABCD は円に内接します。■

例題 　四角形が円に内接することの証明

図のように，円上に点 A, B, C, D, E があり，
$\overset{\frown}{AB}=\overset{\frown}{CD}$ および $\overset{\frown}{BC}=\overset{\frown}{DE}$ をみたしている。

弧 $\overset{\frown}{AE}$（点 B, C, D を含まない方）上に点 P をとり，PB と
AD，AD と BE，PD と BE の交点を各々 Q, R, S としたと
き，□PQRS が円に内接することを示せ。

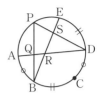

例題の解説

答え：以下の通り。

$\overset{\frown}{AB}=\overset{\frown}{CD}$ より AD∥BC が，$\overset{\frown}{BC}=\overset{\frown}{DE}$ より BE∥CD がい
えるため，∠BCD＝∠QRS …① が成り立ちます。
また，□PBCD は円に内接しているため，
∠BPD＋∠BCD＝180° …② が成り立ちます。
①②より ∠QPS＋∠QRS＝180° となるため，□PQRS は円に内接します。■

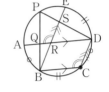

▶ 円と直線

円と直線との位置関係は，共有点の
個数を基準にして右のように分類で
きます。まずは，両者が接する場合
に成り立つことを調べていきましょう。

2点を共有する 　1点を共有する 　共有点をもたない
　　　　　　　（接する）

> ### 法則　円上の点を通る直線
>
> 円 O の周上の点 P を通る直線 ℓ について，次のこと
> が成り立つ。
>
> $$\ell \perp OP \iff \ell \text{ は円 O と接する}^{19}$$

この同値性は認めることとします。見た目の上でも納得しやすいですね。

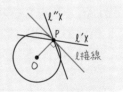

19　いまの場合，点 P を通る直線の集合を L としたときに $\{\ell\,|\,\ell\in L\text{ かつ }\ell\perp OP\}=\{\ell\,|\,\ell\in L\text{ かつ }\ell\text{ は円 O と接する}\}$
　　となる，ということです。

> **△ 定理** 　**円外の1点から接点までの距離**
>
> 円 O の外部の点 A から，円 O に接線を引く。このとき接
> 線はちょうど 2 本できるが，その接点を P, Q とすると
> AP＝AQ が成り立つ。
>
> **定理の証明** ・・
>
> 前の［法則］より ∠APO＝90°＝∠AQO が成り立ちます。
> また OP＝OQ であり，斜辺を共有していますから
> △APO≡△AQO となるため AP＝AQ がしたがいます。■

上の定理でいう線分 AP, AQ の長さのことを**接線の長さ**という [20]。

例題　三角形の内接円

(1)　BC＝5, CA＝6, AB＝7 である △ABC がある。その内接円と辺 BC との
　　接点を D としたとき，BD の長さを求めよ。

(2)　BC＝$\sqrt{2}$, CA＝$\sqrt{3}$, AB＝$\sqrt{5}$ である △ABC の内接円の半径 r を求めよ。

例題の解説

(1)　**答え：BD＝3**

内接円と辺 CA, AB との接点を E, F とします。
さきほど示した定理より AE＝AF, BF＝BD,
CD＝CE が成り立ちます。この等しい長さを各々
x, y, z としましょう。すると，

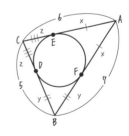

$$\begin{cases} BC=y+z \\ CA=z+x \\ AB=x+y \end{cases} \quad \therefore \quad \begin{cases} y+z=5 \\ x+z=6 \\ x+y=7 \end{cases} \quad \text{とわかります。}$$

3 式の和をとって両辺を $\dfrac{1}{2}$ 倍することで $x+y+z=9$ となり，ここから
$x+z=6$ を辺々減算することで BD＝y＝3 を得ます。

20　通常，円の接線とは円に接する直線のことを指します。よって，"接線の長さ"というのはおかしな表現にも思
えますが（∵ 直線はずっと続くもの），便利な表現なのでそこは気にしないことにします。

551

第11章—図形の性質

(2) 答え：$r = \dfrac{\sqrt{2}+\sqrt{3}-\sqrt{5}}{2}$

右図のように点 D, E, F をとり，さらに内接円の中心
を I とします。

$BC^2 + CA^2 = 5 = AB^2$ より $\angle C = 90°$ がいえ，これと
$\angle IDC = 90° = \angle IEC$，そして $ID = IE$ より $\square IDCE$ は
正方形です。よって，$CD = CE = r$ なので

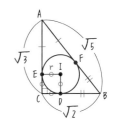

$\begin{cases} AF = AE = \sqrt{3} - r \\ BF = BD = \sqrt{2} - r \end{cases}$ であり，次式が成り立ちます。

$$\sqrt{5} = AB = AF + BF = (\sqrt{3}-r)+(\sqrt{2}-r) \quad \therefore r = \dfrac{\sqrt{2}+\sqrt{3}-\sqrt{5}}{2}$$

例題	四角形の内接円

$\square ABCD$ に円 O が内接している。このとき，以下のことを各々示せ。
(1)　$AB + CD = BC + DA$　　　(2)　$\triangle OAB + \triangle OCD = \triangle OBC + \triangle ODA$

例題の解説

(1) 答え：**以下の通り。**

円 O と辺 AB, BC, CD, DA との接点を各々 E, F, G, H と
します。このとき $AH = AE$, $BE = BF$, $CF = CG$, $DG = DH$
となるため，次が成り立ちます。

$AB + CD = (AE + EB) + (CG + GD) = AH + FB + CF + HD$
$\quad = (FB + CF) + (AH + HD) = BC + DA$　∎

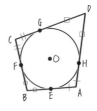

(2) 答え：**以下の通り。**

$OE \perp AB$, $OF \perp BC$, $OG \perp CD$, $OH \perp DA$ であり，円 O の
半径を r とすると $OE = OF = OG = OH = r$ です。これらと
(1) の結果より次のように示せます。

$$\triangle OAB + \triangle OCD = \dfrac{1}{2} \cdot AB \cdot r + \dfrac{1}{2} \cdot CD \cdot r = \dfrac{1}{2} r \cdot (AB + CD)$$

$$= \dfrac{1}{2} r \cdot (BC + DA) \quad (\because (1) \text{ の結論})$$

$$= \dfrac{1}{2} \cdot BC \cdot r + \dfrac{1}{2} \cdot DA \cdot r = \triangle OBC + \triangle ODA \quad ∎$$

なお，いまの例題 (1) で "□ABCD に円が内接する $\Longrightarrow$ AB＋CD＝BC＋DA" を示しましたが，この定理の逆も実は成り立ちます（証明略）。

▶ 接弦定理

円の接線については，次のような定理も成り立ちます。

△ 定理　接弦定理[21]

図のように，円 O に △ABC が内接しており，直線 TU は点 C で円 O と接している（∠B の内部にある方が T）。このとき，∠BAC＝∠BCU, ∠ABC＝∠ACT が成り立つ[22]。

定理の証明 ・・

∠BAC＝∠BCU のみ示します。∠BCU が直角・鋭角・鈍角のいずれかによって証明の構図が変化するため，場合分けをして証明します。

∠BCU が直角の場合

このとき，BC 自体が円 O の直径ですから，∠BAC＝90°です。また，TU は円 O の接線なので∠BCU＝90°も成り立ちます。よって∠BAC＝∠BCU（＝90°）が成り立っていますね。

∠BCU が鋭角の場合

直線 CO と円 O との交点のうち，C とは異なるものを D とします。いま，CD は円 O の直径なので∠DBC＝90°です。また，∠DCU＝90°が成り立っています。よって

∠BCD＝180°－（∠BDC＋∠CBD）＝180°－（∠BDC＋90°）＝90°－∠BDC

∴ ∠BCU＝90°－∠BCD＝90°－（90°－∠BDC）＝∠BDC

となり，∠BCU＝∠BDC を得ます。それと∠BAC＝∠BDC（∵ 円周角の定理）より∠BAC＝∠BCU がしたがいます。

21　検定教科書において通常この定理は "接線と弦のつくる角の定理" などとよばれていますが，接弦定理という名称がついています。試験の答案でもこれで通じるので全く問題ありません。

22　実は，この定理の主張は本来もっとややこしく記述されます。興味のある方は検定教科書をご覧ください。ちゃんとした記述を載せるべきか正直迷ったのですが，図も用いて手短に表現した方が明快で，かつ大して雑にもなっていないので，このような表現にしました。

例題　鈍角の場合の接弦定理の証明

∠BCU が鈍角の場合も，やはり ∠BAC＝∠BCU が成り立つことを示せ。

例題の解説

答え：以下の通り。

直線 CO と円 O との交点のうち，C でないものを D
とします。CD は円 O の直径なので ∠DBC＝90° で
あり，∠DCU＝90° も成り立っています。よって
∠BCD＝180°−(∠BDC＋∠CBD)＝180°−(∠BDC＋90°)
　　　＝90°−∠BDC
∴ ∠BCU＝90°＋∠BCD＝90°＋(90°−∠BDC)
　　　　＝180°−∠BDC

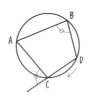

となり，∠BCU＝180°−∠BDC を得ます。一方，□ABDC は円に内接するため，
∠BAC＋∠BDC＝180° すなわち ∠BAC＝180°−∠BDC が成り立ちます。以上
より ∠BAC＝∠BCU がしたがいます。■　（ちなみに，鋭角の場合の接弦定理を
用いると ∠BCT＝∠BDC がいえ，これを用いた証明も可能です）

なおこの接弦定理は，p.547 で
紹介した円に内接する四角形の
性質（b）で，2 頂点を限りなく
近付けた"極限"に対応してい
ます。

例題　接弦定理を用いた求値問題

図の角 x を求めよ。いずれにおいても直線 TU は点 C における円の接線である。
また，(2) では ∠ACB＝∠UCB が，(3) では BA＝BC が成り立っている。

(1)

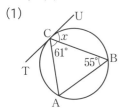

(2)

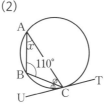

(3)

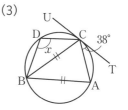

例題の解説

(1) 答え：$x = 64°$

　三角形の内角和は $180°$ ですから，$\angle \mathrm{BAC} = 180° - (55° + 61°) = 64°$ です。これと接弦定理より $x = \angle \mathrm{BAC} = 64°$ とわかります。

(2) 答え：$x = 35°$

　接弦定理より $\angle \mathrm{ACT} = \angle \mathrm{ABC} = 110°$ なので $\angle \mathrm{ACU} = 180° - 110° = 70°$ です。これと $\angle \mathrm{ACB} = \angle \mathrm{UCB}$ より $\angle \mathrm{UCB} = 70° \div 2 = 35°$ となります。それと接弦定理より $x = \angle \mathrm{UCB} = 35°$ とわかります。

(3) 答え：$x = 109°$

　接弦定理より $\angle \mathrm{ABC} = \angle \mathrm{ACT} = 38°$ であり，これと $\mathrm{BA} = \mathrm{BC}$ より $\angle \mathrm{BAC} = (180° - 38°) \div 2 = 71°$ です。□ABDC は円に内接しているため，$x = 180° - \angle \mathrm{BAC} = 180° - 71° = 109°$ と求められます。

▶ 方べきの定理

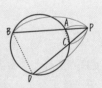

> **△ 定理　方べきの定理**
>
> - 円の 2 つの弦 AB, CD が点 P で交わる
> - 円の 2 つの弦 AB, CD が，両者の延長上の点 P で交わる
>
> のいずれかのとき，$\mathrm{PA} \cdot \mathrm{PB} = \mathrm{PC} \cdot \mathrm{PD}$ が成り立つ[23]。
>
> **定理の証明** ・・
>
> 点たちと円の位置関係には大きく分けて 2 通りあります[24]。そのいずれにおいても，$\triangle \mathrm{PAC}$, $\triangle \mathrm{PDB}$ は
> $$\begin{cases} \angle \mathrm{PAC} = \angle \mathrm{PDB} \\ \angle \mathrm{APC} = \angle \mathrm{DPB} \end{cases}$$
> より相似であり，
> $\mathrm{PA} : \mathrm{PC} = \mathrm{PD} : \mathrm{PB}$ すなわち $\mathrm{PA} \cdot \mathrm{PB} = \mathrm{PC} \cdot \mathrm{PD}$ が成り立ちます。■

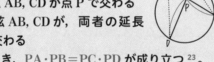

23　この $\mathrm{PA} \cdot \mathrm{PB}$ の値（注：定理より，これは円と点 P を与えるのみで決まる）を，この円に関する点 P の方べきということがあります。ただし，点 P が円の内部にある場合，方べきの符号を負にする方が好都合なようです。これにより方べきの値を $\overrightarrow{\mathrm{PA}} \cdot \overrightarrow{\mathrm{PB}}$ というベクトルの内積（数学 C で扱います）により定義できますからね。

24　2 つの図いずれにおいても，点 C, D のとり方は逆でも構いません。その場合も，結局同じ角度の等式が成り立ちます。なお，P が円周上にある場合も考えられます。この場合，たとえば A＝P＝C として AP＝0＝CP と定めれば，やはり $\mathrm{PA} \cdot \mathrm{PB} = \mathrm{PC} \cdot \mathrm{PD}\ (= 0)$ が成り立ちます。

(1), (2), (3) の各々について，x の値を求めよ。(3) の O は円の中心である。

(1) 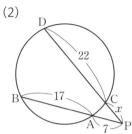　(2) 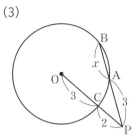　(3)

例題の解説

(1)　答え：$x = 8$

　　方べきの定理より $PA \cdot PB = PC \cdot PD$ すなわち $4 \cdot 6 = x \cdot 3$ となります。

(2)　答え：$x = 6$

　　方べきの定理より $PA \cdot PB = PC \cdot PD$ すなわち $7 \cdot (7 + 17) = x \cdot (x + 22)$ です。

(3)　答え：$x = \dfrac{7}{3}$

　　CD が直径となるように D をとります。OD $=$ OC $= 3$ に
　　も注意すると，方べきの定理より $PA \cdot PB = PC \cdot PD$ す
　　なわち $3 \cdot (3 + x) = 2 \cdot (2 + 3 + 3)$ が得られます。

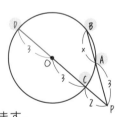

方べきの定理には，次のようないわば"接線 ver."もあります。

△ 定理　　**方べきの定理**

円の外部にある点 P を通る異なる 2 直線がある。
一方が円 O と点 A, B で交わっており，他方は円 O と
点 T で接しているとする。
このとき，**$PA \cdot PB = PT^2$** が成り立つ。

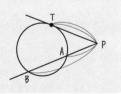

p.555 の方の定理で C $=$ D としたものと一致します。本書では省略しますが，こ
れは接弦定理を用いることで証明できます。

┃ **方べきの定理（接線 ver.）の活用**

右図の x の値を各々求めよ。
ただし，いずれにおいても直線 PT
は点 T で円と接している。また，
(2) の点 O は円の中心である。

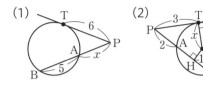

(1) 答え：$x = 4$

　方べきの定理より $PA \cdot PB = PT^2$ すなわち $x(x+5) = 36$ が成り立ち，これを
解くと $x = -9, 4$ が得られます。$x > 0$ より $x = 4$ が妥当です。

(2) 答え：$x = \dfrac{\sqrt{41}}{4}$

　2 交点 A, B をもつには $x > 1$ が必要で，三平方の定理より $AH = \sqrt{x^2 - 1} = BH$
となるため $AB = 2\sqrt{x^2 - 1}$ です。

　したがって，方べきの定理より $PA \cdot PB = PT^2$ すなわち $2 \cdot (2 + 2\sqrt{x^2 - 1}) = 3^2$
が得られます。$x > 1$ のもとでこれを解くことで $x = \dfrac{\sqrt{41}}{4}$ とわかります。

┃ **方べきの定理（接線 ver.）を活用した証明**

図のように，円 C_1, C_2 が 2 点 A, B を共有している。
直線 AB 上（かつ円 C_1, C_2 の外部）の点 P から円
C_1, C_2 に接線を引き，接点を各々 T_1, T_2 とする。
このとき，$\angle PT_1 T_2 = \angle PT_2 T_1$ を示せ。

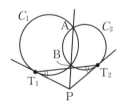

答え：以下の通り。

円 C_1, C_2 で方べきの定理を用いることにより $\begin{cases} PB \cdot PA = PT_1^2 \\ PB \cdot PA = PT_2^2 \end{cases}$ がいえ，これらよ

り $PT_1^2 = PT_2^2$ を得ます。これと $PT_1 > 0$, $PT_2 > 0$ より $PT_1 = PT_2$ であるため，
$\angle PT_1 T_2 = \angle PT_2 T_1$ がしたがいます。■

△ 定理　方べきの定理の逆

（ⅰ）2 つの線分 AB, CD が点 P で交わる

（ⅱ）2 つの線分 AB, CD が，両者の延長上の点 P で交わる

のいずれかであり，かつ PA・PB＝PC・PD が成り立つとき，4 点 A, B, C, D は同一円周上にある。

定理の証明・・・

PA・PB＝PC・PD は

PA：PC＝PB：PD と言い換えられます。また，

（ⅰ），（ⅱ）いずれにおいても ∠APC＝∠DPB が成り立ちます。これらより △PAC∽△PDB が成り立ちます。よって ∠PAC＝∠PDB であり，

（ⅰ）：円周角の定理の逆

（ⅱ）：四角形の 1 つの内角とその"対角の外角"が等しい

より，4 点 A, B, C, D が同一円周上にあるといえます。■

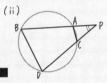

これにも"接線 ver."はあるのですが，その主張と証明は省略します。

例題　方べきの定理の逆を活用した証明

図のように，鋭角三角形 ABC の頂点 A から辺 BC に下ろした垂線の足を H とする。そして，H から辺 AB, AC に下ろした垂線の足を各々 D, E とする。このとき，4 点 B, C, D, E は同一円周上にあることを示せ。

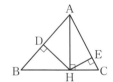

例題の解説

答え：以下の通り。

△AHB, △ADH は $\begin{cases} ∠BAH＝∠HAD \\ ∠AHB＝90°＝∠ADH \end{cases}$ より相似なので，AH：AD＝AB：AH

すなわち AD・AB＝AH² …① が成り立ちます。△AHC, △AEH も同様に相似であり，AH：AE＝AC：AH すなわち AE・AC＝AH² …② となります。

①②より AD・AB＝AE・AC が成り立つので，方べきの定理の逆より 4 点 B, C, D, E は同一円周上にあるとわかります。■

▶ トレミーの定理

> **△ 定理**　**トレミーの定理**
>
> 円に内接する四角形 ABCD について，次式が成り立つ。
>
> $$AB \cdot CD + BC \cdot DA = AC \cdot BD$$
>
> **定理の証明** ・・
>
>
>
> 対角線 BD 上に $\angle BAE = \angle CAD$ となる点 E をとります。
> 円周角の定理より $\angle ABE = \angle ACD$ なので，$\triangle ABE$ と
> $\triangle ACD$ は相似です。よって $AB : AC = BE : CD$ すな
> わち $AB \cdot CD = AC \cdot BE$ …① となります。
>
> 一方，$\angle BAE = \angle CAD$ より $\angle BAC = \angle EAD$ であり，円周角の定理より
> $\angle ACB = \angle ADE$ なので，$\triangle ABC \backsim \triangle AED$ がいえます。よって
> $BC : ED = AC : AD$ すなわち $BC \cdot AD = ED \cdot AC$ …② が成り立ちます。
>
> ①②の辺々の和をとることで，次式がしたがいます。
>
> $$AB \cdot CD + BC \cdot AD = AC \cdot BE + ED \cdot AC = AC \cdot (BE + ED) = AC \cdot BD \quad \blacksquare$$

例題　　トレミーの定理の活用

辺長 1 の正五角形 ABCDE において，対角線（AC など）の長さを求めよ。

例題の解説

答え：$\dfrac{\sqrt{5}+1}{2}$

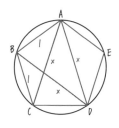

$\square$ABCD は，正五角形 ABCDE の外接円に内接します。
$x := AC$ と定めると $AD = x$, $BD = x$ が成り立ちます。
以上をふまえ $\square$ABCD でトレミーの定理を用いると

　　$AB \cdot CD + BC \cdot DA = AC \cdot BD$　　$\therefore 1 \cdot 1 + 1 \cdot x = x \cdot x$

となり，これと $x > 0$ から $x = \dfrac{\sqrt{5}+1}{2}$ を得ます。

▶ 円どうしの位置関係

ここまでは，主に円と直線（や線分）との関係や，それらが登場する構図で成り立つ定理を調べてきました。次は，円どうしの位置関係について調べます。

半径が異なる 2 つの円の位置関係は，どのように分類できるでしょうか。
2 円を O_+, O_- と名づけ，各々の半径を r_+, r_- とします。r_+, r_- は $r_+ > r_- > 0$ をみたす実数です。そして，その中心間距離 O_+O_- を $d\ (\geqq 0)$ とします。

d が十分大きい場合，つまり円 O_+, O_- が十分離れているとき，それらは共有点をもちません。その状態から d を小さくしていくと，2 円の位置関係は次のように変化します。

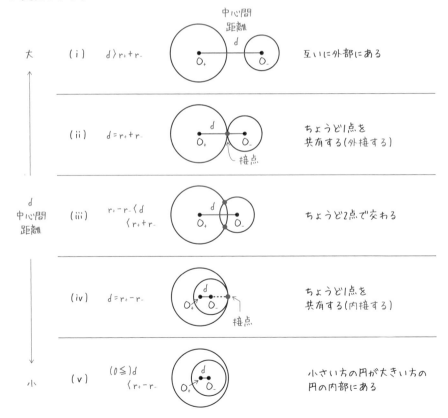

（i） $d > r_+ + r_-$ 互いに外部にある

（ii） $d = r_+ + r_-$ ちょうど1点を共有する(外接する)

（iii） $r_+ - r_- < d < r_+ + r_-$ ちょうど2点で交わる

（iv） $d = r_+ - r_-$ ちょうど1点を共有する(内接する)

（v） $(0 \leqq) d < r_+ - r_-$ 小さい方の円が大きい方の円の内部にある

頭に入れておいていただきたいのは以下のもののみです。

- （2つの円が）"内接する" "外接する"，そして "接点" という語。
  数学の文章を読むにあたり，こうした用語を知っておくことは欠かせません。
- 2つの円が接する（内接する or 外接する）場合，その接点は中心間を結ぶ線分 O_+O_- 上にあること（これは認めてしまいます）

中心間距離 d（$= O_+O_-$）の変化に伴う位置関係の変化を暗記する必要はありません。こんなもの，円どうしが接近する（遠ざかる）さまを想像すればすぐわかるからです。

例題　　同じ半径の2円の位置関係

半径がいずれも r（>0）である2円 O, O' がある。その中心間距離 d を変化させたとき，2円の位置関係がどうなるか，さきほどの O_+, O_- のようにまとめよ。

例題の解説

答え：次図の通り。

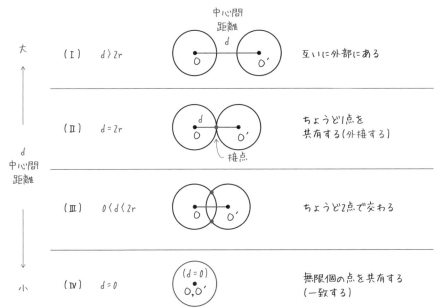

▶ 円の共通接線

ある直線 ℓ が2円の双方に接しているとき，ℓ をその2円の**共通接線**とよびます。

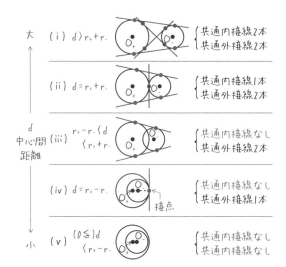

半径の異なる2円の場合，その本数は2円の位置関係により変化します。

左図でも述べていますが，2円の共通接線は次のように大別できます。

- **共通内接線**：
  接線に関して2円が反対側にあるとき
- **共通外接線**：
  接線に関して2円が同じ側にあるとき

なお，円とその接点に関して，次のことが成り立ちます。
- "円と直線との接点"と円の中心を結ぶ直線は，接線と直交する。
- 2円が外接しているとき，それらの共通内接線の接点は1個であり，その点は2円の中心を結ぶ直線上にある。

例題 2円の共通接線

(1)，(2)の各々について，TT′ の値を求めよ。ただし，いずれにおいても直線 TT′ は2円 O, O′ の共通接線である。また，(1)の2円 O, O′ は点 U で外接している。

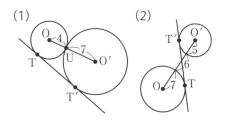

(1) 答え：$TT' = 4\sqrt{7}$

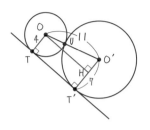

図のように，点 O から線分 O'T' に垂線 OH を下ろします。$\angle OTT' = \angle TT'H = \angle T'HO = 90°$ より $□OTT'H$ は長方形であり，$HT' = OT = 4$ です。よって $O'H = 7 - 4 = 3$ となり，$\triangle OO'H$ で三平方の定理を用いることにより

$$OH = \sqrt{11^2 - 3^2} = \sqrt{(11+3)(11-3)} = \sqrt{14 \cdot 8} = 4\sqrt{7}$$

とわかるため，

$TT' = OH = 4\sqrt{7}$ です。

(2) 答え：$TT' = 6\sqrt{5}$

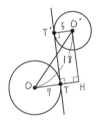

点 O' から直線 OT に垂線 O'H を下ろします[25]。$\angle O'T'T = \angle T'TH = \angle THO' = 90°$ より $□O'T'TH$ は長方形であり，$HT = O'T' = 5$ です。よって $OH = 7 + 5 = 12$ となり，$\triangle OO'H$ で三平方の定理を用いることで

$$HO' = \sqrt{18^2 - 12^2} = \sqrt{(18+12)(18-12)} = \sqrt{30 \cdot 6} = 6\sqrt{5}$$

とわかるため，$TT' = HO' = 6\sqrt{5}$ です。

内接する 2 円の性質

図のように，大小 2 つの円が点 T で内接している。T を通る 2 直線と 2 円との交点を P, Q, R, S とするとき，$PR \parallel QS$ を示せ。

答え：以下の通り。

2 円の点 T に共通接線を引き，図のように点 U をとります。接弦定理より $\begin{cases} \angle PRT = \angle PTU \\ \angle QST = \angle QTU \end{cases}$ なので

$\angle PRT = \angle QST$ であり，同位角が等しいことから $PR \parallel QS$ がいえます。∎

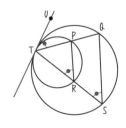

---

[25] 点 O から直線 O'T' に垂線を下ろしても構いません。なんとなく O' からにしてみました。

第11章｜図形の性質

11-6 ⊘ 作図

▶ 定規とコンパスでできること

- **定規** ←本書では作図手順の説明時に（定）と表します。
  - ➤ とりあえずどこかしらに直線を引ける。
  - ➤ 与えられた1点を通る直線を引ける。
  - ➤ 与えられた2点を通る直線を引ける。
  - ➤ 与えられた線分の長さを測ることは**できない**。
- **コンパス** ←本書では作図手順の説明時に（コ）と表します。
  - ➤ 与えられた点を中心とする円やその一部を描ける。
  - ➤ 長さをコピーできる。

▶ 作図できる基本的な図形

まず，使用頻度の高い重要な作図たちをご紹介します。

基本作図ア：与えられた線分 AB の垂直二等分線

[1]（コ）A, B を中心とする等しい半径の円を描き，
それらの2交点を P, Q とする [26]。

[2]（定）直線 PQ を引く（これが線分 AB の垂直二等分線）。

この手順で正しく作図できることの証明：

$\triangle \text{APQ}$ と $\triangle \text{BPQ}$ は $\begin{cases} \text{AP} = \text{BP} \\ \text{AQ} = \text{BQ} \\ \text{PQ を共有} \end{cases}$ より合同であり，よって $\angle \text{APM} = \angle \text{BPM}$ です。

$\triangle \text{APM}$ と $\triangle \text{BPM}$ は $\begin{cases} \text{AP} = \text{BP} \\ \angle \text{APM} = \angle \text{BPM} \\ \text{PM を共有} \end{cases}$ より合同なので $\begin{cases} \text{PQ} \perp \text{AB} \\ \text{AM} = \text{BM} \end{cases}$ です。 ■

---

26 円の半径が小さいとそもそも2交点をもたないこともあるのですが，"2交点をもつような適切な半径にする"
ことを前提としていると思ってください。なお，P, Q 各々は A, B を中心とする同じ半径の円弧の交点でなけ
ればなりませんが，実は"P を決めるとき"と"Q を決めるとき"の半径が等しい必要はありません。

基本作図イ：与えられた点 P を通る，与えられた直線 ℓ の垂線

P は ℓ 上にないものとします。

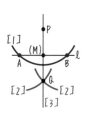

> [1]（コ）P を中心とする円を描き，直線 ℓ との交点を各々 A, B とする。
>
> [2]（コ）A, B を中心とする等しい半径の円を描き，それらの交点の 1 つを Q とする（ただし Q≠P）。
>
> [3]（定）直線 PQ を引く（これが P を通る ℓ の垂線）。

この手順で正しく作図できることの証明：

[1] で ℓ 上に 2 点 A, B をとったのちは，**基本作図ア**と全く同じ手順です。よってここでも PQ⊥AB となっています。■

基本作図ウ：与えられた角 ∠XOY の二等分線

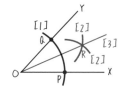

> [1]（コ）O を中心とする円を描き，半直線 OX, OY との交点を各々 P, Q とする。
>
> [2]（コ）P, Q を中心とする等しい半径の円を描き，それらの交点を R とする。
>
> [3]（定）直線 OR を引く
>
> （これが ∠XOY の二等分線）。

この手順で正しく作図できることの証明：

$\triangle$OPR と $\triangle$OQR は $\begin{cases} \text{OP} = \text{OQ} \\ \text{PR} = \text{QR} \\ \text{OR を共有} \end{cases}$ より合同なので，∠POR = ∠QOR です。■

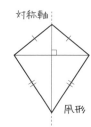

対称軸

基本作図ア・イ・ウの妥当性は，いずれも<ruby>凧形<rt>たこ</rt></ruby>とよばれる図形の性質に基づいています（右図）。これは**線対称かつ対角線が直交する四角形**であり，より対称性の強い**ひし形（4 辺長がすべて等しく，向かい合う辺が平行なもの）**とともに多くの作図で活躍します。

凧形

基本作図エ：与えられた点 P を通り，与えられた直線 ℓ と平行な直線

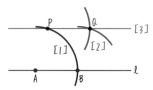

[1]（コ）ℓ 上にテキトーに点 A をとり，A を中心とする半径 AP の円弧を描く。それと ℓ との交点を B とする。

[2]（コ）P, B を中心とする半径 AP の円弧を描き，それらの交点を Q（≠A）とする。

[3]（定）直線 PQ を引く。これが P を通り ℓ と平行な直線となっている。

前ページの手順によりつくられる直線 PQ が ℓ と平行であることを示せ。

例題の解説

答え： AP＝AB＝PQ＝BQ より □ABQP はひし形となる。ひし形の向かい合う辺は平行だから，PQ∥AB つまり PQ∥ℓ となる。■

ここまでに載せた基本作図は以下の4つです。
- 基本作図ア：与えられた線分 AB の垂直二等分線
- 基本作図イ：与えられた点を通る，与えられた直線の垂線
- 基本作図ウ：与えられた角の二等分線
- 基本作図エ：与えられた直線と平行な直線

これらを基礎とし，さらに幅広い作図をしてみましょう。
なお，これらの基本作図を［基本ア］等と表記し，引用することがあります。

▶ 線分の内分点・外分点

これまでに学んだ作図方法を応用し，線分の内分点・外分点の作図をします。
たとえば，与えられた線分 AB を 1：2 に内分する方法を考えましょう。

[1]（定）A を通る半直線をテキトーに描く。
[2]（コ）A からその半直線に沿って同じ長さを
$(1+2=)$ 3個測りとり，AP：PQ＝1：2 となる点
P, Q をとる。
[3]（コ・定）直線 QB を引き，［基本エ］を用いて，点
P を通り直線 QB と平行な直線を描く。その直線と
線分 AB との交点をCとすると，このCが線分
AB を 1：2 に内分する点である。

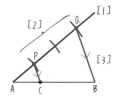

この手順で正しく作図できることの証明：
PC∥QB より AC：CB＝AP：PQ です。また，点 P, Q の定義より AP：PQ＝1：2
です。したがって，AC：CB＝1：2 となります。■

考えている内分比をいったん別の線分で生み出しておき，平行線を用いてそれを AB にコピーしたというわけです。**別の線分であればスケールを気にしないでよい**（具体的な長さを計算する必要がない），というのがこの作図のポイントです。

例題　外分点の作図

上の手順を参考にし，与えられた線分 AB を $3:4$ に**外分**する点を作図せよ。

例題の解説

答え：以下の通り。

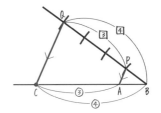

[1]（定）B を通る半直線をテキトーに描く。
[2]（コ）B からその半直線に沿って同じ長さを 4 個測りとり，$\mathrm{BP}:\mathrm{PQ}=1:3$ となる点 P, Q をとる。
[3]（コ・定）直線 PA を引き，[**基本エ**] を用いて，点 Q を通り直線 PA と平行な直線を描く。その直線と直線 AB との交点を C とすると，この C が線分 AB を $3:4$ に外分する点である。

内分点・外分点の作図法を応用し，有理数の長さの線分をつくることもできます。たとえば，長さ 1 の線分 AB をもとに長さ $\dfrac{5}{3}$ の線分をつくる手順は次の通りです。

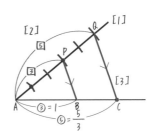

[1]（定）A を通る半直線をテキトーに描く。
[2]（コ）A からその半直線に沿って同じ長さを 5 個測りとり，$\mathrm{AP}:\mathrm{AQ}=3:5$ となる点 P, Q をとる。
[3]（コ・定）直線 PB を引き，[**基本エ**] を用いて，点 Q を通り直線 PB と平行な直線を描く。その直線と直線 AB との交点を C とすると，$\mathrm{AC}=\dfrac{5}{3}$ となる。

分母・分子が変わっても，それに応じて点 P, Q のとり方を変えれば OK です。

▶ 積・商の長さ

長さ $1, a, b$（a, b は正実数）の線分から長さ ab, $\dfrac{a}{b}$ の線分をつくれます。

[1]（定）長さ a の線分を AB とし，A を通る半
   直線をテキトーに描く。

[2]（コ）A からその半直線に沿って長さ $1, b$ を
   この順に測りとり，その端点を A に近い方
   から順に点 P, Q とする。

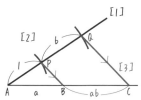

[3]（コ・定）直線 PB を引き，[**基本エ**] を用い
   て，点 Q を通り直線 PB と平行な直線を描く。
   その直線と直線 AB との交点を C とすると BC $= ab$ となる。

この手順で正しく作図できることの証明：
PB∥QC より AB:BC＝AP:PQ です。また，点 P, Q の定義より AP:PQ＝1:b
です。したがって，AB：BC＝1：b であり，これより BC＝ab となります。■

例題	平行線の作図が正しいことの証明②

いまの手順を適宜参考にし，長さ $1, a, b$（a, b は正実数）の線分が与えられたと

き，長さ $\dfrac{a}{b}$ の線分をつくる方法を考えてみよ。

例題の解説

答え：以下の通り（手順が正しいことの証明は省略）。

[1]（定）長さ a の線分を AB とし，A を通る半直線をテキトーに描く。

[2]（コ）A からその半直線に沿って長さ $b, 1$ を
   この順に測りとり，その端点を A に近い方
   から順に点 P, Q とする。

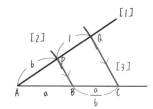

[3]（コ・定）直線 PB を引き，[**基本エ**] を用い
   て，点 Q を通り直線 PB と平行な直線を描
   く。その直線と直線 AB との交点を C とす

   ると BC $= \dfrac{a}{b}$ となる。

線分を有理数比で内分・外分する点や，長さが有理数の線分，それに与えられた長さの積・商の長さの線分をつくれるようになりました。

ところが，たとえば次のような作図をする方法はまだ登場していません。

- **与えられた線分を無理数比で内分する点の作図**
- **長さ 1 の線分をもとにした，無理数の長さの線分の作図**
- **長さ 1, a の線分をもとにした，長さ $\sqrt{a}$ の線分の作図**

これらを真に完全制覇できるわけではない [27] のですが，上記のうちでも実際につくれる長さは結構あるので，その方法をご紹介します。

▶ $\sqrt{(正整数)}$ の長さの線分

長さ 1 の線分があれば，$\sqrt{2}$, $\sqrt{3}$ 等の $\sqrt{(正整数)}$ の長さの線分も作図できます。

[1] まず，主に［**基本エ**］を活用し，距離 1 だけ離れた平行な 2 直線 ℓ, m を描く [28]。
[2] ℓ 上に点 A_0 をとり，ℓ 上に $A_0 A_1 = 1$ となる点 A_1 をとる。
　　次に［**基本イ**］を用いて，A_1 を通り ℓ に垂直な直線を引き，それと m との交点を B_2 とする。このとき $A_0 B_2 = \sqrt{2}$ となっている。
[3] A_0 を中心とし，半径 $A_0 B_2$ の円弧を描き，それと ℓ との交点を A_2 とする。次に［**基本イ**］を用いて，A_2 を通り ℓ に垂直な直線を引き，それと m との交点を B_3 とする。このとき $A_0 B_3 = \sqrt{3}$ となっている。
[4] 以下同様に，点 A_0 を中心とし，半径 $A_0 B_{k-1}$（k は 4 以上の整数）の円弧を描き，それと ℓ との交点を A_{k-1} とする。次に［**基本イ**］を用いて，A_{k-1} を通り ℓ に垂直な直線を引き，それと m との交点を B_k とする。このとき $A_0 B_k = \sqrt{k}$ となっている。

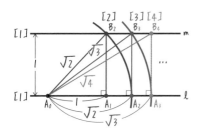

作図手順を図示したものが左図です。

文章で述べると複雑になってしまいますが，要は三平方の定理を何度も用いて，平方根の中身に 1 を次々と加算しているだけです。たとえば

$$(A_0 B_3)^2 = (A_0 A_2)^2 + 1^2 = (A_0 B_2)^2 + 1^2$$
$$= 2 + 1 = 3$$

という具合です。

第11章｜図形の性質

27　というのも，たとえば長さ 1 の線分が与えられたときに "3 乗して 2 になる実数" や "円周率 π" の長さの線分を作図するのは，不可能であることが示されているそうです。
28　以下，ほとんどのステップでコンパス・定規の双方を用いるため "（コ・定）" は省略します。

これで，長さ1の線分があれば**任意の$\sqrt{（正整数）}$の長さを作図できます**。
線分の内分も活用すれば，**任意の$\sqrt{（正の有理数）}$の長さも作図できます**。

正五角形の作図

p.559で扱った通り，辺長1の正五角形の対角線の長さは
$\dfrac{\sqrt{5}+1}{2}$ なのであった。それもふまえ，長さ1の線分をも
とに辺長1の正五角形を作図せよ。

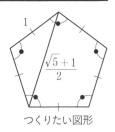

つくりたい図形

例題の解説

答え：以下の通り。 　対角線と同じ長さの線分をつくるのがポイントです。

[1] 前ページの手法等を用いて，長さ $\sqrt{5}$ の線分を作図し，その線分を延長して
　　長さ1の線分を継ぎ足します[29]。これで長さ $\sqrt{5}+1$ の線分ができます。

[2] [1]でできた線分を[**基本ア**]で二等分し，対角線の長さ $\dfrac{\sqrt{5}+1}{2}$ を得ます。

[3] [2]を用いて，辺長が $\dfrac{\sqrt{5}+1}{2}$，$\dfrac{\sqrt{5}+1}{2}$，1の三角形を描きます。

　　そこに3辺の長さが $\dfrac{\sqrt{5}+1}{2}$，1，1の三角形を2個，図のように加えれば完成！

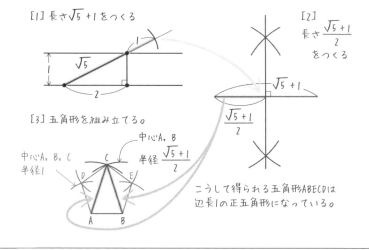

29　直角を挟む辺長が1, 2である直角三角形を描くと，ちょっと時短できます。

▶ 平方根の長さの線分

長さ $1, a\ (a>0)$ の線分から，長さ $\sqrt{a}$ の線分をつくってみましょう。

[1] テキトーに引いた直線上に $AP=1, PB=a$ となる
　　ように 3 点 A, P, B をとる。

[2] 線分 AB を直径とした円を描く（線分 AB の中点
　　M を中心とする半径 AM の円を描けばよい）。

[3] 点 P を通り線分 AB に垂直な直線を引き，この円
　　との交点を C, D とする。このとき，PC（PD）が
　　長さ $\sqrt{a}$ の線分になっている。

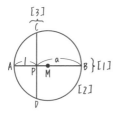

この手順で正しく作図できることの証明：
直線 AB に関する対称性より $PC=PD$ が成り立つため，方べきの定理より
$PA \cdot PB = PC^2$ が成り立ち，これより $PC = \sqrt{PA \cdot PB} = \sqrt{1 \cdot a} = \sqrt{a}$ となります。■

例題	2 次方程式の解の値を長さとする線分

長さ 1 の線分が与えられている。これを用いて，2 次方程式 $x(x+2)=4$ の解の
うち正のものを長さとする線分を作図せよ。

例題の解説

答え：以下の手順が一例。

[1] テキトーに引いた直線上に $AM=2=MB$
　　となるように 3 点 A, M, B をとる。

[2] 線分 AB の垂直二等分線 ℓ を引き，
　　$MN=1$ となる点 N をとる。

[3] N を中心とする半径 NA の円を描き，ℓ と
　　の交点を M から近い順に各々 C, D とす
　　る。このとき，MC の長さが 2 次方程式
　　$x(x+2)=4$ の解のうち正のものと等しい。

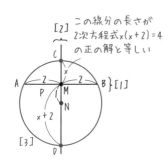

この手順で正しく作図できることの証明：
$x:=MC$ とすると，円の半径が $x+1$ なので $MD=x+2$ となり，方べきの定理
より $MA \cdot MB = MC \cdot MD$ すなわち $2 \cdot 2 = x(x+2)$ が成り立ちます。■

11-7 ⊙ 空間における 直線と平面

ここから先は空間図形のお話です。

▶ 空間内の 2 直線の位置関係

異なる 2 直線 ℓ, m の位置関係は，次のように漏れ・重複なく分類できます。

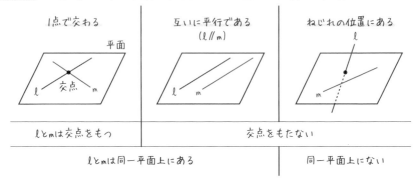

例題	立方体における辺の位置関係

右図の立方体 ABCD-EFGH について，以下のものを各々余さず答えよ。いずれにおいても辺 AB 自体は対象外とする。

(1)　辺 AB と平行な辺。

(2)　辺 AB と同一平面上にある辺。

(3)　辺 AB とねじれの位置にある辺。

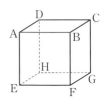

例題の解説

(1) 答え：**辺 DC, HG, EF**

(2) 答え：**辺 DC, HG, EF, AD, AE, BC, BF**

(3) 答え：**辺 DH, EH, CG, FG**

(2)，(3) で 11 本の辺が漏れなく・重複なく現れることに注意しましょう。

▶ 空間内の2直線のなす角

平面上の（平行でない）2直線のなす角は，右図アで
印をつけた部分です[30]。
では，空間内にある（平行でない）2直線 ℓ, m のな
す角はどのように定義すればよいでしょうか。

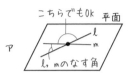

ℓ, m が交わっているならば，そこの開き具合を ℓ, m
のなす角と定義できます。問題は ℓ, m が交わってい
ない（ねじれの位置にある）場合です。

交わっていないのだから角度も何もないだろう，と思
うかもしれません。しかし，たとえば右図イ・ウでは，
青い2直線の"開き具合"的なものが違うと思いませ
んか？ たとえばイは真上から見ると直交していない
ように見えますが，ウは真上から見ると直交している
ように見えます。2直線が交わっていない場合でも，
こうした違いをうまく反映したいのです。そこで，次
のような定義を採用します。

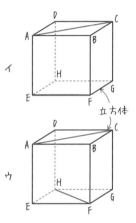

> **🔍 定義** ｜ **空間内の2直線のなす角度**
>
> 空間内にある2直線を ℓ, m とする。空間内の1点Oを通り ℓ, m に平行な
> 直線をそれぞれ ℓ', m' とする。このとき ℓ', m' はその定義により点Oで
> 交わるが，それらのなす角（これはOのとり方に依存しない）を ℓ, m のな
> す角と定める。

さきほどのイの場合，たとえば点A
を上の定義でいう点Oとすることで，
両者のなす角は 45° および 135° とわ
かります。ウの場合は，たとえば正方
形 ABCD の中心をOとすることで，
両者のなす角は 90° とわかります。

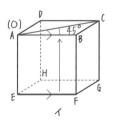

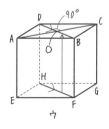

30　なお，交わる2直線のなす角は大きさのみで分類すると2種類存在しますが，本書ではそのうち小さくない方（90°
　　以上の方）も"なす角"に含めます。

第11章｜図形の性質

　　空間内の2直線のなす角

右図のような，底面が正三角形である三角柱 ABC–DEF について，以下の2辺のなす角度を求めよ。

(1)　辺 AB と辺 BC　　　　(2)　辺 AB と辺 CF
(3)　辺 AB と辺 FE

例題の解説

(1)　**答え：60°**　△ABC は正三角形ですから，∠ABC = 60° です。

(2)　**答え：90°**　たとえば辺 AB と辺 AD のなす角を考えれば OK です。

(3)　**答え：60°**　たとえば辺 AB と辺 BC のなす角を考えれば OK です。

2直線が"垂直である"というのも，直線どうしのなす角を用いて定義されます。

🔎 定義　　**垂直な直線**

空間内にある2直線 ℓ, m のなす角が 90° であるとき，ℓ と m は垂直であるという。また，これを $\ell \perp m$ と表す。

例題　　**垂直な直線**

右図の立方体 ABCD–EFGH について，以下のものを各々余さず求めよ。

(1)　辺 AB と垂直な辺　　　　(2)　線分 CH と垂直な辺
(3)　辺 EH，辺 DC の双方と垂直な辺

例題の解説

(1)　**答え：辺 BC, CG, FG, BF, AD, DH, EH, AE**

(2)　**答え：辺 AD, BC, FG, EH**

(3)　**答え：辺 AE, BF, CG, DH**

　　辺 EH と垂直なのは辺 AB, **BF**, EF, **AE**, CD, **CG**, GH, **DH** であり，
　　辺 CD と垂直なのは辺 BC, **CG**, FG, **BF**, AD, **DH**, EH, **AE** です。

▶ 空間における直線と平面の位置関係

直線 ℓ と平面 α が与えられたとき，その位置関係は次のように漏れ・重複なく分類できます。

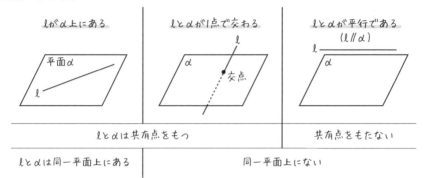

図中にも示した通り，ℓ と α が平行であることを $\ell \, / \! / \, \alpha$ と表します。なお，ℓ が α 上にあるときを $\ell \, / \! / \, \alpha$ に含めるか否かは悩ましいところですが，ここでは含めないものとして扱います。

例題　　**直線と平面の位置関係**

右図のように，立方体 ABCD-EFGH を床に置いた。このとき，以下のものを各々余さず求めよ。

(1)　床の面上にある辺
(2)　床と 1 点で交わる辺
(3)　床と平行な辺

ただし，床は平面とみなし，辺は線分ではなく直線とみなす。また，床と平行である辺は，床の面上にない辺に限るものとする。

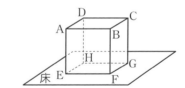

例題の解説

(1) 答え：**辺 EF, FG, GH, HE**
(2) 答え：**辺 AE, BF, CG, DH**
(3) 答え：**辺 AB, BC, CD, DA**

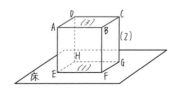

ちょっと前に，2直線のなす角や2直線が垂直であることの定義を扱いました。
平面と直線についても，同じことを考えてみましょう。

ストローを刺す類の飲み物を想像してみてください。
ストローを刺す面を平面 α，ストローを直線 ℓ だと思う
ことにします。このとき，右図のように"真上"から
ストローを刺した状態であれば，ストローは傾いてい
ないわけですから，$\ell \perp \alpha$ に対応していると思えますね。

ただ，単に"ストローが傾いていないように見える"という
条件だとちょっと足りません。たとえば次の図をご覧ください。

ストローが斜めに刺さっている
場合であっても，ある位置から
見ればストローは傾いていない
ように見えるのです。**できれば，
最初の図の状態だけを $\ell \perp \alpha$ と
し，いまの図の状態は $\ell \perp \alpha$ から
除外したい**ですよね。

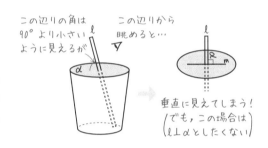

そこで，直線 ℓ と平面 α が垂直であることは，次のように定義されます。

> 🔍 **定義**　**直線が平面に垂直であること**
>
> **空間内の直線 ℓ が，平面 α 上にある任意の直
> 線と垂直であるとき，ℓ は α に垂直である
> （ℓ は α と直交する）という。また，これを
> $\ell \perp \alpha$ と表す。**
> **なお，このとき ℓ を α の垂線という。**

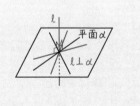

なお，平面 α 上には ℓ と α の交点（Pとします）を通らない直線も無数に存在
しますが，2直線のなす角の定義より，勝手に平行移動してPを通るようにして
OK です。よって，"平面 α 上にある**ℓ と α の交点を通る**任意の直線"としても
問題ありません。

とはいえ，たとえば直線と平面が垂直であることを示す際，Pを通る直線すべて
と ℓ が垂直であることを示すのは大変そうです。そこで，次の事実が役立ちます。

> **⌞ 法則** **直線が平面と垂直であること**
>
> **直線 ℓ が，平面 α 上にある互いに平行でない2直線の双方と垂直であるとき，$\ell \perp \alpha$ である。**

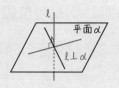

本来"α 上の任意の直線と ℓ が垂直である"というのが $\ell \perp \alpha$ の定義ですが，**α 上の直線は2本考えれば十分**ということです。無数のものを2本に減らせるのはなんだか不思議ですが，感覚的には成り立ちそうですし証明が正直面倒なので，ここでは上の定理を証明無しに認めてしまいます。

では，直線と平面の垂直に関する証明問題に取り組んでみましょう。とにかく大事なのは，左ページの定義と上の定理です。

例題 **直線と平面が垂直であることの証明**

正四面体 ABCD において，辺 AB の中点を M とする。このとき，以下の問いに答えよ。

(1) 辺 AB は平面 MCD に垂直であることを示せ [31]。

(2) 辺 AB と辺 CD が垂直であることを示せ。

例題の解説

(1) 答え：以下の通り。

△ABC は正三角形ですから △ACM ≡ △BCM が成り立ち（合同条件 [1]），これより AB⊥CM がいえます。同様に AM⊥DM が成り立ちます。

辺 CM, DM は平面 MCD 上にある平行でない2つの線分であり [32]，辺 AB はその双方に垂直なので，上の定理より辺 AB は平面 MCD に垂直です。■

(2) 答え：以下の通り。

辺 AB は平面 MCD に垂直なので，辺 AB は平面 MCD 上の任意の線分に垂直であり，特に辺 CD とも垂直です。■

---

31 "平面 XYZ"とは，3点 X, Y, Z を含む平面（△XYZ を含む平面）のこととします。

32 定義では"直線"と述べてありますが，直線と線分の違いは気にしないこととします。

▶ 平面どうしの位置関係

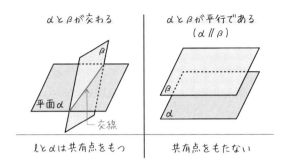

空間内の異なる2平面 α, β の位置関係は，左の2つに漏れなく・重複なく分類されます。

平面上における異なる2直線の位置関係と同様に，交わるか否かの二択になっています。

p.573 では2直線のなす角の定義を学びました。では，2平面のなす角はどう定義すればよいでしょうか。

ある本を開いたさまを想像してみてください[33]。見開きの2ページを α, β だと思うことにします。これらの交線（ℓ とします）は，ちょうど本の綴じてあるところになりますね。ここで，α, β のなす角を調べたいのですが，ℓ から2平面にどのように直線を延ばすかによって，それらのなす角は変化してしまいます。

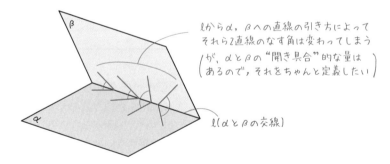

一方で，"開き具合"的な量が存在するのも確かです。たとえば本をちょっとだけ開くのと，開き切って机の上に置くのとでは明らかに開き具合は異なります。それを，人によって・見方によって値がブレないようにしたいのです。

そこで，2平面のなす角は次のように定義されます。

33　ページの湾曲など細かいことは気にしないことにします。

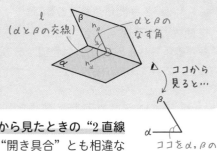

○ 定義　2 平面のなす角

空間内の 2 平面 α, β が交線 ℓ をも
つとする。このとき，α, β のなす
角とは，ℓ から α, β 上に ℓ と垂直
な直線 n_α, n_β を引いたときの，直
線 n_α, n_β のなす角のこととする。

要は，2 平面 α, β が直線に見える方向から見たときの "2 直線
α, β" のなす角のことです。直感的な "開き具合" とも相違な
い量になっていますね。

例題　　2 平面のなす角

右図の立方体について，以下の各平面の組がなす角を求めよ。

(1)　平面 ABCD と平面 AEHD

(2)　平面 DCFE と平面 DCGH

(3)　平面 ABGH と平面 BCGF

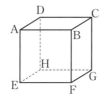

例題の解説

(1) **答え：$90°$**

これら 2 平面の交線は AD なので，たとえば AB（これ
は平面 ABCD 上にある）と AE（これは平面 AEHD 上
にある）のなす角 $\angle$BAE が答えです。

(2) **答え：$45°\,(, 135°)$**

これら 2 平面の交線は DC なので，たとえば CF と CG
のなす角 $\angle$FCG が答えです。

(3) **答え：$90°$**

これら 2 平面の交線は BG なので，たとえば BA と CF
のなす角が答えです。図のように BA を平行移動してあ
げることで，両者のなす角は $90°$ とわかります。

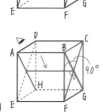

なお，2 平面 α, β が垂直であることは，2 平面のなす角を用いて定義されます。

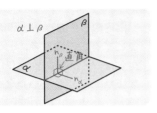

🔍 **定義**　**2 平面が垂直であること**

空間内に 2 平面 α, β があり，それらのなす
角が直角であるとき，α, β は**垂直である**という。
また，これを $\alpha \perp \beta$ と表す。

前の例題でいうと "平面 ABCD と平面 AEHD" "平面
ABGH と平面 BCGF" が垂直な平面の組です。
ほかにも，たとえば "平面 BDE と平面 AEGC" なんかが垂
直です。両平面を図示すると右図のようになります。
ぜひ証明を考えてみてください。

さて，これで空間における直線や空間の位置関係について一通り調べられまし
た。まとめとして，例題に取り組んでみましょう。

例題　　**平行・垂直に関する推移律**

空間内の異なる直線 ℓ, m, n および異なる平面 α, β, γ について，以下の各主張
の真偽を述べよ。正しくないものについては，反例を構成し図示してみよ。なお，
正しい主張について，それが正しいことの証明をする必要はない。

(1) "$\ell \mathbin{/\!/} m$ かつ $m \mathbin{/\!/} n$" $\Longrightarrow \ell \mathbin{/\!/} n$　　(2) "$\alpha \mathbin{/\!/} \beta$ かつ $\beta \mathbin{/\!/} \gamma$" $\Longrightarrow \alpha \mathbin{/\!/} \gamma$
(3) "$\ell \perp m$ かつ $m \perp n$" $\Longrightarrow \ell \mathbin{/\!/} n$　　(4) "$\alpha \perp \beta$ かつ $\beta \perp \gamma$" $\Longrightarrow \alpha \mathbin{/\!/} \gamma$

例題の解説

(1) 答え：**真**　　(2) 答え：**真**　　(1), (2) の規則は**推移律**とよばれています。

(3) 答え：**偽（下図が反例）**　　(4) 答え：**偽（下図が反例）**

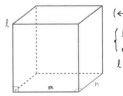

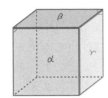

α を平面とし，点 Q を α 上にない点とする。また，ℓ を α に含まれる直線とし，P を ℓ 上の点，H を α 上にあり ℓ 上にはない点とする。このとき，以下のことを各々示せ。

(1) "QH⊥α かつ PH⊥ℓ" $\Longrightarrow$ PQ⊥ℓ

(2) "QH⊥α かつ PQ⊥ℓ" $\Longrightarrow$ PH⊥ℓ

(3) "PQ⊥ℓ かつ PH⊥ℓ かつ PH⊥QH" $\Longrightarrow$ QH⊥α

これらの主張は**三垂線の定理**（またはその系）とよばれている [34]。

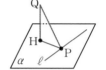

例題の解説

(1) 答え：以下の通り。

QH⊥α より，特に α 上にある ℓ も QH と垂直です。つまり QH⊥ℓ かつ PH⊥ℓ であり，これより平面 PQH は ℓ と垂直となります。よって，特に平面 PQH 上にある PQ も ℓ と垂直です。■

(2) 答え：以下の通り。

QH⊥α より，特に α 上にある ℓ も QH と垂直，つまり QH⊥ℓ かつ PQ⊥ℓ です。加えて P≠H より QH と PQ は平行でない 2 直線なので，平面 PQH は ℓ と垂直となります。よって，特に平面 PQH 上にある PH も ℓ と垂直です。■（(1) とほぼ同様です）。

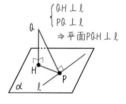

(3) 答え：以下の通り。

PQ, PH はいずれも平面 PQH 上の直線であって，いま PQ⊥ℓ かつ PH⊥ℓ が成り立っています。よって，平面 PQH と ℓ は垂直です。

ここから，（平面 PQH 上にある）QH も ℓ と垂直といえます。これで QH⊥PH かつ QH⊥ℓ となり，QH は α 上にある平行でない 2 直線 PH, ℓ の双方と垂直なので，QH⊥α がしたがいます。■

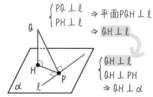

第 11 章　図形の性質

---

34 証明練習に適しているので載せましたが，入試ではあまり見かけないので暗記しないで OK です。

11-8 ⊙ 多面体の諸性質

▶ 多面体と正多面体

> **🔍 定義　多面体**
> - 多角形の面のみで囲まれた立体を多面体という。
> - へこみのない多面体を凸多面体という [35]。

三角錐や四角錐などの錐体，そして三角柱や五角柱などの柱体は多面体です。
"図形の性質"分野のラストである本節では，この多面体について学習します。

> **🔍 定義　正多面体**
> 凸多面体のうち，以下の条件をいずれもみたすものを正多面体という。
> [1] すべての面が合同な正多角形となっている。
> [2] 各頂点に集まる面の数はすべて等しい。

実は，正多面体の要件をみたすのは以下のものしかありません。

> **📐 法則　正多面体の種類**
> 正多面体は，以下の5種類のみである。

| 正四面体 | 正六面体(立方体) | 正八面体 | 正十二面体 | 正二十面体 |

35　立体のへこみの有無は見た目で判断できそうですが，これを（見た目に依存せず）数学的に定義するのには案外頭を使います。多面体に限りませんが，多くの場合"その領域に属する任意の2点を結ぶ線分がその領域内に（必ず）含まれる"というのが，図形等にへこみがない（凸である）ことの定義となっているようです。

右の各立体は正多面体ではない。ど
の要件をみたさないか述べよ。

(1) 　(2)

合同な
正四面体を
貼り合わせたもの

例題の解説

(1) 答え：**（側面 3 つは合同だが）底面はそれらと合同ではない（[1]
　　に反する）。**
(2) 答え：**頂点によって，そこに集まる面の数が異なる（[2] に反する）。**
　　よく見ると，図のてっぺんにある頂点には 3 個の面が集まっているのに対し，
　　貼り合わせた面の周にある各頂点には 4 個の面が集まっています。

ここで，各正多面体の性質をいったんまとめます。調べたい項目は以下の通りです。

- f：面（face）の個数（名称から明らかです）
- N：各面の辺数（合同な正多角形で構成されているが，それが正何角形か）
- n：1 頂点に集まる面の個数（＝1 頂点に集まる辺，重なる頂点の個数）
- e：辺（edge）の個数
- v：頂点（vertex）の個数

面数 f と各面の辺数 N，そして 1 頂点に集まる面数 n は名称や図を見ればすぐ
わかりますが，辺数 e や頂点数 v を求めるのがちょっと面倒です。特に正十二面
体や正二十面体あたりはヤバそうですね。そこで，ちょっと工夫します。

たとえば正十二面体の面の数はその名の通り（$f=$）12 であり，各面は正五角形で
す（$N=5$）。よって，**各面がバラバラの状態
では辺が計 $fN=5\times12=60$ 本**です。
そこから正五角形の辺どうしを貼り合わせ
て正十二面体を組み立てる際，**60 本あった
辺を 2 本消費することで，立体の辺が 1 本
生まれる**ので，正十二面体の辺の総数は
$e=\dfrac{fN}{2}=\dfrac{60}{2}=30$ 本とわかります。

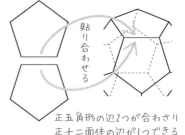

貼
り
合
わ
せ
る

正五角形の辺2つが合わさり
正十二面体の辺が1つできる

同様の手法で頂点数も計算できます。

正五角形 12 個がバラバラの状態で存在するとき，頂点はのべ $fN = 5 \times 12 = 60$ 個あったことになります。

正十二面体の 1 頂点には面が 3 個集まっていますから[36]$(n=3)$，頂点の総数は $v = \dfrac{fN}{n} = \dfrac{60}{3} = 20$ 個と求められます。

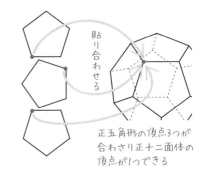

正五角形の頂点3つが
合わさり正十二面体の
頂点が1つできる

正十二面体については，$f = 12$, $N = 5$, $n = 3$, $e = 30$, $v = 20$ とわかりました。

なお，いまの例で述べた通り，立体を組み立てる前の多角形の辺数や頂点数を考えることで，正多面体の辺数 e，頂点数 v を次式により計算できます。

$$辺数 \quad : e = \frac{(バラバラの状態でののべ辺数)}{2} = \frac{fN}{2},$$

$$頂点数 : v = \frac{(バラバラの状態でののべ頂点数)}{(1頂点に集まる面数)} = \frac{fN}{n}$$

| 例題 | 正多面体の性質 |

残りの正多面体についても f, N, n, e, v の値を調べ，表にまとめよ。

| 例題の解説 |

答え：次表の通り。

	面数 f	各面の辺数 N	1頂点に集まる面数 n	辺数 e	頂点数 v
正四面体	4	3	3	6	4
正六面体	6	4	3	12	8
正八面体	8	3	4	12	6
正十二面体	12	5	3	30	20
正二十面体	20	3	5	30	12

---

[36] n は 1 頂点に集まる面数ですが，"多角形の頂点が何個重なってその多面体の 1 頂点をなしているか" という数でもあります。

▶ オイラーの多面体定理

任意の穴の空いていない多面体で成り立つ，不思議な定理があります。

> **🗒 法則　オイラーの多面体定理 [37]**
>
> 任意の穴の空いていない多面の頂点数 v，辺数 e，面数 f について
> $v-e+f=2$ が成り立つ。

正多面体では確かに $v-e+f=2$ が成り立つことが，次表からわかります。

	頂点数 v	辺数 e	面数 f	$v-e+f$
正四面体	4	6	4	$4-6+\ 4=2$
正六面体	8	12	6	$8-12+\ 6=2$
正八面体	6	12	8	$6-12+\ 8=2$
正十二面体	20	30	12	$20-30+12=2$
正二十面体	12	30	20	$12-30+20=2$

例題　　正多面体以外でも確認しよう

右の各凸多面体の頂点数 v，辺数 e，面数 f を調べて $v-e+f$ の値を計算し，上の定理が（これらに関しては）成り立つことを確認せよ。

立体 A 　B 　C

四角錐　　　　五角柱　立方体を切断した一方

例題の解説

答え：次表の通り。　　多面体定理の式は確かに成り立っています。

	頂点数 v	辺数 e	面数 f	$v-e+f$
立体 A	5	8	5	$5-\ 8+5=2$
立体 B	10	15	7	$10-15+7=2$
立体 C	10	15	7	$10-15+7=2$

37　本書では証明を扱わないので，"法則" という扱いにしておきます。

▶ 正四面体の体積，内接球の半径，外接球の半径

正四面体に関する上記 3 つの量を計算し，空間図形の取り扱いに習熟しましょう。以下，ABCD を辺長 a (>0) の正四面体とします。

まずは**体積 V** を求めてみましょう。底面を $\triangle$BCD とし，A から下ろした垂線の足を H とします。AH がわかれば

$$V = \frac{1}{3} \cdot \triangle \text{BCD} \cdot \text{AH}$$ により体積を計算できます。

ここで $\triangle\text{BCD} = \frac{1}{2} \cdot a \cdot a \cdot \sin 60° = \frac{\sqrt{3}}{4}a^2$ はすぐわかりますね。

残った AH を求めるには，たとえば次の定理が便利です。

△ 定理　"尾根" の長さが等しい四面体

四面体 ABCD が $\text{AB} = \text{AC} = \text{AD}$ をみたすとき，点 A より平面 BCD に下ろした垂線の足 H は $\triangle$BCD の外心となる（$\text{HB} = \text{HC} = \text{HD}$ である）。

定理の証明 ・・・

$\triangle$AHB，$\triangle$AHC，$\triangle$AHD はいずれも直角三角形であり，辺 AH を共有し，かつ $\text{AB} = \text{AC} = \text{AD}$ をみたすため合同です（合同条件 [5]）。よって $\text{HB} = \text{HC} = \text{HD}$ です。■

正四面体 ABCD も $\text{AB} = \text{AC} = \text{AD}$ をみたすため，H は $\triangle$ABC の外心です。つまり BH は $\triangle$BCD の外接円の半径にほかならず，$\triangle$BCD での正弦定理より

$$\text{BH} = (\triangle\text{BCD の外接円の半径}) = \frac{\text{CD}}{2\sin\angle\text{CBD}} = \frac{a}{2 \cdot \frac{\sqrt{3}}{2}} = \frac{1}{\sqrt{3}}a$$

と計算できます。よって，$\triangle$ABH で三平方の定理を用いることで

$$\text{AH} = \sqrt{\text{AB}^2 - \text{BH}^2} = \sqrt{a^2 - \left(\frac{1}{\sqrt{3}}a\right)^2} = \sqrt{\frac{2}{3}a^2} = \frac{\sqrt{6}}{3}a$$

と高さを計算でき，辺長 a の四面体 ABCD の体積 V がわかります。

$$V = \frac{1}{3} \cdot \triangle\text{BCD} \cdot \text{AH} = \frac{1}{3} \cdot \frac{\sqrt{3}}{4}a^2 \cdot \frac{\sqrt{6}}{3}a = \frac{\sqrt{2}}{12}a^3$$

次に内接球の半径 r を求めましょう。実は**いま求めた体積 V を活用できます**。

△ 定理 　**四面体の体積・表面積と内接球の半径**

四面体 ABCD の体積 V，表面積 S，内接球の半径 r は $V = \dfrac{1}{3}Sr$ をみたす。

定理の証明 ‥‥‥‥‥‥‥‥‥‥‥‥‥‥‥‥‥‥‥‥‥‥‥‥‥‥

内接球の中心を I とする。四面体 WXYZ の体積
を $|\text{WXYZ}|$ と表すことにすると

$V = |\text{IBCD}| + |\text{IACD}| + |\text{IABD}| + |\text{IABC}|$

$\quad = \dfrac{1}{3} \cdot \triangle\text{BCD} \cdot r + \dfrac{1}{3} \cdot \triangle\text{ACD} \cdot r$

$\qquad + \dfrac{1}{3} \cdot \triangle\text{ABD} \cdot r + \dfrac{1}{3} \cdot \triangle\text{ABC} \cdot r$

$\quad = \dfrac{1}{3}(\triangle\text{BCD} + \triangle\text{ACD} + \triangle\text{ABD} + \triangle\text{ABC})r = \dfrac{1}{3}Sr$ ■

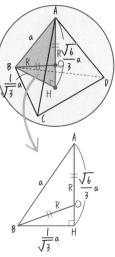

△BCDを底面とみた
ときの四面体IBCDの
高さは，内接球の半径rと
なる。(ほかの3つも同様)

辺長 a の正四面体では $V = \dfrac{\sqrt{2}}{12}a^3$ です。そして，$S = 4\triangle\text{ABC} = \sqrt{3}\,a^2$ もただち

にわかります。よって，上の定理より内接球の半径は次のよう計算できます。

$$r = \frac{3V}{S} = \frac{3 \cdot \dfrac{\sqrt{2}}{12}a^3}{\sqrt{3}\,a^2} = \frac{\sqrt{2}}{4\sqrt{3}}a = \underline{\frac{\sqrt{6}}{12}a}$$

最後は外接球の半径 R です。外接球の中心を O とす
ると，$\text{OA} = \text{OB} = \text{OC} = \text{OD}$ …① が成り立ちます。球
面は中心から等距離の点の集合ですから当然ですね。
さて，① $\Longrightarrow \text{OB} = \text{OC} = \text{OD}$ …② より O は B, C, D か
ら等距離にあり，直線 AH 上に O が存在することがい
えます。あとはこれに $\text{OA} = \text{OB}$ …③ という条件を加え
れば O の位置を決定できます（$\because$ ① $\Longleftrightarrow$ "②かつ③"）。

右図で $\text{OH} = \text{AH} - \text{AO} = \dfrac{\sqrt{6}}{3}a - R$ です。あとは $\triangle\text{BOH}$

で三平方の定理を立式すれば R を求められます。

$$R^2 = \left(\frac{1}{\sqrt{3}}a\right)^2 + \left(\frac{\sqrt{6}}{3}a - R\right)^2 \qquad \therefore R = \underline{\frac{\sqrt{6}}{4}a}$$

なお，$\text{OH} = r = \dfrac{\sqrt{6}}{12}a$ であり，外接球・内接球の中心は一致します。

▶ 立方体の中への正四面体の埋め込みと，その意外な応用

多面体中に多面体が隠れていることがあります。それが本章最後のテーマです。

たとえば，正六面体（立方体）ABCD-EFGH の頂点 A, C, F, H に着目してみましょう。これら 4 点は正四面体の頂点をなすように見えますね。

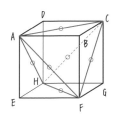

それをちゃんと検証してみましょう。正多面体の要件は次の通りでした。

> **🔍 定義**　**正多面体（p.582 の定義を再掲）**
>
> 凸多面体のうち，以下の条件をいずれもみたすものを正多面体という。
> [1] すべての面が合同な正多角形となっている。
> [2] 各頂点に集まる面の数はすべて等しい。

右上図の立体が凸である（へこんでいない）ことは認めてよいでしょう。
次は [1] の確認です。これら 4 点のうち 2 点がなす線分は，いずれもこの立方体の面（合同な正方形）の対角線ですから，長さは等しいです。
よって △ACF, △ACH, △AFH, △CFH はいずれも合同な正三角形です。
どの頂点にもこの正三角形が 3 つ集まっているため [2] もクリアしています。
よって立体 ACFH は正四面体といえますね。

正六面体（立方体）のうちに，面の数も形も異なる別の正多面体が隠れているというのはなんだか不思議ですね。
……それだけで話は終わりなの？　と思ったあなた！　面白い話はまだ続きます。

たとえば，正四面体の体積計算にこの埋め込みを活用できます。特に工夫をしない場合，p.586 でやったように
1. 正四面体の 1 頂点から底面に垂線を下ろし，高さ（垂線の長さ）を計算
2. それを用いて (体積)＝(底面積)・(高さ)・$\dfrac{1}{3}$ により体積を計算

するわけですが，高さを求めるのがちょっと面倒でしたよね。

ところが，上の事実を用いると**正四面体の体積計算がラクになります**。

前述の通り，立方体 ABCD-EFGH の頂点 A, C, F, H は正四面体の頂点をなす。これを利用し，辺長 a の正四面体の体積 $V(a)$ を求めよ。

例題の解説

答え：$V(a) = \dfrac{\sqrt{2}}{12}a^3$

いま考えている正四面体は，辺長 $\dfrac{1}{\sqrt{2}}a$ の立方体から右下図のような三角錐 4 つ，具体的には

　　三角錐 A-BCF, A-DCH, F-AHE, G-CHF

を切り落としたものです（これら 4 つは合同）。

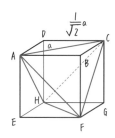

たとえば A-BCF の底面を △BCF だとしましょう。底面積は立方体の 1 つの面の面積の $\dfrac{1}{2}$ 倍ですね。一方，高さは立方体の辺長と等しいです。

よって，三角錐 1 個あたりの体積は，立方体のそれの $\dfrac{1}{2} \cdot \dfrac{1}{3} = \dfrac{1}{6}$ 倍です（錐体なので $\dfrac{1}{3}$ を乗算）。その 4 個分を立方体から切り落とすため，**正四面体 ACFH の体積**は立方体の $1 - \dfrac{1}{6} \cdot 4 = \dfrac{1}{3}$ 倍です。

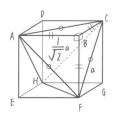

立方体の体積は $\left(\dfrac{1}{\sqrt{2}}a\right)^3 = \dfrac{1}{2\sqrt{2}}a^3$ なので，$V(a)$ は次のようになります。

$$V(a) = \frac{1}{2\sqrt{2}}a^3 - 4 \cdot \frac{1}{12\sqrt{2}}a^3 = \left(\frac{1}{2\sqrt{2}} - \frac{1}{3\sqrt{2}}\right)a^3 = \frac{\sqrt{2}}{12}a^3 \left(= \frac{1}{2\sqrt{2}}a^3 \times \frac{1}{3}\right)$$

正四面体を立方体に埋め込むことの便利さを実感できたでしょうか。

……他にご利益はないのか，ですって？　では，最後に面白い問題に取り組んでもらうことにします。この見開きでやったこととほとんど同じ埋め込みを別の四面体で行うことで，面倒な問題を鮮やかに解決できるのです。

題材はなんと，東大の理系数学の過去問です！（だいぶ改題していますが）

すべての面が合同な四面体 ABCD があり，辺の長さは次の通りである。

AB $=2\ell-1$,　　BC $=2\ell$,　　CA $=2\ell+1$　　（$\ell>2$）

(1)　この四面体は，図のような直方体 SAQC-
　　BRDP に埋め込める。これを認め，図中にあ
　　る直方体の辺長 x,y,z を用いて，直方体の3
　　種類の面各々で三平方の定理を立式せよ。

(2)　x,y,z の値を求めよ。

(3)　四面体 ABCD の体積 $V(\ell)$ を求めよ。

　　[1993 年 東京大学 理系数学 第1問の改題 [38]]

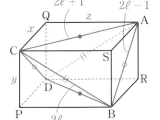

(1) 答え：$\underset{①}{y^2+z^2=(2\ell)^2}$, $\underset{②}{x^2+z^2=(2\ell+1)^2}$, $\underset{③}{x^2+y^2=(2\ell-1)^2}$

(2) 答え：$x=\sqrt{2\ell^2+1}$, $y=\sqrt{2\ell(\ell-2)}$, $z=\sqrt{2\ell(\ell+2)}$

　①②③の辺々を足すと $x^2+y^2+z^2=\dfrac{1}{2}\{(2\ell-1)^2+(2\ell)^2+(2\ell+1)^2\}$ …④ が得

られます。あとは，たとえば④から①の辺々を減算すれば

$$x^2=\frac{1}{2}\{(2\ell-1)^2+(2\ell)^2+(2\ell+1)^2\}-(2\ell)^2=\cdots=\frac{4\ell^2+2}{2}=2\ell^2+1$$

とわかります。これと②③を用いれば y^2, z^2 も計算できます。

(3) 答え：$V(\ell)=\dfrac{2}{3}\ell\sqrt{(2\ell^2+1)(\ell+2)(\ell-2)}$

　前の例題同様，この立体も**直方体から三角錐を4つ切り落とした形**をしていま

す。その1つ分の体積は直方体の体積の $\dfrac{1}{6}$ 倍なので，**四面体 ABCD の体積は**

直方体の体積の$\left(1-\dfrac{1}{6}\cdot4=\right)\dfrac{1}{3}$**倍**であり，次のように計算できます。

$$V(\ell)=\frac{1}{3}xyz=\frac{1}{3}\sqrt{(2\ell^2+1)\cdot2\ell(\ell-2)\cdot2\ell(\ell+2)}=\frac{2}{3}\ell\sqrt{(2\ell^2+1)(\ell+2)(\ell-2)}$$

　　　　　　　さて，本書も終わりが近づいてきました。次が最終章です。

38　原題は $\lim\limits_{\ell\to2}\dfrac{V(\ell)}{\sqrt{\ell-2}}$ を問うものでした。"lim"（極限）は数学 II で登場し，数学 III で本格的に扱います。

数学と人間の活動

いよいよ最後の章となりました。本章では主に“整数”について学びます。

実はこの分野，計算自体で苦労することはさほど多くありません。それよりも大変なのが“論理”です。素因数分解や公約数・公倍数などの計算はなんとなくできるけれど，証明問題になると歯が立たない。そういう生徒が多発する分野なのです。

でも，ここまで読んできたあなたならきっと大丈夫。1 ページずつ，定義と論理の組み立てを大切にし，時には自分で手を動かしつつ読み進めていきましょう。

しんどい内容が多いですが，そのぶん理解できたときの喜びは想像を超えるものとなるはずです。数学の楽しさのひとつはそこにある，と私は思います。

12-1 〉 約数・倍数

> **🔍 定義** **本章で用いる語・記号（今後ことわりなく用います）**
>
> - $\mathbb{Z}$ ：整数全体の集合
> - 自然数：正整数 [1] 　　• 非負整数：負でない整数（0 以上の整数）
> - $\mathbb{Z}_+$ ：正整数全体の集合 　• $\mathbb{Z}_{\geq 0}$ 　　：負でない整数全体の集合

▶ 約数・倍数の定義

> **🔍 定義** **約数**
>
> $a, b \in \mathbb{Z}$ に対し，ある $k \in \mathbb{Z}$ を用いて [2] $ka = b$ と表せるとき，
> "a は b の約数である" "b は a の倍数である" といい，これを $a \mid b$ と表す [3]。

たとえば 2 つの整数 $-4, 12$ については，整数 -3 を用いて $(-3) \cdot (-4) = 12$ と
表せるため，-4 は 12 の約数，12 は -4 の倍数であり，$-4 \mid 12$ と書けます。
ひとつの整数の約数や倍数を調べ尽くしてみましょう。たとえば 12 の約数は
$$-12, -6, -4, -3, -2, -1, 1, 2, 3, 4, 6, 12$$
です。約数は基本的に有限個のようですね。一方，たとえば，-4 の倍数は
$$\cdots, -16, -12, -8, -4, 0, 4, 8, 12, 16, \cdots$$
となり，倍数は基本的に無限個存在することがわかります [4]。

> **例題** **約数・倍数を求める**
>
> (1) 84 の正の約数を（すべて）求めよ。
> (2) 13 の正の倍数のうち，2 桁の奇数を求めよ。

---

1 大学以降で学ぶ数学，特に集合論等では，自然数に 0 を含めることが多いようです。
2 "ある $k \in \mathbb{Z} \cdots$" は，"ある $k (\in \mathbb{Z}) \cdots$" すなわち "ある整数 k" の略記です。
3 これは一般的な記号で，答案でも使えます。なお，a が b の倍数でないことは $a \nmid b$ と表します。
4 "基本的に" と述べたのは，0 の倍数は 0 のみ（1 個だけ）だからです。

(1) 答え：1, 2, 3, 4, 6, 7, 12, 14, 21, 28, 42, 84

右図のように "ペア" を意識するとラクに書き出せます。

1	2	3	4	6	7
84	42	28	21	14	12

└─ 積がいずれも 84 ─┘

(2) 答え：13, 39, 65, 91

例題　約数・倍数の定義

$a, b \in \mathbb{Z}$ とする。**左ページの定義に則り**，約数・倍数に関する以下の性質を示せ。

(1) $a \mid b \Longrightarrow -a \mid b$

(2) $c \in \mathbb{Z}$ とするとき，"$a \mid b$ かつ $b \mid c$" $\Longrightarrow a \mid c$

(3) $m \in \mathbb{Z}$ とするとき，"$a \mid b \Longrightarrow (ma) \mid (mb)$"

(4) 1 は任意の整数の約数である。

(5) 任意の整数は 0 の約数である。

例題の解説

答え：各々以下の通り。

(1) $a \mid b$ とすると，ある $k \in \mathbb{Z}$ を用いて $ka = b$ と表せます。この k をそのまま用いると [5] $(-k) \cdot (-a) = ka = b$ であり，$-k \in \mathbb{Z}$ ($\because k \in \mathbb{Z}$) より $-a \mid b$ です。■

(2) $a \mid b$ および $b \mid c$ を仮定します。まず，$a \mid b$ よりある $k \in \mathbb{Z}$ を用いて $b = ka$ と表せます。また，$b \mid c$ よりある $\ell \in \mathbb{Z}$ を用いて $c = \ell b$ と表せます。これらより $c = \ell b = \ell(ka) = (\ell k)a$ であり，$\ell k \in \mathbb{Z}$ なので $a \mid c$ です。■

(3) $a \mid b$ を仮定します。すると，ある $k \in \mathbb{Z}$ を用いて $ka = b$ と表せます。このとき $k(ma) = kma = m(ka) = mb$ となるため，$(ma) \mid (mb)$ です。■

(4) 任意の $a \in \mathbb{Z}$ は整数 1 を用いて $a = 1 \cdot a$ と表せることによりしたがいます。■

(5) 任意の整数は 0 を乗算すると 0 となることよりしたがいます。■

5　意欲のある方向けの注：本来，"ある k が存在して $ka = b$ が成り立つ" という主張における k は束縛変数とよばれるものであり，この主張の外で k と書いても意味は通りません。"この k をそのまま用いると" とわざわざ書いた理由がこれです。しかし，文脈上この k は $ka = b$ をみたす整数のことであると容易に推測できるのも事実です。したがって，本書ではここから先の解説において，束縛変数を無断で引き継いで使用することがあります。

▶ 整数が，ある整数の倍数であることの判定方法

［2 の倍数か否か（偶奇）の判定］

整数の偶奇は 1 の位のみで判定できます。すなわち，**1 の位の偶奇とその自然数の偶奇は一致する**のです。たとえば 716 の 1 の位は 6（偶数）なので，716 は偶数です。

でも，いったいなぜ 1 の位の偶奇と自然数自体の偶奇が一致しているのでしょうか。

考えている自然数を N とし，N の 10 の位以上の部分が表す非負整数を a，N の 1 の位の数字を b とします。具体例は右表の通りです。

N（例）	a	b
123	12	3
56562	5656	2
7	0	7

このとき，N の値によらず次のように表せます。

$$N = 10a + b = 5a \cdot 2 + b$$

$5a \cdot 2$ の部分は偶数ですから[6] どのみち 2 で割り切れます。よって

$$N \text{ が 2 で割り切れる} \iff b \text{ が 2 で割り切れる}$$

となり，前述の判定法が妥当とわかります。

倍数判定法の要は **"どうでもよいところを無視する"** ことにあります。いまの場合，**10 の位以上の部分はどうせ 2 で割り切れる**ので，そこを無視しました。

［5 の倍数か否かの判定］

その考え方を意識しつつ，別の整数の倍数判定を考えましょう。たとえば与えられた整数が 5 の倍数であるか否かを判定するには，やはり 1 の位のみ見れば OK です。すなわち，1 の位が 0 または 5 であればその整数は 5 の倍数であり，0 でも 5 でもなければその整数は 5 の倍数ではありません。

さきほどと同じ N，a，b を用いると $N = 10a + b = 2a \cdot 5 + b$ と変形できることから，この判定法が正しいといえますね。**どのみち $5 \mid (2a \cdot 5)$** だからです。

［10 の倍数か否かの判定］

10 の倍数についても，同様に 1 の位が 10 の倍数か否か（1 の位が 0 か否か）で判定できます。$N = a \cdot 10 + b$ であり，**いつも $10 \mid (a \cdot 10)$** ですからね。

これで 2, 5, 10 の倍数判定法がわかり，それらの妥当性も示せました。せっかくなので，もっといろいろな数についての倍数判定法を考えてみましょう。

6　この類の記述をする際，"a が整数なので $5a$ も整数"的なことを書かないと減点されるぞ！ という趣旨のことをおっしゃる方がいるのですが，"当たり前"に近いので本書では一貫して省略します。

［4 の倍数か否かの判定］

さきほど 2, 5, 10 の倍数判定法をすぐ確立できたのは，

- 整数の 1 の位を 0 としたときの値（これまでの $10a$ のこと）は必ず 10 の倍数
- 2, 5, 10 はいずれも 10 の約数

というのがカギでした。しかし，4 は 10 の約数ではないため，さきほどの理屈が通用しません。実際，1 の位が 4 の倍数であっても，$14 = 3 \cdot 4 + 2$ のように 4 の倍数でない数は存在します。

N（例）	a'	b'
123	1	23
56562	565	62
7	0	7

困ったようですが，まだ策はあります。N の 100 の位以上の部分が表す非負整数を a'，N の 10 の位以下の部分が表す整数（いわゆる下 2 桁）を b' とします（具体例は左の通り）。このとき，N の値によらず

$$N = 100a' + b' = 25a' \cdot 4 + b'$$

となり，$4 \,|\, (25a' \cdot 4)$ なので，$4 \,|\, N \iff 4 \,|\, b'$ がいえます。つまり，**整数が 4 の倍数であるか否かは，その整数の下 2 桁のみで判断できる**というわけです。

たとえば 123456 という数の下 2 桁は 56 であり，$4 \,|\, 56$ なので $4 \,|\, 123456$ と判定できます。一方，2222 という数の下 2 桁は 22 であり，$4 \nmid 22$ なので，2222 自体も 4 の倍数ではありません。

例題　2 のべき乗の倍数判定法

$n \in \mathbb{Z}_+$ とする。ここまでの議論をふまえ，与えられた整数 N が 2^n の倍数であるか否かを判定する方法を述べよ。また，それが正しい理由を説明せよ。

例題の解説

答え：N の下 n 桁が 2^n の倍数であるか否かが，N 自体のそれと同じである。N の下 n 桁以外の部分を A，下 n 桁の部分を B とすると

$$N = 10^n A + B = 5^n A \cdot 2^n + B$$

が成り立ち，これと $2^n \,|\, (5^n A \cdot 2^n)$ より上述の方法は正しい。

これで，$n\ (\in \mathbb{Z}_+)$ に対し，2^n の倍数判定法をつくれました。同様に，与えられた整数 N が $5^n\ (n \in \mathbb{Z}_+)$ の倍数か否かは "N の下 n 桁が 5^n の倍数であるか否か" で判断できます。$10^n A = 2^n A \cdot 5^n$ と変形できるからです。

[3 の倍数の判定法]

結論を先に述べてしまうと，与えられた整数 N が 3 の倍数か否かは "**各桁の数字の和が 3 の倍数か否か**" で判断できます。

その理由を考えてみましょう。N を n 桁とし，各位の数字を上の位から順に $x_1, x_2, x_3, \cdots, x_n$ とします。たとえば $N = 123456$ の場合は $x_1 = 1$, $x_2 = 2$, $x_3 = 3$, $x_4 = 4$, $x_5 = 5$, $x_6 = 6$ という具合です。このとき

$$N = 10^{n-1}x_1 + 10^{n-2}x_2 + \cdots + 10^1 x_{n-1} + x_n$$

となりますが，これを次のように変形してみます。

$$N = (10^{n-1}-1)x_1 + (10^{n-2}-1)x_2 + \cdots + (10^1-1)x_{n-1} + (x_1 + x_2 + x_3 + \cdots + x_{n-1} + x_n)$$

このとき，1 以上 $n-1$ 以下の任意の整数 k に対し $10^k - 1 = \overset{k\,個}{\overbrace{999\cdots99}} = 3 \cdot \overset{k\,個}{\overbrace{333\cdots33}}$ ですから，$10^{n-1}-1, 10^{n-2}-1, 10^{n-3}-1, \cdots, 10^2-1, 10^1-1$ はみな 3 の倍数です。よって，前述の判定法は正しいといえます。

[9 の倍数の判定法]

[3 の倍数の判定法] で "3 の倍数" を "9 の倍数" に読み替えれば **OK** です。

$10^k - 1 = \overset{k\,個}{\overbrace{999\cdots99}} = 9 \cdot \overset{k\,個}{\overbrace{111\cdots11}}$ は 9 の倍数でもあるので同様の判定法が使えます。

例題	3，9 の倍数判定法

$n \in \mathbb{Z}_+$ とする。次のように，1 を n 個並べた数を u_n と定める。

$$u_1 = 1, \qquad u_2 = 11, \qquad u_3 = 111, \qquad u_4 = 1111, \qquad \cdots$$

(1) u_n が 3 の倍数となる n の条件を求めよ。

(2) u_n が 9 の倍数となる n の条件を求めよ。

(3) （意欲のある方向け）u_{27} が 27 の倍数であることを示せ。

例題の解説

(1) 答え：n は 3 の倍数である。

u_n が 3 の倍数であることは，u_n の各位の数字の和が 3 の倍数であることと同じです。u_n は 1 が n 個並んだ数なので各位の数字の和は n ですね。

(2) 答え：n は 9 の倍数である。

9 の倍数についても，3 の倍数同様の方法で判定できるのでした。

(3) 答え：以下の通り。

u_{27} は 1 が 27 個並んだ数です。各位の数字の和は 27 であり，$3 \mid 27$ ですから $3 \mid u_{27}$ です。ここで，$111 = 3 \cdot 37$ に注意すると

$$\frac{u_{27}}{3} = \frac{\overbrace{111 \cdots 11}^{27 個}}{3} = \overbrace{(0)37\ 037\ 037\ \cdots\ 037\ 037}^{"037" が 9 個}$$

となります。ここで，$\overbrace{(0)37\ 037\ 037\ \cdots\ 037\ 037}^{"037" が 9 個}$ の各位の数字の和は $(0 + 3 + 7) \cdot 9$ ですが，これは 9 の倍数なので $9 \mid \dfrac{u_{27}}{3}$ となり，これより $27 \mid u_{27}$ です。■

なお，任意の正整数 n に対し u_{3^n} が 3^n の倍数となることがいえます。(3) を応用すれば証明できるので，ぜひ考えてみてください。

[11 の倍数の判定法]

ここでも結論を先に述べてしまうと，N $(\in \mathbb{Z})$ が与えられたとき

$(N の奇数番目の桁の数字の和) - (N の偶数番目の桁の数字の和)\ \cdots (*)$

が 11 の倍数であることが，N が 11 の倍数であることの必要十分条件です。なお，**桁の番号は上下どちらから数えても構いません**（ここでは下から数えます）。たとえば $84128\ (= 11 \cdot 7648)$ は 11 の倍数ですが，

$$(8 + 1 + 8) - (4 + 2) = 17 - 6 = 11\ (= 11 \cdot 1)$$

となり，確かに上の条件をみたしています。

例題　　**11 の倍数判定法の妥当性（5 桁の場合）**

5 桁の正整数について，上の判定法が正しいことを示せ。

例題の解説

答え：以下の通り。

N の 5 桁の正整数の数字の並びを "$a_4 a_3 a_2 a_1 a_0$" とします。さきほどの例 84128 の場合 $(a_4, a_3, a_2, a_1, a_0) = (8, 4, 1, 2, 8)$ ということです。このとき

$$N = 10000a_4 + 1000a_3 + 100a_2 + 10a_1 + a_0$$
$$= (9999a_4 + 1001a_3 + 99a_2 + 11a_1) + (a_4 - a_3 + a_2 - a_1 + a_0)$$
$$= 11 \cdot (909a_4 + 91a_3 + 9a_2 + a_1) + \boldsymbol{(a_4 - a_3 + a_2 - a_1 + a_0)}$$

であり，強調箇所が上述の $(*)$ であることからしたがいます。■

12-2 ⊙ 素数

本節では，シンプルな定義ながらも奥深い性質をもつ"素数"について学びます。

▶ 素数の定義

🔍 **定義** 　素数と合成数

- 2 以上の整数で，1 とそれ自身のみを正の約数にもつものを**素数**という。
- 2 以上の整数で，素数でないものを**合成数**という。

整数	その正の約数
1	1
2	**1, 2**
3	**1, 3**
4	1, 2, 4
5	**1, 5**
6	1, 2, 3, 6
7	**1, 7**
8	1, 2, 4, 8
9	1, 3, 9
…	

たとえば 1 桁の正整数の正の約数を調べると左の表のようになります。表内で 1 とそれ自身のみを約数にもつ 2 以上の整数は 2, 3, 5, 7 であり，これらは素数です。4, 6, 8, 9 はその要件をみたしておらず，合成数です。
なお，素数の定義を"正の約数が 2 個のもの"とすることもできます。個人的にはこちらの方が好みです。

さて，左の表は 1 桁の正整数限定のものですが，この先素数はどのように分布しているのでしょうか。せっかくですし，あなたに調べていただきたいと思います。

例題 　素数を調べる

100 以下の素数をすべて求めよ。適宜効率よく求める工夫をするとラクになる。

例題の解説

答え：2, 3, 5, 7, 11, 13, 17, 19, 23, 29, 31, 37, 41, 43, 47, 53, 59, 61, 67, 71, 73, 79, 83, 89, 97（**合計 25 個**）

▶ 素因数分解

> **定義**　**因数，素数，素因数分解**
> - N ($\in \mathbb{Z}$) が整数の積で表されるとき，その各整数を N の**因数**という。
> - N ($\in \mathbb{Z}$) の因数のうち，素数であるものを N の**素因数**という。
> - N ($\in \mathbb{Z}_+$) を素因数のみの積に分解することを，N を**素因数分解**するという。

たとえば 884 という整数は $884 = 4 \cdot 221$ をみたすため，4, 221 は 884 の因数です。しかし，4, 221 はいずれも素数ではありません。884 という数を素因数分解すると $884 = 2^2 \cdot 13 \cdot 17$ となり，素因数 2 を 2 個，13 を 1 個，17 を 1 個もっています。

> **法則**　**素因数分解の一意性** [7]
> **合成数は，積の順序交換を除きただ 1 通りに素因数分解できる。**

さきほどの 884 の場合，$884 = 2 \cdot 2 \cdot 13 \cdot 17 = 13 \cdot 2 \cdot 17 \cdot 2 = = \cdots$ のように順序の入れ替えはできますが，素数のみの積に分解すると必ず素因数 2 が 2 個，13 が 1 個，17 が 1 個になります。**本章では，素因数分解の一意性を証明なしに認めます。**

例題　素因数分解

以下の各正整数を素因数分解せよ。素数である場合はその旨を答えよ。
(1) 111　　(2) 2024　　(3) 2025　　(4) 1001　　(5) 111111　　(6) 9991

例題の解説

答え：(1) $111 = 3 \cdot 37$　　　　　　　　(2) $2024 = 2^3 \cdot 11 \cdot 23$
　　　(3) $2025 = 3^4 \cdot 5^2$　　　　　　　(4) $1001 = 7 \cdot 11 \cdot 13$
　　　(5) $111111 = 3 \cdot 7 \cdot 11 \cdot 13 \cdot 37$　　(6) $9991 = 97 \cdot 103$

(5) 実は $111111 = 111 \cdot 1001$ なので，(1), (4) の結果が使えます。
(6) $9991 = 10000 - 9 = 100^2 - 3^2 = (100-3)(100+3)$ に気づけるとカッコいいです。

7　数学の世界では，何らかがただ 1 つに決まる性質を"一意性"とよぶことがあります。

▶ 約数の個数と総和を素因数分解の観点で考える

約数の個数

本章では，N $(\in \mathbb{Z}_+)$ の正の約数の個数を $d(N)$ と表す。

正整数の約数と素因数分解の関係を調べます。たとえば 144 の正の約数は

$$1, 2, 3, 4, 6, 8, 9, 12, 16, 18, 24, 36, 48, 72, 144$$

なので $d(N) = 15$ です。たくさんありますね。なお，これらの和は 403 です。

こんなふうに，正整数の正の約数の個数や総和は，具体的に約数を書き出すことにより調べられます。しかし，考える整数がもっと大きくなると，約数を書き出すこと自体がしんどくなり，総和を計算するのも大変です。具体的に書き出すことなしに正整数の正の約数の総和を求めるには，どうすればよいでしょうか。

ここで素因数分解が活躍します。まず 144 を素因数分解すると $144 = 2^4 \cdot 3^2$ となります。ここから，144 の正の約数の素因数分解について次のことがいえます。

例題　　144 の約数の素因数分解

144 の正の約数を素因数分解したものは，次の形に限られることを示せ。
$$2^{q_1} \cdot 3^{q_2} \quad (q_1, q_2 \in \mathbb{Z}, \, 0 \leq q_1 \leq 4, \, 0 \leq q_2 \leq 2) \quad \cdots (*)$$

例題の解説

答え：以下の通り。

要は，任意の素数 p について次式が成り立つことを示せば OK です。
$$(144 \text{ の約数がもつ素因数 } p \text{ の個数}) \leq (144 \text{ がもつ素因数 } p \text{ の個数}) \quad \cdots ①$$
いま，144 の約数 k がもつ素因数 p の個数が，144 のそれよりも多かったとしましょう。このとき，$\dfrac{144}{k}$ という分数をできる限り約分すると，分母は p の倍数になるのに対し，分子は p の倍数になりません。よって $\dfrac{144}{k}$ は整数にならず，k が 144 の約数であることに矛盾します。したがって，どのような素因数 p についても①がいえ，問題文の主張がしたがいます。■

というわけで，144 の正の約数はみな（＊）の形で表せます。それらをすべて書き出してみると次のようになります。

$2^{q_1} \cdot 3^{q_2}$		q_2		
		0	**1**	**2**
	0	$2^0 \cdot 3^0 = \underline{1}$	$2^0 \cdot 3^1 = \underline{3}$	$2^0 \cdot 3^2 = \underline{9}$
	1	$2^1 \cdot 3^0 = \underline{2}$	$2^1 \cdot 3^1 = \underline{6}$	$2^1 \cdot 3^2 = \underline{18}$
q_1	**2**	$2^2 \cdot 3^0 = \underline{4}$	$2^2 \cdot 3^1 = \underline{12}$	$2^2 \cdot 3^2 = \underline{36}$
	3	$2^3 \cdot 3^0 = \underline{8}$	$2^3 \cdot 3^1 = \underline{24}$	$2^3 \cdot 3^2 = \underline{72}$
	4	$2^4 \cdot 3^0 = \underline{16}$	$2^4 \cdot 3^1 = \underline{48}$	$2^4 \cdot 3^2 = \underline{144}$

なんと **144 の正の約数が漏れ・重複なく 1 回ずつ出現している**のです。つまり
$$d(144) = (q_1 のとれる値の数) \cdot (q_2 のとれる値の数) \quad \cdots (**)$$
が成り立っています。

約数の個数をこのように計算できたのは，偶然ではありません。
（＊）の形で書ける数が 144 の約数であることはすぐわかります。というのも
$$\frac{144}{2^{q_1} \cdot 3^{q_2}} = \frac{2^4 \cdot 3^2}{2^{q_1} \cdot 3^{q_2}} = 2^{4-q_1} \cdot 3^{2-q_2} \quad (4-q_1,\ 2-q_2 は非負整数)$$
が成り立ち，商 $2^{4-q_1} \cdot 3^{2-q_2}$ は正整数だからです。

とすると，あとは重複の有無が気になります。すなわち
$$2^{q_1} \cdot 3^{q_2} = 2^{r_1} \cdot 3^{r_2}$$
となってしまう非負整数 r_1, r_2 の組 (r_1, r_2) $(\neq (q_1, q_2))$ が存在するかもしれない，ということです。

しかし，これは素因数分解の一意性により否定されます。$(q_1, q_2) \neq (r_1, r_2)$ なる非負整数の組で $2^{q_1} \cdot 3^{q_2} = 2^{r_1} \cdot 3^{r_2}$ が成り立つならば，その値（正整数）は 2 通りに素因数分解できることになってしまう，というわけです。

ここまででわかったことをまとめます。：
- 144＝$2^4 \cdot 3^2$ と素因数分解できる。
- よって，144 の正の約数はみな（＊）の形に書ける。
- （＊）の形に書ける正整数は，みな 144 の約数であり，重複はない。

これで，144 の正の約数の個数が（＊＊）のように計算できることが正当化されます。そして，同様のことが一般の正整数に対していえます。

正の約数の個数

$N (\in \mathbb{Z}_+)$ が次のように素因数分解されるとする。ここで，$p_1,\ p_2,\ \cdots,\ p_m$ は相異なる素因数であり，$k_1,\ k_2,\ \cdots,\ k_m \in \mathbb{Z}_+$ である。

$$N = p_1^{k_1} \cdot p_2^{k_2} \cdot \cdots \cdot p_m^{k_m}$$

このとき，$d(N) = (k_1+1)(k_2+1)\cdots(k_m+1)$ 個となる。

この定理が成り立つ理由をカジュアルに述べると，次のようになります。

素因数	選べる個数	個数は何通りか
p_1	$0, 1, 2, \cdots, k_1$	(k_1+1) 通り
p_2	$0, 1, 2, \cdots, k_2$	(k_2+1) 通り
$\cdots$	$\cdots$	$\cdots$
p_m	$0, 1, 2, \cdots, k_m$	(k_m+1) 通り

まず，素因数 $p_1,\ p_2,\ \cdots,\ p_m$ の個数を自由に決めます。どの素因数の個数も N のそれ以下（かつ 0 以上）でなければなりません。よって，各素因数の個数の範囲は左表のように決まっています。このとき，素因数の選び方は $(k_1+1)(k_2+1)\cdots(k_m+1)$ 通りです。

そして，選んだ素因数たちをすべて乗算します。このとき，144 の場合同様

- 任意の N の正の約数はみなそのような乗算の形で書ける
- どのように素因数を選んでも，それらの積は必ず N の約数になる
- どのように素因数を選んでも，それらの積は重複しない

が成り立つため，$(k_1+1)(k_2+1)\cdots(k_m+1)$ 通りの各々における選択した素数たちの積は，漏れ・重複なく N の約数になっているといえます。

これで理由を説明できたということにして，早速上の定理を用いてみましょう。

例題 　　**正の約数の個数**

(1) $d(405)$ を求めよ。

(2) $d(2520)$ を求めよ。

(3) $d(N) = 2$ となる $N\ (\in \mathbb{Z}_+)$ を求めよ。

(4) $d(N) = 3$ となる $N\ (\in \mathbb{Z}_+)$ を求めよ。

例題の解説

(1) 答え：$d(405) = 10$

$405 = 3^4 \cdot 5^1$ ですから，$d(405) = (4+1) \cdot (1+1) = 10$ と計算できます。

(2) 答え：$d(2520) = 48$

$2520 = 2^3 \cdot 3^2 \cdot 5 \cdot 7$ ですから，$d(2520) = (3+1) \cdot (2+1) \cdot (1+1) \cdot (1+1) = 48$ です。

(3) 答え：$N = $ (素数)

$N = 1$ はこの式をみたしません。任意の 2 以上の整数 N に対し，1, N ($\neq 1$) は N の約数なので，$d(N) = 2$ は 1, N のほかに約数をもたないことを意味します。よって $d(N) = 2$ は N が素数であることと同値です [8]。

(4) 答え：$N = $ (素数)^2

N が 2 種類以上の素因数をもっていると，$d(N) = 3$ とはなりません。たとえば $N = p_1^1 p_2^1$ という形のとき，$d(N) = (1+1) \cdot (1+1) = 4$ となり，これだけで 3 より大きくなってしまうためです。

というわけで N がもつ素因数は 1 種類のみであり，$N = p_1^{k_1}$ という形に限られます。このとき $d(N) = k_1 + 1$ となりますが，これが 3 と等しくなるのは $k_1 = 2$ のときのみです。つまり $d(N) = 3$ となる N は，素数 p_1 を用いて $N = p_1^2$ と書けるもののみとなります。

さて，こんどは約数の総和について考えてみましょう。

> **🔍 定義** **約数の個数**
>
> 本章では，N ($\in \mathbb{Z}_+$) の正の約数の総和を $s(N)$ と表す。

144 の正の約数は次の 15 個なのでした。

<u>1, 2, 3, 4, 6, 8, 9, 12, 16, 18, 24, 36, 48, 72, 144</u>

では，これら 15 個の正の約数の総和 $s(144)$ はいくらなのでしょうか。もちろん，何も考えずに和を計算すれば一応結果はわかります。

$$1 + 2 + 3 + 4 + 6 + 8 + 9 + 12 + 16 + 18 + 24 + 36 + 48 + 72 + 144 = 403$$

$s(144) = 403$ となるようです。

8　p.598 でも言及した通り，$d(N) = 2$ であることを正整数 N が素数であることの定義とすることもできます。

でも，もっと大きい数や約数が多い数の場合，そもそも約数を書き出すだけでも精一杯であり，和を計算するのはなおさら面倒ですよね。でも実は，総和を計算する上手い方法があります。これは結果を見てしまった方が早いでしょう。次の式を計算すればよいのです。

$$s(144) = (2^0 + 2^1 + 2^2 + 2^3 + 2^4) \cdot (3^0 + 3^1 + 3^2)$$

……え，どうして？ と思ったならば，上式を実際に展開してみるとよいでしょう。展開した各項は，144 の約数と次のように対応しています。

$2^{q_1} \cdot 3^{q_2}$		q_2	
	0	**1**	**2**
0	$2^0 \cdot 3^0 = 1$	$2^0 \cdot 3^1 = 3$	$2^0 \cdot 3^2 = 9$
1	$2^1 \cdot 3^0 = 2$	$2^1 \cdot 3^1 = 6$	$2^1 \cdot 3^2 = 18$
q_1 2	$2^2 \cdot 3^0 = 4$	$2^2 \cdot 3^1 = 12$	$2^2 \cdot 3^2 = 36$
3	$2^3 \cdot 3^0 = 8$	$2^3 \cdot 3^1 = 24$	$2^3 \cdot 3^2 = 72$
4	$2^4 \cdot 3^0 = 16$	$2^4 \cdot 3^1 = 48$	$2^4 \cdot 3^2 = 144$

$$(2^0 + 2^1 + 2^2 + 2^3 + 2^4) \cdot (3^0 + 3^1 + 3^2)$$

実際に展開計算して生まれる積たちが，表にある約数と一対一に対応しており，確かにこれで総和が計算できていることがわかります。いったんまとめますね。

△ 定理　　**正の約数の総和**

$N \, (\in \mathbb{Z}_+)$ が次のように素因数分解されるとする。ここで，$p_1, p_2, \cdots, p_m$ は相異なる素因数であり，$k_1, k_2, \cdots, k_m \in \mathbb{Z}_+$ である。

$$N = p_1^{k_1} \cdot p_2^{k_2} \cdots \cdots p_m^{k_m}$$

このとき，N の正の約数の総和 $s(N)$ は次のように計算できる。

$$s(N) = (p_1^0 + p_1^1 + \cdots + p_1^{k_1})(p_2^0 + p_2^1 + \cdots + p_2^{k_2}) \cdots (p_m^0 + p_m^1 + \cdots + p_m^{k_m})$$

約数が 3 種類以上ある場合，さきほどのような表で片づけるわけにはいきませんが，その場合も上の定理は認めてしまいます。

例題　　**正の約数の総和**

(1)　$s(405)$ を求めよ。　　　　　　　(2)　$s(2520)$ を求めよ。

(3)　360 の正の約数のうち，3 の倍数のみの総和 s' を求めよ。

(4)　360 の正の約数を各々 2 乗したものの総和 s'' を求めよ。

(5) $s(N) = N+1$ となる N $(\in \mathbb{Z}_+)$ を求めよ。

(6) $s(N) = 2N$ となる N $(\in \mathbb{Z}_+)$ を，頑張って少なくとも 1 つ見つけよ。

例題の解説

(1) 答え：$s(405) = 726$

$405 = 3^4 \cdot 5^1$ より $s(405) = (3^0 + 3^1 + 3^2 + 3^3 + 3^4)(5^0 + 5^1) = 121 \cdot 6 = 726$ です。

(2) 答え：$s(2520) = 9360$

$2520 = 2^3 \cdot 3^2 \cdot 5 \cdot 7$ ですから，$s(2520)$ は次のように計算できます。

$$s(2520) = (2^0 + 2^1 + 2^2 + 2^3)(3^0 + 3^1 + 3^2)(5^0 + 5^1)(7^0 + 7^1) = 15 \cdot 13 \cdot 6 \cdot 8 = 9360$$

(3) 答え：$s' = 1080$

$360 = 2^3 \cdot 3^2 \cdot 5$ ですから，単純な総和は $(2^0 + 2^1 + 2^2 + 2^3)(3^0 + 3^1 + 3^2)(5^0 + 5^1)$ で計算できます。これを展開するとき，2 番目のカッコ内で 3^1 or 3^2 を拾ってできる項（のみ）が 3 の倍数となるため，s' は次のように計算できます。

$$s' = (2^0 + 2^1 + 2^2 + 2^3)(\qquad 3^1 + 3^2)(5^0 + 5^1) = 15 \cdot 12 \cdot 6 = 1080$$

(4) 答え：$s'' = 201110$

単純な総和 $(2^0 + 2^1 + 2^2 + 2^3)(3^0 + 3^1 + 3^2)(5^0 + 5^1)$ の**カッコ内にある項たちをあらかじめすべて 2 乗しておく**と，展開したときに 360 の約数の 2 乗が余さず出現します。よって，s'' は次のように計算できます。

$$s'' = \{(2^2)^0 + (2^2)^1 + (2^2)^2 + (2^2)^3\}\{(3^2)^0 + (3^2)^1 + (3^2)^2\}\{(5^2)^0 + (5^2)^1\}$$
$$= (2^0 + 2^2 + 2^4 + 2^6)(3^0 + 3^2 + 3^4)(5^0 + 5^2)$$
$$= (1 + 4 + 16 + 64)(1 + 9 + 81)(1 + 25) = 85 \cdot 91 \cdot 26 = 201110$$

(5) 答え：N は素数

まず，$s(1) = 1$ より $N = 1$ は条件をみたしません。2 以上の任意の正整数 N に対し $1 \mid N$ および $N \mid N$ が成り立つため，$s(N) = N+1$ は N の正の約数が $1, N$ 以外に存在しないことを意味しており，N は素数とわかります。

(6) 答え：（例）$N = 6, 28$

$s(6) = 1 + 2 + 3 + 6 = 12 = 2 \cdot 6$，$s(28) = 1 + 2 + 4 + 7 + 14 + 28 = 56 = 2 \cdot 28$ です。ほかには $N = 496, 8128, 33550336$ などが $s(N) = 2N$ をみたします。

本問で考えたような $s(N) = 2N$ をみたす正整数 N は，**完全数**とよばれます。なお，奇数の完全数が存在するか否かは未解決なのだそうです。なので，もし見つけたらまず私に教えてくださいね。

12-3 ⊘ 最大公約数・最小公倍数

▶ 公約数・最大公約数

🔍 定義 　**公約数・最大公約数**　$a, b \in \mathbb{Z}, (a, b) \neq (0, 0)$ とする。

- $n \mid a$ かつ $n \mid b$ をみたす $n \, (\in \mathbb{Z})$ を，a, b の**公約数**という。
- a, b の公約数のうち最大のものを a, b の**最大公約数**といい，本章ではこれを $\gcd(a, b)$ と表す[9]。
- 3つ以上の整数に対しても，同様に公約数・最大公約数を定める。また，最大公約数は $\gcd(a_1, a_2, \cdots, a_n)$ のように表す。

たとえば，210 と 945 の正の約数を書き出してみると，次のようになります。

210 の正の約数：**1**, 2, **3**, **5**, 6, **7**, 10, 14, **15**, **21**, 30, **35**, 42, 70, **105**, 210

945 の正の約数：**1**, **3**, **5**, **7**, 9, **15**, **21**, 27, **35**, 45, 63, **105**, 135, 189, 315, 945

210 と 945 の正の**公約数**は 8 個であり，$\gcd(210, 945) = \mathbf{105}$ です。

こうすれば，公約数・最大公約数を求められますが，この類の作業を大きな整数の組に対して毎回行うのはやはり面倒です。うまい方法を探してみましょう。

$n \, (\in \mathbb{Z}_+)$ について，公約数の定義より次が成り立ちます。

$$n \text{ が } 210 \text{ と } 945 \text{ の公約数である} \iff \begin{cases} n \text{ が } 210 \text{ の約数である} & \cdots ① \\ n \text{ が } 945 \text{ の約数である} & \cdots ② \end{cases}$$

まず①を言い換えてみましょう。210 は $210 = 2^1 \cdot 3^1 \cdot 5^1 \cdot 7^1$ と素因数分解できます。よって，p.600 の例題同様に考えると，次が成り立ちます。

$$① \iff \text{``}n = 2^{(0\,\text{or}\,1)} \cdot 3^{(0\,\text{or}\,1)} \cdot 5^{(0\,\text{or}\,1)} \cdot 7^{(0\,\text{or}\,1)} \text{ の形に書ける''}$$

$945 = 3^3 \cdot 5^1 \cdot 7^1$ ですから，②は次のように言い換えられます。

$$② \iff \text{``}n = 2^0 \cdot 3^{(0\,\text{or}\,1\,\text{or}\,2\,\text{or}\,3)} \cdot 5^{(0\,\text{or}\,1)} \cdot 7^{(0\,\text{or}\,1)} \text{ の形に書ける''}$$

9　最大公約数は，英語で greatest common divisor といいます。

以上より次のことがいえます。

$$\begin{cases} ① \\ ② \end{cases} \Longleftrightarrow \begin{cases} n = 2^{(0\,\text{or}\,1)} & \cdot 3^{(0\,\text{or}\,1)} & \cdot 5^{(0\,\text{or}\,1)} & \cdot 7^{(0\,\text{or}\,1)} \text{ の形に書ける} \\ n = 2^0 & \cdot 3^{(0\,\text{or}\,1\,\text{or}\,2\,\text{or}\,3)} & \cdot 5^{(0\,\text{or}\,1)} & \cdot 7^{(0\,\text{or}\,1)} \text{ の形に書ける} \end{cases}$$

$$\Longleftrightarrow \quad n = 2^0 \quad \cdot 3^{(0\,\text{or}\,1)} \quad \cdot 5^{(0\,\text{or}\,1)} \quad \cdot 7^{(0\,\text{or}\,1)} \text{ の形に書ける} \quad \cdots ③$$

n が抱える各素因数の個数は，210 のそれ以下**かつ**，945 のそれ以下でなければなりません。なので，**少ない方に引っ張られる**というわけです。

というわけで，210 と 945 の公約数は③の形に書けることがわかりました。3, 5, 7 の指数は 2 通りずつありますが，すべて書き出すと

$2^0 \cdot 3^0 \cdot 5^0 \cdot 7^0 = \mathbf{1}$, $\quad 2^0 \cdot 3^1 \cdot 5^0 \cdot 7^0 = \mathbf{3}$, $\quad 2^0 \cdot 3^0 \cdot 5^1 \cdot 7^0 = \mathbf{5}$, $\quad 2^0 \cdot 3^0 \cdot 5^0 \cdot 7^1 = \mathbf{7}$,

$2^0 \cdot 3^1 \cdot 5^1 \cdot 7^0 = \mathbf{15}$, $\quad 2^0 \cdot 3^1 \cdot 5^0 \cdot 7^1 = \mathbf{21}$, $\quad 2^0 \cdot 3^0 \cdot 5^1 \cdot 7^1 = \mathbf{35}$, $\quad 2^0 \cdot 3^1 \cdot 5^1 \cdot 7^1 = \mathbf{105}$

となり，さきほどの結果と一致しています。この議論で問題なさそうです。

公約数が③の形に限定されるとわかれば，各素因数の指数をできる限り大きくすることで最大公約数も $\gcd(210, 945) = 2^0 \cdot 3^1 \cdot 5^1 \cdot 7^1 = \mathbf{105}$ と計算できます。

△ 定理　公約数・最大公約数を求める手続き

$N_1, N_2 \ (\in \mathbb{Z}_+)$ の最大公約数 $\gcd(N_1, N_2)$ は次のように求められる。

[1] まず N_1, N_2 を各々素因数分解する。

[2] そこで登場したすべての素因数を $P_1, P_2, \cdots, P_m$ とする。

[3] N_1, N_2 に含まれる素因数 P_1 の個数のうち小さい方 [10] を K_1 とする。$K_2, \cdots, K_m$ も同様に定める。

[4] $\gcd(N_1, N_2) = P_1^{K_1} P_2^{K_2} \cdots P_m^{K_m}$ である。なお，その約数たちが N_1, N_2 の公約数である。

さきほどまで扱っていた例は $N_1 = 210, N_2 = 945$ とした場合のものであり，

$$(P_1, P_2, P_3, P_4) = (2, 3, 5, 7), \qquad (K_1, K_2, K_3, K_4) = (0, 1, 1, 1)$$
$$\therefore \gcd(N_1, N_2) = 2^0 \cdot 3^1 \cdot 5^1 \cdot 7^1 = 105$$

となります。正直複雑でよくわからないかもしれませんが，カジュアルに書くと

$$\gcd(N_1, N_2) = P_1^{(\text{小さい方})} P_2^{(\text{小さい方})} \cdots P_m^{(\text{小さい方})}$$

ということです。N_1, N_2 双方の約数になっていなければいけないため，**各素因数の指数は小さい方が採用される**。これが論理の要ですね。

10　"小さい方"と述べると両者が等しい値のときに困ってしまうので，ほんとうは"大きくない方"と述べるべきです。私が東大の 1 年生の頃，数学の講義で大真面目にこの表現を用いている先生がいらして，確かに両者が等しい場合もあるからなあ，と納得した記憶があります。ただし少々回りくどいのも事実なので，本書では"小さい方"という表現を用います。

次のものを各々求めよ。

(1)　$\gcd(405, 2520)$

(2)　$\gcd(819, 1001)$

(3)　$\gcd(456, 570, 1520)$

(4)　$\gcd(7!, 8!, 9!, 10!)$

例題の解説

(1)　答え：$\gcd(405, 2520) = 45$

$405 = 3^4 \cdot 5^1$, $2520 = 2^3 \cdot 3^2 \cdot 5^1 \cdot 7^1$ なので，次のように計算できます。

$$\gcd(405, 2520) = 2^{(0 \text{と} 3 \text{の小さい方})} \cdot 3^{(4 \text{と} 2 \text{の小さい方})} \cdot 5^{(1 \text{と} 1 \text{の小さい方})} \cdot 7^{(0 \text{と} 1 \text{の小さい方})}$$
$$= 2^0 \cdot 3^2 \cdot 5^1 \cdot 7^0 = 45$$

(2)　答え：$\gcd(819, 1001) = 91$

$819 = 3^2 \cdot 7^1 \cdot 13^1$, $1001 = 7^1 \cdot 11^1 \cdot 13^1$ より次のように計算できます。

$$\gcd(819, 1001) = 3^{(2 \text{と} 0 \text{の小さい方})} \cdot 7^{(1 \text{と} 1 \text{の小さい方})} \cdot 11^{(0 \text{と} 1 \text{の小さい方})} \cdot 13^{(1 \text{と} 1 \text{の小さい方})}$$
$$= 3^0 \cdot 7^1 \cdot 11^0 \cdot 13^1 = 91$$

(3)　答え：$\gcd(456, 570, 1520) = 38$

$456 = 2^3 \cdot 3^1 \cdot 19^1$, $570 = 2^1 \cdot 3^1 \cdot 5^1 \cdot 19^1$, $1520 = 2^4 \cdot 5^1 \cdot 19^1$ より次のようになります。

$$\gcd(456, 570, 1520) = 2^{\min\{3, 1, 4\}} \cdot 3^{\min\{1, 1, 0\}} \cdot 5^{\min\{0, 1, 1\}} \cdot 19^{\min\{1, 1, 1\}}$$
$$= 2^1 \cdot 3^0 \cdot 5^0 \cdot 19^1 = 38$$

(4)　答え：$\gcd(7!, 8!, 9!, 10!) = 7! \; (= 5040)$

$8!$, $9!$, $10!$ はいずれも $7!$ の倍数です。

例題　最大公約数から整数の組を求める

$\gcd(a, b) = 12$ となるような正整数の組 (a, b) を 5 組求めよ。ただし，同じ正整数は二度用いないこと。

例題の解説

答え：(例) $(a, b) = (12, 24), (36, 60), (84, 132), (156, 204), (228, 276)$

12 に素数をかけた数たちから異なる 2 つを選んで組にするとラクです。

▶ 公倍数・最小公倍数

> **🔍 定義**　**公倍数・最小公倍数**
>
> $a, b \in \mathbb{Z}$ とする。
> - $a \mid n$ かつ $b \mid n$ をみたす $n\ (\in \mathbb{Z})$ を，a, b の**公倍数**という。
> - a, b の正の公倍数のうち最小のものを a, b の**最小公倍数**といい，本章ではこれを $\mathrm{lcm}(a, b)$ と表す[11]。
> - 3つ以上の整数に対しても，同様に公倍数・最小公倍数を定める。また，最小公倍数は $\mathrm{lcm}(a_1, a_2, \cdots, a_n)$ のように表す。

たとえば，36 と 42 の正の倍数を書き出すと次のようになります。

36 の倍数：36, 72, 108, 144, 180, 216, **252**, 288, 324, 360, 396, 432, 468, **504**, 540, 576, 612, $\cdots$

42 の倍数：42, 84, 126, 168, 210, **252**, 294, 336, 378, 420, 462, **504**, 546, 588, 630, 672, 714, $\cdots$

たとえば **252, 504** が 36 と 42 の公倍数とわかりますね。そして，公倍数のうち最小のものが最小公倍数ですから，$\mathrm{lcm}(36, 42) = \mathbf{252}$ です。

こうして各々の倍数を具体的に書き出せば，公倍数の一部や最小公倍数を見つけることができます。しかし，やはりこの類の作業を大きな整数の組に対し行うのは大変です。ここでもうまい方法を考えましょう。

$n\ (\in \mathbb{Z}_+)$ について，公倍数の定義より，次が成り立ちます。

$$n \text{ が } 36 \text{ と } 42 \text{ の公倍数である} \Longleftrightarrow \begin{cases} n \text{ が } 36 \text{ の倍数である} & \cdots ① ' \\ n \text{ が } 42 \text{ の倍数である} & \cdots ② ' \end{cases}$$

まず ① ' を言い換えてみましょう。36 は $36 = 2^2 \cdot 3^2$ と素因数分解できます。よって，次が成り立ちます。

　　　　　① ' $\Longleftrightarrow$ "$n = 2^{(2 以上)} \cdot 3^{(2 以上)} \cdot$ (ある正整数) の形に書ける"

② ' についても同様の言い換えができます。42 は $42 = 2^1 \cdot 3^1 \cdot 7^1$ と素因数分解できるので，次が成り立ちます。

　　　　　② ' $\Longleftrightarrow$ "$n = 2^{(1 以上)} \cdot 3^{(1 以上)} \cdot 7^{(1 以上)} \cdot$ (ある正整数) の形に書ける"

11　最小公倍数は，英語で least common multiple といいます。

以上より次のことがいえます。

$$\begin{cases} ①' \\ ②' \end{cases} \iff \begin{cases} n = 2^{(2以上)} \cdot 3^{(2以上)} \cdot 7^{(何でもよい)} \cdot (ある正整数) \text{ の形に書ける} \\ n = 2^{(1以上)} \cdot 3^{(1以上)} \cdot 7^{(1以上)} \quad \cdot (ある正整数) \text{ の形に書ける} \end{cases}$$

$$\iff n = 2^{(2以上)} \cdot 3^{(2以上)} \cdot 7^{(1以上)} \cdot (ある正整数) \text{ の形に書ける} \quad \cdots ③'$$

n が抱える各素因数の個数は，36 のそれ以上**かつ**，42 のそれ以上でなければなりません。なので，**多い方に引っ張られる**というわけです。

というわけで，36 と 42 の公倍数は③′ の形に書けることがわかりました。必要最低限の素因数のみ用意して乗算すると

$$2^2 \cdot 3^2 \cdot 7^1 = 252$$

となるため，lcm(36, 42) = 252 とわかります。それにあれこれ素因数を加えても構わないので，36, 42 の公倍数は 252 の倍数であることもいえますね。

> **△ 定理**　**公倍数・最小公倍数を求める手続き**
>
> N_1, N_2 $(\in \mathbb{Z}_+)$ の最小公倍数 lcm(N_1, N_2) は次のように求められる。
> - まず N_1, N_2 を各々素因数分解する。
> - そこで登場したすべての素因数を P_1, P_2, $\cdots$, P_m とする。
> - P_1, P_2, $\cdots$, P_m の各々について，N_1, N_2 に含まれる個数のうち小さくない方を各々 K_1, K_2, $\cdots$, K_m とする。
> - lcm$(N_1, N_2) = P_1^{K_1} P_2^{K_2} \cdots P_m^{K_m}$ であり，その倍数が N_1, N_2 の公倍数である。

さきほどの例は $N_1 = 36$, $N_2 = 42$ とした場合のものであり，

$$(P_1, P_2, P_3) = (2, 3, 7), \qquad (K_1, K_2, K_3) = (2, 2, 1)$$
$$\therefore \text{lcm}(N_1, N_2) = 2^2 \cdot 3^2 \cdot 7^1 = 252$$

となります。カジュアルに書くと

$$\text{lcm}(N_1, N_2) = P_1^{(大きい方)} P_2^{(大きい方)} \cdots P_m^{(大きい方)}$$

ということです。**N_1, N_2 双方の倍数になっていなければいけないため，各素因数の指数は大きい方が採用される。** やはりこれが重要です。

次のものを各々求めよ。

(1)　$\mathrm{lcm}(60, 140)$

(2)　$\mathrm{lcm}(819, 1001)$

(3)　$\mathrm{lcm}(15, 16, 17)$

(4)　$\mathrm{lcm}(7!, 8!, 9!, 10!)$

例題の解説

(1)　答え：$\mathrm{lcm}(60, 140) = 420$

$60 = 2^2 \cdot 3^1 \cdot 5^1,\ 140 = 2^2 \cdot 5^1 \cdot 7^1$ なので，次のように計算できます。

$$\mathrm{lcm}(60, 140) = 2^{(2 \text{と} 2 \text{の大きい方})} \cdot 3^{(1 \text{と} 0 \text{の大きい方})} \cdot 5^{(1 \text{と} 1 \text{の大きい方})} \cdot 7^{(0 \text{と} 1 \text{の大きい方})}$$
$$= 2^2 \cdot 3^1 \cdot 5^1 \cdot 7^1 = 420$$

(2)　答え：$\mathrm{lcm}(819, 1001) = 9009$

$819 = 3^2 \cdot 7^1 \cdot 13^1,\ 1001 = 7^1 \cdot 11^1 \cdot 13^1$ より次のようになります。

$$\mathrm{lcm}(819, 1001) = 3^{(2 \text{と} 0 \text{の大きい方})} \cdot 7^{(1 \text{と} 1 \text{の大きい方})} \cdot 11^{(0 \text{と} 1 \text{の大きい方})} \cdot 13^{(1 \text{と} 1 \text{の大きい方})}$$
$$= 3^2 \cdot 7^1 \cdot 11^1 \cdot 13^1 = 9009$$

(3)　答え：$\mathrm{lcm}(15, 16, 17) = 4080$

$15 = 3^1 \cdot 5^1,\ 16 = 2^4$ であり，17 は素数なので次のようになります。

$$\mathrm{lcm}(15, 16, 17) = 2^{\max\{0, 4, 0\}} \cdot 3^{\max\{1, 0, 0\}} \cdot 5^{\max\{1, 0, 0\}} \cdot 17^{\max\{0, 0, 1\}}$$
$$= 2^4 \cdot 3^1 \cdot 5^1 \cdot 17^1 = 4080$$

(4)　答え：$\mathrm{lcm}(7!, 8!, 9!, 10!) = 10!\ (= 3628800)$

$7!, 8!, 9!$ はいずれも $10!$ の約数です。

$\mathrm{lcm}(a, b) = 120$ となるような正整数の組 (a, b) を 4 組求めよ。ただし，同じ正整数は二度用いないこと。

例題の解説

答え：(例) $(a, b) = (1, 120), (3, 40), (5, 24), (8, 15)$

120 が抱える素因数 2, 3, 5 を，2 のみと 3, 5 に分けるなどするとラクです。

▶ 公約数・公倍数関連の応用問題

| 例題 | 敷き詰めと組み立て |

辺長が $360\,\mathrm{mm}$，$450\,\mathrm{mm}$，$810\,\mathrm{mm}$ の段ボール箱（直方体）がある。これについて以下の問いに答えよ。ただし，いずれの問題においても容器自体の厚みは無視する。
(1) この箱に立方体状の商品を向きを揃えて詰めたところ，全く空間を余さず詰め込めた。用いた立方体の個数として考えられる最小のものを求めよ。
(2) この段ボール箱を，向きを揃えて隙間なく並べて大きな立方体をつくった。用いた立方体の個数として考えられる最小のものを求めよ。

| 例題の解説 |

(1) **答え：180 個**　　（立方体の辺長）$=\gcd(360, 450, 810) = 90$（mm）

$$（立方体の個数）= \frac{360}{90}\cdot\frac{450}{90}\cdot\frac{810}{90} = 180（個）$$

(2) **答え：32400 個**　　（立方体の辺長）$=\mathrm{lcm}(360, 450, 810) = 16200$（mm）

$$（立方体の個数）= \frac{16200}{360}\cdot\frac{16200}{450}\cdot\frac{16200}{810} = 32400（個）$$

| 例題 | 最大公約数・最小公倍数から整数の組を求める |

$\gcd(a, b) = 24$, $\mathrm{lcm}(a, b) = 720$ となる正整数の組 (a, b) $(a < b)$ を余さず求めよ。

| 例題の解説 |

答え：$(a, b) = (24, 720), (48, 360), (72, 240), (120, 144)$

$24 = 2^3 \cdot 3^1$, $720 = 2^4 \cdot 3^2 \cdot 5^1$ と素因数分解できるため，a, b が抱える各素因数の個数（指数）について次のことがわかります。

- **2の指数：小さい方が3，大きい方が4**　　●**3の指数：小さい方が1，大きい方が2**
- **5の指数：小さい方が0，大きい方が1**

よって，次のうち $a < b$ をみたす組 (a, b) が答えです。

$$a = (2^3 \text{ or } 2^4) \cdot (3^1 \text{ or } 3^2) \cdot (5^0 \text{ or } 5^1)$$
$$b = (2^3 \text{ or } 2^4 \text{ の残った方}) \cdot (3^1 \text{ or } 3^2 \text{ の残った方}) \cdot (5^0 \text{ or } 5^1 \text{ の残った方})$$

最大公約数と最小公倍数の積

$a, b \in \mathbb{Z}_+$ について，$\gcd(a, b) \cdot \mathrm{lcm}(a, b) = ab$ が成り立つ。

たとえばさきほどの例題の答えに $(a, b) = (48, 360)$ という組があります。この2数を各々 $48 = 2^4 \cdot 3^1 \cdot 5^0$，$360 = 2^3 \cdot 3^2 \cdot 5^1$ と素因数分解し，素因数ごとに指数の小さい方，大きい方を選択して積を計算したものがそれぞれ最大公約数，最小公倍数です。

結局指数の小さい方・大きい方が1回ずつ選択されるため，漏れや重複が発生せず，最大公約数と最小公倍数の積は a, b がもつ素因数がすべて揃うのです [12]。

$$
\begin{aligned}
&\qquad\qquad\qquad\quad \text{大きい方} \\
48 &= 2^4 \cdot 3^1 \cdot 5^0 \to 2^3 \cdot 3^1 \cdot 5^0 = 24 \cdots \text{最大公約数} \\
360 &= 2^3 \cdot 3^2 \cdot 5^1 \to 2^4 \cdot 3^2 \cdot 5^1 = 720 \cdots \text{最小公倍数} \\
&\quad\ \text{小さい方}
\end{aligned}
$$

すべて一度ずつ選択される

互いに素

$a, b \in \mathbb{Z}$ について，$\gcd(a, b) = 1$ のとき，a, b は**互いに素である**という [13]。

例題　　　**互いに素な2整数の最大公約数**

(1) 隣接する2つの正整数は互いに素であることを示せ。

(2) 隣接する2つの正整数の最小公倍数は，それら2整数の積であることを示せ。

例題の解説

答え：以下の通り。

(1) 隣接する2つの正整数が2以上の公約数 d をもつと仮定します。**2数はいずれも d の倍数ですから，それらの差も d の倍数です。**しかし，**隣接する2整数の差は1であり**，これは d ($\geqq 2$) の倍数になりえず，矛盾しています。■

(2) 隣接する2つの正整数を $n, n+1$ とします。(1) より $\gcd(n, n+1) = 1$ であり，これと上の定理より次がしたがいます。

$$
\mathrm{lcm}(n, n+1) = \frac{n(n+1)}{\gcd(n, n+1)} = \frac{n(n+1)}{1} = n(n+1) \qquad ■
$$

12　なお，この定理は3個以上の正整数に対しては一般に成り立たないため注意してください。たとえば $\gcd(2, 4, 6) = 2$，$\mathrm{lcm}(2, 4, 6) = 12$ であり，これらの積 $2 \times 12 = 24$ は $2 \times 4 \times 6 = 48$ とは異なります。

13　たとえば "7 と 16" や "111 と 1111" は互いに素です。ちなみに，2整数が互いに素であるとは，"いずれも素数である" という意味ではないので注意してください。

12-4 ⊘ 整数の除算と合同式

▶ 整数の除算の性質

被除数を正に限定しない整数の除算を，あらためて定義しておきます。

> **△ 定理** **整数の除算**
>
> 任意の $a \in \mathbb{Z}$, $d \in \mathbb{Z}_+$ に対し，"$a = dq + r$ $(0 \leqq r < d)$ をみたす q, r $(\in \mathbb{Z})$ の組がただ 1 つ存在する [14]"。

> **🔍 定義** **整数の除算**
>
> （各文字はいずれも上の定理のものに準じる）
> - (a, d) に (q, r) を対応づける操作を "a を d で割る"という。
> - q を商，r を余りという [15]。
> - $r = 0$ のとき，a は d で割り切れるといい，
> $r \neq 0$ のとき，a は d で割り切れないという。

例題 **整数の除算**

次の各々について，a を d で除算した商と余りを求めよ。

(1)　$a = 314$, $d = 15$ 　　　　　　(2)　$a = -273$, $d = 15$

例題の解説

(1) 答え：**商…20，余り…14**　　　$314 = 15 \cdot 20 + 14$, $0 \leqq 14 < 15$ です。

(2) 答え：**商…−19，余り…12**　　　$-273 = 15 \cdot (-19) + 12$, $0 \leqq 12 < 15$ です。

14　"ただ 1 つ存在する"というのは，存在性と一意性の双方を主張しています。
15　商は英語で quotient，余りは英語で remainder というため，よく q, r で表されます。

| 例題 | 整数の除算（文字式 ver.） |

$n \in \mathbb{Z}_+$ とするとき，整数 $n^2 + 2n + 5$ を整数 $n+1$ で除算した余りを求めよ。

例題の解説

答え：$n = 1, 3$ のとき余り 0，$n = 2$ のとき余り 1，$n \geq 4$ のとき余り 4

とりあえず，$n^2 + 2n + 5 = (n+1) \cdot (n+1) + 4$ と変形することはできます。
$n \geq 4$ のときは $n+1 \geq 5$ より $n+1 > 4$ が成り立ちますから，4 をそのまま余りとして OK です。

しかし $n = 1, 2, 3$ の場合は話が変わります。$n+1 \leq 4$ なので，4 をそのまま余りとはできないのです。$n = 1$ の場合 $n+1 = 2$ なので 4 を割り切ることができます。$n = 3$ の場合は $n+1 = 4$ なので，この場合も 4 を割り切れます。一方，$n = 2$ の場合は $n+1 = 3$ ですから，4 を $n+1$ ($=3$) で除算した際に 1 余ってしまいます。

▶ 和・差・積と余りの関係

整数 a, b を 7 で除算した余りは，各々 3, 5 であるという。このとき，a, b の
(1) 和 $a+b$　(2) 差 $a-b$　(3) 積 ab　を 7 で除算した余りは各々いくらか。

このような，除算の余りに関する問題を考えます。まず普通の解答例がこちら。

解答

まず，a を 7 で除算した余りは 3 ですから，ある整数 k を用いて $a = 7k + 3$ と書けます[16]。また，b を除算した余りは 5 ですから，ある整数 ℓ を用いて $b = 7\ell + 5$ と書けます。これらを用いて余りを計算してみます。

(1) 上述の表記を用いると次のように計算できるため，余りは **1** です。
$$a + b = (7k + 3) + (7\ell + 5) = 7k + 7\ell + 8 = 7(k + \ell + 1) + 1$$

(2) こんどは次のように計算できるため，余りは **5** です。
$$a - b = (7k + 3) - (7\ell + 5) = 7k - 7\ell - 2 = 7(k - \ell - 1) + 5$$

(3) 積は次のように計算でき，余りは 1 であることがわかります。
$$ab = (7k + 3)(7\ell + 5) = 7k(7\ell + 5) + 21\ell + 15 = 7\{k(7\ell + 5) + 3\ell + 2\} + 1$$

16　本章の序盤で述べた，束縛変数の流用を引き続き行います。

(1)，(2)，(3) いずれにおいても，k, ℓ が含まれる項は結局 7 の倍数になっており，余りに寄与しないことが分かります。つまり，**いまのように 2 整数の和・差・積などの余りを考えるときは，除算の"商"は正直どうでもよく，余りの情報さえあれば結論が出せるわけです。**

であれば，$a = 7k + 3$, $b = 7\ell + 5$ のように毎回 7 の倍数の部分を記述するのは省略できそうですよね。そこで役立つのが"**合同式**"です。

▶ 合同式の定義と基本性質

まずは定義から。後述する基本性質も，定義よりしたがうものです。

> **🔍 定義　合同式**
>
> $a, b \in \mathbb{Z}$, $m \in \mathbb{Z}_+$ とする。$a - b$ が m の倍数である，すなわちある $k \in \mathbb{Z}$ が存在して $a - b = km$ が成り立つとき，a と b は m を法として合同であるといい，これを $a \equiv b \pmod{m}$ と表す [17]。

この合同式は除算の"余り"と密接に関係しています。**$a - b$ が m の倍数であることは，a, b を m で除算した余りが等しいことと同じだからです。**
なお，合同式では"mod ○"のように法を明示する必要がありますが，**文脈上明らかである場合に限り，事前に宣言すれば省略できます。**

> **△ 定理　合同式の基本性質**
>
> $a, b \in \mathbb{Z}$, $m \in \mathbb{Z}_+$ とし，ここではすべて $\bmod m$ とする。
> $a \equiv b$ かつ $c \equiv d$ のとき，以下の式が成り立つ。
> [1] $a + c \equiv b + d$　[2] $a - c \equiv b - d$　[3] $ac \equiv bd$　[4] $a^k \equiv b^k$ $(k \in \mathbb{Z}_+)$

定理の証明 ･･･

ここではすべて $\bmod m$ とします。

$\begin{cases} a \equiv b \\ c \equiv d \end{cases}$ のとき，ある $k, \ell \in \mathbb{Z}$ が存在して $\begin{cases} a - b = km \\ c - d = \ell m \end{cases}$ が成り立ちます。これより $(a + c) - (b + d) = (a - b) + (c - d) = km + \ell m = (k + \ell)m$（であり，当然 $k + \ell \in \mathbb{Z}$）なので，合同式の定義より [1] がしたがいます。

17　"mod" はラテン語の modulus（尺度，測定）という語に由来するようです。

また，$(a-c)-(b-d)=(a-b)-(c-d)=km-\ell m=(k-\ell)m$ なので [2] も成立します。

そして，

$$ac-bd=ac-bc+bc-bd \quad (\because \text{あえて} -bc+bc \text{ をはさんだ})$$
$$=(a-b)c+b(c-d)$$
$$=km\cdot c+b\cdot\ell m \quad (\because a-b=km, c-d=\ell m)$$
$$=(kc+b\ell)m$$

（であり，$kc+b\ell\in\mathbb{Z}$）なので，合同式の定義より [3] がしたがいます。さらに，[3] で $c=a, d=b$ とすることで $a^2\equiv b^2$ が得られ，次に $c=a^2$，$d=b^2$ とすることで $a^3\equiv b^3$ がしたがいます。このように [3] を次々と用いることで [4] が成り立つこともいえます。■

加算・減算・乗算・べき乗をするときは，計算に登場する数をそれと合同なものに自由に変えられるということです。さきほどの問題で，これらの性質を早速活用してみましょう！

（p.615 の問題を再掲）

整数 a, b を 7 で除算した余りは，各々 3, 5 であるという。このとき，a, b の
(1) 和 $a+b$　(2) 差 $a-b$　(3) 積 ab　を 7 で除算した余りは各々いくらか。

解答

すべて $\bmod 7$ とします。いま $a\equiv 3, b\equiv 5$ が成り立っています。

(1) $a+b\equiv 3+5\equiv 8\equiv 1$ より，余りは **1** です。

(2) $a-b\equiv 3-5\equiv -2\equiv 5$ より，余りは **5** です。

(3) $ab\equiv 3\cdot 5\equiv 15\equiv 1$ より，余りは **1** です。（解答おわり）

なお，各問題で強調している箇所では，余りを求めるために 7 を足したり引いたりしています。整数を 7 で除算した余りは 0 以上 6 以下ですからね。

このように，合同式を用いると途中過程の記述をだいぶ短くできます。もちろん，**定期試験や大学入試で用いても全く問題ありません**[18]。

18　時折，"○○大学の入試では合同式を用いると減点される"ということを述べる人がいるのですが，ガン無視で OK です。なお，合同式の性質を証明する問題でその性質を用いるのは当然 NG です。

▶ もっと合同式を使ってみよう

22^{2024} を 7 で除算した余りを求めよ。

まず，$22 = 7 \cdot 3 + 1$ より $22 \equiv 1 \pmod{7}$ です。よって $22^{2024} \equiv 1^{2024} \equiv 1 \pmod{7}$ となり，22^{2024} を 7 で除算した余りは 1 とわかります。

13^{2024} を 8 で除算した余りを求めよ。

$13 \equiv 5 \pmod{8}$ ですが，5^{2024} は正直計算していられません。そこで次のように変形してみます。

$$13^{2024} = 13^{2 \cdot 1012} = (13^2)^{1012} = 169^{1012}$$

すると，$169 \equiv 1 \pmod{8}$ なので次のように計算できます。

$$169^{1012} \equiv 1^{1012} \equiv 1 \pmod{8}$$

あえて 2 乗することで余りが 1 となり，明らかにヤバかったべき乗の計算を避けられたというわけです。なお，次のように計算するとさらにラクです。

$$13^{2024} \equiv (-3)^{2024} \equiv 9^{1012} \equiv 1^{1012} \equiv 1 \pmod{8}$$

例題	複雑な余りの計算

以下のものを求めよ。正しければどのような手段でも正解だが，合同式を用いてくれた方がページ数を割いて解説した甲斐があるので，ぜひそうしてほしい。

(1)　31^{415} を 3 で除算した余り。　　　(2)　31^{415} を 4 で除算した余り。

(3)　27^{182} の 1 の位の数字。　　　(4)　2357^{1113} の下 2 桁の数字。

例題の解説

(1) **答え：1**　　$31 \equiv 1 \pmod{3}$ ですから，$31^{415} \equiv 1^{415} \equiv 1 \pmod{3}$ です。

(2) **答え：3**

　　31 を 4 で除算した余りは 3 ですが，ここはあえて **$31 \equiv -1 \pmod{4}$** と変形するのがポイントです。これより $31^{415} \equiv (-1)^{415} \equiv -1 \equiv 3 \pmod{4}$ とわかります。1 のみならず -1 も，べき乗計算では活躍します。

(3) 答え：9

"1 の位の数字"は"10 で除算した余り"と捉えられます。まず $27 \equiv -3 \pmod{10}$ より $27^{182} \equiv (-3)^{182} \pmod{10}$ と変形できますね。ここで，$(-3)^{182} = \{(-3)^2\}^{91} = 9^{91}$ であり $9 \equiv -1 \pmod{10}$ なので $27^{182} \equiv 9^{91} \equiv (-1)^{91} \equiv -1 \equiv 9 \pmod{10}$ となります。

(4) 答え：57

"下 2 桁"は"100 で除算した余り"です。まず，$2357 \equiv 57 \pmod{100}$ より $2357^{1113} \equiv 57^{1113} \pmod{100}$ と変形でき，57 のべき乗を計算してみると

$$57^2 = 3249 \equiv 49 \pmod{100},$$
$$57^3 \equiv 49 \cdot 57 \equiv 2793 \equiv -7 \pmod{100},$$
$$57^4 \equiv -7 \cdot 57 \equiv -399 \equiv 1 \pmod{100}$$

となり，$57^4 \equiv 1 \pmod{100}$ が得られます。これと $57^{1113} = 57^{4 \cdot 278 + 1} = (57^4)^{278} \cdot 57$ より $57^{1113} \equiv (57^4)^{278} \cdot 57 \equiv 1^{278} \cdot 57 \equiv 57 \pmod{100}$ なので

$$2357^{1113} \equiv 57^{1113} \equiv 57 \pmod{100}$$

がしたがい，2357^{1113} の下 2 桁は 57 とわかります。

> **例題** 　**倍数判定法と合同式**

　　(N の奇数番目の桁の数の和) $-$ (N の偶数番目の桁の数の和)　…($*$)

が 11 の倍数であることが，$N (\in \mathbb{Z})$ が 11 の倍数であることと同値であった。合同式を用いて，この判定法が正しいことを簡単に説明せよ。

> **例題の解説**

答え：以下の通り。

この解説ではすべて mod 11 とします。

$N > 0$ の場合のみ示せば十分です。N を n 桁の正整数とし，その数字の並びを"$a_{n-1} a_{n-2} \cdots a_1 a_0$"とします。$10 \equiv -1$ ですから，0 以上の整数 k について

$\begin{cases} k \text{ が偶数のとき：} 10^k \equiv 1 \\ k \text{ が奇数のとき：} 10^k \equiv -1 \end{cases}$ となり，これより $\begin{cases} k \text{ が偶数のとき：} 10^k a_k \equiv a_k \\ k \text{ が奇数のとき：} 10^k a_k \equiv -a_k \end{cases}$ が

成り立ちます。よって

$$N = a_{n-1} \cdot 10^{n-1} + a_{n-2} \cdot 10^{n-2} + \cdots + a_1 \cdot 10^1 + a_0 \cdot 10^0$$
$$\equiv (-1)^{n-1} a_{n-1} + (-1)^{n-2} a_{n-2} + \cdots - a_3 + a_2 - a_1 + a_0$$

であり，N の各桁の符号を交互に逆にして差を計算したものが 11 の倍数であることと，N 自体が 11 の倍数であることは同じです。■

12-5 ⊘ ユークリッドの互除法

▶ 整数の除算に関する重要性質

> ### △定理　除算の余りに関する性質（を強くしたもの）
>
> $a, q, r \in \mathbb{Z}$, $d \in \mathbb{Z}_+$ とする。$a = dq + r$ ならば $\gcd(a, d) = \gcd(d, r)$ である。

定理の証明 ···

a, d の公約数全体の集合を C_1，d, r の公約数全体の集合を C_2 とします。

集合の相等の定義（p.20）に則り $\begin{cases} C_1 \subset C_2 \\ C_2 \subset C_1 \end{cases}$ …⓪ から $C_1 = C_2$ を示すことで，

それらの最大の要素（$\gcd(a, d)$, $\gcd(d, r)$）が等しいことを証明します。

C_1 の要素 c_1 を自由にとってきます。このとき，C_1 の定義より $\begin{cases} c_1 | a & \cdots① \\ c_1 | d & \cdots② \end{cases}$ です。

②から $c_1 | dq$ がいえるので，①とあわせて $c_1 | (a - dq)$ すなわち $c_1 | r$ …③ が成り立ちます。②③より $c_1 \in C_2$ がいえ，C_1 の任意の要素が C_2 の要素でもあるので $C_1 \subset C_2$ がしたがいます。

次に，C_2 の要素 c_2 を自由にとってきます。C_2 の定義より $\begin{cases} c_2 | d & \cdots④ \\ c_2 | r & \cdots⑤ \end{cases}$ です。

④から $c_2 | dq$ がいえるので，⑤とあわせて $c_2 | (dq + r)$ すなわち $c_2 | a$ …⑥ が成り立ちます。④⑥より $c_2 \in C_1$ がいえ，やはり $C_2 \subset C_1$ がしたがいます。
以上より，⓪すなわち $C_1 = C_2$ なので $\gcd(a, d) = \gcd(d, r)$ となります。[19] ■

この定理自体は $0 \le r < d$ でなくとも成り立つのですが，特に $0 \le r < d$，つまり q が除算の商で r が余りである場合も $\gcd(a, d) = \gcd(d, r)$ となります。**つまり，除算の結果に基づき整数の組を $(a, d) \to (d, r)$ とバトンタッチしても，それらの最大公約数は保たれる**のです。

---

[19] これのほかに，$g_1 := \gcd(a, d)$，$g_2 := \gcd(d, r)$ と定めて $\begin{cases} g_1 \le g_2 \\ g_2 \le g_1 \end{cases}$ から $g_1 = g_2$ をいう方法もあります。

▶ ユークリッドの互除法

左ページの定理に基づいているのが**ユークリッドの互除法**です。
この手のものは一般化するよりも具体例を見た方が早いと思うので，早速やってみます。たとえば 1333, 403 の最大公約数は，次のように求められます。

[1] まず 1333 を 403 で除算する。　　　　　　$1333 = 403 \cdot 3 + 124$
[2] [1] の除数 403 を，余り 124 で除算する。　$403 = 124 \cdot 3 + 31$
[3] [2] の除数 124 を，余り 31 で除算する。　$124 = \underline{31} \cdot 4$

余りがなくなったので終了。**最後の除数 31 が，403, 1333 の最大公約数**です。

次のステップに進んでも 2 数の最大公約数は変わりません。すなわち
$$\gcd(1444, 403) = \gcd(403, 124) = \gcd(124, 31) = 31$$
が成り立ちます。これを裏付けるのが左ページの定理というわけです。

例題 　ユークリッドの互除法

以下のものを各々求めよ。どんな手段でも構わないが，せっかく互除法の話をしたばかりなので，互除法を用いてくれると嬉しい。

(1) $\gcd(1001, 403)$ 　　　 (2) $\gcd(1711, 1856)$ 　　　 (3) $\gcd(16384, 13468)$

例題の解説

各々計算結果は次のようになります。

(1) **答え：$\gcd(1001, 403) = 13$**

$1001 = 403 \cdot 2 + 195$
$403 = 195 \cdot 2 + 13$
$195 = \underline{13} \cdot 15$

(2) **答え：$\gcd(1711, 1856) = 29$**

$1856 = 1711 \cdot 1 + 145$
$1711 = 145 \cdot 11 + 116$
$145 = 116 \cdot 1 + 29$
$116 = \underline{29} \cdot 4$

(3) **答え：$\gcd(16384, 13468) = 4$**

$16384 = 13468 \cdot 1 + 2916$
$13468 = 2916 \cdot 4 + 1804$
$2916 = 1804 \cdot 1 + 1112$
$1804 = 1112 \cdot 1 + 692$
$1112 = 692 \cdot 1 + 420$
$692 = 420 \cdot 1 + 272$
$420 = 272 \cdot 1 + 148$
$272 = 148 \cdot 1 + 124$
$148 = 124 \cdot 1 + 24$
$124 = 24 \cdot 5 + 4$
$24 = \underline{4} \cdot 6$

12-6 方程式の整数解

▶1次方程式の整数解をグラフで探る

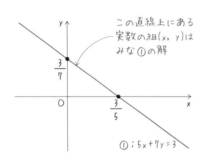

この直線上にある
実数の組(x, y)は
みな①の解

$\dfrac{3}{7}$

O $\dfrac{3}{5}$ x

①：$5x+7y=3$

ここでは，方程式の解のうち整数であるものについて調べます。

たとえば，方程式 $5x+7y=3$ …① を考えましょう。実数の範囲で考えると，この方程式には無数の解が存在するのでした。それは，方程式①が座標平面において直線（ℓ とします）を表すことからも理解できます。直線は無数の点の集合ですからね。

では，そんな①の解のうち x, y がいずれも整数であるものについて考えてみましょう。いろいろ整数を代入して試してみると，たとえば $(x, y)=(2, -1)$ という解が見つかります。これももちろん上図の直線上の点です。

しかし，整数解はこれだけではありません。もうちょっと頑張って探してみると，$(x, y)=(-5, 4), (9, -6)$ などが見つかります。

どうやら方程式①の整数解はいくつも存在するようです。では，それらをすべて求めるにはどうすればよいでしょうか。

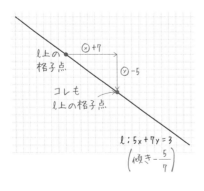

ℓ上の
格子点

x $+7$
y -5

コレも
ℓ上の格子点

ℓ：$5x+7y=3$

$\left(\text{傾き} -\dfrac{5}{7}\right)$

せっかくグラフを描いたので，活用してみましょう。方程式①の整数解は，ℓ 上で x 座標・y 座標の双方が整数である点（**格子点**といいます）と対応します。

ℓ の方程式は $5x+7y=3$ であり，

$$5x+7y=3 \iff y=-\frac{5}{7}x+\frac{3}{7}$$

より ℓ の傾きは $-\dfrac{5}{7}$ です。

よって，ℓ 上に格子点が 1 つ見つかったとき，そこから x 軸正方向に 7，y 軸負方向に 5 移動した点もやはり ℓ 上の格子点です。また，方眼紙などにグラフを描くとわかりますが，それら 2 つの格子点の間に他の格子点は存在しません。

そして，直線というのはずっと続きます。よって，ℓ 上の格子点をひとつ見つけたら，そこから"x 軸正方向に 7，y 軸方向に 5"という移動やその逆向きの移動を繰り返すことで，いくらでも格子点を発見できるのです。

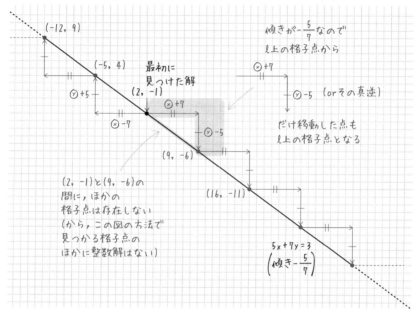

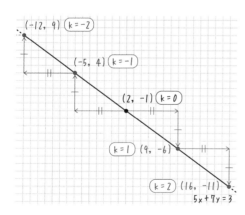

$(x, y) = (2, -1)$ という解から"x 軸正方向に 7，y 軸負方向に 5"という移動を k 回行ったとき，移動先の点の座標は $(2+7k, -1-5k)$ となります。なお，逆向きの移動をした場合は k を負の整数にすれば OK です。

そして，図でも述べている通り，たとえば ℓ 上の格子点 $(2, -1)$, $(9, -6)$ の間にほかの格子点はありません。ほかの隣接する 2 点間も同様です。

したがって，方程式①：$5x+7y=3$ の整数解は次のようになります。
$$(x, y)=(2+7k, -1-5k)\ (k\in\mathbb{Z})$$

というわけで，方程式①：$5x+7y=3$ の整数解がわかりました。平面上の直線を考えることで，解が等しい間隔で並んでいることが理解しやすいはずです。

さて，グラフの利用以外にも方程式①の整数解を求める方法はあります。次はそれを見ていきましょう。

▶ 1 つの解からの "ズレ" に着目し一般解を求める

方程式①：$5x+7y=3$ は $(x, y)=(2, -1)$ という解をもちます。**そこからのズレを見る**ために，次のような変数を導入しましょう。
$$x'=x-2, \qquad y'=y-(-1)$$
方程式①をこの変数 x', y' で書き直すと次のようになります。
$$5(x'+2)+7(y'-1)=3 \qquad \therefore 5x'=-7y' \cdots ②$$
②の解の x' に 2 を加算し，y' に -1 を加算したものが①の解です。

というわけで，次は②の解を調べ尽くしましょう。ここで，次の定理を用います。

> △ 定理 　[A] 互いに素な整数
>
> $a, b, k, \ell\in\mathbb{Z}$ とし，a, b は互いに素とする。このとき，$a\ell=bk$ が成り立つならば k は a の倍数である。

これは証明なしに認めることとします。

$x', y'\in\mathbb{Z}$ のとき，方程式②：$5x'=-7y'$ の右辺は 7 の倍数ですから左辺も 7 の倍数です。しかし 5 と 7 は互いに素ですから，定理 [A] より x' は 7 の倍数です。よって，ある整数 k が存在して $x'=7k$ が成り立ちます（**②に整数解が存在するならばこの形に限られます**）。これを②に代入すると $y'=-5k$ となり，**任意の整数 k に対し y' も整数になってくれます。**これで，①の整数解がやはり
$$(x, y)=(2+7k, -1-5k)\ (k\in\mathbb{Z})$$
ですべてであるとわかりました。

頑張って解を 1 組探し，"その解からのズレ" (x', y') のみたす方程式を解く。
これが 2 つ目の方法のまとめです。
好みの方法を用いて，次の例題に取り組んでみましょう。

1次方程式の整数解

x, y に関する方程式 $17x - 13y = 2$ …③ の整数解を求めよ。

答え：$(x, y) = (7 + 13k, 9 + 17k)$ $(k \in \mathbb{Z})$

解を探すと，たとえば $(x, y) = (7, 9)$ が見つかります。そこで $x' := x - 7$, $y' := y - 9$
とし，x', y' で③を書き直すと $17(x' + 7) - 13(y' + 9) = 2$　$\therefore 17x' = 13y'$ …④
となります。17, 13 は互いに素ですから，④の解は $(x', y') = (13k, 17k)$ $(k \in \mathbb{Z})$
となり，x', y' を x, y に戻せば終了です。

さて，さきほどからずっとはぐらかしている箇所があるのにお気づきでしょうか。
……そう，"頑張って解を探す"というところです。いまの例題だって，解を
1組見つけるのでも地味に大変だったのではないでしょうか。

$$17 = 13 \times 1 + 4 \quad \cdots ⑤$$
$$13 = 4 \times 3 + 1 \quad \cdots ⑥$$
$$⑤ \Leftrightarrow 4 = 17 - 13 \times 1$$
$$\downarrow ⑥ に代入$$
$$13 = (17 - 13 \times 1) \times 3 + 1$$
$$\Leftrightarrow 17 \times (-3) - 13 \times (-4) = 1$$
$$\left. \vphantom{\frac{1}{1}} \right\} \times 2$$
$$\underline{17 \times (-6) - 13 \times (-8) = 2}$$
$$(x, y) = (-6, -8) は$$
$$方程式③の解の1つ$$

そこで，いまの方程式 $17x - 13y = 2$ …③ を例に，
多くの場合に解が見つかる方法をお伝えします。

まず，x, y の係数 17, 13 でユークリッドの互除法
を行います（符号は無視で OK）。その結果をど
んどん変形して繋げていくことで，$17x + 13y = 1$
の解が見つかります。あとはその x, y の値をい
ずれも 2 倍にすれば，③の解が見つかるのです。

でも，ここである疑問が浮かびます。というのも，"=1"の整数解が得られたの
は $\gcd(17, 13) = 1$ だったからです。とすると，係数の最大公約数次第では得られ
る式が "=3" や "=5" の形になってしまい，それを整数倍しても "=2" の解
は得られない気がしますね。

実は，こうした1次方程式に整数解が存在することと，"互除法＆整数倍"によ
り解を1組構成できることは同値です。これの証明は次ページからのコラムで解
説します。興味のある方以外は，"解が存在するならば互除法でなんとかなる"
という事実を頭に入れておき，次に進んでしまって OK です。

x, y の係数や右辺の値によっては，さきほどのような形の方程式に整数解が存在しないこともあります。たとえば $-4x+6y=5$ は整数解をもちません。$2 \mid -4$ および $2 \mid 6$ なので，$x, y \in \mathbb{Z}$ ならば左辺全体は偶数ですが，右辺は奇数だからです。

こうした方程式が整数解をもつ条件は，次の定理［B］のようにまとめられます。

△ 定理　［B］方程式の整数解

$a, b, c \in \mathbb{Z}, (a, b) \neq (0, 0)$ とする。このとき次が成り立つ。

　x, y の方程式 $ax+by=c$ …（＊）が整数解をもつ $\iff \gcd(a, b) \mid c$

［B］の "$\implies$" の証明 ・・・

（＊）が整数解 $(x, y)=(x_0, y_0)$ をもつと仮定します。また，$g := \gcd(a, b)$ とし，$a=ga', b=gb'$ をみたす $a', b' \in \mathbb{Z}$ をとります。このとき
$$(ga')x_0+(gb')y_0=c \qquad \therefore (a'x_0+b'y_0)g=c$$
が成り立ち，$a'x_0+b'y_0 \in \mathbb{Z}$ より $g \mid c$ つまり $\gcd(a, b) \mid c$ がいえます。

残るは［B］の "$\impliedby$" の証明です。この証明の核となるのは次の定理です。

△ 定理　［C］互いに素な整数の性質

a', b' が互いに素な整数であるとき，x, y の方程式 $a'x+b'y=1$ は整数解をもつ。

［C］がいえれば［B］の "$\impliedby$" がいえることの証明 ・・・・・・・・・・・・・・・・・・・・・

［C］を仮定し，そのもとで［B］の "$\impliedby$" の証明を考えます。

$g := \gcd(a, b)$ とし，$a=ga', b=gb'$ をみたす $a', b' \in \mathbb{Z}$ をとります。仮定より $g \mid c$ なので，$c=gc'$ をみたす $c' \in \mathbb{Z}$ をとれます。この c' を用いると，方程式（＊）は
$$(ga')x+(gb')y=gc' \qquad \therefore a'x+b'y=c' \quad \cdots（＊）'$$
と書き換えられます。ここで，g の定義より a', b' は互いに素ですから，［C］が成り立つならば方程式 $a'x+b'y=1$ は整数解をもちます。その解の x, y の値をいずれも c' 倍すれば（＊）'，ひいては（＊）の整数解となります。■

ここまでで，"[B] の "$\Longrightarrow$" は真""[C] がいえれば [B] の "$\Longleftarrow$" がいえる"ということを示せました。残すは [C] 自体の証明ですが，そこで次の定理を示します。なお，$b'=1$ の場合 [C] の成立は明らかなので，次の [D] における b' の値も 2 以上に限っています。また，整数の除算で商と余りが一意に存在することは前提とします。

△ 定理　**[D] 互いに素な整数による除算**

a', b' を互いに素な整数とし，$b' \geqq 2$ とする。このとき，b' 個の整数
$$0a', 1a', 2a', 3a', \cdots (b'-1)a'$$
を b' で除算した余りはすべて異なる。

[D] がいえれば [C] がいえることの証明 ・・・・・・・・・・・・・・・・・・・・・・・・・

[D] を仮定します。$0a', 1a', 2a', 3a', \cdots (b'-1)a'$ を b' で除算した余りがすべて異なるということは，その b' 個の整数のうちに余りが 1 となるものが存在することを意味します。それを ka' $(k \in \mathbb{Z}, 0 \leqq k \leqq b'-1)$ とし，ka' を b' で除算したときの商を q $(\in \mathbb{Z})$ とすると
$$ka' = qb' + 1 \qquad \therefore ka' + (-q)b' = 1$$
となるため，$(x, y) = (k, -q)$ は方程式 $a'x + b'y = 1$ の整数解です。■

[D] の証明 ・・・

$0a', 1a', 2a', 3a', \cdots (b'-1)a'$ のうちの相異なる 2 整数であって，b' で除算した余りが等しいものが存在すると仮定し，それを ka', la' $(k, \ell \in \mathbb{Z}, 0 \leqq k < \ell \leqq b'-1)$ とします。$ka', \ell a'$ を b' で除算した余りは等しいため，$\ell a' - ka' = (\ell - k)a'$ は b' の倍数です。ここで a', b' は互いに素なので，定理 [A] より $b' | (\ell - k)$ がいえます。しかし，$0 \leqq k < \ell \leqq b'-1$ より $1 \leqq \ell - k \leqq b'-1$ であり，$\ell - k$ が b' の倍数となることはないため矛盾が生じます。■

これで，以下のことがすべていえたため，[B] が証明されたことになります。
- **[B] の "$\Longrightarrow$" は真**
- **[C] がいえれば [B] の "$\Longleftarrow$" がいえる**
- **[D] がいえれば [C] がいえる。**
- **[D] は真**

この一連の証明は，おそらく本書において最も難しい箇所です。正直意味がわからない場合は，いったん結果だけ拾って次に進んでしまって OK です。

1次方程式の整数解（面倒 ver.）

方程式（1）$107x + 247y = 4$，（2）$2813x - 2231y = 3$ の整数解を各々求めよ。

例題の解説

（1）答え：$(x, y) = (-120 + 247k, \ 52 - 107k) \ (k \in \mathbb{Z})$

247, 107 で互除法を行うと，下のようになります。この結果を用いると

$$247 = 107 \times 2 + 33$$
$$107 = 33 \times 3 + 8$$
$$33 = 8 \times 4 + 1$$

コレを残して変形していく

$$1 = 33 - 8 \times 4 = 33 - (107 - 33 \times 3) \times 4$$
$$= 107 \times (-4) + 33 \times 13$$
$$= 107 \times (-4) + (247 - 107 \times 2) \times 13$$
$$= 107 \times (-30) + 247 \times 13$$

となり，$(x, y) = (-30, 13)$ が方程式 $107x + 247y = 1$ の解の1つとわかります。その x, y の値を4倍した $(x, y) = (-120, 52)$ が（1）の解の1つです。あとはそこからのズレの方程式を解き，$(x, y) = (-120, 52)$ を加算すれば終了です。

（2）答え：**整数解なし**

$$2813 = 2231 \times 1 + 582$$
$$2231 = 582 \times 3 + 485$$
$$582 = 485 \times 1 + 97$$
$$485 = 97 \times 5$$

左の互除法より 2813, 2231 はいずれも 97 の倍数です。よって x, y が整数ならば $2813x - 2231y$ は必ず 97 の倍数となるため，この方程式に整数解は存在しません。

▶ 2変数2次方程式の整数解

たとえば，方程式 $xy + x + 2y = 11$ の整数解を考えます。一見難しそうですが，
$$xy + x + 2y = 11 \iff (x+2)(y+1) - 2 = 11 \iff (x+2)(y+1) = 13$$
と左辺を強引に因数分解した形にすると解がわかります。なぜなら，**積が13となる2整数は有限個しかない**からです。実際，整数解は次のように求められます[20]。

$$\begin{pmatrix} x+2 \\ y+1 \end{pmatrix} = \begin{pmatrix} 1 \\ 13 \end{pmatrix}, \begin{pmatrix} 13 \\ 1 \end{pmatrix}, \begin{pmatrix} -1 \\ -13 \end{pmatrix}, \begin{pmatrix} -13 \\ -1 \end{pmatrix} \quad \therefore \begin{pmatrix} x \\ y \end{pmatrix} = \begin{pmatrix} -1 \\ 12 \end{pmatrix}, \begin{pmatrix} 11 \\ 0 \end{pmatrix}, \begin{pmatrix} -3 \\ -14 \end{pmatrix}, \begin{pmatrix} -15 \\ -2 \end{pmatrix}$$

例題 **2変数2次方程式の整数解**

方程式（1）$xy - 2x - 3y = 8$，（2）$2xy + 3x - 6y = -10$ の整数解を各々求めよ。

20　次の行で (x, y) を $\begin{pmatrix} x \\ y \end{pmatrix}$ と書いています。こうすることで x, y の値が段ごとに分かれ，見やすくなります。

(1) 答え：$\begin{pmatrix} x \\ y \end{pmatrix} = \begin{pmatrix} 4 \\ 16 \end{pmatrix}, \begin{pmatrix} 5 \\ 9 \end{pmatrix}, \begin{pmatrix} 10 \\ 4 \end{pmatrix}, \begin{pmatrix} 17 \\ 3 \end{pmatrix}, \begin{pmatrix} 2 \\ -12 \end{pmatrix}, \begin{pmatrix} 1 \\ -5 \end{pmatrix}, \begin{pmatrix} -4 \\ 0 \end{pmatrix}, \begin{pmatrix} -11 \\ 1 \end{pmatrix}$

この方程式は $(x-3)(y-2)=14$ と変形でき，これより $x-3,\ y-2$ の組は

$\begin{pmatrix} x-3 \\ y-2 \end{pmatrix} = \begin{pmatrix} 1 \\ 14 \end{pmatrix}, \begin{pmatrix} 2 \\ 7 \end{pmatrix}, \begin{pmatrix} 7 \\ 2 \end{pmatrix}, \begin{pmatrix} 14 \\ 1 \end{pmatrix}, \begin{pmatrix} -1 \\ -14 \end{pmatrix}, \begin{pmatrix} -2 \\ -7 \end{pmatrix}, \begin{pmatrix} -7 \\ -2 \end{pmatrix}, \begin{pmatrix} -14 \\ -1 \end{pmatrix}$ とわかります。

(2) 答え：$\begin{pmatrix} x \\ y \end{pmatrix} = \begin{pmatrix} 4 \\ -11 \end{pmatrix}, \begin{pmatrix} 22 \\ -2 \end{pmatrix}, \begin{pmatrix} 2 \\ 8 \end{pmatrix}, \begin{pmatrix} -16 \\ -1 \end{pmatrix}$

$$2xy+3x-6y=-10 \iff (2x)(2y)+3(2x)-6(2x)=-20$$
$$\iff (2x-6)(2y+3)=-38$$

とあえて 2 倍してから変形するのがコツです。$2x-6$ が偶数，$2y-3$ が奇数で

あることに注意すると，$\begin{pmatrix} 2x-6 \\ 2y+3 \end{pmatrix} = \begin{pmatrix} 2 \\ -19 \end{pmatrix}, \begin{pmatrix} 38 \\ -1 \end{pmatrix}, \begin{pmatrix} -2 \\ 19 \end{pmatrix}, \begin{pmatrix} -38 \\ 1 \end{pmatrix}$ に限られます。

2 変数 2 次方程式の整数解（応用編）

(1) 多項式 $2x^2+5xy-3y^2-2x+8y-4$ を（因数分解できるので）因数分解せよ。

(2) 方程式 $2x^2+5xy-3y^2-2x+8y=19$ の整数解を求めよ。

(1) 答え：$2x^2+5xy-3y^2-2x+8y-4=(x+3y-2)(2x-y+2)$

まず 2 次式のパートのみ因数分解すると $2x^2+5xy-3y^2=(x+3y)(2x-y)$ と

なります。そこで，因数分解したのちの形を $(x+3y+A)(2x-y+B)$ と予想し

"$A(2x-y)+B(x+3y)=-2x+8y$（多項式として一致）" かつ "$AB=-4$"

をみたす定数 $A,\ B$ を頑張って探すと，$(A,\ B)=(-2,\ 2)$ が見つかります。

(2) 答え：$\begin{pmatrix} x \\ y \end{pmatrix} = \begin{pmatrix} 2 \\ 1 \end{pmatrix}, \begin{pmatrix} 2 \\ 5 \end{pmatrix}, \begin{pmatrix} 6 \\ -1 \end{pmatrix}$

$$2x^2+5xy-3y^2-2x+8y=19 \iff (x+3y-2)(2x-y+2)=15$$

なので，$\begin{pmatrix} x+3y-2 \\ 2x-y+2 \end{pmatrix} = \begin{pmatrix} 1 \\ 15 \end{pmatrix}, \begin{pmatrix} 3 \\ 5 \end{pmatrix}, \begin{pmatrix} 5 \\ 3 \end{pmatrix}, \begin{pmatrix} 15 \\ 1 \end{pmatrix}, \begin{pmatrix} -1 \\ -15 \end{pmatrix}, \begin{pmatrix} -3 \\ -5 \end{pmatrix}, \begin{pmatrix} -5 \\ -3 \end{pmatrix}, \begin{pmatrix} -15 \\ -1 \end{pmatrix}$ に絞ら

れます。対応する $\begin{pmatrix} x \\ y \end{pmatrix}$ を計算し，$\begin{pmatrix} (整数) \\ (整数) \end{pmatrix}$ のものを選べばクリアです。

第 12 章　数学と人間の活動

12-7 ⊗ 記数法

数字や文字を用いて数を表現する方法のことを**記数法**といいます。

▶ 10 進法と n 進法

日常でよく用いるのは 10 進法です。これは，0, 1, 2, …, 9 の 10 文字で数を表現するものです。たとえば 2357 という数は $2357 = 2 \cdot 10^3 + 3 \cdot 10^2 + 5 \cdot 10^1 + 7 \cdot 10^0$ という量を表します。数字がおかれる場所を**桁**とよび，いまの場合**桁が 1 つ上がるごとに重みが 10 倍**になります。だから "10" 進法とよばれるのです。

$$\begin{array}{cccc} 2 & 3 & 5 & 7 \\ 10^3 & 10^2 & 10^1 & 10^0 \\ の & の & の & の \\ 位 & 位 & 位 & 位 \end{array}$$

最下位の桁は $10^0 (=1)$ の位とよばれ，そこから左に 10^1 の位，10^2 の位，10^3 の位，……という名称になります。なお，このように位ごとに数字を並べて数を表記する方法のことを "位取り記数法" とよびます [21]。

さて，"桁が 1 つ上がるごとに桁の重みが何倍になるか" を**底**とよびます（10 進法の底は 10 です）。次はこの底を変えてみましょう。

たとえば，底を 2 にしたものを **2 進法**といいます。$2^0 (=1)$ の位を起点として，桁が上がるごとに 2^1 の位，2^2 の位，2^3 の位，……となります。2 進法のときは各桁に 0, 1 を用いるのが通常です。10 進法，2 進法での正整数の対応は右表の通りです。たとえば 10 進法で表された数 11 は，2 のべき乗で $11 = 8 + 2 + 1 = 1 \cdot 2^3 + 0 \cdot 2^2 + 1 \cdot 2^1 + 1 \cdot 2^0$ と表せるため，11 を 2 進法で表すと 1011 となります。なお，10 進法との区別のために，$1011_{(2)}$ のように**カッコ書きで底を表す**ことが多いです。

10 進法	2 進法	10 進法	2 進法
1	1	9	1001
2	10	10	1010
3	11	11	1011
4	100	12	1100
5	101	13	1101
6	110	14	1110
7	111	15	1111
8	1000	16	10000

より一般に，位取りの底を $n (\in \mathbb{Z}_+)$ としたものを **n 進法**とよびます。たとえば底を 5 として各桁に 0, 1, 2, 3, 4 を用いる記数法は 5 進法，という具合です。

21　位取りでない記数法には，たとえばローマ数字があります（VIII：8, IX：9, LXXX：80 など）。

n 進法から 10 進法へ

以下の各正整数を 10 進法で表せ。カッコ内の正整数は記数法の底を表す。

(1) $10001_{(2)}$　　　(2) $2357_{(8)}$　　　(3) $6420_{(7)}$　　　(4) $8888_{(9)}$

例題の解説

答え：(1) **17**　　　$1\cdot2^4+0\cdot2^3+0\cdot2^2+0\cdot2^1+1\cdot2^0=16+1=17$

　　　(2) **1263**　　$2\cdot8^3+3\cdot8^2+5\cdot8^1+7\cdot8^0=1024+192+40+7=1263$

　　　(3) **2268**　　$6\cdot7^3+4\cdot7^2+2\cdot7^1=2058+196+14=2268$

　　　(4) **6560**　　$8888_{(9)}=10000_{(9)}-1=9^4-1$ に気づけるとラクです。

なお，一般の n 進法にも（10 進法同様）小数表記が存在し，たとえば

$0.1_{(5)}=\dfrac{1}{5}=0.2$, $\ 12.3_{(4)}=4+2+\dfrac{3}{4}=6.75$ が成り立ちます。

▶ 10 進法から n 進法へ

たとえば 10 進法で表された数 25 を 2 進法で表す場合，次のようにします。

[1] まず，25 以下の 2 のべき乗のうち最大のものを探す。
　　→ $2^4\ (=16)$ なので，2^4 の位は 1 である。（これが最高位）
[2] 次に，残りの $25-16=9$ 以下の 2 のべき乗のうち最大のものを探す。
　　→ $2^3\ (=8)$ なので，2^3 の位は 1 である。
[3] 次に，残りの $9-8=1$ 以下の 2 のべき乗のうち最大のものを探す。
　　→ $2^0\ (=1)$ なので，2^0 の位は 1 である。
[4] これで残りがなくなったので終了。$25=11001_{(2)}$ とわかります。

いまの流れを式にすると次のようになります。

$$25=16+9=16+8+1=\mathbf{1}\cdot2^4+\mathbf{1}\cdot2^3+\mathbf{0}\cdot2^2+\mathbf{0}\cdot2^1+\mathbf{1}\cdot2^0=\mathbf{11001}_{(2)}$$

右のように筆算を用いる方法もアリです。25 を 2 で除算し，その商 12 をまた 2 で除算し，……と**除算を繰り返し，あまりを逆順に拾っていく**というものです。これで変換できる理由もぜひ考えてみてください。

```
2 ) 2 5
2 )  1 2   あまり 1    ( 25 = 2·12 + 1
2 )     6   あまり 0    | 12 = 2·6 + 0
2 )     3   あまり 0    |  6 = 2·3 + 0
2 )     1   あまり 1    |  3 = 2·1 + 1
        0   あまり 1    (  1 = 2·0 + 1
```

以下の各正整数を，〔　〕内の数を底として書きあらためよ。

(1)　65　〔2〕　　　　　(2)　1123　〔7〕　　　　　(3)　2024　〔5〕

例題の解説

答え：(1)　$65 = 1000001_{(2)}$　　(2)　$1123 = 3163_{(7)}$　　(3)　$2024 = 31044_{(5)}$

(1) は $65 = 64 + 1 = 2^6 + 1$ で
すから，筆算しない方が
手っ取り早そうです。
(2)，(3) で筆算をすると，
右のようになります。

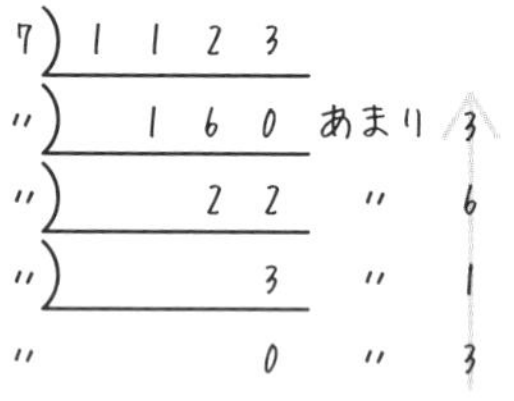

```
7) 1 1 2 3
 ")  1 6 0   あまり 3
 ")    2 2    "    6
 ")      3    "    1
 ")      0    "    3
```

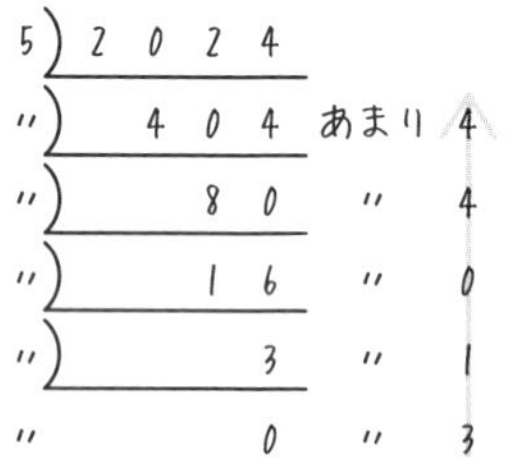

```
5) 2 0 2 4
 ")  4 0 4   あまり 4
 ")    8 0    "    4
 ")    1 6    "    0
 ")      3    "    1
 ")      0    "    3
```

▶ 記数法関連の応用問題

では，n 進法関連の応用問題にチャレンジしてみましょう。

例題　　2 進法の筆算

2 進法での筆算を考えよう。たとえば，$11011_{(2)} + 1010_{(2)}$
の筆算を行うと右のようになる。これをふまえ，
$10101_{(2)} + 110111_{(2)}$ を筆算で計算してみよ。

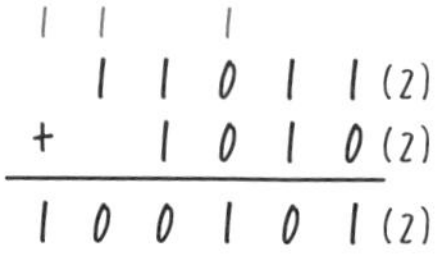

```
     1 1     1
     1 1 0 1 1 (2)
  +      1 0 1 0 (2)
  ─────────────────
   1 0 0 1 0 1 (2)
```

例題の解説

答え：$1001100_{(2)}$

計算過程は右図の通りです。1 つの桁の和が（10
進法でいう）2 になるとくり上がります。

```
    1 1    1 1 1
      1 0 1 0 1 (2)
  + 1 1 0 1 1 1 (2)
  ─────────────────
  1 0 0 1 1 0 0 (2)
```

例題　　かけ算九九の一般化

かけ算九九の底を 7，8 に変えた"かけ算六六""かけ算七七"の表をつくってみよ。

答え：

右表の通り。

九九の表との共通点や相違点を探ってみるのも面白いですよ。

かけ算六六の表（底：7）

	1	2	3	4	5	6
1	1	2	3	4	5	6
2	2	4	6	11	13	15
3	3	6	12	15	21	24
4	4	11	15	22	26	33
5	5	13	21	26	34	42
6	6	15	24	33	42	51

かけ算七七の表（底：8）

	1	2	3	4	5	6	7
1	1	2	3	4	5	6	7
2	2	4	6	10	12	14	16
3	3	6	11	14	17	22	25
4	4	10	14	20	24	30	34
5	5	12	17	24	31	36	43
6	6	14	22	30	36	44	52
7	7	16	25	34	43	52	61

例題　16 進法とカラーコード

0, 1, 2, 3, 4, 5, 6, 7, 8, 9, A, B, C, D, E, F の 16 文字を用いた 16 進法について考える。たとえば $C_{(16)}=12$，$2D_{(16)}=2 \cdot 16+13=45$ である。

Web サイト制作等で色を指定する際，赤，緑，青の 3 色の混ぜ具合を，2 桁の 16 進数を用いて各々 0 ～ 255 の 256（$=16^2$）段階で指定することがある。

たとえば #4472C4 というコードは，

$$\text{赤：}44_{(16)}=68, \qquad \text{緑：}72_{(16)}=114, \qquad \text{青：}C4_{(16)}=196$$

という度合いで 3 色を混合した色を表す。

Web サイトのデザイン時，あるボタンの色を #15317B で指定したが，思ったよりだいぶ暗い色だったので，白（#FFFFFF）[22] との単純平均の色に変更することにした（各色の数値ごとに平均をとる）。変更後の色のコードはどうなるか。

答え：#8A98BD

平均を計算すると次のようになります（すべて 16 進法）。

$$\text{赤：}\frac{15+FF}{2}=\frac{114}{2}=8A, \quad \text{緑：}\frac{31+FF}{2}=\frac{130}{2}=98, \quad \text{青：}\frac{7B+FF}{2}=\frac{17A}{2}=BD$$

混乱してしまう場合は，いったん 10 進法に戻して計算するとよいでしょう。

22　加法混色と呼ばれ，すべての色の度合いを $FF_{(16)}=255$ にすると白色になります。

12-8 ⊙ 可能性，一意性

本節では，いくつかのパズルについてその可能性や一意性を議論します。

▶ 可能性・不可能性の証明（題材：ナイトツアー）

ここでは"ナイトツアー"というパズルを考えます。チェス
にはナイトというコマがあり，これは右図の★の位置に移動
できます。この動きを繰り返し，**与えられたマスをすべて
ちょうど1回ずつ通過する …(∗)** のが目的です。なお，最
初にナイトを置く位置は自由に決められるものとします。

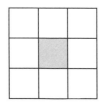

たとえば3×4のマス目の場合，(∗)は可能です。
右図の番号順に進めば確かに(∗)を達成できます。実際に
ルートを提示すれば文句なく示せますね。パズルの解の存在
を示す最も明快な方法は，**実際に解を示すこと**なのです[23]。

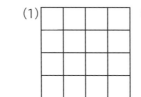

一方，3×3のマス目の場合，(∗)は不可能です。
中央のマスにナイトがあると，そこからは周囲8マスのいず
れにも移動できません。逆に，周囲8マスのいずれからも，
中央のマスには移動できません。よって，中央のマスをルート
に組み込めず，このナイトツアーは不可能です。

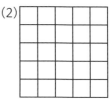

<table>
<tr><td>例題</td><td>ナイトツアーの可能性</td></tr>
</table>

(1) 4×4，(2) 5×5 のマス
目でのナイトツアーの可能性を
各々判定し，その根拠を述べよ。

(1)   (2)

---

23 "解の存在を示すには，実際に解を示すほかない"とは述べていないので注意してください。

例題の解説

(1) 答え：不可能（証明は以下の通り）

右図の A をルートの途中で通過するとしましょう。

このとき，通過のしかたは C→A→D, D→A→C の 2 通りしかありません。同様に，B を途中で通過する場合は C→B→D, D→B→C しかありえません。

よって，A, B の双方がルートの途中にあると，C or D を 2 回通過することになり，（*）を達成できません。つまり，**A, B の少なくとも一方はスタート地点またはゴール地点でなければならない**のです。

そして，たとえば A からスタートする場合，B をゴールとすることはできません。なぜなら，これまでと同様の議論により E, F の少なくとも一方はスタート or ゴールでなければならないからです。結局，A を出発してからのルートは A→C→B→D→…, A→D→B→C→… に限定されます。そうでないと B を通過できなくなるからです。A をゴールとする場合や B をスタート or ゴールとする場合も同様に，A, B, C, D はひとまとめに通るほかありません。E, F, G, H についても，やはりひとまとめに通る必要がありますね。

以上より，**16 マスの通り方は {A, B, C, D} → {◯マスたち} → {E, F, G, H}** またはその逆順に限られますが，◯マス 8 個を連続して通ることはできません。よって，この 4×4 のマス目でのナイトツアーは不可能です。

F	◯	◯	B
◯	D	H	◯
◯	G	C	◯
A	◯	◯	E

(2) 答え：可能　　右図のルートが一例です。

25	10	5	18	23
14	19	24	11	6
9	4	13	22	17
20	15	2	7	12
3	8	21	16	1

▶ 一意性の証明（題材：魔方陣）

正方形状のマス目に整数を書き込み，縦・横・ナナメ各ラインの数の和が等しくなるようにしたものを**魔方陣**とよびます[24]。

たとえば，右図は 4×4 の魔方陣の例です。

縦・横・ナナメ各々の和を計算すると，確かにみな等しくなっていますね。

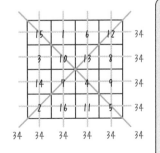

24　呪文を唱える際によく出てくるカッコいいやつは "魔法陣" です。

3×3 の魔方陣

1 以上 9 以下の整数をちょうど 1 回ずつ用いた 3×3 の魔方陣
（以下単に"3×3 の魔方陣"）を，頑張って 1 種類見つけてみよ。

例題の解説

答え：（例）右下図の通り。

用いる整数の合計が $1+2+\cdots+9=45$ であり，縦 3 列の和はすべて等しいこと
から，1 つのラインの数の和は
$45 \div 3 = 15$ とわかります。それを
用いると見つけやすいでしょう。

実は，3×3 の魔方陣（1 〜 9 を用い
るもの）は，うまく裏返したり回転
したりすることですべて一致します！
以下その性質（一意性）の証明を考
えてみましょう。

例題 ### 中央の数が 5 であることの証明

3×3 の魔方陣において，中央に入る数は 5 に確定する。それを，
右図に示した 4 つのラインに着目することにより示せ。

例題の解説

答え：以下の通り。

右図のように，各マスの整数とラインに名前をつけます。
各ラインに含まれる数は

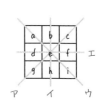

  ア：c, e, g イ：b, e, h ウ：a, e, i エ：d, e, f

であり，これらすべての合計は次のようになります。

  $(c+e+g)+(b+e+h)+(a+e+i)+(d+e+f)$
  $=(a+b+c+d+e+f+g+h+i)+3e$

9 マスの数の総和は 45 です。また，前述の通り各ラインの和は 15 であり，4 ライ
ン分だと $15 \cdot 4 = 60$ です。よって $60 = 45 + 3e$ すなわち $e = 5$ がしたがいます。 ■

中央の数は 5 と確定しました。あとは周囲の 8 マスをどう埋めるかです。

1 はどこにあるか

1 は隅の 4 マスに存在しないことを示せ。

例題の解説

答え：以下の通り。

1 が隅にあったとします。このとき，1 を含むラインは 3 つあり，そのいずれに
おいても数の和が 15 になるはずです。しかし，**2 〜 9 のうち相異なる 2 つの組
であって和が 14 となるものは (5, 9), (6, 8) しか存在せず**，(1 を含めたときに) 和
が 15 となるラインは高々 2 つしかつくれないため矛盾します。■

よって，1 は隅にはありません。中央は 5 ですから，1 はその上
下左右のいずれかです。回転や裏返しで一致するものは区別し
ないので，たとえば 5 の下に記入します。ラインの数の和は 15
ですから，5, 1 があるラインの残りの 1 マスは 9 と決まります。

残りのマスは決まってしまう

右上図の状態から，残りは左右反転の自由度を除き一意に決まることを示せ。

例題の解説

答え：以下の通り。

和が 14 となる 2 整数の組で未使用のものは (6, 8) のみ
なので，1 の左右は 6, 8 です。左右反転して重なるもの
は区別しないので，6, 8 の左右は自由です。すると，各
ラインの和が 15 であることから残りは勝手に決まりま
す。■

"中央の数" → "1 の場所" → "1 を含む残りのライン" の順に着目することで，
3×3 の魔方陣は裏返し・回転の自由度を除き一意に定まることを示せました！

12-9 ⊙ 有理数と無理数

いよいよ最後の節！ これまでの伏線を回収しつつ，大団円へと向かいます。

▶ $\sqrt{2}$ が無理数であることの証明

> **🔍 定義** **有理数・無理数（合体して再掲）**
>
> ある p, q $(p, q \in \mathbb{Z},\ p \neq 0)$ を用いて $\dfrac{q}{p}$ と表せる実数を有理数，そうでない実数を無理数という。

この定義をふまえ，p.61 で登場した次の定理をいよいよ示します。

> **△ 定理** **$\sqrt{2}$ の性質**
>
> $\sqrt{2}$ は無理数である。

定理の証明 ‥‥‥‥‥‥‥‥‥‥‥‥‥‥‥‥‥‥‥‥‥‥‥‥‥‥‥‥‥‥‥‥‥

$p, q \in \mathbb{Z}_+$ を用いて $\sqrt{2} = \dfrac{q}{p}$ と表せたとします[25]。この式の両辺に p を乗算し，両辺を 2 乗することで $2p^2 = q^2$ …① を得ます[26]。

①の左辺は 2 と p^2 の積なので偶数であり，これより q^2 も偶数です。自然数の 2 乗が偶数であることともとの自然数が偶数であることは同値[27]なので，**q は偶数**とわかります。そこで $q \div 2 = q'$ とすれば $q = 2q'$ と表すことができますね。

①に $q = 2q'$ を代入することで $2p^2 = (2q')^2$ が成り立ち，これを整理すること

25　ここでは $\sqrt{2}$ が正の実数であることは明らかであるとし，p, q は正整数に限定しています。

26　式①の左辺が含む素因数 2 の個数は奇数であり，右辺のそれは偶数です。よって，実はこの時点で素因数分解の一意性と矛盾しているのです！ それで証明を終了してもよいのですが，このあとの流れも面白いので，ぜひお読みください。

27　この証明は難しくないので，ぜひご自身で考えてみてください。

で $p^2 = 2q'^2$ …② を得ます。この右辺は 2 と q'^2 の積なので偶数であり，これより p^2 も偶数です。自然数の 2 乗が偶数であることともとの自然数が偶数であることは同値なので，p は偶数とわかります。そこで $p \div 2 = p'$ とすれば $p = 2p'$ と表すことができます。

②に $p = 2p'$ を代入することで $(2p')^2 = 2q'^2$ が成り立ち，これを整理することで $2p'^2 = q'^2$ を得ます。

ここまでで，p, q がいずれも偶数であり，$\dfrac{q}{p} = \dfrac{2q'}{2p'} = \dfrac{q'}{p'}$ と約分できることがわかりました。しかし，約分しても p', q' が自然数であることに変わりはなく，条件式も $2p'^2 = q'^2$ という同じ形のままです。つまり，**分母・分子がいずれも偶数であることを導き 2 で約分するという作業は何回でも繰り返せることになります。**

しかし当然，どのような分数でも整数の範囲では

例： $\dfrac{992}{1024} \rightarrow \dfrac{496}{512} \rightarrow \dfrac{248}{256} \rightarrow \dfrac{124}{128} \rightarrow \dfrac{62}{64} \rightarrow \dfrac{31}{32}$ （ここまで）

のように有限回しか 2 で約分できないため，矛盾が生じています。これは $p, q \in \mathbb{Z}_+$ を用いて $\sqrt{2} = \dfrac{q}{p}$ と表せると仮定したことによるものです。したがって，$\sqrt{2}$ をそのような形で表すことはできません。■

この証明方法は **"無限降下法"** とよばれます。$\sqrt{2}$ が有理数であるとすると，その分数表示の分母・分子の値を（2 で約分することにより）いくらでも小さくできることになりますが，そんな分数は存在しない，というのが証明の要点です。教科書・参考書では通常

$$\sqrt{2} = \frac{q}{p} \quad (p, q \in \mathbb{Z}_+, \ \boldsymbol{p} \text{ と } \boldsymbol{q} \text{ は互いに素})$$

として概ね同様の議論をします。やはり $\dfrac{q}{p} = \dfrac{2q'}{2p'} = \dfrac{q'}{p'}$ と約分できることになりますが，それは p と q が互いに素であることに反する，というオチです。

なお，$n \in \mathbb{Z}_+$ とするとき，"$\sqrt{n}$ は有理数""$\sqrt{n}$ は正整数""n は平方数"はどの 2 つも同値です。証明は省きますが，余力のある方は，ぜひ証明を考えてみてください。

▶ 座標平面

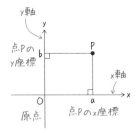

第4章で座標平面というものを扱いました。

2つの数直線（x軸，y軸）を，実数0に対応する点において直交させ，**平面上の点全体を2つの実数の組全体と一対一に対応させた**ものでしたね。

平面上の点 P から両軸に垂線を下ろしたら，x軸では実数 a，y軸では実数 b に対応したとします。

このとき，(a, b) を点 P の**座標**というのでした。

△ 定理　座標平面における2点間の距離

座標平面において，2点 $P(x_P, y_P)$, $Q(x_Q, y_Q)$ の間の距離 d は次のようになる。

$$d = \sqrt{(x_P - x_Q)^2 + (y_P - y_Q)^2}$$

（三平方の定理とほぼ同じなので証明略）

例題　座標平面における直角三角形

座標平面に**格子点**（座標がみな整数である点）A, B, C がある。△ABC は直角二等辺三角形であり，軸の一方と平行な辺が存在しないという。このような点 A, B, C の座標の例を挙げよ。

例題の解説

答え：$A(0, 0), B(3, 1), C(1, 2)$

このように点をとると

$$AB = \sqrt{(3-0)^2 + (1-0)^2} = \sqrt{10}$$
$$BC = \sqrt{(1-3)^2 + (2-1)^2} = \sqrt{5}$$
$$CA = \sqrt{(0-1)^2 + (0-2)^2} = \sqrt{5}$$

より $AB : BC : CA = \sqrt{2} : 1 : 1$ となり，△ABC が $\angle C = 90°$ の直角二等辺三角形になります。

なお，合同な直角三角形を2つ用いることで，2点間の距離を計算することなしに例を構成できます。

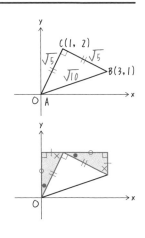

▶ 座標空間

座標平面に軸をもう1つ加えることで，空間の点を座標の組で表せるようになります。それが座標空間です。

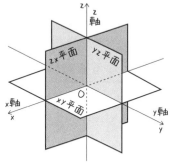

座標空間は，x軸・y軸のなす座標平面にもう1つの数直線z軸を刺してつくるイメージです。やはりz軸の0に対応する点もx軸・y軸のそれと重なっており，その点を**原点**とよびます。

また，y軸・z軸を含む平面のことを **yz平面**とよびます。**zx平面**，**xy平面**も同様です。

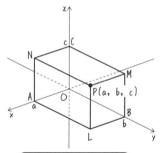

座標空間に点Pをとります。このとき，Pを通りx軸と垂直な平面を考え，それとx軸との交点をAとします。Aに対応するx軸上の値がaであるとき，このaを点Pの **x座標**とし，**y座標**，**z座標**も同様に定めます。

座標空間における点は，x, y, z座標をこの順に並べ，**$P(a, b, c)$**のように表されます。

あのときの問題の別解

p.440の例題で，$x+y+z=9$となる非負整数・正整数の組を考えました。そのような組を座標空間における点の座標だと思って図示すると，右のように正三角形状に並びます！

あとは，条件をみたす点の個数を数えればOKです。たとえば（1）の場合，z座標の値で分けて数えれば

$$1+2+3+\cdots+10=55（個）$$

とわかります。

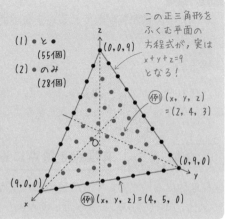

第12章 — 数学と人間の活動

座標空間における2点間の距離も，座標平面でのそれと同様に計算できます。

△ 定理　**座標平面における2点間の距離**

座標空間において，2点 $P(x_P, y_P, z_P), Q(x_Q, y_Q, z_Q)$ の間の距離 d は次のようになる。

$$d = \sqrt{(x_P - x_Q)^2 + (y_P - y_Q)^2 + (z_P - z_Q)^2}$$

（三平方の定理を複数回用いることで証明できる）

例題　　**最長の対角線の長さが正整数となる直方体**

各辺長が正整数であり，直方体の中央を通る最長の対角線の長さも正整数となるような直方体の例を2つ挙げよ。ただし，互いに相似でないものを答えよ。

例題の解説

答え：（例）辺長が $(1, 2, 2)$ のもの，$(1, 4, 8)$ のもの

最長の対角線の長さは各々 $\sqrt{1^2 + 2^2 + 2^2} = \sqrt{9} = 3, \sqrt{1^2 + 4^2 + 8^2} = \sqrt{81} = 9$ です。
ちなみに，後者の例は実は p.57 で登場済です。

▶ 有理点と正三角形

🔍 定義　**有理点**

すべての座標が有理数である点を**有理点**という。

座標平面においては，たとえば点 $(0, 0), (3, -7), \left(\dfrac{1}{3}, \dfrac{2}{3}\right), (-0.3, 1)$ は有理点であり，点 $(\sqrt{2}, \sqrt{2}), (1, -\sqrt{3}), (0, 1 + \sqrt{2})$ は有理点ではありません。
この"有理点"を頂点にもつ正三角形が，本書の最終テーマです。

例題　　**有理点を頂点にもつ正三角形①**

座標空間において，いずれの頂点も有理点である正三角形は存在するか。
ヒント：第11章の図を読み返してみよ。

答え：存在する。

3 点 $(1, 0, 0), (0, 1, 0), (0, 0, 1)$ を頂点とする三角形は正三角形です。p.588 の図は立方体の中に正四面体が隠れているさまを表す図ですが，正四面体の各面は正三角形ですから，その立方体を座標空間に設置すれば例を構成できます。

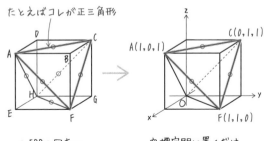

たとえばコレが正三角形

p.588の図を…

座標空間に置くだけ

有理点のみを頂点とする三角形は，**座標空間**であれば存在するとわかりました。では，**座標平面**にするとどうでしょうか。これが本書最後の例題です。

例題　有理点を頂点にもつ正三角形②（最終問題）

本問はすべて**座標平面**で考える。いずれの頂点も有理点である正三角形が座標平面上に存在するか否か，以下の手順で突き止めよう。

(1) 3 つの有理点がなす三角形は，適切な平行移動により，その 1 頂点が原点と一致し，かつ 3 頂点いずれも有理点であるようにできることを示せ。

(2) 3 点 $O(0, 0), P(x_P, y_P), Q(x_Q, y_Q)$ を頂点にもつ $\triangle OPQ$ の面積は $\dfrac{1}{2}|x_P y_Q - x_Q y_P|$ であることを示せ。

(3) 有理点のみを頂点にもつ正三角形は存在するか。

例題の解説

答え：各々以下の通り。

(1) 有理点がなす三角形の各頂点を $A(x_A, y_A), B(x_B, y_B), C(x_C, y_C)$ とします。ここで $x_A, y_A, x_B, y_B, x_C, y_C$ はいずれも有理数です。

$\triangle ABC$ を x 軸方向に $-x_A$，y 軸方向に $-y_A$ 平行移動します。点 A, B, C の移動後の点を各々 A′, B′, C′ とすると，それらの座標は次のようになります。

$$A'(0, 0), \qquad B'(x_B - x_A, y_B - y_A), \qquad C'(x_C - x_A, y_C - y_A)$$

（当然ですが）A′ ＝ O となりました。また，p.62 で扱った通り**有理数は減算に関して閉じています**から，B′, C′ はいずれも有理点です。■

(2) 余弦定理と三平方の定理より

$$\cos \angle \mathrm{POQ} = \frac{\mathrm{OP}^2 + \mathrm{OQ}^2 - \mathrm{PQ}^2}{2 \cdot \mathrm{OP} \cdot \mathrm{OQ}} = \frac{(x_\mathrm{P}^2 + y_\mathrm{P}^2) + (x_\mathrm{Q}^2 + y_\mathrm{Q}^2) - \{(x_\mathrm{P} - x_\mathrm{Q})^2 + (y_\mathrm{P} - y_\mathrm{Q})^2\}}{2\sqrt{x_\mathrm{P}^2 + y_\mathrm{P}^2}\sqrt{x_\mathrm{Q}^2 + y_\mathrm{Q}^2}}$$

$$= \frac{2(x_\mathrm{P}x_\mathrm{Q} + y_\mathrm{P}y_\mathrm{Q})}{2\sqrt{x_\mathrm{P}^2 + y_\mathrm{P}^2}\sqrt{x_\mathrm{Q}^2 + y_\mathrm{Q}^2}} = \frac{x_\mathrm{P}x_\mathrm{Q} + y_\mathrm{P}y_\mathrm{Q}}{\sqrt{x_\mathrm{P}^2 + y_\mathrm{P}^2}\sqrt{x_\mathrm{Q}^2 + y_\mathrm{Q}^2}}$$

が成り立ちます。これより，△OPQ の面積は次のように計算できます。

$$\triangle \mathrm{OPQ} = \frac{1}{2} \cdot \mathrm{OP} \cdot \mathrm{OQ} \cdot \sin \angle \mathrm{POQ}$$

$$= \frac{1}{2} \cdot \sqrt{x_\mathrm{P}^2 + y_\mathrm{P}^2} \cdot \sqrt{x_\mathrm{Q}^2 + y_\mathrm{Q}^2} \cdot \sqrt{1 - \left(\frac{x_\mathrm{P}x_\mathrm{Q} + y_\mathrm{P}y_\mathrm{Q}}{\sqrt{x_\mathrm{P}^2 + y_\mathrm{P}^2}\sqrt{x_\mathrm{Q}^2 + y_\mathrm{Q}^2}}\right)^2}$$

$$= \frac{1}{2}\sqrt{(x_\mathrm{P}^2 + y_\mathrm{P}^2)(x_\mathrm{Q}^2 + y_\mathrm{Q}^2) - (x_\mathrm{P}x_\mathrm{Q} + y_\mathrm{P}y_\mathrm{Q})^2}$$

$$= \frac{1}{2}\sqrt{x_\mathrm{P}^2 y_\mathrm{Q}^2 + x_\mathrm{Q}^2 y_\mathrm{P}^2 - 2x_\mathrm{P}x_\mathrm{Q}y_\mathrm{P}y_\mathrm{Q}} = \frac{1}{2}\sqrt{(x_\mathrm{P}y_\mathrm{Q} - x_\mathrm{Q}y_\mathrm{P})^2}$$

$$= \frac{1}{2}|x_\mathrm{P}y_\mathrm{Q} - x_\mathrm{Q}y_\mathrm{P}| \quad (\because \text{任意の実数 } a \text{ に対し } \sqrt{a^2} = |a|) \quad \blacksquare$$

(3) **このような正三角形は存在しません**。以下それを示します。

(1) の結果より，3 頂点のうち 1 つが原点である三角形のみ考えれば OK です。そこで (2) の △OPQ を用いましょう。原点以外の 2 頂点 P$(x_\mathrm{P}, y_\mathrm{P})$, Q$(x_\mathrm{Q}, y_\mathrm{Q})$ において，$x_\mathrm{P}, y_\mathrm{P}, x_\mathrm{Q}, y_\mathrm{Q}$ をいずれも有理数とし，△OPQ が正三角形になると仮定します。(2) で

$$\triangle \mathrm{OPQ} = \frac{1}{2}|x_\mathrm{P}y_\mathrm{Q} - x_\mathrm{Q}y_\mathrm{P}|$$

が示されており，**有理数が乗算・減算に関して閉じている**ことから △OPQ の面積は有理数とわかります。

一方，三平方の定理より OP$^2 = x_\mathrm{P}^2 + y_\mathrm{P}^2$ が成り立ちます。これは正三角形 OPQ の辺長の 2 乗ですから，面積は次のようにも書けます。

$$\triangle \mathrm{OPQ} = \frac{1}{2} \cdot (\text{辺長})^2 \cdot \sin 60° = \frac{x_\mathrm{P}^2 + y_\mathrm{P}^2}{4} \cdot \sqrt{3}$$

0 でない有理数 $\dfrac{x_\mathrm{P}^2 + y_\mathrm{P}^2}{4}$ と無理数 $\sqrt{3}$ との積ですから，これは無理数です。同じ数が有理数でもあり無理数でもあることは（有理数・無理数の定義より）ありえません。ここで矛盾が生じており，有理点のみを頂点にもつ正三角形は座標平面内には存在しないことがしたがうのです。 ■

これで最終章もおしまいです。よくがんばりました！

［三角比の表］

θ	$\sin\theta$	$\cos\theta$	$\tan\theta$	θ	$\sin\theta$	$\cos\theta$	$\tan\theta$
0°	0.0000	1.0000	0.0000	45°	0.7071	0.7071	1.0000
1°	0.0175	0.9998	0.0175	46°	0.7193	0.6947	1.0355
2°	0.0349	0.9994	0.0349	47°	0.7314	0.6820	1.0724
3°	0.0523	0.9986	0.0524	48°	0.7431	0.6691	1.1106
4°	0.0698	0.9976	0.0699	49°	0.7547	0.6561	1.1504
5°	0.0872	0.9962	0.0875	50°	0.7660	0.6428	1.1918
6°	0.1045	0.9945	0.1051	51°	0.7771	0.6293	1.2349
7°	0.1219	0.9925	0.1228	52°	0.7880	0.6157	1.2799
8°	0.1392	0.9903	0.1405	53°	0.7986	0.6018	1.3270
9°	0.1564	0.9877	0.1584	54°	0.8090	0.5878	1.3764
10°	0.1736	0.9848	0.1763	55°	0.8192	0.5736	1.4281
11°	0.1908	0.9816	0.1944	56°	0.8290	0.5592	1.4826
12°	0.2079	0.9781	0.2126	57°	0.8387	0.5446	1.5399
13°	0.2250	0.9744	0.2309	58°	0.8480	0.5299	1.6003
14°	0.2419	0.9703	0.2493	59°	0.8572	0.5150	1.6643
15°	0.2588	0.9659	0.2679	60°	0.8660	0.5000	1.7321
16°	0.2756	0.9613	0.2867	61°	0.8746	0.4848	1.8040
17°	0.2924	0.9563	0.3057	62°	0.8829	0.4695	1.8807
18°	0.3090	0.9511	0.3249	63°	0.8910	0.4540	1.9626
19°	0.3256	0.9455	0.3443	64°	0.8988	0.4384	2.0503
20°	0.3420	0.9397	0.3640	65°	0.9063	0.4226	2.1445
21°	0.3584	0.9336	0.3839	66°	0.9135	0.4067	2.2460
22°	0.3746	0.9272	0.4040	67°	0.9205	0.3907	2.3559
23°	0.3907	0.9205	0.4245	68°	0.9272	0.3746	2.4751
24°	0.4067	0.9135	0.4452	69°	0.9336	0.3584	2.6051
25°	0.4226	0.9063	0.4663	70°	0.9397	0.3420	2.7475
26°	0.4384	0.8988	0.4877	71°	0.9455	0.3256	2.9042
27°	0.4540	0.8910	0.5095	72°	0.9511	0.3090	3.0777
28°	0.4695	0.8829	0.5317	73°	0.9563	0.2924	3.2709
29°	0.4848	0.8746	0.5543	74°	0.9613	0.2756	3.4874
30°	0.5000	0.8660	0.5774	75°	0.9659	0.2588	3.7321
31°	0.5150	0.8572	0.6009	76°	0.9703	0.2419	4.0108
32°	0.5299	0.8480	0.6249	77°	0.9744	0.2250	4.3315
33°	0.5446	0.8387	0.6494	78°	0.9781	0.2079	4.7046
34°	0.5592	0.8290	0.6745	79°	0.9816	0.1908	5.1446
35°	0.5736	0.8192	0.7002	80°	0.9848	0.1736	5.6713
36°	0.5878	0.8090	0.7265	81°	0.9877	0.1564	6.3138
37°	0.6018	0.7986	0.7536	82°	0.9903	0.1392	7.1154
38°	0.6157	0.7880	0.7813	83°	0.9925	0.1219	8.1443
39°	0.6293	0.7771	0.8098	84°	0.9945	0.1045	9.5144
40°	0.6428	0.7660	0.8391	85°	0.9962	0.0872	11.4301
41°	0.6561	0.7547	0.8693	86°	0.9976	0.0698	14.3007
42°	0.6691	0.7431	0.9004	87°	0.9986	0.0523	19.0811
43°	0.6820	0.7314	0.9325	88°	0.9994	0.0349	28.6363
44°	0.6947	0.7193	0.9657	89°	0.9998	0.0175	57.2900
45°	0.7071	0.7071	1.0000	90°	1.0000	0.0000	(定義されない)

索引

各用語の意味が詳しくわかるページ番号を掲載しています。

い

1 次関数	154
1 次不等式	177
一意性	599
因果	380
因数	599
因数分解	112

う

裏	46

え

n 進法	630
円周角の定理	544
円に内接する四角形	332

お

オイラー線	538
オイラーの多面体定理	585

か

解と係数の関係	252
階級	343
階級値	343
階級の幅	343
階乗	408

外心・外接円・・・

外心	533
外接円	533
外接球	587
解の公式	232
外分点	515
角の二等分線	528
確率	462
確率の加法定理	471
確率の乗法定理	493
仮説検定	384
仮定	31
仮平均	370
関数	146

き

偽	28
期待値	499
帰無仮説	385
逆	46
共通接線	562
共通部分	22
共分散	375
曲線	242

く

空集合 ……………………… 17

空事象 ……………………… 458

組合せ ……………………… 420

グラフ ……………………… 152

け

係数 ………………………… 89

結論 ………………………… 31

こ

合成数 ……………………… 598

公約数 ……………………… 606

交代式 ……………………… 136

合同 ………………………… 509

合同式 ……………………… 616

降べきの順 ………………… 92

cos(コサイン) …………… 261

五心 ………………………… 528

根元事象 …………………… 458

さ

最小公倍数 ………………… 609

最大公約数 ………………… 606

最大値・最小値 …………… 164

最頻値 ……………………… 350

sin(サイン) ……………… 261

座標平面 …………………… 150

座標空間 …………………… 641

三角形の合同条件 ………… 509

三角形の成立条件 ………… 506

三角形の相似条件 ………… 512

三角形の面積 ……………… 321

三角比 ……………………… 261

散布図 ……………………… 372

し

試行と事象 ………………… 456

次数 ………………………… 90

指数法則 …………………… 94

実数 ………………………… 60

四分位数 …………………… 354

四分位範囲 ………………… 356

四分位偏差 ………………… 356

四面体の内接球 …………… 338

重解 ………………………… 241

集合 ………………………… 12

集合の相等 ………………… 20

重心 ………………………… 534

十分条件 …………………… 36

樹形図 ……………………… 397

循環小数 …………………… 73

順列 ………………………… 410

条件 ………………………… 30

条件付き確率 ……………… 490

小数部分 …………………… 77

真 …………………………… 28

真部分集合 ………………… 16

真理集合 …………………… 32

す

垂心 ································ 535

スチュワートの定理 ········· 542

せ

正弦 ································ 261

正弦定理 ·························· 298

整数 ································ 592

整数部分 ·························· 77

正接 ································ 261

正四面体 ·························· 586

正多面体 ·························· 582

正の相関 ·························· 373

積事象 ···························· 468

接弦定理 ·························· 553

絶対値 ···························· 78

全事象 ···························· 458

全称命題 ·························· 54

全体集合 ·························· 24

そ

素因数 ···························· 599

素因数分解 ······················ 599

相関関係 ·························· 373

相関係数 ·························· 377

相似 ································ 258

相対度数 ·························· 343

素数 ································ 598

存在命題 ·························· 54

た

第 1 四分位数 ··················· 354

第一余弦定理 ···················· 316

対偶 ································ 46

第 3 四分位数 ··················· 354

対称移動 ·························· 195

対称式 ···························· 134

対立仮説 ·························· 385

代表値 ···························· 368

互いに素 ·························· 613

多項式 ···························· 88

多面体 ···························· 582

単位円 ···························· 276

単項式 ···························· 88

tan（タンジェント） ··········· 261

ち

値域 ································ 149

チェバの定理 ···················· 518

中央値 ···························· 348

中線 ································ 534

中線定理 ·························· 540

中点連結定理 ···················· 517

直線 ································ 157

て

定義域 ···························· 149

定数項 ···························· 90

データ ···························· 342

展開 ································ 96

と

同値	36
同類項	89
独立な試行	478
度数	343
同様に確からしい	461
ド・モルガンの法則	26
トレミーの定理	559

な

内心	327
内接円	327
内接球	587
内分点	515
なす角	287

に

2次関数	186
2次不等式	244
2次方程式	232
2次方程式の解の公式	232
二重根号	69

ね

ねじれの位置	572

は

倍数	592
倍数判定	594
排反事象	470

背理法	51
箱ひげ図	358
外れ値	363
鳩の巣原理	74
範囲	352
反復試行	483
判別式	236
反例	33

ひ

ヒストグラム	344
必要十分条件	36
必要条件	36
否定	44
標準偏差	365

ふ

複2次式	128
不等号	174
不等式	175
負の相関	373
部分集合	16
分散	365
分布	342
分母の有理化	68

へ

平均値	346
平行移動	193
平方完成	189

ヘロンの方式 324

偏角 274

偏差 364

変量 342

変量の変換 368

ほ

傍心 531

傍接円 531

放物線 189

方べきの定理 555

補集合 24

む

無限小数 72

無理数 61

め

命題 28

メジアン 348

メネラウスの定理 519

も

モード 350

や

約数 592

ゆ

有意水準 385

ユークリッドの互除法 621

有限小数 72

有理化 68

有理数 61

有理点 642

よ

要素 12

余弦 261

余弦定理 308

余事象 475

れ

レンジ 352

わ

和集合 22

和事象 468

参考文献

[1] 数学 I（検定教科書，大島利雄ほか 著，数研出版，2023 年）
数学 A（検定教科書，加藤文元ほか 著，数研出版，2023 年）
https://www.chart.co.jp/kyokasho/22kou/sugaku/gen/#contents

[2] よくわかる高校数学 I・A（マイベスト参考書）
（山下元 監，津田栄 ほか 著，Gakken，2022 年）
https://hon.gakken.jp/book/1130548900

[3] 改訂版 日常学習から入試まで使える 小倉悠司の ゼロから始める数学 I・A
（小倉悠司 著，KADOKAWA，2023 年）
https://www.kadokawa.co.jp/product/322202001238/

[4] 数学のトリセツ！数学 I・A（新課程）
（迫田昂輝・羽白いむ 著，（一社）Next Education，2023 年）
https://torisetu.me/list/IA/

[5] 新数学 Plus Elite 数学 I・A（清史弘 著，駿台文庫，2016 年）
https://www.sundaibunko.jp/contents/book/961/

[6] 基礎統計学 I 統計学入門
（東京大学教養学部統計学教室 著，東京大学出版会，2008 年）
https://www.utp.or.jp/book/b300857.html

[7] 中学 自由自在 数学
（秋山仁 監，中学教育委員会 著，受験研究社，2021 年）
https://www.zoshindo.co.jp/junior/301/9784424636304.html

[8] 入試につながる 合格る 数学 I＋A（広瀬和之 著，文英堂，2022 年）
https://www.bun-eido.co.jp/store/detail/24097/

[9] 東京大学前期二次試験の問題（2006 年文科第 1 問，1993 年理科第 1 問）

[1]：本書で取り上げる内容とその順序を決定する際，大いに参考にしました。

[2]–[5]：類書として注目し，内容・構成の長所を見習いました。

[6]–[8]：順に第 8 章，第 11 章，第 12 章の執筆時に参照しました。

[9]：例題の原題としました（いずれも改題）。

幸いなことに，いまの世の中にはたくさんの参考書があります。

同じ数学 I・A の参考書であっても，ものによって構成や細かな内容が異なるものですし，人による好みの違いも当然あります。

ぜひ他書も参照し，あなたにあった参考書を見つけてみてください。

おわりに

2022年10月のことでした。私に執筆依頼のメールが届いたのです。まだ単著の参考書を執筆した経験はなかったため，たいへん嬉しく思いました。

でもよく読んでみると，なんと数学 I・数学 A 全体の参考書とのこと！ しかも，初学者向けというではありませんか。YouTube では東大・京大の入試数学ばかり解説している私に，どうして初学者向けの参考書執筆をオファーしてくださったのでしょう。

かんき出版の大倉祥さんから「特に数学では，入門書は理解できても入試問題が解けず，困っている受験生は多い」との話をうかがい，議論を重ねるうちに「入門書でありながら，読み終えれば入試対策に必要な思考力が身につく。そんな一冊が，自分になら書けるのではないか……」そう思うようになりました。

新たな挑戦に踏み込むべく，2022年末に執筆をお引き受けし，長期間の執筆を経てついに形となったわけです。できあがったのは，通常の教科書・参考書と比べてとにかく "自由" な一冊。それでいて，入試や数学 II・B 以降の学習でも役立つ数学の力が養われるものです。

ちょっと難しかった？ 公式や暗記事項のまとめページがなくて困った？ あらあら，それはごめんなさい。そんなあなたは，ぜひ以下の「数学の勉強で行き詰まったら……」を読んでみてください。これから数学を学んでいくうえで大切なことを，3つにまとめました。

数学の勉強で行き詰まったら……

① 意味のわからない用語があったら，まずは調べましょう。
定義や意味を知らないものについて，考えることはできません。
知らない用語があったら，まずは教科書や参考書で調べましょう。
本書の p.646 にある索引もぜひ活用してくださいね！

② 学び始めは，答えの数値に執着しないことが重要です。
共通テストのようなマーク式の試験もあるくらいですから，正確な数値を弾き

出せることは重要です。しかし，学び始めに大切なのは，どのように数字をいじれば正しい数値と一致するかではなく，どのような論理で結論が出るかです。困ったら一度，数値へのこだわりを捨ててみるとよいでしょう。

③ **ひとりで悩むのも大切ですが，他者を頼るのも実力のうちです。**
　　入学試験や資格試験の類は単独で挑むものがほとんど。しかし，日頃の勉強までもすべてひとりで解決する必要はありません。いくらか考えて解決しないことは，学校や塾の先生に尋ねてみましょう。質問をすることは，なんら恥ではありません。せっかくなので，質問する際のコツも載せておきます。

この先ずっと役立つ，質問の仕方のコツ

　　質問に回答する方が速やかに，正確に理解でき，結果的にあなたも望む回答を得やすくなる，3 つのコツです。
1. どの教材なのか，どの問題なのかを明確にしましょう。
2. 自力でどこまで理解できたのかを伝えましょう。
3. その教材のどこが理解できないのかを言語化してみましょう。

本書をお読みくださり，誠にありがとうございました。
最後に，ここまでたどり着いたあなたに "もう一度" お聞きします。
あなたにとって，数学はどういう科目ですか？ 私はこう思っています。

数学はどこまでも自由で，どこまでも奥深い，魅力的な科目です。

本書は，私ひとりの力では到底つくりえないものでした。かんき出版の大倉祥さんには終始お世話になりましたし，坂東奨平先生には私の原稿に徹底的にダメ出しをしていただきました。その他，組版・デザインなどさまざまな過程でこの一冊に携わってくださったすべての方々に，心より感謝申し上げます。
　　ありがとうございました。

2024 年 3 月

さらなる深みへ →

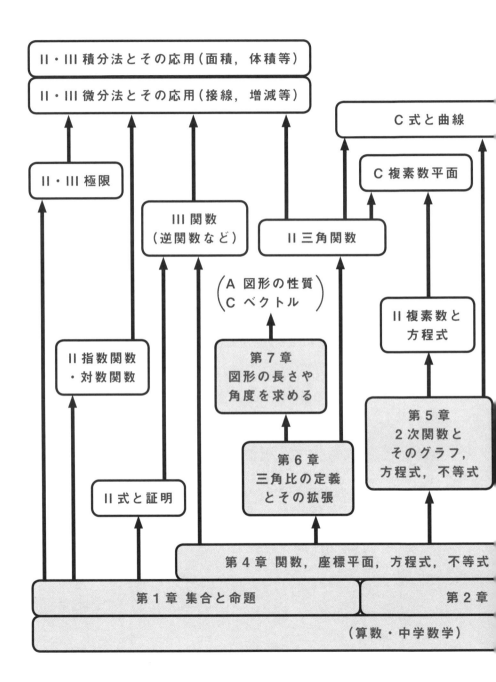

Ⅱ・Ⅲ 積分法とその応用（面積，体積等）

Ⅱ・Ⅲ 微分法とその応用（接線，増減等）

C 式と曲線

Ⅱ・Ⅲ 極限

Ⅲ 関数
（逆関数など）

Ⅱ 三角関数

C 複素数平面

（A 図形の性質
C ベクトル）

Ⅱ 指数関数
・対数関数

Ⅱ 複素数と
方程式

第7章
図形の長さや
角度を求める

Ⅱ 式と証明

第6章
三角比の定義
とその拡張

第5章
2次関数と
そのグラフ，
方程式，不等式

第4章 関数，座標平面，方程式，不等式

第1章 集合と命題

第2章

（算数・中学数学）

654

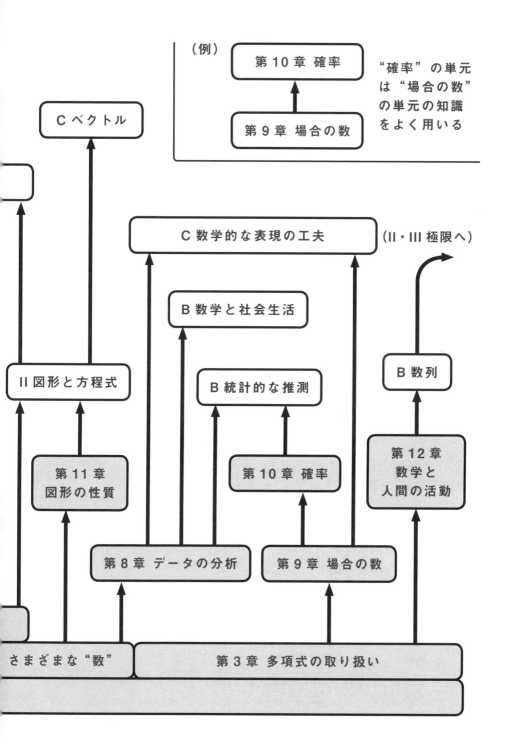

（例）

第 10 章 確率

第 9 章 場合の数

"確率" の単元は "場合の数" の単元の知識をよく用いる

C ベクトル

C 数学的な表現の工夫

（II・III 極限へ）

B 数学と社会生活

II 図形と方程式

B 統計的な推測

B 数列

第 11 章 図形の性質

第 10 章 確率

第 12 章 数学と人間の活動

第 8 章 データの分析

第 9 章 場合の数

さまざまな "数"

第 3 章 多項式の取り扱い

【著者紹介】

林　俊介（はやし・しゅんすけ）

●──東京大学理学部物理学科2019年卒。東大入試本番の数学で9割得点を達成した、新進気鋭の数学講師。高校生時代には日本数学オリンピック・日本物理オリンピックの本選に出場し、物理では金賞を獲得。駿台の東大入試実戦模試の物理では全国1位を獲得したこともある。

●──現在はオンラインで数学教育を行う(株)スタグリット代表取締役を務める。初学者レベルから東大志望者まで、地域は日本国内からアメリカやシンガポールまで、幅広い生徒を指導している。学習者の視点に立ちつつも「なんとなく」では終わらせない授業により、生徒の学力を着実に上げつつ数学の楽しさ・自由さを伝えている。

●──主な著書に『語りかける東大数学』（オーム社）、『100年前の東大入試数学』（KADOKAWA）、『東大数学の発想と検討』（スタディカンパニー）がある。

●──本書は著者にとって初の執筆となった学習参考書。高校数学Ⅰ・Aの基礎から応用までを、イメージ・論理の双方を重視しつつ丁寧に解説した。公式や解法の丸暗記で終わらせないからこそ、新課程の入試本番で必要な思考力や表現力、判断力が身につく一冊となっている。

●──東大・京大の入試数学を解説するYouTubeチャンネル"最難関の数学"は、現在登録者27,000人超。

かんき出版 学習参考書のロゴマークができました！

明日を変える。未来が変わる。

マイナス60度にもなる環境を生き抜くために、たくさんの力を蓄えているペンギン。
マナPenくんは、知識と知恵を蓄え、自らのペンの力で未来を切り拓く皆さんを応援します。

マナPenくん®

やさしく頭（あたま）をつくりかえる　高校数学（こうこうすうがく）（Ⅰ・A）

2024年4月2日　　　第1刷発行
2024年5月27日　　第2刷発行

著　者──林　俊介
発行者──齊藤　龍男
発行所──株式会社かんき出版
　　　　　東京都千代田区麹町4-1-4 西脇ビル　〒102-0083
　　　　　電話　営業部：03(3262)8011代　編集部：03(3262)8012代
　　　　　FAX　03(3234)4421　　　　　振替　00100-2-62304
　　　　　https://kanki-pub.co.jp/
印刷所──大日本印刷株式会社

やさしく
頭を
つくりかえる

高校
I・A
数学

別冊問題集

CONTENTS

各章で目指してほしいこと ……………… 2

数学I

第 **1** 章
集合と命題 ……………………………… 4

第 **2** 章
さまざまな"数" ……………… 11

第 **3** 章
多項式の取り扱い ……………… 15

第 **4** 章
関数, 座標平面,
方程式, 不等式 ……………… 19

第 **5** 章
2次関数とそのグラフ,
方程式, 不等式 ……………… 25

第 **6** 章
三角比の定義とその拡張
……………… 32

第 **7** 章
図形の長さや角度を求める
……………… 39

第 **8** 章
データの分析 ……………… 46

数学A

第 **9** 章
場合の数 ……………… 53

第 **10** 章
確率 ……………… 62

第 **11** 章
図形の性質 ……………… 71

第 **12** 章
数学と人間の活動 ……………… 86

学習効果を増大させる
問題集の選び方 ……………… 94
ココに注意すると実力がつく ……………… 95
この先に待っている数学 ……………… 96

別冊の使い方は, 本冊3ページをご確認ください。

各章で目指してほしいこと

それぞれの単元を学習する際に目指してほしいことをまとめました。
各章に取り組む前に目を通し，意識することで，別冊での問題演習が効果的になるはずです。

第1章 集合と命題

☐ 集合の表記や集合を用いた記述に慣れる
☐ 必要条件・十分条件の定義を学び，式変形等で同値性を意識することを習慣化する
☐ 逆・裏・対偶の定義，そして元の命題との真偽の関係を知る
☐ 全称命題・存在命題の意味と表現方法を知る

第2章 さまざまな"数"

☐ 実数の分類や有理数・無理数の定義を知る
☐ 循環小数の表記，循環小数から分数への変換方法を知る
☐ 平方根・絶対値の定義を知り，計算法則を理解する

第3章 多項式の取り扱い

☐ 多項式に関する用語や基本性質を知る
☐ 分配法則を軸に展開公式を自力で再現できるようにする
☐ 因数分解の公式や典型的なテクニックを知る
☐ 展開や因数分解を用いて計算を（指示されずとも）工夫できるようになる

第4章 関数, 座標平面, 方程式, 不等式

☐ 関数やその定義域・値域，座標平面について知る
☐ 1次関数の式とそのグラフを行き来できるようになる
☐ 1次方程式・1次不等式をミスなくスピーディに解けるようになる
☐ 絶対値関数を含む方程式・不等式を解けるようになる

第5章 2次関数とそのグラフ, 方程式, 不等式

☐ 2次関数の式とそのグラフを行き来できるようになる
☐ グラフをもとに最大値・最小値問題を攻略できるようになる
☐ 2次方程式の解の個数と判別式の関係を理解する
☐ 2次方程式・不等式の解の制約と2次関数の条件式を往復できるようになる

第 6 章 三角比の定義とその拡張

□ 直角三角形や半円を用いた三角比の定義を知る
□ 求値問題も証明問題も，定義に基づくことと図で考えることを習慣化する

第 7 章 図形の長さや角度を求める

□ 正弦定理と余弦定理を証明し，主張を頭に入れる
□ 三角形の面積に関する諸定理を証明し，主張を頭に入れる
□ 空間図形の求値問題においても三角比を活用できるようになる

第 8 章 データの分析

□ 代表値の名称と定義を知り，実際に計算できるようにする
□ 度数分布表やヒストグラム，箱ひげ図という表現方法を知る
□ 2 つの変量の関係を図示したり数値化したりする手段を知る

第 9 章 場合の数

□「漏れなく，重複なく場合分けする」基本姿勢を身につける
□ そのうえで，重複のしかたに応じて減算 or 除算して数える方法を学ぶ
□ 考えている場合の数を別の文字列等に置き換えて数えられるようにする

第 10 章 確率

□ 同様に確からしい根元事象まで分解することを習慣化する
□ いま自分が何の確率を計算しているのか，つねに言語化する
□ 図表を活用し，思考の過程を明快に表現する

第 11 章 図形の性質

□ 証明を組み立て，その論理を日本語や式で表現できるようにする
□ 平面図形・空間図形の多様な定理とそれらの間の関係を知る
□ 多面体（特に正多面体）の定義・種類・性質を知る

第 12 章 数学と人間の活動

□ 整数たちの公約数・公倍数を，素因数分解の観点で解き明かす
□ 整数の除算の定義や性質を学び，合同式の取り扱いにも慣れる
□ いくつかのシンプルなゲームを論理的に解き明かす
□ 空間座標について学び，問題解決に活用できるようにする

第 1 章 集合と命題

例題　　　　集合の記法 ▶ [本冊 p.14]

(1) $S := \{9m \mid m$ は 2 以上 11 以下の自然数$\}$ と定める。この S を，要素を書き並べる記法により表せ。

(2) 次の集合 A, B のうち，S と同じものを選べ。"同じ"であることは未定義だが，とりあえず"要素がすべて一致している"ものを選べばよい。

$A := \{k \mid k$ は 2 桁の自然数で，各桁の数字の和が 9 の倍数となるもの$\}$

$B := \{9p \mid p$ は $1 < p < 12$ をみたす自然数$\}$

例題　　　　集合の要素に関する主張の正誤 ▶ [本冊 p.15]

$P := \{x \mid x$ は 1 以上 20 以下の素数$\}$, $Q := \{x \mid x$ は 1 以上 20 以下の奇数$\}$ とする。このとき，以下の各主張を正しいものと誤ったものに分類せよ。

(1) $a \in P$ である a は，必ず $a \in Q$ をみたす。

(2) $a \in Q$ である a は，必ず $a \in P$ をみたす。

(3) $a \in P$ である a の中には，$a \in Q$ をみたすものが存在する。

(4) $a \in Q$ である a の中には，$a \in P$ をみたすものが存在する。

(5) $a \in P$, $a \in Q$ の双方をみたす a が存在する。

(6) $a \in P$, $a \notin Q$ の双方をみたす a が存在する。

(7) $a \notin P$, $a \in Q$ の双方をみたす a が存在する。

部分集合とその個数 ▶ [本冊 p.17]

自然数 n に対して定められる集合 $A_n := \{1, 2, 3, \cdots, n\}$ の部分集合の個数を調べよう。$A_1 = \{1\}$ の部分集合は $\varnothing$, $\{1\}$ の 2 つである。また，集合 $A_2 = \{1, 2\}$ の部分集合は $\varnothing$, $\{1\}$, $\{2\}$, $\{1, 2\}$ の 4 つである。

(1) 集合 $A_3 = \{1, 2, 3\}$ の部分集合は何個か。

(2) 集合 $A_4 = \{1, 2, 3, 4\}$ の部分集合は何個か。

(3) 以上の結果をもとに，集合 A_n の部分集合の個数を推測せよ。また，その個数となる理由を大まかに述べよ。

なお，いずれの問題についても以下のことに留意せよ。

● どの集合も，その集合自身を部分集合にもつ。

● どの集合も，空集合を部分集合にもつ。

例題 **2 元 1 次方程式の整数解** ▶ [本冊 p.20]

本書第 12 章（数学と人間の活動）では 2 元 1 次方程式の整数解について学ぶ。たとえば $5x + 7y = 3$ という方程式が登場し，その整数解は次のようになる。

$$(x, y) = (2 + 7k, -1 - 5k) \ (k \text{ は整数}) \quad \cdots \text{①}$$

ただし，解き方によってはたとえば

$$(x, y) = (-5 + 7k', 4 - 5k') \ (k' \text{ は整数}) \quad \cdots \text{②}$$

となることもある。見た目は異なるが，実はこれらはいずれも正解である。①，②で表される (x, y) の組の集合を各々 A, B とする。つまり

$$A := \{(\ 2 + 7k, -1 - 5k) \,|\, k \text{ は整数}\},$$
$$B := \{(-5 + 7k', 4 - 5k') \,|\, k' \text{ は整数}\}$$

と定める。このとき，$A = B$ を示せ。2 数の組の集合なので戸惑うかもしれないが，集合の相等の定義にしたがい $A \subset B$, $B \subset A$ を各々示せばよい。（なお，$A = B$ より，解①，②に "違い" がないことがわかる。）

　□　**有限集合の共通部分・和集合**　▶ [本冊 p.22]

集合 A, B を以下のように定義する。
$$A = \{p \mid p \text{ は } 35 \text{ 以下の素数}\},$$
$$B = \{n \mid n \text{ はいずれかの桁が } 3 \text{ である } 35 \text{ 以下の自然数}\}$$
(1)　A, B 各々を，要素を書き並べる記法により表せ。
(2)　$A \cap B$ および $A \cup B$ を求めよ。

　□　**無限集合の共通部分・和集合**　▶ [本冊 p.23]

集合 A, B を以下のように定義するとき，$A \cap B$ および $A \cup B$ を求めよ。ただし，$|x|$ は実数 x の絶対値である。
$$A = \{x \mid 0 \leqq x \leqq 3\}, \qquad B = \{x \mid |x| < 2\}$$

　□　**全体集合と補集合**　▶ [本冊 p.25]

$U = \{1, 2, 3, 4, 5, 6, 7, 8, 9\}$ を全体集合とし，集合 $A, B \ (\subset U)$ を次のように定める。
$$A = \{1, 4, 9\}, \qquad B = \{1, 3, 5, 7, 9\}$$
(1)　$\overline{A}, \overline{B}$ を求めよ。
(2)　$\overline{A} \cap \overline{B}, \ \overline{A} \cup \overline{B}$ を求めよ。
(3)　$\overline{A \cup B}, \ \overline{A \cap B}$ を求めよ。

　□　**ド・モルガンの法則を"塗り絵"で確認**　▶ [本冊 p.26]

全体集合 U と $A, B \ (\subset U)$ が与えられているとき，左のような図をノートに 4 つ描き，$\overline{A \cap B}, \ \overline{A \cup B}, \ \overline{A} \cup \overline{B}, \ \overline{A} \cap \overline{B}$ を表す部分を各々塗りつぶして見比べることで，ド・モルガンの法則の成立を確かめよ。

以下の各々が命題であるか否かを述べよ。真偽を述べる必要はない。
(1) 各桁の数字がすべて 1 であるような 100 桁以上の素数が存在する。
(2) 777 はステキな数である。
(3) 正の整数のうち，いずれかの桁に 7 を含むものを"ラッキーナンバー"と
よぶこととする。このとき，777 はラッキーナンバーである。

以下の命題の真偽を述べよ。必ずしも根拠を述べる必要はない。
(1) $5 > 3\sqrt{3}$ である。　　　　　　　　(2) $\pi \geqq 3$ （π は円周率）

以下の各々を"命題である""命題ではないが条件である"の一方に分類するな
らば，いずれが最も適切か。
(1) α, β は $\alpha + \beta = -2$, $\alpha\beta = -3$ をみたす。
(2) α, β は $\alpha + \beta = -2$, $\alpha\beta = -3$ をみたす。このとき，$(\alpha, \beta) = (1, -3)$ または
$(\alpha, \beta) = (-3, 1)$ である。
(3) N を自然数とする。このとき，N^2 を 4 で割った余りは 3 ではない。
(4) p, q は $p \geqq 0$, $q \geqq 0$, $p + q \leqq 1$ をみたす実数である。

以下の各命題の真偽を判定せよ。偽である場合は反例を示せ。
(1) t を実数とするとき，$t > 1 \Longrightarrow -3 + 2t + t^2 > 0$ である。
(2) x を実数とするとき，$x^2 - 3 > 0 \Longrightarrow x > \sqrt{3}$ である。
(3) x を実数とするとき，$x^2 + 1 < 0 \Longrightarrow x > 0$ である。
(4) $p, p+2, p+4$ のいずれも素数となるような素数 p は存在しない。

例題 ☐ **全体集合と命題の真偽の関係** ▶ [本冊 p.35]

全体集合を U とし，$a \in U$，$b \in U$ とする。このとき，命題
$$a < b \text{ ならば } a^2 < b^2 \quad \cdots (*)$$
の真偽が U によって変わるか否か調べてみよう。

(1) $U = \{x \,|\, x \text{ は実数}\}$ とした場合の真偽を述べよ。

(2) $U = \{x \,|\, x \text{ は正実数}\}$ とした場合の真偽を述べよ。

いずれにおいても，偽である場合は反例を与えよ。余力がある場合は，真である
ものについて，その証明を考えてみよ。

例題 ☐ **必要条件・十分条件** ▶ [本冊 p.37]

a, b は実数，m, n は自然数とする。(1) ～ (4) の各空欄に，ア～エのうち適切
なもの 1 つを挿入せよ。同じ記号を複数回用いてもよい。

(1) $a < b$ は $a^2 < b^2$ であるための [　]。

(2) $a = b$ は $a^2 + b^2 = 0$ であるための [　]。

(3) m, n がいずれも偶数であることは，mn が偶数であるための [　]。

(4) m, n がいずれも奇数であることは，mn が奇数であるための [　]。

ア：必要十分条件である
イ：必要条件であるが十分条件でない
ウ：十分条件であるが必要条件でない
エ：必要条件でも十分条件でもない

例題 ☐ **必要十分条件・同値** ▶ [本冊 p.39]

x, y を実数とする。このとき，次の 2 条件 p, q が同値であることを示せ。
$$p : x = 0 \text{ または } y = 0, \qquad q : (x+y)^2 = (x-y)^2$$

例題 ☐ **同値性を意識しつつ連立方程式を解く** ▶ [本冊 p.42]

連立方程式 $\begin{cases} x + 2y = 8 \\ -2x + y = 9 \end{cases}$ を解け。同値記号 $\Longleftrightarrow$ を用いることにこだわる必要は

ないが，同値性をつねに意識し，できれば記述により表現しつつ解いてみよ。

例題 ☐ **この解法，どこがおかしい？** ▸ [本冊 p.43]

連立方程式（＊）$\begin{cases} -x+2y=3 & \cdots① \\ 2x-y=4 & \cdots② \\ x+3y=11 & \cdots③ \end{cases}$ を，次のように解いてみた。

"①，②の辺々の和を計算すると $x+y=7$ となる。これと③を連立したもの $\begin{cases} x+y=7 \\ x+3y=11 \end{cases}$ を解くと，$(x, y)=(5, 2)$ が得られ，これが（＊）の解である。"

しかしこれは誤った議論である。実際，$(x, y)=(5, 2)$ は①，②いずれもみたさない。①も②も使ったのに誤った解が得られてしまったのは，なぜだろうか。

例題 ☐ **"かつ" "または" の否定** ▸ [本冊 p.45]

n を 1 以上 12 以下の整数とし，条件 p, q を以下のように定める。

$$p : n \text{ は偶数である}, \qquad q : n \text{ は } 3 \text{ の倍数である}$$

(1) $\bar{p}, \bar{q}$ 各々の真理集合を求めよ。

(2) $\overline{p \text{ かつ } q}$，$\bar{p}$ または $\bar{q}$ 各々の真理集合を求め，それらが一致することを確かめよ。

(3) $\overline{p \text{ または } q}$，$\bar{p}$ かつ $\bar{q}$ 各々の真理集合を求め，それらが一致することを確かめよ。

例題 ☐ **対偶を利用した証明** ▸ [本冊 p.49]

(1) k を整数とするとき，k^2 が 3 の倍数ならば，k が 3 の倍数であることを示せ。

(2) 3 つの自然数 a, b, c は，直角三角形の 3 辺の長さをなすという。このとき，a, b, c のうち少なくとも 1 つは 3 の倍数であることを示せ。

例題 ☐ **背理法による証明** ▸ [本冊 p.53]

自然数 a, b, c が $a^2=b^2+c^2$ をみたすとき，a, b, c のうち少なくとも 1 つは偶数であることを示せ。

次の各命題の真偽を述べよ。(1)，(2) が偽である場合には，反例も示せ。
(1)　任意の実数 x に対し "$x<2$ または $1<x$" が成り立つ。
(2)　任意の実数 x に対し "$x<1$ または $2<x$" が成り立つ。
(3)　ある実数 x が存在して，"$x<2$ かつ $1<x$" が成り立つ。
(4)　ある実数 x が存在して，"$x<1$ かつ $2<x$" が成り立つ。

次の各命題の否定を述べよ。余力があれば，否定前後の命題の真偽も述べよ。
(1)　任意の自然数 n に対し，$n(n+1)(n+2)$ は 6 の倍数となる。
(2)　任意の素数 p に対し，$p+7$ は素数ではない。
(3)　ある実数 x が存在して，$x^2+1=0$ が成り立つ。
(4)　3 つの正の平方数の和で表せるような平方数が存在する。

| 例題 | □ **有理数と四則演算** ▸ [本冊 p.62] |

有理数全体の集合が，四則演算について閉じていることを示せ。ただし，除算では 0 による除算を考えないものとする。

| 例題 | □ **実数の分類と四則演算** ▸ [本冊 p.63] |

正整数・整数・有理数・実数・無理数全体の集合が，四則演算の各々について閉じているか調べよ。ただし，0 による除算は考えない。

| 例題 | □ **平方根** ▸ [本冊 p.64] |

以下の主張の正誤を答えよ。
(1) -3 は 9 の平方根である。 (2) 9 の平方根は -3 である。
(3) 0 は 0 の平方根である。 (4) 0 の平方根は 0 である。

| 例題 | □ **根号** ▸ [本冊 p.65] |

以下の主張の正誤を答えよ。
(1) $\sqrt{3}$ は 3 の平方根である。 (2) 3 の平方根は $\pm\sqrt{3}$ である。
(3) $-\sqrt{5} > -2$ である。 (4) $\sqrt{(-2)^2} = -2$ である。
(5) a を正の実数とするとき，$\sqrt{a^2} = a$ である。

| 例題 | □ **根号の関係する計算** ▸ [本冊 p.67] |

以下の式を各々計算せよ。
(1) $\sqrt{5} - 2\sqrt{5} + 3\sqrt{5}$ (2) $-\sqrt{2} + \sqrt{32} + \sqrt{72}$ (3) $(1 + \sqrt{2})(3 + 2\sqrt{2})$
(4) $(\sqrt{3} - \sqrt{7})(\sqrt{28} - \sqrt{75})$ (5) $(3\sqrt{5} + 2)^2$ (6) $(\sqrt{11} + 2)(2 - \sqrt{11})$

□ **分母の有理化** ▶ [本冊 p.68]

以下の各分数の分母を有理化せよ。

(1) $\dfrac{2}{\sqrt{10}}$ (2) $\dfrac{5}{\sqrt{5}}$ (3) $\dfrac{1}{\sqrt{2}+1}$ (4) $\dfrac{1}{1+\sqrt{2}+\sqrt{3}}$

□ **二重根号を外す** ▶ [本冊 p.71]

次の各式の二重根号を（外せるので）外せ。

(1) $\sqrt{5+2\sqrt{6}}$ (2) $\sqrt{14-\sqrt{132}}$ (3) $\sqrt{2+\sqrt{3}}$

□ **循環小数を分数に変形する** ▶ [本冊 p.76]

以下の各循環小数を分母・分子の双方が整数である既約分数に変形せよ。

(1) $0.\dot{7}$ (2) $1.\dot{3}\dot{4}$ (3) $0.2\dot{3}5\dot{7}$

□ **整数部分・小数部分** ▶ [本冊 p.77]

(1) 3.14 (2) -273.15 (3) $\sqrt{7}$ の整数部分と小数部分を求めよ。

□ **絶対値の計算（基本）** ▶ [本冊 p.78]

以下の値を各々求めよ。

(1) $|-2|+5$ (2) $-2+|5|$ (3) $|-2|+|5|$ (4) $|-2+5|$
(5) $|-|2+5||$ (6) $||-2|+5|$ (7) $|-2+|5||$ (8) $||-2|+|5||$

□ **絶対値の計算（応用）** ▶ [本冊 p.79]

以下の各々の値を計算せよ。

(1) $|\sqrt{10}-3|$ (2) $|\sqrt{3}-1|+|\sqrt{3}-2|$
(3) $p=1-\sqrt{7}$ と定めたときの, $|p|+|p+1|+|p+2|+|p+3|$

例題 ☐ **絶対値に関する全称命題・存在命題の真偽** ▶ [本冊 p.80]

(1) 〜 (4) 各々の命題について，真偽を判定せよ。

(1) 任意の実数 x に対し，$x \leqq |x|$ (3) 任意の実数 x に対し，$x \geqq |x|$

(2) ある実数 x に対し，$x \leqq |x|$ (4) ある実数 x に対し，$x \geqq |x|$

例題 ☐ **絶対値と数直線①** ▶ [本冊 p.81]

数直線をイメージしたり描いたりしつつ，以下の方程式・不等式を解け。

(1) $|x| = 3$ (2) $|x - 2| = 3$ (3) $|x + 2| > -1$ (4) $|x - 1| < 3$

例題 ☐ **絶対値と数直線②** ▶ [本冊 p.82]

ある条件をみたす実数の範囲を，数直線で図示することを考えよう。たとえば

$$① \; 0 < x \leqq 3 \qquad ② \; -3 \leqq x \leqq 1$$

をみたす実数 x の範囲は，各々次のように図示できる。ただし，●はその数を範囲に含み，○はその数を範囲に含まないことを表す。

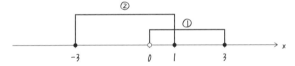

以下の各々をみたす実数 x の範囲を，上のように数直線上に図示せよ。

(1) $|x| < 4$ (2) $|x - 3| \leqq 2$ (3) $|x + 1| \geqq 2$

□ **絶対値を含む関数のグラフ** ▶ [本冊 p.83]

(1)　次の表は，最上段にある x の値各々に対する $|x|, |x|-1, |x-2|$ の値を計算するものである。記入例（$x=1$ の場合）にならい，表の空欄を埋めよ。

x	-4	-3	-2	-1	0	1	2	3	4
$|x|$						1			
$|x|-1$						0			
$|x-2|$						1			

(2)　(1) をふまえ，関数 $y=|x|, y=|x|-1, y=|x-2|$ のグラフを描け。

□ **実数の 2 乗に根号をつけたもの** ▶ [本冊 p.85]

次の式を各々簡単にせよ。ただし，x は実数とする。

(1)　$\sqrt{(-3)^2}$　　　　(2)　$\sqrt{(\sqrt{2}-\sqrt{3})^2}$　　　　(3)　$\sqrt{(x^2-1)^2+(2x)^2}$

□ **絶対値関数を含む不等式** ▶ [本冊 p.86]

次の不等式を各々解け。　　(1)　$|x-5|>1$　　(2)　$|x+1|<2x$

第 **3** 章 多項式の取り扱い

例題 ☐ **多項式の加算・減算（1 変数）** ▸ [本冊 p.92]

$A = 6p + 9 + p^2$, $B = 7p - 2p^2 + 10$ とする。このとき，次の計算をせよ。

(1) $3A + B$

(2) $3(4B - A) + 2(A - 6B)$

例題 ☐ **多項式の加算・減算（多変数）** ▸ [本冊 p.93]

$C = y^2 + 3xy + 3y + 2x + 1$, $D = xy - 2x + 5$ とする。このとき，次の計算をせよ。

(1) $C + 4D$

(2) $3(C + D) + 4(C - D) - 6(C - 2D)$

例題 ☐ **指数法則** ▸ [本冊 p.95]

次の式を計算せよ。

(1) $a \cdot 3a^3 \cdot 5a^5 \cdot 7a^7$

(2) $x^{12} + (2x^2)^6 + (3x^3)^4$

(3) $(abc)^2 \cdot (abd)^2 \cdot (acd)^2 \cdot (bcd)^2$

例題 ☐ **2 次式の展開** ▸ [本冊 p.102]

次の式を各々展開せよ。

(1) $(pq + r)(st + u)$

(2) $(m + 5)(8 + m)$

(3) $(7q + 2p)^2$

(4) $(t + 5)(-t - 5)$

(5) $(3 - y)(3 + y)$

(6) $(2x - 1)(4x + 2)$

例題 ☐ **3 次式の展開** ▸ [本冊 p.103]

次の式を各々展開せよ。

(1) $(t + 1)(t + 2)(t + 3)$

(2) $(2 + p)^3$

(3) $(5k - 3\ell)^3$

(4) $(n^2 - kn + k^2)(k + n)$

(5) $(m + 2)(m^2 + 2m + 4)$

(6) $(d^2 + 4d + 16)(d - 4)$

(7) $(x^2 - 1)(x^2 + x + 1)$

(8) $(a + 2b + 3c)^2$

(9) $(z^2 - 5z - 3)^2$

(10) $-(p^2 + q^2 + r^2 + qr + rp - pq)(r - p - q)$

15

□ **展開計算における工夫** ▶ [本冊 p.106]

次の式を各々展開せよ。
(1) $(x+1)(x+2)(x-1)(x-2)$　　　　(2) $(s+t)^2(s-t)^2$
(3) $(p+q+r)(-p+q-r)$

□ **複雑な展開計算** ▶ [本冊 p.109]

(1) $(n-2)(n-1)n(n+1)(n+2)$ を展開せよ。
(2) $(x+1)(x+2)(x+3)(x+4)(x+5)$ を展開した際の x^4 の係数を求めよ。
　　たとえば，$y^3-6y^2+12y-8$ の y^2 の係数は -6 である。

□ **シンプルな 2 次式の因数分解** ▶ [本冊 p.115]

次の各々の式を因数分解せよ。いずれも整数係数の範囲で因数分解できる。
(1) t^2+t-6　　　　　(2) $h^2+9h+20$　　　　　(3) $16p^2+10pq+q^2$

□ **2 次の係数が 1 でない複雑な 2 次式の因数分解** ▶ [本冊 p.119]

次の式を因数分解せよ。なお，いずれも整数係数の範囲で因数分解できる。
(1) $9x^2+29x+6$　　　　(2) $40z+4z^2+99$　　　　(3) $6f^2+20g^2+23gf$

□ **項がたくさんある場合の因数分解** ▶ [本冊 p.122]

次の各々の式を因数分解せよ。
(1) $s^2+6t^2+6u^2+13tu+5us+5st$
(2) $4b^2+16c^2+64d^2-64cd+32db-16bc$

□ **3 次式の因数分解** ▶ [本冊 p.125]

次の式を因数分解せよ。
(1) k^6-64　　　　　(2) $x+x^4+3x^2+3x^3$　　　(3) $162u^3-72uv^2$
(4) $z^3-8w^3-6z^2w+12zw^2$　　　　　　(5) $p^3+q^3-pq+\dfrac{1}{27}$

16

例題 ☐ **複2次式の因数分解** ▸ [本冊 p.128]

次の式を因数分解せよ。

(1) $t^4 - 3t^2 + 1$ (2) $-u^4 + 5u^2v^2 - 4v^4$ (3) $\alpha^5 + 4\alpha$

例題 ☐ **置換を利用する因数分解** ▸ [本冊 p.131]

次の式を因数分解せよ。

(1) $(p-3)^2 - (p-3) - 20$ (2) $8(x+1)^2 + 6(x+1)(y-2) + (y-2)^2$
(3) $(x^2 + 2x + 3)^2 - 4(x^2 + 2x + 3) + 4$

例題 ☐ **着目する文字により次数が異なる式の因数分解** ▸ [本冊 p.133]

$a^3 + c^3 - a(b^2 + c^2) - c(a^2 + b^2)$ を因数分解せよ。

例題 ☐ **対称式・交代式の因数分解** ▸ [本冊 p.137]

次の式を因数分解せよ。

(1) $(x+y+z)(yz+zx+xy) - xyz$ (2) $x^2(y-z) + y^2(z-x) + z^2(x-y)$

例題 ☐ **無理数係数が登場する因数分解** ▸ [本冊 p.139]

$x^6 - 8$ を実数係数の範囲で因数分解せよ。

例題 ☐ **展開・因数分解を利用した計算の簡略化** ▸ [本冊 p.141]

次の計算をせよ。どのような手段を用いても正しい値を求められれば正解だが、
うまい手段を積極的に見つけて計算をサボってみよう。

(1) 389^2 (2) $2.23^2 - 0.77^2$ (3) 587×613
(4) 403×398 (5) $198^2 + 199^2 + 200^2 + 201^2 + 202^2$

2次方程式 $x^2-x-3=0$ の2実解を α, β $(\alpha<\beta)$ とする。

(1) α, β の定義より，当然 $x^2-x-3=(x-\alpha)(x-\beta)$ と因数分解できる。これをふまえ，$\alpha+\beta$, $\alpha\beta$ の値を求めよ。

(2) $\alpha^2+\beta^2$ の値を求めよ。

(3) $\alpha^3+\beta^3$ の値を求めよ。

(4) $\alpha^5+\beta^5$ の値を求めよ。

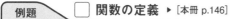

第 4 章

関数，座標平面，方程式，不等式

例題 ▢ **関数の定義** ▶[本冊 p.146]

次の各々において，y が x の関数となっているか判定せよ。ただし，(1), (2) で x が動く範囲は実数全体，(3), (4) のそれは自然数全体とする。

(1)　$y=|x|$

(2)　$y=\begin{cases} 0 & (x<0 \text{ のとき}) \\ 1 & (x\geqq 0 \text{ のとき}) \end{cases}$

(3)　$y=(x \text{ の正の約数})$

(4)　$y=(x \text{ の正の約数の個数})$

例題 ▢ **関数の表記，関数の値** ▶[本冊 p.148]

$f(x)=x^2+2x$ と定める。このとき，$f(0), f(3), f(a-1)$ の値を各々求めよ。

例題 ▢ **実数に対する操作を関数と捉える** ▶[本冊 p.148]

実数に対する次の操作($*$)を考える。

($*$)：まずその実数を 2 倍し，1 を引いたのちに 3 倍し，2 を引く。

(1)　実数 x に対し操作($*$)を 1 回行った結果を x で表せ。

(2)　実数 x に対し操作($*$)を 3 回続けて行った結果を x で表せ。

例題 ▢ **関数の定義域・値域** ▶[本冊 p.149]

関数 $y=2x+4$ $(0\leqq x\leqq 3)$ の値域を求めよ。

例題 ▢ **座標平面と象限①** ▶[本冊 p.151]

座標平面に 4 点 A$(3, 0)$, B$(-3, -2)$, C$(5, 2)$, D$(-1, 4)$ を描き込め。また，これら 4 点が各々どの象限に属するか述べよ。

次の各々について，条件をみたす象限をすべて挙げよ。
(1) それに属する点の x 座標は正である。
(2) それに属する点の x 座標と y 座標は逆符号である。
(3) 曲線 $y = \dfrac{1}{x}$ の一部または全部が存在する。

次の各関数のグラフを描け。ただし，無限に広いグラフはもちろん描けないため，ある程度のところで打ち切ってしまってよい。
(1) $y = \begin{cases} 0 & (x<0\text{のとき}) \\ 1 & (x\geqq0\text{のとき}) \end{cases}$ （定義域：実数全体）
(2) $y = (x\text{の正の約数の個数})$ （定義域：自然数全体）
(3) $y = (x\text{より大きくない最大の整数})$ （定義域：実数全体）

次の関係式が各々成り立っているとき，y が x の1次関数となっているか判定せよ。ただし，いずれにおいても x は実数全体を動くものとする。
(1) $y = x - 2$ (2) $x + 9 = y$ (3) $3x + 4y = 12$

次の各々において，各文以外の情報を何も仮定しない場合の妥当な定義域（x の動く範囲）の例をひとつ述べ，y を x の式で表せ。また，y が x の1次関数であるか判定せよ。
(1) 面積が1である直角三角形において，直角をはさむ2辺の長さを x, y とする。
(2) 直角二等辺三角形において，直角をはさむ2辺の長さを x, y とする。
(3) 最初 10 cm の深さの水が貯まっていた直方体の水槽に，毎分 3 cm ずつ水深が増すように水を流入する。流入開始から x 分経過した時点での水深を y cm とする。

□ **1次関数の係数とグラフとの関係** ▶ [本冊 p.158]

次の関数のグラフを，設問ごとに同じ座標平面に描け。

(1) $y = 2x,\ y = 2x + 2,\ y = 2x - 4$　　(2) $y = -x,\ y = -x + 5,\ y = -x - 3$

(3) $y - x = 0,\ y - x = 2,\ y - x = -4$　　(4) $x + y = 0,\ x + y = 5,\ x + y = -3$

□ **座標平面における直線の方程式** ▶ [本冊 p.159]

以下の命題の真偽を述べ，偽である場合は反例を1つ具体的に示せ。すべて座標平面（xy 平面）上で考えることとし，$x,\ y$ 以外の文字はみな実定数とする。

(1) 任意の実数 $a,\ b$ に対して，$y = ax + b$ という方程式は直線を表す。

(2) 平面上のすべての直線の方程式は，ある適切な実数 $a,\ b$ を選ぶことにより $y = ax + b$ と書ける。

□ **通過する1点と傾きが指定された直線の方程式** ▶ [本冊 p.161]

座標平面において次の各条件をみたす直線の方程式を求めよ。そのような直線が存在しない場合は，その旨を答えよ。

(1) 点 $(2, 0)$ を通り，傾きが $\dfrac{1}{2}$　　(2) 点 $(t, 2t)$ を通り，傾きが3（t は実定数）

□ **通過する複数の点が指定された直線の方程式** ▶ [本冊 p.162]

座標平面において次の各条件をみたす直線の方程式を求めよ。そのような直線が存在しない場合は，その旨を答えよ。

(1) 点 $(0, 7)$ と点 $(3, 1)$ を通る　　(2) 2点 $(2, 1),\ (p, 2)$ を通る（p は実定数）

(3) 3点 $(-3, -1),\ (1, 3),\ (2, 5)$ を通る　　(4) 3点 $(-5, 5),\ (-1, 3),\ (3, 1)$ を通る

□ **値域と最大値・最小値①** ▶ [本冊 p.166]

次の各関数の値域（y のとりうる値の範囲）を求めよ。また，最大値・最小値が存在するならばそれを求め，存在しない場合はその旨を答えよ。ただし，方程式の直後のカッコ内は定義域を表し，それがない場合の定義域は実数全体とする。

(1) $y = 1$　　　　(2) $y = 3x$　　　　(3) $y = -\dfrac{1}{2}x + 1\ (-2 < x \leqq 4)$

□ **1 次の係数による関数の増減の違い** ▸ [本冊 p.167]

a, b を定数とする。x の関数 $y = ax + b$ の $0 \leqq x \leqq 2$ における最大値は 5，最小値は 1 になったという。このとき，a, b の値を求めよ。

□ **値域と最大値・最小値②** ▸ [本冊 p.168]

次の各関数に最大値・最小値が存在するならばそれを求め，存在しない場合はその旨を答えよ。

(1)　$y = |x| + x$ 　　(2)　$y = -|2x + 1| + \dfrac{1}{2}x + 3$ 　　(3)　$y = |x - 5| + \left| \dfrac{1}{2}x + 2 \right|$

□ **同じことを述べている文は？** ▸ [本冊 p.169]

実数全体で定義された関数 $f(x)$ に関する次の文のうちに全く同じ主張はあるか。
(1)　任意の実数 x に対し，$f(x) \geqq 0$ が成り立つ。
(2)　$f(x)$ の値域は $f(x) \geqq 0$ である。　　(3)　$f(x)$ の最小値は 0 である。

□ **等式の性質の"逆"は成り立つか** ▸ [本冊 p.170]

A, B, C はみな実数とする。以下の各命題の真偽を述べ，偽である場合は反例も示せ。
(1)　$A + C = B + C \implies A = B$ 　　(2)　$A - C = B - C \implies A = B$
(3)　$AC = BC \implies A = B$ 　　(4)　$\dfrac{A}{C} = \dfrac{B}{C} \implies A = B \ (C \neq 0)$

□ **1 元 1 次方程式** ▸ [本冊 p.172]

以下の x についての方程式を解け。ただし，x 以外の文字は実定数とする。

(1)　$3x - 8 = -x + 60$ 　　　　　　(2)　$\dfrac{3}{5}x + \dfrac{5}{4} = 16x - 18$

(3)　$t + x = -t^2 x - 1$ 　　　　　　(4)　$2 - x = -6(t - tx) + 9t^2 x$

例題 ☐ **連立方程式** ▸ [本冊 p.173]

以下の $x, y\ (, z)$ についての方程式を解け（適宜式番号を用いて過程を整理するとよい）。

(1) $\begin{cases} 0.12y - 0.125x = 1 & \cdots\text{①} \\ 2.25x - 2.2y = -19 & \cdots\text{②} \end{cases}$

(2) $\begin{cases} 4x - 2y + z = -9 & \cdots\text{①} \\ x + y + z = 9 & \cdots\text{②} \\ 9x + 3y + z = 1 & \cdots\text{③} \end{cases}$

(3) $4x - 1 = \dfrac{3x+1}{4} + \dfrac{4y-1}{3} = 3\,(y - x - 1)$

例題 ☐ **不等号における等号の有無** ▸ [本冊 p.175]

以下の各命題の真偽を判定せよ。ただし，x, y は実数とする。

(1) $2 > 2$　　　　(2) $2 \geqq 2$　　　　(3) $-\sqrt{5} < -2$　　　(4) $-\sqrt{5} \leqq -2$

(5) $x > y \Longrightarrow x \geqq y$　　　　　　(6) $x \geqq y \Longrightarrow x > y$

例題 ☐ **不等号の性質** ▸ [本冊 p.175]

以下の各命題の真偽を判定せよ。ただし，登場する文字はみな実数とする。

(1) "$x < y$ かつ $y < z$" $\Longrightarrow x < z$　　　(2) "$x < y$ かつ $y < z$" $\Longrightarrow x \leqq z$

(3) "$x \leqq y$ かつ $y \leqq z$" $\Longrightarrow x < z$　　　(4) "$x \leqq y$ かつ $y \leqq z$" $\Longrightarrow x \leqq z$

例題 ☐ **値のわからない文字が係数になっている不等式** ▸ [本冊 p.176]

a, b を定数とするとき，x の不等式 $ax \geqq b$ を解け。

例題 ☐ **1 次不等式** ▸ [本冊 p.177]

以下の x についての不等式を解け。ただし，(4)の a は実定数とする。

(1) $(\sqrt{2} - \sqrt{3})x \leqq 1$

(2) $\begin{cases} 5x + 12 < 2x \\ 5x < 2x + 12 \end{cases}$

(3) $x < 2x - 1 < x - 2$

(4) $ax > a^2$

以下の x についての方程式・不等式を解け。

(1) $|5x-3|=3$ (2) $|x+3|=-2$

(3) $|2x+6|<4$ (4) $|x-1|>1$ (5) $|3x+1|\geqq-3$

不等式を解け。 (1) $|2x|<x-1$ (2) $3\leqq x+2|x|$

第 **5** 章 # 2次関数とそのグラフ，方程式，不等式

例題 ☐ **2次関数であるか否かの判定** ▸ [本冊 p.186]

次の関係式が各々成り立つとき，y が x の2次関数であるか否か判定せよ。

(1) $y = -2x^2 + x + x^2 + (1+x)^2$ 　　　(2) $y + 3 = -(x+2)^2$

(3) $(y+1)^2 = (y-1)^2 + x^2$ 　　　(4) $(|x|+1)(1-|x|) + 2y = 0$

例題 ☐ **関係の立式と2次関数の判定** ▸ [本冊 p.187]

次の各々において，y を x の式で表せ。また，y が x の2次関数であるか判定せよ。なお，定義域は気にしないでよい。

(1) 面積が y である直角二等辺三角形の周の長さは x である。

(2) 直角二等辺三角形の斜辺の長さを x，残りの2辺の長さを各々 y とする。

(3) 円錐（の側面）の形をした容器があり，母線の長さは 15 cm，底面の円の直径は 18 cm である。この容器を，底面の円が水平で，頂点が下になるよう置く。はじめ，この容器は空であった。ここにある量の水を入れたところ，水深が x cm となった。このとき，水面の面積は y cm² である。

(4) (3)と同じ水槽を同じ向きに置き，空の状態から水を y cm³ 入れたところ，水深が x cm となった。

例題 ☐ **2次関数のグラフ** ▸ [本冊 p.191]

右の各2次関数のグラフを描け。

(1) $y - 1 = (x-2)^2$ 　　　(2) $y + 2 = \dfrac{1}{2}(x+1)^2$

(3) $y = -x^2 + 3x$ 　　　(4) $y = \dfrac{1}{3}x^2 + 2x + 3$

例題 ☐ **放物線の平行移動①** ▸ [本冊 p.194]

放物線 $y = x^2 - 4x + 6$ を x 軸方向に -5，y 軸方向に 2 平行移動してできる曲線の方程式を求めよ。

| 例題 | □ 放物線の平行移動② | ▶ [本冊 p.194] |

放物線 $y = -\dfrac{1}{3}x^2 + \dfrac{2}{3}x + 1$ を x 軸方向にのみ平行移動し，点 $(2, 0)$ を通るようにしたい。どれほど平行移動すればよいか。

| 例題 | □ 点の対称移動 | ▶ [本冊 p.195] |

点 P $(-4, 3)$ を以下のものを中心に対称移動するとき，各々における移動後の点の座標を求めよ。

(1) y 軸   (2) x 軸   (3) 原点   (4) 直線 $x = 3$

(5) 直線 $y = -1$ (6) 点 $(3, -1)$

| 例題 | □ 放物線を，直線に関して対称移動する | ▶ [本冊 p.198] |

放物線 $C : y = x^2 + 2x - 2$ を，直線 $\ell : x = 1$ に関して対称移動したあとの図形 C' の方程式を求めたい。

(1) まず C を描き，それを ℓ に関してひっくり返すことで C' を描け。また，それをもとに C' の方程式を求めよ。

次に，本冊 p.197 の図形の対称移動の定義に基づいて C' を求めてみよう。

(2) C 上で，x 座標が a である点を考える。この点の y 座標を a を用いて表せ。

(3) (2)の a はどのような範囲を動くか。

(4) (2)の点を直線 ℓ に関して対称移動すると，どのような点に移るか。

(5) (2)～(4)の結果から C' の方程式を求めよ。

| 例題 | □ グラフの位置と係数の符号 | ▶ [本冊 p.200] |

関数 $y = ax^2 + bx + c \ (a \neq 0)$ のグラフは右の通りである。

(1) a, b, c 各々の符号を求めよ。

(2) $4ac > b^2$ を示せ。

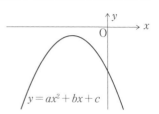

(1) 関数 $y=|x^2+2x|$ のグラフを描け。
(2) 関数 $y=|x^2|-|2x|$ のグラフを描け。

次の各関数の最大値・最小値と各々を実現する x の値を求めよ。

(1) $y=x^2+2x-4$ (2) $y=-\dfrac{1}{3}x^2+x$

a を $-1<a$ なる定数，$f(x)=2x^2-3x$ と定める。このとき，2次関数 $y=f(x)$ の区間 $-1\leqq x\leqq a$ における (1) 最大値 $M(a)$，(2) 最小値 $m(a)$ を求めよ。

a を定数とする。このとき，2次関数 $y=-\dfrac{1}{2}x^2+2x+1$ の区間 $a-2\leqq x\leqq a$ における (1) 最大値 $M(a)$，(2) 最小値 $m(a)$ を求めよ。

a を定数とする。2次関数 $y=-x^2-ax+1$ の区間 $0\leqq x\leqq 3$ における最大値 $M(a)$ および最小値 $m(a)$ を求めよ。

$f(x)=-x^2+4x-3$ と定める。このとき，以下の x の関数各々がとりうる値の範囲，そして最大値・最小値を答えよ。ただし，x は実数全体を動くものとする。

(1) $f(x)$ (2) $f(f(x))$

例題　□ 2次関数の最大値・最小値（図形問題への応用）　▶[本冊 p.220]

直角をはさむ 2 辺の長さの和が 6 である直角三角形のうち，斜辺の長さが最小であるものについて，その 3 辺の長さを求めよ。

例題　□ 2変数関数 ver. にチャレンジ！　▶[本冊 p.221]

実数 x, y が $\begin{cases} x \geqq 0 \\ y \geqq 0 \\ 2x+y=2 \end{cases}$ …① をみたしながら動くとき，$x+\dfrac{y^2}{2}$ の最大値・最小値を求めよ。

例題　□ 2次関数の決定①　▶[本冊 p.224]

$f(x)$ を 2 次関数とする。本文中にある通り，放物線 $C : y=f(x)$ が点 $(1, 1)$, $(3, 5)$ を通るとき，0 でない実数 a を用いて
$$f(x)=ax^2-2(2a-1)x+(3a-1)$$
と書けることがわかった。このもとで，以下の問いに答えよ。
(1)　C が点 $(4, 5)$ も通るとき，a の値を求めよ。
(2)　C が x 軸と接するとき，a の値を求めよ。
(3)　C が点 $(1, 1)$ を頂点とするとき，a の値を求めよ。
(4)　y 軸上のとある点 P は，任意の $a\,(\neq 0)$ の値に対し C 上に存在しないという。このような点 P の座標を求めよ。

例題　□ 2次関数の決定②　▶[本冊 p.229]

$f(x)$ を x の 2 次式とする。曲線 $y=f(x)$ は x 軸と接し，かつ点 $(1, 1)$, $(-4, 4)$ を通るという。このとき $f(x)$ を求めよ。

例題　□ 2次関数の決定③　▶[本冊 p.231]

$f(x)$ を x の 2 次式とする。曲線 $y=f(x)$ は点 $(3, 0)$, $(4, 1)$, $(7, 0)$ を通るという。このとき $f(x)$ を求めよ。

☐ （主に 2 次の）方程式 ▶ [本冊 p.233]

以下の x についての方程式の実数解を求めよ。

(1) $x^2 - 11x + 18 = 0$　　(2) $x(x-1) = 1$　　(3) $8 = 2(x+3)^2$

(4) $12x^2 - 13x - 14 = 0$　　(5) $\dfrac{3x^2 - 2}{5} = 4x + 1$　　(6) $x^3 = 1$

☐ 2 次方程式の判別式と解の公式の関係 ▶ [本冊 p.237]

$f(x) = ax^2 + bx + c$ と定める。ただし a, b, c はいずれも実数であって，さらに $a > 0$，$b^2 - 4ac > 0$ とする。このとき，以下の手順にしたがい 2 次方程式 $f(x) = 0$ の実数解を求めよ。なお，以下では線分 XY の長さを単に XY と表す。

(1) まず，$f(x)$ を平方完成し，曲線 $C : y = f(x)$ の頂点 P の座標を求めよ。
(2) $a > 0$，$b^2 - 4ac > 0$ に注意して，C と x 軸の交点が 2 個であることを簡単に説明せよ。ただし，C が放物線であることや，放物線の概形は既知とする。

P から x 軸に下ろした垂線の足を Q とする。また，C と x 軸の 2 交点を，x 座標が大きい方から順に R_1, R_2 とする。

(3) PQ を求めよ。
(4) PQ と $(R_1Q)^2$，$(R_2Q)^2$ との関係に着目し，R_1Q，R_2Q を求めよ。
(5) 2 点 R_1, R_2 の x 座標 x_1, x_2 を求めよ。

この x_1, x_2 が 2 次方程式 $f(x) = 0$ の解であり，判別式 $b^2 - 4ac$ は放物線の頂点の座標とも，方程式 $f(x) = 0$ の 2 解の差とも密接に関係しているとわかる。

☐ 2 次方程式の実数解の個数① （文字定数なし） ▶ [本冊 p.239]

以下の x の方程式各々について，実数解の個数を調べよ。

(1) $x^2 + 4x + 5 = 0$　　(2) $x^2 + 4x + 4 = 0$　　(3) $x^2 + 4x + 3 = 0$

☐ 2 次方程式の実数解の個数② （文字定数あり） ▶ [本冊 p.240]

a を定数とする。x の方程式 $ax^2 + x - 2 = 0$ …① の実数解の個数を求めよ。

p を定数とする。放物線 $y=2x^2-(p+3)x-p$ が x 軸と接するとき，定数 p の値とそのときの接点を求めよ。

k を定数とする。放物線 $y=kx^2+x-k$ が x 軸から切り取る線分の長さが 8 であるとき，k の値を求めよ。ここで，放物線が x 軸から切り取る線分の長さとは，両者が相異なる 2 点 A, B で交わっているときの線分 AB の長さのことをいう。

以下の各々について，曲線 $C_1 : y=f(x)$ と $C_2 : y=g(x)$ との共有点の座標を求めよ。共有点が存在しない場合は，その旨を述べよ。

(1)　$f(x)=x^2, g(x)=x-2$　　　(2)　$f(x)=x^2, g(x)=x+2$

(3)　$f(x)=x^2, g(x)=x^2+1$　　　(4)　$f(x)=x^2, g(x)=x^2+x+1$

(5)　$f(x)=2x^2-x-2, g(x)=-x^2+4x$

(6)　$f(x)=2x^2-x-2, g(x)=-x^2+5x-5$

k を定数とする。このとき，座標平面における放物線 $C : y=\dfrac{1}{2}x^2+kx-1$ と直線 $\ell : y=x-k$ との共有点の個数を求めよ。

次の x の不等式を各々解け。

(1)　$x^2+2x>0$　　　　　　　(2)　$x^2+2x>-1$

(3)　$x^2+2x>-2$　　　　　　(4)　$(x+1)^3>(x+2)^3$

□ 2次不等式（応用） ▶ [本冊 p.248]

次の x の不等式を各々解け。

(1) $-x^2 < 6x < -x^2 + 7$ …⓪

(2) $\begin{cases} 7x^2 - 34x - 5 \leqq 0 & \cdots ① \\ -5x^2 + 3x + 2 > 0 & \cdots ② \end{cases}$

□ 値のわからない文字を含む2次不等式 ▶ [本冊 p.250]

(1) a を実定数とするとき，x の不等式 $-2x^2 + (2-a)x + a \geqq 0$ …（＊）を解け。

(2) （＊）をみたす整数 x がちょうど4個となるような a の範囲を求めよ。

□ 2次方程式の解に関する制約 ▶ [本冊 p.255]

x の2次方程式 $x^2 - 2mx + 2m^2 - 4 = 0$ …（＊）について，次の問いに答えよ。

(1) 相異なる2実解をもち，それらが逆符号となる m の条件を求めよ。

(2) 正の実数解をもたないような m の条件を求めよ。

第 **6** 章 # 三角比の定義と その拡張

例題　□ **相似拡大における不変量** ▶ [本冊 p.258]

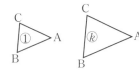

k を正の実定数とする。図のように△ABC を k 倍に拡大することを考える（図は $k>1$ の場合である）。ここで，"k 倍に拡大する" とは，各辺の長さがもとの三角形の k 倍となるように相似なまま変形することをいう。

(1)　このとき，以下の各量は何倍に変化するか述べよ。たとえば辺 AB の長さは k 倍になる（そうなるように拡大しているため）。なお，計算や証明は省き，感覚で結論のみ答えればよいものとする。

（ア）　△ABC の周長　　（イ）　辺 AB を底辺とみたときの△ABC の高さ h

（ウ）　△ABC の面積　　（エ）　△ABC の外接円の面積

（オ）　∠A の大きさ　　（カ）　$\dfrac{AB}{AC}$　　（キ）　$\dfrac{h}{AB}$（h の定義は（イ）と同じ）

(2)　k の値によらず一定のものであって，(1) の選択肢中にないものを，何でもよいので思いつくだけ述べよ。

例題　□ **辺の長さの比と角度** ▶ [本冊 p.260]

∠B＝90°の直角三角形 ABC があり，∠A の値を知っているものとする。このとき，以下の各量のうち値が1つに定まるものをすべて答えよ。

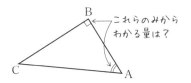

（ア）　BC　　（イ）　AC　　（ウ）　AB　　（エ）　$\dfrac{BC}{AC}$　　（オ）　$\dfrac{AB}{AC}$　　（カ）　$\dfrac{BC}{AB}$

たとえば，三角形の内角の合計は 180° であるから∠C の値は計算でき，具体的には∠C＝90°－∠A となる（ので，これは値の定まるものの一例となる）。

| 例題 | **☐ 直角三角形の辺長の三角比による変換** ▶ [本冊 p.262] |

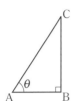

∠A $= \theta$ $(0° < \theta < 90°)$, ∠B $= 90°$ の直角三角形 ABC について，以下の式が成り立つことを，三角比の定義より示せ。

(1) BC $=$ AC $\sin\theta$

(2) AB $=$ AC $\cos\theta$

(3) BC $=$ AB $\tan\theta$

| 例題 | **☐ 特殊な角についての三角比の値** ▶ [本冊 p.262] |

三角比の定義に基づき，以下の三角比の値を求めよ。
実際にこれらの角をもつ直角三角形を描きながら考えるとよい。

(1) $\sin 30°$, $\cos 30°$, $\tan 30°$

(2) $\sin 45°$, $\cos 45°$, $\tan 45°$

(3) $\sin 60°$, $\cos 60°$, $\tan 60°$

| 例題 | **☐ 他の三角比の値の計算①** ▶ [本冊 p.264] |

$0° < \theta < 90°$ のもとで $\cos\theta = \dfrac{3}{7}$ であるとき，$\sin\theta$, $\tan\theta$ の値を求めよ。

| 例題 | **☐ 他の三角比の値の計算②** ▶ [本冊 p.264] |

$0° < \theta < 90°$ のもとで $\tan\theta = 1.2$ であるとき，$\sin\theta$, $\cos\theta$ の値を求めよ。

| 例題 | **☐ 三角比の値と有理数・無理数** ▶ [本冊 p.265] |

いままでの $\sin\theta$, $\cos\theta$, $\tan\theta$ の値の組には，$\left(\dfrac{1}{\sqrt{2}}\ や\ \dfrac{\sqrt{3}}{2}\ といった\right)$ 無理数が1つ以上含まれていたが，$0° < \theta < 90°$ のもとで $\sin\theta$, $\cos\theta$, $\tan\theta$ がみな有理数となることもある。そのような $\sin\theta$, $\cos\theta$, $\tan\theta$ の値の組をいくつか挙げよ。

□ **三角比の表の活用①** ▶ [本冊 p.267]

次の 2 つの鋭角 θ がおおよそ何度か，本冊 p.645 にある三角比の表を用いて $\theta = (整数)°$ の形で答えよ。

(1)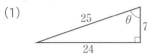

(2)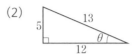

□ **三角比の表の活用②** ▶ [本冊 p.267]

日本の道路では，坂の傾斜の度合いを ％ 表示することがある。これは，水平方向の移動量に対する標高の変化量の割合である。

たとえば 5 ％ の坂があったとする。この坂を水平方向に 100 m 登ると標高が 5 m 上がることになる。この坂の傾斜はおよそ何度か，(整数)° の形で答えよ。

必要ならば，本冊 p.645 にある三角比の表を活用せよ。

□ **三角比の表の活用③** ▶ [本冊 p.268]

とある木の高さを知るために，その木から水平方向に 15 m 離れた場所から最上部を見上げたところ，仰角は 21° であった。目の高さがちょうど 175 cm であるとすると，この木の高さは何 m か。小数第 2 位を四捨五入して答えよ。

必要ならば，本冊 p.645 にある三角比の表を活用せよ。

□ **三角比の性質** ▶ [本冊 p.269]

$0° < \theta < 90°$ において以下のことが成り立つ。これらを三角比の定義や三平方の定理をもとに示せ。

(1) $\tan\theta = \dfrac{\sin\theta}{\cos\theta}$ (2) $0 < \sin\theta < 1$ (3) $0 < \cos\theta < 1$

(4) $\sin^2\theta + \cos^2\theta = 1$ (5) $\tan^2\theta + 1 = \dfrac{1}{\cos^2\theta}$

例題 ☐ **三角比に関する等式の証明** ▶ [本冊 p.270]

$0° < \theta < 90°$ とする。このとき，以下の等式の成立を示せ。

(1) $(\sin\theta + \cos\theta)^2 = 1 + 2\sin\theta\cos\theta$

(2) $|\sin\theta - \cos\theta| = \sqrt{2 - (\sin\theta + \cos\theta)^2}$

(3) $\sin^4\theta - \cos^4\theta = (\sin\theta + \cos\theta)(\sin\theta - \cos\theta)$

(4) $\dfrac{2}{\cos\theta} = \dfrac{\cos\theta}{1 - \sin\theta} + \dfrac{\cos\theta}{1 + \sin\theta}$

例題 ☐ **角度を変換したときの三角比①** ▶ [本冊 p.272]

$0° < \theta < 90°$ とする。このとき，三角比の定
義に基づき

$\sin(90° - \theta)$, $\cos(90° - \theta)$, $\tan(90° - \theta)$

を $\sin\theta, \cos\theta, \tan\theta$ のうち必要なものを用
いて表せ。なお，右のような図を自身でも
描いて考察するとよい。

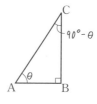

例題 ☐ **三角比の等式の成立・不成立** ▶ [本冊 p.273]

$0° < \theta < 90°$ の範囲で，以下の各式が成り立つか否かを考える。

(a) $\sin^2\theta + \cos^2(90° - \theta) = 1$ (b) $\sin^2(90° - \theta) + \cos^2\theta = 1$

(c) $\sin^2(90° - \theta) + \cos^2(90° - \theta) = 1$

(d) $\sin^2\theta + \sin^2(90° - \theta) = 1$ (e) $\cos^2\theta + \cos^2(90° - \theta) = 1$

これらを，次の (1)，(2) に分類せよ。

(1) 任意の θ に対し成り立つもの

(2) 成り立たない θ の値が存在するもの

例題 ☐ **座標平面における偏角** ▶ [本冊 p.275]

以下の各点の偏角を $0°$ 以上 $360°$ 未満で答えよ。

$A(1, 0)$, $B(-2, 2)$, $C(1, \sqrt{3})$, $D(0, -1)$, $E(1, -1)$, $F(-2, 0)$

□ **三角比の定義（拡張版）** ▸ [本冊 p.277]

$0° < \theta < 90°$ において，拡張された三角比の定義に基づく $\sin\theta, \cos\theta, \tan\theta$ の値が，前節で扱った $\sin\theta, \cos\theta, \tan\theta$ の値と一致することを確認せよ。

□ **特殊な角についての三角比の値** ▸ [本冊 p.278]

拡張された三角比の定義に基づき，以下の三角比の値を求めよ。

(1) $\sin 0°, \cos 0°, \tan 0°$

(2) $\sin 90°, \cos 90°, \tan 90°$

(3) $\sin 120°, \cos 120°, \tan 120°$

(4) $\sin 135°, \cos 135°, \tan 135°$

(5) $\sin 150°, \cos 150°, \tan 150°$

(6) $\sin 180°, \cos 180°, \tan 180°$

□ **角度を変換したときの三角比②** ▸ [本冊 p.279]

$0° \leqq \theta \leqq 180°$ とする。このとき，三角比の定義に基づき
$$\sin(180° - \theta), \qquad \cos(180° - \theta), \qquad \tan(180° - \theta)$$
を $\sin\theta, \cos\theta, \tan\theta$ のうち必要なものを用いて表せ。

□ **角度を変換したときの三角比③** ▸ [本冊 p.280]

$0° \leqq \theta \leqq 90°$ とするとき，$\sin(\theta + 90°), \cos(\theta + 90°), \tan(\theta + 90°)$ を $\sin\theta, \cos\theta,$ $\tan\theta$ のうち必要なものを用いて表せ。

□ **他の三角比の値の計算** ▸ [本冊 p.281]

$0° \leqq \theta \leqq 180°$ のもとで $\sin\theta = 0.6$ であるとき，$\cos\theta, \tan\theta$ の値を求めよ。

□ **三角比に関連する方程式** ▸ [本冊 p.282]

$0° \leqq \theta \leqq 180°$ とする。このとき，以下の θ の方程式の解を求めよ。

(1) $\cos\theta = -0.5$

(2) $\sin\theta = \dfrac{\sqrt{3}}{2}$

(3) $|\tan\theta| = 1$

例題 ☐ **sin と cos の加算** ▶ [本冊 p.284]

$0° \leqq \theta \leqq 180°$ とする。このとき，$\sin\theta + \cos\theta = \sqrt{2}$ …(∗) となる θ を求めよ。

例題 ☐ **三角比に関連する不等式** ▶ [本冊 p.284]

$0° \leqq \theta \leqq 180°$ とする。このとき，以下の θ の方程式の解を求めよ。

(1) $\cos\theta \leqq -\dfrac{1}{2}$　　　(2) $\sin\theta \geqq \dfrac{1}{\sqrt{2}}$　　　(3) $\tan\theta < \dfrac{1}{\sqrt{3}}$

例題 ☐ **直線どうしのなす角** ▶ [本冊 p.287]

(1) 直線 $\ell_1 : y = \dfrac{1}{\sqrt{3}}x$, 直線 $\ell_2 : y = -x$ が x 軸正部分となす角 θ_1, θ_2 を求めよ。

(2) 直線 ℓ_1, ℓ_2 のなす角を求めよ。直線どうしのなす角の値は 2 つ考えられるが，好きな方を答えればよい。

例題 ☐ **15° の角の三角比** ▶ [本冊 p.288]

工夫して 15° の角の三角比を求めることとした。(1)－(5) の問に答えよ。

まず，図のように $\angle A = 90°$, $\angle B = 75°$,
$\angle C = 15°$, $AB = 1$ である直角三角形 ABC
を考える。そして，この△ABC の辺 AC
上に $\angle ABD = 60°$ となる点 D をとる。

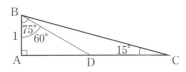

(1) $DB = DC$ であることを示せ。
(2) (1) をふまえ，AC を求めよ。
(3) (2) をふまえ，BC を求めよ。
(4) $\angle C = 15°$ であること，三角比の定義，および (2)，(3) の結果に基づき，$\sin 15°$, $\cos 15°$, $\tan 15°$ の値を求めよ。
(5) 以上より計算できるので，ついでに $\sin 75°$, $\cos 75°$, $\tan 75°$ の値を求めよ。

☐ **18° の角の三角比** ▶ [本冊 p.290]

18° の角の三角比を求めてみよう。(1)-(7) の問に答えよ。

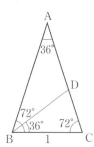

まず，図のように $\angle A = 36°$，$\angle B = 72°$，$\angle C = 72°$，$BC = 1$ である $\triangle ABC$ の辺 AC 上に，$\angle DBC = 36°$ となる点 D をとる。

(1) $BC = BD = AD$ であることを示せ。
(2) $\triangle ABC \backsim \triangle BCD$ を示せ。
(3) (1)(2)をふまえ，AB を求めよ。

B から辺 CD に下ろした垂線の足を H とする。

(4) $\triangle BCH \equiv \triangle BDH$ を示せ。
(5) 三角比の定義および (3)，(4) の結果より，$\sin 18°$ の値を求めよ。
(6) BH を求めよ。
(7) $\cos 18°$，$\tan 18°$ の値を求めよ。

☐ **sin と cos に関する式の値** ▶ [本冊 p.292]

θ は $0° \leqq \theta \leqq 180°$ をみたす角であり，$\sin\theta + \cos\theta = \dfrac{4}{5}$ が成り立っている。

(0) このような角 θ が（そもそも）存在することを示せ。

そのうえで，以下の値を求めよ。

(1) $\sin\theta\cos\theta$　(2) $|\sin\theta - \cos\theta|$　(3) $\sin\theta - \cos\theta$　(4) $\sin\theta, \cos\theta$

☐ **三角比の大小評価** ▶ [本冊 p.295]

次の 4 つの値の大小を評価せよ。

$$\sin 50°, \qquad \cos 50°, \qquad \tan 50°, \qquad 0.5$$

第**7**章 　図形の長さや
　　　　角度を求める

例題　□ **正弦定理で外接円の半径を求める** ▶ [本冊 p.305]

△ABC において $a=1$ とする。

(1) $A=30°$ のとき，円周角の定理を用いて R を求めよ。

(2) $A=30°$ のとき，正弦定理を用いて R を求めよ。

(3) $A=135°$ のとき，円周角の定理を用いて R を求めよ。

(4) $A=135°$ のとき，正弦定理を用いて R を求めよ。

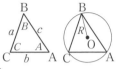

例題　□ **正弦定理で辺長を求める** ▶ [本冊 p.306]

△ABC において，次のものを求めよ。

(1) $A=135°$，$B=30°$，$b=1$ のときの a

(2) $A=75°$，$B=45°$，$b=3$ のときの c

例題　□ **三角形の内角と辺長** ▶ [本冊 p.307]

△ABC の内角と辺長に関して，以下の問いに答えよ。

(1) $A=90°$，$B=60°$，$C=30°$ であるとき，$a:b:c$ を求めよ。また，それが
よく知られた比であることを確認せよ。

(2) $A=90°$，$B=45°$，$C=45°$ であるとき，$a:b:c$ を求めよ。また，それが
よく知られた比であることを確認せよ。

(3) $A=15°$，$B=30°$，$C=135°$ であるとき，$a:b:c$ を求めよ。せっかく本冊
p.288 で $\sin 15° = \dfrac{\sqrt{6}-\sqrt{2}}{4}$ という値を求めたので，それを用いてもよい。

例題 □ **余弦定理の利用①** ▶ [本冊 p.309]

(1) △ABC が $a=1$, $b=\sqrt{3}$, $C=30°$ をみたしている。
    （ a ） この三角形の概形を図示し，c のおおよその値を目分量で予想せよ。
    （ b ） 余弦定理を用いて c を求め，（ a ）で予想した値と大きく離れていないか確認せよ（その判断は主観でよい）。

(2) △ABC が $a=2\sqrt{2}$, $b=3$, $C=135°$ をみたしている。
    （ a ） この三角形の概形を図示し，c のおおよその値を目分量で予想せよ。
    （ b ） 余弦定理を用いて c を求め，（ a ）で予想した値と大きく離れていないか確認せよ（その判断は主観でよい）。

例題 □ **余弦定理の利用②** ▶ [本冊 p.310]

△ABC において，次の値を求めよ。
(1) $a=3$, $b=3$, $B=60°$ のときの c
(2) $b=\sqrt{2}$, $c=1$, $B=45°$ のときの a
(3) $a=1$, $c=\sqrt{3}$, $A=30°$ のときの b

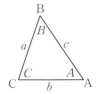

例題 □ **120° の角をもつ三角形** ▶ [本冊 p.313]

△ABC が $a=3$, $C=120°$ をみたしており，b は正整数である。
(1) c を a, b で表せ。
(2) $b+1<c<b+3$ を示せ。
(3) なんと，c も正整数であるという。このとき，b を求めよ。

例題 □ **余弦定理から三角形の角を求める** ▶ [本冊 p.314]

△ABC が $a=8$, $b=7$, $c=5$ をみたしている。
(1) $\cos A$, $\cos B$, $\cos C$ を求めよ。
(2) A, B, C のうちに，(整数)° というふうに度数で綺麗に表せる角がちょうど1つある（これは認めてよい）。それがどの角か決定し，その角の大きさを求めよ。

例題 ☐ 第一余弦定理 ▶ [本冊 p.317]

△ABC は $c=2$, $A=60°$, $B=75°$ をみたす。このとき以下の問いに答えよ。
(1) C, a, b の値を求めよ。　　　　(2) $\sin 75°$ の値を求めよ。

例題 ☐ 辺長比と最大角 ▶ [本冊 p.318]

△ABC は $\sin A : \sin B : \sin C = 3:5:7$ をみたしている。このとき、
△ABC の最大角はいくらか。

例題 ☐ 三角形の形状決定 ▶ [本冊 p.319]

(1) $\sin A \cos B = \sin C$ …① が成り立つような△ABC の形状を述べよ。
(2) $b \cos B = c \cos C$ …② が成り立つような△ABC の形状を述べよ。

例題 ☐ 三角形の面積 ▶ [本冊 p.320]

△ABC を、座標平面に図のように配置した。
点 A は原点と一致しており、辺 AB は x 軸正部分と
重なっている。また、点 C の y 座標は正である。
(1) 辺 AB を底辺とみたときの高さ、つまり点 C の
　　y 座標を b, A を用いて表せ。
(2) △ABC の面積を b, c, A を用いて表せ。

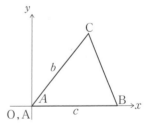

例題 ☐ 三角形の面積計算① ▶ [本冊 p.321]

(1) $a=4$, $b=5$, $C=45°$ であるような△ABC の面積を求めよ。
(2) 辺長が 1 の正六角形の面積を求めよ。

例題 ⬜ **三角形の面積計算②** ▶ [本冊 p.322]

(1) △ABC について，$a=8$, $b=5$, $c=7$ が成り立っている。さきほどの公式を用いて△ABC の面積を求めたいのだが，あいにくどの角の sin の値もわかっていない。そこで，以下の手順で面積を計算してみよう。

（a） 余弦定理を用いて，$\cos A$ の値を求めよ。

（b） $\cos A$ の値から $\sin A$ の値を求めよ。

（c） $\sin A$ の値を用いて，△ABC の面積を求めよ。

(2) 適宜 (1) の流れを参考にし，3 辺の長さが 2, 3, 4 の三角形の面積を求めよ。

例題 ⬜ **ヘロンの公式の証明** ▶ [本冊 p.325]

△ABC の面積を a, b, c のみで表したい。

(1) $\cos A$ を a, b, c で表せ。

(2) (1) の結果を用いて，$\sin A$ を a, b, c で表せ。
やや複雑な式になるが，なるべく因数分解すること。

(3) $s := \dfrac{a+b+c}{2}$ とし，この s を用いて $\sin A$ を（比較的）簡単な式にせよ。

(4) (3) の結果を用いて，△ABC の面積を a, b, c で表せ。

例題 ⬜ **三角形の面積と内接円の半径①** ▶ [本冊 p.327]

△ABC の面積を S，内接円の半径を r とする。このとき次式を示せ。

$$S = \frac{1}{2}(a+b+c)r$$

例題 ⬜ **三角形の面積と内接円の半径②** ▶ [本冊 p.328]

以下の各々の△ABC について，その内接円の半径 r を求めよ。

(1) $a=3$, $b=4$, $c=5$　　　(2) $a=5$, $b=6$, $c=7$

| 例題 | □ 角の二等分線の長さ ▶ [本冊 p.330] |

$\triangle ABC$ は $a = 8$, $b = 4$, $C = 120°$ をみたしている。$\angle ACB$ の二等分線と辺 AB との交点を D とするとき, 線分 CD の長さを求めよ。

| 例題 | □ 三角形の面積と外接円の半径 ▶ [本冊 p.331] |

$\triangle ABC$ の面積を S とするとき, 以下の式を各々示せ。

(1)　$S = \dfrac{abc}{4R}$

(2)　$S = 2R^2 \sin A \sin B \sin C$

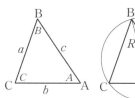

| 例題 | □ 円に内接する四角形① ▶ [本冊 p.332] |

$\square ABCD$ は円に内接しており, $AB = 1$, $BC = 3\sqrt{2}$, $CD = 4\sqrt{2}$, $DA = 7$ をみたしている。また, $\theta := \angle ABC$ と定めておく。このとき, 以下の問いに答えよ。

(1)　$\triangle ABC$ で余弦定理を用いることで, AC^2 を θ で表せ。

(2)　$\cos \angle ADC$ を θ を用いて表せ。

(3)　$\triangle ADC$ で余弦定理を用いることで, AC^2 を θ で表せ。

(4)　(1), (3) はいずれも AC^2 を θ で表したものだから, それらは等しいべきである。それを用いて AC を求めよ。

| 例題 | □ 円に内接する四角形② ▶ [本冊 p.334] |

$\square ABCD$ が, 半径 $\dfrac{65}{8}$ の円に内接している。この四角形の周の長さは 44 で, 辺 BC と辺 CD の長さはいずれも 13 である。このとき, 以下の手順にしたがい, 残りの 2 辺 AB と DA の長さを求めよ。

(1)　$\sin \angle CBD$ の値を求めよ。　　　　(2)　BD の値を求めよ。

(3)　$\cos \angle BCD$ の値を求めよ。

(4)　$x := AB$ と定める。$\triangle ABD$ で余弦定理を用いて, BD^2 を x の式で表せ。

(5)　AB, DA の値を求めよ。

[2006 年 東京大学 文系数学 第 1 問の改題(小問 (1)～(4) を追加)]

例題 ☐ **正四面体** ▶ [本冊 p.336]

正四面体 ABCD において，辺 CD の中点を M とする。
このとき，$\cos \angle$AMB の値を求めよ。

例題 ☐ **垂線の長さ** ▶ [本冊 p.336]

立方体の一部を図のように切り取り，四面体 OABC をつくった。OA $= 6$, OB $= 3$, OC $= 4$ となっている。これについて，次の問いに答えよ。

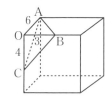

(1) この四面体の体積 V を求めよ。

(2) △ABC の 3 つの辺長を求めよ。

(3) △ABC の面積 S を求めよ。

(4) この四面体で点 O から平面 ABC に下ろした垂線の長さ h を求めよ。

例題 ☐ **四面体の体積と内接球の半径** ▶ [本冊 p.338]

四面体 ABCD の体積を V，表面積を S，
内接球の半径を r とする。

このとき $V = \dfrac{1}{3} Sr$ が成り立つことを示せ。

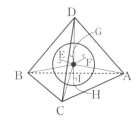

例題 ☐ **四面体の内接球の半径** ▶ [本冊 p.339]

2 つ前の例題 "垂線の長さ" と同じ四面体 OABC を考える。
これは以下の条件をみたすものであった。

$\angle$BOC $= \angle$COA $= \angle$AOB $= 90°$,

OA $= 6$, OB $= 3$, OC $= 4$,

（四面体 OABC の体積）$= 12$,　　△ABC $= 3\sqrt{29}$

この四面体 OABC の内接球の半径 r を求めよ。

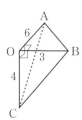

辺長が a（>0）の正四面体 ABCD がある。頂点 A から面 BCD に下ろした垂線の足を H とすると，H は正三角形 BCD の外心と一致する（これは認めてよい）。

それもふまえ，正四面体 ABCD について以下の各量を求めよ。

(1) 体積 V　　　　　　(2) 内接球の半径 r

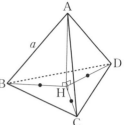

例題 ☐ **度数分布表とヒストグラム** ▸ [本冊 p.345]

次のデータは，長野県軽井沢市における 2023 年 4 月の日別最高気温である。

$$18.1 \quad 12.5 \quad 14.3 \quad 17.1 \quad 17.1 \quad 18.7 \quad 17.1 \quad 12.1 \quad 10.5 \quad 17.8$$
$$21.8 \quad 17.7 \quad 16.4 \quad 22.0 \quad 11.7 \quad 17.8 \quad 11.6 \quad 10.0 \quad 21.9 \quad 22.8$$
$$23.7 \quad 14.3 \quad 14.7 \quad 11.2 \quad 12.0 \quad 10.2 \quad 17.2 \quad 20.6 \quad 18.3 \quad 17.5 \,[\text{℃}]$$

(1)　このデータを度数分布表にまとめよ。階級は自由に定めてよいが，決める
　　　のが面倒な場合は，たとえば次のように区切ってみよう。
　　　10.0℃ 以上 12.0℃ 未満，12.0℃ 以上 14.0℃ 未満，14.0℃ 以上 16.0℃ 未満，…
(2)　(1) の度数分布表の内容をヒストグラムで表現せよ。

例題 ☐ **平均値の計算** ▸ [本冊 p.346]

下のデータは，とある 10 人の生徒が取り組んだ数学の試験の結果である。
$$43 \quad 49 \quad 50 \quad 59 \quad 62 \quad 66 \quad 68 \quad 79 \quad 81 \quad 93 \,[\text{点}]$$
(1)　平均点（このデータの平均値）を求めよ。
(2)　試験を行った日に欠席していた生徒が 1 名おり，翌日同じ試験を受験した
　　　ところ，結果は 54 点であった。その生徒も含めた平均点はいくらか。

例題 ☐ **異なるデータを合併したときの平均点** ▸ [本冊 p.347]

とある高校の 1 年 1 組・1 年 2 組で同じ数学のテ
ストを行ったところ，右のような結果となった。
2 クラス全体の平均点はいくらか。なお，平均点
は（四捨五入等していない）正確な値とする。

クラス	人数[人]	平均点[点]
1 組	35	61.2
2 組	40	59.7

例題 　 中央値の定義 ▶ [本冊 p.348]

中央値に関する次の各記述について，その正誤を判定せよ。
(1) 中央値が最大値と等しくなることはない。
(2) どのようなデータであっても，中央値と等しい値がデータ中に存在する。

例題 　 中央値を求める ▶ [本冊 p.349]

次のデータは，15 人の生徒が行ったシャトルランの結果である。
　 43　105　56　83　62　78　68　72　65　62　60　80　51　91　50 [回]
(1) 上のデータの中央値を求めよ。
(2) どうやら 1 人集計漏れをしていたようで，その生徒の記録は 71 回であった。その記録も含めたときの中央値を求めよ。

例題 　 最頻値を求める① ▶ [本冊 p.351]

20 人の生徒が利き腕の握力を kg 単位で測定したところ，下のようなデータが得られた。このデータの最頻値を求めよ。
　　　　　30　32　40　57　39　50　52　40　52　47
　　　　　47　43　57　51　46　48　43　38　39　40 [kg]

例題 　 最頻値を求める② ▶ [本冊 p.351]

40 人のクラスで数学の期末試験を行い，その結果を度数分布表にまとめたところ右のようになった。このとき，最頻値を求めよ。ただし，各階級の"真ん中"の値をその階級の階級値とする。

得点[点]	人数[人]
30 以上 40 未満	3
40 ～ 50	4
50 ～ 60	10
60 ～ 70	14
70 ～ 80	7
80 ～ 90	2
計	40

例題 ☐ **範囲の計算と比較** ▸ [本冊 p.352]

高校生の A さん, B さん各々の平日 10 日分の通学時間は次の通りであった。

A さん：22　29　28　26　31　24　21　32　26　25

B さん：49　67　51　52　51　48　47　49　50　54〔分〕

(1)　A, B 各々の通学時間の範囲を求めよ。

(2)　"範囲が大きい"ことを"ばらつきが大きい"こととするとき, A, B のいずれの方が通学時間のばらつきが大きいか。

例題 ☐ **四分位数** ▸ [本冊 p.355]

次の各データの四分位数 Q_1, Q_2, Q_3 を求めよ。

(1)　9　2　10　4　19　14　15　17　15　20　6　15　8　6　13

(2)　67　30　69　86　34　55　32　76　68　85　52　30　62　82　81　67

例題 ☐ **四分位範囲** ▸ [本冊 p.357]

次のデータの四分位範囲を求めよ。

25　75　25　76　41　34　21　62　57　58　51　72　65　74　23　76　64　41

例題 ☐ **四分位範囲による散らばり具合の評価** ▸ [本冊 p.357]

20 名の生徒を対象に, 英語と数学の小テストを実施した。このテストで各科目において発生しうる得点は 0 以上 10 以下の整数である。全員の試験結果を科目ごとにまとめ, 点数順にソートしたところ次のようになった。

英語：0　0　1　3　3　5　5　6　6　6　7　7　7　8　8　8　8　9　10　10

数学：0　1　1　1　1　1　2　3　4　5　6　6　6　7　7　8　8　10　10　10〔点〕

四分位偏差が大きい方を"ばらつきが大きい"とするならば, 点数のばらつきが大きいのはいずれの科目か。

次のデータは、2023 年 4 月の大垣における日毎の最高気温である。

大垣：25.3　23.6　21.1　22.6　19.7　16.9　17.8　15.9　18.1　21.3
　　　23.6　18.7　23.1　23.0　16.5　21.1　17.6　18.8　23.4　28.0
　　　26.8　21.1　22.3　17.3　13.8　16.8　21.1　23.9　22.1　18.7

(1) 頑張って、このデータの最大値と最小値、四分位数、平均値を求めよ。ただし、平均値は小数第 2 位を四捨五入して答えよ。
(2) 前述の東京・那覇のデータの箱ひげ図を自身でも描き、大垣のデータの箱ひげ図もそれらに並べて描け。
(3) (2) で描いた図を見比べ、大垣市の最高気温の分布がもつ性質を述べよ。

次の箱ひげ図 A, B, C は、ヒストグラムア、イ、ウのいずれに対応しているか。

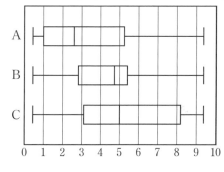
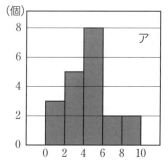
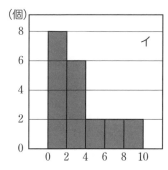
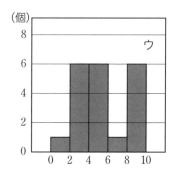

　□ **分散** ▸ [本冊 p.366]

12 人の生徒が計算テストに取り組んだところ，下のようなデータが得られた。このデータの分散 s^2 および標準偏差 s を求めよ。

$$9 \quad 7 \quad 5 \quad 3 \quad 10 \quad 5 \quad 4 \quad 4 \quad 8 \quad 7 \quad 4 \quad 6 \;[点]$$

　□ **分散の性質の利用** ▸ [本冊 p.367]

直前の例題の得点データ（下に再掲）の分散 s^2，標準偏差 s を，分散の性質を利用した定理により再び計算せよ。

$$9 \quad 7 \quad 5 \quad 3 \quad 10 \quad 5 \quad 4 \quad 4 \quad 8 \quad 7 \quad 4 \quad 6 \;[点]$$

　□ **最高点だった生徒には満点をあげたい** ▸ [本冊 p370]

あるクラスで数学の定期試験（100 点満点）を行った。テストを難しくつくりすぎてしまったらしく，平均点は 52 点，標準偏差は 12 点，最高点は 80 点となった。成績評価をするにあたり，最高点だった生徒が満点になるよう得点調整をしたい。次の各方法をとるとき，平均点・標準偏差は何点になるか求めよ。
(1) 全員の得点に 20 点加算する。
(2) 全員の得点を 1.25 倍する。ただし，得点の四捨五入はしない（以下同）。
(3) まず全員の得点を 1.1 倍し，その後最高点の生徒が 100 点になるよう，全員の得点に一定の点数を加算する。

　□ **仮平均＆スケール変換でラクに計算** ▸ [本冊 p.371]

10 人の学生がとある英語の試験を受験したところ，スコアは次のようになった。
$$715 \quad 775 \quad 700 \quad 865 \quad 670 \quad 760 \quad 835 \quad 805 \quad 730 \quad 745$$
このデータの平均と分散を計算したいのだが，値が大きくて正直面倒である。
そこで，スコアの平均がぱっと見 750 点くらいであること，そしてこの試験のスコアが 5 点刻みであることに着目し，以下の手順により平均・分散を計算した。
(1) この試験のもとのスコアを変量 x とし，新しい変量 y を $y = \dfrac{x - 750}{5}$ により定める。このとき，変量 y のデータを書き下せ。
(2) 変量 y のデータの平均 $\bar{y}$ および分散 s_y^2 を求めよ。
(3) 変量 x のデータの平均 $\bar{x}$ および分散 s_x^2 を求めよ。

10人の生徒を対象に，数学・物理・化学のペーパーテストを行った。次の表はその結果をまとめたものである。

生徒番号	1	2	3	4	5	6	7	8	9	10
数学[点]	7	3	8	1	5	9	6	7	3	4
物理[点]	8	4	7	2	6	9	7	6	3	2
化学[点]	9	5	5	3	7	7	8	6	2	5

(1) 数学と物理，そして数学と化学の得点について各々散布図を作成せよ。
ただし，いずれも横軸を数学の得点にせよ。
(2) 各々について，相関があるか，あるとしてどのような相関かを述べよ。
同じ相関の場合は，その強弱を述べよ。強弱の判断は大雑把なものでよい。

例題 □ **散布図と相関関係②** ▶ [本冊 p.378]

下の表は，10人の生徒を対象に数学 I，数学 A のテストを実施した結果をまとめたものである（数学 I の得点を変量 x，数学 A の得点を変量 y としている）。
変量 x, y の相関係数を求めよ。

生徒番号	1	2	3	4	5	6	7	8	9	10
数学 I：x [点]	3	8	9	8	7	6	6	5	4	4
数学 A：y [点]	3	7	10	9	8	7	8	5	6	7

例題 □ **クロス集計表と合格率** ▶ [本冊 p.381]

本冊 p.381 で例に挙げた協会は，公式問題集（以下 "問題集"）も販売している。
同じ受験者 200 人のうち，問題集を使用したのは 100 名であり，そのうち合格者は 68 名であった。
(1) 問題集の使用 / 不使用と合否をクロス集計表にまとめよ。
(2) 合格率の向上により大きく影響していると思われるのは，参考書・問題集のいずれであるか。

そんなわけで，コインのデザインを刷新した。新しいコインを 20 回投げてみた
ところ，こんどは 13 回表が出た。この新しいコインは，表に偏っているといえ
るだろうか。ただし，有意水準は引き続き 0.05 とし，適宜本冊 p.386 の表を用
いてよい。

| 例題 | ☐ **有限集合の要素の個数** ▶ [本冊 p.389] |

集合 A, B, C を次のように定める。
$$A := \{n \mid n \text{ は } 12 \text{ の正の約数}\}$$
$$B := \{x \mid x \text{ は } |x| < 10 \text{ をみたす整数}\}$$
$$C := \{x \mid x \text{ は } x^2 - 4x < 5 \text{ をみたす整数}\}$$
このとき，$n(A)$, $n(B)$, $n(C)$ を各々求めよ。

| 例題 | ☐ **全体集合・補集合・和集合・積集合** ▶ [本冊 p.391] |

300 以下の自然数全体の集合を全体集合とし，その部分集合
$$A := \{n \mid 1 \leq n \leq 300, n \text{ は } 3 \text{ の倍数}\}, \qquad B := \{n \mid 1 \leq n \leq 300, n \text{ は偶数}\}$$
を考える。また，有限集合 X の要素の個数を $n(X)$ のように表すこととする。
(1)　$n(A)$, $n(\overline{A})$, $n(B)$, $n(\overline{B})$ を求めよ。
(2)　$A \cap B$ を，要素の性質を述べる記法で表せ。また，$n(A \cap B)$ を求めよ。
(3)　$A \cup B$ を，要素の性質を述べる記法で表せ。また，$n(A \cup B)$ を求めよ。

| 例題 | ☐ **倍数の個数の計算** ▶ [本冊 p.392] |

1 以上 200 以下の整数のうち，
(1)　5 と 7 の一方または両方で割り切れるもの，
(2)　5 でも 7 でも割り切れないもの
は各々いくつあるか。

| 例題 | ☐ **3 でも 5 でも 7 でも割り切れない整数は何個？** ▶ [本冊 p.393] |

1 以上 300 以下の整数のうち，3, 5, 7 のいずれでも割り切れないものはいくつか。

| 例題 | ☐ **アルファベットの並べ方①** ▶ [本冊 p.394] |

A, B, C の 3 文字を 1 つずつ，たとえば ACB, BAC のように並べて文字列をつくるとき，文字列は何種類つくれるか。具体的に書き出して数えてみよう。

例題 ☐ **番勝負の勝敗① まずは三番勝負** ▶ [本冊 p.394]

P, Q の 2 人がある勝負を複数回行い，さきに 2 勝した方を優勝とする。なお，各勝負において引き分けはないものとする。このとき，優勝者が決まるまでの勝敗の流れは何通りあるか。具体的に書き出して数えてみよう。

例題 ☐ **番勝負の勝敗② こんどは五番勝負！** ▶ [本冊 p.398]

P, Q の 2 人がある勝負を複数回行い，さきに 3 勝した方を優勝とする。なお，各勝負において引き分けはないものとする。最初の 1 戦で P が勝利したとき，優勝者が決まるまでのその後の勝敗の流れは何通りあるか。

例題 ☐ **さいころの目の和①** ▶ [本冊 p.399]

大小 2 つのさいころを投げるとき，目の和が 6 の倍数となる場合の数（目の出方）は何通りか。

例題 ☐ **さいころの目の和②** ▶ [本冊 p.400]

大小 2 つのさいころを投げるとき，目の和が 9 以上となる場合の数は何通りか。

例題 ☐ **さいころの目の和③** ▶ [本冊 p.401]

大小 2 つのさいころを投げるとき，目の和が 12 の（正の）約数となる場合の数は何通りか。

例題 ☐ **道順は何通り？①** ▶ [本冊 p.402]

町 P, Q, R が右図のような道でつながっている。
P から出発し，Q を経由して R に至る方法は何通りあるか。
ただし，通れる道は図のいずれかに限られ，引き返すことはせず，同じ町は二度以上訪れないものとする。

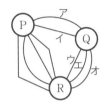

例題 　⬜ **道順は何通り？②** ▸ [本冊 p.403]

町 P, Q, R が図のような道でつながっている。P から出発し、ほかの 2 つの町を経由して P に戻ってくる方法は何通りあるか。ただし、通れる道は図のいずれかに限られ、引き返すことはせず、Q, R は二度以上訪れないものとする。

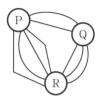

例題 　⬜ **カードの並べ方** ▸ [本冊 p.403]

A, B, C, D から自由に文字を 3 つ選んで一列に並べるとき、文字列は何種類できるか。ただし、同じ文字を複数回用いてもよいものとする。たとえば ABC, DCD, BBB といった文字列ができる。

例題 　⬜ **多項式の展開** ▸ [本冊 p.404]

次の各式を展開し、同類項をまとめるといくつの項が生じるか。
(1) $(a+b+c)(d+e+f+g)$ 　　　　　(2) $(p+q)(r+s+t)(u+v+w)$
(3) $(a+b)(a-b)(p+q+r+s)$

例題 　⬜ **アルファベットの並べ方②** ▸ [本冊 p.406]

A, B, C, D の 4 文字を 1 つずつ、たとえば ACDB, BDAC のように並べて文字列をつくるとき、文字列は何種類つくれるか。

例題 　⬜ **アルファベットの並べ方③** ▸ [本冊 p.407]

A, B, C, D, E の 5 文字を 1 つずつ、たとえば DBEAC, BDEAC のように並べて文字列をつくるとき、文字列は何種類つくれるか。

例題 　⬜ **レーンの決め方** ▸ [本冊 p.408]

8 名の選手が参加する 100 m 走で、第 1 レーンから第 8 レーンに 1 名ずつ選手を割り当てる方法は何通りあるか。

☐ アルファベットの並べ方④ ▸ [本冊 p.409]

A, B, C, D, E の 5 文字から 3 つ選んで並べることで，たとえば DAC, BEA などの文字列をつくる。文字列は何種類つくれるか。

☐ 順列を表す記号 ▸ [本冊 p.411]

次の各々の値を求めよ。
(1) $_4P_2$ (2) $_6P_4$ (3) $_7P_7$

☐ 文字の重複と辞書式配列 ▸ [本冊 p.413]

K, O, D, A, M, A という 6 文字を横一列に並べ，文字列をつくる。
(1) 全部で何種類の文字列ができるか。
(2) 考えられる全ての文字列をアルファベット順（辞書式）に並べたとき，MADOKA という文字列は最初から何番目に位置するか。

☐ 円形の座席配置 ▸ [本冊 p.415]

(1) 円卓に席が 5 つあり，反時計回りに①，②，③，④，⑤と番号が振られている。これら 5 席に A, B, C, D, E の 5 人が着席する方法は何通りあるか。
(2) 5 席ある円卓に A, B, C, D, E の 5 人が着席する方法は何通りあるか。ただし，回転したら一致する座り方は区別しない（1 通りとみなす）ものとする。

☐ ブレスレットのつくり方 ▸ [本冊 p.418]

赤，青，黄，緑，紫の玉が 1 つずつある。これらに紐を通すことでつくれるブレスレットは何種類か。ただし，ブレスレットなので回転したり裏返したりして一致するものは区別しない（1 種類とみなす）ものとし，結び目と玉の位置関係など細かいことは気にしない。

☐ "選び方" は何通り？ ▸ [本冊 p.419]

赤，青，黄，緑，紫の玉が 1 つずつある。これらから 2 個を選ぶ方法は何通りか。

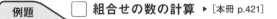

| 例題 | ☐ **組合せの数の計算** ▸ [本冊 p.421] |

(1) 生徒会メンバー 10 名から書記と会計を 1 名ずつ選ぶ方法は何通りあるか。
    ただし，同じメンバーを選んではいけないものとする。
(2) 生徒会メンバー 10 名から書記 2 名を選ぶ方法は何通りあるか。

| 例題 | ☐ **組合せの計算** ▸ [本冊 p.422] |

(1) $_4C_1$　　(2) $_7C_7$　　(3) $_6C_2$　　(4) $_{10}C_4$　　の値を各々計算せよ。

| 例題 | ☐ **代表の選び方** ▸ [本冊 p.423] |

(1) 10 冊の異なる書籍のうち，5 冊を選ぶ方法は何通りあるか。
(2) 36 人のクラスで，学級委員を 3 名選ぶ方法は何通りあるか。

| 例題 | ☐ **組合せの計算の工夫** ▸ [本冊 p.424] |

次の値を各々計算せよ。
(1) $_{10}C_9$　　　　　(2) $_{15}C_{12}$　　　　　(3) $_7C_1 - {_7C_2} + {_7C_3} - {_7C_4} + {_7C_5} - {_7C_6}$

| 例題 | ☐ **正多角形の対角線の本数** ▸ [本冊 p.426] |

(1) 正 12 角形の対角線の本数を求めよ。
(2) n を 3 以上の整数とする。正 n 角形の対角線は全部で 104 本であるという。
    このとき，n の値を求めよ。
(3) n を 3 以上の整数とする。正 n 角形の対角線は全部で 500 本以上あるという。
    このような n の値のうち最小のものを求めよ。

例題 ☐ **三角形は全部でいくつ？** ▶ [本冊 p.428]

(1) 円上に 7 個の点がある。これらから相異なる 3 点を選び，それらを結んで
できる三角形は全部でいくつあるか。

(2) n を 3 以上の整数とする。円上に n 個の点がある。これらから相異なる 3
点を選び，それらを結んでできる三角形は全部で 300 個以上あった。その
ような n の値として最も小さいものを答えよ。

例題 ☐ **組分けの方法①** ▶ [本冊 p.429]

（区別できる）9 人を次のように組分けする方法は何通りあるか。

(1) 4 人組，3 人組，2 人組を 1 つずつ。

(2) A 組 （3 人），B 組 （3 人），C 組 （3 人）。

(3) 3 人組を 3 つ。(2) と異なり，名称等で区別はしない。

例題 ☐ **組分けの方法②** ▶ [本冊 p.431]

（区別できる）10 人を次のように組分けする方法は何通りあるか。ただし，同じ
人数の組は名称等で区別しないものとする。

(1) 2 人組を 5 つ。　　　　　　　　(2) 3 人組を 2 つと，2 人組を 2 つ。

例題 ☐ **同じ文字を含む文字列の総数** ▶ [本冊 p.432]

X, X, X, X, Y, Y, Y, Z, Z, Z の計 10 文字を余さず一列に並べるとき，何種類の
文字列がつくれるか。

例題 ☐ **道順は何通り？①** ▶ [本冊 p.434]

図のように，どの 2 つも平行か直交する道路でできた市街が
ある。A 地点から B 地点に至る最短経路は何通りあるか。

例題　☐ **道順は何通り？②** ▸ [本冊 p.436]

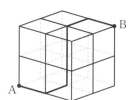

図のように，小立方体を 8 つ貼り合わせた立体を用意する。点 A から点 B まで，小立方体の辺上を沿って最短経路で移動する方法は何通りあるか。

例題　☐ **道順は何通り？③** ▸ [本冊 p.437]

図のように，どの 2 つも平行か直交する道路でできた市街がある。
(1)　A 地点から B 地点に至る最短経路は何通りか。
(2)　(1)の経路のうち，点 P を通るものは何通りか。
(3)　(1)の経路のうち，点 P を通らないものは何通りか。

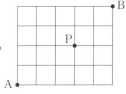

例題　☐ **よりどり 5 点セット** ▸ [本冊 p.438]

スーパーで，リンゴ・オレンジ・グレープの缶ジュースがたくさん売られていた。5 点セットで安価で買えるとのことだ。しかも，セットの内訳は何でもよく，たとえば全部リンゴジュースでもよいらしい。さて，5 点セットのつくり方は何通りあるだろうか。

例題　☐ **スキルの割り振り方は何通り？** ▸ [本冊 p.439]

ある RPG（キャラクターが成長するゲーム）では，レベルアップのたびにスキルポイントというものがもらえ，これを攻撃スキル・呪文スキル・防御スキルに（非負整数値で）自由に割り振れる。あるレベルアップでスキルポイントを 5 獲得した。スキルポイントの割り振り方は何通りあるだろうか。

方程式の整数解 ▶ [本冊 p.440]

(1) 方程式 $x+y+z=9$ をみたす非負整数の組 (x, y, z) はいくつあるか。
(2) 方程式 $x+y+z=9$ をみたす正の整数の組 (x, y, z) はいくつあるか。

なかよし 2 人組 ▶ [本冊 p.442]

7 人の生徒が横一列に並んだ写真を撮ることになった。
そのうちの 2 人 A, B は特に仲がよく，どうしても隣り合いたいと言ってきた。
それを聞き入れるとき，生徒の並び方は何通り考えられるだろうか。

文字列に関する制約 ▶ [本冊 p.443]

S, A, Y, A, K, A, C, H, A, N の 10 文字を横一列に並べて文字列をつくる。
(1) どの 2 つの A も隣り合わない文字列は何種類あるか。
(2) S, Y, K が左からこの順に並ぶ文字列は何種類あるか。

大人と子供の並べ方 ▶ [本冊 p.445]

大人 3 人と子供 5 人でハイキングをすることにした。縦一列に並んで進むのだが，その並び順を考えているようだ。以前の問題同様どの 2 人も互いに区別して数えるとき，以下のような並び方は何通りあるか。
(1) 先頭を大人にする。
(2) 先頭と末尾は大人にする。
(3) 先頭と末尾は大人にし，かつ子供が 4 人以上連続しないようにする。

　☐ **図形の塗り方** ▶ [本冊 p.448]

右図の領域ア～オをいくつかの色で塗る。ただし，線分
を共有する領域どうしは同色で塗らないものとする。な
お，そのもとで，同じ色を複数箇所に塗るのは構わない。

(1)　決められた5色を全て用いて塗り分ける方法は何通りあるか。
(2)　決められた4色を全て用いて塗り分ける方法は何通りあるか。
(3)　決められた3色を全て用いて塗り分ける方法は何通りあるか。
(4)　決められた5色のうちいくつの色を用いてもよいとき，塗り分ける方法は
　　　何通りあるか。

例題 　☐ **完全順列** ▶ [本冊 p.452]

A, B, C, D の4人が1つずつプレゼントを用意し，プレゼント交換を行う。4人
が誰かのプレゼントを1つずつ受け取るとき，全員が自分のものでないプレゼン
トを受け取る方法は何通りあるか。

例題 ☐ **事象の表し方①** ▸ [本冊 p.458]

10 枚のカードがあり，各々に 1 以上 10 以下の整数が重複なく 1 つずつ書かれている。ここから無作為に 1 枚引く試行を考える。

(1) 全事象（を表す集合）を書き下せ。

(2) 以下の事象（を表す集合）を求めよ。

A：偶数の書かれたカードを引く。

B：12 の約数のカードを引く。

C：素数でない数の書かれたカードを引く。

なお，整数 a の書かれたカードを引くことを単に a としてよい。

1	2	3	4	5
6	7	8	9	10

例題 ☐ **事象の表し方②** ▸ [本冊 p.459]

本冊 p.459 で扱っているコインを 2 枚投げる試行において，以下の各事象を U の部分集合で表せ。

(1) 表がちょうど 1 枚である。

(2) 裏が 1 枚以下である。

例題 ☐ **事象の表し方③** ▸ [本冊 p.460]

青玉 2 個，白玉 2 個が入った袋がある。このうちから無作為に 2 個玉を取り出す試行を考える。同色の玉もみな区別し，全事象やその部分集合を求めよう。ただし，玉の取り出し方は全部で $_4C_2＝6$ 通りあり，ここではそれら 6 通りの事象の集まりを全事象 U とする。

(1) 起こりうる場合を適切に略記しつつ，U を，要素を列挙する方法で書き下せ。

(2) 異なる色の玉の組を取り出す事象を，U の部分集合で表せ。

(3) 青玉が（1 個以上）含まれる事象を，U の部分集合で表せ。

| 例題 | 確率の定義① ▶ [本冊 p.463] |

10 枚のカードがあり，各々には 1 以上 10 以下の整数が
重複なく 1 つずつ書かれている。ここから無作為に 1 枚
引くとき，12 の約数のカードを引く確率を求めよ。

| 1 | 2 | 3 | 4 | 5 |
| 6 | 7 | 8 | 9 | 10 |

| 例題 | 確率の定義② ▶ [本冊 p.463] |

100 枚のカードがあり，各々には 1 以上 100 以下
の整数が重複なく 1 つずつ書かれている。
ここから無作為に 1 枚引くとき，7 の倍数のカードを引く確率を求めよ。

| 1 | 2 | 3 | … | 99 | 100 |

| 例題 | 2 つのサイコロを投げる① ▶ [本冊 p.465] |

2 個のサイコロを同時に投げるとき，出目の和が 5 となる確率を求めよ。

| 例題 | 2 つのサイコロを投げる② ▶ [本冊 p.466] |

2 個のサイコロを同時に投げるとき，出目の和がいくらになる確率が最も高いか。
また，そうなる確率を求めよ。

| 例題 | コインの表裏 ▶ [本冊 p.466] |

3 枚のコインを同時に投げるとき，3 枚の表裏がすべて同じになる確率を求めよ。

| 例題 | 6 人の並び方 ▶ [本冊 p.467] |

A, B, C, D, E, F の 6 人が横一列に並ぶ。A は B と隣になりたいらしいのだが，
あいにく並び方は無作為に決められるようだ。A と B が隣り合う確率はいくらか？

□ **積事象・和事象** ▶ [本冊 p.469]

サイコロを 1 個投げる試行において，次のように事象を定める。

A：平方数の目が出る　　B：偶数の目が出る

(1) A, B を表す集合を求めよ。
(2) A, B の積事象 $A \cap B$ および $P(A \cap B)$ を求めよ。
(3) A, B の和事象 $A \cup B$ および $P(A \cup B)$ を求めよ。

例題 □ **排反事象** ▶ [本冊 p.470]

10 枚のカードがあり，各々には 1 以上 10 以下の整数が
重複なく 1 つずつ書かれているとする。ここから無作為
に 1 枚引く試行において，事象 A, B, C, D を次のよう
に定める。このとき，互いに排反である事象の組を全て
挙げよ。

| 1 | 2 | 3 | 4 | 5 |
| 6 | 7 | 8 | 9 | 10 |

A：素数のカードを引く，　　B：4 の倍数のカードを引く
C：平方数のカードを引く，　　D：8 以上のカードを引く

例題 □ **確率の加法定理①** ▶ [本冊 p.471]

10 枚のカードがあり，各々には 1 以上 10 以下の整数が
重複なく 1 つずつ書かれているとする。この中から 2 枚
同時に無作為に引くとき，それらに書かれている数字の
偶奇が一致する確率を求めよ。

| 1 | 2 | 3 | 4 | 5 |
| 6 | 7 | 8 | 9 | 10 |

例題 □ **確率の加法定理②** ▶ [本冊 p.472]

青玉 3 個と白玉 5 個が袋の中に入っている。ここから無作為に
2 個取り出すとき，取り出した玉が同色である確率を求めよ。

例題 ▷ □ **確率の加法定理③** ▶ [本冊 p.473]

黒玉，青玉，白玉が各々 6 個ずつ袋の中に入っている。
これらのうちから無作為に 2 個取り出すとき，取り出し
た玉が同色である確率を求めよ。

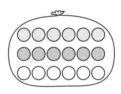

例題 ▷ □ **和事象の確率** ▶ [本冊 p.474]

200 枚のカードがあり，各々には 1 以上 200 以下
の整数が重複なく 1 つずつ書かれているとする。

| 1 | 2 | 3 | … | 199 | 200 |

ここから無作為に 1 枚引くとき，それに書かれている数が 4 の倍数または 7 の倍
数となる確率を求めよ。

例題 ▷ □ **表のコインが少なくとも 1 枚はある確率** ▶ [本冊 p.476]

コインを 3 枚投げるとき，少なくとも 1 枚は表が出るという事象を A とする。
A の起こる確率 $P(A)$ を以下の手順で求めてみよう。
(1) 面倒だと思うが，まず全事象 U を表す集合を求めよ。
   また，そのうち A の余事象 $\overline{A}$ を表す集合を求めよ。
(2) $P(\overline{A})$ を求めよ。また，それを用いて $P(A)$ を求めよ。

例題 ▷ □ **くじ引きで 1 本以上は当たりを引く確率** ▶ [本冊 p.477]

10 本のくじが入った箱がある。くじのうち 3 本は当たり，7
本はハズレである。この箱から 3 本同時に無作為にくじを
引くとき，1 本以上が当たりである確率を求めよ。

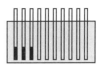

例題 ▷ □ **出目の積が偶数となる確率** ▶ [本冊 p.477]

2 個のサイコロ A, B を投げるとき，出目の積が偶数となる確率を求めよ。

☐ **独立な試行** ▸ [本冊 p.478]

10 本のくじが入った箱がある。くじのうち 3 本は当たり, 7 本はハズレである。
次の各々において, 試行 T_1, T_2 は独立か否かを判断せよ。
(1) まず無作為に 1 本引く（試行 T_1）。その後, 引いたくじを戻さずに,
　　残りのうちから無作為に 1 本引く（試行 T_2）。
(2) まず無作為に 1 本引く（試行 T_1）。その後, 引いたくじを戻して,
　　再び無作為に 1 本引く（試行 T_2）。

☐ **独立な試行の確率①** ▸ [本冊 p.480]

2 個のサイコロを 1 個ずつ順に投げる。
(1) 1 個目で 3 の倍数の目が出て, 2 個目で偶数の目が出る確率を求めよ。
(2) 1 個目の出目を十の位, 2 個目の出目を一の位にしてできる 2 桁の整数が
　　5 の倍数となる確率を求めよ。

☐ **独立な試行の確率②** ▸ [本冊 p.481]

A, B 2 つの袋があり, A には赤玉 6 個と白玉 2 個が, B には赤玉 3 個と白玉 5
個が入っている。A, B から無作為に玉を 1 個ずつ取り出すとき, 同色の玉を取
り出す確率を求めよ。

☐ **独立な試行の確率③** ▸ [本冊 p.482]

1 個のサイコロを 3 回投げる。このとき, 次のものを各々求めよ。
(1) 1 回目に 2 の約数, 2 回目に 4 の約数, 3 回目に 6 の約数の目が出る確率。
(2) 平方数の目が 1 回以上出る確率。
(3) 1 回目の出目が, 2 回目・3 回目のいずれにも出ない確率。

☐ **反復試行における確率①** ▸ [本冊 p.485]

1 枚のコインを 6 回投げる。このとき, 以下の問いに答えよ。
(1) 表がちょうど 2 回出る確率を求めよ。
(2) 表が何回出る確率が最も高いか。また, その確率はいくらか。

例題 ☐ 反復試行における確率② ▶ [本冊 p.486]

1個のサイコロを8回投げる。このとき，次のものを各々求めよ。
(1) 2以下の目が7回以上出る確率
(2) 5回目の試行で3度目の1の目が出る確率

例題 ☐ 反復試行における確率③ ▶ [本冊 p.487]

n を正整数とし，1個のサイコロを n 回投げたときの出目の積を X_n とする。
このとき，次の各事象の起こる確率を求めよ。
(1) X_n が偶数とならない確率
(2) X_n が3の倍数とならない確率
(3) X_n が偶数にも3の倍数にもならない確率
(4) X_n が6の倍数となる確率

例題 ☐ さっきの "逆" を考えてみよう ▶ [本冊 p.490]

次の表はある高校の1年生160名を対象に，通学時の交通手段についてとったアンケートである。通学手段の例において，160人の生徒から1人を無作為に選んだところ，その生徒が通学に電車を利用していることがわかった。このとき，その生徒がバスも利用している確率を求めよ。

電車 ＼ バス	バスを利用している	バスを利用していない	計
電車を利用している	18	78	96
電車を利用していない	42	22	64
計	60	100	160

例題 ☐ 定義に忠実に計算しよう ▶ [本冊 p.491]

A, B を，ある試行における事象とする。以下の各場合における $P_A(B)$ および $P_B(A)$ を求めよ。
(1) $P(A) = 0.8, P(B) = 0.3, P(A \cap B) = 0.25$ のとき。
(2) $P(A) = 0.5, P(B) = 0.4, P(A \cup B) = 0.7$ のとき。

| 例題 | ☐ 履修登録率は？ ▶ [本冊 p.492] |

ある大学の統計物理学の講義は，1・2 年生いずれも受講でき，履修登録をするか否かも任意である。先生が受講者全員にアンケートをとったところ，全体の 60% が 2 年生であり，全体の 15% が履修登録をしていない 2 年生であった。2 年生から無作為に 1 名を選ぶとき，その生徒が履修登録をしている確率を求めよ。

| 例題 | ☐ 白玉だけを取り出す確率は？ ▶ [本冊 p.493] |

青玉 4 個，白玉 6 個が入った袋がある。無作為に 1 個ずつ，合計 2 個玉を取り出すとき，いずれも白玉である確率を求めよ。なお，取り出した玉は袋に戻さない。

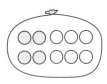

| 例題 | ☐ 全部白玉である確率は？ ▶ [本冊 p.494] |

直前の例題同様，青玉 4 個，白玉 6 個が入った袋がある。無作為に 1 個ずつ，こんどは合計 3 個玉を取り出すとき，3 個の玉がみな白色である確率を求めよ。なお，取り出した玉は袋に戻さないこととする。

| 例題 | ☐ くじ引きは何人目がいちばん有利？ ▶ [本冊 p.495] |

10 本のくじがあり，そのうち 3 本は当たり，7 本はハズレである。このくじを A, B, C の 3 人がこの順に無作為に引くとき，以下のものを求めよ。
(1) A が当たりを引く確率
(2) B が当たりを引く確率
(3) C が当たりを引く確率

◻ **ほんとうに陽性である確率はどれくらい？** ▶ [本冊 p.496]

困ったことに，世の中にIという感染症が広がってしまった。病院で医師をしているあなたは，来院者がIに感染しているか否か日々検査をしている。
現在この地域でIに感染しているのは1000人に1人の割合だという。そして，病院で行っている検査は，99％の確率で陽性・陰性を正しく判断できる。
ある来院者（**注：この人はこの地域から無作為に選ばれて来院した**）の検査結果が陽性であったとき，その人が（実際に）Iに感染している確率 p を求めよ。

◻ **サイコロの出目・その2乗の期待値** ▶ [本冊 p.500]

サイコロ1個を1回投げるとき，次のものを各々求めよ。
- 出目 X の期待値 $E(X)$
- 出目の2乗 Y の期待値 $E(Y)$

◻ **サイコロの出目2つにより定まる変量の期待値** ▶ [本冊 p.500]

サイコロ2個を同時に投げるとき，次の変量の期待値を各々求めよ。
(1) 出目の和
(2) 出目の差（一方から他方を減算したものの絶対値）
(3) 出目の最小値（いまの場合，2つのうち大きくない方）

◻ **期待値** ▶ [本冊 p.502]

1枚のコインを，裏が初めて出るまで投げる。それまでに表がちょうど n 回出たとき，賞金を 2^n 万円とする。たとえば最初に裏が出たら賞金は $2^0 = 1$ 万円であり，表が3回出たのちに裏が出たら賞金は $2^3 = 8$ 万円である。ただし，6回連続で表が出たらその時点で打ち切り，賞金は $2^6 = 64$ 万円とする。このとき，賞金の期待値はいくらか。

例題 **どちらが得？** ▶ [本冊 p.503]

次の 3 つのくじから 1 つを選択するとき，いずれが最も得か。ただし，本問において "最も得である" とは，得られる金額の期待値が最大であることをいう。

（ア）　$\dfrac{1}{2}$ の確率で何ももらえず，$\dfrac{1}{2}$ の確率で 6000 円がもらえる。

（イ）　2500 円，3500 円，5000 円が各々 $\dfrac{1}{3}$ の確率でもらえる。

（ウ）　サイコロを振り，出目 × 1000 円がもらえる。

例題 **最適な行動選択は？** ▶ [本冊 p.503]

1 個のサイコロを振り，出目に応じて次のような賞金がもらえるゲームに参加することとなった。

出目	1	2	3	4	5	6
賞金	200 円	500 円	1000 円	2000 円	5000 円	10000 円

ただし，このゲームでは出目を見たのちに一度だけサイコロを振り直すことができる。この場合，2 回目の出目で賞金が決まり，1 回目の出目を採用することはできない。以上をふまえ，賞金の期待値が最大となるような行動選択を考えよう。

（1）　まず，振り直しができない場合の期待値を求めよ。

（2）　1 回目の出目を見て振り直すことにした場合，2 回目の出目で賞金が決まることとなるが，その際の期待値は (1) で求めた通りとなる。とすると，振り直しを選択すべきなのは，1 回目の出目がいくつのときか。

（3）　振り直しができ，かつ最適な行動選択をするとき，賞金の期待値はいくらか。

例題中の合同条件［1］から［5］は、下記に対応しているので，必要に応じて参照すること。

> **法則**　三角形の合同条件
>
> 2 つの三角形は，次のいずれかをみたすとき合同である。
> ［1］3 辺相等　　　：3 つの辺長が各々等しい。
> ［2］2 辺挟角相等：2 つの辺長とその間の角が各々等しい。
> ［3］2 角挟辺相等：1 つの辺長とその両端の角が各々等
> 　　　（1 辺両端角相等）　しい。

> **定理**　直角三角形の合同条件
>
> 2 つの直角三角形は，次のいずれかをみたすとき合同である。
> ［4］斜辺 1 鋭角相等：斜辺長と 1 つの鋭角が各々等しい。
> ［5］斜辺 1 辺相等　：斜辺長と他の 1 辺長が各々等しい。

例題　□ **三角形の成立条件** ▸［本冊 p.507］

3 実数 x, $x+3$, x^2 が三角形の 3 辺長となりうる x の値の範囲を求めよ。

例題　□ **三角形の合同の証明** ▸［本冊 p.509］

右図において，△ABC，△CDE はいずれも正三角形である。このとき，△ACD ≡ △BCE を示せ。

| 例題 | 2辺1角相等① ▸ [本冊 p.510] |

合同条件［2］には，2辺長と"その間の"角とある。これがない場合，つまり"2つの辺長と1つの角が各々等しい"が成り立っている2つの三角形は，合同といえるか否か考えよ。

| 例題 | 2辺1角相等② ▸ [本冊 p.510] |

そんなわけで"2つの辺長と1つの角が各々等しい"は合同条件として不十分である。では"2つの辺長と1つの角が各々等しい"場合，その辺長と角がどのような値であっても，条件をみたす三角形はつねに複数存在するのだろうか。

| 例題 | "斜辺1辺相等"が妥当であることの証明 ▸ [本冊 p.511] |

合同条件［1］，［2］，［3］，［4］を認め，［5］が妥当であることを説明せよ。

| 例題 | 直角三角形の合同の証明 ▸ [本冊 p.511] |

右図のように，∠BAC＝90°である直角二等辺三角形
ABCと点Aのみ共有する直線 ℓ を引き，ℓ に点B，Cから下ろした垂線の足を各々D，Eとする。このとき
(1) △ABD≡△CAE，(2) DE＝BD＋CE をそれぞれ示せ。

| 例題 | 三角形の相似の証明 ▸ [本冊 p.513] |

右図のように，辺長1の正三角形ABCの辺BC上に，
BD＝t ($0<t<1$) なる点Dをとり，A，Dを頂点にもつ正三角形ADEをつくる。ただし，点Eは直線ADに関してCと同じ側にとる。
そして，線分AC，DEの交点をFとする。
(1) △ABD∽△DCF を示せ。
(2) 線分AFの長さを，t を用いて表せ。

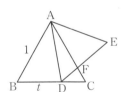

a, b を $a<b$ なる実数，m, n を正実数とする。数直線上に点 A(a), B(b) をとる。
(1)　線分 AB を $m:n$ に内分する点 P(p) について，p を求めよ。
(2)　線分 AB を $m:n$ $(m \neq n)$ に外分する点 Q(q) について，q を求めよ。

例題　□ **平行線と線分の比の定理の証明** ▸ [本冊 p.516]

△ABC の辺 AB, AC 上（端点を除く）に各々点 P, Q をとる。
このとき次が成り立つ。
(a) PQ∥BC ⟺ AP : AB = AQ : AC
(b) PQ∥BC ⟺ AP : PB = AQ : QC
(c) PQ∥BC ⟹ AP : AB = PQ : BC
三角形の相似条件を認め，このうち（a）が成り立つことを（（b）・（c）を認めずに）確認せよ。

例題　□ **メネラウスの定理（の一部）の証明** ▸ [本冊 p.519]

右図のように，△ABC の点 C を通り ℓ と平行な直線を
引き，それと辺 AB との交点を S とする。
このとき，三角形の相似に着目し，メネラウスの定理の
式 $\dfrac{\mathrm{BP}}{\mathrm{PC}} \cdot \dfrac{\mathrm{CQ}}{\mathrm{QA}} \cdot \dfrac{\mathrm{AR}}{\mathrm{RB}} = 1$ を示せ。

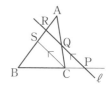

例題　□ **三角形の内角の二等分線** ▸ [本冊 p.521]

BC = 7, CA = 12, AB = 8 である △ABC において，∠B の二等分線と辺 CA と
の交点を D とする。このとき CD の長さを求めよ。

例題　□ **三角形の外角の二等分線** ▸ [本冊 p.522]

BC = 7, CA = 12, AB = 8 である △ABC において，∠C の外角の二等分線と辺
AB との交点を E とする。このとき BE の長さを求めよ。

任意の三角形が二等辺三角形であることを，次のように"証明"した。

図のように，△ABC の辺 BC の垂直二等分線と∠A の
二等分線との交点を P とする。そして，P から直線
AB, AC に下ろした垂線の足を Q, R とする。

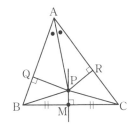

ここで，△APQ と △APR はいずれも直角三角形であ
り，辺 AP を共有し，かつ∠PAQ ＝∠PAR をみたすた
め合同である（合同条件 [4]）。よって AQ ＝ AR …①
および PQ ＝ PR …② である。

また，△PMB と △PMC は辺 PM を共有しており，∠PMB ＝∠PMC, MB ＝ MC
なので合同である（合同条件 [2]）。よって PB ＝ PC …③ である。

さて，△PQB と △PRC はいずれも直角三角形であり，②③もあわせることでこ
れらは合同といえる（合同条件 [5]），よって BQ ＝ CR …④ である。
①④より AQ ＋ BQ ＝ AR ＋ CR すなわち AB ＝ AC がしたがう。■

二等辺三角形でない三角形が存在する以上，この証明は当然誤りである。
では，どこに誤りがあったのだろうか？

△ABC とその内部の点 O がある。
直線 OA, OB, OC と辺 BC, CA, AB との交点を各々
P, Q, R とする。
このとき，$\dfrac{\text{BP}}{\text{PC}} \cdot \dfrac{\text{CQ}}{\text{QA}} \cdot \dfrac{\text{AR}}{\text{RB}} = 1$ が成り立つことを示せ。

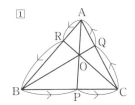

図のように，面積 1 の △ABC の辺 BC, CA, AB を $t : (1-t)$ に内分する点を各々 P, Q, R とする。ただし t は $0<t<1$ なる実数である。

(1) △PQR の面積 $S(t)$ を求めよ。

(2) $S(t)$ の最小値と，それを実現する t の値を求めよ。

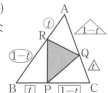

前の例題において，t の範囲を $0<t<\dfrac{1}{2}$ に制限する。

BQ と CR の交点を X，CR と AP の交点を Y，AP と BQ の交点を Z とするとき，△XYZ の面積 $s(t)$ を求めよ。

各点の位置関係が右図のようになっていることや △XYZ が（そもそも）存在することは認めてよいので，面積計算だけを頑張ろう。

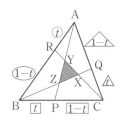

直角三角形の合同を用いることで，三角形の内角の二等分線 3 本が 1 点で交わることを本冊 p.528 で証明した。実は角の二等分線の性質を用いて同じことを証明することもできる。実際にやってみよ。

△ABC の内部に点 X をとったら，∠ABX ＝ 22°，∠BCX ＝ 35° となった。

点 X が

(1) △ABC の内心 I である場合

(2) △ABC の外心 O である場合

(3) △ABC の垂心 H である場合

の各々について，角 x の大きさを求めよ。

なお，右図は私がテキトーに書いたものであり，正確な図は問題ごとに結構変わるので注意せよ。

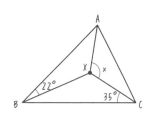

五心（のうち一部）の一致 ▶ [本冊 p.537]

三角形の内心と重心が一致するならば，その三角形は正三角形であることを示せ。

オイラー線に関するこの証明，どこがおかしい？ ▶ [本冊 p.538]

鋭角三角形におけるオイラー線の存在と内分比に関する定理を次のように"証明"した。しかし，これには誤りがある。どこが誤りなのか指摘せよ。

右図のように，点 A から直線 BC に下ろした垂線と直線 OG との交点を H とする。

AH, OD はいずれも辺 BC と垂直だから AH∥OD である。よって OG : GH＝DG : GA である。

すでに示したとおり DG : GA＝1 : 2 だから，確かに OG : GH＝1 : 2 すなわち OH＝3OG が成り立つ。■

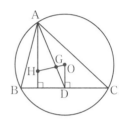

オイラー線に関する証明を完成させよう ▶ [本冊 p.539]

以下の手順に従って"（そもそも）点 H が△ABC の垂心であること"を示そう。
（図は 1 つ前の例題と同じ）
(1)　AH＝2OD を示せ。
(2)　直線 BO と △ABC の外接円との交点のうち B とは異なるものを K とする。このとき，KC＝2OD および KC∥AH を示せ。
(3)　□AHCK が平行四辺形であることを示せ。
(4)　H が △ABC の垂心であることを示せ。

中線定理を用いた証明 ▶ [本冊 p.541]

△ABC の重心を G とし，辺 BC, CA, AB の中点を各々 D, E, F とする。
(1)　$3(BC^2＋CA^2＋AB^2)＝4(AD^2＋BE^2＋CF^2)$ …① を示せ。
(2)　$BC^2＋CA^2＋AB^2＝3(AG^2＋BG^2＋CG^2)$ …② を示せ。

　　例題 　　□ **スチュワートの定理の証明** ▸ [本冊 p.542]

△ABC の辺 BC 上に点 P をとる。右図のように長さを定めると，次式が成り立つ。

$$c^2 n + b^2 m = a(d^2 + mn) \quad \cdots (*)$$

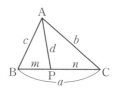

$\theta := \angle APB$ と定め，以下の問いに答えよ。

(1)　△APB で余弦定理の式を立てよ。

(2)　△APC で余弦定理の式を立てよ。

(3)　(1)，(2)の式を用いて（*）を示せ。

　　例題 　　□ **角の二等分線の長さ** ▸ [本冊 p.543]

△ABC は BC＝7, CA＝6, AB＝5 をみたす。∠A の二等分線と辺 BC との交点を D とするとき，AD の長さを求めよ。

　　例題 　　□ **円周角の定理** ▸ [本冊 p.544]

以下の角 x の大きさを各々求めよ。

(1) 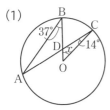　(2) 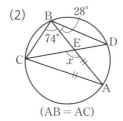　(3)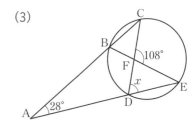

(AB＝AC)

　　例題 　　□ **弧長と円周角の関係** ▸ [本冊 p.545]

右の図における角 x を求めよ。ただし，(1)の A〜I は円周を 9 等分する点であり，(2)では AB＝CD および BC＝DE が成り立っている。

(1) 　(2)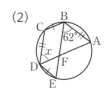

右図における角 x を求めよ。
流れ的に □ABCD が円に内接する
と察しがつくだろうが，その根拠を
必ず見つけよう。

(1)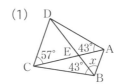

(2)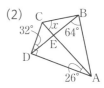

右の図における角 x を求めよ。

(1)

(2)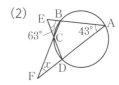

右図のように，2 円が 2 点 A, B を共有している。
点 A を通る直線と左右の円との共有点のうち A と
異なるものを各々 C, D とする。また，点 B を通る
直線と左右の円との交点を各々 E, F とする。この
とき，CE // DF となることを示せ。

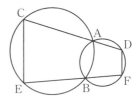

図のように，円上に点 A, B, C, D, E があり，
$\overparen{AB} = \overparen{CD}$ および $\overparen{BC} = \overparen{DE}$ をみたしている。
弧 $\overparen{AE}$（点 B, C, D を含まない方）上に点 P をとり，PB と
AD，AD と BE，PD と BE の交点を各々 Q, R, S としたと
き，□PQRS が円に内接することを示せ。

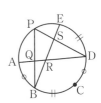

例題 ☐ **三角形の内接円** ▸ [本冊 p.551]

(1) BC＝5, CA＝6, AB＝7 である △ABC がある。その内接円と辺 BC との接点を D としたとき，BD の長さを求めよ。

(2) BC＝$\sqrt{2}$, CA＝$\sqrt{3}$, AB＝$\sqrt{5}$ である △ABC の内接円の半径 r を求めよ。

例題 ☐ **四角形の内接円** ▸ [本冊 p.552]

□ABCD に円 O が内接している。このとき，以下のことを各々示せ。

(1) AB＋CD＝BC＋DA (2) △OAB＋△OCD＝△OBC＋△ODA

例題 ☐ **鈍角の場合の接弦定理の証明** ▸ [本冊 p.554]

∠BCU が鈍角の場合も，やはり ∠BAC＝∠BCU が成り立つことを示せ。

例題 ☐ **接弦定理を用いた求値問題** ▸ [本冊 p.554]

図の角 x を求めよ。いずれにおいても直線 TU は点 C における円の接線である。また，(2) では ∠ACB＝∠UCB が，(3) では BA＝BC が成り立っている。

(1) 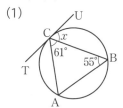　(2) 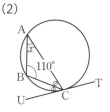　(3)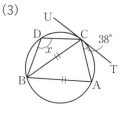

例題 □ 方べきの定理を用いた求値問題 ▸ [本冊 p.556]

(1)，(2)，(3) の各々について，x の値を求めよ。(3) の O は円の中心である。

(1)   (2)   (3)

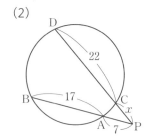
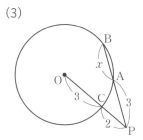

例題 □ 方べきの定理（接線 ver.）の活用 ▸ [本冊 p.557]

右図の x の値を各々求めよ。
ただし，いずれにおいても直線 PT
は点 T で円と接している。また，
(2) の点 O は円の中心である。

(1)   (2)

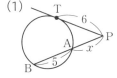
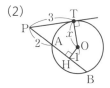

例題 □ 方べきの定理（接線 ver.）を活用した証明 ▸ [本冊 p.557]

図のように，円 C_1, C_2 が 2 点 A, B を共有している。
直線 AB 上（かつ円 C_1, C_2 の外部）の点 P から円
C_1, C_2 に接線を引き，接点を各々 T_1, T_2 とする。
このとき，$\angle PT_1T_2 = \angle PT_2T_1$ を示せ。

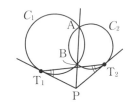

例題 □ 方べきの定理の逆を活用した証明 ▸ [本冊 p.558]

図のように，鋭角三角形 ABC の頂点 A から辺 BC に下
ろした垂線の足を H とする。そして，H から辺 AB, AC
に下ろした垂線の足を各々 D, E とする。このとき，
4 点 B, C, D, E は同一円周上にあることを示せ。

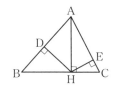

□ **トレミーの定理の活用** ▸ [本冊 p.559]

辺長 1 の正五角形 ABCDE において，対角線（AC など）の長さを求めよ。

□ **同じ半径の 2 円の位置関係** ▸ [本冊 p.561]

半径がいずれも $r\,(>0)$ である 2 円 O, O′ がある。その中心間距離 d を変化させたとき，2 円の位置関係がどうなるか，本冊 p.560 の O₊, O₋ のようにまとめよ。

□ **2 円の共通接線** ▸ [本冊 p.562]

(1), (2) の各々について，TT′ の値を
求めよ。ただし，いずれにおいても直
線 TT′ は 2 円 O, O′ の共通接線である。
また，(1) の 2 円 O, O′ は点 U で外接
している。

(1) 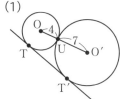 (2)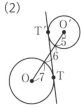

□ **内接する 2 円の性質** ▸ [本冊 p.563]

図のように，大小 2 つの円が点 T で内接している。T を通る
2 直線と 2 円との交点を P, Q, R, S とするとき，PR ∥ QS を示せ。

□ **平行線の作図が正しいことの証明①** ▸ [本冊 p.566]

本冊 p.564–p.565 の手順によりつくられる直線 PQ が ℓ と平行であることを示せ。

□ **外分点の作図** ▸ [本冊 p.567]

本冊 p.566 の手順を参考にし，与えられた線分 AB を 3 : 4 に外分する点を作図
せよ。

例題 　　□ **平行線の作図が正しいことの証明②** ▶ [本冊 p.568]

本冊 p.568 の手順を適宜参考にし, 長さ 1, a, b (a, b は正実数) の線分が与えられたとき, 長さ $\dfrac{a}{b}$ の線分をつくる方法を考えてみよ。

例題 　　□ **正五角形の作図** ▶ [本冊 p.570]

辺長 1 の正五角形の対角線の長さは $\dfrac{\sqrt{5}+1}{2}$ である。それもふまえ, 長さ 1 の線分をもとに辺長 1 の正五角形を作図せよ。

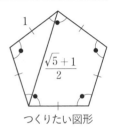

つくりたい図形

例題 　　□ **2次方程式の解の値を長さとする線分** ▶ [本冊 p.571]

長さ 1 の線分が与えられている。これを用いて, 2次方程式 $x(x+2)=4$ の解のうち正のものを長さとする線分を作図せよ。

例題 　　□ **立方体における辺の位置関係** ▶ [本冊 p.572]

右図の立方体 ABCD-EFGH について, 以下のものを各々余さず答えよ。いずれにおいても辺 AB 自体は対象外とする。
(1) 辺 AB と平行な辺。
(2) 辺 AB と同一平面上にある辺。
(3) 辺 AB とねじれの位置にある辺。

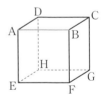

例題 　　□ **空間内の2直線のなす角** ▶ [本冊 p.574]

右図のような, 底面が正三角形である三角柱 ABC-DEF について, 以下の2辺のなす角度を求めよ。
(1) 辺 AB と辺 BC 　　(2) 辺 AB と辺 CF
(3) 辺 AB と辺 FE

　☐ **垂直な直線** ▶ [本冊 p.574]

右図の立方体 ABCD-EFGH について，以下のものを各々
余さず求めよ。

(1)　辺 AB と垂直な辺　　　　(2)　線分 CH と垂直な辺

(3)　辺 EH，辺 DC の双方と垂直な辺

例題　　☐ **直線と平面の位置関係** ▶ [本冊 p.575]

右図のように，立方体 ABCD-EFGH を床に
置いた。このとき，以下のものを各々余さず
求めよ。

(1)　床の面上にある辺

(2)　床と 1 点で交わる辺

(3)　床と平行な辺

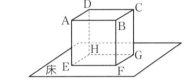

ただし，床は平面とみなし，辺は線分ではなく直線とみなす。また，床と平行で
ある辺は，床の面上にない辺に限るものとする。

例題　　☐ **直線と平面が垂直であることの証明** ▶ [本冊 p.577]

正四面体 ABCD において，辺 AB の中点を M とする。
このとき，以下の問いに答えよ。

(1)　辺 AB は平面 MCD に垂直であることを示せ。

(2)　辺 AB と辺 CD が垂直であることを示せ。

例題　　☐ **2 平面のなす角** ▶ [本冊 p.579]

右図の立方体について，以下の各平面の組がなす角
を求めよ。

(1)　平面 ABCD と平面 AEHD

(2)　平面 DCFE と平面 DCGH

(3)　平面 ABGH と平面 BCGF

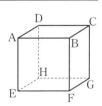

例題 ☐ 平行・垂直に関する推移律 ▸ [本冊 p.580]

空間内の異なる直線 ℓ, m, n および異なる平面 α, β, γ について，以下の各主張の真偽を述べよ。正しくないものについては，反例を構成し図示してみよ。なお，正しい主張について，それが正しいことの証明をする必要はない。

(1) "$\ell \parallel m$ かつ $m \parallel n$" $\Longrightarrow \ell \parallel n$

(2) "$\alpha \parallel \beta$ かつ $\beta \parallel \gamma$" $\Longrightarrow \alpha \parallel \gamma$

(3) "$\ell \perp m$ かつ $m \perp n$" $\Longrightarrow \ell \parallel n$

(4) "$\alpha \perp \beta$ かつ $\beta \perp \gamma$" $\Longrightarrow \alpha \parallel \gamma$

例題 ☐ 三垂線の定理 ▸ [本冊 p.581]

α を平面とし，点 Q を α 上にない点とする。また，ℓ を α に含まれる直線とし，P を ℓ 上の点，H を α 上にあり ℓ 上にはない点とする。このとき，以下のことを各々示せ。

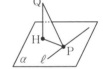

(1) "QH$\perp \alpha$ かつ PH$\perp \ell$" $\Longrightarrow$ PQ$\perp \ell$

(2) "QH$\perp \alpha$ かつ PQ$\perp \ell$" $\Longrightarrow$ PH$\perp \ell$

(3) "PQ$\perp \ell$ かつ PH$\perp \ell$ かつ PH$\perp$QH" $\Longrightarrow$ QH$\perp \alpha$

これらの主張は三垂線の定理（またはその系）とよばれている。

例題 ☐ 正多面体の要件 ▸ [本冊 p.583]

右の各立体は正多面体ではない。どの要件をみたさないか述べよ。

(1) (2)

合同な
正四面体を
貼り合わせたもの

正多面体について以下の値を調べ，表にまとめよ。

	面数 f	各面の辺数 N	1頂点に 集まる面数 n	辺数 e	頂点数 v
正四面体					
正六面体					
正八面体					
正十二面体					
正二十面体					

例題 ☐ **正多面体以外でも確認しよう** ▶ [本冊 p.585]

右の各凸多面体の頂点数 v，辺数 e，面数 f を調べて $v-e+f$ の値を計算し，オイラーの多面体定理が（これらに関しては）成り立つことを確認せよ。

立体A　　B　　C

四角錐　　五角柱　　立方体を切断した一方

例題 ☐ **正四面体の体積** ▶ [本冊 p.589]

立方体 ABCD-EFGH の頂点 A, C, F, H は正四面体の頂点をなす。
これを利用し，辺長 a の正四面体の体積 $V(a)$ を求めよ。

例題 ☐ **等面四面体** ▶ [本冊 p.590]

すべての面が合同な四面体 ABCD があり，辺の長さは次の通りである。

　AB $=2\ell-1$，　　BC $=2\ell$，　　CA $=2\ell+1$　（$\ell>2$）

(1)　この四面体は，図のような直方体 SAQC-BRDP に埋め込める。これを認め，図中にある直方体の辺長 x, y, z を用いて，直方体の3種類の面各々で三平方の定理を立式せよ。

(2)　x, y, z の値を求めよ。

(3)　四面体 ABCD の体積 $V(\ell)$ を求めよ。

　　　[1993 年 東京大学 理系数学 第 1 問の改題]

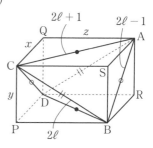

例題　☐ **約数・倍数を求める**　▶ [本冊 p.592]

(1)　84 の正の約数をすべて求めよ。

(2)　13 の正の倍数のうち，2 桁の奇数を求めよ。

例題　☐ **約数・倍数の定義**　▶ [本冊 p.593]

$a, b \in \mathbb{Z}$ とする。本冊 p.592 の定義に則り，約数・倍数に関する以下の性質を示せ。

(1)　$a \mid b \Longrightarrow -a \mid b$

(2)　$c \in \mathbb{Z}$ とするとき，"$a \mid b$ かつ $b \mid c$" $\Longrightarrow a \mid c$

(3)　$m \in \mathbb{Z}$ とするとき，"$a \mid b \Longrightarrow (ma) \mid (mb)$"

(4)　1 は任意の整数の約数である。

(5)　任意の整数は 0 の約数である。

例題　☐ **2 のべき乗の倍数判定法**　▶ [本冊 p.595]

$n \in \mathbb{Z}_+$ とする。本冊 p.595 までの議論をふまえ，与えられた整数 N が 2^n の倍数であるか否かを判定する方法を述べよ。また，それが正しい理由を説明せよ。

例題　☐ **3，9 の倍数判定法**　▶ [本冊 p.596]

$n \in \mathbb{Z}_+$ とする。次のように，1 を n 個並べた数を u_n と定める。

$$u_1 = 1, \qquad u_2 = 11, \qquad u_3 = 111, \qquad u_4 = 1111, \qquad \cdots$$

(1)　u_n が 3 の倍数となる n の条件を求めよ。

(2)　u_n が 9 の倍数となる n の条件を求めよ。

(3)　（意欲のある方向け）u_{27} が 27 の倍数であることを示せ。

例題　☐ **11 の倍数判定法の妥当性（5 桁の場合）**　▶ [本冊 p.597]

5 桁の正整数 N について，

　　　　（N の奇数番目の桁の数字の和）－（N の偶数番目の桁の数字の和）

が 11 の倍数であることが，N が 11 の倍数であることの必要十分条件であることを示せ。

100 以下の素数をすべて求めよ。適宜効率よく求める工夫をするとラクになる。

例題 ☐ **素因数分解** ▶ [本冊 p.599]

以下の各正整数を素因数分解せよ。素数である場合はその旨を答えよ。

(1) 111 (2) 2024 (3) 2025 (4) 1001 (5) 111111 (6) 9991

例題 ☐ **144 の約数の素因数分解** ▶ [本冊 p.600]

144 の正の約数を素因数分解したものは，次の形に限られることを示せ。

$$2^{q_1} \cdot 3^{q_2} \quad (q_1, q_2 \in \mathbb{Z}, \ 0 \leqq q_1 \leqq 4, \ 0 \leqq q_2 \leqq 2) \ \cdots (*)$$

例題 ☐ **正の約数の個数** ▶ [本冊 p.602]

(1) $d(405)$ を求めよ。　　　　　　　$d(N)$：$N \ (\in \mathbb{Z}_+)$ の正の約数の個数
(2) $d(2520)$ を求めよ。
(3) $d(N) = 2$ となる $N \ (\in \mathbb{Z}_+)$ を求めよ。
(4) $d(N) = 3$ となる $N \ (\in \mathbb{Z}_+)$ を求めよ。

例題 ☐ **正の約数の総和** ▶ [本冊 p.604]

(1) $s(405)$ を求めよ。　　　　　　　$s(N)$：$N \ (\in \mathbb{Z}_+)$ の正の約数の総和
(2) $s(2520)$ を求めよ。
(3) 360 の正の約数のうち，3 の倍数のみの総和 s' を求めよ。
(4) 360 の正の約数を各々 2 乗したものの総和 s'' を求めよ。
(5) $s(N) = N + 1$ となる $N \ (\in \mathbb{Z}_+)$ を求めよ。
(6) $s(N) = 2N$ となる $N \ (\in \mathbb{Z}_+)$ を，頑張って少なくとも 1 つ見つけよ。

例題 ☐ **公約数・最大公約数** ▶ [本冊 p.608]

次のものを各々求めよ。　　　　　　$\gcd(a, b)$：$a, b \ (\in \mathbb{Z})$ の最大公約数
(1) $\gcd(405, 2520)$　　　　　　　(2) $\gcd(819, 1001)$
(3) $\gcd(456, 570, 1520)$　　　　　(4) $\gcd(7!, 8!, 9!, 10!)$

$\gcd(a, b) = 12$ となるような正整数の組 (a, b) を 5 組求めよ。ただし，同じ正整数は二度用いないこと。

次のものを各々求めよ。　　　　　　　　　$\mathrm{lcm}(a, b)：a, b\ (\in \mathbb{Z})$ の最小公倍数
(1)　$\mathrm{lcm}(60, 140)$ 　　　　　　　(2)　$\mathrm{lcm}(819, 1001)$
(3)　$\mathrm{lcm}(15, 16, 17)$ 　　　　　　(4)　$\mathrm{lcm}(7!, 8!, 9!, 10!)$

$\mathrm{lcm}(a, b) = 120$ となるような正整数の組 (a, b) を 4 組求めよ。ただし，同じ正整数は二度用いないこと。

辺長が $360\,\mathrm{mm}$，$450\,\mathrm{mm}$，$810\,\mathrm{mm}$ の段ボール箱（直方体）がある。これについて以下の問いに答えよ。ただし，いずれの問題においても容器自体の厚みは無視する。
(1)　この箱に立方体状の商品を向きを揃えて詰めたところ，全く空間を余さず詰め込めた。用いた立方体の個数として考えられる最小のものを求めよ。
(2)　この段ボール箱を，向きを揃えて隙間なく並べて大きな立方体をつくった。用いた立方体の個数として考えられる最小のものを求めよ。

$\gcd(a, b) = 24$，$\mathrm{lcm}(a, b) = 720$ となる正整数の組 $(a, b)\ (a < b)$ を余さず求めよ。

(1)　隣接する 2 つの正整数は互いに素であることを示せ。
(2)　隣接する 2 つの正整数の最小公倍数は，それら 2 整数の積であることを示せ。

例題 ☐ **整数の除算** ▶[本冊 p.614]

次の各々について，a を d で除算した商と余りを求めよ。

(1) $a = 314,\ d = 15$ (2) $a = -273,\ d = 15$

例題 ☐ **整数の除算（文字式 ver.）** ▶[本冊 p.615]

$n \in \mathbb{Z}_+$ とするとき，整数 $n^2 + 2n + 5$ を整数 $n+1$ で除算した余りを求めよ。

例題 ☐ **複雑な余りの計算** ▶[本冊 p.618]

以下のものを求めよ。正しければどのような手段でも正解だが，合同式を用いて
くれた方がページ数を割いて解説した甲斐があるので，ぜひそうしてほしい。

(1) 31^{415} を 3 で除算した余り。 (2) 31^{415} を 4 で除算した余り。

(3) 27^{182} の 1 の位の数字。 (4) 2357^{1113} の下 2 桁の数字。

例題 ☐ **倍数判定法と合同式** ▶[本冊 p.619]

$(N$ の奇数番目の桁の数の和$)$ $-$ $(N$ の偶数番目の桁の数の和$)$ $\cdots(*)$

が 11 の倍数であることが，$N\ (\in \mathbb{Z})$ が 11 の倍数であることと同値であった。
合同式を用いて，この判定法が正しいことを簡単に説明せよ。

例題 ☐ **ユークリッドの互除法** ▶[本冊 p.621]

以下のものを各々求めよ。どんな手段でも構わないが，せっかく互除法の話をし
たばかりなので，互除法を用いてくれると嬉しい。

(1) $\gcd(1001, 403)$ (2) $\gcd(1711, 1856)$ (3) $\gcd(16384, 13468)$

例題 ☐ **1 次方程式の整数解** ▶[本冊 p.625]

x, y に関する方程式 $17x - 13y = 2$ $\cdots$③ の整数解を求めよ。

例題 ☐ **1次方程式の整数解（面倒 ver.）** ▶ [本冊 p.628]

方程式 (1) $107x + 247y = 4$, (2) $2813x - 2231y = 3$ の整数解を各々求めよ。

例題 ☐ **2変数2次方程式の整数解** ▶ [本冊 p.628]

方程式 (1) $xy - 2x - 3y = 8$, (2) $2xy + 3x - 6y = -10$ の整数解を各々求めよ。

例題 ☐ **2変数2次方程式の整数解（応用編）** ▶ [本冊 p.629]

(1) 多項式 $2x^2 + 5xy - 3y^2 - 2x + 8y - 4$ を（因数分解できるので）因数分解せよ。

(2) 方程式 $2x^2 + 5xy - 3y^2 - 2x + 8y = 19$ の整数解を求めよ。

例題 ☐ **n 進法から 10 進法へ** ▶ [本冊 p.631]

以下の各正整数を 10 進法で表せ。カッコ内の正整数は記数法の底を表す。

(1) $10001_{(2)}$ (2) $2357_{(8)}$ (3) $6420_{(7)}$ (4) $8888_{(9)}$

例題 ☐ **10 進法から n 進法へ** ▶ [本冊 p.632]

以下の各正整数を，[ ] 内の数を底として書きあらためよ。

(1) 65 [2]   (2) 1123 [7]   (3) 2024 [5]

例題 ☐ **2 進法の筆算** ▶ [本冊 p.632]

2 進法での筆算を考えよう。たとえば，$11011_{(2)} + 1010_{(2)}$ の筆算を行うと右のようになる。これをふまえ，$10101_{(2)} + 110111_{(2)}$ を筆算で計算してみよ。

$$
\begin{array}{r}
1\ 1\quad\ 1 \\
1\ 1\ 0\ 1\ 1_{(2)} \\
+\quad 1\ 0\ 1\ 0_{(2)} \\
\hline
1\ 0\ 0\ 1\ 0\ 1_{(2)}
\end{array}
$$

例題 ☐ **かけ算九九の一般化** ▶ [本冊 p.632]

かけ算九九の底を 7，8 に変えた"かけ算六六""かけ算七七"の表をつくってみよ。

例題 ☐ **16 進法とカラーコード** ▸ [本冊 p.633]

0, 1, 2, 3, 4, 5, 6, 7, 8, 9, A, B, C, D, E, F の 16 文字を用いた 16 進法について考える。たとえば $C_{(16)} = 12$, $2D_{(16)} = 2 \cdot 16 + 13 = 45$ である。

Web サイト制作等で色を指定する際, 赤, 緑, 青の 3 色の混ぜ具合を, 2 桁の 16 進数を用いて各々 0 ～ 255 の 256 ($= 16^2$) 段階で指定することがある。

たとえば #4472C4 というコードは,

$$赤：44_{(16)} = 68, \qquad 緑：72_{(16)} = 114, \qquad 青：C4_{(16)} = 196$$

という度合いで 3 色を混合した色を表す。

Web サイトのデザイン時, あるボタンの色を #15317B で指定したが, 思ったよりだいぶ暗い色だったので, 白（#FFFFFF）との単純平均の色に変更することにした（各色の数値ごとに平均をとる）。変更後の色のコードはどうなるか。

例題 ☐ **ナイトツアーの可能性** ▸ [本冊 p.634]

(1) 4×4, (2) 5×5 のマス目でのナイトツアーの可能性を各々判定し, その根拠を述べよ。

(1) 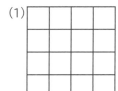　(2)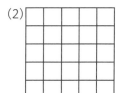

例題 ☐ **3×3 の魔方陣** ▸ [本冊 p.636]

1 以上 9 以下の整数をちょうど 1 回ずつ用いた 3×3 の魔方陣（以下単に"3×3 の魔方陣"）を, 頑張って 1 種類見つけてみよ。

例題 ☐ **中央の数が 5 であることの証明** ▸ [本冊 p.636]

3×3 の魔方陣において, 中央に入る数は 5 に確定する。それを, 右図に示した 4 つのラインに着目することにより示せ。

例題 □ **1 はどこにあるか** ▸ [本冊 p.637]

3×3 の魔方陣において，1 は隅の 4 マスに存在しないことを示せ。

例題 □ **残りのマスは決まってしまう** ▸ [本冊 p.637]

3×3 の魔方陣において，右図の状態から，残りは左右反転の自
由度を除き一意に決まることを示せ。

	9	
	5	
	1	

例題 □ **座標平面における直角三角形** ▸ [本冊 p.640]

座標平面に格子点（座標がみな整数である点）A, B, C がある。△ABC は直角
二等辺三角形であり，軸の一方と平行な辺が存在しないという。このような点
A, B, C の座標の例を挙げよ。

例題 □ **最長の対角線の長さが正整数となる直方体** ▸ [本冊 p.642]

各辺長が正整数であり，直方体の中央を通る最長の対角線の長さも正整数となる
ような直方体の例を 2 つ挙げよ。ただし，互いに相似でないものを答えよ。

例題 □ **有理点を頂点にもつ正三角形①** ▸ [本冊 p.642]

座標空間において，いずれの頂点も有理点（すべての座標が有理数である点）で
ある正三角形は存在するか。
ヒント：本冊第 11 章の図を読み返してみよ。

本問はすべて座標平面で考える。いずれの頂点も有理点である正三角形が座標平面上に存在するか否か，以下の手順で突き止めよう。

(1) 3つの有理点がなす三角形は，適切な平行移動により，その1頂点が原点と一致し，かつ3頂点いずれも有理点であるようにできることを示せ。

(2) 3点 $O(0, 0)$, $P(x_P, y_P)$, $Q(x_Q, y_Q)$ を頂点にもつ $\triangle OPQ$ の面積は $\dfrac{1}{2}|x_P y_Q - x_Q y_P|$ であることを示せ。

(3) 有理点のみを頂点にもつ正三角形は存在するか。

ここではまず，学習効果を増大させる問題集の選び方をお伝えします[1]。

"所有"自体に価値はない。自身の現状と学習目的を明確にする。

ブランド物のバッグや腕時計とは異なり，問題集を手に入れること自体は何ら
あなたにステータスをもたらしません。たとえばあなたが難しい問題集を購入
したところで，その問題集に取り組む実力が勝手に身につくことはありません。
大切なのは，**自分の現状と目的に合ったものを選択し，それに実際に取り組む**
こと。当たり前ですが，まずそれを忘れないでください。

数式"以外"の解説の丁寧さに着目する。

高校（やそれ以降）の数学では，論理の組み立てを丁寧に行うことが大切です。
数式の羅列ばかりで論理が判然としない解説に慣れてしまうと，**自身も数式ば
かりで意味のよくわからない答案しか書けなくなってしまいます。**
もちろん計算過程がていねいに述べられているのはよいことなのですが，それ
以外の部分の解説の充実度合いを重視して選びましょう。

網羅しきれないこと（漏れ）を過剰に恐れない。

問題数が多いものほど漏れがないから安心できる。そう思うかもしれません。
しかし，最初から"カバー率"ばかり気にすると，問題と解法をひとつひとつ
紐づける癖がついてしまい，要点を押さえて多様な問題に応用する力がつかな
くなります。そもそも数学の世界はあまりに広く，高校範囲に限っても"100％
網羅する"ことはできません（私にも無理です）。そうである以上，**大切なの
は柔軟性・応用力であり，問題と解法のセットを頭に多数詰め込むことではな
い**のです。
典型問題は解けるが，知識不足で時折ライバルに差をつけられるのが気にな
る。"カバー率"を上げるのは，そういう状況になってからでも遅くありません。

……でも，これらを意識しつつ自身に適した問題集を選ぶのは容易ではありま
せん。困ったときは学校や塾の先生に相談してみましょう。その際，自身の現
状や問題集に取り組む目標，問題集選びで大切にしたいことを先生に明確に伝
えることで，いまのあなたにぴったりの問題集を紹介してくださると思います。

---

1 ほんとうは，本書に対応する問題集があると理想的ですよね。まだそのようなものは存在しませんが，本書の売
れ行き次第で実現するかもしれません。執筆してみたいなあ。

次は，実際に問題集に取り組む際に意識すべきことをお伝えします。

日本語での記述を怠らない。

学校で学ぶ科目の中でも，数学は特に論理の組み立てが重要な科目です。そうである以上，問題演習においても論理に意識を向けましょう。**誰かに自身の考えを発表するつもりで，言葉での説明も積極的に取り入れてください**。計算問題でもないのに数式を羅列しているだけのものは，"答案"ではなく単なる"計算メモ"です。

答え（の数値）が一致していても解説を読む。

何らかの数値を計算する問題や記号で回答する問題を解いた際，答えが正しいことが確認できたら即座に次の問題に進みたくなるかもしれません。

しかし，その場合もぜひ解説を読んでください。途中過程が誤っていることに気づけたり，思わぬ補足情報・別解と出会えたりすることがあるからです。

大事な試験を意識した演習では，ケアレスミスを軽視しない。

問題演習をしていると，"考え方は正しかったが，計算でミスをしてしまった"というケースがいくらか発生します。

初めのうちは過剰に神経質にならないで OK ですが，**定期試験や受験等を意識した問題演習ではそのミスを限界まで減らす努力をしましょう。**

数学では論理が大切とはいえ，たとえばマーク式の試験では数値が誤っていたら得点をもらえませんし，記述式の試験でもいくらか減点されるのは必至です。

"悩むこと"から逃げない。

当然，あらゆる問題を自力で解けるわけではありません。行き詰まってしまうことも多々あるでしょう。しかし，こういうときすぐに解説を読むのではなく，ひとりで悩む時間を欠かさず設けるようにしてください。

あなたが今後受ける試験（特に大学入試）では，初見の問題を前に解決策を模索する時間がほぼ確実に発生します。**そういう大事な局面を突破する力は，日頃の問題演習で頭を悩ませる経験により養われる**のです。

もちろんあなたの勉強時間は有限ですから，必ずしもずっと悩みつづける必要はありません。困ったら誰かに相談することも，勉強を進めるうえで大切です。

これで別冊も終了です。お疲れ様でした！

……ところで，この先には一体どんな数学が待っているのでしょうか。ここでは数学II・Bに絞っていくつかの例をご紹介します。

第3章で，多項式の因数分解を学びました。$x^2+3x-10$ や $2x^2-5xy-3y^2$ くらいの式であればもう簡単に因数分解できますね。

では，x^3-4x^2+x+6 のような3次式だとどうでしょうか。3次式なので

$$x^3-4x^2+x+6=(x-\alpha)(x-\beta)(x-\gamma)$$

のような形に因数分解できそうですが，α, β, γ の値の見つけ方が悩ましいですね。数学IIの"式と証明"という単元で**剰余の定理・因数定理**を扱うと，この手の因数分解を解決しうる策を学べます。

第6章では三角比（sin, cos, tan）の定義を学習しました。まず直角三角形を用いて鋭角の範囲で三角比を定義し，のちに単位円（の上半分）を用いて180°まで定義域を拡張しましたね。

それを応用し，たとえば平面上で円を描きながら運動する物体の座標を三角比で表現することを考えます。このとき，ある程度時間が経過すると動いた角度が180°を超えてしまうため，180°より大きい角についても三角比を定義したいですよね。そこで**一般角**という概念が登場します。これは180°や360°までという制限がないものであり，負の角も含みます。数学IIの"三角関数"の単元では，この一般角にまで定義域が拡張された三角比を導入します。

第9章では場合の数について学び，それをもとに第10章で確率を定義しました。たとえばサイコロの出目は 1, 2, 3, 4, 5, 6 の6通りであり，これらが同様に確からしいことを認めると，各々の目が出る確率は $\dfrac{1}{6}$ となります。

ありうる出目とその確率が判明しているのですから，出目の"バラつき"を考えられそうです。このような，とる値が試行により定まり，各々の値をとる確率を考えられる量は確率変数とよばれ，数学Bの"統計的な推測"の単元では，上述の"バラつき"を定式化した**確率変数の分散**が登場します。

せっかくここまで勉強したのですから，こうした数学II・Bの世界にもぜひ飛び込んでみてください。では，またどこかでお会いしましょう！